中国小麦栽培学

ZHONGGUO XIAOMAI ZAIPEIXUE

于振文　主编

中国农业出版社

北　京

《中国小麦栽培学》

ZHONGGUO XIAOMAI ZAIPEIXUE

编写委员会

主　编：于振文　山东农业大学
副主编：郭天财　河南农业大学
　　　　郭文善　扬州大学
　　　　赵广才　中国农业科学院
　　　　王志敏　中国农业大学
　　　　贺明荣　山东农业大学
　　　　汤永禄　四川省农业科学院
　　　　姜　东　南京农业大学
　　　　赵俊晔　中国农业科学院
　　　　石　玉　山东农业大学
编写人：按章节顺序排序
　　　　第一章　贺明荣　山东农业大学
　　　　　　　　于振文　山东农业大学
　　　　　　　　张保军　西北农林科技大学
　　　　第二章　赵广才　中国农业科学院
　　　　　　　　何中虎　中国农业科学院
　　　　第三章　姜　东　南京农业大学
　　　　　　　　于振文　山东农业大学
　　　　第四章　郭文善　扬州大学
　　　　　　　　朱新开　扬州大学
　　　　　　　　郭天财　河南农业大学
　　　　　　　　王志敏　中国农业大学
　　　　第五章　李雁鸣　河北农业大学
　　　　　　　　肖　凯　河北农业大学

　　　　　　李瑞奇　河北农业大学
第六章　王　东　山东农业大学
第七章　王志敏　中国农业大学
　　　　李金才　安徽农业大学
　　　　张喜英　中国科学院遗传与发育
　　　　　　　　生物学研究所
第八章　尹　钧　河南农业大学
第九章　刘广田　中国农业大学
　　　　林作辑　河南省农业科学院
　　　　王乐凯　黑龙江省农业科学院
第十章　郭天财　河南农业大学
　　　　郭文善　扬州大学
　　　　王晨阳　河南农业大学
　　　　王永华　河南农业大学
第十一章
　第一节　张锦熙　中国农业科学院
　　　　　赵广才　中国农业科学院
　　　　　朱德辉　北京市农林科学院
　　　　　李鸿祥　北京市农林科学院
　第二节　余松烈　山东农业大学
　　　　　于振文　山东农业大学
　第三节　王志敏　中国农业大学
　第四节　于振文　山东农业大学
　　　　　张永丽　山东农业大学
　第五节　石　岩　青岛农业大学
　　　　　高志强　山西农业大学
　　　　　苗果园　山西农业大学
　　　　　孙　敏　山西农业大学
　　　　　柴守玺　甘肃农业大学
　　　　　李守谦　甘肃省农业科学院
　第六节　石　玉　山东农业大学

于振文　山东农业大学

张永丽　山东农业大学

第七节　郭文善　扬州大学

彭永欣　扬州大学

姜　东　南京农业大学

朱新开　扬州大学

曹承富　安徽省农业科学院

黄正来　安徽农业大学

高春保　湖北省农业科学院

王小燕　长江大学

汤永禄　四川省农业科学院

第八节　王法宏　山东省农业科学院

李华伟　山东省农业科学院

第九节　胡承霖　安徽农业大学

马传喜　安徽农业大学

敖立万　湖北省农业科学院

第十节　余　遥　四川省农业科学院

汤永禄　四川省农业科学院

第十一节　赵俊晔　中国农业科学院

于振文　山东农业大学

王月福　青岛农业大学

第十二节　姜　东　南京农业大学

郭文善　扬州大学

第十三节　李文雄　东北农业大学

第十四节　王世敬　宁夏大学

王荣栋　石河子大学

第十五节　郭天财　河南农业大学

贺明荣　山东农业大学

第十六节　余松烈　山东农业大学

于振文　山东农业大学

石　玉　山东农业大学

董庆裕　山东农业大学

第十七节　赵　奇　新疆农业科学院

陈兴武　新疆农业科学院

张宏芝　新疆农业科学院

第十二章　陈雨海　山东农业大学

第十三章　李照会　山东农业大学

王开运　山东农业大学

统　稿：于振文　赵俊晔　石　玉　张永丽

　　小麦是我国重要的商品粮和战略储备粮品种，小麦生产直接关系到我国的粮食安全和小麦产区的农民增收及农业高产高效。小麦是北方地区人民的主要口粮。北方小麦主产省在正常年景下，一季小麦即可保证人民全年的基本口粮，说明我国北方小麦在保障粮食安全中，起着其他粮食品种无法替代的作用。发展小麦生产，对满足我国粮食需求，提高城乡人民的物质生活水平，促进国民经济发展，具有十分重要的意义。

　　中华人民共和国成立以来，我国小麦生产不断进步发展。1950年，全国小麦平均单产636.7kg/hm²，种植面积2 280.0万hm²，总产1 451.7万t；2020年，全国小麦平均单产5 742.1kg/hm²，种植面积2 338.0万hm²，总产13 425.0万t，与1950年相比，全国小麦平均单产和总产均增长了8倍以上，面积也略有增加，实现了小麦生产的高产、优质、高效、生态、安全，为我国粮食生产稳定发展做出了重要贡献。

　　小麦营养丰富，用途多样，其籽粒含有蛋白质、淀粉、脂肪、维生素以及磷、钙、铁等营养物质，且含有独特的麦谷蛋白和麦醇溶蛋白。小麦粉能制作面包、糕点、饼干等烘烤食品和馒头、面条、饺子等蒸煮食品。所以，小麦产量的多少和质量的优劣直接影响到人民的生活水平。经过科技工作者多年的努力，目前我国已育成优质强筋和优质弱筋系列专用品种，如北部冬麦区和黄淮冬麦区推广种植的师栾02-1、中麦578、藁8901、济南17、济麦44、郑麦366、新麦26等强筋品种，长江中下游麦区推广种植的宁麦9号、扬麦13、扬幅麦2号等弱筋品种，配套优质专用小麦栽培技术的研发创新，有效改善了我国小麦的品质结构，较好地满足了提高人民生活水平的需要，增强了我国小麦的市场竞争力。同时，我国小麦科技工作者进行了高产优质高效生态安全的栽培理论与技术的研究，创建了不同生态类型区的高产高效栽培技术体系，对丰

1

富发展我国作物栽培学理论，促进粮食生产发展起到了重要的作用。

本书对近 50 年来我国小麦栽培理论和栽培技术的研究进行了总结，具有较好的系统性，阐明了我国小麦生产发展的过程、现状、成就和存在的问题，总结了小麦生产与环境的关系，阐述了我国小麦不同生态类型区栽培技术，对小麦生产有重要的指导意义。

我国小麦种植区域广泛，气候条件和生态环境复杂，对本书中存在的不足和疏漏，请读者赐予指正。

中国科学院遗传与发育
生物学研究所研究员　李振声
中 国 科 学 院 院 士

2021 年 11 月 22 日

EDITORIAL NOTES 编者的话

　　小麦是我国北方人民的主要口粮，南方人民也喜爱面条、馒头等面食，强筋小麦和弱筋小麦分别是制作面包和蛋糕饼干的专用原料，这些都是百姓生活中不可缺少的食品。小麦在仓库中妥善储藏可多年不变质，是良好的战略储备物资。所以说，小麦生产对满足、改善人民生活，保障国家粮食安全具有重要的意义。

　　20世纪70年代以来，我国小麦生产不断发展。1970年全国小麦种植面积为2 545.8万 hm^2，单产为1 146.4kg/hm^2，总产量为2 918.5万 t；2020年全国冬小麦种植面积2 338.0万 hm^2，单产达到5 742.1kg/hm^2，总产量为13 425.0万 t。栽培技术和品种的创新及推广应用在小麦生产发展中起了重要作用。

　　20世纪60年代以来我国小麦生产经历了几个发展阶段：1966—1978年，小麦生产稳步提升阶段，单产提高主要是依靠推广抗病、丰产的优良品种，开展农田水利建设、治理盐碱，深耕细作、合理密植，推广丰产经验、改进栽培技术。1979—1986年是小麦生产快速提升阶段，各级政府采取了一系列发展小麦生产的重大措施，如增加投入，改善生产条件；积造农家肥，配方施用氮磷化肥，科学防治小麦病虫害；加强新品种选育和良种繁育，研究与推广配套的低产变中产、中产变高产栽培技术。1987—1997年是稳定提高产量阶段，通过改善生产条件，选育优良品种，研究与推广高产更高产的栽培技术，推动全国小麦产量稳步提高，总产量达到历史最高水平。1998—2003年是结构调整阶段，由于小麦生产显现出供求总量平衡但品质结构性矛盾突出的特点，有计划地进行种植业结构调整，适当调减小麦种植面积，选育和推广优质专用小麦品种，研究推广小麦优质栽培技术。2004年国家提出稳定面积、提高单产、改善品质、提高效益、增加总产的目标，实施小麦良种推广补贴、农机补贴、生产资料补贴等政策，对促进小麦生产发展起到重要作用。至此，我国小麦生产开

1

始进入一个新的阶段，优势区域形成，品质结构逐步优化，标准化生产日臻完善，产业化经营具有一定规模，产需平衡，较好地满足了市场需求。

半个世纪以来，我国小麦栽培学的研究密切联系各发展阶段的生产实际，在基础理论和应用技术方面都取得了重大成就。围绕高产、优质、高效、生态、安全的目标，研究了小麦生育进程中各器官建成及产量和品质形成规律，明确了作物高产群体形成过程中各个阶段形态、生理性状特征和质量指标；研究提出光合性能及合理群体结构理论、小麦单产发展三阶段理论、小麦叶龄模式栽培理论、冬小麦精播高产栽培理论、小麦衰老生理与超高产栽培理论、小麦籽粒品质形成机理等。在栽培理论研究形成的基础上，各地根据当地自然条件、土壤条件和生产水平，研究小麦生长发育规律与外界条件的关系及其调控措施，创建适应各区域发展的小麦栽培技术，包括小麦叶龄指标促控技术、冬小麦精播半精播高产栽培技术、小麦氮肥后移高产优质栽培技术、冬小麦节水高产栽培技术、小麦籽粒品质形成机理及调优栽培技术、稻茬麦露播覆草高效栽培技术、小麦地膜覆盖栽培技术、小麦滴灌节水栽培技术等，这些栽培技术的推广应用有力地促进了各小麦生态区和全国小麦生产的发展。

为了总结半个世纪以来中国小麦栽培科学的理论与技术成就，促进我国小麦生产的发展，保障国家粮食安全，从2008年7月开始，由中国农业科学院、中国农业大学、北京市农林科学院、河北农业大学、山东农业大学、中国科学院遗传与发育生物研究所、山东省农业科学院、青岛农业大学、南京农业大学、扬州大学、安徽农业大学、安徽省农业科学院、河南农业大学、河南省农业科学院、湖北省农业科学院、长江大学、四川省农业科学院、西北农林科技大学、山西农业大学、甘肃农业大学、甘肃省农业科学院、宁夏大学、石河子大学、新疆农业科学院、东北农业大学、黑龙江省农业科学院等26所农业高校和农业科研院所从事小麦栽培研究与实践的教授、研究员组成编写委员会，撰写了50年来我国小麦栽培学发展的新理论、新技术。2012年完成初稿，经4次审阅与修改于2021年11月完稿。

《中国小麦栽培学》是小麦栽培领域的一部学术专著，全书共分十三章。这部著作简要介绍了中国小麦生产与栽培技术的概况，在分析中国小麦种植区域生态特点的基础上，进行了中国小麦种植区划和品质生态区划；系统论述了小麦的生物学特性，产量形成的物质基础和源库理论，高产高效的群体质量指标及其调控，小麦品质形成的生理基础及调控，小麦的光合生理、营养生理、水分生理，雨养旱作麦田的区域划分及栽培的生态基础，小麦栽培的基本原则和技术；全面介绍了我国各麦区小麦高产优质高效生态安全生产的主要栽培技术及理论基础，小麦间套复种的原理及模式，我国小麦主要病虫草害及其防治技术。

本书具有三大特点：一是系统性强，阐明了小麦生育规律、栽培生理、产量与品质形成机制，形成了新的栽培理论体系；二是区域针对性强，根据各主产麦区气候、生产条件、栽培技术的差异，主要撰写了北部冬麦区、黄淮冬麦区、长江中下游冬麦区、西南冬麦区和东北春麦区等区域的栽培理论与技术；三是实用性强，详细叙述了我国各主产麦区的栽培技术，注重理论研究在解决实际问题中的应用，对指导各麦区小麦生产具有可操作性。该书可供从事小麦科研、生产与管理的专家、学者、实际工作者和相关专业师生阅读参考。

本书编写过程中，得到有关专家、教授的审阅和指导，中国农业出版社给予大力支持，致以衷心的感谢！由于编者水平有限，书中不足之处，敬请读者给予指正。

山东农业大学教授
中国工程院院士　于振文

2021 年 11 月 22 日

CONTENTS

目 录

序言
编者的话

第一章｜中国小麦生产与栽培技术概况 ·················· 1
第一节 小麦生产在国民经济中的地位················ 1
一、中国小麦生产在世界小麦生产中的地位·········· 1
二、中国小麦生产在全国粮食生产中的地位·········· 1
（一）小麦是我国北方人民的主要口粮············ 1
（二）小麦是我国食品工业中的重要原料············ 1
（三）小麦是重要的饲料作物和工业原料············ 2
（四）小麦是主产区耕作制度中的主体作物·········· 2
第二节 中国小麦生产的发展···················· 2
一、中国小麦生产发展的历史·················· 2
（一）缓慢发展与稳步提升阶段（1949—1978 年） ······ 2
（二）小麦生产快速发展阶段（1979—1997 年） ······ 3
（三）小麦生产结构调整阶段（1998—2003 年） ······ 4
（四）小麦产量持续提高阶段（2004—2020 年） ······ 4
二、中国小麦生产发展的基本经验················ 7
（一）改善生产条件是小麦生产发展的基础·········· 7
（二）栽培技术进步是小麦生产发展的动力·········· 7
（三）良种良法配套是小麦生产发展的关键·········· 8
（四）政策扶持是小麦生产发展的保障············ 8
（五）技术推广是小麦生产发展的支撑············ 8
三、保持中国小麦生产持续增产能力的途径············ 8

（一）中国小麦持续增产的主要限制因素 ························· 8

（二）保持中国小麦生产持续增产能力的途径 ·················· 9

第三节　中国小麦栽培研究的成就 ····························· 10

一、小麦栽培研究的主要科技成就 ····························· 10

（一）光合性能及合理群体结构理论 ························· 10

（二）小麦单产发展三阶段理论 ····························· 10

（三）小麦叶龄指标促控法 ······························· 10

（四）小麦高稳优低综合栽培技术 ··························· 11

（五）冬小麦精播高产栽培的理论与实践 ····················· 11

（六）小麦衰老生理与超高产栽培理论与技术 ·················· 11

（七）海河平原小麦玉米两熟丰产高效关键技术创新和应用 ········ 11

（八）小麦籽粒品质形成机理及调优栽培技术的研究与应用 ········ 12

（九）小麦品质生理与优质栽培理论与技术 ··················· 12

（十）冬小麦根穗发育及产量品质协同提高关键栽培技术研究与应用 ········ 12

（十一）小窝（穴）密植技术的形成和发展 ··················· 13

二、小麦栽培研究新进展 ··································· 13

（一）研究确立不同地区小麦高产高效栽培技术体系 ············· 13

（二）加强专用小麦优质栽培技术研究 ······················ 14

（三）探索小麦高产更高产栽培的理论与实践 ·················· 14

（四）开展小麦节水和节肥高产栽培技术研究 ·················· 15

（五）创新旱作小麦栽培理论与技术 ························· 16

（六）南方稻茬小麦高产高效栽培技术 ······················ 17

（七）根据河南省不同生态区的气候、土壤、品种特点，分区制定小麦栽培
　　　技术规程 ··· 18

（八）今后小麦栽培研究的方向 ····························· 18

第二章│中国小麦种植生态区划与品质生态区划 ·················· 20

第一节　中国小麦种植区域的生态特点 ························· 20

一、中国小麦种植区域分布 ······························· 20

二、中国小麦种植区域的气候特点 ··························· 20

三、中国小麦种植区域的土壤特点 ··························· 21

四、中国小麦种植区域的种植制度 ··························· 21

　　五、中国小麦种植区域的小麦品种类型 ⋯⋯⋯⋯⋯⋯⋯⋯⋯⋯⋯⋯ 22

　第二节　中国小麦种植生态区划 ⋯⋯⋯⋯⋯⋯⋯⋯⋯⋯⋯⋯⋯⋯⋯⋯ 22

　　一、中国小麦种植区划的沿革 ⋯⋯⋯⋯⋯⋯⋯⋯⋯⋯⋯⋯⋯⋯⋯⋯ 22

　　二、小麦种植区域划分的依据 ⋯⋯⋯⋯⋯⋯⋯⋯⋯⋯⋯⋯⋯⋯⋯⋯ 23

　　三、小麦种植区域划分 ⋯⋯⋯⋯⋯⋯⋯⋯⋯⋯⋯⋯⋯⋯⋯⋯⋯⋯⋯ 23

　　　（一）北方冬麦区 ⋯⋯⋯⋯⋯⋯⋯⋯⋯⋯⋯⋯⋯⋯⋯⋯⋯⋯⋯⋯ 23

　　　（二）南方冬麦区 ⋯⋯⋯⋯⋯⋯⋯⋯⋯⋯⋯⋯⋯⋯⋯⋯⋯⋯⋯⋯ 28

　　　（三）春播麦区 ⋯⋯⋯⋯⋯⋯⋯⋯⋯⋯⋯⋯⋯⋯⋯⋯⋯⋯⋯⋯⋯ 32

　　　（四）冬春麦兼播区 ⋯⋯⋯⋯⋯⋯⋯⋯⋯⋯⋯⋯⋯⋯⋯⋯⋯⋯⋯ 36

　第三节　中国小麦品质生态区划 ⋯⋯⋯⋯⋯⋯⋯⋯⋯⋯⋯⋯⋯⋯⋯⋯ 39

　　一、小麦品质区划的依据与原则 ⋯⋯⋯⋯⋯⋯⋯⋯⋯⋯⋯⋯⋯⋯⋯ 39

　　　（一）生态环境因子对小麦品质的影响 ⋯⋯⋯⋯⋯⋯⋯⋯⋯⋯⋯ 39

　　　（二）土壤类型、质地和肥力水平对小麦品质的影响 ⋯⋯⋯⋯⋯ 40

　　　（三）小麦的消费习惯、市场需求和商品率 ⋯⋯⋯⋯⋯⋯⋯⋯⋯ 40

　　　（四）小麦品种现状和发展趋势 ⋯⋯⋯⋯⋯⋯⋯⋯⋯⋯⋯⋯⋯⋯ 40

　　　（五）面向主产区，注重方案的可操作性 ⋯⋯⋯⋯⋯⋯⋯⋯⋯⋯ 40

　　二、小麦品质分类术语说明 ⋯⋯⋯⋯⋯⋯⋯⋯⋯⋯⋯⋯⋯⋯⋯⋯⋯ 40

　　　（一）根据小麦籽粒的用途分为四类 ⋯⋯⋯⋯⋯⋯⋯⋯⋯⋯⋯⋯ 40

　　　（二）品质指标 ⋯⋯⋯⋯⋯⋯⋯⋯⋯⋯⋯⋯⋯⋯⋯⋯⋯⋯⋯⋯⋯ 40

　　三、小麦品质区划方案 ⋯⋯⋯⋯⋯⋯⋯⋯⋯⋯⋯⋯⋯⋯⋯⋯⋯⋯⋯ 41

　　　（一）北方强筋、中强筋、中筋冬麦区 ⋯⋯⋯⋯⋯⋯⋯⋯⋯⋯⋯ 41

　　　（二）南方中筋、弱筋冬麦区 ⋯⋯⋯⋯⋯⋯⋯⋯⋯⋯⋯⋯⋯⋯⋯ 41

　　　（三）中强筋、中筋、强筋春麦区 ⋯⋯⋯⋯⋯⋯⋯⋯⋯⋯⋯⋯⋯ 42

第三章│小麦的生物学特性 ⋯⋯⋯⋯⋯⋯⋯⋯⋯⋯⋯⋯⋯⋯⋯⋯⋯ 43

　第一节　小麦的一生和发育特性 ⋯⋯⋯⋯⋯⋯⋯⋯⋯⋯⋯⋯⋯⋯⋯⋯ 43

　　一、小麦的一生 ⋯⋯⋯⋯⋯⋯⋯⋯⋯⋯⋯⋯⋯⋯⋯⋯⋯⋯⋯⋯⋯⋯ 43

　　　（一）小麦的一生 ⋯⋯⋯⋯⋯⋯⋯⋯⋯⋯⋯⋯⋯⋯⋯⋯⋯⋯⋯⋯ 43

　　　（二）中国小麦品种生育期的地理差异 ⋯⋯⋯⋯⋯⋯⋯⋯⋯⋯⋯ 44

　　二、小麦的阶段发育特性 ⋯⋯⋯⋯⋯⋯⋯⋯⋯⋯⋯⋯⋯⋯⋯⋯⋯⋯ 45

　　　（一）春化阶段（感温阶段） ⋯⋯⋯⋯⋯⋯⋯⋯⋯⋯⋯⋯⋯⋯⋯ 45

　　　（二）光照阶段（感光阶段） ⋯⋯⋯⋯⋯⋯⋯⋯⋯⋯⋯⋯⋯⋯⋯ 45

（三）阶段发育与器官形成的关系 ················· 46

（四）阶段发育理论在小麦生产中的应用 ············· 46

第二节　小麦器官的生长发育 ·················· 47

一、种子构造与萌发出苗 ···················· 47

（一）种子的构造 ······················ 47

（二）种子萌发出苗 ····················· 48

（三）影响种子萌发出苗的因素 ··············· 48

二、根的生长 ························· 49

（一）根系的生长与功能 ·················· 49

（二）根系生长与地上部生长的关系 ············· 51

（三）根系物质吸收与分配 ················· 51

（四）影响根系生长的因素 ················· 52

三、茎的生长 ························· 54

（一）茎的生长与功能 ··················· 54

（二）茎与产量的关系 ··················· 55

（三）栽培措施对茎生长的影响 ··············· 56

四、叶的生长 ························· 57

（一）叶的生长与功能 ··················· 57

（二）栽培技术对叶片数目的影响 ·············· 58

（三）叶片、叶鞘、节间的同伸关系 ············· 59

五、分蘖规律与成穗 ····················· 60

（一）分蘖的发生和作用 ·················· 60

（二）分蘖的两极分化和成穗 ················ 62

六、穗的结构与穗分化 ···················· 64

（一）穗的结构 ······················ 64

（二）穗的分化与形成 ··················· 64

（三）小穗、小花的退化 ·················· 68

（四）影响穗分化的环境因素 ················ 68

七、籽粒形成与灌浆 ····················· 68

（一）抽穗、开花和受精 ·················· 68

（二）籽粒形成与灌浆成熟 ················· 68

（三）熟相与粒重 ····················· 70

　　（四）籽粒增重的生理机制 ··· 70

　　（五）影响籽粒生长的环境因素 ··· 71

第四章｜小麦产量与产量形成 ··· 73

第一节　小麦产量构成因素及其形成 ··· 73

　一、产量构成因素 ··· 73

　二、产量形成规律 ··· 73

　三、穗数形成规律 ··· 74

　　（一）实现适宜穗数的途径 ··· 74

　　（二）茎蘖成穗率与产量形成的关系 ··· 75

　　（三）高产群体的茎蘖成穗率 ··· 75

　　（四）两种穗型品种的穗数形成规律 ··· 76

　四、粒数形成规律 ··· 77

　　（一）结实粒数与分化小穗、结实小穗数的关系 ····················· 77

　　（二）每穗结实粒数与分化小花数及可孕花数的关系 ··············· 77

　　（三）可孕小花数的决定因素 ··· 77

　　（四）不同年代小麦品种小花分化、退化及败育速率的差异 ····· 78

　五、粒重形成规律 ··· 78

　　（一）粒重形成过程 ··· 78

　　（二）粒重与开花后物质生产关系 ··· 80

　　（三）小麦粒重形成规律 ··· 81

第三节　产量形成的物质基础 ··· 82

　一、产量形成与物质生产及分配 ··· 82

　二、不同生育时期物质生产与产量形成的关系 ····································· 83

　　（一）开花期以前群体干物重与产量的关系 ······························ 83

　　（二）开花至成熟期干物质增加量与产量的关系 ························ 83

　　（三）群体总干物重、经济系数与产量的关系 ··························· 84

第四节　产量形成的源库理论 ··· 84

　一、产量形成与源库关系 ··· 85

　　（一）源的形成特点 ··· 85

　　（二）库的形成特点 ··· 88

　　（三）高产群体物质转运特点 ··· 88

二、源库流关系分析 ·· 89

　（一）库容大小对小麦光合产物的生产（源）与转运（流）有反馈调节作用 ··· 89

　（二）栽培措施对源库关系的调节作用 ·························· 91

第五章｜小麦的光合生理与群体调控 ·························· 93

第一节　小麦的光合作用 ·· 93

一、小麦的光合作用 ·· 93

　（一）小麦单叶的光合作用 ·· 93

　（二）小麦非叶器官的光合作用 ······································ 98

　（三）小麦群体的光合作用 ·· 99

二、小麦光合作用的日进程 ·· 101

　（一）单叶光合作用的日变化特点 ···································· 101

　（二）群体光合速率的日变化特点 ···································· 103

三、小麦光合作用在生育期间的变化 ···································· 104

　（一）冬小麦冬前阶段光合性能的变化 ································ 104

　（二）春季不同生育时期光合速率和有关光合参数的变化 ·············· 104

第二节　小麦的光合性能 ·· 106

一、光合性能的概念及其与产量的关系 ·································· 106

　（一）光合性能的概念 ·· 106

　（二）光合性能与产量的关系 ·· 106

二、光合性能的基本规律及其调节 ······································ 106

　（一）光合面积 ·· 106

　（二）光合时间 ·· 109

　（三）光合能力 ·· 109

　（四）光合产物的消耗 ·· 110

　（五）光合产物的积累运输与分配 ···································· 111

三、光合性能在生产中的应用 ·· 113

第三节　小麦的群体结构及其调节 ······································ 114

一、小麦的群体结构 ·· 114

　（一）群体结构及其调节 ·· 114

　（二）群体结构的自身调节与人工调节 ································ 117

　（三）建立合理群体结构的途径 ······································ 119

（四）群体中的主要矛盾及其转化规律 ··· 120

二、高产群体质量指标 ··· 120

（一）开花至成熟期群体光合生产量是小麦群体质量的核心指标 ··········· 120

（二）适宜 LAI 是小麦高产群体质量的基础指标 ······························· 121

（三）在适宜 LAI 条件下，提高单位面积总粒数是增加群体花后

光合产物的重要生理指标 ··· 121

（四）粒叶比是衡量群体库源协调水平的综合指标 ···························· 121

（五）茎蘖成穗率是群体质量的诊断指标 ··· 121

三、小麦的群体结构与光能利用 ·· 121

（一）小麦群体的光能利用 ·· 121

（二）株型与光能利用 ·· 122

（三）提高光能利用率的途径 ··· 122

第六章｜小麦的营养生理与施肥

第六章｜小麦的营养生理与施肥 ··· 124

第一节　小麦的需肥特性 ··· 124

一、大量元素 ··· 124

（一）小麦对氮、磷、钾元素的需求 ··· 124

（二）小麦对氮、磷、钾的吸收积累 ··· 125

（三）氮、磷、钾在小麦植株体内的分配与再分配 ···························· 126

二、小麦对钙、镁、硫元素的需求 ··· 127

三、小麦对微量元素的需求 ··· 127

第二节　小麦的氮素营养 ··· 128

一、氮素的生理功能 ··· 128

（一）施氮量对小麦光合日变化的影响 ··· 129

（二）氮素对小麦氮代谢关键酶活性的影响 ······································· 129

（三）氮素对小麦碳代谢及籽粒淀粉合成关键酶活性的影响 ················· 130

（四）氮素调控小麦衰老的生理机制 ··· 131

二、氮素对小麦生长发育的影响 ·· 132

（一）氮素对小麦器官生长发育的影响 ··· 132

（二）氮素对小麦干物质积累与分配的影响 ······································· 133

（三）氮素对小麦产量和品质的影响 ··· 133

第三节　小麦的磷素营养 ··· 134

一、磷素的生理功能 ……………………………………………………………… 134
（一）磷素对小麦旗叶光合速率变化的影响 ……………………………… 134
（二）磷素对小麦碳代谢及籽粒淀粉合成关键酶活性的影响 …………… 135
（三）磷素对小麦氮代谢关键酶活性及籽粒蛋白质合成的影响 ………… 135
（四）磷素对小麦衰老及抗逆性的影响 …………………………………… 135
二、磷素对小麦生长发育的影响 …………………………………………… 136
（一）磷素对小麦器官发育的影响 ………………………………………… 136
（二）磷素对小麦干物质积累与分配的影响 ……………………………… 138
（三）磷素对小麦产量和品质的影响 ……………………………………… 138
第四节　小麦的钾素营养 ……………………………………………………… 139
一、钾素的生理功能 ………………………………………………………… 139
（一）施钾量对小麦旗叶光合特性的影响 ………………………………… 140
（二）钾素对小麦氮代谢和籽粒蛋白质合成的影响 ……………………… 140
（三）钾素对小麦碳代谢及籽粒淀粉合成关键酶活性的影响 …………… 140
（四）钾素对小麦衰老及抗逆性的影响 …………………………………… 140
二、钾素对小麦生长发育的影响 …………………………………………… 141
（一）钾素对小麦器官发育的影响 ………………………………………… 141
（二）钾素对小麦干物质积累与分配的影响 ……………………………… 141
（三）钾素对小麦产量和品质的影响 ……………………………………… 142
第五节　其他营养元素 ………………………………………………………… 143
一、钙、镁、硫元素的生理功能及其对小麦生长发育的影响 …………… 143
（一）钙 ……………………………………………………………………… 143
（二）镁 ……………………………………………………………………… 143
（三）硫 ……………………………………………………………………… 144
二、微量元素的生理功能及其对小麦生长发育的影响 …………………… 144
（一）硼 ……………………………………………………………………… 144
（二）锌 ……………………………………………………………………… 144
（三）铁 ……………………………………………………………………… 144
（四）锰 ……………………………………………………………………… 145
（五）铜 ……………………………………………………………………… 145
（六）钼 ……………………………………………………………………… 145

第七章│小麦的水分生理与灌溉及排水 …………………………………… 147
第一节　小麦与水分的关系 ………………………………………………… 147

一、水的生理生态作用 ………………………………………………………… 147

二、麦田系统的水分流动 ……………………………………………………… 147

三、小麦对水分的吸收、运输和散失 ………………………………………… 148

（一）小麦对水分的吸收 …………………………………………………… 148

（二）小麦体内水分的运输与散失 ………………………………………… 149

四、水分对小麦生长发育的影响 ……………………………………………… 150

（一）水分对种子萌发和出苗的影响 ……………………………………… 150

（二）水分对叶片生长的影响 ……………………………………………… 150

（三）水分对茎秆生长的影响 ……………………………………………… 150

（四）水分对根系生长的影响 ……………………………………………… 150

（五）水分对穗分化的影响 ………………………………………………… 150

（六）水分对开花和籽粒灌浆的影响 ……………………………………… 151

第二节　小麦的需水特性 ……………………………………………………… 151

一、需水量与需水规律 ………………………………………………………… 151

（一）小麦的需水量 ………………………………………………………… 151

（二）小麦的需水动态 ……………………………………………………… 152

二、小麦各生育阶段土面棵间蒸发与叶面蒸腾 ……………………………… 153

第三节　麦田土壤水分变化规律 ……………………………………………… 154

一、小麦各生育阶段麦田土壤水分的消耗 …………………………………… 155

二、土壤水分的季节性变化 …………………………………………………… 155

（一）灌溉农田土壤水分的季节性变化 …………………………………… 155

（二）雨养旱作农田土壤水分季节变化 …………………………………… 156

三、土壤水分的垂直变化 ……………………………………………………… 157

四、小麦耗水量、土壤供水量与籽粒产量的关系 …………………………… 158

（一）小麦耗水量与籽粒产量和水分利用效率的关系 …………………… 158

（二）土壤供水量与籽粒产量和水分利用效率的关系 …………………… 160

第四节　小麦合理灌溉的指标与技术 ………………………………………… 162

一、小麦水分供需状况与指标 ………………………………………………… 162

（一）不同生育阶段水分供需状况 ………………………………………… 162

（二）植株水分状况诊断指标 ……………………………………………… 163

二、土壤适宜水分与指标 ……………………………………………………… 164

三、灌溉时间 …………………………………………………………………… 165

（一）冬小麦灌溉时间 ································· 165

（二）春小麦灌溉时间 ································· 166

四、灌溉制度 ·· 166

五、灌溉方法 ·· 167

（一）畦灌法 ··· 167

（二）沟灌法 ··· 167

（三）喷灌法 ··· 167

第五节　小麦节水灌溉的生理基础 ······················· 168

一、节水灌溉与小麦生长发育 ························· 168

（一）节水灌溉可控制茎叶生长 ··················· 168

（二）节水灌溉可促进根系下扎 ··················· 168

（三）节水灌溉可加快生育进程 ··················· 169

（四）不同生育阶段对水分亏缺的敏感性不同 ······· 169

二、节水灌溉与小麦生理特性 ························· 169

（一）节水灌溉与渗透调节 ······················· 169

（二）节水灌溉与根系吸水 ······················· 170

（三）节水灌溉与光合生产 ······················· 170

（四）节水灌溉与叶片蒸腾 ······················· 171

（五）节水灌溉与物质运输和分配 ················· 172

三、节水灌溉与小麦产量 ····························· 172

（一）调亏灌溉技术 ····························· 172

（二）晚播调冠与土壤水调控相结合的节水栽培技术 ····· 173

（三）深松少耕与低定额灌溉相结合的节水栽培技术 ····· 173

（四）沟播与垄作节水栽培技术 ··················· 174

第六节　湿害生理与排水 ······························· 175

一、小麦湿害发生原因与生理机制 ····················· 175

（一）湿害发生原因 ····························· 175

（二）湿害发生的生理机制 ······················· 175

二、小麦湿害的栽培生理基础 ························· 176

（一）湿害植株的形态特征 ······················· 176

（二）小麦湿害生理 ····························· 177

（三）小麦湿害敏感期 ··························· 179

（四）影响小麦耐湿性的因素 ································· 180

三、预防或减轻小麦湿（渍）害的途径与技术措施 ············· 180

（一）选育和选用抗湿（渍）性强的品种 ··················· 180

（二）建立良好的麦田排水系统，减少受渍时间 ············· 180

（三）采用抗湿（渍）耕作与栽培技术措施 ················· 181

（四）合理施肥和及时采取氮素营养补偿技术 ··············· 181

（五）适当喷施生长调节物质 ····························· 181

第八章 雨养旱作麦田的生理生态 ························· 182

第一节 雨养旱作麦田的区域划分与生态条件特点 ············· 182

一、雨养旱作麦田的区域划分 ··························· 182

二、雨养旱作麦田的生态特点 ··························· 182

（一）北方旱地小麦区 ································· 183

（二）南方雨养小麦区 ································· 184

第二节 北方旱作麦田 ··································· 185

一、北方旱作麦田的气候生产条件特点 ··················· 185

（一）大陆性不稳定的气候特点 ························· 185

（二）土壤贫瘠，水土流失严重 ························· 185

（三）粗耕粗种，技术水平低 ··························· 186

（四）土层深厚，蓄水性强 ····························· 186

（五）耕地面积大，利于休闲轮作养地 ··················· 186

二、北方旱作麦田的土壤持水特性与水分变化规律 ··········· 186

（一）旱地麦田土壤持水特性 ··························· 186

（二）旱地麦田土壤水分变化规律 ······················· 189

三、北方旱地小麦高产的生物学基础 ····················· 193

（一）旱地小麦生育特点 ······························· 193

（二）旱地麦田水分蒸发蒸腾收支积耗变化 ··············· 194

（三）旱地小麦根系生长规律 ··························· 195

（四）旱地小麦不同根群对产量的影响 ··················· 196

（五）培育冬前壮苗是旱地小麦高产的生物学基础 ··········· 197

第三节 西南旱作麦田 ··································· 199

一、西南旱地麦田的气候生态条件特点 ··················· 199

（一）大部分地区光照条件较差 ································· 199

（二）冬暖春早，倒春寒频发 ··································· 200

（三）降水分布不均，冬干春旱明显 ························· 200

二、旱作麦田的土壤水分变化规律 ····························· 201

（一）土壤水分的时空变异特征 ······························· 201

（二）土壤水分供需状况 ··· 201

三、西南旱地小麦高产的生物学基础 ························· 202

（一）小麦生长发育及环境因素的影响 ··················· 202

（二）旱地小麦产量形成及光能利用 ······················· 203

（三）栽培措施对旱地小麦产量形成的影响 ············ 204

第九章｜小麦品质及其调控 ································· 205

第一节　小麦品质概述 ··· 205

一、小麦品质概况 ··· 205

（一）籽粒外观品质 ··· 205

（二）营养品质 ··· 207

（三）加工品质 ··· 207

二、小麦品质的物质基础 ··· 211

（一）小麦籽粒的结构 ·· 211

（二）小麦籽粒的化学组成及与品质的关系 ············ 211

第二节　我国小麦品质分类和不同食品对籽粒及小麦粉品质性状的要求 ··· 214

一、我国小麦品质分类 ·· 214

（一）强筋小麦 ··· 214

（二）中强筋小麦 ··· 214

（三）中筋小麦 ··· 214

（四）弱筋小麦 ··· 214

二、小麦品质分类指标 ·· 214

三、不同食品对小麦籽粒和小麦粉（面粉）品质性状的要求 ··· 215

（一）面包 ··· 215

（二）面条 ··· 218

（三）馒头 ··· 220

（四）饼干、糕点 ··· 221

第三节　小麦品质与环境条件的关系 ··· 222

一、小麦籽粒蛋白质、淀粉的形成和积累以及氮素、施氮量和施用

时期与小麦产量和品质的关系 ··· 222

二、磷、钾和硫等元素与小麦产量和品质的关系 ····················· 225

三、降水量和土壤水分与小麦产量和品质的关系 ····················· 226

四、温度与小麦产量和品质的关系 ··· 227

五、光照与小麦产量和品质的关系 ··· 228

六、土壤质地、类型和养分等与小麦产量和品质的关系 ············ 228

第十章│小麦栽培技术 ··· 230

第一节　小麦栽培的基本原则 ··· 230

一、强化农田基本建设，创造良好环境条件 ····························· 230

（一）改良土壤，培肥地力 ··· 230

（二）深耕深翻，平整土地 ··· 231

（三）扩大灌溉面积，健全排涝设施 ····································· 231

二、选用优良品种，良种良法配套 ··· 231

三、建立合理群体，充分利用光能 ··· 231

四、优化综合技术，高产优质高效 ··· 232

五、保护生态环境，保证食品安全 ··· 232

（一）建立生产基地，确保产地环境安全 ······························ 232

（二）增施有机肥，适量施用化肥 ·· 232

（三）推广生物农药，防止化学农药污染 ······························ 232

（四）严禁污水灌溉麦田，避免施用城市垃圾肥料 ·················· 233

第二节　选用良种 ··· 233

一、小麦良种的重要性 ·· 233

二、小麦良种选用的原则 ·· 233

（一）根据本地区生态条件选用良种 ····································· 233

（二）根据本地区生产水平选用良种 ····································· 234

（三）根据不同耕作制度选用良种 ·· 234

（四）根据当地逆境灾害特点选用良种 ·································· 234

（五）根据市场需求选用良种 ·· 235

三、良种良法配套 ··· 235

第三节　小麦规范化播种技术 ···················· 235
　　一、耕作整地 ···················· 236
　　　　（一）耕翻 ···················· 236
　　　　（二）耙耱、镇压 ···················· 236
　　　　（三）播前整地 ···················· 236
　　二、施肥技术 ···················· 237
　　　　（一）施肥量 ···················· 237
　　　　（二）施肥时期 ···················· 238
　　　　（三）施肥方法 ···················· 238
　　三、灌溉技术 ···················· 239
　　　　（一）畦灌 ···················· 239
　　　　（二）沟灌 ···················· 239
　　　　（三）间歇灌溉 ···················· 239
　　　　（四）"小白龙"灌溉 ···················· 239
　　　　（五）喷灌 ···················· 240
　　四、排涝防渍技术 ···················· 240
　　　　（一）搞好田间排水工程 ···················· 240
　　　　（二）改进耕作栽培技术 ···················· 241
　　　　（三）采用农艺措施 ···················· 241
　　五、小麦播种技术 ···················· 241
　　　　（一）种子的精选与处理 ···················· 241
　　　　（二）播种量的确定 ···················· 242
　　　　（三）播种期的确定 ···················· 242
　　　　（四）播种方式与质量要求 ···················· 243
第四节　小麦的冬前及冬季管理 ···················· 244
　　一、小麦苗期的生育特点和管理技术 ···················· 244
　　　　（一）小麦苗期的生育特点 ···················· 244
　　　　（二）小麦苗期的管理技术 ···················· 244
　　二、越冬前及冬季管理技术 ···················· 245
　　　　（一）北方水浇地 ···················· 245
　　　　（二）南方稻茬麦 ···················· 245
第五节　小麦的春季管理 ···················· 246

一、小麦春季生育特点 ……………………………………………… 246

二、小麦春季管理技术 ……………………………………………… 247

（一）北方水浇地 ………………………………………………… 247

（二）南方稻茬麦 ………………………………………………… 247

第六节 小麦的后期管理与收获 ………………………………………… 248

一、小麦后期的生育特点 …………………………………………… 248

二、小麦生育后期的管理技术 ……………………………………… 248

（一）北方水浇地 ………………………………………………… 249

（二）南方稻茬麦 ………………………………………………… 249

三、适时收获 ………………………………………………………… 249

第十一章 我国不同小麦生态区单项小麦栽培技术 ……………… 250

第一节 小麦叶龄指标促控法栽培原理与技术 ………………………… 250

一、小麦器官建成的叶龄模式 ……………………………………… 250

（一）叶龄与器官的同伸规律 …………………………………… 250

（二）叶龄与穗分化的对应关系 ………………………………… 252

二、小麦叶龄模式栽培的理论基础 ………………………………… 253

（一）叶片不同生长进程的肥水效应 …………………………… 253

（二）叶鞘不同生长进程的肥水效应 …………………………… 254

（三）节间不同生长进程的肥水效应 …………………………… 255

（四）群体动态结构的肥水效应 ………………………………… 256

（五）穗部性状的肥水效应 ……………………………………… 257

（六）不同叶龄肥水对器官的综合影响和株型变化 …………… 257

三、小麦叶龄模式的综合技术 ……………………………………… 258

（一）双马鞍型促控法 …………………………………………… 258

（二）单马鞍型促控法 …………………………………………… 258

第二节 冬小麦精播半精播高产栽培技术 ……………………………… 259

一、小麦传统高产栽培存在的问题 ………………………………… 260

二、冬小麦精播高产栽培的理论基础 ……………………………… 261

（一）小麦精播栽培的生物学基础 ……………………………… 261

（二）小麦精播栽培的生理基础 ………………………………… 262

三、冬小麦精播高产栽培技术 ……………………………………… 265

（一）培肥地力 ……………………………………………………………………… 265

（二）选用良种 ……………………………………………………………………… 265

（三）培育壮苗 ……………………………………………………………………… 265

（四）创建合理的群体结构 ………………………………………………………… 266

四、冬小麦半精播高产栽培技术 ……………………………………………………… 266

（一）冬小麦半精播高产栽培的概念 ……………………………………………… 266

（二）冬小麦半精播高产栽培技术 ………………………………………………… 266

第三节 冬小麦节水省肥高产栽培技术 ………………………………………………… 267

一、冬小麦节水高产栽培的技术原理 ………………………………………………… 267

（一）发挥 2m 土体的储水功能，夏储春用，减少雨水损失 …………………… 267

（二）减少灌溉次数，提高土壤水利用率，降低总耗水量 ……………………… 268

（三）适当晚播，减少前期无效耗水，增进水分生产力 ………………………… 268

（四）利用适度水分亏缺调控，建立高光效、低耗水的株群结构，并促进籽粒
       灌浆 …………………………………………………………………………… 268

（五）发挥综合技术措施的协同调控作用，补偿短期水分胁迫对产量形成的
       不利影响 ……………………………………………………………………… 269

二、冬小麦节水省肥高产栽培的生理基础 …………………………………………… 269

（一）根系生长与土壤水利用 ……………………………………………………… 269

（二）冠层结构与光合生产 ………………………………………………………… 271

（三）干物质积累、分配与水分利用效率 ………………………………………… 272

（四）节水灌溉与产量形成 ………………………………………………………… 274

三、冬小麦节水高产栽培主要技术 …………………………………………………… 275

（一）底墒水调整土壤储水 ………………………………………………………… 275

（二）选用容穗量大、早熟、耐旱、多花、中粒型品种 ………………………… 275

（三）适当晚播 ……………………………………………………………………… 275

（四）集中施用磷肥，适当增加基肥氮量 ………………………………………… 275

（五）增加基本苗，确保播种质量 ………………………………………………… 275

（六）播后暄土保墒 ………………………………………………………………… 276

（七）春季适期补充灌水 …………………………………………………………… 276

（八）选择适宜的土壤类型 ………………………………………………………… 276

第四节 小麦氮肥后移高产栽培技术 …………………………………………………… 276

一、小麦氮肥后移高产栽培技术的内涵 ……………………………………………… 276

二、公顷产 9 000kg 小麦对土壤条件的要求 ……………………………… 277

（一）土壤有机质含量丰富，氮、磷、钾养分充足 ………………… 277

（二）土体深厚，土体内构型和谐、无障碍层次 …………………… 278

（三）耕层深厚，土壤结构良好 …………………………………… 278

（四）改旋耕为深耕或深松，协调土壤水、肥、气、热状况 ……… 278

三、有机无机肥料配合培肥地力，延缓小麦衰老 ……………………… 278

（一）有机无机肥料配合降低根系膜脂过氧化作用，延迟根系衰老 ……… 279

（二）有机无机肥料配合提高了根系活力 ………………………… 279

（三）有机无机肥料配合提高小麦生育后期各层根的干重和总干重 ……… 280

（四）有机无机肥料配合提高了籽粒产量和经济系数 …………… 280

四、小麦氮肥后移技术的关键技术环节 ………………………………… 280

五、小麦氮肥后移技术高产优质的生理基础 …………………………… 281

（一）提高开花后旗叶光合速率，延长光合高值持续期 ………… 281

（二）促进光合产物向穗部分配 …………………………………… 281

（三）增强拔节期以后的氮素同化能力，促进营养器官氮素向籽粒转运 ……… 282

（四）提高了开花后旗叶可溶性蛋白质含量，延缓衰老 ………… 282

（五）改善籽粒品质，提高产量 …………………………………… 282

（六）氮肥追肥时期后移提高了肥料氮的利用率 ………………… 283

（七）减少了硝态氮向深层土壤的淋溶 …………………………… 283

第五节　北方雨养旱地小麦丰产栽培理论与技术 ……………………… 284

一、黄淮冬麦区雨养旱地小麦丰产栽培理论与技术 …………………… 284

（一）旱地小麦高产的生理基础 …………………………………… 284

（二）旱地小麦丰产栽培技术 ……………………………………… 287

二、山西省雨养旱地小麦蓄水保墒丰产栽培理论与技术 ……………… 289

（一）山西小麦生产特点 …………………………………………… 289

（二）旱地小麦蓄水保墒丰产栽培技术简介 ……………………… 290

（三）旱地小麦蓄水保墒丰产栽培技术的生理基础 ……………… 291

（四）旱地小麦蓄水保墒丰产栽培技术 …………………………… 295

三、甘肃省雨养旱地小麦秸秆带状覆盖丰产栽培理论与技术 ………… 296

（一）玉米秸秆带状覆盖抗旱丰产栽培的生理基础 ……………… 296

（二）秸秆带状覆盖丰产栽培技术要点 …………………………… 299

第六节　小麦测墒补灌节水高产栽培技术 ……………………………… 300

一、小麦测墒补灌节水高产栽培技术的内涵 ∙∙∙∙∙∙∙∙∙∙∙∙∙∙∙∙∙∙∙∙∙∙∙∙∙∙∙∙∙∙∙∙∙∙∙ 300
　（一）小麦测墒补灌节水高产栽培技术的概念 ∙∙∙∙∙∙∙∙∙∙∙∙∙∙∙∙∙∙∙∙∙∙∙∙∙∙∙∙∙∙ 300
　（二）小麦测墒补灌节水高产栽培技术应用效果 ∙∙∙∙∙∙∙∙∙∙∙∙∙∙∙∙∙∙∙∙∙∙∙∙∙∙∙ 301
二、小麦测墒补灌节水高产栽培技术灌溉量的计算 ∙∙∙∙∙∙∙∙∙∙∙∙∙∙∙∙∙∙∙∙∙∙∙∙∙∙∙∙∙ 301
　（一）小麦测墒补灌节水高产栽培技术计算灌水量参数 ∙∙∙∙∙∙∙∙∙∙∙∙∙∙∙∙∙ 301
　（二）小麦测墒补灌节水高产栽培技术灌水量的计算 ∙∙∙∙∙∙∙∙∙∙∙∙∙∙∙∙∙∙∙∙ 302
三、小麦测墒补灌节水高产栽培技术的优点 ∙∙∙∙∙∙∙∙∙∙∙∙∙∙∙∙∙∙∙∙∙∙∙∙∙∙∙∙∙∙∙∙∙∙∙ 302
　（一）测墒补灌减少了灌溉量 ∙∙ 302
　（二）测墒补灌促进了小麦对土壤储水的利用 ∙∙∙∙∙∙∙∙∙∙∙∙∙∙∙∙∙∙∙∙∙∙∙∙∙∙∙ 303
　（三）测墒补灌促进了小麦对 $60\sim140cm$ 土层土壤储水的消耗利用 ∙∙∙∙∙∙∙∙∙ 303
　（四）测墒补灌提高了小麦灌浆中后期旗叶的光合速率 ∙∙∙∙∙∙∙∙∙∙∙∙∙∙∙ 303
　（五）测墒补灌提高了小麦的根系活力 ∙∙∙∙∙∙∙∙∙∙∙∙∙∙∙∙∙∙∙∙∙∙∙∙∙∙∙∙∙∙∙∙ 304
　（六）测墒补灌延缓了小麦旗叶的衰老 ∙∙∙∙∙∙∙∙∙∙∙∙∙∙∙∙∙∙∙∙∙∙∙∙∙∙∙∙∙∙∙∙ 305
　（七）测墒补灌降低了 $60\sim200cm$ 土层土壤硝态氮含量 ∙∙∙∙∙∙∙∙∙∙∙ 306
　（八）测墒补灌提高了小麦籽粒产量、水分利用效益和灌溉效益 ∙∙∙∙ 306
四、小麦测墒补灌节水高产栽培技术的田间灌溉方法 ∙∙∙∙∙∙∙∙∙∙∙∙∙∙∙∙∙∙∙∙∙∙∙ 307
　（一）微喷带灌溉 ∙∙∙ 307
　（二）按井口出水量和时间进行测墒补灌 ∙∙∙∙∙∙∙∙∙∙∙∙∙∙∙∙∙∙∙∙∙∙∙∙∙∙∙∙∙ 308
第七节　南方稻茬小麦高产栽培理论与技术 ∙∙∙∙∙∙∙∙∙∙∙∙∙∙∙∙∙∙∙∙∙∙∙∙∙∙∙∙∙∙∙∙∙∙∙ 308
一、江苏省稻茬小麦高产抗逆栽培理论与技术 ∙∙∙∙∙∙∙∙∙∙∙∙∙∙∙∙∙∙∙∙∙∙∙∙∙∙∙∙∙ 308
　（一）江苏省稻茬小麦高产的生理基础 ∙∙∙∙∙∙∙∙∙∙∙∙∙∙∙∙∙∙∙∙∙∙∙∙∙∙∙∙∙∙∙∙ 309
　（二）江苏省稻茬小麦高产栽培技术 ∙∙∙∙∙∙∙∙∙∙∙∙∙∙∙∙∙∙∙∙∙∙∙∙∙∙∙∙∙∙∙∙∙∙ 313
二、安徽省稻茬小麦高产栽培理论与技术 ∙∙∙∙∙∙∙∙∙∙∙∙∙∙∙∙∙∙∙∙∙∙∙∙∙∙∙∙∙∙∙∙∙∙∙ 317
　（一）安徽省稻茬小麦高产的生理基础 ∙∙∙∙∙∙∙∙∙∙∙∙∙∙∙∙∙∙∙∙∙∙∙∙∙∙∙∙∙∙∙∙ 317
　（二）安徽省稻茬小麦高产栽培技术 ∙∙∙∙∙∙∙∙∙∙∙∙∙∙∙∙∙∙∙∙∙∙∙∙∙∙∙∙∙∙∙∙∙∙ 319
三、湖北省稻茬小麦高产栽培理论与技术 ∙∙∙∙∙∙∙∙∙∙∙∙∙∙∙∙∙∙∙∙∙∙∙∙∙∙∙∙∙∙∙∙∙∙∙ 323
　（一）湖北省稻茬小麦高产的生理基础 ∙∙∙∙∙∙∙∙∙∙∙∙∙∙∙∙∙∙∙∙∙∙∙∙∙∙∙∙∙∙∙∙ 323
　（二）湖北省稻茬小麦高产栽培技术 ∙∙∙∙∙∙∙∙∙∙∙∙∙∙∙∙∙∙∙∙∙∙∙∙∙∙∙∙∙∙∙∙∙∙ 325
四、四川省稻茬小麦高产栽培理论与技术 ∙∙∙∙∙∙∙∙∙∙∙∙∙∙∙∙∙∙∙∙∙∙∙∙∙∙∙∙∙∙∙∙∙∙∙ 328
　（一）四川省稻茬小麦高产的生理基础 ∙∙∙∙∙∙∙∙∙∙∙∙∙∙∙∙∙∙∙∙∙∙∙∙∙∙∙∙∙∙∙∙ 328
　（二）四川省稻茬小麦高产栽培技术 ∙∙∙∙∙∙∙∙∙∙∙∙∙∙∙∙∙∙∙∙∙∙∙∙∙∙∙∙∙∙∙∙∙∙ 330
第八节　小麦垄作高产高效栽培技术 ∙∙∙ 332

一、小麦垄作高产高效栽培技术的生理基础 ……………………………… 332

　　（一）对土壤理化特性的影响 ………………………………………… 332

　　（二）对根系分布的影响 ……………………………………………… 334

　　（三）对小麦群体结构的影响 ………………………………………… 335

　　（四）对小麦植株形态的影响 ………………………………………… 336

　　（五）对小麦抗逆性的影响 …………………………………………… 336

　　（六）对产量和资源利用效率的影响 ………………………………… 338

二、小麦垄作高产高效栽培技术 ………………………………………… 339

　　（一）选择适宜地块 …………………………………………………… 339

　　（二）整地 ……………………………………………………………… 339

　　（三）合理确定垄幅 …………………………………………………… 339

　　（四）选择分蘖成穗率高的多穗型品种 ……………………………… 339

　　（五）种肥同播 ………………………………………………………… 339

　　（六）播后浇水 ………………………………………………………… 340

　　（七）冬前除草 ………………………………………………………… 340

　　（八）浇越冬水 ………………………………………………………… 340

　　（九）镇压与划锄 ……………………………………………………… 340

　　（十）春季肥水管理 …………………………………………………… 340

　　（十一）及时防治病虫害 ……………………………………………… 340

　　（十二）适时收获，秸秆还田 ………………………………………… 341

第九节　北纬 33°麦区旱茬小麦高产栽培技术 ………………………… 341

一、北纬 33°麦区的分布与生态特点 …………………………………… 341

　　（一）北纬 33°麦区的区域分布 ……………………………………… 341

　　（二）北纬 33°麦区的气候与降水特点 ……………………………… 341

　　（三）北纬 33°麦区的土壤养分特点 ………………………………… 342

二、北纬 33°麦区小麦产量的形成 ……………………………………… 342

　　（一）前期壮苗越冬争足穗 …………………………………………… 342

　　（二）中期稳健生长保大穗 …………………………………………… 343

　　（三）后期防早衰增粒重 ……………………………………………… 343

三、北纬 33°麦区小麦栽培技术 ………………………………………… 343

　　（一）北纬 33°麦区小麦生产存在的问题 …………………………… 343

　　（二）北纬 33°麦区小麦栽培技术 …………………………………… 344

第十节 小窝（穴）密植高产栽培理论与技术·······················347

一、小窝（穴）密植技术的形成·······················347

二、小窝密植增产的生理基础·······················348

（一）规格严密，群体整齐均匀·······················348

（二）群体的分布和发展较为合理，利于穗数和穗重的协调发展·······················348

（三）田间光照条件较好，小麦次生根较发达，抗倒伏能力较强·······················348

（四）群体光合能力较强，净光合生产率较高，有机物质的积累和运输分配

较好·······················349

三、小窝密植的技术要点·······················349

四、小窝密植技术的发展·······················350

（一）从人力逐步向半机械化、机械化发展·······················350

（二）小窝密植与稻田免耕露播覆草栽培技术的结合·······················350

五、小窝密植的增产效果·······················351

第十一节 强筋小麦优质丰产栽培技术·······················351

一、强筋小麦籽粒品质分类·······················351

二、环境条件对强筋小麦品质与产量的调节效应·······················352

（一）土壤条件对强筋小麦产量与品质的调节效应·······················352

（二）营养元素对强筋小麦产量与品质的调节效应·······················352

（三）灌溉对强筋小麦产量与品质的调节效应·······················356

（四）收获时期与小麦品质和产量·······················356

三、强筋小麦优质丰产栽培技术·······················357

（一）合理选用品种·······················357

（二）注重培肥地力·······················357

（三）播前精细整地·······················357

（四）适期适量适墒播种·······················358

（五）因地力和产量确定施肥量，实施氮肥后移·······················358

（六）适时灌溉·······················358

（七）预防倒伏·······················358

（八）综合防治病虫草害·······················358

（九）适时收获·······················359

第十二节 弱筋小麦优质丰产栽培技术·······················359

一、弱筋小麦籽粒品质要求·······················359

二、环境条件对弱筋小麦品质和产量的调节效应 ……………………………… 359

(一) 气候条件对弱筋小麦品质的影响 …………………………………… 360

(二) 土壤条件对弱筋小麦品质的影响 …………………………………… 360

三、栽培措施对弱筋小麦品质的调节效应 ………………………………………… 361

(一) 播种期和种植密度与弱筋小麦品质 ……………………………… 361

(二) 氮素与弱筋小麦品质 ………………………………………………… 362

(三) 磷素与弱筋小麦品质 ………………………………………………… 364

(四) 钾素与弱筋小麦品质 ………………………………………………… 364

(五) 锌与弱筋小麦品质 …………………………………………………… 364

(六) 生化制剂与弱筋小麦品质 …………………………………………… 365

四、弱筋小麦优质栽培技术要点 …………………………………………………… 366

(一) 选择适宜的生态区域 ………………………………………………… 366

(二) 选择优质的弱筋品种 ………………………………………………… 366

(三) 播种技术 ……………………………………………………………… 367

(四) 肥料用量和运筹 ……………………………………………………… 367

(五) 水分管理 ……………………………………………………………… 367

第十三节　东北春小麦高产优质高效栽培理论与技术 ………………………… 368

一、东北春麦区的自然条件和生态特点 …………………………………………… 368

二、东北春麦区小麦生育特点 ……………………………………………………… 369

(一) 生育期短、前期发育快 ……………………………………………… 369

(二) 分蘖过程短、分蘖成穗少,以主穗保产 …………………………… 369

(三) 穗分化开始早、进程快、过程短 …………………………………… 369

(四) 籽粒灌浆过程短、千粒重低 ………………………………………… 369

(五) 生育期病虫害较轻 …………………………………………………… 370

(六) 品质优,加工品质好 ………………………………………………… 370

三、东北春小麦高产优质高效栽培技术 …………………………………………… 370

(一) 选茬与整地 …………………………………………………………… 370

(二) 品种选用和种子处理 ………………………………………………… 371

(三) 种植密度与种植方式 ………………………………………………… 372

(四) 施肥技术 ……………………………………………………………… 372

(五) 播种技术 ……………………………………………………………… 373

(六) 田间管理 ……………………………………………………………… 374

（七）收获 ·· 375

第十四节 西北春小麦高产优质高效栽培理论与技术 ································ 375

一、西北春麦区生态条件特点 ··· 375

（一）光温资源有利春小麦生长 ··· 375

（二）荒漠绿洲，干旱缺水 ·· 376

（三）土壤盐渍化及自然灾害对生产制约 ···························· 377

二、西北春麦区小麦生长发育和产量及其品质形成特点 ··············· 378

（一）分蘖及成穗 ··· 378

（二）幼穗分化 ·· 378

（三）籽粒形成与灌浆 ·· 378

（四）群体结构及产量构成 ·· 378

（五）产量形成的特点 ·· 379

（六）品质形成特点 ·· 379

三、西北春麦区小麦高产优质高效栽培 ··································· 380

（一）发展节水型种植 ·· 380

（二）改土培肥，治理盐碱 ·· 380

（三）建立春小麦高产高效栽培技术体系 ···························· 380

第十五节 晚茬小麦丰产栽培技术 ··· 383

一、晚茬小麦的生育特点 ··· 383

（一）冬前苗龄小、苗体小 ·· 383

（二）幼穗分化开始晚、时间短，结实粒数减少 ···················· 383

（三）春季分蘖的成穗率高、单穗粒重低 ···························· 383

二、晚茬小麦"四补一促"栽培技术 ······································ 384

（一）选用良种，以种补晚 ·· 384

（二）增施肥料，以肥补晚 ·· 384

（三）加大播量，以密补晚 ·· 384

（四）提高整地播种质量，以好补晚 ···································· 384

（五）精细科学管理，促壮苗多成穗 ···································· 385

三、晚茬小麦抗逆丰产栽培技术 ·· 385

（一）晚茬小麦抗逆丰产栽培技术的概念 ···························· 385

（二）晚茬小麦抗逆丰产栽培技术的生理基础 ····················· 386

（三）晚茬小麦抗逆丰产栽培关键技术 ······························ 389

第十六节 小麦宽幅精播节水高产栽培技术 ……………………………… 390

一、小麦宽幅精播与常规播种技术的区别 ………………………………… 390

（一）小麦宽幅精播节水高产栽培技术的概念 ………………………… 390

（二）小麦播种苗带由常规播种 3cm 扩大到宽幅精播 8cm，对小麦生长有什么
好处 ……………………………………………………………………… 391

二、小麦宽幅精播技术为什么节水高产 …………………………………… 391

（一）宽幅精播与常规播种相比，苗带宽，植株分散，棵间土壤蒸发量小，
土壤水分不易散失，需要的灌溉量少 …………………………… 391

（二）宽幅精播小麦在田间分布均匀，根系健壮，吸收能力强，提高了开花
至成熟阶段耗水量，促进籽粒灌浆 …………………………… 392

（三）宽幅精播单株获得光照条件好，光合有效辐射截获率高，单株生产力强，
旗叶光合能力强，穗数和千粒重高 …………………………… 393

（四）宽幅精播提高了籽粒产量和水分利用效率 …………………… 395

三、确定宽幅精播的适宜行距和基本苗 …………………………………… 395

（一）行距 25cm 为宽幅精播节水高产栽培的适宜行距 …………… 395

（二）每公顷 180 万基本苗为宽幅精播节水高产栽培的适宜基本苗 …… 397

（三）不同区域、不同地力利用宽幅精播节水高产栽培技术时小麦行距和
基本苗的确定 …………………………………………………… 399

四、小麦宽幅精播节水高产栽培技术要点 ………………………………… 400

（一）合理选用品种 …………………………………………………… 400

（二）地力条件 ………………………………………………………… 400

（三）播前精细整地 …………………………………………………… 400

（四）宽幅精播 ………………………………………………………… 400

（五）因地力和产量确定施肥量，实施氮肥后移 …………………… 400

（六）适时灌溉 ………………………………………………………… 400

（七）综合防治病虫草害 ……………………………………………… 401

（八）适时收获 ………………………………………………………… 401

第十七节 小麦滴灌节水栽培技术 ………………………………………… 401

一、小麦滴灌节水高产栽培技术的生理基础 …………………………… 401

（一）不同灌溉方式对小麦叶面积指数的影响 …………………… 401

（二）不同灌溉方式对小麦光合特性的影响 ……………………… 402

（三）不同灌溉方式对小麦干物质积累特性的影响 ……………… 402

（四）不同灌溉方式和不同灌溉量对小麦养分吸收的影响 ……………… 402

（五）不同灌溉方式对小麦产量及水分利用效率的影响 …………… 403

二、小麦滴灌节水高产栽培技术 …………………………………… 403

（一）滴灌系统及其设备 …………………………………………… 404

（二）播种阶段 ……………………………………………………… 404

（三）冬前管理 ……………………………………………………… 405

（四）冬小麦春后水肥一体化管理要点 …………………………… 405

第十二章 │ 小麦间套复种的原理与模式 …………………………… 407

第一节　小麦间套复种的原理和原则 ……………………………… 407

一、发展麦田间套复种的意义 ……………………………………… 407

（一）增产增收 ……………………………………………………… 407

（二）稳产增收 ……………………………………………………… 407

（三）培肥地力，促进农田物质循环 ……………………………… 408

（四）协调作物争地矛盾，促进多种经营 ………………………… 408

二、麦田间套作的原理 ……………………………………………… 408

（一）麦田间套作在空间上的互补与竞争 ………………………… 408

（二）麦田间套作在时间上的互补与竞争 ………………………… 410

（三）麦田间套作在养分上互补与竞争 …………………………… 411

（四）麦田间套作与边际效应 ……………………………………… 411

（五）麦田间套作在病虫害方面的相互影响 ……………………… 412

第二节　麦田间套复种 ……………………………………………… 413

一、北方一熟区麦田间套作模式 …………………………………… 413

（一）小麦间套玉米 ………………………………………………… 413

（二）小麦间套马铃薯 ……………………………………………… 415

（三）春小麦套种油葵 ……………………………………………… 416

（四）小麦玉米带套种蔬菜 ………………………………………… 417

二、黄淮海平原两熟区高产高效间套作种植模式 ………………… 418

（一）小麦玉米套种 ………………………………………………… 418

（二）小麦套种花生 ………………………………………………… 419

（三）小麦生姜套作 ………………………………………………… 422

（四）小麦辣椒套作 ………………………………………………… 422

（五）小麦、春菜、玉米、秋菜间套复种 …………………………… 423

（六）小麦、玉米、秋菜间套作 ………………………………………… 425

（七）小麦、棉花套作 …………………………………………………… 426

三、长江流域麦稻两熟区高效多熟种植模式 …………………………… 427

（一）小麦套播春玉米套播后季稻 ……………………………………… 427

（二）小麦套种西瓜复种水稻 …………………………………………… 428

（三）小麦套种花生套种绿豆复种杂交晚稻 …………………………… 429

四、南方丘陵山区旱地多熟高产高效种植模式 ………………………… 430

（一）小麦、玉米、甘薯间套多熟 ……………………………………… 430

（二）小麦、玉米、大豆间套多熟 ……………………………………… 432

（三）小麦、西瓜、玉米间套多熟 ……………………………………… 433

（四）小麦、花生、玉米、蔬菜间套多熟 ……………………………… 434

第十三章　小麦主要病虫草害综合防治 ……………………………… 436

第一节　小麦主要病害及其防治技术 …………………………………… 436

一、小麦锈病 ……………………………………………………………… 436

（一）分布与危害 ………………………………………………………… 436

（二）症状与病原 ………………………………………………………… 436

（三）侵染循环与发病规律 ……………………………………………… 437

（四）防治方法 …………………………………………………………… 438

二、小麦白粉病 …………………………………………………………… 438

（一）分布与危害 ………………………………………………………… 438

（二）症状与病原 ………………………………………………………… 438

（三）侵染循环与发病规律 ……………………………………………… 439

（四）防治方法 …………………………………………………………… 439

三、小麦纹枯病 …………………………………………………………… 439

（一）分布与危害 ………………………………………………………… 439

（二）症状与病原 ………………………………………………………… 439

（三）侵染循环与发病规律 ……………………………………………… 440

（四）防治方法 …………………………………………………………… 440

四、小麦赤霉病 …………………………………………………………… 440

（一）分布与危害 ………………………………………………………… 440

（二）症状与病原 ·· 441

（三）侵染循环 ·· 441

（四）防治方法 ·· 441

五、小麦黑穗（粉）病 ·· 441

（一）分布与危害 ··· 441

（二）症状与病原 ··· 442

（三）侵染循环与发生规律 ··· 442

（四）综合防治方法 ··· 442

六、小麦根腐病 ··· 443

（一）分布和危害 ··· 443

（二）症状与病原 ··· 443

（三）侵染循环和发生规律 ··· 443

（四）防治方法 ·· 443

七、其他小麦病害 ··· 444

（一）小麦丛矮病 ··· 444

（二）小麦全蚀病 ··· 444

（三）其他常见病害 ··· 445

第二节 小麦主要害虫及其防治技术 ·· 445

一、地下害虫类 ·· 445

（一）种类、分布与危害 ·· 445

（二）生活史与习性 ··· 446

（三）综合防治方法 ··· 447

二、麦蚜 ··· 447

（一）种类、分布与危害 ·· 447

（二）形态特征 ·· 448

（三）生活史与习性 ··· 449

（四）综合防治方法 ··· 450

三、麦红蜘蛛 ··· 450

（一）种类、分布与危害 ·· 450

（二）形态特征 ·· 451

（三）生活史与习性 ··· 451

（四）综合防治方法 ··· 452

四、小麦吸浆虫 …………………………………………………… 452

    (一) 种类、分布与危害 ………………………………………… 452

    (二) 形态特征 …………………………………………………… 453

    (三) 生活史与习性 ……………………………………………… 454

    (四) 综合防治方法 ……………………………………………… 454

五、黏虫 …………………………………………………………… 454

    (一) 种类、分布与危害 ………………………………………… 454

    (二) 形态特征 …………………………………………………… 455

    (三) 生活史与习性 ……………………………………………… 456

    (四) 综合防治方法 ……………………………………………… 456

六、麦叶蜂 ………………………………………………………… 457

第三节 麦田主要杂草及其防除技术 ………………………………… 457

一、麦田杂草种类及其危害 ………………………………………… 457

    (一) 麦田杂草种类 ……………………………………………… 457

    (二) 麦田杂草危害 ……………………………………………… 458

二、麦田除草方法 …………………………………………………… 458

三、麦田化学除草技术 ……………………………………………… 459

    (一) 播后苗前土壤处理 ………………………………………… 459

    (二) 苗后茎叶处理 ……………………………………………… 459

    (三) 麦田除草应掌握的关键因素 ……………………………… 460

第四节 麦田主要病虫草害防控技术要点 ………………………… 460

主要参考文献 ………………………………………………………… 461

第一章 中国小麦生产与栽培技术概况

第一节 小麦生产在国民经济中的地位

一、中国小麦生产在世界小麦生产中的地位

中国是小麦生产和消费大国。据联合国粮食及农业组织资料，2019年全世界小麦收获面积21 590.2万 hm^2，单位面积产量3 546.8kg/hm^2，总产量76 576.1万 t。种植面积排在前4位的国家分别是：印度、俄罗斯、中国和美国，其收获面积分别为2 931.9万 hm^2、2 755.9万 hm^2、2 373.3万 hm^2 和1 503.9万 hm^2，单位面积产量分别为3 533.4kg/hm^2、2 701.6kg/hm^2、5 629.4kg/hm^2 和 3 474.8kg/hm^2，总产量分别为 10 359.6万 t、7 445.3万 t、13 360.1万 t 和5 225.8万 t，4个国家中中国的单产和总产最高。世界上欧洲国家爱尔兰、荷兰、比利时等的单产较高，分别达到9 378.7kg/hm^2、9 378.1kg/hm^2 和9 336.4kg/hm^2，但其面积相对较小，分别为6.3万 hm^2、12.6万 hm^2、20.4万 hm^2。

二、中国小麦生产在全国粮食生产中的地位

小麦是我国三大粮食作物之一，其播种面积和总产约占全国粮食总产量的22.1%和21.0%，在全国粮食生产中占有重要的地位。具体表现在以下四个方面：

（一）小麦是我国北方人民的主要口粮

小麦在我国主要用于食物消费，是我国北方城乡居民的主要口粮，南方居民也经常食用小麦制作的面食。在我国小麦总消费量中，口粮消费占70%～75%，饲料消费占10%～20%，工业消费6%～12%，种用消费4%～5%。

（二）小麦是我国食品工业中的重要原料

由于小麦含有独特的麦谷蛋白和醇溶蛋白，能制作出烘焙食品（面包、糕点、饼干）、蒸煮食品（馒头、面条、饺子）和各种各样的方便食品、保健食品，其制品数量之大、花

1

样之多，居各类作物之首，在食品工业中占据重要地位。从小麦直接消费结构来看，约60%是以面粉的形式直接进入家庭，制成主食被消费；约40%进入食品加工企业被加工成面食制品而进入流通市场被消费。从面粉加工分类来看，不规定具体用途的通用粉约占75%，专用粉约占22%，营养强化面粉约占3%。从食品加工分类，制粉的终端消费中烘焙类和煎炸类食品约占22%，包括面包、蛋糕、中式糕点、饼干、油条、煎炸裹粉；煮类食品约占35%，包括生鲜面、挂面、方便面、拉面、饺子等；蒸类食品约占35%，包括馒头、包子等；营养强化类食品约占3%，其他约占5%。随着人民生活水平的提高，以及制粉工艺的改良，面粉加工企业对优质专用小麦的需求还将日益增加。

（三）小麦是重要的饲料作物和工业原料

在我国，小麦及其副产品是仅次于玉米的饲料原料。小麦作为发酵原料广泛应用于酿酒、医药、调味品生产。小麦淀粉用于食品作增稠剂、胶凝剂、黏结剂或稳定剂等，还可以加工成变性淀粉，作为优质辅料广泛应用于造纸、纺织等多个领域。以小麦芽为原料可制取小麦胚芽油和酿制小麦啤酒。小麦秸秆可用于编织工艺品。

（四）小麦是主产区耕作制度中的主体作物

小麦是构成北方多熟种植制度的主体作物。主要模式有四种类型：一是小麦与其他粮食作物间套复种型，如小麦—玉米、小麦/玉米、小麦—大豆、小麦—甘薯、小麦/玉米//大豆或绿豆等；二是小麦与经济作物间套复种型，如小麦/棉花、小麦/花生等；三是有蔬菜或瓜类作物参与的间套种，如小麦//越冬菜/玉米/大白菜、小麦//越冬菜/玉米/黄瓜或西瓜、小麦/西瓜//花生/玉米等；四是果园、林地间作小麦，如桐粮间作、枣粮间作等。

第二节　中国小麦生产的发展

一、中国小麦生产发展的历史

根据不同时期小麦种植面积和产量增减变化情况，将我国小麦生产划分为四个发展阶段。

（一）缓慢发展与稳步提升阶段（1949—1978 年）

该阶段制约小麦生产发展的主要因素包括干旱、洪涝、盐碱、瘠薄等土壤障碍因素，以条锈病为代表的病虫害危害和小麦倒伏等因素。存在的主要问题是土肥水条件不能满足小麦生长发育的需要。又可分为以下几个时期：

1949—1956 年，小麦生产较快恢复和发展时期（7 年）。这一时期，全国小麦种植面积、单产和总产量分别增长 26.8%、41.7% 和 79.6%，总产年平均递增 8.7%。这一时期小麦生产最大的特点是面积增加、单产提高、总产得到较明显的增长。总产增长部分，52.4% 是靠单产提高，47.6% 是因种植面积增加。此期单产的提高除了生产条件改善外，先后育成一批优良品种，如碧蚂1号，以及总结推广劳动模范的高产经验起到了重要的作用。与此同时，各级农业科研单位开展了小麦播种期、播种量、播种方式、耕作保墒、越冬保苗、防止霜冻、防止倒伏，以及开展麦棉、麦稻、麦玉等间套复种方式周年丰收的栽培技术等方面的研究与推广。上述科研工作为小麦生产的恢复和发展提供了重要技术支撑。

1957—1965年，小麦生产下降与恢复时期（9年）。由于自然灾害的原因，这一时期小麦总产一直低于1956年的水平，直到1965年才逐渐恢复。20世纪50年代后期，条锈病新生理小种的出现，使得碧蚂1号等小麦主栽品种相继感病，减产显著，种植面积下降。由于碧蚂1号种植面积过大，新的抗病品种来不及更换，只能扩种原有的抗、耐条锈病品种。所以，这一时期小麦生产除了自然灾害的严重影响外，科技力量薄弱、选育的新品种少、缺乏对条锈病等重大病虫害的有效防控措施也是重要的因素。

1966—1972年，小麦生产较快发展时期（7年）。这一时期小麦总产量增长了42.7%，年平均递增4.5%，种植面积增长了6.4%，单产提高了34.1%。这一时期单产提高对总产量提高起到了决定性的作用，贡献率占到80%，种植面积增加仅占20%。这一时期，各地小麦科技工作者研究总结提出了小麦大面积丰产栽培技术，主要强调：重视农田基本建设，选用良种，合理搭配，适期播种，保证足够的基本苗数，争取较多的穗数；农家肥与化肥配合，根据肥源多少和土壤养分确定施肥时期与种类；按照小麦生长发育的需要，水肥结合，狠抓关键水；晚茬麦立足抢播、早管，春小麦以苗保穗、以穗增产等。这些栽培措施有力地促进了小麦大面积丰产。

1973—1978年，小麦生产迅速发展时期（6年）。1978年全国小麦面积和总产分别比1972年增长了10.9%和49.6%，总产年平均递增6.9%。同期的小麦单产增长了56.6%，年平均递增7.7%。这一时期，小麦总产增长的30%靠种植面积的增加，70%靠单产的提高。在70年代后期，出现了许多大面积高产典型。在这一时期，随着小麦栽培研究工作的深入，对小麦群体结构、株型结构与产量的关系，营养生长与生殖生长的关系，水分、营养的需求和吸收利用规律，器官同伸规律及控制机理都进行了较为深入的探讨。在此基础上，研究取得"小麦叶龄指标促控法""小麦精播高产栽培技术""小麦高稳优低综合栽培技术""南方湿害发生规律及防御技术"等多套适合不同地区与地力水平的栽培技术成果，并得到推广应用，对小麦生产起到了重要促进作用。

（二）小麦生产快速发展阶段（1979—1997年）

这一阶段，小麦生产得到持续稳步的发展，小麦产量增加了1倍多，种植面积相对稳定，产量增加主要靠单产的提高。生产发展主要是一靠政策、二靠科技、三靠投入。

1997年与1978年相比，小麦总产由5 384万t增至12 328.7万t，增长1.29倍，年均增长4.45%。同期小麦平均单产由1 845kg/hm² 增至4 101.6kg/hm²，提高了约1.2倍。这个阶段小麦种植面积基本保持在3 000万 hm² 左右，比较稳定，产量的增加只有5.2%是靠面积的增加，94.8%是因单产的提高而增加。

在此阶段，小麦栽培研究由单一学科、单项措施的研究，发展到多学科、综合性栽培体系的研究，在田间冠层结构、群体动态结构、产量构成因素、需肥需水规律、促控管理指标等方面的研究都取得了较大进展。田间管理由个体长相指标为依据，发展为动态群体性状的综合调控，将精耕细作的传统技术与现代科学技术的原理和方法结合起来，制定出配套的栽培技术体系，达到了栽培管理规范化。遵循系统工程原理，基于定性和定量分析建立起来的小麦模式化栽培理论与技术在适宜地区大面积推广应用，有力地支撑了该阶段小麦生产的快速提升。

（三）小麦生产结构调整阶段（1998—2003 年）

1998—2003 年，由于种植业结构调整，我国小麦种植面积持续下降，由 1997 年的 3 005.67 万 hm² 下降到 2 199.71 万 hm²，减少了 26.8%。单产一直低于 1997 年的水平，总产由 1997 年的 12 328.7 万 t，降至 2003 年的 8 648.8 万 t。

1998 年以来，随着农业结构战略性调整，优质小麦的发展受到重视，在小麦面积调减的同时，专用小麦面积迅速扩大。2001 年全国专用小麦面积达 600 万 hm²，比 1996 年增加 493.3 万 hm²。其中，达到强筋、弱筋小麦国标（GB/T 17892—1999 和 GB/T 17893—1999）的专用小麦面积达 213.3 万 hm²。2003 年全国优质专用小麦面积达到 826.7 万 hm²，已占小麦总面积的 37%，其中优质强筋、弱筋小麦面积达到了 266.7 万 hm²。

在此阶段，广大小麦栽培工作者着力开展了强筋小麦和弱筋小麦品质生理及优质栽培技术的研究与推广应用，为我国优质专用小麦产量与品质的协同提高做出了重要贡献。同期，还研究成功了以延缓小麦植株衰老、提高粒重为特征的单产超过 9 000kg/hm² 的栽培技术。

（四）小麦产量持续提高阶段（2004—2020 年）

在国家一系列重大支农惠农政策激励下，依靠科技进步和行政推动，我国小麦生产实现了恢复性增长，生产能力稳步提升。2004—2011 年，小麦种植面积恢复性增长，由 2003 年的 2 199.71 万 hm²，恢复到 2011 年的 2 427.0 万 hm²，增加 227.29 万 hm²，增幅 10.3%；单产连创新高，2004—2011 年我国小麦单产分别达到 4 252.05kg/hm²、4 275.0kg/hm²、4 593.0kg/hm²、4 608.0kg/hm²、4 762.0kg/hm²、4 755.0kg/hm²、4 748.36kg/hm² 和 4 837.3kg/hm²，均超过 1997 年 4 101.6kg/hm² 的历史高产记录，小麦单产走出多年连续徘徊的局面，2006 年首次突破 4 500kg/hm² 大关并得以持续；总产量持续增长，2011 年我国小麦总产量 11 740.8 万 t，比 2003 年增加 3 091.3 万 t，增幅 35.7%，实现连续 8 年增产，在面积减少近 600 万 hm² 的情况下，总产量恢复到 20 世纪 90 年代水平，再次超过 1 亿 t。

由于综合性状优良的新品种不断选育推出，单产潜力高、水肥利用效率高的栽培技术不断创新，地力水平高、能排能灌的高标准农田的面积不断扩大，我国小麦产量持续提高，2020 年我国小麦单产 5 742.1kg/hm²，种植面积 2 338.0 万 hm²，总产 13 425.0 万 t。

与此同时，优质专用小麦生产进一步发展。优质专用小麦种植面积不仅得到很大增长，品种质量也取得了明显的成效。据农业部谷物品质监督检验测试中心检测，2008—2010 年 3 年检测结果平均，我国小麦蛋白质含量达到 13.93%，容重达到 792g/L，分别比 1982—1984 年 3 年检测结果平均值提高了 3.9% 和 2.3%，尤其是小麦湿面筋含量达到 30.2%，提高了 5.9 个百分点，面团稳定时间提高到 6.5min，提高了 1.83 倍。专用小麦生产的发展，较好地满足了国内市场需求。

在此阶段，小麦优质栽培技术得到进一步完善和推广，小麦超高产栽培技术不断得到完善，各地都出现了单产超过 10 500kg/hm² 的高产典型，整建制小麦单产不断刷新，带动小麦单产不断提高。

1949—2020 年全国小麦生产情况见表 1-1。

表 1-1　1949—2020 年全国小麦生产情况统计表

年 份	单 产		面 积		总产量
	kg/hm²	kg/亩*	万 hm²	万亩	（万 t）
1949	642.1	42.8	2 151.6	32 273.3	1 381.5
1950	636.1	42.4	2 280.0	34 200.2	1 450.2
1951	747.7	49.8	2 305.5	34 582.2	1 723.7
1952	731.7	48.8	2 478.0	37 169.9	1 813.1
1953	713.4	47.6	2 563.6	38 453.7	1 828.8
1954	865.5	57.7	2 696.8	40 451.3	2 334.1
1955	859.2	57.3	2 673.9	40 108.4	2 297.3
1956	909.7	60.6	2 727.2	40 908.0	2 480.9
1957	858.5	57.2	2 754.2	41 312.9	2 364.4
1958	876.6	58.4	2 577.5	38 662.4	2 259.3
1959	941.1	62.7	2 357.4	35 361.6	2 218.5
1960	812.6	54.2	2 729.4	40 940.7	2 217.8
1961	557.5	37.2	2 557.2	38 358.0	1 425.6
1962	692.5	46.2	2 407.5	36 112.7	1 667.1
1963	777.2	51.8	2 377.2	35 657.4	1 847.5
1964	820.2	54.7	2 540.8	38 112.3	2 084.0
1965	1 020.7	68.0	2 471.0	37 064.6	2 522.0
1966	1 056.9	70.5	2 391.9	35 877.8	2 528.0
1967	1 102.4	73.5	2 583.9	38 758.8	2 848.5
1968	1 113.4	74.2	2 465.8	36 987.2	2 745.5
1969	1 084.4	72.3	2 516.3	37 743.0	2 728.5
1970	1 146.4	76.4	2 545.8	38 187.0	2 918.5
1971	1 270.5	84.7	2 563.9	38 458.4	3 257.5
1972	1 368.1	91.2	2 630.2	39 453.5	3 598.5
1973	1 332.4	88.8	2 643.8	39 657.5	3 522.5
1974	1 510.1	100.7	2 706.1	40 591.7	4 086.5
1975	1 638.1	109.2	2 766.1	41 490.8	4 531.0
1976	1 772.2	118.1	2 841.7	42 626.0	5 036.0

（续）

| 年 份 | 单 产 | | 面 积 | | 总产量 |
	kg/hm²	kg/亩*	万 hm²	万亩	（万 t）
1977	1 463.6	97.6	2 806.5	42 097.8	4 107.5
1978	1 844.9	123.0	2 918.3	43 773.9	5 384.0
1979	2 136.8	142.5	2 935.7	44 035.1	6 273.0
1980	1 913.9	127.6	2 884.4	43 266.6	5 520.5
1981	2 106.9	140.5	2 830.7	42 460.1	5 964.0
1982	2 449.3	163.3	2 795.5	41 933.0	6 847.0
1983	2 801.7	186.8	2 905.0	43 574.8	8 139.0
1984	2 969.1	197.9	2 957.6	44 364.7	8 781.5
1985	2 936.7	195.8	2 921.8	43 827.2	8 580.5
1986	3 040.2	202.7	2 961.6	44 424.4	9 004.0
1987	3 047.7	203.2	2 879.8	43 196.9	8 776.8
1988	2 968.0	197.9	2 878.5	43 177.2	8 543.2
1989	3 043.0	202.9	2 984.1	44 762.1	9 080.7
1990	3 194.1	212.9	3 075.3	46 129.8	9 822.9
1991	3 100.5	206.7	3 094.8	46 421.8	9 595.3
1992	3 331.2	222.1	3 049.6	45 743.7	10 158.7
1993	3 518.8	234.6	3 023.5	45 351.9	10 639.0
1994	3 426.3	228.4	2 898.1	43 470.9	9 929.7
1995	3 541.5	236.1	2 886.0	43 290.3	10 220.7
1996	3 734.1	248.9	2 961.1	44 415.8	11 056.9
1997	4 101.9	273.5	3 005.7	45 085.0	12 328.9
1998	3 685.3	245.7	2 977.4	44 661.1	10 972.6
1999	3 946.6	263.1	2 885.5	43 282.6	11 388.0
2000	3 738.2	249.2	2 665.3	39 979.9	9 963.6
2001	3 806.1	253.7	2 466.4	36 995.6	9 387.3
2002	3 776.5	251.8	2 390.8	35 862.5	9 029.0
2003	3 931.8	262.1	2 199.7	32 995.4	8 648.8
2004	4 251.9	283.5	2 162.6	32 439.0	9 195.2
2005	4 275.3	285.0	2 279.3	34 188.9	9 744.5
2006	4 593.4	306.2	2 361.3	35 420.1	10 846.6
2007	4 607.9	307.2	2 376.2	35 642.4	10 949.2
2008	4 763.0	317.5	2 370.4	35 555.4	11 290.1
2009	4 740.8	316.1	2 442.5	36 637.9	11 579.6
2010	4 749.7	316.6	2 444.2	36 663.4	11 609.3

（续）

年份	单产		面积		总产量
	kg/hm²	kg/亩*	万 hm²	万亩	（万 t）
2011	4 838.2	322.5	2 450.7	36 760.3	11 857.0
2012	4 988.6	332.6	2 455.1	36 826.4	12 247.5
2013	5 059.0	337.3	2 444.0	36 659.5	12 363.9
2014	5 246.4	349.8	2 444.3	36 664.1	12 823.5
2015	5 395.7	359.7	2 456.7	36 850.4	13 255.5
2016	5 399.7	360.0	2 466.6	36 998.7	13 318.8
2017	5 484.1	365.6	2 447.8	36 717.2	13 424.1
2018	5 416.6	361.1	2 426.6	36 399.3	13 144.1
2019	5 630.4	375.4	2 372.8	35 591.5	13 359.6
2020	5 742.1	382.8	2 338.0	35 070.0	13 425.0

* 亩为非法定计量单位，1 亩＝1/15 公顷（hm²）。下同。

二、中国小麦生产发展的基本经验

（一）改善生产条件是小麦生产发展的基础

土、肥、水、温、光、气是小麦生产的基本条件，努力改善这些条件，特别是改善中低产田的土、肥、水条件，是搞好小麦生产，获得稳产，持续增产的根本。中华人民共和国成立以来，国家非常重视农田水利事业的发展，显著改善农业基础设施，灌溉面积稳定增加，抵御旱灾的能力明显增强，同时为吸纳先进的农业科学技术、提高农业物质装备水平和劳动生产率创造了条件，如全国农田有效灌溉面积从 1949 年的 1 600 万 hm² 扩大到 2019 年的 6 867.9 万 hm²。此外，注重合理平衡施肥，通过提高单位面积土地有机物的生产总量，实施秸秆还田增加根茬残留量和有机物还田量，直接提高土壤的养分水平，显著培肥地力，也为小麦生产的持续发展奠定了基础。

（二）栽培技术进步是小麦生产发展的动力

中华人民共和国成立以来，各地根据当地自然条件、土壤条件、生产水平，在研究小麦生长发育规律与外界条件的关系及其调控措施方面做了大量工作，形成了"小麦叶龄指标促控法""小麦精播高产栽培技术""小群体壮个体高积累高产栽培技术""小麦高稳优低综合栽培技术""小窝疏株密植栽培技术""小麦全生育期地膜覆盖穴播栽培技术""南方小麦湿害发生规律及防御技术""小麦高产模式化栽培技术""小麦氮肥后移超高产栽培技术"等适用栽培技术。上述技术的推广应用有力地促进了各地和全国小麦生产的发展。另外，小麦病虫草害防治中各种农药的普遍使用对于控制有害生物危害，保证小麦高产稳产也起到了重要作用。小麦生产机械化水平的提高一方面大大提高了劳动生产率，另一方面也为农艺措施的落实到位奠定了基础。

（三）良种良法配套是小麦生产发展的关键

20世纪50年代以来，全国已完成了7次大规模的品种更新，一批又一批具有高产、稳产、抗病、优质潜力的小麦新品种得到推广应用。我国小麦生产发展的实践证明，任何良种优良性状的发挥都离不开一定的自然、栽培条件，离开了相应的良法配套，就显示不出其优势，只有良种良法配套才能发挥良种的增产提质潜力。良种良法配套的核心内容包括：以建立合理的群体结构，改善小麦光合性能，提高光能利用率为目标，根据品种分蘖发生特点及成穗特性进行合理密植；根据当地的气候特点选择适合当地生长发育、高抗病虫害的品种，并掌握适宜的播种期；根据种植品种的需肥、需水特性确定肥水管理措施，并根据品种分蘖、幼穗发育及茎秆生长特性确定肥水管理的时间与数量。良种良法配套，对我国小麦单产的提高起到了重要作用。

（四）政策扶持是小麦生产发展的保障

1978年之前，小麦作为重要的口粮和国家储备粮品种，一致受到各地各级政府的高度重视，都把搞好小麦生产列入政府工作的重要内容，并采取了一系列切实有效的措施，来促进小麦生产。改革开放之后，随着市场经济的不断完善，小麦生产因经营规模小，产业化经营能力低，生产资料投入多、成本高，生产效益低等，作为弱质产业的特征日益明显。但是，小麦生产"一靠政策、二靠投入、三靠科技"的路线没有变。近年来出台的包括良种补贴、高产创建、综合直补、农机补贴、粮食直补、最低收购价等系列惠农政策，在很大程度上调动了农户的生产积极性，在实现产量连年增加上功不可没。

（五）技术推广是小麦生产发展的支撑

小麦生产的发展离不开生产技术的进步，而生产技术的进步又主要依靠生产技术的推广和应用。创新的技术只有被广大农民掌握和应用，才能转化为现实生产力，促进小麦生产的发展。技术推广不仅能加速科技成果转化，促进小麦生产的发展，而且是提高农民科技文化素质，提升小麦栽培技术水平的重要途径。农民科技素质的提高，有利于农民加快采用新技术，保障了小麦生产向可持续方向发展。我国小麦生产技术推广的方式随着经营管理方式的改变，经历了完全政府主导型向多主体主导共存方式的转变，目前主要有政府主导农民参与、企业主导农民参与、新型农业经营主体参与等多种农业技术推广方式。农业部门技术指导，家庭农场、农业生产合作社参与技术推广的方式，使推广的实用技术能够实现高产、优质、高效、保护生态安全的统一，展现出广阔的应用前景。

三、保持中国小麦生产持续增产能力的途径

（一）中国小麦持续增产的主要限制因素

1. 小麦生产成本高，比较效益低　近年来，小麦生产资料价格逐年升高，加上农户为经营单位的生产规模小，单位面积的生产成本较高，而小麦价格增长缓慢，种植小麦的利润水平低，成为制约我国小麦生产发展的因素之一。

2. 耕地减少、水资源短缺是小麦生产可持续发展的硬约束 随着人口的增长和城市化进程加快，人均耕地面积呈急剧下降趋势，小麦播种面积由 1990 年的 3 075.3 万 hm^2 降至 2020 年 2 338.0 万 hm^2。与此同时，城镇和农村建设占用优质耕地，农业生产资料投入不合理造成耕地污染。

我国是一个干旱缺水国家，不仅水资源总量明显不足，而且对小麦生长来说水资源的时空分布不均衡，区域性缺水和季节性缺水严重。许多地区地下水严重超采，大水漫灌，存在灌溉水利用系数低、水资源利用率低等问题。

3. 麦田基础设施薄弱，抗灾能力弱 中华人民共和国成立以来，经过 70 年的改造和建设，部分麦田基础设施得到明显改善，生产保障能力显著增强。但仍有部分中低产麦田，存在灌溉条件差、土壤肥力低的问题，所以，加强农田基本建设，提高农田的生产能力和抗灾能力，是我国小麦生产中应该解决的问题。

4. 气候变化增加小麦生产的波动性和不稳定性 近年来，全球气候变暖导致极端天气事件发生的频率增加，我国小麦主产区连续遭遇了旱灾、干热风、冻害和倒春寒天气，气候变暖还会导致农业致灾生物的危害损失不断加剧，常发病虫草害发生频繁，对小麦持续增产构成了威胁。

（二）保持中国小麦生产持续增产能力的途径

1. 强化政策扶持，进一步提高种植小麦积极性 目前我国种粮补贴政策已取得了明显的成效，在提高小麦种植积极性方面发挥了重要作用。但在实施过程中仍存在着补贴力度偏小、标准较低等问题。种粮补贴政策亟须加以完善，建议补贴应与其经济发展水平相适应；补贴应向种粮大户倾斜，引导耕地有序流转；种粮补贴的发放方式应由"以地定贴"转变为"以粮定贴"。

2. 不断加大投入改善麦田基础设施条件，提高麦田生产能力 提高单产、保持粮食稳定增产是保证总产的重要途径；建设基本农田，改善耕地质量是提高单产的保证。生产实践证明，基本农田数量和质量是决定一个地区农业生产水平的重要因素，没有一定面积大、质量高的基本农田，粮食生产就难以实现高产稳产。因此，改善农田基本生产条件是小麦持续增产的长远大计，必须通过修缮水利工程、农田蓄水工程和径流集水工程等途径，增强农业抗灾能力，以实现小麦生产的可持续发展。

基本农田建设应着重搞好中低产田改造、优质粮基地建设、标准农田示范地连片建设以及电灌站修建、标准化渠道修建、机耕路修建、土壤改良、水土保持、林木种植等，如在有条件的平原地区应建成田成方、林成网、渠相通、路相连、旱能浇、涝能排、土壤肥、农机化、科技优、可持续发挥效益的高标准基本农田。

3. 优良品种选育和关键技术的创新及推广 根据小麦产业发展的长远需要，加强小麦新品种的选育，高产、优质、高效、多抗并重，尽快提高优良品种的普及率；恢复和加强小麦良种繁育体系，建立稳固的繁育基地，实现育、繁、推一体化，加快小麦优良品种应用于生产、转化为现实生产力的进程。

强化高产、优质、高效、生态、安全栽培技术的研发，不断为小麦生产能力的提升提供支撑。同时充分发挥农业科技推广体系及队伍的作用，建立健全农业技术推广网络，不断改进推广手段，提高推广效率。

4. 科学防灾减灾，实现丰产丰收　有效提高灾害预警预报的技术水平，提升应对气候变化和农业灾害的能力与技术水平，在不断提高作物品种抗逆能力基础上，构建防灾、抗灾、减灾型耕作制度模式与配套高产稳产技术体系，建立基于现代高新技术支撑的作物病虫草害综合防控技术体系。加强小麦生产的农业机械研究，提高小麦生产全程机械化的质量和水平。

第三节　中国小麦栽培研究的成就

一、小麦栽培研究的主要科技成就

（一）光合性能及合理群体结构理论

从作物生理学的角度，明确了提高小麦产量的途径，即通过建立合理群体结构，使得小麦光合面积、光合强度和光合时间三者协调，降低呼吸对光合产物的消耗，提高光合产物向籽粒的分配比例，是指导小麦高产更高产实践的理论基础。围绕该理论，小麦栽培工作者做了大量研究，取得多项研究成果，创建适于各麦区的提高光能利用率的栽培技术。

如山东省农业科学院研究提出充分发挥穗器官光合优势构建抗逆高效群体技术。传统小麦栽培研究一直强调叶器官的光合作用，山东省农业科学院近期的研究发现，小麦穗下节间、颖片、发育中的果皮等穗部光合器官具有完善的光合作用结构及生理功能，在籽粒灌浆期具有较旗叶更高的 F_v/F_m、Φ_{PSII} 和光合效率。与叶片相比，穗下节间具有更大的气孔密度、更高的 PEPCase（磷酸烯醇式丙酮酸羧化酶）活性；颖片和果皮于生育后期高温低湿阶段具有更高的 NPQ 值、叶黄素循环脱环氧化效率与抗氧化胁迫能力，起到延缓衰老、提高灌浆强度、延长灌浆时间、提高籽粒产量的作用。正常生产条件下，多穗型品种穗部光合器官占群体的比例高于大穗型品种，所以，在生产中应选用分蘖成穗率高的中穗型或多穗型品种，增加穗部光合器官在群体结构中的比例，充分发挥穗部光合器官的光合抗逆优势，构建抗逆高效群体，提高小麦产量。

（二）小麦单产发展三阶段理论

余松烈提出小麦单产发展的三阶段理论，其要点是：低产变中产阶段的主要矛盾是小麦生长发育与生产条件的矛盾；中产变高产阶段的主要矛盾是小麦群体发展与个体发育的矛盾；高产更高产阶段中的主要矛盾是小麦植株个体内部的矛盾。该理论明确了小麦单产发展不同阶段的主要矛盾和主攻方向，为指导小麦持续增产奠定了坚实的理论基础。该成果获 1979 年全国科学大会奖。

（三）小麦叶龄指标促控法

中国农业科学院和北京市农林科学院从小麦生长发育规律研究入手，深入剖析了小麦植株各器官的建成及其相互之间的关系，以及自然环境条件和栽培管理措施对小麦生长发育、形态特征、生理特征、物质生产、产量形成等的影响，提出了小麦叶龄指标促控法管理技术体系，其中关键技术是因地制宜地实现小麦高产稳产的双马鞍型促控法（又称三促两控法，W 形法）和单马鞍型促控法（又称两促一控法，V 形法）。在全国主要产麦区应用推广，增产效果显著。该成果获 1985 年国家科技进步二等奖。

（四）小麦高稳优低综合栽培技术

河南农业大学通过多年深入研究，总结出河南省主要品种的分蘖成穗、幼穗分化和籽粒形成灌浆的三大规律，以及合理施肥、合理浇水、看苗管理和生产成本构成等五项技术经济指标，以及不同生态类型麦区的增产途径与栽培技术关键，形成了一套完整的小麦栽培技术体系。该项研究成果在河南省大面积推广应用，使全省小麦生产逐步实现"种植区域化、管理规范化、技术指标化"。该成果获 1985 年国家科技进步二等奖。

（五）冬小麦精播高产栽培的理论与实践

山东农业大学研究提出的小麦精播高产栽培，是一整套高产、稳产、低耗、生产效益好的栽培技术，其主要内容是建立合理的群体结构，保证足够的穗数，充分发展个体，促进植株健壮、穗大、粒多、粒重，实现高产。生物学基础是依靠分蘖成穗和单株成穗多，穗大粒多，千粒重高。生理基础是改善了田间光照条件，解决了高产与倒伏的矛盾，个体发育健壮，奠定了粒多粒重的基础；增强了根系吸收能力，提高了小花结实率，增加穗粒数和粒重。小麦精播的技术核心是依靠分蘖成穗，促进个体健壮以及构成合理的群体。应用于黄淮冬麦区和北部冬麦区，实现了小麦大面积由中产向高产的跨越。该成果获 1992 年国家科技进步二等奖。

（六）小麦衰老生理与超高产栽培理论与技术

山东农业大学系统研究了高产麦田不同基因型小麦品种的衰老生理特点，揭示了田间高产条件下小麦衰老的生理机制，划分出田间小麦衰老时期和不同品种的衰老类型。探索出建立在延缓小麦衰老基础上的小麦超高产规律，创建以氮肥后移为核心技术的延缓衰老、提高粒重的小麦超高产栽培技术，达到生物产量和经济系数的同步提高，实现了小麦单产由 7 500kg/hm² 向 9 000kg/hm² 的跨越，在山东、河北、河南、安徽、江苏等省大面积推广，创造出大面积小麦单产 9 000kg/hm² 高产田，取得了显著的经济效益和社会效益。该成果获 2001 年国家科技进步二等奖。

（七）海河平原小麦玉米两熟丰产高效关键技术创新和应用

河北农业大学首次探明了海河平原高产小麦冬前积温和行距配置的光、温利用效应，揭示了高产玉米生育期调配的光、温利用规律，提出了小麦"减温、匀株"和玉米"抢时、延收"的光、温高效利用途径；探明了海河平原高产小麦玉米农田耗水特征，明确了节水灌溉的技术原理，建立了麦田墒情监测指标，创新了水资源最为匮乏地区的小麦玉米两熟"减灌、降耗、提效"水分高效利用综合技术；揭示了海河平原高产小麦玉米养分效

应和需求规律，明确了肥料运筹技术原理，创建了"调氮壮株、增钾控倒、配微防衰"的丰产高效施肥技术，显著提高氮磷钾施肥效率。该技术推广面积大，获得显著的经济效益。该成果获 2011 年国家科技进步二等奖。

（八）小麦籽粒品质形成机理及调优栽培技术的研究与应用

南京农业大学和扬州大学农学院通过系统研究，明确了小麦籽粒品质随基因型与环境的变异规律及评价指标，揭示了不同专用类型小麦籽粒品质形成的生理生化机制及调控原理，阐明了主要环境与栽培因子对不同专用类型小麦籽粒品质形成的调控效应，建立了基于气候因子效应的小麦籽粒品质指标预测模型，构建了指标化、标准化、信息化的专用小麦量质协调栽培技术体系，创立了推广应用与产业开发相结合的优质小麦产业化技术服务模式。成果经大面积推广应用，建成了我国最大的优质弱筋专用小麦生产基地，取得了显著的经济、社会和生态效益。该成果获 2006 年国家科技进步二等奖。

（九）小麦品质生理与优质栽培理论与技术

山东农业大学系统研究了小麦品质生理，提出增加拔节至开花期植株氮素积累量，促进灌浆中后期蛋白质降解，提高营养器官储存的氮素向籽粒的转移量，调节籽粒中氮/硫比值适宜，提高谷蛋白大聚合体含量及谷蛋白/醇溶蛋白含量比值，改善蛋白质品质的途径。明确了调节支链淀粉合成和直链淀粉合成的关键酶，提出提高灌浆中后期籽粒可溶性淀粉合成酶活性，促进支链淀粉积累，提高支链淀粉/直链淀粉含量比值，改善淀粉品质的途径。探索出提高拔节至开花期茎鞘果聚糖合成酶活性，增加开花期果聚糖积累量；提高灌浆中后期果聚糖外解酶活性，促进果聚糖分解并向籽粒分配，提高粒重的途径。创建了籽粒蛋白质和淀粉品质与产量同步提高的优质栽培理论体系。该成果在黄淮冬麦区大面积推广，实现了高产、优质、高效、生态、安全。该成果获 2006 年国家科技进步二等奖。

（十）冬小麦根穗发育及产量品质协同提高关键栽培技术研究与应用

河南农业大学以实现冬小麦产量品质同步提高为目标，以协调高产冬小麦"根—土—苗（株）""穗—粒—重"关系为主线，构建健壮根群，实现壮根促壮苗；以创建高质量群体，促小穗小花平衡发育和产量与品质协同提高为主要研究内容，在系统研究冬小麦根穗器官建成、产量与品质形成机理及栽培调控效应基础上，首次确立了河南"三大"土区根系构型特征和健壮根群形态生理指标，创新了干旱、后期高温等逆境胁迫对根系发育和产量、品质的影响范围指标；明确了穗器官发育的温光指标及其与粒重形成的关系，提出雌蕊柱头羽毛伸长期为小花退化高峰期，揭示了籽粒灌浆后期"灌浆小高峰"现象；以加工品质为主要评价指标，对河南小麦品质进行了生态区划；研制出冬小麦产量品质协同提高的"窄行匀播、春管后移"关键栽培技术，在河南、江苏、安徽、湖北、河北等适宜生态类型区大面积推广应用，经济与社会效益显著。该成果获 2009 年国家科技进步二等奖。

(十一) 小窝 (穴) 密植技术的形成和发展

20世纪70年代后期,四川省农业科学院、四川省农业厅和成都市农业技术推广站等单位,针对四川小麦多分布在稻茬田里或较为零碎的坡台地和山地,多数土质比较黏重,且秋雨较多,土壤黏湿,整地开行困难,或因地块零碎不平,整地操作不便,稀植栽培仍占主导地位的问题,在全省范围内组织关于播种方式的协作研究,提出小窝 (穴) 密植技术,因地制宜缩小行窝距,增加单位面积穴数,减少每穴苗数的小窝密植技术,是适合四川小麦生态条件的优良播种方式。小窝密植与稀大窝比较产量平均增幅为12.6%±5.4%。自20世纪80年代以来,一直被作为四川小麦增产的一项主要技术而加以推广,创造了显著的经济效益。该成果获1984年农业部技术改进一等奖。

二、小麦栽培研究新进展

(一) 研究确立不同地区小麦高产高效栽培技术体系

1. 创建小麦超高产典型 各地区根据各自的气候条件、土壤环境、生产条件和栽培水平,研究确立了适应各地生产需求的小麦高产优质高效栽培技术体系,通过可持续高产超高产栽培达到高产高效。本途径从持续提高农田生产力和超高产品种的高产潜力出发,研究超高产品种的配套技术,并在创建标准化耕作播种技术、定向群体调控、精确定量施肥、高产节水灌溉、实现预期产量构成因子等方面进行技术创新;通过对气候、温度、光照等农田生态环境监控,对生态逆境及时进行管理,充分发挥高产品种的遗传潜力,创出小面积超高产小麦的高产典型;各地普遍推进的高产创建活动,获得了小麦的大面积高产。

根据全国农业技术推广服务中心组织的全国及省级专家对小面积麦田实打验收的结果:1997年山东省龙口市前诸留村用8017-2品种创造出平均单产10 609.5kg/hm^2,2009年山东省滕州市级索镇千佛阁村用济麦22品种创造出平均单产11 848.5kg/hm^2,2014年河北省藁城市梅花镇刘家庄用石新633品种创造出平均单产10 818kg/hm^2,2016年河北省赵县南柏舍镇徐家寨用轮选1号品种创造出平均单产10 873.5kg/hm^2,2014年河南省修武县用周麦27小麦创出平均单产12 325.5kg/hm^2,2014年安徽省用华威3366品种创造出平均单产12 219kg/hm^2,2019年山东省桓台县利用山农29品种创造出平均单产12 487.5kg/hm^2,及莱州市金海种业公司高产攻关田用烟农1212品种创造出平均单产12 610.5kg/hm^{2}的高产记录典型,表明我国小麦9 000kg/hm^{2}的高产栽培技术不断完善、日臻成熟,展示了我国小麦的高产前景。

2. 节本增效新型栽培技术 肥水是小麦栽培中重要的投入支出,在保证较高产量的基础上,尽量减少肥水投入是节本增效的关键所在。针对水资源不足和作物高产之间的矛盾,中国农业大学在河北省吴桥县进行了多年试验研究,形成了"冬小麦节水省肥简化高产四统一栽培技术",成功地实现了节水、高产、高资源效益三者的统一。河北省将这套节水技术体系定为"吴桥模式",并大面积推广应用。

3. 周年高产高效型栽培技术 针对多熟区周年资源配置不合理、效率不高的特点,

重点研究了主要种植制度（稻—稻、麦—稻、油—稻、油—棉、麦—棉、麦—玉等）的资源时空分布的特点与最大效益的配置原理和立体种植的群落互补理论，提出了从种植制度改进、周年作物群体优化设计、利用种群间的有益互补，以最大限度地挖掘和利用区域有限光热水资源，实现周年高效生产的技术体系。四川农业大学与西南各省（自治区、直辖市）农业技术推广站合作，在总结西南地区旱地"小麦/玉米/甘薯"模式的基础上，研究形成"小麦/玉米/大豆"新模式。该模式充分利用资源，小麦、玉米、大豆产量分别达 $4\,050kg/hm^2$、$9\,000kg/hm^2$、$2\,250kg/hm^2$ 左右，增加了粮食产量和提高了农民收入，使丘陵旱地周年产量达 $15t/hm^2$ 以上。

（二）加强专用小麦优质栽培技术研究

1. 强筋和中筋小麦品质生理与优质栽培技术　山东农业大学研究探明了强筋和中筋小麦蛋白质品质、淀粉品质、粒重形成的生理机制。明确了谷蛋白和谷蛋白大聚合体含量高、谷蛋白/醇溶蛋白的含量比值高，是强筋、中筋小麦蛋白质品质优良的成因；在灌浆前中期旗叶蛋白质合成的关键酶活性高，灌浆中后期蛋白质降解的关键酶活性高，利于改善强筋、中筋小麦蛋白质品质。发现灌浆中后期支链和直链淀粉积累速率的差异，是不同类型淀粉品质差异的原因；提高灌浆中后期可溶性淀粉合成酶活性，利于支链淀粉积累和支链淀粉/直链淀粉比值提高，改善淀粉品质。发现营养器官储存果聚糖对粒重的贡献，明确了果聚糖代谢关键酶活性的有效调控时期，提高拔节至开花期营养器官果聚糖合成酶活性和灌浆中后期果聚糖外解酶活性，可显著提高粒重。提出了籽粒蛋白质品质、淀粉品质和产量同步提高的关键技术，明显改善品质，增加产量。

2. 弱筋、中筋和中强筋小麦籽粒品质形成机理及调优栽培技术　南京农业大学和扬州大学农学院基于不同基因型、不同年份、不同生态区及分期播种试验，创造了生态因子跨度大、各因子变异与组合分布多样的生态环境条件，取得品质变异信息，明确了小麦籽粒品质随基因型与环境的变异规律。阐明了不同专用类型小麦籽粒品质形成的动态规律、蛋白质与淀粉合成调节的碳/氮代谢与再动员机制、关键酶活性与激素调控机制；探明了源库改变、碳/氮供应、外源生长调节物质等对小麦品质形成的调控效应，提出了不同品质类型小麦籽粒品质定向调优途径，温度条件及不同因子互作对不同类型专用小麦籽粒品质形成的调控效应；综合阐明了上述因子在调控小麦籽粒品质形成中的碳/氮代谢与分配特征、籽粒淀粉和蛋白质合成关键酶活性及内源激素机制。基于构建的具有较强预测性和适用性的小麦籽粒品质指标预测生态模型，提出了定量化的小麦品质生态区划方法，为科学解释已有生态区划结果与确立新优质生态区提供了有效手段。

（三）探索小麦高产更高产栽培的理论与实践

1. 氮肥后移提高粒重公顷产量 9 000kg 的技术　山东农业大学在系统分析小麦衰老规律及其与产量形成关系的基础上，研究提出了延缓衰老、提高粒重、实现超高产的理论途径，创建了以氮肥后移为核心的配套栽培技术体系。应用该技术可培育出旗叶倒 2 叶较挺的小麦株型和土壤中下层根系比例大、活力高的根群，建立开花后光合产物积累多、向穗部分配比重大的动态群体结构，实现生物产量（$19\,500\sim21\,000kg/hm^2$）和经济系数

（0.46～0.48）的同步提高，最终达到单产 9 000～10 500kg/hm² 的高产目标。

2. 小麦减温匀株、玉米枪时延收的小麦玉米双高产技术途径　河北农业大学首次探明了海河平原高产小麦冬前积温和行距配置的光、温利用效应，提出了小麦"减温、匀株"和玉米"抢时、延收"的光、温高效利用途径；探明了海河平原高产小麦玉米农田耗水特征，明确了节水灌溉的技术原理，创新了水资源最为匮乏地区的小麦玉米两熟"减灌、降耗、提效"水分高效利用综合技术；创建了"调氮壮株、增钾控倒、配微防衰"的丰产高效施肥技术，氮磷钾肥料产量效率显著提高。创建了 100 亩小麦亩产 658.6kg、玉米亩产 767.0kg、小麦玉米亩产 1 413.2kg 的高产纪录。

3. 小麦宽幅播种高产栽培技术　山东农业大学研究成功小麦宽幅精量播种高产栽培技术，它是在精量、半精量播种技术的基础上，以"扩大行距，扩大播幅，健壮个体，提高产量"为核心，改密集条播为宽幅精播的小麦高产栽培技术。宽幅播种机主要技术创新是采用窝眼轮式排种器，双排下种管，播幅为 8cm，而常规条播机采用外槽轮式排种器，单排下种管，播幅为 3cm。宽幅播种机的小麦播幅显著宽于常规条播机，播幅内种子分布均匀。该技术具有播种量准确、播种均匀、种粒分布结构合理、无缺苗断垄、亩穗数较多等优点，使小麦生长时通风透光好、秸秆硬、抗病、抗倒伏，达到穗多穗大、粒多粒重的效果，可增产 10% 左右。在研究推出该项技术的同时，山东农业大学还与山东工力集团研制出 2BJK 型小麦宽幅精量播种机。

（四）开展小麦节水和节肥高产栽培技术研究

1. 冬小麦节水、省肥、简化、高产"四统一"栽培技术　针对水资源不足和作物高产之间的矛盾，中国农业大学在严重缺水的河北省沧州地区吴桥县经过多年攻关，研究成功冬小麦节水省肥简化高产"四统一"栽培技术。在浇足底墒水，生育期浇 2 水，每公顷施纯氮 180～225kg、氮磷钾配合全部底施的条件下，连续 2 年单产达到 9 000kg/hm² 以上，节水 750～1 500m³/hm²，节省氮肥 30%～50%，实现了水肥高效利用与超高产的统一，走出了一条在资源限制条件下大幅度提高粮食产量的新途径。

2. 小麦测墒补灌节水栽培技术　山东农业大学创建了小麦测墒补灌节水栽培技术。该技术是基于小麦关键生育时期的需水特点，设定关键生育时期的目标土壤相对含水量，根据目标土壤相对含水量和实测的土壤含水量，通过公式计算需要补充的灌水量，从而既保证了籽粒产量，又节约了水资源。与传统灌溉技术相比，小麦测墒补灌技术能够减少灌溉用水，促进小麦对 0～200cm 土层土壤储水的利用，同时降低 60～200cm 土层硝态氮含量，减少了硝态氮向深层土壤的淋溶，有利于小麦对硝态氮的吸收利用；增强了灌浆中后期的根系活力，提高了旗叶光合速率，延缓了旗叶衰老，提高开花至成熟期干物质积累量及其占粒重的百分数。该技术在不同降水年份，比当地传统灌溉节水 20%～60%，水分利用效率提高 10% 以上，籽粒产量高于或等于传统灌溉，亩产达 550～600kg。

3. 小麦垄作高产节水栽培技术　山东省农业科学院创建小麦垄作高效节水技术，研制成功集起垄、施肥、播种和播后镇压等复式作业一次完成的小麦垄作播种机，实现了农机与农艺融合。小麦垄作节水高效栽培技术是将小麦种在抬起的垄上，用垄沟进行灌溉的一种有别于传统平作栽培的种植方式。一般垄间距 75～80cm，根据土壤肥力水平在垄上种植 2～3 行小麦（产量约 9 000kg/hm² 地块种 2 行，产量约 7 500kg/hm² 地块种 3 行），垄体上的小麦行距 10～15cm，垄间小麦行距 45cm 左右。玉米可在小麦收获前沟内套种，也可小麦收获后在垄面直播。该项技术的节水高产原理一是革新地面灌水方式，由传统平作的大水漫灌改为垄作的垄沟内渗灌，提高水分生产效率，节水 50％左右。二是革新施肥方式，提高肥料利用率。传统平作的小麦追肥方式多为浇水前撒施于地表，而垄作栽培为浇水前沟内集中沟施。三是充分发挥了小麦的边行优势实现增产。田间小气候的改善促进了小麦的个体发育，最大限度地发挥小麦的边行优势，达到个体健壮、穗大、粒多、粒重的目的。四是改善小麦冠层的通风透光条件，提高小麦的抗倒和抗病能力。一般较传统平作增产 10％～15％。

（五）创新旱作小麦栽培理论与技术

1. 旱地小麦三提前蓄水保墒技术　北方旱地小麦种植区属半干旱、半湿润偏旱气候型，缺乏地表水与地下水，仅能依靠自然降水进行旱作生产。山西农业大学研究报道，北方旱地麦区唯一的水分来源是自然降水，降水少且分布不均，60％的降水集中在小麦休闲期的 7～9 月。"三提前"技术应用在一年一作的黄土高原旱地小麦生产，一般于前茬小麦收获、第一场雨后，大致在 7 月上中旬头伏进行，田间亩撒施 1 500～3 000kg 腐熟的农家肥或 50～100kg 含有生物菌肥的生物有机肥，然后使用大型拖拉机牵引的深翻犁，深翻土壤 25～30cm，使有机肥和秸秆同时翻入土壤深层，或直接使用深松施肥机械与秸秆覆盖机械一次性深松土壤 30～40cm，同时施入生物有机肥 50～100kg，并将秸秆均匀地覆盖在地表。集耕作、培肥与覆盖为一体、一次性完成的休闲期蓄水保墒增产技术，配合立秋后耙耱保墒、播前精细整地，可做到无土块、无根茬、无杂草，上松下实，田面平整。该技术与传统模式比较亩穗数增加 1.5 万～3 万，穗粒数增加 2～4 粒，小麦亩产量增加 21％～35％，水分利用效率提高 22％～38％，干旱年份亩增产 50％以上。该技术已在山西、陕西、甘肃三省大面积推广应用。

2. 小麦全生育期地膜覆盖穴播栽培技术　该技术由甘肃省农业科学院研究推出。该项技术的整地、施肥、品种选用与常规技术相同，播期推迟 1 周，播量适量减少，不起垄，平铺地膜，采用打孔穴播，每公顷 45 万～60 万穴，每穴 4～6 粒。目前生产上选用的穴播机可覆膜、打孔、播种一次完成。地膜选用幅宽 140cm、厚度 0.007mm 的聚乙烯微膜，每幅播 7 行小麦，行距 20cm，穴距 10cm，幅间宽 20～30cm，播种深度 3～5cm。播后每隔 2～3m 要用土打一腰带，随播随打。要及时查苗补种，幼苗期生长遇到穴孔错位时要及时放苗，放苗后孔旁压土保持苗位。该技术起到了节水丰产的效果。

3. 秸秆带状覆盖节水丰产栽培技术　甘肃农业大学研究创建的玉米整秆局部覆盖种植的技术，采取"种的地方不覆，覆的地方不种"的方式，将田间分为覆盖带和种植带，两带相间排列。普遍适用的两带幅宽为：覆盖带 50cm，种植带 70cm、条播 5 行小麦，行距 15cm，覆盖度 42％。采取秸秆局部带状覆盖的主要原因：一是协调秸秆覆盖保墒与降低地温的矛盾。西北海拔 1 500m 以上旱作区，旱寒并驻，若采取传统秸秆全地面覆盖方式，虽然保墒效果更好，但会导致土壤温度过低，影响出苗和延迟生育，常造成小麦单位面积穗数严重不足而减产；二是节约秸秆用量，覆盖 1hm² 约需 9 000kg 风干秸秆，相当于目前 1hm² 旱地玉米产秆量（60 000 株）；三是两带分离，减少了秸秆障碍，方便播种、耕作、中耕除草和收获等田间作业。该技术可采用任何作物秸秆，但以玉米整秆保墒效果最好。玉米秸秆比小麦等作物秸秆蜡质层更厚，抑制蒸发能力更强，同时玉米秸秆的絮状髓心结构具有良好的吸水保水能力，以及西北地区玉米秸秆资源量也最大。在西北小麦旱作区多年多点试验和生产应用证明，秸秆带状覆盖较无覆盖露地种植平均公顷增产 25%、公顷增收 1 050 元左右，相当于较露地种植增加土壤储水 45mm 或每公顷灌水 450m³ 左右。

（六）南方稻茬小麦高产高效栽培技术

1. 江苏稻茬小麦高产抗逆栽培技术　江苏稻茬小麦常年种植面积约 175 万 hm²，占小麦种植面积的 75% 左右。由于粳稻收获偏迟、水稻田土质黏重适耕性差、播种季节常遇连阴雨天气，不利于稻茬小麦适期播种与提高播种质量，以及小麦生长季节气象灾害频发，导致产量不稳。为此，扬州大学和南京农业大学分析了稻茬小麦产量形成特点，提出"因墒适播提高适期壮苗比例、精准追施拔节孕穗肥提高肥料利用效率、主动抗逆提高抗逆应变措施有效性"的江苏稻茬小麦高产优质抗逆栽培技术。一是机播壮苗培育技术。根据土壤墒情优选机械播种的作业程序和机型，适墒条件下稻草深旋（或深耕）还田，大中型播种机条播；土壤偏湿时将稻草切碎铺匀，少（免）耕中小型播种机带状条播，播后适墒镇压。二是精准高效施肥技术。通过适当降低施氮量、提高拔节后施氮比例，即中强筋小麦占总施氮量的 40%、弱筋小麦占总施氮量的 20%，并提高拔节期磷、钾肥施用量。三是高效抗逆应变技术。明确分蘖期、拔节期及孕穗期发生冻害的温度指标与减灾机制及不同冻害程度下适宜的恢复肥施用量。选用耐热品种和开花期结合病虫防治根外喷肥或喷施植物生长调节物质，是减轻高温胁迫的有效方法。2019 年江苏新洋农场 0.226hm² 稻茬小麦实打验收单产 11 005.5kg/hm²，实现江苏省小麦高产记录的新突破。

2. 四川稻茬小麦高产栽培技术　四川稻茬小麦常年种植面积约 40 万 hm²，占小麦总面积 40%，主要分布于成都平原、丘陵盆地。稻茬麦区以水稻土为主，基础肥力较高，耕层有机质含量 2%~4%，有效氮、磷、钾含量分别为 100~170mg/kg、10~20mg/kg、70~110mg/kg，pH 5.5~7.0。针对稻茬麦区前期湿害、中期干旱、后期高温等环境障碍因子，四川省农业科学院创建了亩产 600kg 以上的技术路径——显著增加穗数的"三改"关键技术、显著增加单位面积粒数的中期综合调控技术和稳定高粒重的抗逆调控技术。实现增穗的"三改"技术包括：改低基本苗（传统高产模式）或过高基本苗（农民模式）为中等基本苗（每公顷 225 万~270 万）；改人工撒播为半精量机播，以提高立苗质量和冬前Ⅰ级分蘖数量与质量，促进成穗；改披叶型大穗品种为半紧凑型高粒重品种。显著增加单位面积粒数的中期综合调控技术：追施拔节肥（占总施氮量的 30%~40%）、补充性灌溉、喷施生长延缓剂，从而促进分蘖成穗和小花分化，提高抗倒伏能力。稳定高粒重的抗逆调控技术：以半紧凑高粒重品种为基础，通过免耕和秸秆覆盖，缓解中期干旱；初花期实施"一喷多防"，有效防控病虫和高温危害，延缓叶片衰老，确保灌浆。从 2010 年至 2018 年，在四川省创造了实打验收每公顷 10 867.5kg 的高产典型。

（七）根据河南省不同生态区的气候、土壤、品种特点，分区制定小麦栽培技术规程

河南省小麦种植面积超过 533 万 hm²，是我国小麦栽培面积最大、总产最高的省份。河南地处北亚热带向暖温带过渡区，南北跨度大，地势地貌复杂，土壤类型多样，气候复杂多变。河南农业大学依据各地气候特点、土壤类型、生产条件、种植制度和产量水平等，将全省划分为 4 大生态类型麦区，分区制定了小麦丰产高效栽培技术规程，促进了全省小麦均衡增产。

1. 豫北高产灌区   分布在黄河以北及其沿岸地区。该区土壤肥沃，土体结构良好，农田排灌设施完善，自然降水量不能满足小麦生长需水，生产条件总体较好，是河南小麦的高产区和优质强筋、中强筋小麦的适宜生态区。该区应在选用高产优质小麦品种，深耕（深松）精细整地，窄行精匀播种基础上，重点推广节水灌溉、科学运筹肥水、实施春管后移、优化群体结构、加强病虫草害绿色综合防控技术。

2. 豫中补灌区   分布在黄河以南、淮河以北的平原地区，是河南省小麦种植面积最大产区。该区地势平坦，土层深厚，有机质含量较高，光温水资源丰富，增产潜力大，是优质中强筋小麦和中筋小麦的适宜生态区。该区应在加快高标准农田建设，改善水利设施条件，实施周年秸秆还田，持续配肥地力的基础上，选用丰产潜力大、综合抗性强、稳产性能好的优良品种，重点推广高质量整地播种、宽幅精（播）匀浅播、测土配方施肥、病虫草害统防统治和防倒防冻减灾应变技术。

3. 豫南雨养区   包括信阳全部和驻马店、南阳两市南部的部分麦区。该区属长江中下游冬麦区，以稻麦轮作为主，是优质弱筋小麦的适宜种植区。该区光热资源丰富，降水充足，但时空分布不均，旱涝灾害发生频繁，土壤肥力较低，宜耕期短，整地播种粗放，麦田病虫草害发生严重。应选用综合抗性强、稳产性能好的优质弱筋和中筋小麦品种，提高整地播种质量，增强抗逆减灾能力，推广适时适墒高质量耕作整地、合理肥料运筹、规范化机械条播、清理厢沟降湿防渍、病虫草害绿色综合防控技术。

4. 豫西丘陵旱地麦区   分布在豫西、豫西北及豫西南地区的丘陵旱地和坡凹地。该区自然降水少，无灌溉条件，小麦生产主要依靠自然降水，土层浅、肥力低，干旱、冻害等灾害影响大，小麦产量低而不稳。应选用耐旱节水、抗逆稳产品种，推广少（免）耕播种技术，提倡冬、春两次镇压，加强土壤改良，持续培肥地力，增强抗逆减灾能力。

（八）今后小麦栽培研究的方向

努力实现小麦生产的高产、优质、高效、生态、安全，满足人民生产生活和社会经济发展的需求，是小麦栽培研究的总体目标。为此，提出今后小麦栽培研究的 9 个方向，供参考。

（1）不同区域小麦高产高效潜力与实现途径；适应各地自然和生产条件的超高产栽培技术。

（2）小麦高产高效的土壤条件与提高土壤肥力的定向培育途径。

（3）小麦节水栽培的理论与技术。

（4）小麦高产高效群体的构建与功能优化机制；提高小麦光能利用率的分子机制。

（5）小麦籽粒品质形成的分子机制与生理机制；强筋、中强筋、中筋、弱筋小麦的优质丰产调控理论与技术。

（6）旱地小麦和水浇地小麦根-土相互联系、相互影响的机制及调控效应和技术。

（7）小麦对逆境抗性形成的生理生态机制；克服逆境影响的生理机制与调控，克服逆境影响的栽培技术原理；小麦抗逆减灾稳产栽培创新技术。

（8）提高小麦生产全程机械化的农业机械精密水平；提高农机农艺相结合质量的农艺与农技（机）生产技术。

（9）小麦高产和资源高效利用相协调的栽培理论与创新技术；节本增效的小麦综合栽培技术。

第二章　中国小麦种植生态区划与品质生态区划

第一节　中国小麦种植区域的生态特点

一、中国小麦种植区域分布

中国小麦分布地域辽阔，南起广东，北到黑龙江，西自新疆，东至山东、江苏，都有小麦种植。由于各地自然条件、种植制度、品种类型和生产水平的差异，形成了明显的种植区域，各区域小麦的播种期和成熟期不尽相同。生育期最短在 100d 左右，最长的达到 350d 以上。春（播）小麦多在 3 月上旬至 4 月中旬播种，冬（秋播）小麦播种最早的在 9 月中下旬，最晚可迟至 12 月。广东、云南等地小麦成熟最早，有的在 3、4 月份收获，随之由南向北陆续收获到 7、8 月份，但主产麦区冬小麦多在 5~6 月成熟，而西藏高原可延迟至 9 月下旬或 10 月上旬，是中国小麦成熟最晚的地区。中国栽培的小麦以冬小麦（秋播）为主，目前种植面积和总产量均占全国常年小麦总面积和总产的 90% 以上，其余为春（播）小麦，冬小麦平均单产高于春小麦。中国小麦主产区主要种植冬小麦，种植面积依次为河南、山东、安徽、江苏、河北、湖北、陕西、新疆、四川、山西等 10 个省（自治区），2018 年约占全国冬小麦总面积的 93.85%；种植春小麦的主要有内蒙古、新疆、甘肃、青海、黑龙江、宁夏等，占全国春小麦总面积的 96.98%，以内蒙古面积最大，西藏单产最高。

二、中国小麦种植区域的气候特点

中国小麦种植区域广阔，气候因素复杂，各地气候条件差异很大。最北部黑龙江省的漠河地处寒温带，向南逐步过渡到温带、亚热带，直至广东省的热带地区。气候特征表现为从东南沿海的海洋性季风气候，逐步过渡到内陆地区大陆性干旱或半干旱气候。年均气温从漠河的 0℃ 左右，逐步过渡到南方的 20.0℃ 左右；由北向南从 1 月份的平均气温 -20℃ 以下，绝对最低气温达到 -40℃ 以下，过渡到年平均气温在 20℃ 左右，1 月份平均气温在 16℃ 以上。

冬小麦播种至成熟 >0℃ 积温 1 800~2 600℃，华南地区最低，新疆最高；春小麦播种至成熟 >0℃ 积温 1 200~2 400℃，辽宁最低，新疆最高。冬小麦播种到成熟日照时数为 400～2 800h,春小麦播种至成熟日照时数为 800～1 600h,均以西藏最高。

无霜期从青藏高原部分地区全年有霜过渡到广东省的终年无霜。东北地区平均初霜见于 9 月中旬,终霜出现于 4 月下旬,无霜期不到 150d;华北地区初霜见于 10 月中旬,终霜出现于 4 月上旬,无霜期约 200d;长江流域从 4 到 11 月,无霜期约 250d;华南地区无霜期 300d 以上。

南北、东西降水差异均很大,年降水量从内陆地区的 100mm 左右(个别地区终年无降水)到东南沿海的 2 500mm 以上;降水分布极为不均,多集中 6、7、8 三个月,约占全年降水量的 60% 以上。冬小麦生育期间降水最多的可达 900mm,降水少的在 20mm 以下;春小麦生育期间降水量从 20mm 以下至 300mm 不等。

三、中国小麦种植区域的土壤特点

中国小麦种植区域土壤类型复杂。东北地区多为肥沃的黑钙土,其次为草甸土、沼泽土和盐渍土;河北境内主要农业区多为褐土和潮土,山西、陕西、甘肃等境内的黄土高原多为栗钙土和黑垆土,沿太行山东坡及辽东半岛南部为棕壤土,沿渤海湾有大片的盐碱土;内蒙古、宁夏等地主要是栗钙土、黄土和河套灌淤土。

华北平原农业区的土壤类型主要是褐土、潮土,部分是黄土与棕壤土,还有小部分为砂姜黑土和水稻土。长江流域土壤类型比较复杂,汉水流域上游为褐土及棕壤土,云贵高原为红壤土、黄壤土,淮南丘陵为黄壤土、黄褐土;长江中下游平原为黄棕壤土、潮土、水稻土,江西有大面积红壤土;四川盆地主要是冲积土、紫棕壤土和水稻土。华南地区主要是红壤土和黄壤土。

新疆南部地区多为灰钙土、灌淤土、棕漠土,北部地区多为灰钙土、灰漠土和灌淤土。西藏的农业区多在河流两岸,土壤类型主要是石灰性冲积土,土层薄,沙性重。青海高原农业区主要是灰钙土和栗钙土,还有部分灰棕漠土、棕钙土和淡栗钙土。

我国主要类型土壤的颗粒组成,表现为自西向东、从北向南,即从干旱区向湿润区、由低温带向高温带,土壤粗颗粒递减而细颗粒渐增,土壤质地相应呈现砾质沙土、沙土、壤土到黏土的变化趋势。如新疆、青海、内蒙古等地,沙土较多;东北、西北、华北及长江中下游地区,主要为壤土;南方以红壤土为主的地区,主要为黏土。全国小麦种植区域的土壤质地多为壤土,部分为沙壤土和粉土,少有黏土和沙土。

土壤酸碱度是影响小麦生长的重要因素之一,我国土壤 pH 值表现为从南向北、从东向西逐渐增高的趋势。全国小麦种植区域的土壤酸碱度多为中性至偏碱性,pH 值多在 6.5～8.5。

土壤有机质表现为东北地区含量最高,其次为西藏昌都周围地区,华南地区高于华北地区,内蒙古西部及新疆、西藏东部地区含量最低。我国小麦种植区域的土壤有机质含量多在 0.8%～2.0%,近年来由于保护性耕作的实施和秸秆还田量的增加,土壤有机质含量有增加的趋势。

四、中国小麦种植区域的种植制度

小麦种植区域遍及全国,各地种植制度有明显不同,从北向南逐渐演变,熟制依次增

加，但海拔不同，种植制度也有很大变化。

东北地区种植制度多为一年一熟，春小麦与大豆、玉米等倒茬。河北中北部长城以南地区、山西中南部、陕西北部、甘肃陇东地区、宁夏南部地区种植制度多为一年一熟或两年三熟，与小麦轮作的主要作物有谷子、玉米、高粱、大豆、棉花等，北部还有荞麦、糜子和马铃薯等。两年三熟的主要轮作模式为：冬小麦—夏玉米—春谷；冬小麦—夏玉米—大豆等。由于全球气候变暖及品种改良，这一地区还出现了一年两熟的种植模式，主要是小麦—夏玉米，其次为小麦—夏大豆。

河北中南部、河南、山东、江苏北部和安徽北部、山西南部、陕西关中地区和甘肃天水地区等广大华北平原，有灌溉的地区多为一年两熟，夏玉米是小麦的主要前茬作物，此外有大豆、谷子、甘薯等；旱地小麦以两年三熟为主，以春玉米（或谷子、高粱）—冬小麦—夏玉米（或甘薯、谷子、花生、大豆），或高粱—冬小麦—甘薯（或绿豆、大豆）的种植方式为主；极少数旱地一年一熟，夏季休闲地播种冬小麦。

长江流域种植制度多为一年两熟，水稻区盛行稻—麦两熟，旱地多为棉—麦或杂粮—小麦两熟。华南地区多为一年两熟或三熟，小麦与稻或杂粮轮作。

新疆的北疆地区主要为一年一熟，小麦与马铃薯、油菜、燕麦、亚麻、糜子、瓜等作物换茬。南疆以一年两熟为主，部分地区实行两年三熟。青藏高原主要为一年一熟，小麦与青稞、豌豆、蚕豆、荞麦等作物换茬，但西藏高原南部的峡谷低地可实行一年两熟或两年三熟。

五、中国小麦种植区域的小麦品种类型

中国小麦种植区域纬度跨度大，海拔高低变化多，土壤类型复杂，气候条件多变，因此各地种植的小麦品种类型有明显不同。

从小麦分类学的角度分析，中国小麦种植区域内，主要种植的是普通小麦，占99%以上，其余为圆锥小麦、硬粒小麦和密穗小麦。目前生产中普遍应用的品种，都是经过国家或地方审定的普通小麦的育成品种。

根据小麦春化特性分析，生产上种植的普通小麦品种，又可分为春性小麦、冬性小麦、半冬性小麦三大类型。按播种时间分，可分为冬（秋播、晚秋播）小麦和春（播）小麦。目前，东北地区和内蒙古等地主要是春播春性小麦；华北平原地区主要是秋播冬性小麦和半冬性小麦；长江流域主要是秋播半冬性和春性小麦；华南地区主要是晚秋播半冬性和春性小麦；青藏高原和新疆既有秋播冬性小麦又有春播春性小麦种植。

第二节　中国小麦种植生态区划

一、中国小麦种植区划的沿革

中国小麦分布地区极为广泛，由于各地气候条件悬殊，土壤类型各异，种植制度不同，品种类型有别，生产水平和管理技术存在差异，因而形成了明显的自然种植区域。我

国不同时期的学者依据当时的情况多次对全国小麦的种植区域进行划分。1961 年版的《中国小麦栽培学》，根据我国的气候特点、年均气温、冬季气温、降水量和分布，以及耕作栽培制度、小麦品种类型、适宜播期与成熟期等因素，将小麦种植区域划分为 3 个主区、10 个亚区。1996 年版的《中国小麦学》，将全国小麦种植区域划分为 3 个主区、10 个亚区和 29 个副区。本书在前人研究的基础上，依据对上述区划应用情况与生产发展需要，对种植面积、种植方式、栽培技术及病虫草害发生发展趋势等，采用最新数据和资料进行分析研究，将全国小麦种植区域划分为 4 个主区、10 个亚区，并提出根据气温变化调整小麦播种期，实行保护性耕作、测土配方施肥、优质高产栽培等技术内容，以便于各地因地制宜合理安排小麦种植和品种布局，充分发挥自然资源优势和小麦生产潜力，为我国小麦科学研究和生产实践提供参考。

二、小麦种植区域划分的依据

小麦种植区域的划分，是依据地理环境、自然条件、气候因素、耕作制度、品种类型、生产水平、栽培特点以及病虫害情况等对小麦生产发展的综合影响而进行。影响小麦种植区域形成的诸多因素中，以气候、土壤条件与品种特性为主。在气候条件中，温度与降水量最为重要。

本区划的制定，是在前人小麦区划的基础上仅对主区的划分和亚区的分界及其技术内容进行适当调整。主区仍以播性（即春播或秋播）而定，但由原来的 3 个增加到 4 个，即把冬麦区划分为北方冬（秋播）麦区和南方冬（秋播）麦区，春（播）麦区和冬春兼播麦区不变。由于自然生态条件的交叉和重叠，如低纬度高海拔或高纬度低海拔等，春播区中有部分地区可以秋播，如新疆积雪较多的地区可以种植冬小麦，西藏高原属低纬度地区，可以兼种春小麦，因此设一个冬、春麦兼播区。亚区是在播性相同的范围内，指生态条件、品种类型和主要栽培特点基本一致，在小麦生育进程和生产管理上具有较大共性的种植区。亚区基本沿用 1996 年版《中国小麦学》中的划分，个别地区进行了调整，原副区内容在亚区中体现，不再列为副区。

三、小麦种植区域划分

参照上述小麦种植区域划分依据，将全国小麦自然区域划分为 4 个主区、10 个亚区（图 2-1）。即北方冬麦区，包括北部冬麦区和黄淮冬麦区 2 个亚区；南方冬麦区，包括长江中下游冬麦区、西南冬麦区和华南冬麦区 3 个亚区；春麦区，包括东北春麦区、北部春麦区和西北春麦区 3 个亚区；冬春兼播麦区，包括新疆冬春兼播麦区和青藏春冬兼播麦区 2 个亚区。

（一）北方冬麦区

1. 区域范围　长城以南，岷山以东，秦岭、淮河以北，为我国主要麦区，主要包括山东省全部，河南、河北、山西、陕西省大部，甘肃省东部和南部及苏北、皖北。小麦面积及总产通常为全国的 60% 以上。

2. 气候特征 除沿海地区外，均属大陆性气候，全年 ≥10℃ 的积温 4 050℃ 左右，变幅为 2 750~4 900℃；年均气温 9~15℃，最冷月平均气温 -10.7~-0.7℃，极端最低气温 -30.0~-13.2℃；偏北地区冬季寒冷，低温年份小麦易受不同程度冻害。年降水量 440~980mm，小麦生育期间降水 150~340mm，多数地区 200mm 左右。西北部地区降水量较少，东部地区降水量较多，降水季节间分布不匀，多集中于 7~8 月，春季常遇干旱，以春旱为主，有些年份秋季干旱也很严重，有时秋、冬、春连旱，成为小麦生产中的主要问题。黄河至淮河之间，气候温暖，雨量适度，是我国生态气候条件最适合种植冬小麦的地区，面积大、产量高。

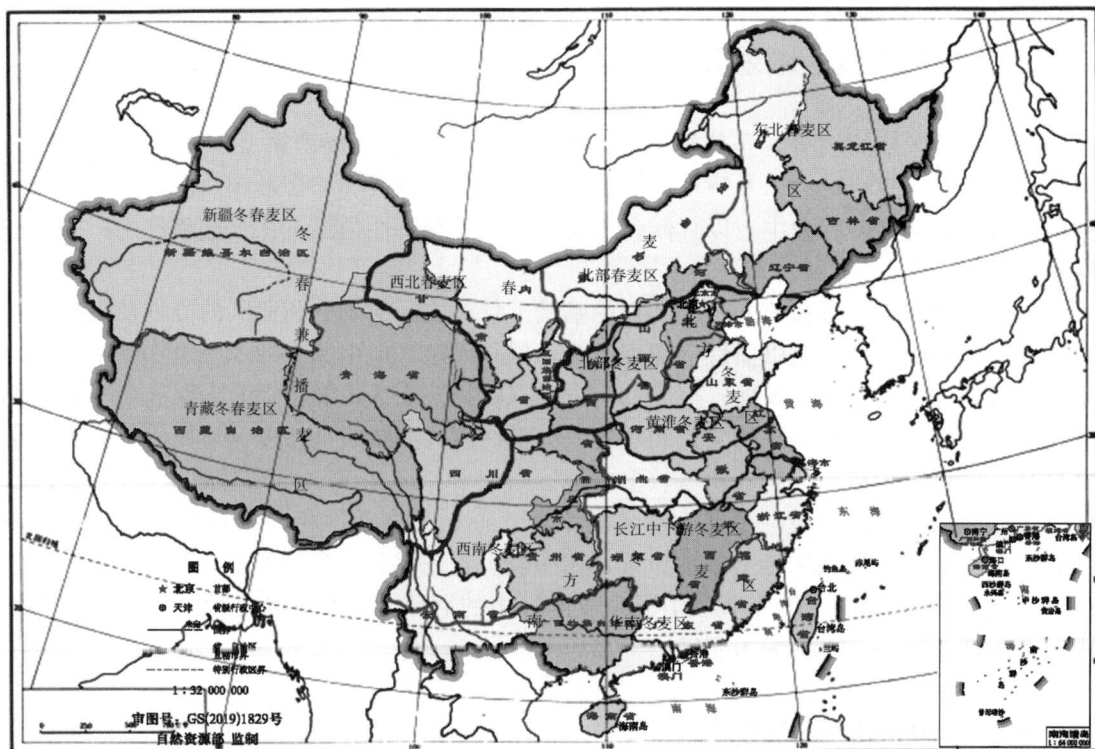

图 2-1　中国小麦种植区划

3. 种植制度 种植制度主要为一年两熟，北部地区则多两年三熟，旱地多为一年一熟。冬小麦为主要种植作物，其他还有玉米、谷子、豆类、甘薯及棉花等粮食和经济作物。

依据纬度高低、地形差异、温度和降水量的不同，又分为北部冬麦、黄淮冬麦两个亚区。

（1）北部冬麦区

①区域范围。东起辽东半岛南部地区，沿燕山南麓进入河北省长城以南的冀东平原，向西跨越太行山，经黄土高原的山西省中部与东南部及陕西省北部的渭北高原和延安地

区，进入甘肃省陇东地区。本区自东北向西南，横跨辽宁、河北、天津、北京、山西、陕西和甘肃 5 省 2 市，形成一条狭长地带，陕西境内基本沿长城与其以北的春麦区为界。包括辽宁南端的营口、大连两市；河北境内长城以南的廊坊、保定、沧州、唐山、秦皇岛市全部；北京、天津两市全部；山西朔州以南的阳泉、太原、晋中、长治、吕梁等市全部和临汾市北部地区；陕西延安市全部，榆林长城以南大部，咸阳、宝鸡和铜川市部分县；甘肃陇东庆阳市全部和平凉市的部分县。全境地势复杂，东部为沿海低丘，中部是华北平原，西部为沟壑纵横、峁梁交错的黄土高原。其中陕西和山西部分有山区、塬地，还有晋中、上党和陕北盆地。海拔通常 500m 左右，高原地区为 1 200～1 300m，近海地区则 4～30m。本区位于我国冬小麦北界，生态环境和生产水平与中、东部有一定差异。

②气候特征。地处中纬度的暖温带季风区，除沿海地区比较温暖湿润外，其余地区主要属大陆性半干旱气候。冬季严寒，降水稀少，春季干旱多风，降水不足、蒸发旺盛，越向内陆气候条件越为严酷。干旱、严寒是本区小麦生产中的主要问题。全年≥10℃的积温 3 500℃左右，变幅为 2 750～4 350℃；最冷月平均气温−10.7～−4.1℃，绝对最低气温通常为−24℃，以山西西部的黄河沿岸、陕北和甘肃陇东地区气温最低。小麦生育期太阳总辐射量 276～293kJ/cm^2，日照时数为 2 000～2 200h，播种至成熟>0℃积温为 2 200℃左右。冬季小麦地上部分干枯，基本停止生长，有明显的越冬期，春季有明显的返青期。全年无霜期 135～210d。终霜期一般在 4 月初，正常年份一般地区小麦均可安全越冬，但低温年份或偏北地区，在栽培不当或品种抗寒性较差时则易受冻害。麦收期间绝对最高气温为 33.9～40.3℃，小麦生育后期常有干热风危害，影响籽粒灌浆和正常成熟。全年降水量 440～710mm，沿海辽东半岛、河北平原及北京、天津两市降水量稍多，但降水季节分布不均，主要集中在 7、8、9 三个月，小麦生育期降水量 100～210mm，年度间变化较大，以致常年都有不同程度的干旱发生，主要为春旱，个别年份秋、冬、春连旱。

③土壤类型。本区土壤类型主要有褐土、潮土、黄绵土和盐渍土等。褐土多分布在华北平原、黄土高原的东南部以及山西省中部等地，土壤表层多为壤土，质地适中，通透性和耕性良好，有较深厚的熟化层，疏松肥沃，保墒耐旱。潮土主要分布在华北平原的京广线以东、京山线以南的冲积平原。黄绵土主要分布在晋西、陕北及陇东的黄土高原地区，质地疏松，易受侵蚀，抗旱力弱。盐渍土多分布沿海地带，耕性及透性均很差。

④种植制度。种植作物种类繁多，以小麦和杂粮为主，主要有小麦、玉米、高粱、谷子、糜子、黍子、豆类、马铃薯、油菜以及绿肥作物等，棉花、水稻在局部平原或盆地也有种植。冬小麦占粮食作物面积的 30%～40%，在轮作中起到纽带作用，是各种主要作物的前茬作物。与小麦轮作的主要有玉米、谷子、高粱、大豆等，北部还有荞麦、糜子和马铃薯等。通过对冬小麦茬口的不同安排，既可改变种植方式和提高复种指数，也将影响各种作物面积分配，对增加总产和培养地力均起重要作用。旱地轮作以一年一熟为主，冬小麦是主要作物。两年三熟面积比较大，主要轮作方式是冬小麦—夏玉米（夏谷、糜、黍、豆类、荞麦—春种玉米（高粱、谷子、豆类、糜子、荞麦、薯类等），春播作物收获后，秋播小麦，小麦收获之后夏种早熟作物。也有一些地区实行小麦与其他作物套种。一年两熟则主要在肥水条件较好地区，麦收之后复种夏玉米、豆类、谷子、糜子、荞麦等，以夏玉米为主。近来，由于气候变暖、品种改良和栽培技术的进步，一年两熟面积迅速扩

大，全年产量大幅增加。

⑤生产特点。小麦播期一般在9月中旬至10月上旬，但多数集中在9月下旬至10上旬，有的延迟到10月中旬。成熟期多为6月中、下旬，少数地区晚至7月上旬，播期和收获期均表现为从南向北逐渐推迟。全生育期一般为250～280d，有些地区晚播小麦生育期在250d以下。由于冬前苗期营养生长时间较短，要培育冬前壮苗，应选择抗寒性能好、分蘖能力强的品种。为使小麦安全越冬，一般应控制小麦生长锥处在初生期时进入越冬期，最迟不能越过单棱期。

⑥病虫情况。条锈病偶发，一般年份发生不重，但遇春季降水较多、气候适宜，而南部麦区病源多时，麦苗生长繁茂、田间郁闭的麦田，易发锈病，防治不及时，可能流行成灾。近年小麦纹枯病有向本区蔓延的趋势，在小麦起身期，水肥充足、群体偏大的麦田常有发生。随着生产发展和氮肥施用量增加，白粉病在水浇地高产麦田也常有发生。条锈病、秆锈病、叶锈病、赤霉病、全蚀病、黄矮病、叶枯病、根腐病分别在不同地区局部发生，给小麦生产带来不同程度的危害。散黑穗病、腥黑穗病、秆黑粉病、线虫病近年也有回升趋势。常见的地下害虫有蝼蛄、蛴螬、地老虎和金针虫等，在小麦播种至出苗期，常造成麦田缺苗断垄，影响产量。近年来金针虫有发展趋势，应特别引起注意。红蜘蛛在干旱地区常有发生，蚜虫、黏虫在密植高产麦田每年均有不同程度发生，有时会造成严重危害。麦叶蜂、吸浆虫近年也有回升发展趋势，局部地区发生严重。生产中，要选用适当的抗（耐）病虫品种，加强栽培管理，创造不利于病虫害发生的条件，同时加强病虫害的预测预报，及时防治，减轻危害。

⑦发展建议。针对本区特点，应因地制宜，加强农田基本建设和水土保持工作；发展保护性耕作，实行秸秆还田，改良土壤，培肥地力；选用抗寒耐旱高产优质品种，增施有机肥料，合理平衡施用化肥，应用抗逆节水优质高产综合栽培技术，提高单产，改善品质，大力发展优质强筋小麦生产。

（2）黄淮冬麦区

①区域范围。位于黄河中下游，北部和西北部与北部冬麦区相连，南以淮河、秦岭为界，与西南冬麦区、长江中下游冬麦区接壤，西沿渭河河谷直抵西北春麦区边界，东临海滨。包括山东省全部，河南省除信阳地区以外大部，河北省中、南部（石家庄、衡水市以南），江苏和安徽两省的淮河以北地区，陕西关中平原（西安和渭南全部，咸阳和宝鸡市大部）及山西省南部（临汾和晋城南部、运城市全部），甘肃省天水市全部和平凉及定西地区部分县市。大部分地区属黄淮平原，地势多低平，坦荡辽阔。海拔平均200m左右，西高东低，其中西部丘陵地区海拔为200～800m，多为400～600m；河南全境100m左右，苏北、皖北在50m以下，东部沿海在20m以下。本区气候适宜，是我国生态条件最适合小麦生长的地区。面积和总产量在各麦区中均居第一，历年产量比较稳定。冬小麦在各省所占耕地面积的比例为49%～60%，为本区的主要作物。

②气候特征。地处暖温带，气候比较温和。沿淮河北侧一带为亚热带北部边缘，为暖温带最南端，属半湿润性气候区，此线以南则降水量增多，气候湿润。全区大陆性气候明显，尤其北部一带，春旱多风，夏秋高温多雨，冬季寒冷干燥，南部则情况较好。全年≥10℃的积温4 100℃左右，变幅为3 350～4 900℃；年均气温为9～15℃，最冷月平均气温

$-4.6\sim-0.7℃$，绝对最低气温$-27.0\sim-13.0℃$；年日照时数为2 420h，变幅为1 829～2 770h。小麦生育期太阳总辐射量192～276kJ/cm^2，日照时数为1 400～2 000h，播种至成熟期>0℃积温为2 000～2 200℃。

地区北部地区属华北平原，在低温年份仍有遭受寒害或霜冻的可能。除华北平原北部地带越冬时小麦地上部分有枯死叶片外，大部分地区冬季小麦地上部分仍保持绿色，虽生长缓慢，但基本不停止生长，相比北部冬麦区，没有明显的越冬期，春季也没有明显的返青期。无霜期180～230d，从北向南逐步增加。终霜期一般在3月下旬至4月上旬，个别年份4月中旬仍可能有寒流袭击，造成晚霜冻害。年降水量520～980mm，以东部沿海较多，向西逐步减少，降水季节分布不均，多集中在6、7、8三个月，占全年降水量的60%左右。小麦生育期降水量150～300mm，北部降水量少于南部，年际间时有旱害发生，需及时进行灌溉。小麦灌浆、成熟期高温低湿，干热风时有发生，引起小麦"青枯逼熟"，造成不同程度的危害。

③土壤类型。本区土壤类型主要有潮土、褐土、棕壤、砂姜黑土、盐渍土、水稻土等。其中潮土主要分布在黄淮海平原，一般地势平坦、土层深厚，适宜小麦生产。褐土主要分布在黄土高原与黄淮海平原结合部、山麓平原、海拔700～1 000m及以下的低山丘陵地带，适宜发展种植业。棕壤主要分布在海拔700～1 000m及以下的低山丘陵地带，已开垦的棕壤地区，一般土层深厚，保水保肥能力较强，适宜种植粮食作物及经济作物。砂姜黑土主要分布在低洼地区，土壤结构性差，适耕期较短。水稻土主要分布在黄河两岸、低洼地及滨海地区。盐渍土主要分布在低洼地及滨海地带。

④种植制度。以冬小麦为主作的轮作方式，一年两熟为主，即冬小麦—夏作物。丘陵、旱地以及水肥条件较差的地区，多实行两年三熟，即春作物—冬小麦—夏作物的轮作方式，间有少数地块实行一年一熟，与小麦倒茬的作物有玉米、谷子、豆类、棉花等。全区主栽作物主要有冬小麦、玉米、棉花、大豆、甘薯、花生、烟草和油菜等，高粱、谷子和水稻也有一定种植面积。近年随着国家对农业投入增加和生产条件改善，一年两熟面积逐渐扩大，特别是苏北徐淮地区，在灌溉水利设施以及生产条件改善后，种植制度由旱作逐渐向水旱轮作过渡，稻麦两熟已成为当地的重要种植方式。河南、山东及河北省南部地区主要是冬小麦—夏玉米复种的一年两熟制，间有小麦—夏大豆等复种方式。

⑤生产特点。小麦播期参差不齐，西部丘陵、旱塬地区多在9月中、下旬播种，华北平原地区则在9月下旬至10月上、中旬播种为主，淮北平原一般在10月上、中旬播种。成熟期由南向北逐渐推迟，淮北平原5月底至6月初成熟，全生育期220～240d，其他地区多在6月上旬或中旬成熟。由于播期不一致，全生育期在230～250d之间变化。本区北部以冬性或半冬性品种为主，南部应用的品种兼有半冬性和春性。冬性或半冬性品种在淮北平原以单棱期越冬，西部丘陵和华北平原地区以生长锥伸长期至单棱期越冬。冬前发育越过二棱期的麦苗，冬春易受冻害或冷害威胁。

⑥病虫情况。条锈病是主要病害，以关中地区发生较为普遍，叶锈病、秆锈病间有发生。早春纹枯病常有发生，且有向北蔓延趋势。白粉病近年呈上升趋势，水肥条件好、植株密度大、田间郁闭的麦田发生较重。全蚀病、叶枯病及赤霉病在局部地区时有发生，尤其赤霉病近年有发展趋势。黄矮病、散黑穗病、腥黑穗病、秆黑粉病有局部发生，以西部

丘陵地区较重。小麦前期害虫主要为地下害虫，有蝼蛄、蛴螬、金针虫等，近年金针虫有发展趋势；中后期害虫主要为麦蚜、麦蜘蛛、黏虫、吸浆虫和麦叶蜂等，其中吸浆虫呈上升态势。

⑦发展建议。针对本区特点，应加强农田水利建设，充分合理利用水资源，实行科学节水灌溉；因地制宜选用不同类型的优质高产品种，测土配方施肥；后期注意防止青枯早衰，避免或减轻干热风危害；加强病虫测报，及时防病治虫除草；应用优质高产综合配套栽培技术，实行秸秆还田，保护和培肥地力；在注重产量的同时发展优质专用小麦；利用全球气候变暖的条件，适度扩大一年两熟，合理调节上下茬的热量分配，实现全年粮食均衡增产。

（二）南方冬麦区

1. 区域范围 位于秦岭、淮河以南，折多山以东，包括福建、江西、广东、海南、台湾、广西、湖南、湖北、贵州等省、自治区全部，云南、四川大部，江苏、安徽淮河以南地区以及河南信阳地区。

2. 气候特征 全区主要属亚热带气候，但海南、台湾、广东、广西等南部和云南省个旧市以南地区已由亚热带过渡为热带。受季风气候影响，气候温暖，全年≥10℃的积温5 750℃左右，变幅为3 150～9 300℃；最冷月平均气温5℃左右，华南地区可达10℃以上，年均气温16～24℃，全年适合作物生长。年降水量多在1 000mm以上，湖南、江西、浙江及安徽南部和广东等地雨量可达1 600～2 000mm。受雨量偏多影响，湿涝灾害及赤霉病连年发生，对小麦生产不利。

3. 种植制度 种植作物以水稻为主，水田面积占耕地面积的30%左右，小麦虽不是本区主要作物，但在轮作复种中仍处于十分重要地位，多与水稻进行轮种，主要方式有稻—麦两熟或稻—稻—麦等三熟制。

根据气候条件、种植制度和小麦生育特点又可分为长江中下游、西南及华南冬麦3个亚区。

（1）长江中下游冬麦区

①区域范围。地处长江中下游，北以淮河、秦岭与黄淮冬麦区为界，南以南岭、武夷山脉与华南冬麦区相邻，西抵鄂西及湘西山地与西南冬麦区接壤，东至东海海滨。包括浙江、江西、湖北、湖南及上海市全部，河南省信阳地区以及江苏、安徽两省淮河以南地区。自然条件比较优越，光、热、水资源良好，大部分地区适宜小麦生长，江苏、安徽中部及湖北襄樊等江淮平原地区为集中产区。由于降水量等条件的不均衡，各地小麦生产水平差异悬殊。

本区地形复杂，西南高而东北低，大体分为沿海、沿江、沿湖平原和丘陵山地两大类。前者西起江汉平原，经洞庭、鄱阳两湖平原及安徽的沿江平原，东至江浙的太湖平原和沿海平原，土地肥沃，水网密布，河湖众多，是本区小麦的主要种植地带，种植面积约占全区的3/4。平原地区海拔多在50m以下，山地丘陵多在500～1 000m。

②气候特征。属北亚热带季风区，全年气候温暖湿润，热量资源丰富，分布趋势为南部多于北部，内陆多于沿海，中游多于下游。年均气温15.2～17.7℃，全年≥10℃的积

温 5 300℃左右，变幅为 4 800～6 900℃；年均日照时数 1 910h，变幅为 1 521～2 374h。小麦生育期间太阳总辐射量为 193～226kJ/cm²，日照时数为 600～1 200h，从南向北逐渐增多。播种至成熟期＞0℃积温为 2 000～2 200℃。1 月份平均气温 2～6℃，最低平均温度−3～3.9℃，＜0℃的平均日数为 11.6～62.7d，无霜期 215～278d。长江以南小麦冬季基本不停止生长，无明显的越冬期和返青期。

水资源丰富，自然降水充沛。年降水量 830～1 870mm，小麦生育期间降水量 340～960mm，但分布极不均衡，南部明显高于北部，沿海多于内陆，自东南向西北方向递减。本区常受湿渍为害，且越往南降水量越大，渍害也越加严重。北部地区偶有春旱发生，但后期降水偏多。

③土壤类型。土壤类型较多，汉水上游地区为褐土或棕壤土，丘陵地区为黄壤土和黄褐土，沿江沿湖地区为水稻土，江西、湖南部分地区有红壤土。红、黄壤偏酸性，肥力较差，不利于小麦生长。长江中下游冲积平原的水稻土，有机质含量较高，肥力较好，有利于小麦高产。

④种植制度。多为一年两熟直至三熟。两熟制以稻—麦或麦—棉为主，间有小麦—杂粮的种植方式；三熟制主要为稻—稻—麦（油菜）或稻—稻—绿肥。丘陵旱地地区以一年两熟为主，麦收之后复种玉米、花生、芝麻、甘薯、豆类、杂粮、麻类、油菜等。

⑤生产特点。全区小麦适播期为 10 月下旬至 11 月中旬，播种方式多样。旱茬麦多为播种机条播，播期偏早；稻茬麦播种方式根据水稻收获期不同而异，水稻收获早的有板茬机械撒播或机条播，水稻收获偏晚的则在水稻收获前人工撒种套播，目前推广机条播。成熟期北部 5 月底前后，南部地区略早，生育期多为 200～225d。品种多为春性。

⑥病虫情况。早春纹枯病有加重发生趋势，中后期以赤霉病、锈病、白粉病较为流行，小麦开花灌浆期降水过多，极易引起赤霉病盛发流行。植株密度偏大的麦田白粉病发生较重，条锈病、秆锈病和叶锈病在不同地区分别或兼有发生。小麦害虫主要有麦蜘蛛、黏虫、蚜虫和吸浆虫等。渍害是制约小麦生产的重要障碍因素。

⑦发展建议。排水降渍是小麦田间管理的重要任务，需三沟配套，排灌分开，控制地下水位，防涝降渍，治理湿害；针对不同时期病虫草害发生流行情况，及时测报，综合防治，减轻为害；增施有机肥，推广秸秆还田，增加土壤有机质含量；适当种植绿肥作物，改良土壤，培肥地力；测土配方施肥，发展优质弱筋小麦品种，应用综合优质高产栽培技术，改善品质，提高产量，增加效益。

（2）西南冬麦区

①区域范围。位于长江上游，在我国西南部，地处秦岭以南，川西高原以东，南以贵州省界以及云南南盘江和景东、保山、腾冲一线与华南冬麦区为界，东抵湖南、湖北省界。包括贵州、重庆全部，四川、云南大部（四川阿坝、甘孜州南部部分县以外；云南泸西、新平至保山以北，迪庆、怒江州以东），陕西南部（商洛、安康、汉中）和甘肃陇南地区。全区地形、地势复杂，北有大巴山脉，西有邛崃山及大雪山，西南有横断山脉，山地、高原、丘陵、盆地相间分布，其中以山地为主，约占总土地面积的 70% 左右。地势为西北高东南低，海拔由 6 000m 以上下降到 100m 以下，耕地主要分布在 200～2 500m 之间。丘陵多，盆地面积较小，且多为面积碎小而零散分布的河谷平原和山间盆地，其中

以成都平原最大。平坝少，丘陵旱坡地多，海拔差异大，构成不同的小气候带，影响小麦分布、生产及品种使用。

②气候特征。属亚热带湿润季风气候区。冬季气候温和，高原山地夏季温度不高，雨多、雾大、晴天少，日照不足，多数农业区夏无酷暑，冬无积雪。季节间温度变化较小，昼夜温差较大，为春性小麦秋冬播和形成大穗创造了有利条件。全年≥10℃的积温4 850℃左右，变幅为3 100～6 500℃；最冷月平均气温为4.9℃，绝对最低气温-6.3℃。其中四川盆地温度较高，甚至比同纬度的长江流域也高2～4℃，冬暖有利于小麦、油菜、蚕豆等作物越冬生长。无霜期较长，在各麦区中仅次于华南冬麦区，全区平均260多d，其中四川盆地南充、内江地区超过300d。日照不足是本区自然条件中对小麦生长不利的主要因素，年日照时数1 620多h，日均只有4.4h，为全国日照最少地区。小麦播种至成熟期太阳辐射总量108～292kJ/cm²，日照时数多为400～1 000h，以重庆地区日照时数最短。四川、贵州两地常年云雾阴雨，日照不足，直接影响小麦后期灌浆和结实。小麦生育期≥0℃积温为1 800～2 200℃。年降水量1 100mm左右，比较充沛，除北部甘肃武都地区不足500mm外，其余均在1 000mm左右。小麦播种至成熟期降水量100～300mm，基本可以满足小麦生育期需水。但部分地区由于季节间降水量分布不均，冬、春降水偏少，干旱时有发生。

③土壤类型。本区土壤类型繁多，分布错综。主要有黄壤、红壤、棕壤、潮土、赤红壤、黄红壤、红棕壤、红褐土、黄褐土、草甸土、褐色土、紫色土、石灰土、水稻土等。其中黄壤和红壤是湿润亚热带生物条件下发育的富铝化土壤类型，黄壤多具黏、酸、薄等不良特性，红壤多具黏、板（结）、贫（瘠）等自然特点，但经过合理改良，可以有效提高土壤肥力。

④种植制度。本区水稻为主要作物，其次是小麦、玉米、甘薯、棉花、油菜、蚕豆及豌豆等，作物种类丰富。农业区域内海拔差异较大，热量分布不均，种植制度多样，有一年一熟、一年两熟、一年三熟等多种方式。云贵高原，海拔2 400m以上的高寒地区，气温低，霜期长，≥10℃积温3 000℃左右，以一年一熟为主，主要作物有小麦、马铃薯、玉米、荞麦等。小麦可与其他作物轮作，既可秋种，也可春播，但产量均低而不稳。海拔1 400～2 400m的中暖层地带，≥10℃积温一般为4 000～5 000℃，年降水量800～1 000mm，熟制为一年两熟或两年三熟，主要作物有水稻、小麦、油菜、玉米、蚕豆等，以小麦—水稻或小麦—玉米两熟制轮作为主。气温较低的旱山区，玉米和小麦多行套种。海拔1 400m以下的低热地区，≥10℃的积温一般可达6 000℃以上，主要种植作物有水稻、小麦、玉米、甘薯、油菜、烟草等，熟制可为一年三熟。如在河谷地带气候温暖湿润地区，可行稻—稻—麦三熟；在四川盆地西部平原地区，以水稻—小麦或水稻—油菜一年两熟为主；四川盆地浅丘陵地区，以小麦、玉米、甘薯三熟套作最为普遍。陕南地区以一年两熟为主，主要种植方式有小麦（油菜）—水稻，或小麦（油菜）—玉米（豆类）。甘肃陇南地区多为一年两熟，间有两年三熟，极少一年三熟。其中一年两熟主要为小麦—玉米或小麦—马铃薯，主要作物有小麦、玉米、马铃薯、豆类、油菜、胡麻、中药材等。

⑤生产特点。小麦品种多为春性。适播期因地势复杂而差异很大，高寒山区为8月下旬至9月上旬；浅山区9月下旬至10月上旬；丘陵区多为10月中旬至10月下旬，少数

在 11 月上旬，如四川盆地丘陵旱地小麦，春性品种最佳播期为 10 月底至 11 月上旬，海拔较高的地区提前 3～5d；平川地区一般 10 月下旬至 11 月上旬，最晚不过 11 月 20 日前后，全区播期前后延展近 3 个月。成熟期平原、丘陵区为 5 月份；山区较晚，在 6 月 20 日至 7 月上中旬。小麦生育期一般 175～250d，以内江、南充、达县等地小麦生育期最短，武都地区较长。高寒山区小麦面积极少，但生育期可达 300d 左右。

⑥病虫情况。条锈病是威胁本区小麦生产的第一大病害，尤其在丘陵旱地麦区流行频率较高。在四川盆地麦区，一般 12 月中、下旬始现，感病后逐渐发展为发病中心，3 月下旬进入流行期，4 月上、中旬遇适宜条件则迅速蔓延。赤霉病在多雨年份局部地区间有发生，如在四川以气温较高、春雨较早的川东南地区发生较重，盆地西北部属中等发病区。白粉病时有发生，尤其在小麦拔节前后降水较多时，高产麦田容易发病，如四川盆地浅丘麦区就是白粉病发生较重的区域之一。其他病害发生较轻。蚜虫是本区小麦的主要害虫。

⑦发展建议。实施小麦优质高产栽培技术，合理选用优质高产品种，高肥水地要选用耐肥、耐湿、丰产、抗倒、抗病品种，丘陵山旱地推广抗逆、稳产品种；精细整地，做好排灌系统，以减少湿害和早春干旱的威胁；推广小窝密植种植技术和免耕播种技术，减少粗放撒播面积；合理控制基本苗，培育壮苗；管理中促控结合，防止倒伏，适当采用化控降秆防倒技术；加强测土配方施肥和平衡施肥技术的普及应用；加强病虫害测报工作，重点防治条锈病、白粉病、赤霉病和蚜虫；丘陵山旱地区应加强水土保持和农田基本建设，增施有机肥，提高土壤肥力，改进耕作制度，合理轮作；平原水地稻茬麦，实行水稻秸秆还田，培肥地力，为小麦高产创造条件，确保小麦稳产增收。

（3）华南冬麦区

①区域范围。位于我国南部，西与缅甸接壤，东抵东海之滨及台湾，南至海南省并与越南和老挝交界，北以武夷山、南岭为界横跨福建、广东、广西以及云南省南盘江、新平、景东、保山、腾冲一线与长江中下游及西南两个冬麦区相邻。包括福建、广东、广西、海南和台湾全部及云南省南部的德宏、西双版纳、红河等州部分县。陆地部分地势自西北向东南倾斜。本区地形复杂，有山地、丘陵、平原、盆地，以山地和丘陵为主，约占总土地面积的 90%，海拔在 500m 以下的丘陵最为普遍。珠江、赣江三角洲为两个较大的平原，沿海一带还有一些小平原。耕地集中分布在平原、盆地和台地上，面积约占总土地面积的 10%，一般土地比较肥沃。水稻是主要作物，小麦占比重较小。

②气候特征。本区主要为亚热带，属湿润季风气候区，只有海南、台湾、广东、广西和云南北回归线以南的地区为热带。由于北部武夷山、南岭山脉阻隔了南下的冷空气，东南有海洋暖气流调节，气候终年温暖湿润，水热资源在全国最为丰富。无霜期 290～365d，其中西双版纳等热带地区全年基本无霜冻；全年≥10℃积温 7 200℃左右，变幅为 5 100～9 300℃；平均气温 16～24℃，由北向南逐渐增高，最冷月份平均气温 6～24℃；年均日照时数为 1 700～2 400h。小麦生育期间日照时数为 400～1 000h，云南西南部地区最多，广西中部最少；小麦生育期间太阳总辐射量为 108～250kJ/cm²；小麦生育期间 >0℃积温为 2 000～2 400℃，以云南南部最多。年均降水量 1 500mm 以上。小麦生育期间降水量 200～500mm，由南向北逐渐增多。季节间分布不均，4～10 月为雨季，约占全年降水量 70%～80%，小麦生育期间正值旱季，降水相对较少。

③土壤类型。有红壤、砖红壤、赤红壤、红棕壤、黄壤、黄棕壤、紫色土、水稻土等多种类型，其中以红壤和黄壤为主。红、黄壤酸性较强，质地黏重，排水不良，湿害时有发生。丘陵坡地多为沙质土，保水保肥能力较差。

④种植制度。主要种植作物为水稻，小麦面积较小，其他作物还有油菜、甘薯、花生、木薯、芋头、玉米、高粱、谷子、豆类，以及甘蔗、麻类、芝麻、茶等。种植制度以一年三熟为主，多数为稻—稻—麦（油菜），部分地区有水稻—小麦或玉米—小麦一年两熟，少有两年三熟。小麦除主要作为水稻的后作外，部分作为甘薯、花生的后作。

⑤生产特点。小麦品种主要为春性秋播品种，苗期对低温要求不严格，光照反应迟钝。山区有少数半冬性品种，分蘖力较弱，籽粒红色，休眠期较长，不易穗发芽。小麦播期通常在 11 月上、中旬，少数在 10 月下旬。生育期多为 125～150d，由南向北逐渐延长。成熟期一般在 3 月初至 4 月中旬，从南向北逐渐推迟。云南西南部地区有少数春性春播小麦品种种植，所占比重极小。

⑥病虫情况。由于温度高、湿度大，小麦条锈病、叶锈病、秆锈病、白粉病及赤霉病经常发生。小麦蚜虫是危害本区小麦的主要害虫之一，历年均有不同程度的发生。

⑦发展建议。因地制宜选用抗逆、耐湿、抗穗发芽、耐（抗）病、抗倒的品种；提高改进栽培技术，结合当地种植制度，适当安排小麦播期，使小麦各生育阶段得以避开或减轻各种自然灾害的危害；做好麦田渠系配套，及时排水，减轻渍害；实行测土配方施肥，提高施肥管理水平；借鉴高产地区经验，结合当地情况，实施高产栽培技术，增施有机肥，实行秸秆还田，改善土壤结构，培肥地力；及时收获，避免或减轻穗发芽；做好病虫测报，及时防治病虫害，减少损失，提高效益。

（三）春播麦区

1. 区域范围 春麦主要分布在长城以北，岷山、大雪山以西，大多地处寒冷、干旱或高原地带。春麦区主要分布在我国北部狭长地带，包括黑龙江、吉林、内蒙古、宁夏全部，辽宁、甘肃省大部，以及河北、山西、陕西各省北部地区。东北与俄罗斯、朝鲜交界，西北与蒙古接壤，南以长城为界与北部冬麦区相邻，西至新疆冬春兼播麦区和青藏春冬兼播麦区的东界。新疆、西藏及四川西部冬、春麦兼种，将单独划区。

2. 气候特征 全年≥10℃的积温 2 750℃左右，变幅为 1 650～3 620℃。这些地区冬季严寒，其最冷月（1 月）平均气温及年极端最低气温分别为－10℃左右及－30℃左右。太阳总辐射量和日照时数由东向西逐渐增加。降水量分布差异较大，总趋势为由东向西逐渐减少。物候期出现日期表现为由南向北逐渐推迟。

3. 种植制度 秋播小麦不能安全越冬，故种植春小麦。以一年一熟制为主。种植方式有轮作和套作，轮作方式有小麦—大豆—玉米轮作，小麦—大豆—马铃薯轮作，小麦—油菜—小麦轮作等；套作方式有小麦套种玉米的粮粮套作，小麦套种向日葵的粮油套作，小麦套种甜菜的粮糖套作等。

根据降水量、温度及地势可将春麦区分为东北春麦、北部春麦及西北春麦 3 个亚区。

（1）东北春麦区

①区域范围。位于我国东北部，北部和东部与俄罗斯交界，东南部和朝鲜接壤，西部

与蒙古和北部春麦区毗邻，南部与北部冬麦区相连。包括黑龙江、吉林两省全部，辽宁省除南部大连、营口两市以外的大部，内蒙古东北部的呼伦贝尔市、兴安盟、通辽市及赤峰市。地形地势复杂，境内东、西、北部地势较高，中、南部属东北平原，地势平缓。海拔一般为50～400m，山地最高的1 000m左右。土地资源丰富，土层深厚，适合大型机具作业，尤以黑龙江省为最。

②气候特征。本区属中温带向寒温带过渡的大陆性季风气候，冬季漫长而寒冷，夏季短促而温暖。日照充足，温度由北向南递增，差异较大。黑龙江省年均气温-6～4℃，吉林省3～5℃，辽宁省7～11℃。最冷月平均气温北部漠河为-30℃以下，绝对最低温度曾达-50℃以下。本区是我国气温最低的一个麦区，热量及无霜期南北差异较大。全年≥10℃的积温2 730℃左右，变幅为1 640～3 550℃。小麦生育期间>0℃积温1 200～2 000℃，日照时数800～1 200h，太阳总辐射量192～242kJ/cm²，均表现为由东向西逐步增加的趋势。无霜期90～200d，其中黑龙江省90～120d，吉林省120～160d，辽宁省130～200d，呈现由北向南逐渐增加的趋势。无霜期短和热量不足是本区的最大特点。降水量通常600mm以上，最多在辽宁省东部山地丘陵地区，年降水量可达1 100mm，平原地区降水量多在600mm左右。小麦生育期降水量200～300mm，为我国春麦区降水最多的地区。季节间降水分布不均，全年降水量60%以上集中在6～8月，3～5月降水很少，且常有大风，以致部分地区小麦播种时常遇干旱，成熟时常因降水多而不能及时收获。本区大体呈现北部高寒、东部湿润、西部干旱的气候特征。

③土壤类型。本区土地肥沃，有机质含量较高。土壤类型主要为黑钙土、草甸土、沼泽土和盐渍土。黑钙土分布面积最广，主要在松辽、松嫩和三江平原，腐殖层厚，矿质营养丰富，土壤结构良好，自然肥力较高。草甸土分布在各平原的低洼地区和沿江两岸，肥力较高，透水性较差。盐渍土主要分布在西部地区，湿时泥泞，干时板结，耕性和透气性均很差。

④种植制度。主要种植作物有玉米、春小麦、大豆、水稻、马铃薯、高粱、谷子等。种植制度主要为一年一熟，春小麦多与大豆、玉米、谷子、马铃薯、高粱等轮作倒茬。

⑤生产特点。小麦播种期为3月中旬至4月下旬，拔节期为4月下旬至6月初，抽穗期为6月初至7月中旬，成熟期从7月初至8月下旬，各物候期总的变化趋势均表现为从南向北、从东向西逐渐推迟。小麦生育期为100～120d，从南向北逐渐延长。

⑥病虫情况。小麦生长后期降水较多，赤霉病常有发生，是本区小麦的重要病害之一。早春播种时干旱，后期高温多雨，为根腐病发生创造了条件，主要表现为苗腐、叶枯和穗腐。叶锈病、白粉病、散黑穗病、黄矮病、丛矮病等在各地间也有不同程度发生。地下害虫有金针虫、蝼蛄、蛴螬等，小麦生长中后期常有黏虫、蚜虫危害。麦田杂草以燕麦草危害较重。

⑦发展建议。春小麦生产应注意选用早熟高产优质品种；推广保护性耕作，提倡少耕、免耕、深松，实行秸秆覆盖、留茬覆盖、防风保墒，积雪增墒，减少风沙扬尘，防止表土流失；东部湿润地区还应注意挖沟排渍，防止湿害；注意增施有机肥料，保护地力，适当种植绿肥作物，用地养地结合，防止土壤肥力退化；加强病虫害预测预报，及时防病治虫，特别要注意赤霉病、根腐病和蚜虫的防治，减轻危害；及时防除麦田杂草；及时收

获，避免或减轻收获时遇雨造成的损失；实行测土配方平衡施肥，应用高产高效栽培技术，提高产量，改善品质，增加效益。

（2）北部春麦区

①区域范围。位于大兴安岭以西，长城以北，西至内蒙古巴彦淖尔市、鄂尔多斯市和乌海市。区域范围以内蒙古自治区为主，包括内蒙古的锡林郭勒、乌兰察布、呼和浩特、包头、巴彦淖尔、鄂尔多斯以及乌海等一盟六市，以及河北省张家口市、承德市全部，山西省大同市、朔州市、忻州市全部，陕西省榆林长城以北部分县。

②气候特征。本区地处内陆，东南季风影响微弱，为典型的大陆性气候，冬寒夏暑，春秋多风，气候干燥，日照充足。地形地势复杂，由海拔3～2 100m的平原、盆地、丘陵、高原、山地组成。全区主要属蒙古高原，以横亘于内蒙古中部的阴山为界，北部比较开阔平展，其南则为连绵起伏的高原、丘陵和盆地等，主要有河套和土默川平原、丰镇丘陵、大同盆地、张北高原等。年日照时数2 700～3 200h，年均气温1.4～13.0℃，全年≥10℃的积温2 600℃左右，变幅为1 880～3 600℃。年降水量200～600mm，降水季节分布不均，多集中在7～9月。一般年降水量为350mm左右，不少地区低于250mm，属半干旱及干旱地区。小麦生育期太阳总辐射量242～276kJ/cm^2，日照时数为1 000～1 200h，播种至成熟期>0℃积温为1 800～2 000℃，小麦生育期降水量50～200mm，由东向西逐渐减少。各地无霜期差异大，变幅为80～178d。其中，忻州市无霜期110～178d为最长，锡林郭勒盟90～120d为最短，张家口市80～150d，变幅最大。

③土壤类型。有栗钙土、黄土、河套冲积土，以栗钙土为主，腐殖层薄，易受干旱，在植被受破坏后且易沙化。土壤质地多为壤土，耕性较好，适宜种植小麦或其他农作物。坡梁地一般为沙质土或砂石土，有机质含量很低，土壤瘠薄，无灌溉条件，保水保肥能力差，遇冬春多风季节，表土风蚀严重。川滩地多为冲积土，土层较厚，有机质含量较高，土壤较肥，保水保肥能力较强。

④种植制度。主要种植作物有春小麦、玉米、马铃薯、糜子、谷子、燕麦、豆类、甜菜等。种植制度以一年一熟为主，间有两年三熟。春小麦在旱地主要与豌豆、燕麦、谷子、马铃薯等轮作，在灌溉地区多与玉米、蚕豆、马铃薯等轮作，少数在麦收之后，复种糜子、谷子等短日期作物或蔬菜，间有小麦套种玉米或其他作物。

⑤生产特点。春小麦播种期3月中旬至4月中旬，拔节期在5月下旬至6月初，抽穗在6月中旬至7月初，成熟期在7月下旬至8月下旬，各物候期总的变化趋势均表现为从南向北逐渐推迟，但内蒙古锡林郭勒盟的多伦地区成熟期最晚。小麦生育期为110～120d，从南向北逐渐延长。

⑥病虫情况。主要病害有黄矮病、丛矮病、根腐病、条锈病、叶锈病及秆锈病，各地时有不同程度发生，白粉病、纹枯病、赤霉病偶有发生。地下害虫有金针虫、蝼蛄、蛴螬等，常在播种出苗期危害。小麦生长中后期麦秆蝇为害较为严重，此外还常有黏虫、蚜虫、吸浆虫危害。

⑦发展建议。针对本区生态特点和春小麦生产的限制因素，因地制宜采用合理的增产措施。选用早熟、抗旱、抗干热风、抗病、稳产的品种。早熟品种前期发育快，可以避开或减轻麦秆蝇的危害，在本区有重要应用价值。旱地麦区实行轮作休闲，以恢复和培肥地

力；灌区实行畦灌、沟灌或管道灌水，做好渠系配套，改进灌溉制度，合理节约用水，防止土壤盐渍化并适时浇好开花灌浆水，防止或减轻干热风危害。提倡保护性耕作，实行免耕、少耕、深松、秸秆还田、秸秆覆盖、留茬越冬等综合技术，防止或减轻土壤风蚀沙化和农田扬尘。有条件的地区可实行小麦机械覆膜播种及配套栽培技术。增施有机肥料，适当种植绿肥作物，增加土壤有机质含量，培肥地力。丘陵山地注意水土保持，防止水土流失。加强病虫预报，及时防病治虫，特别要注意黄矮病、麦秆蝇和蚜虫的防治，减轻危害。及时防除麦田杂草。实行测土配方施肥，应用综合高产高效栽培技术，提高产量，增加效益。

（3）西北春麦区

①区域范围。位于黄淮上游三大高原（黄土高原、蒙古高原和青藏高原）的交汇地带，北接蒙古，西邻新疆，西南以青海省西宁和海东地区为界，东部则与内蒙古巴彦淖尔市、鄂尔多斯市和乌海市相邻，南至甘肃南部。包括内蒙古阿拉善盟，宁夏全部，甘肃兰州、临夏、张掖、武威、酒泉区全部以及定西、天水和甘南州部分县，青海西宁市和海东地区全部，以及黄南、海南州的个别县。本区地处中温带内陆地区，属大陆性气候，冬季寒冷，夏季炎热，春秋多风，气候干燥，日照充足，昼夜温差大。本区主要由黄土高原和蒙古高原组成，海拔 1 000～2 500m，多数为 1 500m 左右。北部及东北部为蒙古高原，地势缓平；东部为宁夏平原，黄河流经其间，地势平坦，水利发达；南部及西南部为属于黄土高原的宁南山地、陇中高原及青海省东部，梁岭起伏，沟壑纵横，地势复杂。

②气候特征。全区≥10℃年积温为 3 150℃ 左右，变幅为 2 056～3 615℃。年均气温 5～10℃，最冷月气温 -9℃。无霜期 90～195d，其中宁夏 127～195d，甘肃河西灌区 90～180d，中部地区 120～180d，西南部高寒地区 120～140d。年均降水量 200～400mm，一般年份不足 300mm，最少地区在 50mm 以下。其中宁夏年降水量为 183～677mm，由南向北递减；甘肃河西灌区 35～350mm，中部地区 200～550mm，西南部高寒地区 400～650mm；内蒙古阿拉善盟年均降水量 200mm 左右。自东向西气温渐增、降水量递减。小麦生育期太阳辐射总量 276～309kJ/cm^2，日照时数 1 000～1 300h，>0℃积温 1 400～1 800℃。春小麦播种至成熟期降水量为 50～300mm，由北向南逐渐增加。

③土壤类型。主要有棕钙土、栗钙土、风沙土、灰钙土、黑垆土、灰漠土、棕色荒漠土等多种类型，多数土壤结构疏松，易风蚀沙化，地力贫瘠，水土流失严重。

④种植制度。主要作物为春小麦，其次为玉米、高粱、糜子、谷子、大麦、豆类、马铃薯、油菜、青稞、燕麦、荞麦等，还有甜菜、胡麻、棉花等经济作物，宁夏灌区还有水稻种植。种植制度主要为一年一熟，轮作方式主要是豌豆、扁豆、糜子、谷子等和春小麦轮种。低海拔灌溉地区间有其他作物与小麦间、套种或复种的种植方式。

⑤生产特点。春小麦播种期通常在 3 月中旬至 4 月上旬，5 月中旬至 6 月初拔节，6月中旬至 6 月下旬抽穗，7 月下旬至 8 月中旬成熟。全生育期 120～150d，以西宁地区生育期最长。

⑥病虫情况。主要病害有红矮病、黄矮病、条锈病、黑穗病、白粉病、根腐病、全蚀病等，各地时有发生，以红矮病、黄矮病和条锈病发生危害较重。常在播种出苗期危害的地下害虫有金针虫、蝼蛄、蛴螬等，苗期有蚜虫、灰飞虱、叶蝉等危害幼苗并传播病毒

病，红蜘蛛也多在苗期危害，小麦生长中后期以蚜虫危害最重。田间鼠害时有发生。

⑦发展建议。针对干旱、多风的特点，做好防风固沙，减少水土流失和风蚀沙化。灌区要加强农田基本建设，做好渠系配套，搞好节水工程，防止渗漏，采用节水灌溉技术，防止土壤盐渍化，控制盐碱危害。适时灌好开花灌浆水，防止或减轻干热风危害。山坡丘陵修筑梯田，实行粮草轮作，增种绿肥作物，培肥地力。提倡保护性耕作，实行免、少耕和深松技术，推广秸秆还田、秸秆覆盖、留茬越冬等综合技术，保护农田和生态环境。因地制宜选择适用的抗逆、抗病、稳产的品种，推广小麦机械覆膜播种和配套栽培技术。加强病虫预报，及时防病治虫，特别要注意黄矮病、红矮病、条锈病和蚜虫的防治，减轻危害。及时防除麦田杂草。实行测土配方施肥技术，增施有机肥，合理利用化肥，应用综合高产高效栽培技术，提高产量，改善品质，增加效益。

（四）冬春麦兼播区

依据地形、地势、气候特点和小麦种植情况，本区分为新疆冬春（播）麦和青藏春冬（播）麦两个亚区。

1. 新疆冬春麦区

（1）区域范围 位于我国西北边疆，处在亚欧大陆中心。周边与俄罗斯、哈萨克斯坦、吉尔吉斯斯坦、塔吉克斯坦、巴基斯坦、蒙古、印度、阿富汗等国交界，南部和西藏自治区相连，东部与青海省和甘肃省接壤。全区只有新疆维吾尔自治区，是全国唯一的以单个省份划为小麦亚区的区域。北面有阿尔泰山，南面有喀喇昆仑山和阿尔金山，中部横贯天山山脉，将全区分为南疆和北疆。边境多山，内有丘陵、山间谷地和盆地，农业区主要分布在盆地中部冲积平原、低山丘陵和山间谷地。北疆位于天山和阿尔泰山之间，中有准噶尔盆地；南疆位于天山以南，七角井、罗布泊以西的新疆南部。

（2）气候特征 北疆在天山以北，气温较低，≥10℃年积温为 3 500℃左右，其最冷月平均气温-14.6℃，年绝对最低气温通常为-36.0℃左右，阿勒泰地区的富蕴县曾出现过-51.5℃的低温。常年降水量 195mm 左右，变幅为 150～500mm。降水特点为各月分布比较均衡，11月至翌年 2 月冬季期间的降水量一般多在 30～80mm，月降水 8～20mm，和其他各月基本相同。虽然冬季严寒、温度偏低，由于麦田可以保持一定厚度的长期积雪覆盖层，有利于冬小麦的安全越冬。乌鲁木齐、塔城和伊犁地区一般冬季有 120～140d 的稳定积雪期，雪层厚度可达 20cm 左右，对冬小麦安全越冬有利。无霜期 120～180d，平原地区多在 150d 以下。

南疆在天山以南，属典型的大陆性气候，从海洋过来的水汽，北有天山阻隔，南被喜马拉雅山屏蔽，气候异常干燥，冬季严寒，夏季酷暑，气温变化剧烈，年较差、日较差均极大。各地年降水量一般在 50mm 以下，最多的不超过 120mm，最低的只有 10mm 左右，小麦生育期间降水量为 6.3～39.3mm。个别地区甚至终年无降水，如若羌、且末等县，是我国降水量最少的地区。年平均相对湿度 40%～58%，哈密、吐鲁番地区最为干燥，相对湿度只有 34%～40%。"无灌溉就无农业"是南疆的最大特点，农田灌溉的主要水源来自山峰积雪融化。南疆属暖温带，≥10℃年积温为 4 000℃以上，年均气温在 10℃左右，1 月份平均气温为-10～-7℃，绝对最低气温可达-28℃。7 月份平均气温大部分地区在 26℃ 以上，极端最高气温吐鲁番曾达 48.9℃。平原无霜期一般为 200～220d，终霜期一般在 4 月下旬，有时延迟到 5 月中旬。大部分地区适宜冬小麦种植，一般适期播种，在秋季气温逐渐降低的条件下，可以安全越冬。日照极为充足，全年日照时数可达 3 000h 以上，居全国之首，对小麦生长发育极为有利，但春季温度上升快，风力强，土壤水分蒸发剧烈，容易发生返碱现象，对小麦生长不利。

（3）土壤类型　农业地带主要有灰漠土、棕漠土和草甸土，河流下游主要为潮土、盐土和沼泽土，雨量较多山间盆地主要有棕钙土、栗钙土和黑钙土，久经耕种的农田有灌淤土。北疆土壤多为棕钙土、栗钙土、灰漠土、草甸土和灌淤土，南疆多为棕漠土、灰钙土、草甸土和灌淤土。

（4）种植制度　北疆种植制度以一年一熟为主，主要作物有冬小麦或春小麦、玉米、棉花、甜菜、油菜等，小麦与其他作物轮作。个别冷凉山区种植作物单一，小麦连年重茬种植。南疆热量条件较好，种植制度以一年二熟为主，以冬小麦为主作套种玉米或复播玉米，或冬小麦之后复种豆类、糜子、水稻及蔬菜等。少数实行二年三熟制，冬小麦后复种夏玉米，翌春再种棉花。

（5）生产特点　南北自然条件差异大，小麦品种类型多，春性、半冬性和冬性品种均有种植。北疆冬小麦和春小麦播种面积接近，各地均有小麦分布，从沙漠边缘到高山农业区都有小麦种植，其中海拔为 -154m 的吐鲁番盆地的艾丁湖乡为我国小麦栽培的最低点。冬、春小麦的分布主要受气温和冬季有无稳定积雪的影响。如阿勒泰地区和博尔塔拉蒙古自治州是纯春麦种植区，其他地区如伊犁、塔城、石河子、昌吉等地均为冬春麦兼种区。春小麦播种期在 4 月上旬至中旬，拔节期为 5 月中旬至下旬，抽穗期为 6 月中旬至下旬，成熟期为 7 月下旬至 8 月中旬，各物候期均表现由南向北逐渐推迟，全生育期多为 90～100d。在海拔 1 000～1 200m 比较凉爽的地区，全生育期为 105～110d；在海拔 1 600 米以上的冷凉地区，全生育期可达 120～130d。春小麦生育期太阳辐射总量为 259～275kJ/cm²，日照时数为 1 100～1 300h，>0℃ 积温 1 600～2 400℃，降水量 50～100mm。冬小麦在 9 月中旬至下旬播种，4 月下旬至 5 月上旬拔节，5 月下旬抽穗，7 月上旬成熟。全生育期 290d 左右。冬小麦生育期间太阳辐射总量为 309～326kJ/cm²，日照时数为 2 100h 左右，>0℃ 积温约为 2 300℃，降水 100～200mm。

南疆北有天山，南有昆仑山，天山的博格达主峰高达 5 600m，喀喇昆仑山的乔戈里峰高达 8 611m，一般山峰海拔 3 500m 以上；中部为塔里木盆地，塔克拉玛干沙漠在盆地中部，为我国面积最大而气候最干燥的沙漠地带。盆地边缘、山麓附近，由于季节性的雪山融化、雪水下流，形成大片的土质肥沃、水源丰富的冲积扇沃洲，农业区域主要分布在盆地周围的冲积平原上，是南疆小麦生产的主要地区。包括天山以南的吐鲁番、阿克苏、喀什及和田地区，巴音郭楞州、克孜勒苏州及哈密市的天山以南部分县，海拔在 500～1 000m。南疆以冬小麦为主，种植的冬、春小麦均属普通小麦，长芒、白壳、白粒为主，过去以红粒为主，现已少见。生产中应用的冬小麦品种多为冬性或半冬性、耐寒、抗旱、耐碱、早熟的品种。冬小麦播种期一般在 9 月下旬至 10 月上旬，拔节期在 3 月底至 4 月初，抽穗期在 4 月底至 5 月初，成熟期在 6 月中旬至下旬，全生育期 245～265d。生育期间太阳辐射总量 326～343kJ/cm²，日照时数 2 100～2 300h，>0℃ 积温 2 400～2 600℃。

春小麦播种期一般为3月初至4月初，冷凉山区可延迟到4月中旬，拔节期一般在5月上旬，最晚至5月中旬，抽穗在6月初至中旬，成熟一般在7月上旬至下旬。

（6）病虫情况　北疆麦区主要病害有白粉病、锈病，个别地区有雪腐病、雪霉病和黑穗病；播种至出苗期的地下害虫主要有蛴螬、蝼蛄和金针虫，中后期的主要害虫有小麦皮蓟马和麦蚜。南疆小麦白粉病和腥黑穗病时有发生，锈病以条锈为主，叶锈次之，秆锈甚少；小麦播种至出苗期时有蛴螬、蝼蛄和金针虫等地下害虫为害，小麦皮蓟马和麦蚜历年均有不同程度发生。

（7）发展建议　针对新疆冬春麦区的生态条件和小麦生产的限制因素，因地制宜采用稳产增产的技术措施。选用早熟、抗寒、抗旱、抗病、高产、优质冬小麦品种或早熟、抗旱、抗病、抗（耐）干热风的高产春小麦品种；灌区要加强农田基本建设，做好渠系配套，采用节水灌溉措施，发展麦田滴灌和微喷灌技术，防止土壤盐渍化；适时灌好开花灌浆水，防止或减轻干热风为害；提倡保护性耕作，实行免、少耕和深松技术；推广小麦机械沟播集中施肥及配套栽培技术；加强病虫预报，及时防病，特别要注意雪腐病、雪霉病、小麦皮蓟马和麦蚜的防治，减轻为害；及时防除麦田杂草；实行测土配方，增施有机肥，保护和培肥地力；针对冬、春小麦不同生育特点，应用相应的高产高效栽培技术，提高产量，改善品质，增加效益。

2. 青藏春冬麦区

（1）区域范围　位于我国西南部，西南边境与印度、尼泊尔、不丹、缅甸交界，北部与新疆、甘肃相连，东部与西北春麦区和西南冬麦区毗邻。包括西藏自治区全部，青海省除西宁市及海东市以外的大部，甘肃省西南部的甘南州大部，四川省西部的阿坝、甘孜州以及云南省西北的迪庆州和怒江州部分县。

本区以山丘状起伏的辽阔高原为主，还有部分台地、湖盆、谷地。地势西高而东北、东南部略低，青南、藏北是高原主体，海拔4 000m以上。东南部地区岭谷相间，偏东的阿坝、甘孜是高原的较低部分，但海拔也在3 300m以上。小麦主要分布的地区，青海省一般在海拔2 600～3 200m之间，西藏则大部分在海拔2 600～3 800m的河谷地，少数海拔4 100m地区仍有小麦种植，是世界上种植小麦最高的地区。

（2）气候特征　全区属青藏高原，是世界上面积最大和海拔最高的高原，高海拔、强日照、气温日较差大是本区的主要特点。气温偏低，无霜期短，热量严重不足，全区≥10℃年积温平均为1 290℃左右，变幅为84～4 610℃。不同地区间受地势地形影响，温度差异极大，最冷月平均气温由-18.0℃至4℃，无霜期0～197d，有的地区全年没有绝对无霜期。青海境内年平均气温-5.7～8.5℃，各地最热月平均气温5.3～20℃，最冷月平均气温-17～5℃。西藏年均气温在5～10℃，最冷月平均气温-3.8～0.2℃，最热月平均气温13.0～16.3℃。日照时数常年在3 000小时以上，其中青海柴达木盆地和西藏日喀则地区最高可达3 500h以上，西藏东南边缘地区在1 500h以下，差异较大。

降水量分布很不平衡，高原的东、南两面边沿地带，受强烈季风影响，迎风坡上降水量可达1 000mm以上，柴达木盆地四周环山、地形闭塞，越山后的气流下沉作用明显，因而降水量大都在50mm以下，盆地西北地区少于20mm，冷湖地区只有16.9mm，是青海省年降水量最少的地方，也是中国最干燥的地区之一。青海多数地区降水量在300～

500mm。云南省迪庆维西县年降水量达 950mm 以上，西藏雅鲁藏布江流域年降水量通常在 400～500mm。降水季节分配不均，多集中在 7、8 月份，其他各月多干旱，冬季降水很少，春小麦一般需要造墒播种。

（3）土壤类型　农耕区的土壤类型主要有灌淤土、灰钙土、栗钙土、黑钙土、灰棕漠土、棕钙土、潮土、高山草甸土、亚高山草原土等，在西藏东南部的墨脱县、察隅县还有水稻土分布。

（4）种植制度　本区种植的作物有春小麦、冬小麦、青稞、豌豆、蚕豆、荞麦、水稻、玉米、油菜、马铃薯等，以春、冬小麦为主，其次为豌豆、油菜、蚕豆等，青稞一般分布海拔在 3 300～4 500m 地带，藏南的河谷地带海拔 2 300m 以下的地区，还可种植水稻和玉米。主要为一年一熟，小麦多与青稞、豆类、荞麦换茬。西藏高原南部的峡谷低地可实行一年两熟或两年三熟。

（5）生产特点　本区小麦面积常年在 14.6 万 hm² 左右，是全国小麦面积最小的麦区。其中春小麦面积为全区麦田面积的 66% 以上。除青海省全部种植春小麦外，四川省阿坝、甘孜州及甘肃省甘南州也以春小麦为主；西藏自治区则冬小麦面积大于春小麦面积，2018 年冬小麦面积占全自治区麦田面积的 73.6%。

本区太阳辐射量大，日照时间长，气温日较差大，小麦光合作用强，净光合效率高，易形成大穗、大粒。一般春小麦播期在 3 月下旬至 4 月中旬，拔节期在 6 月上旬至中旬，抽穗期在 7 月上旬至中旬，成熟期在 9 月初至 9 月底，全生育期 130～190d；生育期间太阳辐射总量 276～460kJ/cm²，日照时数 1 300～1 600h，>0℃积温 1 600～1 800℃。冬小麦一般 9 月下旬至 10 月上旬播种，次年 5 月上旬至中旬拔节，5 月下旬至 6 月中旬抽穗，8 月中旬至 9 月上旬成熟，生育期达 320～350d，为全国冬小麦生育期最长的地区。

（6）病虫情况　病害主要有根腐病、锈病、散黑穗病、腥黑穗病、赤霉病、黄条花叶病等。播种至出苗期主要有地老虎、蛴螬等为害，中后期主要是蚜虫为害。

（7）发展建议　针对本区的生态条件和小麦生产的限制因素，因地制宜采用稳产增产的技术措施。适当选用早熟、抗寒、抗旱、抗病、高产、优质小麦品种；灌区加强渠系配套工程，采用节水灌溉技术，防止土壤盐渍化；适时灌好开花灌浆水，防止或减轻干热风为害；推广保护性耕作，采用秸秆还田、秸秆覆盖等措施，保护农田和生态环境；加强病虫预报，及时防病治虫，特别要注意白秆病、根腐病、锈病和蚜虫的防治，减轻为害；及时防除麦田杂草；实行测土配方施肥，增施有机肥，培肥地力。针对春、冬小麦不同生育特点，应用相应的高产高效栽培技术，进一步提高产量。

第三节　中国小麦品质生态区划

一、小麦品质区划的依据与原则

（一）生态环境因子对小麦品质的影响

1. 降水量　包括小麦全生育期和抽穗-成熟期的降水量，后者更为重要。总体来讲，

较多的降水对蛋白质含量和硬度有较大的负面影响，收获前后降水还可能引起穗发芽，导致品质下降。

2. 温度 包括小麦全生育期和抽穗-成熟期的日平均气温，后者对品质的影响更大。气温过高或过低都影响小麦蛋白质的含量和质量。

3. 日照 较充足的光照有利于小麦蛋白质数量和质量的提高。

4. 纬度和海拔 在一定程度上反映了降水、温度和日照对小麦品质的综合影响。

（二）土壤类型、质地和肥力水平对小麦品质的影响

在气候因素相似的情况下，土壤类型、质地和肥力水平就成为决定小麦品质的重要因素。

（三）小麦的消费习惯、市场需求和商品率

面条和馒头是我国小麦消费的主体，因此，从全国来讲，应以生产适宜制作面条和馒头的中筋或中强筋小麦为主。但近年来面包和饼干、糕点等食品的消费增长较快，在小麦商品率较高地区应加速发展强筋小麦和弱筋小麦生产。

（四）小麦品种现状和发展趋势

在相同的条件下，小麦的遗传特性是决定小麦品质优劣的关键因素。目前我国生产的小麦以中弱筋为主，不能较好满足市场需求，应加速现有优质小麦的合理布局和生产，并根据布局需要加速各类优质专用小麦品种的改良进程。

（五）面向主产区，注重方案的可操作性

为了使品质区划方案能尽快在农业生产上发挥一定的宏观指导作用，本区划以主产麦区为主，适当兼顾其他地区。考虑到现有资料的局限性，本品质区划只提出框架性的初步方案，以便今后进一步补充、修正和完善。

二、小麦品质分类术语说明

（一）根据小麦籽粒的用途分为四类

1. 强筋小麦 胚乳为硬质，小麦粉筋力强，适用于制作面包或用于配麦。

2. 中强筋小麦 胚乳为硬质，小麦粉筋力较强，适用于制作方便面、饺子、北方馒头、面条等食品。

3. 中筋小麦 胚乳为硬质，小麦粉筋力适中，适用于制作面条、饺子、馒头等食品。

4. 弱筋小麦 胚乳为软质，小麦粉筋力较弱，适用于制作南方馒头、蛋糕、饼干等食品。

（二）品质指标

不同类型小麦品种的品质指标应符合表 2-1 的要求。

表 2-1 小麦品种的品质指标

(GB/T 17320—2013)

项目		指标			
		强筋	中强筋	中筋	弱筋
籽粒	硬度指数	≥60	≥60	≥50	<50
	粗蛋白质含量（%，干基）	≥14.0	≥13.0	≥12.5	<12.5
小麦粉	湿面筋含量（%，14%水分基）	≥30	≥28	≥26	<26
	沉淀值（Zeleny 法）（mL）	≥40	≥35	≥30	<30
	吸水量（mL/100g）	≥60	≥58	≥56	<56
	稳定时间（min）	≥8.0	≥6.0	≥3.0	<3.0
	最大拉伸阻力（EU）	≥350	≥300	≥200	—
	能量（cm²）	≥90	≥65	≥50	—

三、小麦品质区划方案

（一）北方强筋、中强筋、中筋冬麦区

本区主要包括北京、天津、山东、河北、河南、山西、陕西大部、甘肃东部以及江苏、安徽北部，适宜于发展白粒强筋、中强筋和中筋小麦。本区可划分为以下 3 个亚区。

1. 华北北部强筋、中强筋冬麦区 主要包括北京、天津、山西中部、河北中部和东北部地区。该区年降水量 400～600mm，土壤多为褐土及褐土化潮土，质地沙壤至中壤，土壤有机质含量 1%～2%，适宜发展强筋、中强筋小麦。

2. 黄淮北部强筋、中强筋、中筋冬麦区 主要包括河北南部、河南北部、山东中部和北部、山西南部、陕西北部及甘肃东部等地区。该区年降水量 400～800mm，土壤以潮土、褐土和黄绵土为主，质地沙壤至黏壤，土壤有机质含量 0.5%～1.5%。土层深厚、土壤肥沃的地区适宜发展强筋小麦，其他地区如胶东半岛等适宜发展中强筋和中筋小麦。

3. 黄淮南部中筋冬麦区 主要包括河南中部、山东南部、江苏和安徽北部、陕西关中、甘肃天水等地区。该区年降水 600～900mm，土壤以潮土为主，部分为砂姜黑土，质地沙壤至重壤，土壤有机质含量 1%～1.5%。该区以发展中筋小麦为主，肥力较高的砂姜黑土和潮土地带可发展强筋和中强筋小麦，沿河冲积沙壤土地区可发展白粒弱筋小麦。

（二）南方中筋、弱筋冬麦区

本区主要包括四川、云南、贵州及河南南部、江苏和安徽淮河以南、湖北等地。该区湿度较大，小麦成熟期间常有阴雨，适宜发展红粒小麦。本区可划分为以下 3 个亚区。

1. 长江中下游中筋、弱筋冬麦区 包括江苏和安徽两省淮河以南、湖北大部以及河南南部地区。该区年降水 800～1 400mm，小麦灌浆期间降水量偏多，湿害较重，穗发芽时有发生。土壤多为水稻土和黄棕壤，质地以黏壤土为主，土壤有机质含量 1%左右。本区大部地区适合发展中筋小麦，沿江及沿海沙土地区可发展弱筋小麦。

2. 四川盆地中筋、弱筋冬麦区 包括盆西平原和丘陵山地。该区年降水量约1 100mm，湿度较大，光照不足，昼夜温差较小。土壤主要为紫色土和黄壤土，紫色土质地以沙质黏壤为主，有机质含量1.1%左右；黄壤土质地黏重，有机质含量<1%。盆西平原区土壤肥沃，单产水平较高；丘陵山地土层较薄，肥力不足，小麦商品率较低。该区大部分适宜发展中筋小麦，部分地区也可发展弱筋小麦。

3. 云贵高原冬麦区 包括四川西南部、贵州全部以及云南大部分地区。该区海拔相对较高，年降水量800~1 000mm。土壤主要是黄壤和红壤，质地多为壤质黏土和黏土，土壤有机质含量1%~3%，总体上适合发展中筋小麦。其中，贵州小麦生长期间湿度较大，光照不足，土层薄，肥力差，可适当发展一些弱筋小麦；云南小麦生长后期雨水较少，光照强度较大，应以发展中筋小麦为主，也可发展弱筋或部分强筋或中强筋小麦。

（三）中强筋、中筋、强筋春麦区

本区主要包括黑龙江、辽宁、吉林、内蒙古、宁夏、甘肃、青海、新疆和西藏等地区。除河西走廊和新疆可适宜发展白粒、强筋小麦和中强筋、中筋小麦外，其他地区小麦收获期前后降水较多，常有穗发芽现象发生，适宜发展红粒中筋小麦。本区可划分为以下4个亚区。

1. 东北强筋春麦区 主要包括黑龙江北部、东部和内蒙古大兴安岭等地区。该区光照时间长，昼夜温差大，年降水量450~600mm。土壤主要有暗棕壤、黑土和草甸土，质地为沙质壤土至黏壤土，土壤有机质含量1%~6%。该区土壤肥沃，有利于蛋白质积累，但在小麦收获期前后降水较多，易造成穗发芽和赤霉病发生，常影响小麦品质，适合发展红粒强筋或中强筋小麦。

2. 北部中强筋、中筋春麦区 主要包括内蒙古东部、辽河平原、吉林西北部及河北、山西、陕西等春麦区。除河套平原和川滩地外，年降水量250~480mm。以栗钙土和褐土为主，土壤有机质含量较低，小麦收获期前后常遇高温或多雨天气，适合发展红粒中强筋、中筋小麦。

3. 西北强筋、中强筋、中筋春麦区 主要包括甘肃中西部、宁夏全部以及新疆麦区。河西走廊干旱少雨，年降水量50~250mm。土壤以灰钙土为主，质地以黏壤土和壤土为主，土壤有机质含量0.5%~2%。该区日照充足，昼夜温差大，收获期降水频率低，灌溉条件较好，单产水平高，适合发展白粒强筋和中强筋小麦。银宁灌区土地肥沃，年降水量350~450mm，但小麦生育后期高温和降水对品质形成不利，适合发展红粒中强筋、中筋小麦。甘肃中部和宁夏西海固地区，土地贫瘠，以黄绵土为主，土壤有机质含量0.5%~1%，年降水量400mm左右。该区降水分布不均，产量水平和商品率较低，适合发展红粒中筋小麦。新疆麦区光照充足，年降水量150mm左右。土壤主要为棕钙土，质地为沙质土到沙质壤土，土壤有机质含量1%左右。该区昼夜温差较大，在肥力较高地区适合发展强筋和中强筋白粒小麦，其他地区可发展中筋白粒小麦。

4. 青藏高原春麦区 该区海拔高，光照足，昼夜温差大，空气湿度小，小麦灌浆期长，产量水平较高。通过品种改良，适合发展红粒中强筋和中筋小麦。

第三章 小麦的生物学特性

第一节 小麦的一生和发育特性

一、小麦的一生

（一）小麦的一生

小麦的一生是指从种子萌发到生产出新的种子的过程。该过程的持续时间称为小麦的生育期，生产上通常以自出苗（或播种）至成熟的天数来表示生育期的长短。我国幅员辽阔，气候差异悬殊，品种和播期不同，因而小麦的生育期差别甚大（表 3-1），冬小麦（秋季播种）多为 230d 以上，春小麦（春季播种）多为 100~120d。

表 3-1 我国不同地区小麦的生育期

（根据《中国小麦气候生态区划》资料整理，1991）

地区	播种期 （月/旬）	成熟期 （月/旬）	生育期 （d）	播期类型
东北（春麦区）	4/上~4/下	7/下~8/上	110~130	春播春小麦
长城以北（北部春麦区）	3/中~4/中	7/中~8/中	100~130	春播春小麦
黄淮海地区（北部和黄淮冬麦区）	9/下~10/下	6/上~6/下	230~270	秋播冬小麦
长江流域（长江中下游和西南冬麦区）	10/下~11/中	5/上~5/下	180~220	秋播冬小麦
西北（冬、春麦区）	9/上~9/下	6/下~7/上	270~290	秋播冬小麦
	4/中~4/下	8/上~8/中	110~120	春播春小麦
青藏高原（冬、春麦区）	9/下~10/中	8/中~9/中	320~350	秋播冬小麦
	3/下~4/上	8/上~9/中	130~180	春播春小麦

小麦一生中，在形态特征、生理特性等方面发生一系列变化，人们常根据器官形成的顺序和明显的外部特征，将小麦的一生划分为出苗、分蘖、起身（生物学拔节）、拔节（农艺拔节）、挑旗（孕穗）、抽穗、开花、灌浆和成熟等生育时期，有明显越冬期的冬小麦还有越冬期和返青期。在栽培上，又根据所形成器官的类型和生育特点的不同，将小麦

一生划分为三大生育阶段。

自种子萌发到幼穗开始分化之前为营养生长阶段，其生育特点是生根、长叶和分蘖；自幼穗分化到抽穗是营养生长和生殖生长并进阶段，生育特点是幼穗分化发育与根、茎、叶、蘖的生长同时并进；抽穗至成熟是生殖生长阶段，为籽粒形成和灌浆成熟的阶段。这3个阶段分别是小麦的穗数、穗粒数和粒重的主要决定时期，各阶段是相互联系的，但生长中心不同，栽培管理的主攻方向也不一样。

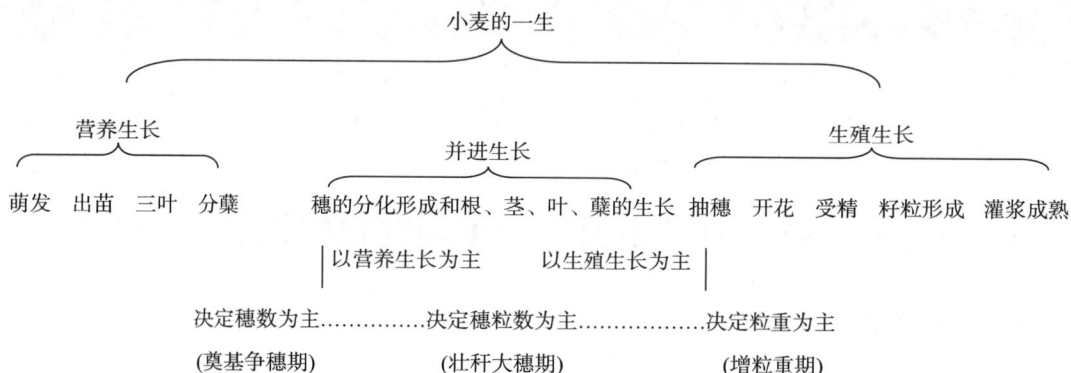

小麦的一生

营养生长	并进生长	生殖生长
萌发　出苗　三叶　分蘖	穗的分化形成和根、茎、叶、蘖的生长	抽穗　开花　受精　籽粒形成　灌浆成熟

以营养生长为主　　以生殖生长为主

决定穗数为主……………决定穗粒数为主………………决定粒重为主

(奠基争穗期)　　　　　(壮秆大穗期)　　　　　(增粒重期)

我国各个麦区的自然气候条件、栽培品种、耕作制度有很大差异，因而上述三大阶段的长短、比例、强度亦有不同。一般是哪个阶段持续时间长，而且当时外界条件比较合适，则该阶段所形成的器官数量就较多。黄淮冬麦区的河南、山东、河北南部、陕西关中平原、山西南部，由于第一阶段相对较长，有利分蘖成穗，同时穗分化时间也较长，易获得大穗。

（二）中国小麦品种生育期的地理差异

我国小麦种植区域广，生态条件差异大，小麦生育期差异很大。根据全国小麦生态研究课题组对 31 个不同冬、春生态类型品种，在全国不同地理、播期及年际条件下小麦生育期的研究结果，小麦品种生育期最长达 300d 以上，最短在 100d 以下。

冬小麦生育前期占小麦全生育期的比重最大，其中出苗至拔节期约占全生育期的20%～57%，随品种的冬性增强，其比重加大。开花至成熟约占全生育期的 14%～37%。小麦出苗至拔节期的天数与全生育期的相关系数达 0.8 以上，而开花至成熟期不到 0.3。出苗至拔节是小麦的感温感光阶段，是决定小麦生育期长短的关键阶段。该阶段如利于小麦提前通过温光阶段发育，则生育期缩短；如不利于通过温光阶段发育，则生育期延长。

小麦生育期的地理差异主要与纬度和海拔有关，秋播小麦在北纬 18°左右的广东生育期80d 左右，在北纬 35°～40°的黄淮冬麦区及北部冬麦区可达 250～280d，在新疆为 275～290d，在西藏高原则长达 300～400d。越冬期的长短也与生育期有关，随纬度的升高，冬季气温下降，越冬期延长，全生育期延长。北纬 30°左右地区小麦的越冬期约 20d，北纬 35°～40°的地区则长达 95～140d，北纬 30°以南地区小麦越冬期间仍缓慢生长，生育期缩短，华南冬麦区小麦生育期可缩短至近似春小麦的生育期。生育期长短还与耕作制度和播期有关，如高纬度或高海拔地区选用强春性品种进行夏播栽培，亦能获得一定的产量。

二、小麦的阶段发育特性

小麦自种子萌发后，必须经过几个阶段的渐进的质变过程，才能开始进行生殖生长，完成生命周期。这种阶段性质变发育过程称为小麦的阶段发育。每个发育阶段需要一定的综合的外界条件，如温度、光照、水分、养分等，而其中有一二个因素起主导作用。在小麦一生中，已经研究得比较清楚的有春化阶段和光照阶段。

（一）春化阶段（感温阶段）

萌动种子的胚的生长点或幼苗的生长点，只要有适宜的综合环境条件，就能开始并通过春化阶段发育。在春化阶段所需要的综合环境条件中，起主导作用的是适宜的温度条件。根据不同品种通过春化阶段对温度要求的高低和时间的长短不同，可将小麦划分为以下几种类型。

1. 春性品种 北方春播品种在5~20℃、秋播品种在0~12℃的条件下，经过5~15d可完成春化阶段的发育。未经春化处理的种子在春天播种能正常抽穗结实。

2. 半冬性品种 在0~7℃的条件下，经过15~35d，即可通过春化阶段。未经春化处理的种子春播，不能抽穗或延迟抽穗，抽穗极不整齐。

3. 冬性品种 对温度要求极为敏感，在0~3℃条件下，经过30d以上才能完成春化阶段发育。未经春化处理的种子春播，不能抽穗结实。

我国秋播冬小麦一般南方品种春性较强，向北推移冬性增强，华南、长江流域的品种以春性品种为主，高海拔地区有少数冬性品种，黄淮平原以半冬性和冬性为主，北部冬麦区和新疆地区冬小麦多属强冬性，东北、西北、北部春麦区品种属春小麦。近年来，随着全球变暖及小麦适播期的延迟，冬性偏弱的小麦品种播种面积有扩大的趋势。

冬性小麦品种能够达到抽穗的适宜播期较窄，应适期早播，以保证完成春化阶段，而春性品种适宜播期相对较宽。

（二）光照阶段（感光阶段）

小麦完成春化阶段后，在适宜条件下就进入光照阶段。这一阶段对光照时间反应特别敏感。小麦是长日照作物，一些小麦品种如果每日只给8h的光照，则不能抽穗结实，给以较长时间光照，则抽穗期提前。根据小麦对光照时间长短的反应，可分为三种类型。

1. 反应迟钝型 在每日8~12h的光照条件下，经16d以上就能顺利通过光照阶段而抽穗，不因日照时间长短而有明显差异。这类小麦多属于原产低纬度的春性小麦品种。

2. 反应中等型 在每日8h的光照条件下不能通过光照阶段，但在12h的光照条件下，经24d以上可以通过光照阶段。一般半冬性类型的小麦品种属于此类。

3. 反应敏感型 在每日8~12h的光照条件下，不能通过光照阶段，每日12h以上，经过30~40d才能通过光照阶段，正常抽穗。冬性品种一般属于此类。

温度对光照阶段的进行也有较大影响。据研究，4℃以下时光照阶段不能进行，20℃左右为最适温度。因此，有的冬小麦品种冬前可以完成春化阶段发育，但当气温低于4℃

时，便不能进入光照阶段。小麦进入光照阶段后，新陈代谢作用明显加强，抗寒力降低，所以，上述特性利于防止冬小麦冬季遭受冻害。

以上对春化阶段和光照阶段类型的划分，主要是依据 20 世纪 50 年代至 70 年代对全国范围内的品种研究得出的结果。这种划分方法在目前生产中仍然适用。随着世界范围内品种的交流，小麦品种的遗传基因不断丰富，生态类型日趋多样化，小麦感温感光性与幼穗分化的关系也呈复杂多样。自 20 世纪 80 年代以来，对小麦生态研究的结果表明，小麦品种的感温特性是一个由强春性到强冬性连续分布的序列，类型的划分仅是对小麦品种感温特性系列的人为界定；同样，小麦并非对长光敏感，对短光也有反应。我国小麦品种对低温春化的反应存在 6 个等级系列，即强春性、春性、冬春性、冬性、强冬性、超强冬性；对日长反应存在 5 个等级系列，即长光敏感型、长光弱敏感型、长短光不敏感型、短光弱敏感型、短光敏感型。同时，温度和光照对小麦发育过程的影响存在着互作效应。

（三）阶段发育与器官形成的关系

小麦阶段性的质变是器官形成的基础，即每一器官的形成必须在一定的阶段发育基础上才能实现。当麦苗尚未通过春化阶段，茎生长锥的分生组织主要分化叶片、茎节、分蘖和次生根等营养器官。小麦穗分化达二棱期，春化阶段结束，进入光照阶段。过去曾认为，光照阶段结束于雌雄蕊原基形成时，但近年的研究表明，拔节到开花阶段小麦对光周期的反应性仍然存在。春化阶段是决定叶片、茎节、分蘖和次生根数多少的时期，光照阶段是决定小穗数多少的时期。春化阶段较长的冬性小麦的叶片和分蘖数多于春化阶段短的春性小麦，延长春化阶段可增加分蘖数；延长光照阶段有利于增加小穗数和小花数，从而形成大穗。

（四）阶段发育理论在小麦生产中的应用

1. 安全引种 引种时应充分考虑品种的温光发育特性与当地温光条件的吻合程度，一般相近纬度和生态环境下引种易于成功。北种南引时，因小麦品种对春化要求较高，易引起不抽穗或抽穗延迟，生育期延长，因此应引冬性偏弱、生育期短的小麦品种，如引种成功，可提高小麦产量。相反，南种北引时，因易完成春化阶段，成熟期提前，生育期缩短，产量降低，易受冻害，应引种生育期偏长、抗寒性强的偏冬性品种。不同海拔地区间引种，低海拔地区向高海拔地区引种，应参照南种北引；高海拔地区向低海拔地区引种，则类似于北种南引。

2. 品种布局 冬性品种生育期长、适播期早、产量高，适宜北方寒冷地区种植；半冬性品种生育期中等、产量最高，一般适宜黄淮冬麦区种植；春性较强的品种生育期较短，一般在长江中下游麦区和南方冬麦区进行种植，产量水平相对较低。高纬度与高海拔地区一般种植春小麦。

3. 育种 为扩大小麦品种的适种范围，应尽可能选用对温光反应、特别是对日照长度相对不敏感的基因型。在杂交育种过程中，为调节花期相遇，应尽可能选择温光反应特性相近的父母本，或者人工调节温光生态条件（主要是春化作用），使亲本花期相遇。此外，还可利用小麦的温光特性，缩短各世代生育期，加速育种进程，或者选择不同地区进行异地加代。

4. 栽培　应根据小麦品种温光特性选择品种适宜的播期、播量，并进行合理的肥水管理，实现小麦高产。如冬性品种对长日敏感，要求春化温度低、时间长，宜适期早播，确保早感受外界低温，完成春化阶段；春性品种对春化温度要求不高，时间短，秋季早播易通过春化阶段，但易遭冻害，因此宜适期迟播。此外，品种的分蘖能力与春化时间的长短有关，冬性品种分蘖能力强宜稀播，春性品种宜密播。

第二节　小麦器官的生长发育

一、种子构造与萌发出苗

（一）种子的构造

小麦的籽粒常称为种子，在植物学上属于颖果，呈椭圆形或卵圆形，顶端有冠毛，背面微凸，腹面有一纵沟称腹沟。整个种子由皮层、胚和胚乳三部分构成（图 3-1）。

1. 皮层　包括果皮与种皮，厚 41～69 μm，约占种子重量的 5.0%～7.5%，起保护胚和胚乳的作用。皮层中有一层交叉排列的薄壁细胞，内含色素，色素的深浅不同，故有红皮种子（"红粒"）和白皮种子（"白粒"）之分。一般红皮种子皮层较厚，透性较差，休眠期较长；白皮种子皮层较薄，透性强，休眠期较短，收获前遇雨易在穗上发芽。

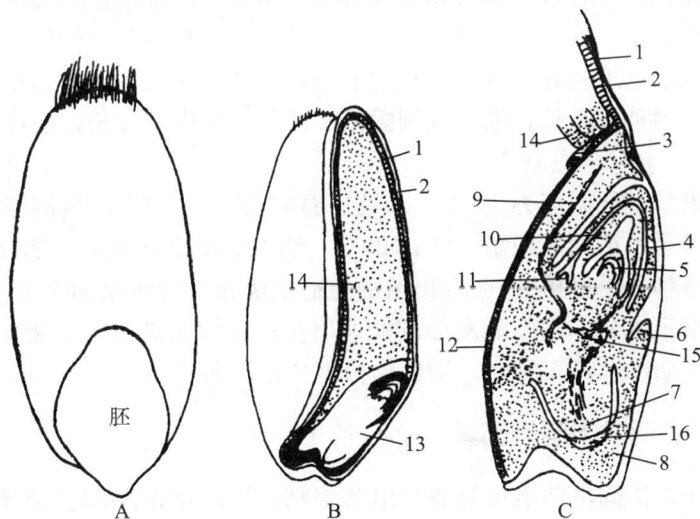

图 3-1　小麦种子的构造

A：种子的背面　B：通过种子腹沟处的纵切　C：通过胚的纵切

1. 果皮和种皮　2. 糊粉层　3. 被挤压破坏的胚乳细胞　4. 胚芽鞘　5. 生长点　6. 外胚叶　7. 胚根　8. 胚根鞘
9. 盾片　10. 第 1 片叶　11. 胚芽鞘腋部的芽　12. 上皮层　13. 胚　14. 粉质胚乳　15. 胚轴　16. 根冠

（引自刘穆，2001）

2. 胚乳 由糊粉层和淀粉层构成，约占种子重量的 90%～93%。糊粉层在胚乳的最外层，约占种子重量的 7%，主要为含纤维素和蛋白质等含氮物质，还有灰分和脂肪。淀粉层是储存营养的主要场所，其中淀粉约占 3/4，其他含氮物质占 1/10，纤维素极少。淀粉以淀粉粒形式存在，淀粉粒有两种形态，即 A 型和 B 型，A 型直径 10～30 μm，其淀粉量占胚乳淀粉总量的 70%～80%，但淀粉粒数目少；B 型直径<10 μm，数目多，约占胚乳淀粉粒总数的 95% 左右，但淀粉量占胚乳淀粉总量的比例少。因蛋白质含量的差异，胚乳又可分为硬质（角质）胚乳、软质（粉质）胚乳和半硬质（半角质）胚乳。硬质胚乳含蛋白质较多，质地透明，结构紧实，面筋含量高；软质胚乳充满淀粉粒，只有少量蛋白质。

3. 胚 由胚根、胚轴、胚芽和盾片组成，约占种子重的 2%～3%。胚中蛋白质占 37% 左右，糖类占 25% 左右，脂肪占 15% 左右。胚根外包着胚根鞘，萌发后长成初生根。胚芽外包着胚芽鞘，里面有生长锥及 3 片已分化的幼叶原始体与 1 个胚芽鞘的腋芽原基。种子萌发后，胚芽鞘破土出苗，从中伸出幼叶长成幼苗。胚轴连接胚根与胚芽，属初生茎结构，胚轴分节，节上着生盾片（内子叶）、外子叶和胚芽鞘。盾片与胚乳接触，萌发时吸收、转化胚乳营养。

（二）种子萌发出苗

通过休眠期、有活力的种子，播种后，在适宜的条件下萌发。萌发的过程包括吸水膨胀的物理过程、营养物质转化的生物化学过程和种胚萌芽的生物学过程。当胚根伸出种皮达种子的长度，胚芽伸出达种子长度一半时，称发芽。发芽后，胚芽鞘继续伸长，顶出表土，见光后停止伸长，接着第一绿叶由胚芽鞘中伸出，达 2cm 左右时称为出苗。第一片绿叶出现 5～7d 后，第二片绿叶长出，同时胚芽鞘和第一片绿叶之间的节间（上胚轴）伸长，将生长锥推到接近地表处，这段伸长的节间称为地中茎或根茎。地中茎的长短与品种和播种深度有关，播种深则长，播种浅则短或不伸长。地中茎过长，消耗营养过多，麦苗瘦弱。

种子萌发要求的最低温度为 1～2℃，最适温度为 15～20℃，最高温度为 35～40℃。正常情况下，播种至出苗约需积温 100～120℃。北方冬小麦播种后，若冬前积温<80℃，则当年不出苗，俗称"土里捂"。萌发出苗的最适土壤相对含水量为 70%～80%。若土壤干旱，种子不能吸足水分，则不能发芽或推迟出苗；土壤湿度过大、板结或播种过深时，种子因缺氧而不能萌动，甚至霉烂，即使出苗生长也瘦弱。

（三）影响种子萌发出苗的因素

生产中要求小麦田间出苗迅速整齐、出苗率高。影响出苗率和出苗速度主要因素有：种子质量、品种特性、温度、水分、播种深度、土壤空气和整地质量等。

1. 种子质量及品种特性 种子质量及品种特性是影响出苗率高低和出苗速度的内因。小麦种子的休眠期和种子大小因品种而异，从而对种子萌发出苗及之后的生长发育产生深远的影响。休眠是指外界条件满足发芽条件时，种子仍然不能发芽的现象。播种前应打破种子休眠，以利于种子出苗。种子大小对种子的萌发出苗和幼苗素质也有很大影响，这主要与种子胚乳大小有关，饱满的大粒种子胚乳中储存物质多，出苗率高，第一片绿叶大，种子根和次生根数、单株分蘖数也多，易形成壮苗。因此，生产中应采用饱满且整齐一致的良种。

2. 温度　在一定温度范围内，随温度升高，小麦种子吸水加快，各种分解酶活性增强，加快了物质和能量转化，种子发芽也快。小麦种子发芽的最低温度为 $1\sim2℃$，最适温度为 $15\sim20℃$，最高温度为 $35\sim40℃$。因此，生产上要强调适期播种，以利于田间出苗并形成壮苗。小麦播种出苗最适的日均温为 $15\sim18℃$，此时从播种到出苗需 $6\sim7d$，且出苗率高。冬前日均温低于 $3℃$ 时播种，一般当年不能出苗，成为"土里捂"，出苗率也显著下降。

小麦种子萌发出苗与温度密切相关，可用小麦从播种到出苗所需要的积温来计算播种到出苗所需时间，其计算公式为：Σt（℃）$=50+10n+20$。

式中：Σt 为从播种到出苗所需的积温（℃）；50 为种子吸水膨胀到萌发所需积温（℃）；10 为幼芽在土壤中每长高 1cm 所需积温（℃）；n 为种子覆土深度（cm）；20 为幼芽鞘出土到第一片绿叶伸出胚芽鞘达 2cm 时所需积温（℃）。

根据上式，当种子覆土深度为 5cm 时，播种到出苗所需积温为：$\Sigma t=50+10\times5+20=120$（℃）。即在正常情况下，小麦从播种到出苗所需的积温为 120℃。实际生产中，根据多年气象资料推知播种后的日均气温，即可估算出从播种到出苗所需的日数。

3. 土壤湿度与土壤溶液浓度　土壤湿度过高或过低，均不利于出苗率和出苗速度。小麦种子萌发出苗最适的相对土壤含水量为 75% 左右，对应的土壤绝对含水量约为：沙土 14%～16%，壤土 16%～18%，黏土 20%～24%。当土壤含水量分别低于 10%、13% 和 16% 时，出苗时间延长，出苗率降低。因此，播前应保证适宜的底墒，以确保苗全、苗壮。土壤溶液溶质特别是盐的浓度对发芽也有显著的影响，含盐量达 0.25% 以上，种子吸水困难，发芽迟缓，出苗率显著降低，幼苗明显变弱。种肥过多或施未腐熟有机肥，也会造成烧苗或死苗。

4. 土壤空气　小麦种子发芽需充足的氧气，用于呼吸作用、氧化分解细胞内储存营养物质，释放能量，以满足新器官建成所需的物质和能量。通常情况下，土壤中的氧气足以保证小麦种子萌发和出苗的需要，但当土壤黏重、水分过多、土表板结或播种过深时，则因缺氧而不能萌发。

5. 播种深度　播种深度主要影响种子萌发至幼苗出土所消耗的能量多少，并由此影响幼苗素质。小麦应适当浅播，以加快出苗速度，降低胚乳养分消耗，确保壮苗。沙质土壤可适当深播，较湿的黏质土壤应适当浅播。一般播种深度 3～5cm 较为适宜。

二、根的生长

（一）根系的生长与功能

1. 根系的形成与分布　小麦根系为须根系，由初生根群和次生根群组成。初生根由种子长出，又称种子根或胚根。当种子萌发时，从胚的基部首先长出一条主胚根，继之长出一对或两对或更多的侧胚根。当第一片绿叶展开后，初生根停止发生，其数目一般 3～

5 条，多者可达 7～8 条，根细而坚韧，有分枝，倾向于垂直向下生长，入土较深，冬小麦可深达 3m 以下，春小麦也可达 1.5～2m。次生根着生于分蘖节上，又称节根，伴随分蘖的发生，在主茎分蘖节上，自下而上逐节发根，每节发根数 1～3 条。分蘖形成后也依此模式长出自己的次生根。一般到开花期，次生根数达最大值，每株约有 20～70 条，高者可达 100 条以上。次生根比初生根粗壮，且多分枝和根毛，下伸角度大，入土较浅，开花时极少部分可达 1m 以下，绝大部分（80%以上）分布于 0～40cm 土层内。

根系在土壤中一方面纵向下扎，一方面横向扩展，成熟期单株根群常呈倒圆锥形（纵剖面为倒三角形）或卵圆形（纵剖面为椭圆形），其横向分布直径 80～120cm。但在不同土壤环境下，根系发展的程度和分布构形有很大不同（表 3-2）。根系的分布直接影响到植株对水肥资源的利用效率。

表 3-2 小麦根系生长类型及其特点

（引自马元喜《小麦的根》，1999）

生长类型	成熟期根系扩展情况			成熟期根系分布比例		根系生长特点概述
	深度 (cm)	分布直径 (cm)	深度/分布直径	30cm 土层中根系（%）	31cm 以下土层中根系（%）	
深广型	190	110	1.73	64.7	35.3	黄土丘陵区的根系多属此种类型。根系受环境条件影响小，下扎深，可说明小麦根系生长发育基本过程
浅广型	80～90	120	0.67～0.75	>90	<10	平原冲积灌溉区的根系属此种类型。根系入土浅，但向四周扩展良好。从沙层到黏层，根尖变粗，根分枝增多，过黏时根生长方向改变；从黏层到沙层，根生长速度减缓，过沙时生长发育停止
浅窄型(1)	90	100	0.90	73.2	26.8	多湿稻茬区的根系属此种类型。根系下扎不利、分布较浅，坚实的犁底层引起根的生长方向改变
浅窄型(2)	100	90～100	1.00～1.11	83.6	16.4	风沙盐碱区的根系属此种类型。根系短、粗、弯，具较多分枝且先端膨大，呈鸡爪状。根系生物量比非盐碱地减少 40%～50%或更多

2. 根系的功能 小麦根系具有固定、支持植株，吸收养分和水分，合成物质的作用。在植株生长过程中，根系与地上部不断进行物质和信息的交流与联系。初生根出生早、扎根深，其功能期从幼苗生长初期延续到灌浆期，能在后期干旱条件下利用深层土壤水分。次生根数量大，功能强，是根的主体部分，与高产有密切的关系。根的功能部位在根尖，特别是根尖的根毛区是最活跃的吸收区域。根尖可感应土壤环境胁迫（如干旱），并产生逆境信号（如脱落酸）传递到地上部分，调节地上部生长和行为（如气孔开闭）。当土壤中有效养分缺乏时，根系能主动分泌质子或有机物质活化土壤中难溶态元素，以利吸

收。例如，在缺磷的条件下，小麦根系 H^+ 的分泌量增加，根际 pH 值下降，可提高土壤中难溶性磷的利用率。由于根系生长高峰与干物质积累高峰早于地上部，因而根系发育的好坏、根系活力与延续时间长短，直接关系到地上部的生长和产量形成。

（二）根系生长与地上部生长的关系

1. 根系生长与植株生育进程的关系　小麦生育过程中，地上部"叶光系统"与地下部"根土系统"的发展密切相关并相互影响。冬小麦初生根的发生伴随着播种、出苗至三叶期时结束；第一个次生根发生高峰期伴随着冬前分蘖期；第二个高峰期伴随着春季分蘖期。不论冬前冬后，次生根停发期都比分蘖停发期晚 $10\sim15d$，这与越冬期土温高于地表温度、拔节后土温又低于地表温度有关，亦与地上部和地下部的生长特性有关。

2. "根—苗"生物量的累进关系　小麦根系生长高峰在孕穗期至开花灌浆初期，从孕穗开始根系干物重增长就进入高峰，而地上部则在开花灌浆初期达到高峰，因此冠根比也在灌浆至成熟期间达到高峰（表 3-3）。据观察，旱地小麦根系生物量在冬前、返青期、拔节期、抽穗期、成熟期分别达到最大生物量的 39.2%、40.5%、87.0%、100.0% 和 90.0%，地上部生物量分别达到最大生物量的 7.0%、6.6%、25.5%、49.6% 和 100.0%。因此，根系约 87% 的干物质是在拔节前形成的，拔节后仅占 13%，而地上部 50% 以上的干物质是在抽穗后累积的。虽然根系在各生育期都明显大于株高的增长，但返青至拔节期根系下扎最快，而株高增加在拔节至抽穗期最快，两者比值从返青后随生育进程而提高。

表 3-3　不同生育期"根—苗"生物量与根冠比
（选自金善宝《中国小麦学》，1996）

品　种 （播期，月/日）	根冠比	不同生育期生物量（g）									
		越　冬		起　身		孕　穗		灌　浆		成　熟	
		干重	增长量	干重	增长量	干重	增长量	干重	增长量	干重	增长量
郑引1号 （10/10 播种）	根	0.06	—	0.49	0.43	2.33	1.81	2.96	0.63	3.34	0.88
	苗	0.13	—	0.67	0.54	7.63	6.96	13.63	6.00	15.82	2.19
	苗:根	2.20	—	1.40	-0.80	3.30	1.9	4.50	1.20	4.70	0.20
郑州761 （10/5 播种）	根	0.30	—	0.64	0.34	2.44	1.8	2.68	0.24	2.54	-0.14
	苗	0.51	—	0.58	0.07	6.72	6.14	14.55	7.83	15.87	1.32
	苗:根	1.70	—	1.50	-0.20	2.80	1.3	5.40	2.60	6.20	0.80
1288 （10/1 播种）	根	0.25	—	0.55	0.30	2.22	1.67	2.90	0.68	2.69	0.21
	苗	0.58	—	0.97	0.39	9.06	8.09	19.92	10.86	19.87	-0.05
	苗:根	2.30	—	1.8	-0.50	4.10	2.3	6.20	2.10	7.40	1.20

（三）根系物质吸收与分配

小麦根系吸收能力与生育进程有关。^{32}P 标记研究表明，种子根在一生中均有吸收功能，生理活性以 5/0 叶期最为旺盛，挑旗期次之，抽穗后开始下降，至成熟期仍有一定生理功能。说明种子根在小麦生育前期与中期均有重要作用。次生根吸收功能与其发生节位有密切关系：芽鞘与 1/0 叶节根的吸收功能随根的伸长而增强，孕穗期达最大值，抽穗后开始下降，至乳熟期仍有生理活力，但吸收总量低于种子根；2/0、3/0、4/0 叶节根的生理活性与总吸收量分别在孕穗至抽穗期达最大值；最上面的三层根（5/0、6/0、7/0 叶节根）的生理活性和吸收量均在开花期达最大值，至乳熟期功能保持最高。因此，拔节前种子根吸收能力最强，拔节至孕穗期以芽鞘、1/0、2/0 叶节根作用最大，孕穗至抽穗期以 2/0、3/0、4/0 叶节根最强，开花至乳熟期以抱茎叶节根（7/0）与 5/0、6/0 叶节根作用最大。

由于小麦主茎出叶与节根及分蘖的发生存在着相同的 $(n-3)$ 同伸关系，所以当新生分蘖需要养分时，与其同时发生的节根尚不能向该分蘖输送养分，只能由该层节根以下各层节根来提供养分。一般新生分蘖由种子根和芽鞘节根输送供给养分，主茎各层节根吸收的无机养分虽然向各个分蘖均输配，但向低位分蘖输配率高于高位分蘖，这也是高位蘖不易成穗的原因之一（表 3-4）。

表 3-4　小麦不同时期不同叶节根对分蘖养分的输送量（^{32}P 标记）

(彭永欣等，1992)

标记部位	标记时期的输送量（%）							
	5/0	7/0	8/0	9/0	11/0	抽穗	开花	成熟
种子根	31.77	61.23	65.98	63.64	47.70	33.00	63.11	32.62
芽鞘根	30.50	58.52	61.95	63.70	46.00	38.78	60.66	40.80
1/0 叶节根	29.30	57.95	61.99	65.46	46.30	36.12	50.27	36.99
2/0 叶节根		58.10	60.00	63.73	49.50	44.12	45.90	38.80
3/0 叶节根		56.47	60.30	63.99	48.10	47.36	33.89	35.30
4/0 叶节根			61.20	62.10	40.50	32.35	29.15	33.29
5/0 叶节根				57.30	34.50	29.81	26.45	29.72
6/0 叶节根						29.03	23.59	15.28
7/0 叶节根						25.44	18.70	12.87

(四) 影响根系生长的因素

1. 播种温度与时间　根系生长的最适温度为 $16\sim22℃$，最低温度为 $2℃$，超过 $30℃$ 根系生长受到抑制。适期早播，根量多，下扎深；过晚播种，根少且分布浅。

2. 土壤特性和耕作方式　土壤特性和耕作方式是影响小麦根系生长的重要因素。土体容量、土壤质地、土壤坚实度、耕翻方法、土壤水分、土壤营养状况等均影响着根系的生长与分布。可以把根群外围至根尖所形成的曲面所包括的根系与土壤空间称为"根土容积"。在大田条件下，根土容积实际上等于最大根深与根水平分布面积的乘积，根土容积的大小直接反映小麦水分养分供应及土壤理化作用的最大范围，也是根群发育适应环境的空间幅度。

　　沙性壤质土、黄土中的小麦根系扩展范围和速度比在壤质沙土、白泥土中快得多。由于土壤垂直结构的物理特性不同，常常表现出根系生长不均匀的状态。如由沙土层到黏土层，根的生长速度减慢，根尖变粗，质地过黏过硬时，可改变根的走向。若由黏土层到沙土层，则生长速度加快，但沙性过强时，生长会减慢甚至停止生长。根系常在沙黏交界面上生长良好，这与在壤土上根系生长良好的情况相类似（图3-2）。土壤的紧实度在0～30cm表土层易变性强，根系生长在紧实层中受到限制，扩展缓慢。小麦根系能长入最紧实的土层，但不能完全穿透容重≥1.55g/cm³的上层而进入下面未压实的土壤。在容重小于1.55g/cm³时，土壤阻力可能是影响根系生长的主要因子。良好的耕作技术有利于根系发育，长期浅耕或同一深度的耕作，极易形成坚硬的犁底层，造成大量根系横向生长，是后期不抗旱、易青干的重要原因。因此，深耕或深松打破犁底层，是促进根系发育的良好措施。

　　土壤耕翻方法也可显著改变根系在土层中的生长与分布。免耕（直播）和旋耕条件下，土壤表层根系密度有增大趋势，深层土中根系数量增多，根系活性重心下移。打破犁底层可使30～100cm土层内根量的比例明显提高。深耕可促进根系的发育，扩大吸收面积，提高土壤肥料利用率。此外，小麦根系的生长发育还受前茬作物或与其他作物轮作方式的调节，豆茬冬小麦留在土层中的总根生物量最高。

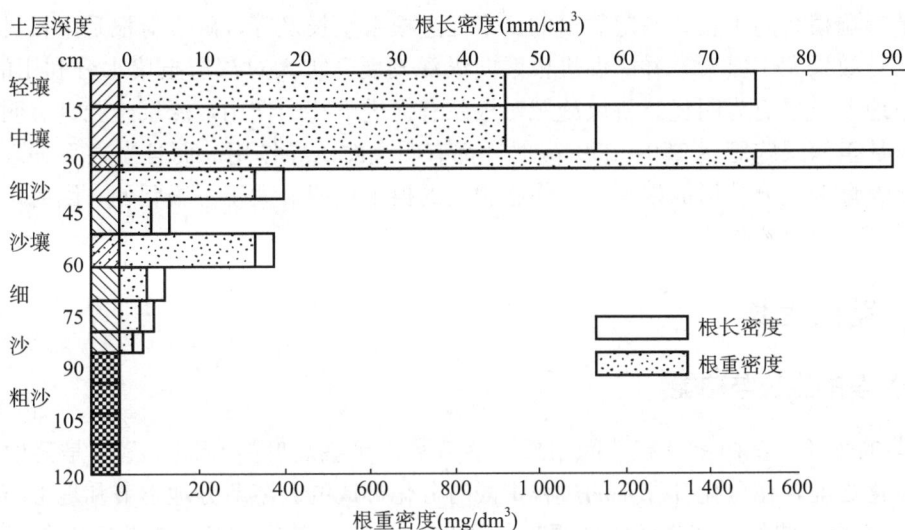

图3-2　不同土壤质地层次的根重变化

（引自马元喜等，1987）

　　3. 土壤水分　小麦根系生长对土壤水分的反应敏感，最适宜的土壤相对含水量为70%～80%。水分过多，氧气不足，生长受抑；水分过少，根量少且易早衰。上层土壤适度干旱会促使根系下扎。土壤水分与小麦次生根群的生长密切相关，单株次生根数以土壤相对含水量为70%～75%时最多，超出85%根系数量减少，低于30%～40%时次生根量显著减少。冬小麦苗期对土壤水分适应能力较强，耐旱性较强，苗期受旱而春季土壤水分得到改善时，小麦发根力反而会得到加强；拔节至抽穗期土壤水分欠缺，会严重影响根的生长。土壤水分含量不仅影响到根量的增长与分布，而且与根系活力及吸收面积密切相关

（表 3 - 5）。

表 3 - 5　土壤水分含量对根系活力及吸收面积的影响
（山东农业大学，1993）

观察项目		冬前			拔节			开花		
		75%	55%	35%	75%	55%	35%	75%	55%	35%
根系活力	还原量（μg）	3.67	6.57	2.49	160.29	126.52**	109.82**	171.05	116.68*	106.92*
	还原强度 [μg/g (FW)]	1.85	1.10	2.35*	13.87	11.73**	11.40**	12.32	10.56*	10.26*
吸收面积 (cm²)	总表面积	1 844.7	1 636.0*	1 405.0**	1 806.8	1 799.6	1 539.2	2 458.8	2 121.3**	1 560.9**
	活跃吸收面积	915.0	890.7*	566.0**	879.6	846.0*	816.8*	1 298.0	938.8**	864.6**
	总比面积	585.4	553.2*	545.0	600.5	592.5	584.7	649.0	645.9	567.6*
	活跃比表面积	292.9	274.7**	212.9**	320.5	308.6	284.5	336.7	324.1	303.4

　　* 　P<0.05；** 　P<0.01。

4. 土壤营养种类与数量　土壤肥力高，根系发达。氮肥适宜，可促进根系生长，提高根系活力，但氮肥过多，地上部旺长，根系生长减弱。磷能促进根系伸长和分枝，由于小麦苗期土壤温度低、供磷强度弱，生产上增施磷肥往往有促根壮苗的效应。土壤营养种类与数量影响根系的生长，一定数量的氮素促进根系生长发育，磷素对根系生长具有突出的作用，且效果大于氮素，并能促进根系向纵深发展，扩大对深层土壤水分利用的范围，在瘠薄旱地上效果更为明显。耕层施肥对根系有促进下扎的作用，深层施肥具有明显的诱导作用，甚至深层施肥达 150～250cm 时，都有明显的诱导作用。而且当根系进入施肥层后，就会大量产生分枝形成根团，致使施肥层的根干重明显大于不施肥处。因此，施肥是调控根系生长的重要手段。

三、茎的生长

（一）茎的生长与功能

1. 茎的生长　茎由茎节和节间组成，茎节数与单茎总叶数相同。茎节是茎生长锥开始幼穗分化之前，在分化叶原基的过程中同时分化形成的。茎节分地下节和地上节。地下3～8 节，节间不伸长，密集而成分蘖节。地上 4～6 节，节间伸长（多为 5 个伸长节间），形成茎秆。茎秆节间的伸长始于穗分化的二棱期至小花分化期，按节位自下而上顺序伸长，每个节间的伸长速度均表现"慢—快—慢"的规律，相邻两个节间有快慢重叠的共伸期，如第一节间快速伸长期正是第二节间缓慢伸长期，也是第三节间伸长开始期，依次类推，直到开花或开花后期，最上一个节间即穗下节间伸长结束，茎高或株高固定下来。伴随茎秆伸长，茎秆的干重也不断增加。开花前茎秆伸长量与干重增长量均呈 S 形增长，但干重的增长延续到开花之后，通常在籽粒进入快速灌浆期前后茎秆干重达最大值，此后由于茎秆储藏物质向穗部转运，干重下降。

2. 茎秆特性与穗部生产力和抗倒伏力　茎秆不仅作为同化物运输器官，而且作为同化物暂储器官，对产量形成起重要作用。据观察，基部节间大维管束数与分化的小穗数呈显著正相关，穗下节间大维管束数与分化小穗数约为 1 : 1 的对应关系。在茎秆干重最大时，茎秆中储存的非结构性碳水化合物可达干重的 40% 以上，其中主要是果聚糖。当生育后期叶片光合能力下降时或干旱、高温等环境胁迫下，茎秆中储存物质快速分解和转运，可支持籽粒灌浆。

据研究，建立合理的群体结构，改善株内行间的光照条件，改善有机营养状况，控制拔节期基部节间伸长，有利于小麦茎秆基部节间粗短，秆壁厚，机械组织发达，增加节间有机物质储藏，维管束数目多、直径大，利于养分运转，对于提高穗粒重和抗倒性均有利。

（二）茎与产量的关系

1. 茎节形态与产量的相关性 小麦的茎节与产量性状有密切的相关性，如小麦穗节茎粗与穗粒数、穗粒重、穗长均呈显著的正相关关系，但穗颈长与穗粒重、穗长间无相关或无显著相关。

2. 茎秆储藏物质与产量 小麦茎秆储藏物质是指在茎秆中储积并可被再利用的非结构性物质，主要为非结构性（水溶性）碳水化合物，包括葡萄糖、果糖、蔗糖、果聚糖等可溶性糖。根据合成时间与运向可将茎秆储存光合产物分成两类：一是开花前形成的光合产物，当这部分光合产物生产量大于植株结构生长所需时，多余部分在茎鞘等营养器官中临时储存；二是开花后形成的光合产物。这部分光合产物根据去向也可分成两部分：一是暂时储存于茎鞘中，灌浆中后期再分解输送至籽粒；二是直接运输到籽粒。储存光合产物对小麦籽粒产量尤其是维持逆境下的产量具有重要意义。一般认为开花前茎鞘储存的光合产物对籽粒生长的贡献为 3%～30%，而在严重水分胁迫条件下，储存光合产物对籽粒产量的贡献高达 70% 以上。开花后生产的暂储物对产量的贡献约占籽粒干物质的 10%～25%。

茎秆储存物质对产量的贡献主要表现在对穗粒数和粒重的影响两个方面。小麦的穗粒数与开花前同化物供给有关，由于开花前穗、茎同步生长，穗发育与茎秆结构性生长之间存在着对同化物的相互竞争，适当降低茎秆结构性生长，增加茎秆非结构性碳水化合物含量对于稳定穗粒数是有利的。储存光合产物对籽粒增重具有重要作用，逆境条件下光合器官生产能力不足时或植株生长的中后期，光合器官衰老、光合产物供应不足时，小麦籽粒生长仍能维持较为恒定的速率，此时的光合产物来自储存光合产物的再分配，Gallagher 等（1976）称之为"补偿性再分配"。在正常条件下，光合产物的储存对籽粒增重亦十分重要，一个典型的例证就是在光合作用日变化中，夜间净光合作用速率为负值（净呼吸），而此时籽粒灌浆仍继续进行。

3. 茎的倒伏与籽粒产量 小麦倒伏分为根倒伏和茎倒伏。根倒伏多发生在生育晚期，受损失较小；茎倒伏在早期和晚期均可发生，是倒伏的主要形式。茎倒伏愈早减产愈重，还影响籽粒品质。拔节到孕穗期间倒伏一般可减产 20%～30%，严重的可达 50% 以上。小麦倒伏与株高、茎秆韧性及基部节间的长、粗、重等有关。从力学观点看，同一品种，植株越高，重心越高，抗倒能力越弱。小麦抗倒伏能力（抗倒指数）可用公式 $\lambda_r = F/b$ 表示，b 为株高，F 为穗部重量。因此，抗倒能力与穗部承受的重量呈正比，与株高呈反比。此外，穗下节间长者抗倒能力强，一般要求穗下节间与其他节间长度之和的比值大于 1 或至少接近 1，否则易发生倒伏。基部一、二节间长与抗倒伏关系非常密切，一般要求基部第一节间长不超过 5cm，第二节间长不超过 10cm。同时，节间单位长度的干重越高，抗倒能力越强，特别要求基部节间充实度高、茎壁厚、机械组织发达。

小麦地上茎每一节节间的基部"关节"处都存在分化能力很强的居间分生组织，这些分生组织在幼嫩时期含有大量趋光生长素。因此，当小麦发生倒伏后，在趋光生长素作用下，茎秆从最旺盛的居间分生组织处向上生长，并在弯曲处形成木质化的结节，这种现象称为小麦的背地性曲折（图 3-3）。倒伏时期不同，造成背地性曲折的部位也不同（图 3-4）。小麦茎节的这种背地曲折特性，生产上可以加以利用，如高产田在起身或起身后碾压迫其背地曲折，使基部第一节间变短、增厚，株高降低，有利于防倒伏。倒伏麦田也可利用这一特性，使倒伏植株自行背地挺起；若因风雨造成倒伏，可分层轻轻抖落雨水，以利背地曲折特性的发挥，切勿扶麦捆绑。

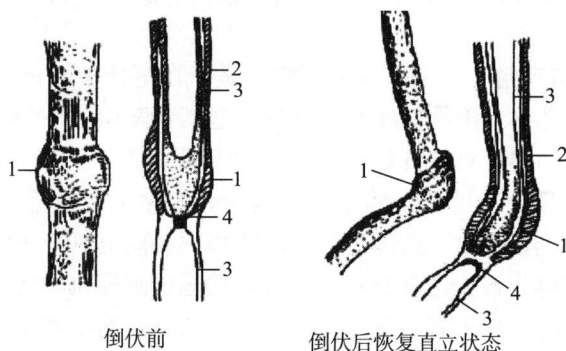

倒伏前　　　　　倒伏后恢复直立状态

图 3-3　茎秆背地性曲折

1. 叶鞘基部"关节"（叶节）　2. 叶鞘　3. 茎秆间的秆壁　4. 茎节（维管束交错处）

［引自《作物栽培学（北方本）》，1980］

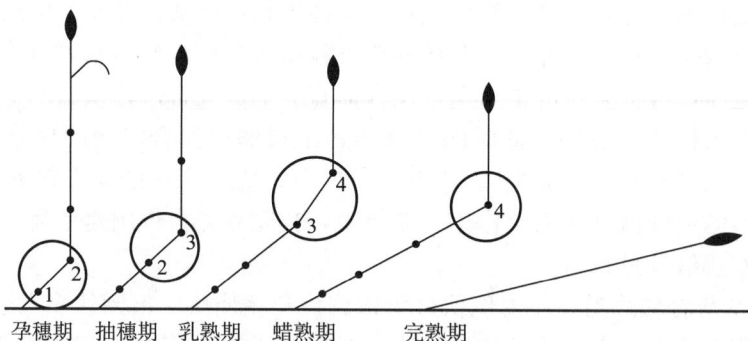

孕穗期　抽穗期　乳熟期　蜡熟期　完熟期

图 3-4　小麦倒伏时期与曲折部位

（引自山西农学院，1974）

（三）栽培措施对茎生长的影响

1. 温度和光照　茎秆一般在 10℃以上开始伸长，12～16℃形成的茎秆较粗壮，高于 20℃则易徒长，茎秆细弱。

强光对节间伸长有抑制作用。拔节期群体过大、田间郁闭、通风透光不良，常引起基部节间发育不良而致倒伏。应在合理密植的基础上，适度发展植株中部叶片（倒3、倒4叶），保证茎秆组织分化期和基部节间伸长时，有充足的光照条件和有机物质积累，使茎秆粗壮，防止倒伏。

2. 肥料　肥料对茎生长的调控效应很大。氮肥不足，茎秆细弱；氮肥过多，叶片中游离氮多，中部叶片旺长，输送到茎内的同化产物少，叶面积过大，相互遮阴，影响茎秆的充实。磷肥能加速茎的发育，提高抗折断的能力，但施氮肥过多时，增施磷肥对抗倒的作用不大。钾肥促进叶中糖分向各器官输送，对原生质理化性质如黏滞度、水化程度、弹性等有良好作用，有利于纤维素的形成，增强茎秆机械组织，使茎秆粗壮。

3. 水分　从拔节到抽穗，小麦需要充足的水分。但水分过多时，若土壤肥力较好，易使茎叶徒长，茎木质化程度减弱。生长势较旺的麦田，不宜过早浇拔节水。在麦苗起身前后采取镇压、喷矮壮素等措施，对于控制茎秆生长，防止倒伏，都有一定的效果。

四、叶的生长

（一）叶的生长与功能

1. 叶的建成与衰老　小麦的完全叶由叶片、叶鞘、叶耳和叶舌组成，叶片与叶鞘的连接处为叶枕。叶的建成历经分化、伸长和定型过程。除幼苗1~3（~4）叶是在种子胚中早已分化外，其余叶均由茎生长锥分化形成。分化出的叶原基不断进行细胞分裂和组织分化，并通过伸长过程扩大体积。叶的伸长由叶尖开始，先叶片伸长，后叶鞘伸长。叶片伸长初期呈锥状体，称为心叶，心叶继续伸长逐渐展开。从叶片开始伸长到完全展开定型（叶耳露出前1叶叶鞘）为叶片伸长期，从叶片定型到衰枯前为叶片功能期。在此期间叶片光合功能旺盛，有较多的光合产物输出，功能期的长短因品种、叶位、气候以及栽培条件而不同。

一般将叶片全部展开定长作为小麦功能期的起点，叶片衰老黄化面积达到整个叶片总面积的一半时作为功能期的终点，从定长至一半叶片衰老黄化之间的持续时间作为小麦叶片的功能期。南京农业大学（1992）提出，将叶片全展时测定的光合速率记为初始光合速率，从叶片全展到光合速率降至初始光合速率一半时所需的天数定为光合速率高值持续期。其基本原理是叶片全展后叶绿素含量变化分为缓降期和速降期两个阶段，前一阶段即为叶片的光合速率高值持续期，为衰老的可逆阶段，此阶段光合速率的少量下降可被施氮等措施逆转；而后一阶段为快速衰老期，此阶段衰老不可逆。

2. 叶片分组及其功能　小麦一生中由主茎长出的叶片总数既受品种遗传特性的影响，又受温光等环境条件的制约。因此，可把主茎叶片数分为遗传决定的基本叶数和环境影响的可变叶数两部分，不同生态型品种主茎叶片数有较大不同（表3-6）。

我国北方冬小麦，在适宜播期内（9月下旬至10月上旬），主茎出叶总数为12~14片，冬前出叶数为6~7片，春生叶片数为6~7片。春播小麦在适宜播期内（3月中旬至

4月初），主茎出叶数为6～8片。

表 3 - 6　不同生态型品种主茎叶片数变化
（根据《中国小麦学》资料整理，1996）

品种生态型	遗传决定的基本叶数		环境影响的可变叶数		主茎总叶片数	
	近根叶	茎生叶	近根叶	茎生叶	近根叶	合计
春型（6叶型）	1	5	0～4	5	1～5	6～10
半冬型（7叶型）	2	5	0～6	5	2～8	7～13
冬型（8叶型）	3	5	0～8	5	3～11	8～16

　　小麦主茎叶片是在植株生长发育过程中陆续发生的，其发生的时间、着生的位置及其功能均有所不同，一般分为两个功能叶组（图3-5）。

　　（1）近根叶组　着生于分蘖节，叶片数的多少，主要由品种的温光特性、播期早晚及栽培条件所决定。其功能期主要在拔节前，其光合产物主要供应根、分蘖、中下部叶片的生长及早期幼穗发育的需要。一般到抽穗开花期已枯死，对籽粒生长不起直接作用。

　　（2）茎生叶组　着生于伸长茎秆的节上，叶数4～6片，多为5片。其功能主要是供给茎、穗和籽粒生长所需的营养。旗叶和倒2叶是籽粒灌浆物质的重要制造者，特别是旗叶，其叶肉细胞呈多环结构，叶绿体基粒片层发达，光合效率高。

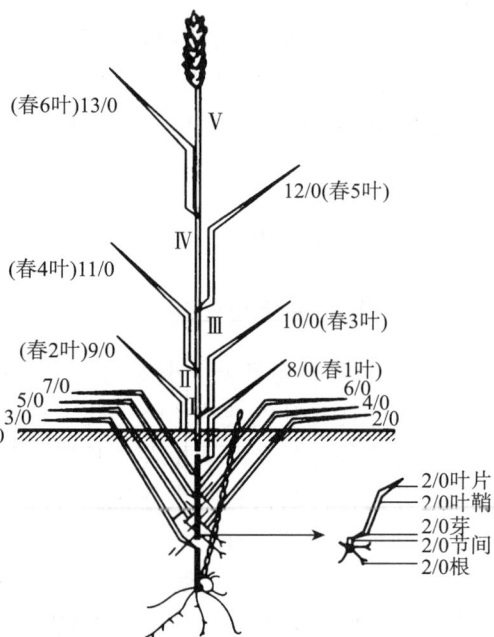

图 3 - 5　麦株形态结构模式图
（北京农业大学，1964）

（二）栽培技术对叶片数目的影响

　　栽培技术对主茎叶数的影响主要体现在播期方面，这主要与播期引起的冬前积温差异、品种春化温度和叶片生长温度差异有关。主茎茎生叶数相对稳定（4～5片），因此主茎叶数的差异主要与近根叶数有关。近根叶数既受品种春化特性的影响，又受叶片分化期环境温度的影响。通常春化最适温度为0～3℃，温度过高不利春化通过；而叶片生长的适宜温度为12～18℃，温度过低不利叶片分化生长。因此，环境温度不同就会造成春化与叶片生长先后的不同组合。如，冬性品种播种过早，气温较高，没有春化条件，则先长叶片再春化，近根叶数增多；播期适宜则叶片生长和春化同时相间进行，主茎叶数分化期较短，叶数适宜；播种过晚，冬前刚出苗，或只萌动未出苗，则先春化后长叶，这样即使是冬性品种，叶数也会大大降低，形成与春小麦春播一样的叶片生长规律，但冬小麦春播由于温度高到不能通过春化时，会造成大量叶片产生。所以，偏冬性类型品种在秋、冬、春季连续播种条件下，形成"V"字形叶片数的出生规律。主茎叶数在气候生态环境与栽培差异较大时变异较大，但在同一生态区域且播期相近时，同一品种都有相对稳定的最适主茎叶数。适播条件下，北方冬麦区小麦主茎叶数多为12～14叶，冬前与冬后出叶数为6～7叶；春麦区主茎叶数大多在6～9片（表3-7）。

表3-7 北方各麦区不同地点小麦主茎叶数

（选自金善宝《中国小麦学》，1996）

麦区	地点	适宜播期（月/旬）	主茎出叶总数	冬前出叶数	冬后出叶数
黄淮冬麦区	河南许昌	10/中	12～14	6～7	6～7
	陕西武功	10/上	12～14	6～7	6～7
	河北邯郸	10/上	12～14	6～7	6～7
	山西运城	10/上	12～14	6～7	6～7
	山东泰安	10/上	12～14	6～7	6～7
北方冬麦区	山东莱阳	10/下	12～14	6～7	6～7
	河北石家庄	10/下	12～13	6～7	6～7
	北京	10/下	12～13	6～7	6～7
	山西太谷	10/下	12～13	6～7	6～7
北方春麦区	河北承德	3/中	7～8	—	—
	山西大同	3/中	7～8	—	—
	宁夏银川	3/中	7～8	—	—
东北春麦区	辽宁沈阳	3/中	7～8	—	—
	吉林长春	3/下	7～8	—	—
	黑龙江哈尔滨	4/初	6～8	—	—
西北春、冬麦区	青海诺木洪（春）	4/初	8～9	—	—
	甘肃武威（春）	3/中	7～8	—	—
	新疆玛纳斯（冬）	9/中	11～13	5～7	6
	新疆玛纳斯（春）	3/下～4/上	7～8	—	—

（三）叶片、叶鞘、节间的同伸关系

根据观察，当小麦茎上某节位叶片（n）开始伸长时，与其同时伸长的是$n-1$位叶鞘和$n-2$位节间。如主茎第13叶的叶片开始伸长，第12叶的叶鞘和第11叶的节间也与其同时伸长。依据同伸关系，生产中根据受促叶片的叶位，可推断出受促的叶鞘和节间。当可见叶为n时施肥浇水，受肥水促进的叶片是$n+2$和$n+3$，根据同伸关系，第$n+1$和$n+2$叶鞘及第n和$n+1$节间也受到促进。因此，可根据麦苗长势长相和合理群体结构要求，采取促进或控制的措施，有目的地调节地上部营养器官生长。

五、分蘖规律与成穗

(一) 分蘖的发生和作用

1. 分蘖的发生 小麦的分蘖是发生在地下不伸长的茎节上的分枝,发生分蘖的地下节群紧缩在一起,称分蘖节。小麦的分蘖节除有发生分蘖和节根的作用外,由于分蘖节内交织着大量的分支相连的维管束群,联结着根系和地上部,所以又是麦苗营养物质分配和运输的枢纽。分蘖节中维管束在种子萌发阶段开始形成,至茎生长锥伸长期,分蘖节中的大维管束分化数一般不再增加。冬小麦越冬期间,分蘖节中储藏的碳水化合物使分蘖节具有高度抗寒力,即使已长出的叶片全部冻枯,只要分蘖节保持完好,春季仍能恢复生机。

幼苗时期,分蘖节不断分化出叶片、蘖芽和次生根。分蘖芽的顶端生长锥同样可分化出叶片和次一级的蘖芽和次生根。分蘖是小麦重要的生物学特性之一,分蘖的数量和质量反映了麦苗生长的强弱,是决定群体结构和个体发育健壮程度的重要标志,最终影响和决定产量的高低。充分利用分蘖成穗,不仅是实现小麦超高产的重要途径,还是小麦抗逆(特别是前期逆境造成主茎死亡的情况下)栽培中重要的调控对象。

2. 分蘖的作用

(1) 分蘖穗是构成产量的重要组成部分 单位面积穗数由主茎穗和分蘖穗共同构成。一般大田生产条件下分蘖穗约占30%,高产田可达50%以上。分蘖成穗数和成穗率的高低是栽培条件与栽培技术水平的重要标志。

(2) 分蘖是壮苗的重要标志 分蘖节可以产生大量的近根叶及次生根群。冬小麦在亩穗数相同或相近时,基本苗少、个体发育好、单株成穗多者产量高。

(3) 分蘖是环境与群体的"缓冲者" 小麦对环境的适应与小麦群体的自动调节作用,在很大程度上通过分蘖进行。分蘖对外界条件变化的反应比主茎敏感,如拔节期遮光主茎高度几乎不受影响,分蘖高度降低10%,主茎干重减少16%,分蘖干重减少36%。生产中密度和肥水等措施对小麦群体和个体的促控,在很大程度上也是通过分蘖进行调节的。

(4) 分蘖有再生作用 当主茎和分蘖遭受雹灾、冻害等不良条件而死亡时,即使分蘖期结束,只要条件适合仍可再生新蘖并形成产量。

(5) 分蘖节是储藏养分的重要器官 越冬期间,小麦分蘖节中储藏大量的糖分,使细胞质浓度提高,冰点降低,抗寒力增强。因此,健壮的分蘖节,含糖量相对稳定,可以抵抗和忍受较低的温度,保证小麦安全越冬。此外,越冬期间和早春麦苗生长所需能量物质的一部分也由分蘖节储藏物质转运而来。

3. 各级分蘖发生的规律 每个分蘖的第1叶为不完全叶,薄膜鞘状,称为蘖鞘,用P表示。分蘖的出现通常以其第1片完全叶伸出分蘖鞘1.5～2cm为标志,为了便于研究,通常以0代表主茎,C表示由胚芽鞘腋长出的分蘖(胚芽鞘蘖),Ⅰ、Ⅱ、Ⅲ……代表由下至上着生于主茎第1、2、3……片真叶叶腋的一级分蘖的蘖位;由一级分蘖长出的二级分蘖,用I_P、I_1、I_2、I_3……表示;由二级分蘖长出的三级分蘖,用I_{1-P}、I_{1-1}、I_{1-2}、I_{1-3}……表示,余类推。

小麦各级分蘖的出现与主茎叶片的出现具有一定的对应关系,即"同伸关系"(表

3-8)。幼苗主茎出现第3叶时（用3/0表示），由胚芽鞘中伸出胚芽鞘分蘖，即C蘖，这是主茎上最先发生的分蘖，但该蘖发生与否，取决于品种和栽培条件。当主茎伸出第4叶时，主茎第1叶的叶鞘中长出主茎节位的第1分蘖，即I蘖。以后主茎每出现一片叶，即沿主茎出蘖节位由下向上顺序伸出各个分蘖，其出蘖位与主茎出叶数呈 $n-3$ 的对应关系。同样，每个分蘖在伸出3片叶时，也能像主茎一样，长出第1个次级分蘖，这个次级分蘖是由分蘖鞘腋长出的。当主茎长出第6片叶时，I蘖已达3叶龄，在其蘖鞘也同时伸出第1个二级分蘖，即 I_P 蘖（图3-6）。上述叶蘖同伸关系是一种理论模式，与田间实际出蘖情况并不一定完全吻合。当水肥不足、栽培技术不当时，同伸关系破坏，甚至形成"缺位"现象。如播种过深时，一级分蘖I常不出现。

表3-8　主茎叶片的出现与各级各位分蘖的同伸关系

（山东农学院，1975）

主茎出现的叶位	主茎出现的叶片数	同伸的蘖节分蘖			同伸组蘖节分蘖数	单株总茎数（包括主茎）	胚芽鞘蘖	胚芽鞘蘖的二级蘖
		一级分蘖	二级分蘖	三级分蘖				
1/0	1							
2/0	2							
3/0	3				0	1	C	
4/0	4	I			1	2		
5/0	5	II			1	3		C_P
6/0	6	III	I_P		2	5		C_1
7/0	7	IV	I_1, II_P		3	8		C_2
8/0	8	V	I_2, II_1, III_P	I_{P-P}	5	13		
9/0	9	VI	I_3, II_2, III_1, IV_P	I_{1-P}, I_{P-1}, II_{P-P}	8	21		

注：胚芽鞘分蘖与主茎出叶的同伸关系很不稳定，上表根据大量实际资料归纳。

南京农业大学（1997）将分蘖和叶片命名方法相结合，提出一种新的分蘖命名方法，用此方法可给小麦植株上所有级别所有部位的分蘖给定有专有名称：分蘖用 T 表示（图3-7），着生在主茎上的一级分蘖可在 T 右下方加一位数字表明，如 T_1、T_2 表示着生在主茎第1、第2叶的分蘖，胚芽鞘分蘖用 T_0 表示；二级分蘖以后，T 右下方标以二位数字表示，第1位数指二级分蘖所属的一级分蘖，第2位数指二级分蘖的位序，如 T_{01} 代表在胚芽鞘分蘖的第1片真叶处长出的二级分蘖；对于缺位的分蘖，在 T 的右下角标以 a（absent），如 T_{1a} 表明主茎第1分蘖缺位。把分蘖和叶片的命名方法相结合，即可为植株上的所有叶片确定专一名称。如，当 L 前无任何字母时，表明该叶片是主茎叶，分蘖上着生的叶片名称在 L 前加分蘖名，表示叶片所属茎秆。如 T_2L_2 为主茎第2分蘖上的第2片真叶。同样，分蘖上最先分化出的分蘖鞘，用分蘖名加 L_0 表示，如 T_3L_0 是指主茎第3分蘖上的分蘖鞘，T_{30} 则是代表主茎第3分蘖上的分蘖鞘分蘖。这明显扩大了器官名称的信息量。

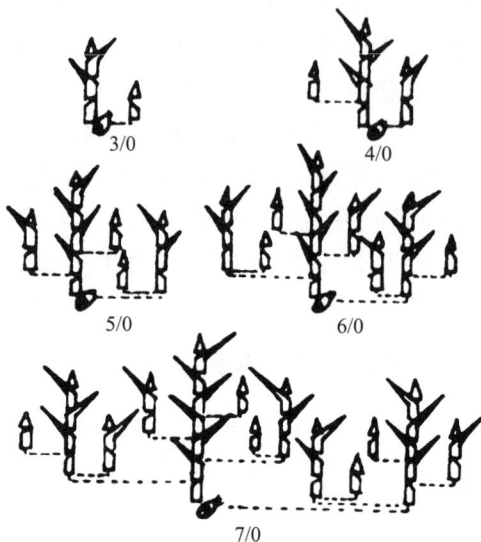

图 3 - 6 小麦分蘖与主茎叶片的同伸关系示意图
（莱阳农学院，1984）

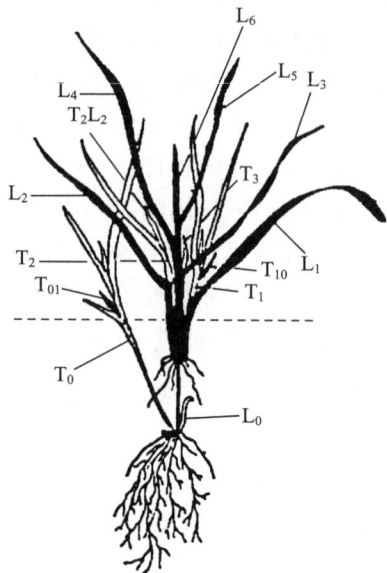

图 3 - 7 小麦分蘖、叶片名称图解
（南京农业大学，1997）

（二）分蘖的两极分化和成穗

1. 分蘖两极分化 小麦生长至幼穗分化或开始拔节时，各分蘖的生长动态发生转折，早出生的大分蘖生长加快，后出生的小分蘖生长减慢甚至停止生长，导致各分蘖间长势与长相差距加大，最终只有一部分分蘖抽穗结实成为有效分蘖，其余分蘖不抽穗或不结实成为无效分蘖。这个过程称为分蘖的两极分化，并可大致分为前、中、后三个阶段。

前期两极分化主要在大分蘖与小分蘖之间进行，一般发生在返青至起身期，表现为大小分蘖生长速度的差异明显加大，直到小分蘖停止生长。前期不是两极分化的激烈时期，田间调查一般未发现分蘖数量下降，但因处于开始阶段，是两极分化的重要时期。凡是壮苗、群体不过密、环境条件适宜、合理肥水等促小麦生长的措施，都能推迟前期两极分化的开始，延缓进程与结束时间，有利于增加有效分蘖数，反之将增加无效分蘖数，降低分蘖成穗率。

中期两极分化在中等分蘖之间进行，大致发生在起身至拔节期间。主要表现为中等分蘖的生长速度差异明显加大，最后表现在大小蘖的穗分化进程及叶片数目等性状界限分明，导致小麦的分蘖可明显地划分为加快生长并能拔节趋于孕穗，以及生长停止而不能拔节、呈无心叶的"喇叭口"状，然后叶片变黄趋于枯死两种情况。中期结束时，有效和无效分蘖数量基本确定，并接近于成熟期时的穗数。对群体密度偏大麦田，应采取蹲苗、控制肥水或中耕抑制小分蘖生长等措施，促使早进入并结束中期两极分化，加速无效分蘖停长和死亡，降低小分蘖成穗，改善群体环境，促进有效分蘖穗大整齐并防止倒伏；群体偏小麦田，应加强管理，适当推迟中期两极分化起始和结束时间，提高分蘖成穗率，增加穗数。

后期两极分化在已拔节的大分蘖之间进行，一般发生在拔节后到抽穗开花期间。在麦田中常看到部分已经拔节的分蘖枯死，或已抽穗的分蘖没有结实而青枯，这种现象说明已拔节的大分蘖数仍然超过生长环境条件能容纳的穗数。在生产中应尽可能避免发生或减弱后期两极分化，使中期趋向有效的大分蘖生长正常并成穗，以利于获得高产所需的足够穗数。

2. 分蘖成穗 小麦分蘖成穗比例（分蘖成穗率）因品种、植株的生长发育状况、群体环境条件不同而异。但分蘖能否成穗，主要与自身的营养水平、激素水平及环境的群体容量有关。植株光合产物的生产和分配、矿物营养和水分供应状况及其供求关系的变化，都与分蘖成穗有密切关系。植株幼穗开始分化以前，主茎和大分蘖本身生长量较小，因此能有较多的养分供给其下一级的幼小分蘖生长；而随着拔节与结实器官的分化，主茎和大分蘖生长量加大、养分需求量增加，能供给小分蘖生长的养分量减少，导致两极分化。

山东农业大学（2001）研究发现，拔节期植株^{14}C同化物向分蘖输出比例明显降低，已出生的分蘖只能依靠自身的光合产物生长，导致晚出生的小分蘖因光合产物不足难以维持其生活所需而死亡，成为无效分蘖；稍大一些的分蘖，依其出生的早晚、光合器官面积大小与光合产物生产量多少，其能继续生长的时间长短或停止生长的日期也有所不同；只有那些在幼穗分化和拔节时，有足够的光合面积和独立根系，能够保证自身生长营养需求的分蘖，才能继续生长并成穗，成为有效分蘖。因此，早出生的低位大蘖容易成穗。

单株最大分蘖数、有效分蘖数和分蘖成穗率与小麦各生育时期长短及主茎生育速度有关。出苗至拔节期持续时间越长，主茎生育速度越慢，最大分蘖数越多；拔节至抽穗期越长，主茎地上部生育速度越慢，无效分蘖越少，分蘖成穗率高。因此，出苗至抽穗期的时间越长，主茎地上部的生育速度越慢，有效分蘖数就越多。再具体一些，返青至拔节期是各分蘖营养生长势强弱的转折点，分蘖的死活、有效或无效的关键在于这个转折点以前，分蘖能否充分利用优势地位而迅速生长，建立起独立的营养体。

3. 影响分蘖的因素 小麦单株能产生分蘖多少的能力称为分蘖力。生产中对于小麦分蘖数的要求不是越多越好，而应根据品种特性、栽培条件和产量水平等因素，把小麦分蘖利用的可能性与生产条件统一起来，要求植株有一定数量分蘖和较高的成穗率。

（1）品种特性 小麦分蘖力高低首先受遗传控制，一般冬性品种春化阶段较长，分化叶原基和蘖芽原基数目较多，分蘖力较春性品种强。此外，大穗和多穗品种间分蘖力差异显著，且大穗型品种分蘖对环境影响较敏感。

（2）内源激素 小麦分蘖节内源IAA（吲哚乙酸）、（ZR＋Z）（玉米素核苷＋玉米素）含量及两者间的比值与分蘖数的多少密切相关，分蘖力强的品种冬前IAA/（ZR＋Z）的比值显著低于分蘖力弱的品种。

（3）营养面积 单株营养面积对麦株分蘖影响十分显著，前者主要取决于播量和播种方式。

（4）温度 温度是影响小麦分蘖生长发育的重要因素。温度高于2～4℃时分蘖开始缓慢生长，分蘖最适宜的生长温度为 13～18℃，高于 18℃分蘖生长又减慢。实践证明，冬前温度高，冬小麦单株分蘖多。此外，冬前要培育 4～7 个分蘖的壮苗，一般播种至冬前须有 500～700℃的 0℃以上积温，0℃以上积温低于 400℃，就难以培育多蘖壮苗。随着分蘖营养生长积温的减少，分蘖成穗率显著下降，当营养生长积温低于 175℃时分蘖几乎全部退化，这也导致不同播期下小麦分蘖成穗的差异。分蘖所经历的总时间随播期的推迟而缩短，分蘖能力也随播期的推迟而减弱，单位面积穗数随播期推迟亦表现出降低的趋势。

（5）土壤水分　分蘖生长最适的土壤相对含水量为 70%～75%，干旱影响分蘖生长，过于干旱不能产生分蘖，故一般情况下水浇地比旱地分蘖多。土壤相对含水量达 80%～90%，则因土壤缺氧，分蘖迟迟不长。

（6）肥料　分蘖发生需要大量的可溶性氮素及磷酸。研究发现磷肥可促进分蘖发生并提高成穗率，苗期施用氮肥特别是氮、磷配合做种肥，对促进分蘖发育有较好的效果，尤其对北方旱薄地促早期分蘖、培育壮苗，有十分显著的作用。

（7）基本苗数和播种深度　基本苗少、光照条件好、幼苗健壮，分蘖力强；播种过深、地中茎过长、出苗延迟，苗弱蘖少。

六、穗的结构与穗分化

（一）穗的结构

小麦穗为复穗，复穗状花序，由穗轴和小穗两部分组成。穗轴由节片构成，每节片着生一枚小穗。小穗互生，每小穗由一个小穗轴、两片颖片和若干小花构成（图 3-8）。一般每小穗有小花 3～9 朵，但通常仅有 2～3 朵小花结实。一个发育完全的小花包括 1 片外稃、1 片内稃、3 枚雄蕊、1 枚雌蕊和 2 枚鳞片。有芒品种外稃着生芒。颖片、内外稃和芒均含有绿色组织和气孔，能进行光合作用，穗光合产物对籽粒产量的贡献一般为 10%～40%。

（二）穗的分化与形成

1. 穗分化过程　小麦穗是由茎生长锥分化形成的。根据穗分化过程中所出现的明显的形态特征，可分为以下几个时期，每个时期均以其始期为标准划分（图 3-9）。

0. 茎叶原基分化期（未伸长期）：茎生长锥未伸长，基部宽大于高，呈半圆形，在基部陆续分化新的叶、腋芽和茎节原基，未开始穗的分化。此期历时长短，因品种春化特性和播期而异。

Ⅰ. 生长锥伸长期：生长锥伸长，高度大于宽度，标志着由茎叶原基分化开始向穗的分化过渡。

Ⅱ. 单棱期（穗轴节片分化期）：生长锥进一步伸长，在生长锥基部自下而上分化出环状苞叶原基突起，由于苞叶原基呈棱形，故称单棱期。苞叶原基出现后不久即退化，两苞叶原基之间形成穗轴节片。

Ⅲ. 二棱期（小穗原基分化期）：在生长锥中下部苞叶原基叶腋内出现小突起，即小

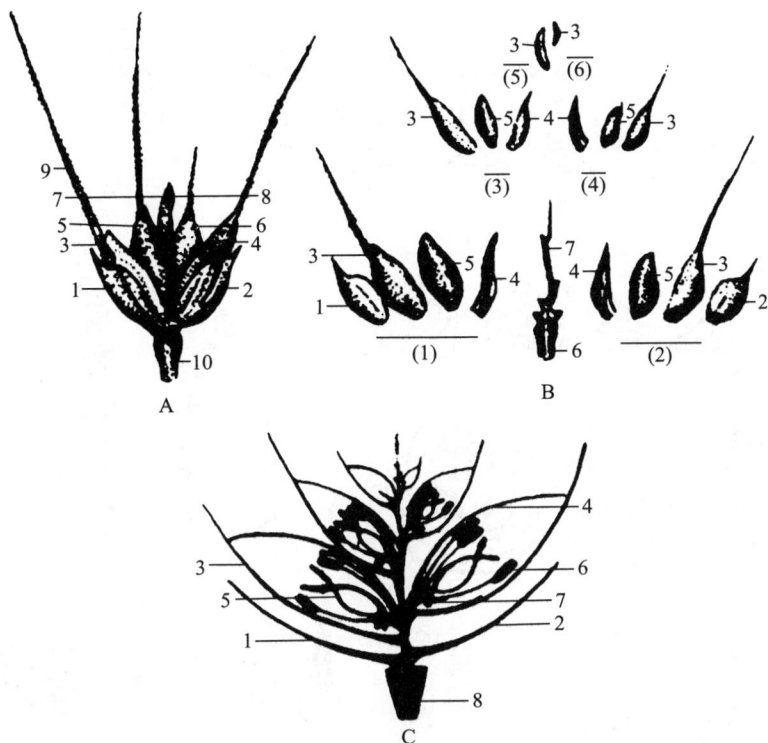

图 3-8　小麦小穗的构造

A. 外形：1. 下位颖片；2. 上位颖片；3. 第 1 小花；4. 第 2 小花；5. 第 3 小花；

6. 第 4 小花；7. 第 5 小花；8. 第 6 小花；9. 芒；10. 穗轴节片

B. 各组成部分：（1）～（6）代表小花位；1. 下位颖片；2. 上位颖片；3. 外稃；

4. 内稃；5. 籽粒；6. 穗轴节片；7. 小穗轴

C. 各组成部分发生部位示意：1. 下位颖片；2. 上位颖片；3. 外稃；4. 内稃；

5. 雌蕊；6. 雄蕊；7. 鳞片；8. 穗轴节片

［《作物栽培学》（北方本），1980］

穗原基。尔后向上向下在苞叶原基叶腋内继续出现小穗原基。因小穗原基与苞叶原基相间呈二棱状，故称二棱期。此期持续时间较长，又分为 3 个时期。

（1）二棱初期：生长锥中部最初出现小穗原基，二棱状尚不明显。

（2）二棱中期：小穗原基数量逐渐增多，体积增大；幼穗的正面观超过苞叶原基，侧面观二棱状最为明显。

（3）二棱末期：苞叶原基退化，小穗原基进一步增大，同侧相邻小穗原基部分重叠，二棱状已不再明显。

Ⅳ. 颖片原基分化期：二棱末期后不久，由最先出现的小穗原基两侧，各分化出一浅裂片突起，即颖片原基，位于中间的组织，后分化形成小穗轴和小花。

Ⅴ. 小花原基分化期：在最先出现的小穗原基基部分化出颖片原基后不久，即在颖片原基内侧分化出第 1 小花的外稃原基，进入小花原基分化期。在同一小穗内，小花原基的分化呈向顶式，在整个幼穗上，则先从中部小穗开始，然后渐及上、下各小穗。

65

图 3-9 小麦穗分化形成过程各分化形成期

0、Ⅰ~Ⅷ. 各分化期

(1)、(2)、(3) 1个小穗的分化过程:(1) 第Ⅴ期;(2) 第Ⅵ期;(3) 第Ⅶ期

1. 生长点;2. 生长锥;3. 茎叶原基;4. 苞叶原基;5. 小穗原基;6. 颖片原基;7. 外稃原基;8. 芒原基;9. 内稃原基;
10. 雄蕊原基;11. 二瓣雄蕊;12. 已分化出 4 个花粉囊的雄蕊;13. 已分化出柱头的雌蕊;14. 内稃;15. 外稃

(4)、(5) 第Ⅶ期一朵小花的鸟瞰图 (6) 第Ⅶ期的雌蕊和雄蕊外观 (7)、(8) 第Ⅷ期的雌蕊和雄蕊外观

(9) 发育成熟的雌蕊和雄蕊 (10) 花粉形成过程:a. 花粉母细胞;b. 二分体;c. 四分体;

d. 初生小孢子(单核小孢子);e. 单核空泡期;f. 二核空泡期;g. 二核后期;h. 成熟花粉粒(三核期)

(引自金善宝,1996)

当穗分化进入小花原基分化期,植株基部节间开始明显伸长,同时,生长锥顶部一组(一般为 3~4 个)苞叶原基和小穗原基转化形成顶端小穗,至此,穗分化小穗数固定下来。

Ⅵ. 雌雄蕊原基分化期:当幼穗中部小穗出现 3~4 个小花原基时,其基部小花的生长点几乎同时分化出内稃和 3 个半圆球形雄蕊原基突起,稍后在 3 个雄蕊原基间出现雌蕊原基,即进入雌雄蕊原基分化期。在该期末、药隔期前,植株基部节间伸出地面 1.5~2cm 时为农艺拔节期。

Ⅶ. 药隔形成期:雄蕊原基体积进一步增大,并沿中部自顶向下出现微凹纵沟。之后，花药分成 4 个花粉囊。同时，雌蕊原基顶部也凹陷，逐渐分化出两枚柱头突起，以后继续生长形成羽状柱头。

当幼穗分化进入药隔形成期后不久，颖片、内外稃等覆盖器官迅速伸长，穗体积和重量也迅速增加。

Ⅷ. 四分体形成期：形成药隔的花药进一步发育，在花粉囊（小孢子囊）内形成花粉母细胞（小孢子母细胞）。与此同时，雌蕊柱头明显伸长呈二歧状，胚囊（大孢子囊）内形成胚囊母细胞（大孢子母细胞）。花粉母细胞经减数分裂形成二分体，再经有丝分裂形成四分体。此时旗叶全部展开，其叶耳与下一叶的叶耳相距 3～5cm。

2. 穗分化进程的差异

（1）**不同麦区穗分化进程的差异**　我国不同麦区自然生态条件和品种生态类型不同，麦穗分化的起止时期与长短各有不同。幼穗分化时期长短的差异是构成不同麦区产量结构差异的重要原因，一般穗分化期长的地区易形成大穗。

（2）**群体内主茎与分蘖穗分化进程的差异**　在同一块田的小麦群体内，主茎穗分化时期与速度较为接近，主茎穗与分蘖穗分化存在一定的差异，主要表现为分蘖穗分化开始晚，历时短，但发育快，在穗分化前期、中期（拔节前）都有分蘖赶主茎的趋势。同级分蘖之间一般相邻分蘖分化期相差一期。进入小花分化后，大田穗群分化趋于一致，此时正值拔节期（表 3-9）。

表 3-9　小麦主茎穗与分蘖穗分化进程比较
（河南农学院，郑引 1 号品种，1976—1977）

穗分化期	开始日期（月/日）				延续天数（d）				与主茎开始日期的差异（d）		
	0	Ⅰ	Ⅱ	Ⅲ	0	Ⅰ	Ⅱ	Ⅲ	Ⅰ	Ⅱ	Ⅲ
伸长期	11/20	11/28	12/6	12/11	4	5	5	8	8	19	27
单棱期	11/24	12/3	12/11	12/19	25	30	32	24	9	17	25
二棱期	12/19	12/23	1/12	1/12	76	74	54	56	4	24	24
颖片原基分化期	3/5	3/7	3/7	3/9	2	2	3	2	2	2	4
小花原基分化期	3/7	3/9	3/11	3/11	6	6	6	8	2	4	4
雌雄蕊原基分化期	3/13	3/15	3/17	3/19	8	6	6	4	2	4	4
药隔形成期	3/21	3/21	3/23	3/23	20	20	18	18	0	2	2
四分体形成期	4/10	4/10	4/10	4/11	4	4	4	4	0	0	1

3. 同一穗内小穗小花分化发育的差异　幼穗内不同部位小穗小花发生时间不同，分化进程也存在明显差异，即同一小穗内小花从基部向顶部顺序分化，其中 1～4 朵小花分化强度大，平均 1～2d 形成一朵，以后分化转缓，需 2～3d 形成一朵；每穗内小穗的分化顺序是中下部—中部—中上部—基部—顶部，而不同小穗位的同位小花分化顺序却是中部—中上部—中下部—顶部—基部。顶部与基部小花发生顺序与小穗发生顺序颠倒，基部小穗发生虽较顶部早，但小花分化进程慢，故基部小穗小花多退化。

（三）小穗、小花的退化

当穗部发育最早的小花进入四分体期之后，1～2d内凡能分化到四分体的各小花，集中发育到四分体期。此时全穗已停止分化新的小花，凡未发育到四分体的小花均停止在原有的分化状态，且在4～5d内先后退化萎蔫。因此，四分体期是小花两极分化的转折点。已形成四分体或花粉粒的小花，也可能因不良环境条件影响花粉发育或授粉，导致不能结实。由于一穗内不同小穗小花分化时间差异和发育的不均衡性，同一小穗内晚形成的上位小花容易退化，穗基部和顶部小穗，特别是基部小穗容易成为不孕小穗（全部小花退化）。小花退化的生理机制尚不完全清楚，除发育时间限制外，营养抑制可能是小花退化的重要原因。在小花原基分化至开花期，伴随穗分化和发育，茎秆迅速伸长生长，穗与茎之间以及穗内小穗、小花之间存在着对同化物的竞争，在这种竞争中，穗相对于茎秆、晚发育的小花相对于早发育的小花是弱势库。

（四）影响穗分化的环境因素

短日照可延长光照阶段发育，有利于增加每穗小穗数。雌雄蕊原基分化至四分体期要求较强的光照，此期弱光会使性细胞发育不良，退化小花增多。一般认为，幼穗分化过程中温度在10℃以下可延缓分化进程，延长分化时间，有利于形成大穗。因此，春季气温回升慢的年份，易形成多粒的产量结构。干旱加快穗分化速度，缩短穗分化时间，使穗短而粒少，特别是药隔形成至四分体形成期，是小麦对水分反应最敏感时期（需水临界期），必须保证足够的水分供给。氮素充足可增加小花分化数，药隔期施肥可减少退化小花数。但在高产条件下，不适当的增施氮肥，特别是拔节前施氮过多，常造成茎叶徒长、群体郁蔽、光照不足，从而降低小花结实率。

七、籽粒形成与灌浆

（一）抽穗、开花和受精

麦穗从旗叶鞘中伸出一半时，称为抽穗。抽穗后3～5d开花。开花的顺序是先主茎后分蘖，先中部小穗而后渐及穗的两端，同一小穗则是由基部小花依次向上开。全穗开花持续3～5d。开花时，花粉粒落在柱头上，一般经1～2h即可萌发，并在24～36h后完成受精过程。

开花期是小麦植株新陈代谢最旺盛的阶段，需要大量的能量和营养物质。开花的最低温度为9～11℃，最适温度为18～20℃，最高温度为30℃，高于30℃且土壤干旱或有干热风时，影响受精能力而降低结实率。此期对缺水反应敏感，需保持良好的土壤水分条件。最适宜开花的空气相对湿度为70%～80%，湿度过大，花粉粒易吸水膨胀破裂。

（二）籽粒形成与灌浆成熟

小麦从开花受精到籽粒成熟，一般历时30～40d（少数地区可达60d以上），根据此期籽粒内外部的变化可分为 3 个过程（图 3-10）。

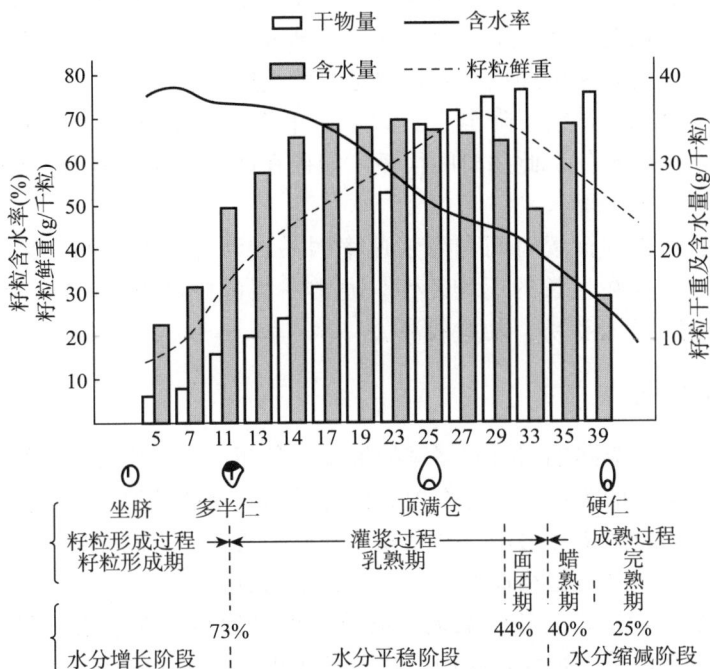

图 3-10 小麦籽粒形成、灌浆与成熟过程

（北京农业大学，农大 183 品种，1962—1964）

1. 籽粒形成过程 从受精坐脐开始，历时 10～12d，此期胚和胚乳迅速发育，胚乳细胞数目在此期决定，是形成籽粒潜在库容的时期。该期明显的特点是，籽粒长度增长最快，宽度和厚度增长缓慢；籽粒含水量急剧增加，含水率达 70% 以上，干物质增加很少（千粒重日增长量 0.4～0.6g）；籽粒外观由灰白逐渐转为灰绿，胚乳由清水状变为清乳状。当籽粒长度达最大长度的 3/4 时（多半仁），该过程结束。籽粒形成的胚乳细胞数目约为 10 万～20 万个，依品种和环境条件而异。多数研究表明，胚乳细胞数目与籽粒重呈正相关关系。

2. 籽粒灌浆过程 从多半仁开始，到蜡熟前结束，历经乳熟期和面团期 2 个时期。

（1）**乳熟期** 历时 12～18d，籽粒长度继续增长并达最大值，宽度和厚度也明显增加，并于开花后 20～24d 达最大值，此时籽粒体积最大（"顶满仓"）。随着体积增长，胚乳细胞中淀粉体迅速沉积淀粉，并不断分化形成新的淀粉粒（主要是 B 型淀粉粒），籽粒干物重呈线性增长，千粒重日增量达 1～1.5g，后期达 2g 左右。一般在灌浆高峰期，茎叶等营养器官中的储藏物质也向籽粒转运，参与籽粒物质积累。此期，籽粒绝对含水量变化较平稳，但相对含水率则由于干物质不断积累而下降（由 70% 降为 45%），胚乳由清乳状最后成为乳状。籽粒外观由灰绿变鲜绿，继而转为绿黄色，表面有光泽。

（2）**面团期** 历时约 3d，籽粒含水率下降到 38%～40%，干物重增加转慢，籽粒表面由绿黄色变为黄绿色，失去光泽，胚乳呈面筋状，体积开始缩减。此期是穗鲜重最大的时期。

3. 籽粒成熟过程 包括 2 个时期:

(1) 蜡熟期 历时 3~7d, 含水率由 38%~40%急剧降至 20%~22%, 籽粒由黄绿色变为黄色, 胚乳由面筋状变为蜡质状。叶片大部或全部枯黄, 穗下节间呈金黄色。蜡熟末期籽粒干重达最大值, 是生理成熟期, 也是收获适期。

(2) 完熟期 含水率继续下降至 20%以下, 干物质停止积累, 体积缩小, 籽粒变硬, 不能用指甲掐断, 即为硬仁。此期时间很短, 如果在此期收获, 不仅容易断穗落粒, 且由于呼吸消耗, 籽粒干重下降。

上述籽粒生长过程的持续时间和灌浆速率因品种和环境条件而变化, 即使在同一穗上, 不同部位籽粒也存在生长的不均衡性。通常一穗的中部小穗、同一小穗的基部籽粒 (第1、第2粒) 表现生长优势, 粒重较高。

(三) 熟相与粒重

小麦熟相指开花至成熟期间营养器官的形态与色相, 它是生育后期植株整体功能的外在表现, 与粒重有密切的关系, 通常作为品种选择和栽培调控的重要依据。综合各地的研究结果, 小麦熟相可分为正常落黄、早衰和贪青三种类型, 不同熟相间粒重差异显著, 表现为正常落黄型的高于早衰型和贪青型。不同熟相的特点为:

1. 正常落黄型 营养器官正常衰老, 物质输出过程与籽粒灌浆过程协调同步, 营养器官转色适时而平稳, 黄中带绿, 熟而不枯, 成熟正常, 呈金黄色。

2. 早衰型 营养器官过早衰老, 物质输出过程早于籽粒灌浆过程, 营养器官转色过早、过快, 生育期缩短, 导致非正常成熟——整株黄枯。此种类型籽粒灌浆受限于营养器官的物质生产, 灌浆持续期短。

3. 贪青型 营养器官的衰老和物质输出过程落后于籽粒灌浆过程, 营养器官转色晚而慢, 生育期延迟, 后期高温逼熟, 导致非正常成熟——青枯。该类型籽粒灌浆受限于营养体物质转运和输出量, 灌浆持续期和灌浆强度均低。

小麦熟相受品种基因型和环境条件的制约, 栽培中通过建立合理群体结构, 保持氮、磷、钾及微量元素平衡, 合理运筹肥水等, 可在一定程度上调节熟相向正常落黄方向发展, 保证籽粒灌浆正常进行。

(四) 籽粒增重的生理机制

(1) 光合物质生产与籽粒重 小麦籽粒干物质主要来自开花后叶片生产的光合产物和开花前形成并在茎鞘等营养器官中暂储的光合产物。无逆境条件下, 自开花后叶片生产的光合产物对籽粒产量的贡献高达 3/4 以上, 因此花后叶片光合强度高, 有利于籽粒灌浆, 籽粒重高。开花前形成并在茎鞘等营养器官中暂储的光合产物对籽粒重的贡献约占 1/4。茎鞘暂储物积累及再转运动态与籽粒干物质积累动态关系分析表明, 籽粒干物质积累渐增加, 茎鞘干物质、可溶性总糖积累并达到最大值; 籽粒干物质积累直线快增期 (花后 12~27d), 茎鞘干物质、可溶性总糖向籽粒迅速输出, 为籽粒灌浆、充实提供营养物质; 籽粒干物质积累缓增期 (花后 27d 至成熟), 茎鞘干物质、可溶性总糖向籽粒输出缓慢; 于花后 36d 后在茎鞘中又稍有干物质、可溶性总糖的积累。花后茎鞘暂储物的再运转量和再运转时间对籽粒灌浆、充实起重要作用。生产上在保证植株不早衰的前提下，提高花后茎鞘暂储物再运转量，对于提高粒重和最终产量有重要意义。

（2）小麦维管束数目与籽粒重　据穗部切片观察结果，小麦第1小花基部维管束数为6～7条，第2小花为5～6条，第3、4小花为3～5条，第5小花以上各均为3条。小穗内第1、2朵小花维管束直接且独立地来自小穗基部维管束结节，并有一条维管束直接与穗轴维管束连通；第3朵小花的维管束部分直接来源于小穗基部维管束结节，部分来自第2朵花维管束的分支；第4朵以上小花主要来自其下位花的分支。因而营养物质对小穗基部第1、2朵小花及部分第3朵小花物质供应比较直接，而对上部小花营养物质为间接供应。这也是小穗中上部小花籽粒重低于第1、2朵小花粒重组织结构上的因素。

（3）籽粒充实活性与籽粒重　胚乳是小麦籽粒的主体，单个胚乳重主要取决于胚乳细胞数目的多少和单个胚乳细胞的充实程度，因此籽粒重与胚乳细胞的增殖和充实密切相关。原江苏农学院研究认为，对粒重起主要作用的是胚乳细胞数目，其次是单个胚乳细胞重。

小麦籽粒胚乳细胞增殖历期13～18d，可分为胚乳细胞数目渐增期（增殖前期，胚乳细胞增加速率较慢，历期较长，形成的胚乳细胞数不到总数的10%）、快增期（增殖中期，形成的胚乳细胞数占总数60%左右）和缓增期（增殖后期，新增的胚乳细胞数约占总数的30%左右）。其中，快增期是胚乳细胞增殖的关键时期，此期胚乳细胞增殖速率和持续时间在很大程度上决定着籽粒最终胚乳细胞总数。

在胚乳细胞开始快速增殖时，籽粒灌浆也开始启动。一般在胚乳细胞增殖速率达最大值、细胞数达到胚乳细胞数最大值的1/2时，籽粒鲜重由渐增期开始进入直线上升阶段，干重增长仍十分缓慢；到花后15d左右、胚乳细胞数基本确定时，籽粒鲜重增重仍处于直线上升阶段，而干重增重进入直线上升阶段，灌浆加速。

据山东农业大学研究，提高拔节至开花期茎鞘果聚糖合成酶活性，增加开花期果聚糖积累量；提高灌浆中后期果聚糖外解酶活性，促进果聚糖分解并向籽粒分配，是提高粒重的途径。

（五）影响籽粒生长的环境因素

1. 温度　小麦籽粒形成和灌浆的最适温度为20～22℃，高于25℃和低于12℃均不利于灌浆。在适温范围内，随温度升高，灌浆强度增大，但高于25℃以上时，会促进茎叶早衰，显著缩短灌浆持续时间，粒重降低。黄淮冬麦区小麦生育后期常受到干热风危害，造成青枯逼熟，粒重下降。在灌浆期间白天温度适宜，昼夜温差大，有利于增加粒重。

2. 光照　光照不足影响光合作用，并阻碍光合产物向籽粒转移。籽粒形成期光照不足减少胚乳细胞数目，灌浆期光照不足降低灌浆强度，影响胚乳细胞充实，均会导致粒重下降。群体过大，中下部叶片受光不足也影响粒重的提高。

3. 土壤水分　籽粒生长期适宜的土壤相对含水量为70%左右，过多过少均影响根、叶功能，不利灌浆。一般应在籽粒形成和灌浆前期保持较充足的水分供给，但在灌浆后期

维持土壤有效水分的下限，可加速茎叶储藏物质向籽粒运转，促进正常落黄，有利提高粒重。

4. 矿质营养　后期适当的氮素供给，有利维持叶片光合功能。但供氮过多，会过分加强叶的合成作用，抑制水解作用，影响有机养分向籽粒输送，造成贪青晚熟，降低粒重。磷、钾营养充足可促进物质转化，提高籽粒灌浆强度，因此后期根外喷施磷、钾肥有利增加粒重。

第四章　小麦产量与产量形成

第一节　小麦产量构成因素及其形成

一、产量构成因素

小麦的经济产量由单位面积穗数、每穗粒数和粒重三个因素构成，且受品种特性、生态环境条件、栽培管理技术等因素的影响。只有当这三个产量构成因素协调发展，其乘积达到最大值时才能获得最高的产量。

中低产麦田因肥水条件限制，光合面积较小，单位面积穗数不足是影响产量提高的主要因素。因此，增施肥料、培肥地力，增加播种量，提高单株分蘖成穗率和生物产量，主攻穗数，是进一步增产的主要技术途径。随着生产条件的改善，地力水平的提高和施肥量的增加，穗数不足已不再是产量的主要限制因子，如继续增加单位面积成穗数，往往会因群体发展过大、通风透光条件变差、个体生长不良、病虫害发生严重等，导致穗层不整齐，每穗粒数和粒重下降，甚至发生倒伏或后期脱肥早衰而造成减产。因此，高产麦田，应在保证足穗基础上，主攻每穗粒数和粒重，使穗、粒、重协调发展而实现高产。

二、产量形成规律

小麦的产量是由单位面积穗数、每穗粒数和粒重三个因素构成的。通过对河南省近12年小麦单产及其构成因素的比较分析可以看出，2014—2019年河南省小麦平均单产为6 381kg/hm²，连续6年稳定在每公顷6 000kg以上，亩穗数、每穗粒数和千粒重分别平均增加了2.88万穗、1.4粒和2.94g（表4-1），表明河南小麦单产的提高是产量构成三因素共同提高的结果。

在生产实践中，不同产量水平麦田的产量构成因素对最终产量的贡献不尽相同。河南农业大学对2012年以来连续6年不同小麦品种、不同地点、不同水氮运筹和4种栽培模式定位试验的产量及其构成因素进行统计，并依据大田实际产量水平将公顷产量7 500kg作为高产与中低产的分界线，进一步分析了各产量构成因子对产量的贡献。结果表明，在两种产量水平条件下，单位面积产量与其构成因子间的关系存在较大差异。其中，在公顷产 7 500kg 产量水平以下条件下，单位面积成穗数与产量呈显著正向线性关系；在公顷产 7 500kg 产量水平以上条件下，单位面积成穗数则与产量呈不显著的负相关。在两种产量水平条件下，每穗粒数与产量均呈显著的正向线性关系，且中低产麦田的单位面积成穗数与产量间的相关系数要高于每穗粒数，表明中低产麦田增加成穗数对产量的增加效应要高于穗粒数。在河南生态条件下，小麦的粒重受籽粒形成灌浆期间的气候条件和病虫等自然灾害影响较大，且与单位面积成穗数和每穗粒数间存在相互制约关系，致使粒重对小麦产量的贡献在不同产量水平、不同年际间存在较大差异。由此表明，要进一步提高中低产麦田的产量水平，主要依靠增加单位面积穗数与穗粒数，且以增加穗数的效果更为明显；而高产麦田进一步提高产量，应在稳定穗数和千粒重的基础上，主要依靠增加穗粒数来实现。

表 4-1   河南省 2008—2019 年小麦平均单产与产量构成因素

（河南农业大学）

年份	面积（万 hm^2）	总产（亿 kg）	平均单产（kg/hm^2）	亩穗数（万）	穗粒数（粒）	千粒重（g）
2008	526.0	305.1	5 800.5	36.76	32.07	39.44
2009	526.3	305.6	5 806.5	31.05	28.84	35.22
2010	528.0	308.2	5 838.0	37.53	32.86	39.53
2011	532.3	312.3	5 865.0	38.20	32.67	39.64
2012	534.0	318.8	5 937.0	36.44	30.90	37.87
2013	536.7	323.5	5 998.5	38.87	32.53	40.84
2014	540.7	332.9	6 157.5	39.36	32.46	41.03
2015	542.5	351.6	6 471.0	40.37	32.38	41.49
2016	546.6	346.6	6 342.0	38.60	33.71	42.14
2017	547.5	354.9	6 483.0	39.69	33.47	42.09
2018	574.0	360.3	6 277.5	38.85	32.87	41.87
2019	570.7	374.2	6 556.5	39.26	33.36	41.56

三、穗数形成规律

单位土地面积内具有适宜的穗数是小麦获得高产的基础，高产小麦的适宜穗数因品种特性、生态环境条件等而异。在江苏省高产麦田，大穗型品种如扬麦 15 以 420 万～480 万穗/hm^2，多穗型品种如陕农 229 以约 750 万穗/hm^2，中间型品种如徐麦 25 以 600 万～660 万穗/hm^2 为宜。

（一）实现适宜穗数的途径

小麦单位面积穗数取决于基本苗数、单株分蘖数和分蘖成穗率。适宜穗数应在根据品种生育特性、土壤肥力、产量指标、播种期及气候条件等确定合理基本苗数的基础上，通过肥水等田间管理培育合理的茎蘖动态、提高茎蘖成穗率来实现。

（二）茎蘖成穗率与产量形成的关系

在适宜穗数范围内单位面积穗数相近时，群体的茎蘖成穗率与每穗粒数、粒重均呈显著或极显著正相关，茎蘖成穗率愈高、总结实粒数愈多、粒叶比愈大、花后干物质积累量愈高，最终产量也愈高（表4-2）。

表4-2　不同茎蘖成穗率处理每穗粒数、千粒重和产量的比较

（扬州大学，2002—2003）

品种	穗数 （万/hm²）	最高茎蘖数 （万/hm²）	成穗率 （%）	每穗粒数 （粒）	千粒重 （g）	单穗重 （g）	产量 （kg/hm²）
扬麦9号	473.85	1 192.05	39.76	42.72	38.47	1.64	7 787.55
	481.05	1 082.40	44.45	44.40	39.93	1.77	8 528.85
扬麦11	431.25	1 077.75	40.01	40.22	40.80	1.64	7 075.65
	449.55	966.30	46.52	42.82	41.41	1.77	7 969.95
扬麦12	448.95	1 078.05	41.65	39.90	39.94	1.59	7 155.30
	465.60	993.75	46.85	41.50	42.52	1.76	8 227.35

山东精播小麦高产栽培中，基本苗少、单株成穗多、增加多穗株在群体中的比重，是小麦高产的重要条件之一。由表4-3可知，在产量水平为2 231kg/hm²时，一穗株（主茎穗）的穗数占总穗数的60.5%，而产量水平提高到5 670kg/hm²时，一穗株的穗数占总穗数的比重仅为19.4%。因此，以多穗株（分蘖穗）为主构成的群体是小麦高产栽培的基础。

表4-3　不同产量水平下单株成穗株在群体中的比重（%）

（山东农业大学，1977）

结构	产量 水平	单株成穗数							
		1	2	3	4	5	6	7	8
株数	高	40.8	31.5	18.2	6.3	1.7	0.8	0.4	0.2
	中	74.0	18.1	5.7	1.4	0.5	0.2	0.07	0.04
	低	78.5	15.5	4.8	1.1	0.1	0.1		
穗数	高	19.4	31.4	27.6	13.0	4.3	2.3	1.0	0.7
	中	53.4	26.1	12.3	4.1	1.9	0.9	0.4	0.3
	低	60.5	23.6	11.4	3.5	0.3	0.7		

注：①试验品种为泰山1号，表内数值为12次重复的平均值；②产量水平中的"高"为5 670kg/hm²，"低"为2 231kg/hm²；③单株成穗数包括主茎穗。

（三）高产群体的茎蘖成穗率

根据各地小麦超高产和高产栽培实践，小麦茎蘖成穗率能提高到40%～50%。以11

叶 5 个伸长节间的春性品种为例，5 叶期为有效分蘖可靠叶龄期，此期的单株茎蘖数（不含芽鞘蘖）理论上为 3 个，单株成穗数可能达 3 个；拔节叶龄期（8 叶期）单株最高茎蘖数，理论值可达 13 个，有效分蘖与总茎蘖的比例为 3/13（23.1%）。如将最高茎蘖期控制提早 1 个叶龄，即在 7 叶期出现，单株茎蘖数理论值为 8，茎蘖成穗率理论值为 3/8（37.5%）；如在无效分蘖叶龄期能有效控制分蘖发生，平均每个单株的分蘖减少 1~2 个，7 叶期的单株茎蘖数为 6~7 个，则茎蘖成穗的理论值为 3/7 或 3/6，即 42.8%~50.0%。可见，将小麦的茎蘖成穗率由 30% 提高到 40%~50% 是有可能的。

（四）两种穗型品种的穗数形成规律

生产实践表明，不同地力水平、不同品种类型、不同栽培管理条件下小麦的分蘖成穗特性不同，对单位面积成穗数和产量影响很大。河南农业大学对高产攻关试验田不同生育时期群体动态观察结果表明，两种穗型冬小麦品种在其适宜种植密度条件下单株分蘖数差异不大，但其分蘖消长的变化特点明显不同（图 4-1），最终分蘖成穗率也存在明显差异。多穗型品种豫麦 49-198 在起身期（2 月 22 日）群体达最大值之前的群体数量一直低于大穗型品种兰考矮早八，但在拔节期（3 月 25 日）之后其群体数量则一直高于大穗型品种兰考矮早八，其茎蘖成穗率为 36.8%；大穗型品种兰考矮早八的群体数量虽在起身期之前始终高于多穗型品种豫麦 49-198，但之后茎蘖两极分化加快，群体数量下降迅速，从拔节期开始，群体茎蘖数明显低于多穗型品种豫麦 49-198，其茎蘖成穗率仅为 19.5%。由此表明，目前生产上推广的多穗型品种其最终成穗数主要依靠分蘖成穗，而大穗型品种在起身拔节后因主茎生长优势强，绝大多数分蘖生长受到抑制而最终难以成穗，导致单位面积穗数以主茎成穗为主，分蘖的成穗率低。因此，在目前产量水平条件下，生产上推广的大穗型品种需适当增加播种量，增加基本苗数，依靠主茎成穗获得高产；多穗型品种应适当降低播种量，构建高质量群体起点，培育冬前壮苗，在确保主茎成穗的同时，通过冬前和早春肥水管理，提高分蘖成穗率获得高产。

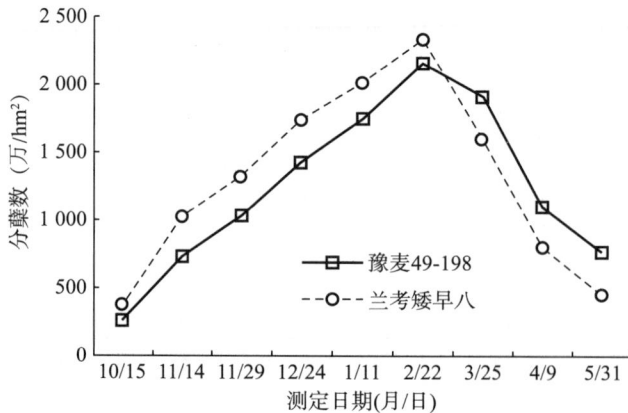

图 4-1 不同穗型小麦品种不同生育时期的群体动态变化
（河南农业大学，2013）

注：多穗型品种豫麦 49-198 每公顷基本苗 262.5 万株；大穗型品种兰考矮早八每公顷基本苗 375 万株

四、粒数形成规律

前人对我国小麦品种穗粒数的分布、变化和多粒种质资源的研究表明，我国小麦穗粒数平均为32.5粒左右，70%的品种在25～40粒之间。每穗粒数的多少受品种遗传特性和幼穗分化开始到籽粒形成初期的环境条件，特别是群体大小的制约。穗数对粒数的制约，实际上就是群体内部生态条件和植株营养状况影响的结果。因此，控制适宜的群体、协调群体与个体之间的矛盾是调整穗粒数的重要途径。

每穗粒数取决于小穗、小花的分化数和结实率。小穗分化数于基部第一伸长节间开始伸长前决定，小花分化数于旗叶伸出前决定。小花退化主要集中在花粉母细胞减数分裂期，约有60%～70%的已分化小花在此期间退化成无效花，还有部分小花在开花期不能正常受精而败育。提高每穗结实粒数的关键是减少小穗和小花的退化数。因此，小麦高产栽培应在培育适宜群体和健壮个体的基础上，保证孕穗至开花期有良好的肥水和光照条件，减少小穗和小花退化，增加可孕小花数，提高每穗结实粒数。

（一）结实粒数与分化小穗、结实小穗数的关系

不同群体平均每穗分化小穗数变幅较小，如扬麦5号一般为19～21个/穗，而每穗结实小穗数的变幅则相对较大，为13～17个/穗，每穗结实粒数与分化小穗数相关不显著，而与结实小穗数呈极显著线性正相关。结实小穗数的高低主要取决于小穗结实率，与分化小穗数相关不显著。因此，提高结实粒数的关键之一是减少小穗退化，增加结实小穗数。

（二）每穗结实粒数与分化小花数及可孕花数的关系

据扬州大学对扬麦5号的观察结果，不同群体每穗分化的可见小花数为130～157朵，结实粒数为23～33粒/穗；每穗结实粒数与分化小花数的相关不显著，而与可孕花数呈极显著正相关，与可孕花的结实率（结实粒数与可孕花数之比）也呈极显著正相关。因此，提高结实粒数的另一个关键因素是减少每穗小花退化数，提高可孕小花数与可孕小花结实率。

（三）可孕小花数的决定因素

可孕小花数的多少主要取决于可孕花率（可孕小花数与分化小花数之比），而增加可孕小花数的关键是减少不孕小花数。因此，提高每穗结实粒数应主攻每穗发育小花数，减少小花退化比率，增加可孕小花数。

安徽农业大学观察结果表明，小麦从幼穗伸长到四分体期历时160～170d，有利于分化较多的小穗和小花，延长小花发育时间，增加小花结实率。在开花期间，适宜的温度与湿度条件对提高结实和减少小花退化极为有利。在适宜栽培条件下，一般中等穗型品种每穗能分化20～23个小穗、160～180朵小花，结实率一般为20%～25%。目前主推品种在大面积生产中每穗结实粒数仅30粒左右，而高产田可达40粒以上，说

明增加每穗粒数还有较大潜力。河南农业大学研究指出，高产小麦品种豫麦 49 幼穗发育表现为开始早、前期快、后期慢的特点。从幼穗发育进程来看，高产小麦单棱期和二棱期经历时间长，因而有利于形成较多的小穗数，一般平均每穗小穗数在 22～26 个，具有形成多粒大穗的潜力；另外，各部位小穗的小花发育时间长，且小花发育的高峰期后移，有利于各花之间的均衡发育，从而形成较多的发育较完备的可孕小花，提高小穗小花的结实率。

（四）不同年代小麦品种小花分化、退化及败育速率的差异

河南农业大学对河南省目前主推小麦品种与 20 世纪 80 年代主推品种小花发育和结实特性研究发现，现今主推小麦品种矮抗 58（半冬性）、豫农 949（弱春性）与 20 世纪 80 年代主推品种百泉 41（半冬性）、郑引 1 号（弱春性）相比较，其幼穗发育进程表现为"前期慢、中期平、后期快"的特点，且小花分化高峰值高，小花分化、退化速率较快，可孕花败育速率较低，因而穗粒数较高。同时还发现，目前主推品种的可孕花结实率、小穗结实率均高于 20 世纪 80 年代主推品种。在河南生态条件下，小麦幼穗分化的单棱期至二棱末期是决定每穗小穗数的关键时期，小花分化到药隔形成期是争取小花数的关键时期，药隔形成期到四分体时期是防止小花退化、提高结实率的关键时期。因此，在小麦高产栽培实践中，应协调营养生长与生殖生长、群体与个体、主茎与分蘖的关系，促进小穗、小花分化，减少退化率，增加每穗结实粒数，提高产量。

五、粒重形成规律

小麦的粒重主要在生育后期形成。小麦籽粒灌浆物质来自抽穗前茎鞘等器官储藏物质的转化和开花后光合产物的输送。研究结果表明，在高产条件下，开花后光合产物在籽粒灌浆物质中的比例更大，即粒重的高低主要取决于开花后的物质生产与积累量及向籽粒的运转率。因此，在小麦生育后期注意养根保叶，防止早衰和贪青，有利于提高粒重。

（一）粒重形成过程

小麦籽粒由皮层（果皮、种皮）、胚及胚乳三部分组成，其中胚乳重占整个籽粒重量的 90%～93%，胚乳细胞的数量与充实状况直接关系到籽粒产量与品质。

1. 胚乳细胞数增殖动态　小麦胚乳属核型胚乳，组成胚乳的细胞都由胚乳初生核繁殖而来。小麦开花时胚囊由 1 个卵细胞（50～60μm×35μm）、2 个助细胞、2 个极核及 14～17 个反足细胞构成，一部分反足细胞进行特殊吸器的分化。在授粉后 5h，极核受精结束，胚乳原核形成，原核进行多次分裂，约在授粉后 3～4d，胚乳细胞膜形成，胚乳从核期过渡到细胞期。随开花后天数增加，胚乳细胞数先缓慢增长、再快速增长，而后又缓慢增长，胚乳细胞数增殖一般分为 3 个时期，在开花后 4d 之内（增殖前期）增殖速率较慢，虽然该期历期较长，但形成的胚乳细胞数不到总数的 10%，为渐增期；花后 4～

8d（增殖中期）是胚乳细胞增殖的关键时期，形成的胚乳细胞数占总数 60％左右，为快增期；花后 8～14d（增殖后期）新增的胚乳细胞数约占总数的 30％，为缓增期。胚乳增殖历期约 13～18d，最大增殖速率出现在花后 5.5～8.5d。强势粒胚乳细胞起始分裂势、细胞最大增殖速率及平均增殖速率均高于弱势粒，且活跃分裂期较长，胚乳细胞数较多。

粒重取决于两个方面，一是籽粒中胚乳细胞数目的多少；二是单个胚乳细胞的充实状态。研究结果表明，胚乳细胞数目和单个细胞重量均与粒重呈极显著正相关。通径分析表明，籽粒胚乳细胞数目对粒重的影响最大，单个胚乳细胞重量次之。因此，提高粒重首先要提高胚乳细胞数，其次是提高胚乳细胞的充实度（单个胚乳细胞重量）。

2. 籽粒生长特点

（1）籽粒长、宽、厚变化动态　小麦籽粒长度一般在花后 24～25d 达到最大值，宽度达到最大值比长度推迟 1d 左右，而厚度则在 28～29d 达最大值。河南农业大学观察结果表明，小麦籽粒在开花后 11d 之内迅速伸长，但长度决定期因品种而有差异，郑引 1 号花后 15d 达最大值，兰考 96-79 开花后 29d 才达最大值，宽度在籽粒灌浆前、中期持续增加。

（2）籽粒体积增长动态　籽粒体积在花后 27d 左右达到最大值，成熟时有减小，三粒小穗不同粒位籽粒最大体积的排序为第 2 粒＞第 1 粒＞第 3 粒（图 4-2）。

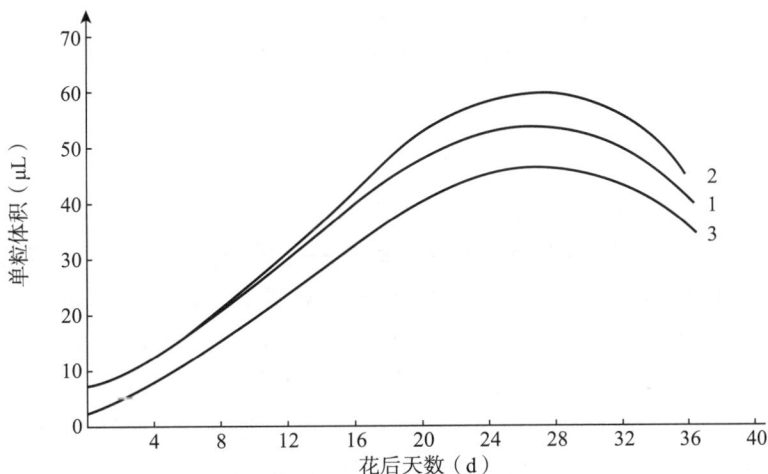

图 4-2　籽粒体积增长动态
1. 三粒小穗的第 1 粒　2. 三粒小穗的第 2 粒　3. 三粒小穗的第 3 粒
（扬州大学，扬麦 158，1993）

（3）籽粒干重增长动态　不同粒位籽粒最大灌浆速率出现时间基本一致。以扬麦 158 为例，三粒小穗籽粒最大灌浆速率时间出现在开花后 19d 左右，四粒小穗籽粒出现在开花后 20d 左右，不同粒位籽粒灌浆时期基本同步，而且直线灌浆的时间（籽粒快增期）基本一致，三粒小穗中弱势粒（第 3 粒）的直线灌浆时间比强势粒（第 2 粒）短 1～2d，最大灌浆速率为 1.31～1.64mg/（粒·d），平均灌浆速率为 0.88～1.10mg/（粒·d），均比强势粒低，且最终粒重差异较大，可能与强弱势粒同步灌浆造成营养物质竞争有关（图4-3）。由于同一小穗小花间微管束数目与面积等方面的差异，结实4粒小穗的弱势粒灌浆劣势愈加突出，粒位之间的强弱势粒最终粒重差异达到极显著水平，结实3粒小穗的粒重为第2粒＞第1粒＞第3粒；结实4粒小穗为第2粒＞第3粒＞第1粒＞第4粒。

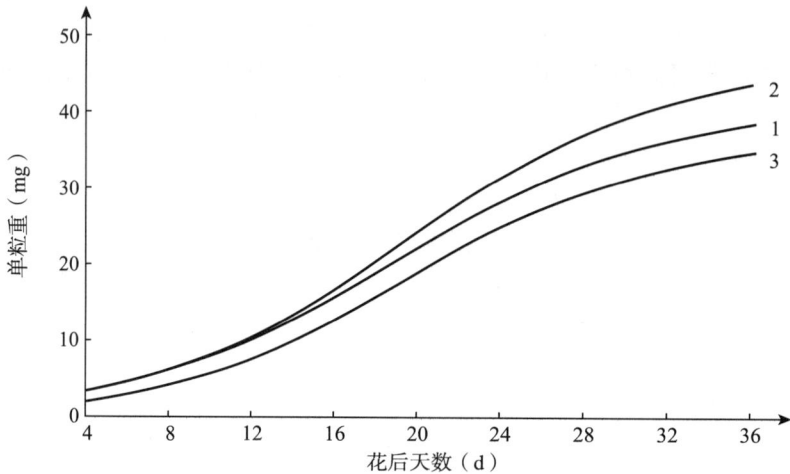

图4-3　籽粒粒重变化动态
1. 三粒小穗的第1粒　2. 三粒小穗的第2粒　3. 三粒小穗的第3粒
（扬州大学，扬麦158，1993）

（二）粒重与开花后物质生产关系

小麦开花后干物质的生产与积累量及向籽粒的运转率是决定粒重高低的因素之一。

1. 开花后绿叶面积衰减速度与籽粒充实的关系　扬州大学的测定结果表明，在小麦开花后0～10d，籽粒灌浆速率较小，绿叶面积下降速率对籽粒灌浆速率的影响不显著；开花后11d至成熟均一致表现为绿叶面积下降速率慢的处理灌浆速率高（表4-4）。如在开花后16～20d，0kg/hm² 施氮量处理绿叶面积下降最快，为2.633 0cm²/(茎·d)，灌浆速率最低，为1.728 8mg/(粒·d)；300kg/hm² 施氮处理绿叶面积下降最慢，为0.866 0cm²/(茎·d)，灌浆速率最高，为2.216 8mg/(粒·d)。

2. 开花后叶片光合强度与籽粒增重的关系　由表4-4还可以看出，开花后在绿叶面积不断减少的同时，叶片光合功能也在不断下降。不同施氮量处理间叶片光合强度的差异直接影响籽粒的灌浆速率。如0kg/hm² 和150kg/hm² 两个处理在籽粒灌浆的各个时期均表现为：施氮处理的光合强度高，籽粒灌浆速率快，最终粒重高。尤其是籽粒开始进入快速灌浆期，对光合产物需求增大，表现为光合强度高的群体，籽粒灌浆速率快。

因此，保持后期较大的绿叶面积、维持叶片较高的光合功能是增加粒重、实现高产的重要保证。

表 4-4　开花后绿叶面积下降速率、光合强度与籽粒增重关系

（扬州大学，扬麦 5 号，1995）

施氮量 (kg/hm²)		花后天数（d）							千粒重 (g)
		0～5	6～10	11～15	16～20	21～25	26～30	31～35	
0	绿叶面积下降速率 [cm²/(茎·d)]	1.032 4	1.062 4	1.310 8	2.633 0	1.339 0	1.048 0	—	—
	光合强度 [mg/(dm²·h)]	10.580 9	7.881 9	5.584 7	4.492 4	3.038 1	1.014 6	—	
	灌浆速率 [mg/(粒·d)]	0.584 2	0.666 0	1.219 2	1.728 8	2.228 6	1.019 6	0.144 2	37.943
150	绿叶面积下降速率 [cm²/(茎·d)]	0.677 4	1.011 0	0.558 0	1.382 2	2.174 4	3.817 8	—	—
	光合强度 [mg/(dm²·h)]	12.888 0	11.280 0	9.728 0	8.578 0	8.610 3	4.138 4	1.582 8	
	灌浆速率 [mg/(粒·d)]	0.714 2	0.745 4	1.671 4	2.191 4	2.202 2	1.428 2	0.235 8	48.072
300	绿叶面积下降速率 [cm²/(茎·d)]	1.127 0	0.350 0	1.073 8	0.866 0	1.132 2	0.932 4	—	—
	光合强度 [mg/(dm²·h)]	14.521 5	13.243 6	11.581 2	10.246 0	8.493 6	6.458 8	4.223 0	
	灌浆速率 [mg/(粒·d)]	0.663 2	0.725 8	1.435 4	2.216 8	2.351 4	1.806 0	0.326 0	47.802

（三）小麦粒重形成规律

在河南生态条件下，小麦籽粒形成期和灌浆期一般历时 35～40d，约占冬小麦全生育期的 15% 左右。根据河南农业大学连续 23 年对不同阶段生产上大面积主推品种的系统观察，在冬小麦开花受精后 10～12d 的籽粒形成期内，籽粒干物质积累较为缓慢，千粒日增重一般为 0.3～0.9g，积累量为粒重最大值的 20%～25%，是为粒重奠定基础的关键时期。冬小麦开花后的 11～30d，是籽粒灌浆阶段，一般历时 20～22d。该阶段，小麦籽粒胚乳内淀粉积累速率快，干物质急剧增加，千粒日增重一般为 1～2g，干物质积累量达最大值的 70%～80%，是籽粒干物质积累的盛期和籽粒增重的最主要时期，对最终粒重起着决定性作用。冬小麦籽粒成熟阶段一般历时 4～6d，该阶段千粒日增重一般为 0.3～0.9g，籽粒干物质积累速度明显减缓直至停止，籽粒含水量迅速下降至 15% 左右。河南农业大学对豫麦 49 高产攻关田的测定结果表明，这三个阶段持续天数分别为 8～12d、10～16d 和 6～13d；灌浆速率分别为 0.46～1.25g/（千粒·d）、1.5～2.5g/（千粒·d）和 0.24～0.91g/（千粒·d）；籽粒干物质增长量分别占籽粒总增长量的 15.9%～24.5%、50.1%～69.2% 和 8.6%～23.1%。在小麦高产栽培实践中，通过优化肥水管理，构建合

理群体结构，改善通风透光条件，增强植株各层叶片对光能的截获利用，可有效促进籽粒灌浆，提高粒重。

河南农业大学研究了产量形成与物质生产及分配的关系。结果表明，不同产量水平、不同栽培管理麦田，小麦不同生育时期的干物质形成与分配比例不同，其经济系数和最终产量也存在较大差异。河南农业大学连续 4 年在温县、郑州、开封、商水等多点对豫麦49-198 和矮抗 58 的产量监测数据分析结果表明，在公顷产量低于 6 000kg 水平条件下，小麦开花期和成熟期总生物量均与产量呈显著正向线性关系；而在公顷产量高于 6 000kg 水平条件下，开花期和成熟期总生物量与产量间的相关性不显著；在两种产量水平条件下，小麦的产量与经济系数均呈显著正相关。由此表明，在公顷产量低于 6 000kg 水平条件下，增加生物量和经济系数均能提高产量；在公顷产量高于 6 000kg 水平条件下，由于群体容量趋于饱和，进一步增加生物量不利于优化冠层结构和干物质积累分配。因此，高产再高产麦田应着力提高经济系数增加产量。

第三节　产量形成的物质基础

一、产量形成与物质生产及分配

小麦产量的 90％以上来自光合作用的产物，来自土壤中的无机盐类不足 10％，提高小麦的光能利用率是提高小麦产量的根本途径。光合作用是作物产量的根本来源，光合作用形成产物的多少受到光合性能 5 个方面的影响：

（1）光合面积大小——主要是绿叶面积的大小，用叶面积指数（LAI）表示；

（2）光合生产率大小——净同化率（NAR）高低；

（3）光合时间长短——生育期和叶片寿命长短、光照时间多少；

（4）光合产物消耗——主要是呼吸消耗，此外还有病虫害等方面的损失；

（5）光合产物的分配利用——经济系数大小。

生物产量为光合生产总量，即光合面积、光合生产率、光合时间三项乘积，减去一定量的消耗后所积累的总干物质量。

经济产量＝［（光合面积×光合生产率×光合时间）－消耗］×经济系数，即：经济产量＝生物产量×经济系数。

一定的经济产量要以一定的生物产量为基础，在一定范围内经济产量随生物产量提高而增加，当生物产量相近时，则经济产量取决于经济系数。小麦的经济系数一般在 0.35～0.45 之间。当生物产量达一定数值后，再提高生物产量，因经济系数下降过多，经济产量反而会降低。

生物产量是群体生长速度（CGR）在整个生育期的积累，由生育期和各生育阶段 CGR 所支配。CGR 除受日照强度、时间支配外，在相同日照条件下，取决于叶面积指数（LAI）和净同化率（NAR），而净同化率则取决于光合层结构、透光率和单叶光合作用能力等。在小麦生育初期，CGR 高低主要取决于 LAI，随着生育进程的推进，LAI 逐渐变大，生育后期 CGR 高低与 NAR 有显著关系。小麦籽粒的碳水化合物主要来自开花后的光合产物，要获得高产，提高开花后干物质生产量极为重要，这就要求在小麦生育后期有较高的 LAI 和 NAR。弱苗田群体小，个体生长弱，净同化率虽然较高，但由于叶面积指数小，光合势低，群体干物质积累少，不能实现高产；旺苗田群体大、个体弱，群体叶面积过大，光合势虽高，但由于植株中、下部叶片郁蔽严重，光照条件变劣，致使净同化率明显下降，群体总干物质积累虽多，但大部分滞留在茎鞘中，因此也难以实现高产。苗壮麦田叶面积发展合理，净光合生产率高，光合势大，特别是籽粒灌浆中后期叶面积持续期长，干物质积累量大，因而产量最高。

经济系数高低还取决于群体光合产物的分配利用。因此，高产麦田必须形成合理的群体动态结构，且在小麦生育后期，使对每穗粒数、粒重影响最大的上部三片叶及穗下节间处于良好的光照条件下，以利形成充足的光合产物，提高穗重；而植株基部光照须在光补偿点的 2 倍或以上，以使下层叶片的光合产物自给而略有节余，保证根系对营养的需要。

二、不同生育时期物质生产与产量形成的关系

（一）开花期以前群体干物重与产量的关系

扬州大学的分析结果表明，不同群体间开花前干物质积累量与籽粒产量呈极显著二次曲线关系（图 4-4）。说明增加开花前干物质积累量应有一个适宜值，过高的开花前干物质积累量易造成群体过大，影响光合面积和光合强度，从而减少了开花后干物质积累而导致减产。

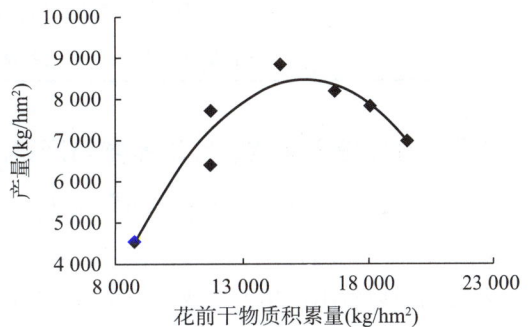

图 4-4　小麦花前干物质积累量与经济产量
（扬州大学，扬麦 5 号，1995）

（二）开花至成熟期干物质增加量与产量的关系

小麦籽粒灌浆物质除来自开花前储存于非籽粒器官中向籽粒中转移的物质外，大部分来自开花后的光合产物，不同群体开花后干物质积累量与产量的相关性达极显著水平。山东农业大学的高产试验资料表明，小麦花后干物质积累量越大，产量越高（表 4-5）。

表 4-5　不同群体后期干物质积累量与产量的关系
（山东农业大学，鲁麦 22，1997）

试验田块	干物质积累量（kg/hm²）		花后积累量（kg/hm²）	产量（kg/hm²）
	开花期	成熟期		
1	11 710.4	17 563.8	5 853.5	8 059.5
2	13 251.2	20 690.1	7 439.0	9 535.4
3	12 720.9	18 513.3	5 792.4	7 355.6

研究表明，小麦产量高低不但取决于全生育期净光合生产率，更重要的是四分体前后

中国小麦栽培学

的分配比例。相近的全生育期干物质积累总量，四分体前后分配比例不同，最终产量也不同，且差异明显，以"前轻"（<40%）、"后重"（>60%）为佳。不同栽培途径产量水平顺序与后期干物质积累量高低相一致（表4-6）。晚茬独秆栽培途径由于挑旗至成熟期的干物质积累绝对量高于常规栽培，故产量高于常规早播处理；而适期早播精量高产栽培，挑旗至成熟期干物质积累绝对量高于晚播独秆产量，故产量最高。

表4-6　不同高产途径光合物质生产特点

（山东省烟台农业学校，烟农15，1985—1986）

途径	生育阶段	干物质阶段积累量 (kg/hm²)	阶段积累量占总量 (%)	产量 (kg/hm²)
独秆	出苗—挑旗	5 739.8	33.96	
	挑旗—成熟	11 161.2	66.04	7 723.5
	全生育期	16 901.0	100.00	
精播	出苗—挑旗	7 611.6	38.96	
	挑旗—成熟	11 925.6	61.04	8 566.5
	全生育期	19 537.2	100.00	
常规	出苗—挑旗	9 105.9	49.01	
	挑旗—成熟	9 476.0	50.99	7 399.5
	全生育期	18 581.6	100.00	

（三）群体总干物重、经济系数与产量的关系

研究表明，群体总干物重和经济系数与小麦产量的关系极为密切。从表4-7可以看出，成熟期干重基本相同时，经济系数高的籽粒产量高；经济系数相近，总干重高的籽粒产量高。进一步分析可以看出，总干重或经济系数的提高都取决于花后干物质积累的增加（表4-7）。

表4-7　干物质积累量与经济产量和籽粒干重的关系

（扬州大学，扬麦5号，1995）

处理	开花期干重 (kg/hm²)	成熟期干重 (kg/hm²)	开花后积累量 (kg/hm²)	籽粒干重 (kg/hm²)	经济系数
1	13 084.80	20 097.60	7 012.80	7 684.20	0.382
2	10 189.50	15 273.00	5 083.35	5 882.85	0.385
3	11 254.95	15 474.90	4 219.95	5 516.40	0.356

第四节　产量形成的源库理论

小麦栽培中把生产和输出光合产物的部位称为"源器官"，把接受和利用光合产物的部位称为"库器官"。多数研究者常以叶面积的大小、光合生产能力和干物质生产量来表示"源"，以籽粒的数目和粒重作为"库"，把光合产物向储存器官的转运和分配称为"流"。

一、产量形成与源库关系

自源、库概念提出以来，许多学者对作物的源、库特性进行了深入研究。我国学者研究认为，源、库、流三者之间存在着相互促进又相互制约的关系，彼此间的相互影响程度决定了生物产量和经济产量的高低。通过建立合理的群体结构，协调"源、库、流"三者的关系，达到"源强、库足、流畅"，形成高光效群体是实现小麦高产的关键。

（一）源的形成特点

1. 叶面积的发展动态　叶面积指数（LAI）消长动态可分为四个时期：①出苗至越冬始期为低速增长期，此期出生叶片总数虽较多，但各叶面积较小，总叶面积增长速度较低；②越冬至返青为缓慢增长期，此期小麦单叶面积虽渐次增加，但在低温条件下，出叶周期延长，叶面积增长缓慢；③返青至孕穗期为快速增长期，此期随着气温回升，植株进入快速生长阶段，至孕穗期叶片全部长出，LAI达峰值；④孕穗至成熟为LAI衰减期，此期植株生长中心已转为生殖生长，叶面积随叶片消亡而衰减，至成熟期LAI为0。

低速增长期关系到能否形成早发壮苗和足够的有效分蘖，此期LAI增速不宜太低；缓慢增长期关系到麦苗安全越冬，此期群体生长要适度；快速增长期关系到群体质量，此期可通过控制无效分蘖发生，协调群体发展，促进叶面积指数平稳增长；衰减期关系到籽粒灌浆，此期叶面积指数下降速度要平缓，以保持较大的光合源，为籽粒形成与灌浆充实提供丰富的物质基础，最终获得较高的经济产量。以江苏省淮南麦区小麦产量 7 500kg/hm² 群体为例，适宜LAI动态指标为：越冬始期为1.5左右，拔节期4.0～4.5，孕穗期6.0～6.5，开花期5.0～6.0，花后缓慢衰减（表4-8）；淮北地区产量 7 500kg/hm² 麦田LAI适宜的动态指标为：越冬始期为1.5左右，拔节期4左右，孕穗至抽穗7左右，乳熟期3.5左右。

表 4-8　高产小麦群体 LAI 变化动态

（扬州大学，扬麦 5 号，1995）

产量（kg/hm²）	分蘖期	越冬始期	返青期	拔节期	孕穗期	开花期
8 034.5	0.640	1.524	3.430	4.526	6.634	5.870
7 828.8	0.505	1.345	2.123	3.935	6.130	5.025
6 340.7	0.689	1.404	2.739	3.863	5.608	4.328

在河南省武陟县进行的超高产攻关试验结果表明，公顷产量 8 322～9 189kg 的小麦群体，LAI越冬始期为1.70～1.86，拔节期为3.81～3.95，孕穗期为6.93～7.34，抽穗期为5.96～6.48（表4-9）。开花后较高叶面积持续期较长，抽穗至成熟期可更多地截获光能。

表 4 - 9　小麦高产田不同时期 LAI 变化动态

(河南农业大学，1996—1997)

品种	产量（kg/hm^2）	越冬始期	拔节期	孕穗期	抽穗期	抽穗后 20d	成熟期
徐 9233	9 189	1.70	3.81	7.34	6.48	4.2	0.5
陕 354	8 322	1.86	3.95	6.93	5.96	3.8	0.4

2. 叶面积垂直分布特点　扬州大学研究表明，小麦高产群体和低产群体孕穗期的最大叶面积密度出现高度分别为距地面 40～50cm 和 50～60cm 处，是各自相对高度的 0.64 和 0.69，距地面 40cm 以上所分布的叶面积比例高产群体仅为 54.61%，而低产群体则高达 75.09%；距地面高度 20cm 范围内基部绿叶面积比例，高产群体占 11.99%，而低产群体仅为 5.27%。开花期的叶面积垂直分布与孕穗期基本相似，如最大叶面积密度出现的相对高度，高产株型为 0.61，低产株型为 0.72。山东烟台地区小麦高产实践，要求上部叶面积占茎生叶面积的 55% 左右，中下部 3 片叶面积占茎生叶的 45% 左右。

3. 光的垂直分布与光合强度　南京农业大学研究表明，同一叶层次，叶面积指数越大，透光率越低。低产、高产、过旺群体的叶面积指数在距地面 50～60cm 层依次为 0.51、1.97 和 2.80，透光率依次为 86%、51% 和 46%。过旺群体第 4、5 层叶面积指数虽相对较小，但其透光率比第 2 层还低，就是由于下部枯黄叶片多，仍吸收一定比例的光所致（表 4 - 10）。因此，低产群体各层次的消光系数差异不大，分布较均匀；过旺群体呈上部大、中部小的分布状态；高产群体冠层上部的消光系数较小，中、下部较大，从而有利于光向下透射与截获。

表 4 - 10　孕穗期不同群体各层次的叶面积指数、透光率和消光系数

(南京农业大学，1996)

不同群体		第 5 层 (20～30cm)	第 4 层 (30～40cm)	第 3 层 (40～50cm)	第 2 层 (50～60cm)	第 1 层 (60～70cm)
低产群体	叶面积指数	0.73	0.81	1.37	0.51	
	透光率（%）	74	70	55	84	
	消光系数	0.42	0.44	0.44	0.34	
高产群体	叶面积指数	0.69	1.18	1.35	1.97	1.73
	透光率（%）	53	69	58	51	80
	消光系数	0.93	0.31	0.40	0.35	0.12
过旺群体	叶面积指数	1.20	1.43	1.80	2.80	1.86
	透光率（%）	26	39	49	46	45
	消光系数	1.13	0.66	0.39	0.27	0.43

山东农农业大学灌浆期测定结果表明，精播小麦倒 3 叶以下的群体光合速率显著高于基本苗多、群体大的小麦光合速率。基本苗为每公顷 90 万的群体，倒 3 叶以下的光合速率为 0.66g（CO_2）/（m^2·h），比基本苗为每公顷 270 万和 450 万的群体倒 3 叶以下的光合速率分别高出 0.38 倍和 2.14 倍（表 4 - 11）。这对小麦后期维持根系活力和光合速率，

降低光合速率的衰减率具有重要意义。

单位叶面积系数的光合速率是衡量冠层内部群体光合效率的质量指标。山东农业大学的研究结果表明，孕穗期以后，小麦叶面积达最大值，不同群体的叶面积系数趋向一致，而基本苗少的单位叶面积系数的光合速率明显高于基本苗多的。例如，鲁麦5号基本苗120万的比基本苗450万的单位叶面积系数光合速率，在孕穗期高出95.9%，在开花期高出82.6%，在灌浆期高出49.5%，在成熟期高出41.6%（表4-12），鲁麦7号亦有相似结果。

表4-11 小麦灌浆期群体光合速率比较

（山东农业大学，1988）

叶层	每公顷90万基本苗		每公顷270万基本苗		每公顷450万基本苗	
	CAP	占总量的百分比（%）	CAP	占总量的百分比（%）	CAP	占总量的百分比（%）
穗层	0.30	7.96	0.41	11.52	0.20	7.69
旗叶	0.72	19.10	0.60	16.86	0.51	19.62
倒2叶	0.36	9.55	0.27	7.58	0.22	8.46
倒3叶以下	0.66	17.51	0.48	13.48	0.21	8.01
茎秆（鞘）	1.73	45.89	1.80	50.56	1.46	56.15
合计	3.77	100.00	3.56	100.00	2.60	100.00

注：CAP为群体光合速率，单位为 $g(CO_2)/(m^2 \cdot h)$；数据为试验品种鲁麦5号与鲁麦7号的平均值。

表4-12 不同处理单位叶面积系数的光合速率

（山东农业大学，1988）　　　　［单位：$g(CO_2)/(m^2 \cdot h)$］

品种	基本苗（万/hm²）	孕穗期		开花期		灌浆期		成熟期	
		同化量	增加（%）	同化量	增加（%）	同化量	增加（%）	同化量	增加（%）
鲁麦5号	120	1.375	95.9	1.630	82.6	1.452	49.5	2.658	41.6
	270	0.942	30.2	1.077	20.6	1.347	38.6	2.076	10.6
	450	0.702	—	0.893	—	0.971	—	1.877	—
鲁麦7号	120	0.903	19.5	1.294	100.7	0.975	8.2	2.841	46.2
	270	0.777	2.8	1.044	61.9	0.941	4.4	2.400	23.5
	450	0.756	—	0.645	—	0.902	—	1.943	—

4. 干物质积累动态 小麦一生干物质积累过程呈Logistic曲线增长，开始缓慢，拔节后速度加快，孕穗期至灌浆期物质积累强度最大，但不同的群体质量和产量水平，其最终生物产量及各阶段的干物质积累量不同，高产群体表现为前期干物质积累平稳，而花后干物质积累量显著增高，最终表现为生物产量、经济系数和经济产量均高。因此，在小麦生长前期形成高质量群体，确保花后有较高的叶面积指数、较长的叶面积持续期和光合生产能力是实现高产的关键。

5. 小麦产量物质的源——非叶器官的贡献 小麦产量物质一部分来自开花后光合生产，一部分来自开花前储藏物质的转移，这两部分对产量的相对贡献因品种和后期环境条件的不同而有变化。在高产条件下，开花后的光合贡献达80%～90%，但在后期逆境条件下开花前储藏物质对产量形成具有重要作用。例如，在开花后干旱条件下，开花前储藏物质转移对产量的贡献明显增加（图4-5）。开花后的光合器官不仅是叶片，还包括穗、穗下节间和叶鞘等非叶片绿色器官，不同器官的光合作用对产量的贡献也是不同的，在高产群体中主要的光合器官是倒2叶以上器官，即旗叶、倒2叶、穗和穗下节间，这些器官光合作用对产量的贡献率占后期植株总光合作用对产量贡献率的90%左右。小麦的穗和穗下节间直立分布于冠层上层，不仅具有受光良好的空间优势，而且还具有光合作用耐逆性强的生理特点，其光合作用对产量贡献达20%~40%，

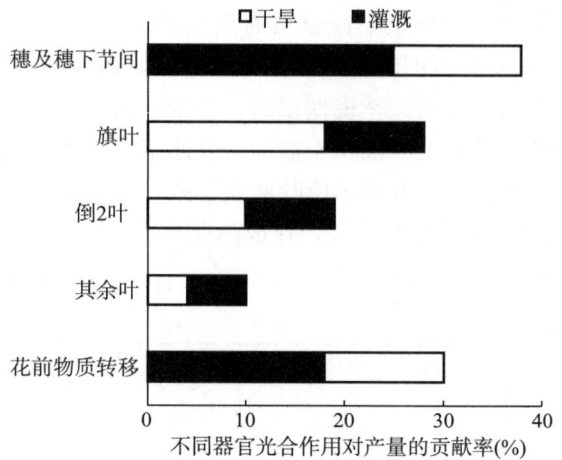

图4-5　开花后干旱（开花后不浇水）和灌溉（花后浇灌浆水）处理不同器官光合作用对产量的贡献率
（中国农业大学，2011）

在后期干旱条件下其贡献率明显提高，并高于旗叶（图4-5）。根据近年的研究，穗等非叶器官的水势较为稳定，且具有"类C4"型光合代谢机制，其磷酸烯醇式丙酮酸羧化酶（PEP羧化酶）及其他C4代谢酶活性显著高于叶片，在后期干旱条件下，叶片的光合能力易下降衰退，而非叶器官能维持较长时间相对稳定的光合能力。

（二）库的形成特点

小麦总结实粒数的多少反映了群体库容量的大小。总结实粒数与经济产量呈极显著正相关，说明进一步提高小麦产量必须以增加总结实粒数为基础。

小麦总结实粒数取决于单位面积穗数和每穗平均粒数。通径分析表明，穗数对总结实粒数的作用大于每穗粒数，穗数是制约总结实粒数的主导因子。当单位面积穗数达一定量后，其与每穗粒数一般呈鱼相关关系。因此，当穗数超过一定范围后，每穗粒数的下降效应会大于增穗效应，最终会导致总粒数下降。同时，单位面积穗数受品种特性、基本苗数及生态、生产条件的制约。因此，当群体穗数不足时，应在适宜基本苗数基础上，提高低节位分蘖发生率与成穗率来增加穗数，从而增加总结实粒数；而当穗数已达到适宜范围时，则应以提高每穗粒数来增加总结实粒数，而提高每穗粒数的关键是减少小花退化数，增加可孕花数与可孕花结实率。

（三）高产群体物质转运特点

小麦产量高低主要取决于花后光合产物向籽粒运输的多少及花前暂储的干物质向籽粒的转移量。

从不同器官干物质量占总干物重的比例可以看出，拔节—抽穗、抽穗—成熟不仅是小麦干物质积累的两个盛期，亦是干物质分配的两个转折点。拔节前生长中心是营养器官，叶片干物质分配率最高，至拔节期叶片干重占地上部干重的63%左右，叶鞘占

24%～30%，茎秆占7%～13%，穗部只占0.04%～0.06%；拔节—抽穗期间，生长中心由叶片转向茎秆和幼穗，至抽穗期，叶片和叶鞘干重均占全株重的23%～24%，而茎秆干重占38%左右，穗干重上升到15%左右；抽穗开花后，生长中心转向穗部，随着灌浆的进展，叶片、叶鞘重逐步下降，茎秆重在灌浆中期也开始降低，这时叶片、叶鞘养分向籽粒输送，而且储藏在茎秆中的养分也有一部分输送至籽粒，至蜡熟期叶片干重仅占总干重的7%左右，叶鞘占13%左右，茎秆占28%左右。分析不同产量水平小麦干物质运转状况表明，高产小麦的叶、鞘、茎各器官的物质输出量适当，运转的时间较长，籽粒的输入量高，千粒重亦高；过肥型田块因植株体内碳氮比例失调，叶片持绿时间过长，光合能力降低，严重影响营养物质往穗部运转，叶、鞘、茎内物质输出量少，籽粒的输入量较少，千粒重最低，产量上不去；缺肥型麦田虽叶、鞘、茎各器官的物质向籽粒输送率高，但由于后期叶片早衰，营养显著不足，籽粒的输入量很少，产量低。

茎鞘是小麦主要的光合产物暂时储藏器官，不同产量水平单位长度茎秆和叶鞘干物质输出量对小麦籽粒产量有一定的影响。单位长度茎秆和叶鞘花后积累量和输出量越高，产量水平越高（表4-13）。

表4-13　单位长度茎秆和叶鞘干物质的积累与输出量

（扬州大学，扬麦158，1998）

部位	花前积累量(mg/cm)	最高积累量(mg/cm)	成熟期干重(mg/cm)	花后积累量(mg/cm)	输出量(mg/cm)	产量(kg/hm²)
茎秆	14.369	19.213	10.715	4.844	8.498	8 119.20
	12.604	17.291	11.598	4.687	5.695	7 962.15
	13.098	15.692	12.687	2.594	3.005	7 623.01
叶鞘	13.807	16.088	11.318	2.281	4.770	6 531.75
	7.749	8.860	6.814	1.110	2.046	8 119.20
	7.580	8.093	6.614	0.513	1.479	7 962.15
	7.235	7.861	6.472	0.626	1.389	6 531.75

二、源库流关系分析

（一）库容大小对小麦光合产物的生产（源）与转运（流）有反馈调节作用

粒叶比是衡量库源关系协调水平的一种数量指标，通常有两种表示方法，一是实粒数与孕穗期最大叶面积之比（粒数/cm²），即单位叶面积形成与负载的库容大小；二是成熟期籽粒重与孕穗期最大叶面积之比（mg/cm²），即单位叶面积对产量的贡献，是源库互作的最终结果，反映了源的质量水平和库对源的调运能力。

1. 粒叶比对群体光合功能的影响

（1）粒叶比与花后叶片衰老关系　最大叶面积相近而粒叶比高的群体，在开花后籽粒形成、灌浆各时期过氧化氢酶、过氧化物酶活性高，MDA含量低，表明其冠层叶片解除活性氧毒害的能力强，脂质过氧化程度轻，可以延缓叶片衰老，延长叶片功能期，增强叶片光合功能，提高粒重。如 LAI 为 5.645，粒叶比为 0.281 粒/cm^2 和 10.948mg/cm^2 叶的群体，开花后 10、20、30d 旗叶过氧化物酶活性都比粒叶比为 0.257 粒/cm^2 和 9.621mg/cm^2 叶的群体高。

（2）粒叶比与冠层叶片光合强度的关系　测定不同粒叶比群体开花后功能叶的光合强度表明（表 4-14），最大叶面积相近而粒叶比不同的群体，籽粒形成期冠层叶光合强度以粒叶比高的为高；结实粒数相近，不同粒叶比群体冠层叶片的光合强度也随粒叶比的提高而增强，较好地适应了相对较大库容的需求。

表 4-14　叶面积相近、粒叶比不同群体籽粒形成期冠层叶片的光合强度

（扬州大学，1993）

品种	LAI	粒叶比		光合强度 [mg (DW) /($dm^2 \cdot h$)]	
		粒/cm^2	mg/cm^2	旗叶	倒 2 叶
扬麦 5 号	5.110	0.309	12.339	15.469	4.950
	5.099	0.293	11.623	12.850	5.150
	5.645	0.281	10.948	24.819	15.675
	5.607	0.264	10.795	15.606	9.831
	6.488	0.275	10.379	10.937	5.438
	6.465	0.229	9.150	9.625	4.744

（3）粒叶比与群体干物质积累的关系　最大叶面积相近情况下，粒叶比高的群体开花至成熟期干物质累积量多，能保证有足够干物质向籽粒运转，有利于提高总结实粒数和粒重（表 4-15）。

表 4-15　粒叶比与花后干物质积累量

（扬州大学，扬麦 158，1994）

LAI	粒叶比		花后干物质积累量
	粒/cm^2	mg/cm^2	（kg/hm^2）
4.631	0.359	13.928	5 852.4
4.641	0.301	11.650	5 272.3
5.646	0.280	10.948	4 708.1
5.622	0.257	9.621	3 323.4
6.634	0.220	8.844	3 758.0
6.591	0.212	8.013	3 384.0

2. 粒叶比对群体光合产物转运的影响

（1）粒叶比对光合产物转运与分配的影响　随着粒叶比提高，开花前积累的干物质输出亦增加。当粒叶比较低时，茎鞘储藏物质在开花后输出较迟，输出量亦小；当粒叶比较高时，茎鞘储藏物质开始输出时期提前，输出量亦增加。由表 4-16 可知，开花后叶片光合产物向穗部分配比例随粒叶比提高呈上升趋势。粒叶比为 0.192 粒/cm^2 叶的处理，旗叶光合产物运往穗部的比例只有 58.54%，而粒叶比为 0.298 粒/cm^2 叶的处理则为

69.61%，倒 2 叶、倒 3 叶亦有相同趋势。即当库容量扩大时，光合产物优先满足库的需求，滞留在茎鞘中的光合产物比例下降，光合产物的有效性提高。

（2）粒叶比对籽粒充实灌浆影响　对不同粒叶比群体的分析还表明，籽粒体积、最高粒重、充实指数和灌浆强度均表现为随着粒叶比的提高而上升。如扬麦 5 号的粒叶比从 0.192 粒/cm^2 和 5.854mg/cm^2 叶上升到 0.298 粒/cm^2 和 11.655mg/cm^2 叶时，籽粒体积从每粒 44.76μL 上升到 48.18μL，粒重由每粒 30.55mg 增至 39.27mg，充实指数从 0.688mg/μL 提高到 0.815mg/μL，灌浆强度从 0.873mg/（粒·d）增加到 1.122mg/（粒·d）（表 4-17）。表明高粒叶比的群体库对源有较强的调运能力。

表 4-16　扬麦 5 号不同粒叶比植株上 3 叶光合产物（^{14}C）对穗部的贡献

（扬州大学，扬麦 5 号，1991）

粒叶比		^{14}C 分配（%）			
粒/cm^2	mg/cm^2	叶位	叶	茎鞘	穗
0.298	11.655	倒 1 叶	14.75	15.64	69.61
		倒 2 叶	16.05	18.72	65.23
		倒 3 叶	18.02	29.06	52.92
0.192	5.854	倒 1 叶	14.05	27.41	58.54
		倒 2 叶	12.50	42.45	45.05
		倒 3 叶	28.26	26.11	25.63

表 4-17　不同粒叶比的群体库的特征

（扬州大学，1993）

品种	粒叶比		籽粒体积（μL/粒）	粒重（mg/粒）	充实指数（mg/μL）	灌浆强度 [mg/（粒·d）]
	粒/cm^2	mg/cm^2				
扬麦 158	0.192	5.854	44.76	30.55	0.683	0.872
	0.262	9.371	46.23	35.77	0.774	1.020
	0.298	11.655	48.18	39.27	0.815	1.122

总之，叶片的生产能力受到库容对光合产物需求的反馈调节，当单位叶面积的负荷量增加时，开花后叶片的光合生产潜力得到发挥，一方面光合功能加强，光合产物的生产量增加，另一方面生产的光合产物的有效性提高，光合产物优先满足库的需要，同时，随着负荷量的增加对开花前贮藏茎鞘中的物质调运能力加强，群体（或个体）总干物质生产的有效性提高，即单位叶面积的有效生产能力得到加强。

（二）栽培措施对源库关系的调节作用

中国农业大学研究，高产高效栽培需要通过技术措施增源、扩库，使源库性能在高水平上协调。以节水栽培为例，节水栽培在有限灌溉下通过优化调整灌溉时期可协调源库关系，从而达到提高水分利用效率和产量的目的。在华北地区春季限浇一水条件下，不同灌水时期对源-库性能有不同影响。不同灌水时期处理的群体库容量（总粒数/m^2）大小表现为：拔节水＞起身水＞孕穗水＞开花水＞灌浆水，而产量物质供给源（花后物质积累量和储藏物转运量）以拔节水和孕穗水最高，其他处理均较低。可见，拔节水的源库性能最高，且源库相对协调。最终产量和水分利用效率也以拔节水最高（表4-18）。

表4-18 单次灌溉条件下不同灌溉时期的产量和水分利用效率
（中国农业大学，2014—2015）

处理	穗数 （万/hm^2）	穗粒数 （粒）	千粒重 （g）	产量 （kg/hm^2）	水分利用效率 [kg/(hm^2·mm)]
起身水	709.7a	31.0c	43.1c	7 830.3b	17.7c
拔节水	672.9b	34.7a	42.8c	8 217.7a	19.2a
孕穗水	645.1c	33.3b	45.8ab	8 199.0a	19.3a
开花水	618.1d	31.3c	46.6a	7 739.7b	18.5ab
灌浆水	608.3d	30.3d	46.3a	7 503.0bc	18.3bc
不浇水	606.9d	30.2d	44.7b	7 129.8c	18.3bc

注：相同年份、同列数字后不同字母表示处理间差异显著（$P < 0.05$）。

第五章 小麦的光合生理与群体调控

第一节 小麦的光合作用

一、小麦的光合作用

小麦生长发育和产量形成的主要物质，来源于将光能转化为化学能的光合作用。通常，植株中95%左右的干物质是光合产物。因此，改善植株在单叶和群体水平上的光合作用，是获得小麦高产高效的重要生理基础。

（一）小麦单叶的光合作用

1. 叶片生长期间叶绿素含量和光合速率的动态变化 小麦叶片的叶绿素含量，一般在叶片全部展开前后达到最大值，以后随生长进程不断下降。叶绿素含量的下降表现为缓慢下降和迅速下降两个阶段（图 5-1），分别称之为叶绿素含量缓降期和叶绿素含量速降期。叶片的叶绿素含量缓降期为光合功能高效期。

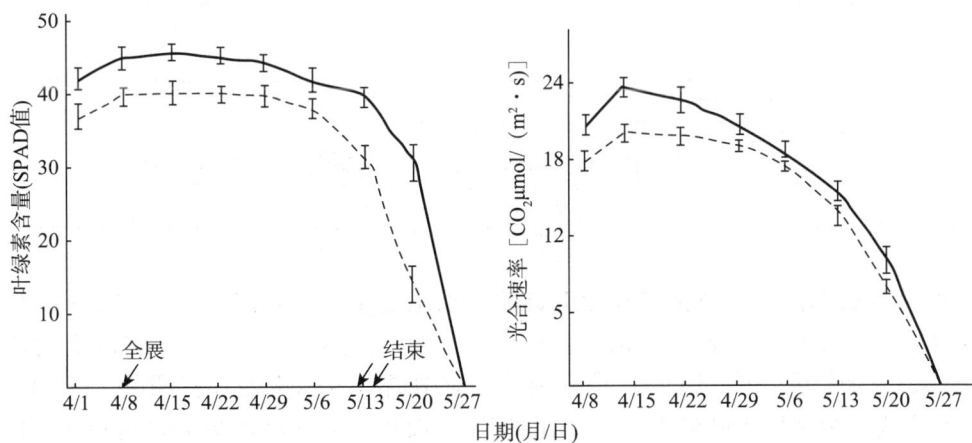

图 5-1 小麦旗叶一生中叶绿素含量和光合速率的动态变化

（南京农业大学，1997）

93

小麦叶片伸出至枯黄期间的光合速率呈单峰曲线，即在叶片全展时达到最大值，在此之前光合速率逐渐提高，以后则降低（图 5-1）。其中，叶片全展至光合速率降至全展时的 50% 这一时段的光合能力强，称为叶片的光合速率高值持续期。冬小麦春生叶的光合速率随叶位升高而提高，与高位叶叶肉细胞具有较复杂的形态，利于光能转化有关。

2. 叶片生长期间 CO_2 导度的动态变化 CO_2 由叶片边界层向叶绿体内羧化位点的传输，分为经由气孔间隙的气相传导和叶肉细胞中的液相传导。这两个途径的传导能力，分别称为气孔导度和叶肉导度。叶片伸出至枯黄期间，气孔导度和叶肉导度均呈单峰曲线变化，但达到最大值后的下降速率不同。气孔导度下降较慢，在叶片生长后期仍然较高；叶肉导度在后期下降较快，在叶片枯黄期降至很低。CO_2 在液相中的传递能力受碳酸酐酶的调控，叶片一生中碳酸酐酶活性的变化与叶肉导度的变化规律基本相同。叶片细胞间 CO_2 浓度是气孔导度、叶肉导度和光合碳同化的最终表现结果，在叶片全展到衰老期间，胞间 CO_2 浓度不断增加（图 5-2）。因此，在前中期，CO_2 供应对光合作用的限制是气孔限制和非气孔限制共同作用的结果，在后期则主要是非气孔限制。

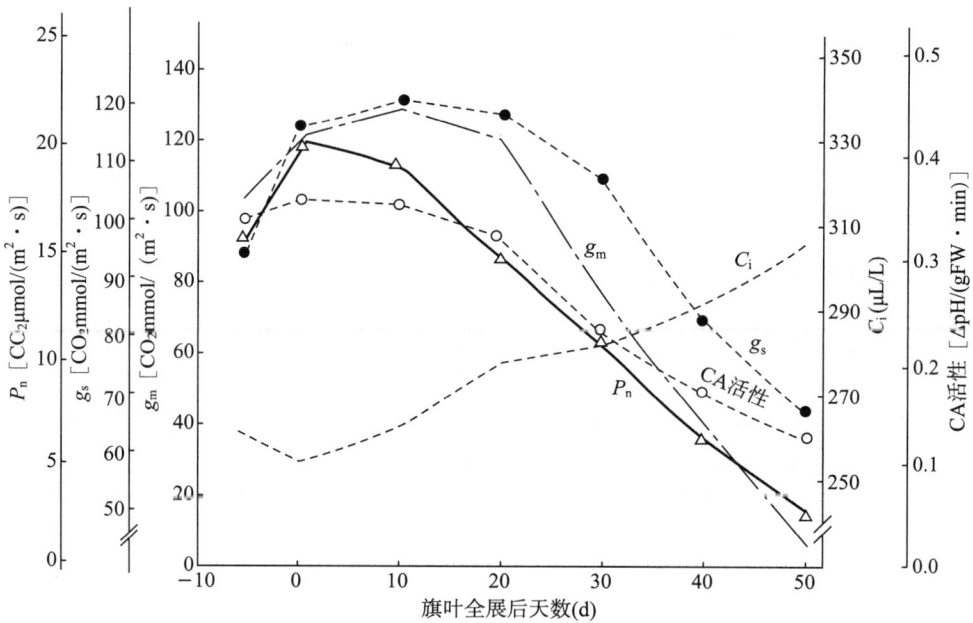

图 5-2 小麦旗叶全展到衰老期间气孔导度及相关参数的动态变化

（南京农业大学，1998）

注：P_n 为净光合速率；g_s 为气孔导度；g_m 为叶肉导度；C_i 为细胞间隙 CO_2 浓度；CA 活性为碳酸酐酶活性

3. 叶片生长期间光合作用暗反应关键酶的动态变化 CO_2 经过气相和液相的传输转运至叶绿体，进行卡尔文循环代谢，合成光合产物。其中，1，5-二磷酸核酮糖羧化酶（RuBPcase）/加氧酶（RubisCO）是影响暗反应中进行卡尔文循环代谢的关键酶。小麦旗叶在其出现至全展后 10d 的 1，5-二磷酸核酮糖羧化酶活性逐渐增加并达到最大值，以后随叶片生长和老化不断下降，羧化效率逐渐降低。

据南京农业大学（1998）研究，RubisCO 是叶片可溶性蛋白的重要组分。在叶片功能盛期，RubisCO 含量占可溶性蛋白的一半左右。RuBPcase 含量在旗叶一生中呈单峰曲线变化，在全展后 10d 达到最大值。旗叶叶片中 RuBPcase 含量占可溶性蛋白含量的比例在叶片生长期间始终保持较高数值，但仍以叶片具有最大功能的全展期前后较高。

4. 小麦叶片光合作用对生态因子的响应特点　影响小麦叶片光合特性的因素很多，包括内在的遗传因素和外在的环境因素。遗传因素包括小麦的种、生态类型和品种，以及与此相关联的叶片形态、解剖结构及叶绿素含量等特征特性；环境因素主要包括光、CO_2 浓度、温度、水分等生态因子。

（1）对光照强度（光通量密度）的反应　光照强度与小麦光合速率的关系常用双曲线方程描述。光强—光合作用关系曲线的 2 个重要特征值是光补偿点和光饱和点。据南京农业大学（1998）研究，在光强 $0 \sim 1\,600 \mu E/(m^2 \cdot s)$ 范围内，小麦旗叶光合速率随光照强度增加呈单峰曲线变化，不同品种达到光饱和点的光照强度为 $1\,000 \sim 1\,200 \mu E/(m^2 \cdot s)$，光补偿点为 $35 \sim 38 \mu E/(m^2 \cdot s)$。与旗叶相比，下部叶片的参数有所不同。如北京农业大学（1992）研究发现，2 个小麦品种冬前第 1 叶完全展开时，光补偿点分别为 $29 \mu E/(m^2 \cdot s)$ 和

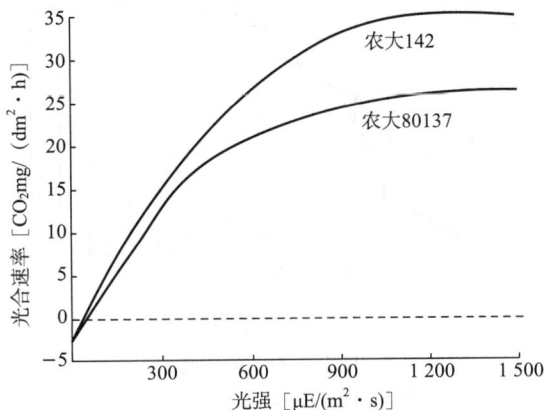

图 5-3　2 个冬小麦品种第 1 叶对光强的响应
（北京农业大学，1992）

$46 \mu E/(m^2 \cdot s)$，光饱和点分别为 $1\,060$ 和 $1\,243 \mu E/(m^2 \cdot s)$（图 5-3）。这表明，小麦不同叶位在光合速率—光反应特征上存在差异。

（2）对温度的反应　小麦光合作用对温度的响应呈单峰曲线，即有光合作用的最低、最适和最高温度（"三基点"温度）。不同叶位叶片三基点温度与叶片生长所处的温度呈正相关，冬小麦的冬前叶片光合作用最适温度为 $18 \sim 20℃$，而且在局部气温低至 0℃ 左右时仍有光合作用（北京农业大学，1992）。但旗叶光合作用的最适温度为 25℃ 左右（南京农业大学，1999），下部春生叶光合作用最适温度要低一些。

（3）对 CO_2 浓度的反应　CO_2 浓度—光合速率关系曲线中 2 个重要特征值是 CO_2 补偿点和 CO_2 饱和点。自然状态下 CO_2 浓度不足以达到饱和状态，在大田光合作用旺盛时，CO_2 浓度经常成为光合作用的限制因素。CO_2 浓度较低时，小麦叶片的光合速率随 CO_2 浓度升高直线增加。但达到一定浓度后，光合速率的增加变缓。光合速率增速开始变缓的 CO_2 浓度，又因品种和生育时期而有所不同。如图 5-4 所示的情况，随 CO_2 浓度升高，扬花期的净光合速率呈指数增长，CO_2 浓度达到 $1\,200 \mu mol/mol$ 时仍未饱和；而灌浆期的净光合速率呈 "S" 形变化，CO_2 浓度达到 $600 \mu mol/mol$ 后即增加缓慢。另外，叶片胞间 CO_2 浓度、叶片水分利用率也随 CO_2 浓度升高而提高，气孔导度和蒸腾速率呈先降后升再降趋势，气孔限制值则逐渐降低（西北农林科技大学，2009）。

（4）对水分的反应　干旱胁迫是影响光合作用的重要因子。随水分胁迫程度加强，小麦旗叶光合速率逐渐下降，但不同品种光合作用对水分胁迫的响应存在差异（图 5-5）。

如在麦优 4 号及其亲本组合中，高渗胁迫条件下 （−1.0～−2.0MPa）麦优 4 号随渗透胁迫加强光合速率下降速度较慢。抗旱性强的小麦品种在干旱条件下多具有较强的光合能力。另外，土壤水分状况还由于对养分吸收的影响而影响小麦的光合特性。

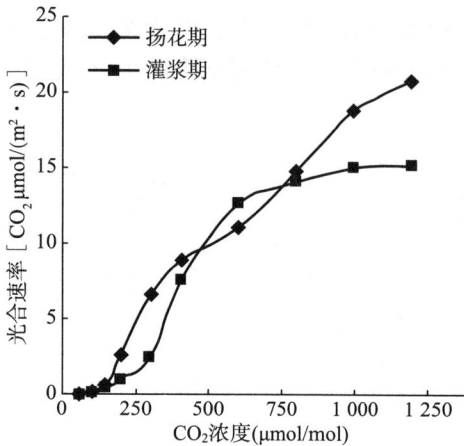

图 5-4　不同 CO_2 浓度下小麦
扬花期和灌浆期的光合速率
（西北农林科技大学，2009）

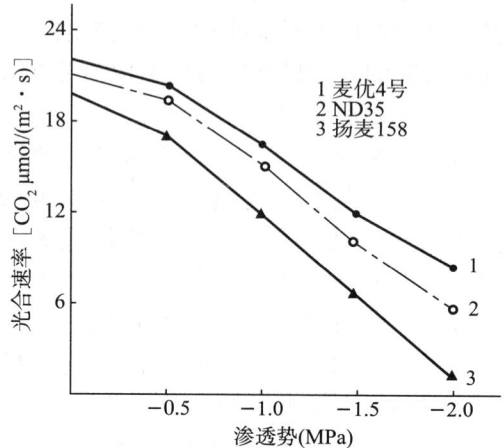

图 5-5　小麦旗叶对渗透势的响应
（南京农业大学，1998）

5. 栽培措施对小麦叶片光合作用的影响

（1）矿质营养的影响　氮、磷、钾等矿质营养在小麦光合作用中都有其重要作用，这些元素的施用量对小麦光合参数的影响，基本上都呈单峰曲线，即在一定范围内随施用量增加而提高，超过一定数量后则开始下降。光合参数达到最高的施氮量在不同品种之间有所不同。因此，在小麦生产中，要考虑小麦品种光合作用对氮的响应特点。光合特性对施氮量的响应还因其他生态因子的影响而有不同，如表 5-1 中，在土壤水分低的干旱条件下，小麦叶片净光合速率随施氮量增加而降低，而湿润条件下则随施氮量的增加而提高。其他光合参数随施氮量的变化也因土壤水分状况的不同而表现几乎相反的趋势。

表 5-1　不同土壤水分条件下光合特性参数对氮素营养的响应
（中国科学院水土保持研究所，1997）

土壤含水量（%）	13.36				16.77			
施 N 量（kg/hm²）	0	124	193	276	0	124	193	276
P_n[$CO_2\mu$mol/(m²·s)]	7.37a	6.16b	5.57b	5.02c	11.87c**	11.92b**	12.85b**	14.77a**
G_s[mol/(m²·s)]	0.098a	0.084b	0.078bc	0.076c	0.18b**	0.19b**	0.20b**	0.23a**
C_i（μL/L）	214.9c**	221.7b**	226.7b**	233.3a**	197.7a	204.5a	203.5a	197.6a
气孔限制度（%）	42.55a	40.37a	38.46ab	35.71b	46.85a**	45.50a**	45.81a**	47.23a**
光合限制因素	—	非气孔	非气孔	非气孔	—	气孔	气孔	气孔

注：采用 SSR 显著性差异测验。a，b 和 c 分别表示相同水分条件下不同施氮量处理各参数在 0.05 水平的差异显著性；**表示同一施肥量的 2 种水分条件下各参数在 0.01 水平差异显著。部分数据重新进行整理。

施氮还能增加小麦叶片的最高叶绿素含量和最高光合速率，延长叶绿素含量缓降期和光合高值持续期。施氮量对小麦叶片活性氧产生量和活性氧清除酶系统的活性也有调节作用，施氮比不施氮的小麦旗叶活性氧产生速率明显降低。增施氮肥能提高小麦叶片的细胞保护酶活性，降低叶片中活性氧的产生速率，改善细胞中活性氧产生与清除之间的平衡状况，并改善小麦叶片的光合能力和光合功能期。

缺磷导致小麦叶片光合速率降低。植株缺磷的时间越早、越长，光合速率降低的幅度越大，光合功能期也越短。如图 5-6 中 2 个品种都是拔节期开始缺磷的处理光合速率降低最快，光合功能期也最短；挑旗期开始缺磷的处理其次；一直供磷的处理光合速率降低最晚，光合功能期最长。

钾具有改善 CO_2 传导和叶片光合能力的作用。在氮、磷充足的基础上，叶片气孔阻力随施钾量增加而降低（表 5-2），光合速率则提高。但是，施钾量对光合速率的影响又与水分供应状况有关，全生育期灌 3 次水条件下，春季小麦顶部叶片光合速率随施钾量增加而提高，而全生育期不灌水的叶片光合速率随施钾量增加而降低（表 5-3）。

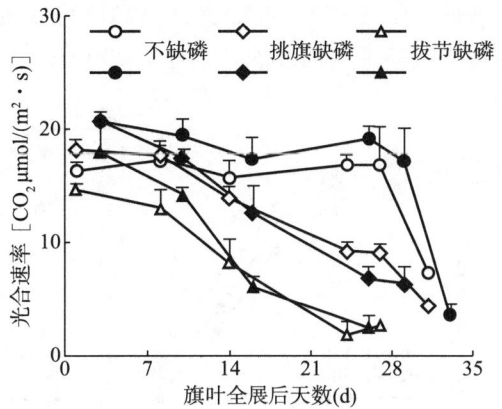

图 5-6　不同时期缺磷对小麦光合速率的影响（中国农业大学，2004）

注：图中空心标志为品种 CA9325，实心为晋麦 2 号

表 5-2　钾浓度对不同时期小麦气孔阻力（s/cm）的影响（山东农业大学，1996）

水培液 K_2O 浓度（mg/L）	拔节期	孕穗期	开花期	灌浆期	灌浆末期
5	4.38a	3.69a	1.99a	3.61a	—
10	4.20a	3.58a	1.25b	2.85b	2.78a
40	4.15a	3.44a	0.86c	2.63b	2.05b
50	3.55b	1.90b	0.85c	2.57b	1.84b
120	2.14c	1.41c	0.98c	2.75b	1.89b

表 5-3　不同水分条件下施钾量对小麦顶部叶片光合速率的影响 $[CO_2\mu mol/(m^2 \cdot s)]$（河北农业大学，2009）

灌水次数	施 K_2O 量（kg/hm²）	拔节期	孕穗期	开花期	开花后 10d	开花后 20d
0	0	10.97	19.61	19.19	16.90	12.26
	112.5	10.55	19.07	18.64	16.52	11.77
	225	9.75	18.58	18.18	15.44	11.19
3	0	12.81	21.02	22.15	19.29	13.85
	112.5	13.08	21.45	23.08	20.11	14.18
	225	13.73	22.11	23.78	20.87	14.63

在施钾量相同时，一次性基施和 1/2 基施＋1/2 拔节期追施对小麦旗叶光合特性的影响不同。分期施钾比一次性施钾提高了小麦开花后旗叶的光合速率。此外，拔节期适量追施钾素，能较好地协调蔗糖的合成能力及其在籽粒中转化为淀粉的能力，有利于实现小麦高产（山东农业大学，2003）。

（2）种植密度的影响　旗叶的光合生理功能存在着明显的密度调控效应。在不同密度水平下，不同品种小麦旗叶展开后的光合速率均以低密度下最高，中密度下次之，高密度下最低（图 5-7）。叶绿素含量和可溶性蛋白含量、气孔导度、叶肉导度和光合功能期也表现类似特征（河北农业大学，2005）。

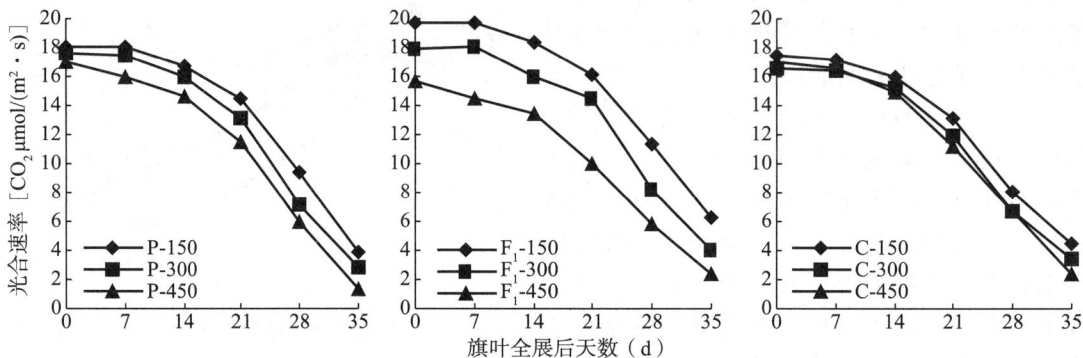

图 5-7　不同密度下杂种小麦及其亲本旗叶的光合速率
（河北农业大学，2005）

注：F_1、P 和 C 分别为杂种、父本 Py85-1 和母本 C6-38；150、300 和 450 是种植密度（万/hm^2）

（3）干旱胁迫的影响　干旱胁迫通过降低细胞水势和调节气孔开度，抑制小麦叶片的光合作用。在不干旱（土壤相对含水量 75％）、轻度干旱（55％）和重度干旱（35％）条件下，开花期旗叶和穗光合速率的变化与水势的变化趋势一致，随水分胁迫程度加重和时间延长，旗叶和穗的光合速率均明显下降。轻度和重度干旱胁迫处理 2d 进行复水处理，对旗叶和穗的光合能力有一定恢复效果（表 5-4）。因此，依据天气、土壤水分含量和各生育时期的需水特性合理灌溉，有利于改善小麦光合碳同化和物质生产能力。

表 5-4　不同水分胁迫下小麦旗叶和穗的水势和光合速率
（中国农业大学，2004）

干旱处理时间（d）	土壤相对含水量（％）	水势（MPa）		光合速率 [$CO_2 \mu mol/(m^2 \cdot s)$]	
		旗叶	穗	旗叶	穗
0	75±5	−0.925±0.005	−1.875±0.025	22.56±2.31	9.79±1.11
2	55±5	−1.375±0.015	−2.525±0.025	10.20±1.23	7.40±0.96
4	35±5	−2.665±0.075	−3.175±0.055	3.80±0.36	4.20±0.55
复水后 2d	75±5	−1.935±0.025	−2.985±0.03	6.40±0.86	5.10±0.69

（二）小麦非叶器官的光合作用

小麦的叶鞘、穗下节间、颖壳、穗轴、芒等非叶片绿色器官中，都具有与叶肉细胞形态相似的光合细胞，这些器官的细胞学特点，为其较高的非叶片光合作用提供了形态学基础。根据在不同生态条件下对不同小麦品种的测定，叶鞘、穗颈节和穗都有较强的光合作用，穗的光合速率可以达到 $1\sim4\mu mol$（CO_2）/（s·穗），而且在开花后对单株总光合作用的贡献比重逐渐增大，从抽穗开花期的 10%～20% 逐渐提高到近成熟期的 100%。穗部光合产物对最终粒重的贡献，在不同条件下可以达到 10%～47.9%。

中国农业大学（2004）就小麦各器官光合作用对干旱反应的研究发现，不同绿色器官叶绿体光合磷酸化水平及叶绿体 ATP 酶的活力对干旱胁迫存在器官间差异，且极为敏感。正常条件下，这些光合参数表现为旗叶＞芒＞叶鞘＞穗下节间＞外稃＞颖片。随干旱胁迫时间延长，所有器官叶绿体活性都明显下降。其中，以旗叶的下降幅度最大（图5-8），穗等非叶器官叶绿体光合活性对土壤干旱胁迫反应的敏感性明显低于叶片。因此，小麦非叶光合器官是抗逆性较强的器官，而叶片是对环境胁迫较敏感的器官。在华北乃至整个北方小麦生育后期，高温干旱胁迫条件下，穗、穗下节间、叶鞘等非叶绿色器官的光合作用对于补偿叶片功能衰减，维持整株光合生产的作用不容忽视。在小麦高产抗逆育种和栽培实践中，应注意利用和发挥非叶器官的光合耐逆机能。

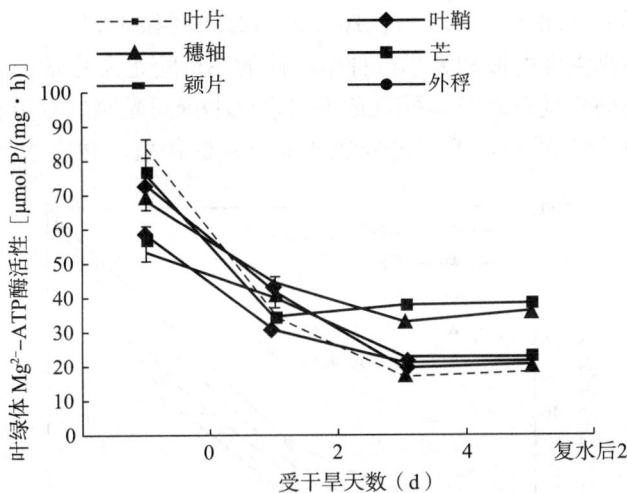

图5-8　干旱胁迫对叶绿体 Mg^{2-}-ATP 酶活性的影响
（中国农业大学，2004）

（三）小麦群体的光合作用

1. 小麦群体的光截获和光分布特性　小麦群体的光截获量和光分布特性与行距配置和密度密切相关。表5-5是河北省常见的 3 种行距配置条件下，不同密度（基本苗）处理小麦抽穗后距地面不同高度的透光率。不论何种行距配置，基本上都是随密度增大透光率降低；不同行距配置比较，基本上以 15cm 等行距的最小。实际上，"16.7＋16.7＋26.6"cm 宽窄行（即生产上所说"三密一稀"）的平均行距也是 20cm，其宽行中的透光率大于 20cm 等行距的，而窄行中的透光率小于 20cm 等行距的，因此"三密一稀"的平均透光率与 20cm 等行距的相比，在不同时期各有高低。

表5-5　不同行距配置和密度下小麦开花以后各冠层高度的透光率（%）

（河北农业大学，2007）

生育时期	距地面高度(cm)	15cm 等行距				16.7＋16.7＋26.6cm				20cm 等行距			
		180	300	420	540	180	300	420	540	180	300	420	540*
开花期	0	2.1	2.1	2.1	1.9	3.4	2.3	2.7	2.5	3.2	2.8	2.3	2.3
	20	5.0	4.5	3.8	2.8	6.2	5.5	4.9	4.7	6.6	5.2	4.5	4.3
	40	21.0	17.5	14.5	12.7	20.8	15.4	15.3	17.0	17.7	18.8	17.5	13.4
	60	56.6	50.4	42.0	34.9	57.3	53.3	51.6	43.6	55.2	51.3	47.1	39.3
开花后20d	0	2.1	2.9	1.9	2.1	2.9	3.1	3.1	2.1	2.7	3.1	3.1	3.3
	20	4.5	5.2	3.0	3.8	5.4	4.8	6.0		4.2	6.4	5.4	6.0
	40	16.0	14.8	14.3	14.7	18.1	18.9	26.7	12.3	17.3	22.8	20.7	18.3
	60	66.2	62.5	59.0	53.5	61.7	62.4	58.3	46.6	64.6	57.0	54.6	54.0

* 　该行数字为密度（基本苗），单位为万/hm²。

　　高产小麦抽穗至成熟期，群体内距地面0、20、40和60cm高度的光强，分别是自然光强的3.2%～8.7%、6.4%～15.7%、16.3%～27.8%和44.5%～64.3%，即表现上强下弱的分布特征，在高密度群体和大小行种植群体的小行间尤为明显。与等行距的均匀群体相比，大小行距种植同样具有改善大行间光照和恶化小行间光照的双重特性（图5-9）。因此，为改善群体光照分布质量，不能过分强调窄行密株种植，并应适当控制播种量。

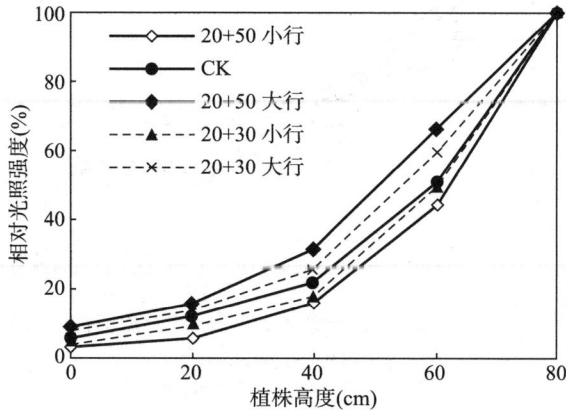

图5-9　不同种植形式各层次的相对光照强度

（山东农业大学，2003）

　　2. 小麦的群体光合速率　冬小麦春季的群体光合速率，从起身至蜡熟期间为单峰曲线。其中在开花期群体光合速率达到最大值（图5-10），与该时期 LAI 较高，以及在北方地区该期的温度适宜光合作用有关。春季早期群体光合速率低，是因为温度较低和 LAI 低；而灌浆期群体光合速率下降，是由于叶片衰老比例增加、LAI 降低、叶片整体光合功能衰退和温度过高共同作用的结果。

　　小麦的群体光合速率也受密度、施肥等栽培措施的影响。不同基本苗的小麦高产群体，在籽粒灌浆期间表现为随基本苗增多和密度增大，群体光合速率降低，与小麦产量随密度的增加而降低的结果一致。因此，小麦生育后期具有较高的群体光合速率是高产的基础。不同基本苗小麦群体灌浆期间群体内单茎光合速率也表现为与上述相同的趋势。叶片形态特征不同的小麦品种，密度对群体光合速率的调控效应也有所不同。据山东农业大学（2000）研究，叶片较宽而披叶的鲁麦 11 随密度增加群体光合速率的降低幅度，大于叶片较小而挺立的鲁麦 5 号。

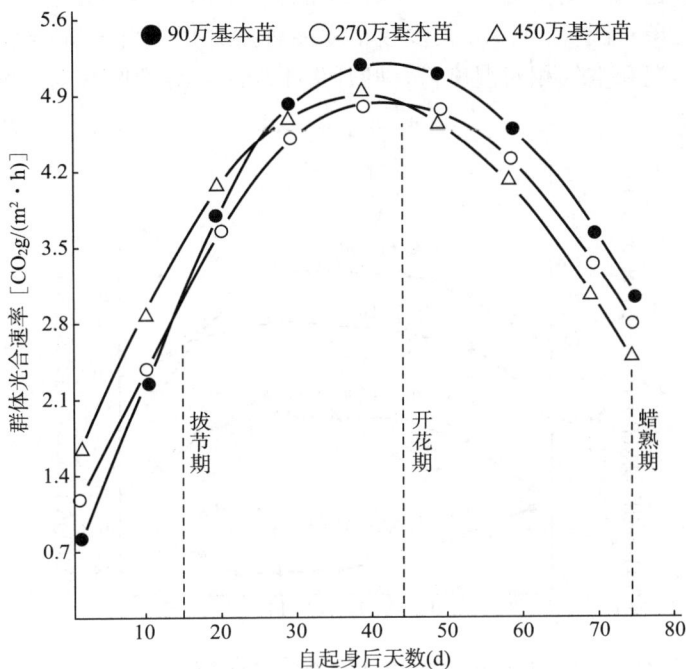

图 5 - 10　小麦生育期间群体光合速率的变化
（山东农业大学，1988）

　　施氮量对春季生育期间冬小麦群体光合速率的动态变化特征也有较大影响。首先表现为生育期间群体光合速率达到的峰值高低和出现峰值的时间不同，施氮量最高（N 375kg/hm²）的处理在孕穗期达到高峰，而其他处理一般在开花期。其次，群体光合速率高峰期持续时间也有差异，施氮量最高的处理峰值维持时间较短，而中等施氮量的处理维持时间较长（南京农业大学，1999）。因此，在小麦生产中应采用适宜的供氮量。

二、小麦光合作用的日进程

（一）单叶光合作用的日变化特点

1. 光合速率和量子效率的日变化　小麦各叶位叶片光合速率的日变化呈峰型曲线，但曲线形状因生育时期及由此造成的环境条件差异而不同。在日最高气温不高于光合作用最高温度的冬前，光合速率和蒸腾速率曲线均与日照强度和温度曲线的日变化基本同步，即以中午前后最高。在多云天气，光合速率和蒸腾速率主要随光强而变化，但在温度较低时也受温度的限制，而空气相对湿度和 CO_2 浓度处于较次要的地位。

在生育后期典型的强光、高温和叶片与大气之间高水汽压亏缺值条件下（图 5-11），上部叶片在一天中的光合速率为双峰曲线，即存在明显"午休"现象。在此条件下，表观量子效率在 16：00 以前与光合速率的变化基本一致，但以后至 17：00 仍不断增加，与光合速率在此期间迅速下降的特征不同。

小麦叶片光合速率的日变化特征在品种间存在差异。在同样高温强光条件下，不同小麦品种旗叶净光合速率日变化差别很大，有的品种"午休"现象明显，有的基本没有或完全没有"午休"现象（图 5-12）。大多数小麦品种生育后期叶片光合作用的"午休"现象，主要是由于高温和空气相对湿度低，叶片失水较多，导致叶片与空气之间水蒸气亏缺值增大所致。

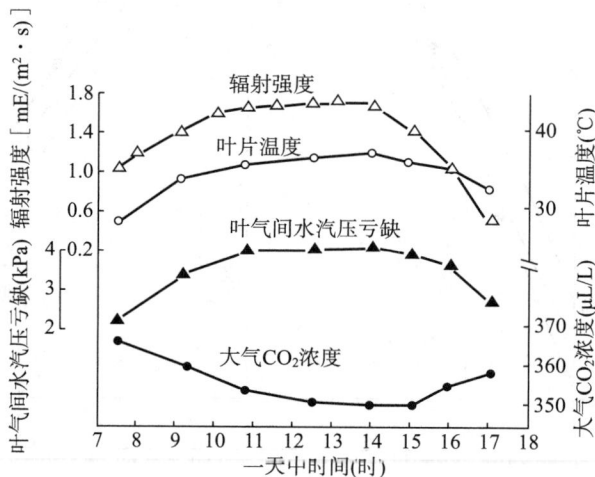

图 5-11　小麦生育后期影响光合速率的环境条件的日变化

（山东农业大学，山东泰安，1996）

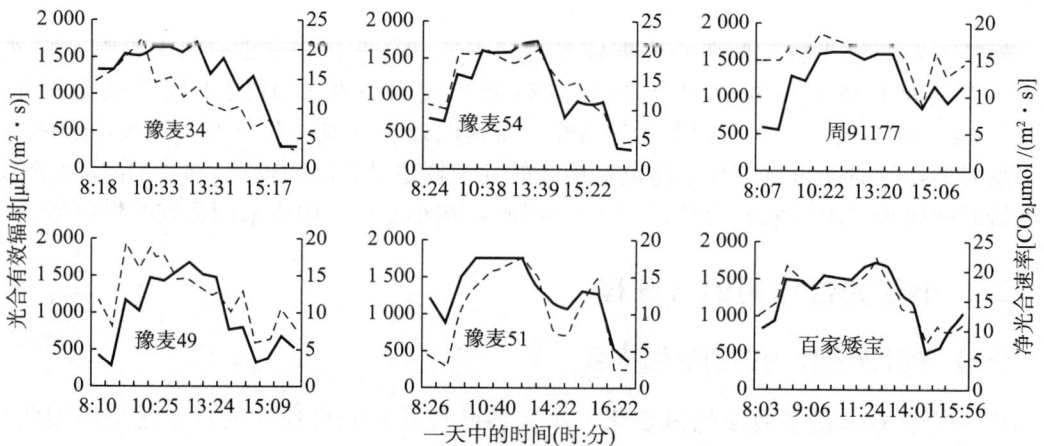

图 5-12　小麦旗叶光合速率和光合有效辐射的日变化

（河南职业技术师范学院，2002）

注：图中实线为光合有效辐射（PAR），虚线为净光合速率

关于小麦光合作用"午休"现象的原因有很多分析，但总的看，小麦不同品种不同时期叶片光合作用对生态条件的反应及生态条件的变化是主因。在冬前，尤其是进入暮秋或初冬以后，日照强度和温度较低，中午的光强和温度相对适应光合作用的要求，因此冬前叶片中午光合速率反而较高而不表现"午休"，即一天中的光合速率及其他光合参数是以中午为高峰的单峰曲线。5～6 月的中午强光、高温、低湿度经常相伴，叶片因不适应这种生态条件而表现中午光合速率降低，即"午休"现象。但有些品种对强光、高温、低湿度的适应性较强，中午的强光、高温和低湿度对其光合作用的影响较小，因此中午光合速率较高而不表现"午休"或"午休"现象较轻。而大部分小麦品种不耐高温，夏日中午的高温加上低的空气湿度，使光合速率明显降低而表现"午休"现象。因此，小麦光合作用的"午休"现象是其对生态条件变化的一种光合生理上的反应，光合作用的日变化类型及"午休"现象是一种生态生理现象。

2. 小麦叶片其他光合作用参数的日变化及其相互关系　与光合速率日变化同步，其他光合参数在一天中也呈现规律性变化。小麦旗叶的 PSⅡ光化学效率（F_v/F_m）和最大荧光（F_m）的变化呈 V 形特征，即上午不断下降，午后又回升（山东农业大学，1996）。但也有研究发现 F_v/F_m 和 F_m 的日变化呈 M 形，即上午不断提高，到接近中午时下降，午后再次回升至一个小峰值后又再次下降（太原师范学院，2010）。无论哪种类型，这些叶绿体荧光参数在午间的降低，是叶片在午间发生光合作用光抑制的重要原因之一。在该种条件下，从早晨到接近中午，在光合速率持续降低的同时，气孔导度和胞间 CO_2 浓度也同步下降，气孔限制值增大，表明这一时段光合速率的下降主要是气孔因素所致。近中午以后直至 14：00，光合速率和气孔导度继续下降，但胞间 CO_2 浓度却有所增加，气孔限制值下降，说明非气孔因素是光合速率下降的主要原因。因此，在强光、高温和高水蒸气亏缺值天气条件下，非气孔因素是小麦叶片出现严重光合午休现象的重要原因。

（二）群体光合速率的日变化特点

小麦群体光合速率的日变化，一般表现为以中午为顶点的单峰曲线特征。这种趋势与施氮水平（图 5-13）等栽培管理措施无关，但不施氮处理一天中的群体光合速率一般都低于施氮处理。生育后期的小麦群体光合速率日变化特征，除受一天内辐射强度的影响

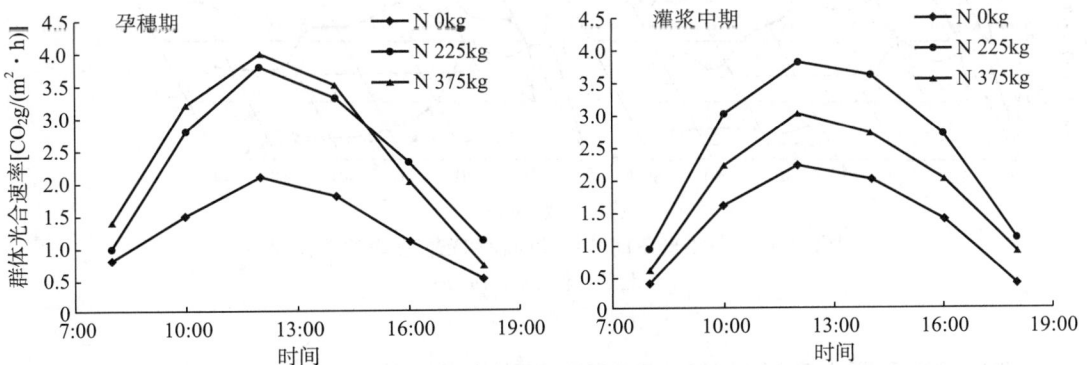

图 5-13　不同施氮量处理的群体光合速率日变化

（南京农业大学，1999）

外，还与因太阳角度变化导致群体内光分布特征的改变有关。

三、小麦光合作用在生育期间的变化

冬小麦冬前阶段和春季的光合作用变化规律不同。冬前阶段光合作用既受到生育进程的调控，也受气温下降的影响。春季光合作用的变化趋势则主要受生育进程的调控，但天气阴晴变化造成的太阳辐射强度的变化、春季升温及后期高温等温度变化，以及其他生态因素，也在一定程度上影响生育期间的光合作用。

（一）冬小麦冬前阶段光合性能的变化

冬小麦冬前各叶位叶片的光合速率变化趋势基本一致，都是在叶片展开后达到最大，维持一段时间后开始下降（图5-14）。冬前初次剧烈降温（1992年11月24日平均气温0.8℃，最低气温-4℃）对叶片光合作用有较大影响，使出苗后45d（11月27日）测定的各叶片光合速率出现低谷。以后随气温平稳，光合速率仍有回升，但以高位叶回升较明显。而低位叶片，尤其是开始衰老的第1叶光合速率的下降呈明显的不可逆性。这表明，冬前叶片光合速率的高低主要受气温影响，但因生育进程等因素影响已趋衰老的叶片，即使温度回升，光合功能也难以恢复。

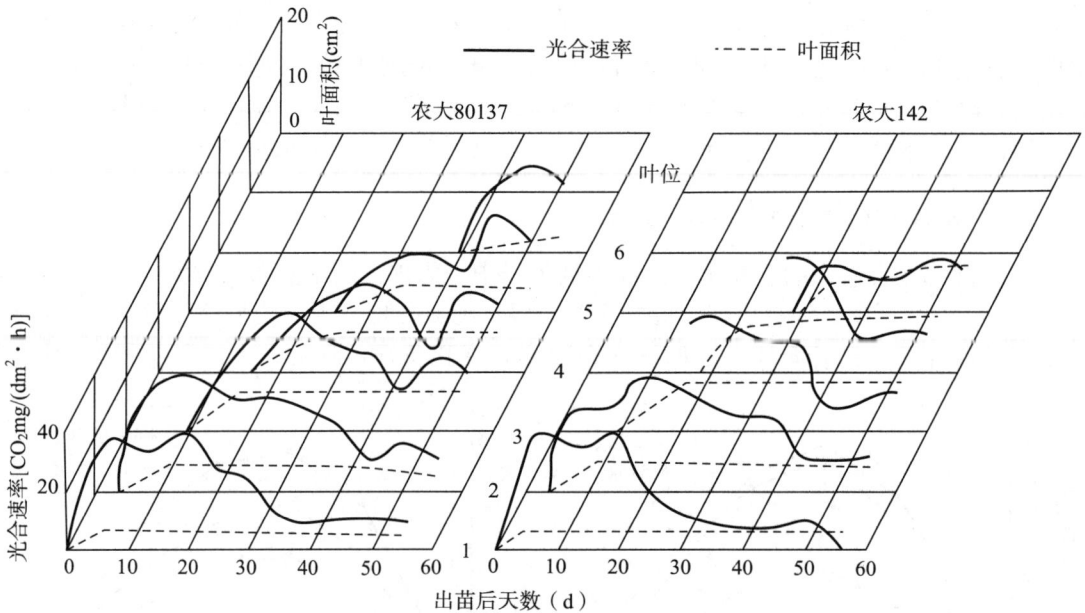

图5-14 冬小麦冬前叶片叶面积和光合速率的消长动态
（北京农业大学，1992）

（二）春季不同生育时期光合速率和有关光合参数的变化

春季生育期间，冬小麦上部功能叶的光合速率和气孔导度随生育进程不断下降，到成熟期已降到很低，气孔几乎关闭。而胞间 CO_2 浓度在灌浆期以前逐渐降低，灌浆期之后表现升高趋势。说明冬小麦春季不同生育时期叶片光合作用的限制因素不同，灌浆期以前主要受气孔限制，灌浆期以后的光合速率下降是非气孔因素造成的。生育后期不同叶位的净光合速率均表现为旗叶＞倒 2 叶＞倒 3 叶，而胞间 CO_2 浓度则表现相反的趋势（图 5 - 15）。

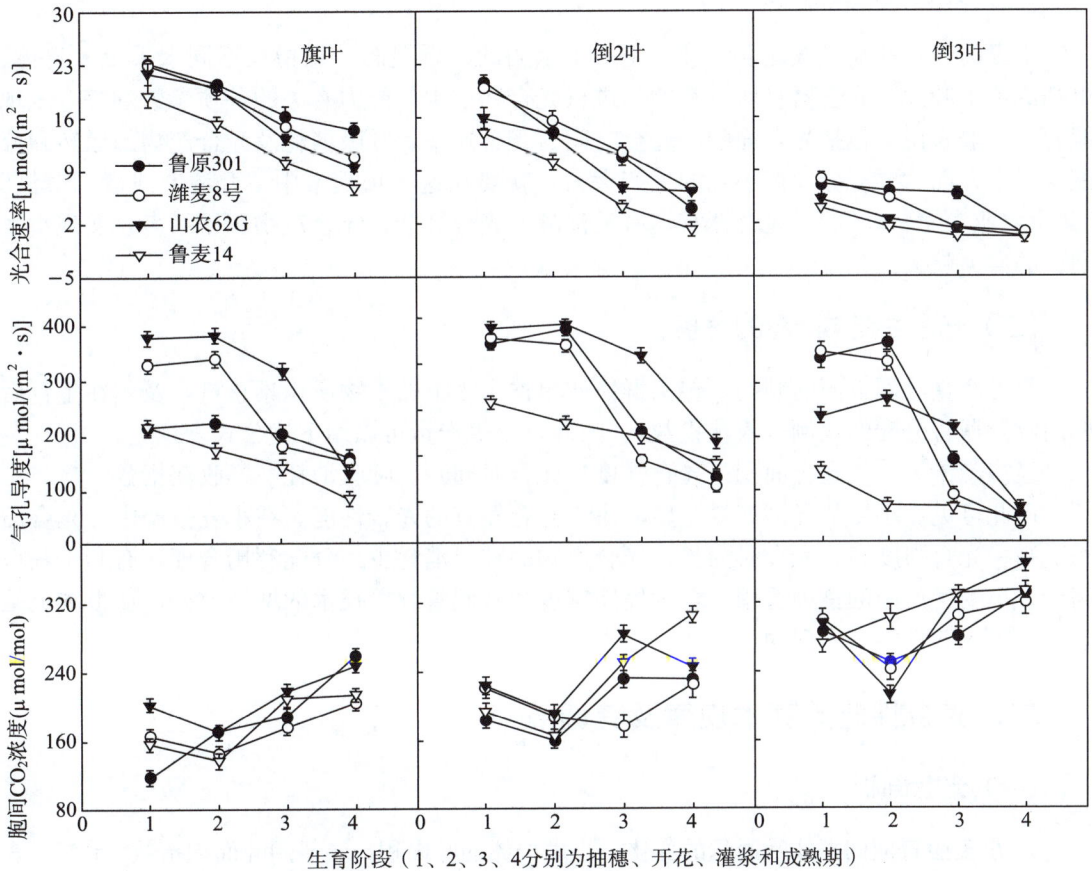

生育阶段（1、2、3、4分别为抽穗、开花、灌浆和成熟期）

图 5 - 15　4 个小麦品种春季主要生育阶段植株上部叶光合速率、气孔导度和胞间 CO_2 浓度的变化

（山东农业大学，2005）

　　叶绿素含量表示叶片进行光合作用的潜力，尤其是在高产条件下施氮较多、群体稠密遮阴的情况下更是如此。从抽穗期至开花期（或灌浆期），植株上部 3 片功能叶的叶绿素含量缓慢提高，而此后则快速下降。产量潜力不同的小麦品种，叶片叶绿素含量达到最大值的时期不同，产量潜力较小的品种植株上部叶的叶绿素降解较早，而具有超高产潜力的品种在抽穗期、开花期、灌浆期和成熟期的叶绿素含量均较高。因此，植株上部叶有效光合时间和光合功能持续期长，能够吸收较多的光能和制造较多光合产物的品种，有利于籽粒充实和粒重提高。

第二节　小麦的光合性能

一、光合性能的概念及其与产量的关系

（一）光合性能的概念

小麦的光合性能（或光合特性）是一个全面的综合概念，意指在不同水平上（群体、单株或单个叶片）光合器官所具有的与进行光合物质生产能力有关的各项参数的综合表现能力。一般来说，包括光合面积、光合时间、光合速率、呼吸消耗及光合产物的运转和分配这5个方面。要充分发挥小麦的生产潜力，就要在这5项因素中"开源"或者"节流"（北京农业大学，1992）。光合器官具有较优越的光合性能，光合产物积累量多，实现小麦高产的潜力就大。

（二）光合性能与产量的关系

小麦产量受两方面的制约，包括群体或单株水平上的干物质积累总量，及其在生育后期向收获器官分配的比例（收获指数）。因此，小麦产量可以用下述公式表达：

经济产量＝［（光合面积×光合强度×光合时间）－呼吸消耗］×收获指数

由此可见，小麦的经济产量主要取决于光合器官的光合性能。在小麦生产中，光合面积适当、光合强度高、光合时间长、光合产物的呼吸消耗少、分配利用合理，有利于获得高产。小麦生产中的良种选用、合理播期密度和水肥管理等技术的增产效果，从根本上是通过改善光合性能来实现的。

二、光合性能的基本规律及其调节

（一）光合面积

1. 小麦生育期间群体叶面积的变化　小麦群体的叶面积，一般用叶面积指数（LAI）表示。华北平原高产冬小麦一生中的 LAI 动态大致是：小麦出苗后至入冬（约出苗后 0～60d），随生育进程缓慢增加，以后至翌春依所在地区的冬季温度不同，LAI 大致表现为保持稳定、有所增加（偏低纬度）或有所下降（偏高纬度）等不同特征。返青后随着春季温度升高，LAI 迅速增大，在挑旗期达到全生育期最大值。以后至成熟由于叶片由下向上衰老、黄化，LAI 处于快速减小的过程。

各生育时期具有适宜的 LAI，是在群体水平上改善光能截获和利用效率的重要因素。因此，为实现小麦高产，应通过采用适宜的播期、密度和水肥管理等调控措施，实现各生育时期适宜的群体和个体叶面积指数值。通常，在产量形成的生育中后期，使 LAI 达到 6～8，且灌浆期间下降缓慢，维持较长时间的 LAI 高值，是实现小麦高产和超高产的重要生理基础之一。

绿色叶片的大小、分布状况及延续时间长短，直接影响光合产量的高低。其中，单茎绿叶面积的消长动态及其分布是反映群体质量的重要指标。从温麦 6 号产量 9 000kg/hm² 以上

的麦田和鲁麦 22 产量 7 500kg/hm² 麦田的叶面积消长及垂直分布动态可见（表 5-6），虽然不同产量水平下群体内的单茎绿叶面积消长总趋势相同，但各生育阶段的扩展速率差异较大。尽管单茎绿叶面积平均扩展速率受群体中无效分蘖消长早晚的制约，难以反映有效而真实的扩展速率，但温麦 6 号单茎绿叶面积的平稳增长，一定程度上反映了 9 000kg/hm² 以上麦田的个体和群体叶面积变化特征。具有 9 000kg/hm² 以上潜力的温麦 6 号的适宜 LAI，在开花后 15d 之前均高于 7 500kg/hm² 的麦田，其中起身期达到 4，挑旗期最高值突破 8，开花及花后 15d 分别保持在 5.87 和 4.92，具有从起身到拔节期间增长缓慢的特点。产量潜力相对较小的鲁麦 22 在开花后 15d 之前各期 LAI 远低于上述指标，尽管后期下降缓慢，但因整个生育期 LAI 低而导致产量相对较低。因而，在小麦栽培中，在重视调控后期叶面积的同时，也应调控前期使之具有足够的叶面积。

不同产量水平麦田 LAI 的差异，在不同地区既有共性，又有一定地区特点。在越冬期温度较低，冬前叶片一般受冻害死亡较明显的河北省，无论播种期早晚及冬前 LAI 大小，在经过漫长越冬期以后的起身期，7 500kg/hm² 左右产量水平的不同品种、不同栽培措施的麦田，LAI 的差异非常小。达到最大 LAI 的孕穗—抽穗期的叶面积指数在 6～7，平均为 6.51，且开花以后下降较慢，是这一产量水平麦田的共同特征（表 5-7）。

表 5-6　不同产量水平的小麦品种单茎和群体叶面积的变化动态

（山东农业大学等，1998）

项目	品种	越冬期	起身期	拔节期	挑旗期	开花期	花后 15d	花后 25d
叶面积	温麦 6 号	9.82	42.40	43.51	112.38	93.38	78.21	28.76
（cm²/茎）	鲁麦 22	8.18	14.44	56.00	131.24	121.11	97.37	70.87
叶面积指数	温麦 6 号	0.82	4.09	4.39	8.06	5.87	4.92	1.81
	鲁麦 22	0.47	1.45	3.14	5.90	4.41	3.55	2.52

表 5-7　7 500kg/hm² 产量水平麦田不同生育时期 LAI 的变化动态

（河北农业大学，1997）

品种	播种期（月/日）	冬前	起身	拔节	孕穗—抽穗	开花后天数（d）		
						0	10	20
冀麦 24	10/05	1.80	0.93	4.95	6.70	6.05	5.45	3.85
冀麦 24	10/17	0.42	1.00	3.34	6.81	4.73	3.68	2.30
河农 859	10/11	0.76	1.02	5.10	6.03	4.48	3.30	2.34
平均值		0.99	0.98	4.46	6.51	5.09	4.14	2.83

与 7 500kg/hm² 产量水平相比，9 000kg/hm² 产量水平麦田的 LAI（表 5-8），在整个生育期均维持更高水平。不同品种冬前 LAI 的差别不大，春季增长较快。起身期不同品种 LAI 的变异系数达 36.8%，与不同品种越冬期间叶片死亡情况不同及春季开始生长的差异有关。最高 LAI 达 7 或 8 以上，出现在孕穗至开花之间。开花以后大部分品种 LAI 下降较慢，开花后 30d 仍然较大（>1）但特麦 1 号开花后 LAI 下降较快，开花后 30d 近为零，其产量也低于其他品种。可见，开花后维持较高 LAI，形成较大的光合势，

是实现 9 000kg/hm² 产量水平的必要条件。

表 5-8　9 000kg/hm² 产量水平麦田不同生育时期 LAI 的变化动态
（河北农业大学，2007）

收获年份	品种	越冬期	起身期	拔节期	孕穗期	开花期	开花后天数（d）		
							10	20	30
2005	石麦 12	2.08	1.08	5.79	7.00	6.94	6.88	4.87	2.49
	冀丰 703	2.63	2.04	5.91	8.79	7.19	6.89	5.23	1.74
	石新 828	2.47	2.58	5.23	7.87	6.71	5.98	5.39	1.84
2006	石麦 12	2.12	2.05	5.03	7.89	7.51	5.29	3.65	1.10
	特麦 1 号	2.44	1.40	6.31	7.85	7.58	6.29	4.18	0.09
平均值		2.35	1.83	5.65	7.88	7.18	6.26	4.66	1.45

　　春季播种的春小麦，从出苗到分蘖末期，LAI 增长缓慢，分蘖末期至拔节盛期迅速增长。如以最优栽培技术组合栽培的 2 个品种分别于出苗后 55d 和 51d（孕穗期）达到最大值 6.48 和 6.86，之后又开始缓慢下降，直至成熟期（图 5-16）。

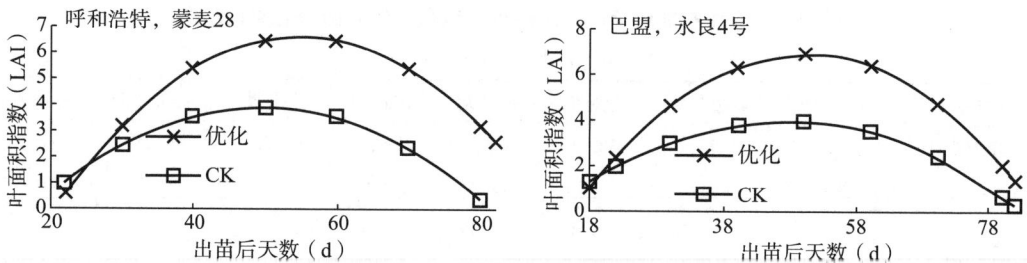

图 5-16　春小麦不同生育时期的 LAI
（内蒙古农牧大学等，2003）

　　2. 小麦叶面积的管理措施调控　小麦生育期间的群体叶面积大小和动态变化，受品种和施肥、水分等管理措施的调控。扬州大学（2002）通过不同基肥量、灌水时期及镇压、中耕等措施，在拔节期形成偏旺、适中和弱小三类群体。在此基础上拔节期追施相同量氮肥后，不同群体类型的 LAI 均表现为大群体＞中群体＞小群体，大群体的部分处理出现群体郁蔽现象，对群体内部通风透光和抗倒伏性能有负面影响。在同一群体类型中，随拔节期施氮量增加 LAI 增大，其下降速度也加快。大群体高氮处理 LAI 虽然较大，但单茎绿叶数明显少于其他处理；小群体的施氮量增加有利于增大 LAI，减慢其在生育后期的下降速率。

　　不同行距配置与密度的组合对 LAI 有很大影响。在每公顷基本苗 180 万、300 万和 420 万的密度下，15cm 等行距的 LAI 在各生育时期基本上都高于"16.7＋16.7＋26.6"cm 宽窄行距的，而后者又高于 20cm 等行距的，但在生育后期则是 15cm 等行距的 LAI 下降略快。这显然是由于早期窄行距群体叶面积增长迅速，叶面积大，中期又因植株分布均匀叶片保持较多，因而叶面积大。但在高密度下窄行距群体内个体间矛盾突出，因此后期下降迅速（河北农业大学，2008）。

不同播种期和密度处理对 LAI 的影响，在不同生育时期的表现不同。一般情况下，越冬前 LAI 随密度的增加而增大，随播种期推迟而减小。但自起身期开始，不同播种期条件下 LAI 随密度增加的变化趋势有所不同。如图 5-17 所示，10 月 7 日播种的，从起身期开始最大密度的 LAI 增长减慢，2 个中等密度的 LAI 升至最高，这种情况一直延续到灌浆期。10 月 13 日播种的从起身期开始也逐渐出现这种趋势。而 10 月 19 日晚播的在整个生育期中，LAI 始终随密度的增加而增大。

（二）光合时间

1. 一天中的光合时间 影响小麦光合作用的因子包括 CO_2 浓度、温度、空气湿度和光照强度等。在大田条件下，上述因子中的光强起限制作用。小麦光合速率的单峰（温度较低季节）或双峰曲线（温度较高季节）变化特征，也主要取决于一天中光强的变化动态。小麦光合作用的光补偿点一般为 $20\sim40\mu E/(m^2 \cdot s)$（北京农业大学，1992）。因此，当晨曦使冠层上方光强达到光补偿点时，即为一天中光合作用的开始；当暮光的光强降至该光补偿点时，即为一天光合作用的结束。由于不同季节日照时间的变化不同，一天中光合作用时间的长短也存在差异。

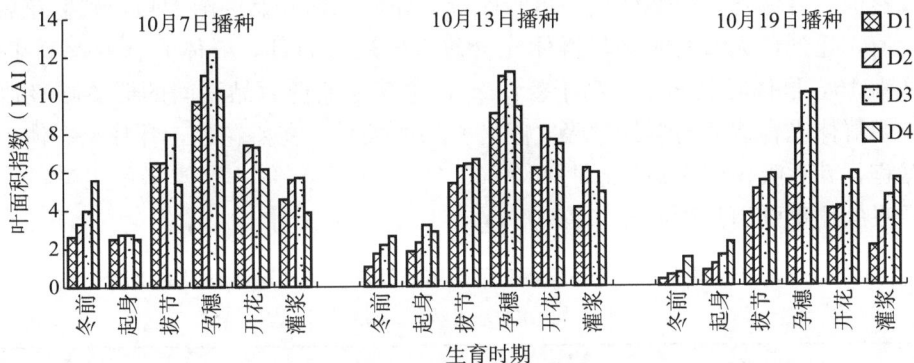

图 5-17 不同播期和密度组合各生育时期的 LAI

D1、D2、D3 和 D4 分别代表每公顷基本苗 180 万、300 万、420 万和 540 万的密度

（河北农业大学，2007）

2. 光合功能高值持续期 在小麦上，由叶片全展至光合速率降至叶片全展时的一半所持续的时间，称为光合速率高值持续期。与叶片一生中的叶源量和光合碳同化能力显著相关。因此，可以用该参数表示叶片一生中整体光合碳同化能力的高低。

（三）光合能力

1. 光合势和净同化率 光合势是某一时段或全生育期单位土地面积上的叶面积逐日累积值，净同化率是单位面积叶片在某一时段的日同化产物的量。这 2 个参数反映了小麦群体的光合潜力，是衡量群体物质生产能力的重要指标。在群体水平上，光合势与净同化率呈负相关。如随拔节期施氮量增加，拔节前分别属于大、中、小群体的小麦拔节后各阶段的光合势均增大，净同化率却表现为拔节至抽穗随施氮量变化不大，抽穗至成熟随施氮量增加而下降（扬州大学，2002）。因此，抽穗后光合势应适宜，高光合势和净同化率协调统一，是高质量小麦群体的重要标志。

2. 叶源量 小麦叶片一生中的光合产物形成能力，受光合时间、光合面积和光合速率等多个参数的综合制约。因此，用单一参数不能反映叶片的整体功能。叶源量（LSC）是指单叶一生中同化的 CO_2 总量，能较全面反映叶片一生中的整体光合能力（南京农业大学，1997）。一般情况下，小麦旗叶叶源量与千粒重呈显著正相关，表明叶源量可以作为评价旗叶光合能力的指标，也可以作为指导小麦高光效育种和高产措施调控的参考指标。

据南京农业大学（1997）研究，某一生育阶段的群体叶源量，可以依据小麦群体光合速率的连续定期测定计算。群体叶源量能准确地反映群体物质积累能力的强弱，小麦生育中后期具有较高的群体叶源量是高产的基础，也是生产中调控措施的重要依据。

（四）光合产物的消耗

小麦光合产物的消耗，主要是由呼吸作用造成的。据山东农业大学研究，高产冬小麦孕穗至成熟前，群体呼吸速率变化呈单峰曲线，即孕穗期开始逐渐增强，到盛花后1周左右达最大值，达到最大值的时间较群体光合速率推迟。而且，群体光合速率高于鲁麦22的品种济南16，群体呼吸速率也高于鲁麦22，尤其是抽穗后品种间的群体呼吸速率差异显著，表明群体光合能力与群体呼吸之间有密切的关系。在盛花期，叶片是群体中最主要的呼吸器官，其呼吸作用占冠层总呼吸的 $65.38\%\sim69.04\%$，而穗部和茎鞘呼吸占群体冠层总呼吸的比重则因品种而异（表5-9）。

表5-9 盛花期小麦不同器官呼吸速率及其占整个冠层呼吸的比重

（山东农业大学，2000）

品种	项目	整个冠层	穗部	叶片	茎鞘
鲁麦22	呼吸速率 $[\mu mol/(m^2 \cdot s)]$	19.53	3.02	12.79	3.72
	所占比重（%）	100	15.38	65.38	19.23
济南16	呼吸速率 $[\mu mol/(m^2 \cdot s)]$	24.13	6.17	16.63	1.13
	所占比重（%）	100	26.20	69.04	4.76

光呼吸是光合器官在光照下伴随光合作用发生的 CO_2 释放过程。小麦旗叶的光呼吸在晴天中午明显增强，表现为与光合速率相似的日变化特征。光呼吸速率相对于净光合速率的比例则多在光合午休最严重的中午达到最大，这说明中午前后光呼吸速率的增强降低了净光合作用。光呼吸中午增强，不但降低净光合速率，也影响光合效率。

尽管已有不少学者尝试降低或抑制光呼吸，以实现叶片光合碳同化能力的提高，但至今未取得理想的结果。随着近年来发现光呼吸具有在高光强下保护叶片光合机构、促进体内部分必需氨基酸合成代谢等积极作用，有关小麦光呼吸的生物学作用还需要做进一步探讨。

(五) 光合产物的积累运输与分配

1. 干物质积累规律 冬小麦个体和群体水平的干物质积累在全生育期的变化，均呈 S 形曲线。起身期以前积累较慢，而且不同年份、不同播种期、不同密度的群体之间差异大。而拔节以后干物质迅速积累，同一年份不同措施处理之间的差异也逐渐缩小。到成熟期，不同年份产量水平为 7 500kg/hm² 的冬小麦干物质积累量在 15 018～21 672kg/hm² 之间，产量水平 9 000kg/hm² 的冬小麦干物质积累量在 17 466～24 062kg/hm² 之间 (表 5 - 10)。

表 5 - 10 不同产量水平冬小麦不同生育时期的干物质积累量（kg/hm²）

(河北农业大学，1986—2006 资料综合)

产量水平 (kg/hm²)	干物质积累量 (kg/hm²)						经济系数
	冬前	起身	拔节	挑旗或抽穗	开花	成熟	
7 500～7 863	183～2 853	398～2 985	2 099～5 526	7 388～12 995	9 363～16 164	15 018～21 672	0.408～0.448
9 108～9 568	1 256～2 511	1 139～3 290	3 821～6 167	8 426～12 066	11 075～17 000	17 466～24 062	0.402～0.486

不同产量水平小麦的个体和群体干物质积累规律也有所不同。从单茎干物质积累量看，产量为 9 000kg/hm² 与 7 500kg/hm² 的同一品种温麦 6 号的群体干重在孕穗期、抽穗期、成熟期有所差异，且在孕穗期 9 000kg/hm² 的高于 7 500kg/hm² 的。各生育时期两种产量水平的群体干物重差异较大，而且从孕穗期到成熟期差异逐渐加大 (表 5 - 11)。

表 5 - 11 产量为 9 000kg/hm² 与 7 500kg/hm² 的温麦 6 号单茎和群体干物质积累量

(河南省农业科学院小麦研究所，河南多点综合，1998)

产量 (kg/hm²)	孕穗期干物质积累量		抽穗期干物质积累量		成熟期干物质积累量	
	单株 (g)	群体 (kg/hm²)	单株 (g)	群体 (kg/hm²)	单株 (g)	群体 (kg/hm²)
9 187.5	1.424	11 870.9	2.123	16 234.5	3.08	23 377.5
7 518.0	1.532	9 421.8	2.090	12 697.5	3.04	18 103.5

栽培措施对冬小麦的干物质积累量有重要影响。氮素施用时期和施用量不同，生育期间干物质的积累量也有显著差异。在拔节期，100%氮肥底施的干物质积累量明显高于氮肥底追分次施用的 (表 5 - 12)。在该项研究中，越冬到拔节期干物质日积累量与底施氮肥比例呈正相关 (r=0.922 9)，而拔节期以后的干物质日积累量则随追施氮肥比例增加而增多。灌浆期间干物质日积累量下降，100%底施的干物质积累量及日积累量明显低于较大比例追施的，其干物质积累量也处于较低水平。开花期叶面喷施氮肥，明显促进灌浆期植株干物质的积累。

春小麦生育期间的群体干物质积累量也呈 S 形曲线 (内蒙古农业大学，2003)。大体分为 3 个阶段：第一阶段为指数增长期，主要增重器官是叶片和茎鞘；第二阶段为直线增长期，干物质增长速度快；第三阶段是缓慢增长期，干物质积累速率下降，主要增重器官是籽粒。在适宜种植密度下氮、磷、钾肥配合施用的优化组合，群体干物质积累量和积累速率明显高于不施肥的对照。生育期间的群体干物质积累速率则呈单峰曲线变化，生育后期较高的干物质积累速率，与生育后期群体干物质积累总量增多密切相关。

表5-12　不同施氮处理小麦植株地上部干物质积累量（mg/株）的动态变化

（河南师范大学，2002）

生育时期	N1	N2	N3	N4	N5	N6
三叶期	0.055a	0.056a	0.056a	0.055a	0.055a	0.055a
越冬期	1.620a	1.354b	1.229b	1.164b	1.143b	1.121b
拔节期	3.711a	3.271b	3.016b	2.767a	2.839a	2.875a
抽穗期	7.303a	7.673a	7.744a	7.634a	7.649a	8.155a
灌浆初期	8.910a	9.361a	9.422a	9.271a	9.438a	9.788a
黄熟期	10.494a	10.948a	11.203a	11.596a	11.552a	12.027a

注：数字后的不同字母是同一生育时期不同处理的差异显著性标志。6种氮肥处理为：N1：底肥100%；N2：底肥80%，药隔期追施20%；N3：底肥60%，药隔期追施40%；N4：底肥40%，药隔期追施60%；N5：底肥60%，药隔期追施35%，扬花期叶面喷施5%；N6：底肥40%，冬前追施20%，药隔期追施35%，扬花期喷施5%。

2. 干物质运输分配及其调节　小麦籽粒灌浆的光合产物来源于三部分：一是开花后由叶片合成直接运输到籽粒的光合产物；二是开花后由非叶片绿色器官合成直接运输到籽粒的光合产物；三是开花前合成后临时储存于茎鞘等器官中的光合产物再分配转移到籽粒中的部分。其中，前两部分光合产物称为即时光合产物，后一部分则是储存光合产物的再分配。小麦开花前储存的同化物再分配在籽粒形成中的作用，不同学者的研究数据差异很大，其占比范围可以达到粒重的10%～45%，具体比例大小与栽培生态条件和产量水平有很大关系。一般来说，在条件较优越的高产栽培条件下，开花前的储藏同化物再分配在籽粒形成中所起的作用较小。而在水肥不足等低产条件下，同化物再分配在籽粒形成中所起的作用较大，这可以在一定程度上弥补这种生产条件下开花后光合产物生产不足对产量的影响。据西北农林科技大学研究，地膜覆盖的旱地小麦生物产量比不覆膜的多，产量也比不覆膜的高，但开花前后营养器官储存的同化物运转量都比对照的少，开花前同化物运转率和对籽粒的贡献率也比对照的小，说明籽粒的同化物主要来源是开花后的光合产物（表5-13）。

表5-13　地膜覆盖对小麦开花前后同化物运转的影响

（西北农林科技大学，2005）

品种	处理	花前同化物			花后同化物			生物产量 (kg/hm²)	籽粒产量 (kg/hm²)
		运转量 (mg/茎)	运转率 (%)	贡献率 (%)	运转量 (mg/茎)	运转率 (%)	贡献率 (%)		
西农4504	覆膜	292	22.5	26.6	288	61.8	73.4	10 519.1a	5 041.6a
	对照	731	28.8	37.1	564	48.9	63.0	8 081.0b	3 922.0b
小偃21	覆膜	690	32.7	46.3	1 151	37.9	53.7	9 219.2a	4 909.3a
	对照	779	44.6	57.2	2 212	33.4	42.8	6 314.1b	3 409.1b

注：数字后的不同字母表示不同处理间的差异显著。

除较强的源能力以外，较强的流有利于光合产物向籽粒的运转和分配，进而有利于高产。蔗糖合成酶在调控光合产物运转分配中具有重要作用。增施氮肥可以增强蔗糖合成酶活性，促进旗叶（源）内的同化物向蔗糖合成转化。从挑旗至成熟期，每公顷施氮（N）330kg 和 270kg 的小麦旗叶蔗糖含量高于施氮（N）210kg 的处理。但与此同时，挑旗到成熟期茎秆的蔗糖含量也随施氮量增加而提高。这表明，增加施氮量促进叶片和茎秆蔗糖积累的同时，也增加了成熟期茎秆中蔗糖的滞留量，降低了向籽粒的转运效率（山东农业大学，2002）。

施钾，通过调控植株体内的蔗糖合成酶活性，对蔗糖合成和向籽粒中的转运也具有重要影响。与不施钾相比，施钾的小麦旗叶蔗糖合成酶活性增强，有利于提高小麦叶片的蔗糖合成能力，为淀粉积累提供更多的前体物质，并具有增强植株体内光合产物转运和分配能力的作用（山东农业大学，2003）。

三、光合性能在生产中的应用

光合作用的实质是将光能转化为化学能，提高小麦的光能利用率是实现小麦高产、优质和高效的前提。因此，由光合面积、光合时间、光合强度、呼吸作用消耗及光合产物的运转分配等共同决定的光合性能，在影响光合碳同化能力和群体干物质积累总量中起重要作用。

很多研究探讨过决定小麦光合性能的上述单项因子与干物质积累量及产量的关系。如就光合速率与干物质生产量及籽粒产量之间关系的研究，有成正相关、负相关、无相关等报道，说明了光合速率与产量之间关系的复杂性。近年来研究发现，按照传统习惯，于晴天上午在田间选择绿色叶片测定的"瞬时光合速率"，往往不足以代表作物和品种的光合特性，以"瞬时光合速率"为基础计算的光合作用与产量的关系，常会导致不正确的结论或模糊观点。因为光合作用是动态过程，除了光合速率之外，光合叶面积、光合功能期、光合功能衰退进程、光合产物呼吸消耗，以及光合产物在产量器官和非产量器官之间的分配等，都会影响农艺性状和产量构成因素。正是由于这些复杂关系，因此不能只用某些部位叶片的少数几次测定来推断光合速率与产量的关系（北京农业大学，1992）。在单叶水平上，南京农业大学（1997）提出用融合了光合速率、光合功能期和叶面积等因素，反映叶片一生中碳同化能力的"叶源量"概念，揭示小麦某一叶片的整体光合能力，并用叶源量值作为小麦生产中措施调控的参考指标。

1997 年，南京农业大学提出了小麦某一生育阶段群体光合碳同化总量——群体叶源量的概念，认为群体叶源量能准确反映某一阶段群体光合性能的整体水平。对群体叶源量和多个生长分析参数与群体干物重的相关分析发现，相对生长率、净同化率与群体干物重仅呈微弱正相关（r 分别为 0.041 和 0.192），说明这 2 个参数对群体干物重的影响很小。光合势与群体干物重呈显著正相关（$r = 0.628^*$），说明由叶面积大小和持续期长短决定的光合势在较大程度上决定群体干物重。而群体叶源量与群体干物重呈极显著正相关（$r = 0.974^{**}$），说明群体叶源量比有关群体生长参数能更准确地反映群体物质积累能力，更能作为表示群体物质生产力大小的可靠指标。

因此，在小麦生产实践中，应在建立合理群体结构的基础上，依据品种特性和预期高产目标，明确各生育阶段的群体、个体光合性能指标，由此采用适当的调控措施，使小麦群体光合性能、个体光合性能按预定路径实现。

第三节 小麦的群体结构及其调节

一、小麦的群体结构

（一）群体结构及其调节

1. 群体的概念及其与个体的关系　一般生产条件下的麦田是一个群体，同一群体内的各个个体，既相互独立，又密切联系、相互影响。由于许多个体聚积在一起，使群体内小环境中的温度、湿度、光照、通气等条件以及土壤理化特性，都发生了很大的变化。小环境的好坏，强烈地影响着个体的生长发育，反过来又影响群体的发展和质量。

2. 群体结构的内容和指标

（1）群体的大小　群体的大小是群体结构的主要内容，是分析群体结构、制定栽培措施，调节群体与个体关系的重要指标。冬小麦可分别在冬前、返青、起身、拔节、孕穗、灌浆几个时期测定群体大小；春小麦可分别在分蘖、拔节、挑旗（孕穗）、灌浆期进行测定。

①单位面积基本苗数。单位面积基本苗数是群体发展的起点，也是调节合理群体结构的基础，随自然条件、生产水平、品种特性、播种期和栽培方式而有很大变化，当前生产中一般为每公顷 120 万～300 万基本苗。

②单位面积总茎数。单位面积总茎数反映了从分蘖到抽穗各阶段麦田群体变化情况，是生产中采取控制或促进措施的主要依据。冬小麦包括冬前总茎数和春季最大总茎数，其中以冬前总茎数最为重要，因为冬前分蘖生长早，叶面积较大，根系发达，成穗率高，穗部性状也好。据黄淮冬麦区高产单位经验，高产田冬前单位面积总茎数为计划穗数的 1.2～1.5 倍，一般大田为 1.8～2.0 倍。春季最大总茎数是在小麦起身后拔节前调查的数值，高产田要求为计划穗数的 2 倍为宜。

③单位面积穗数。单位面积穗数是群体发展的最终表现，它既反映抽穗后群体的大小，又是产量的构成因素，生产中，穗数是由地力水平和品种穗型大小决定的。在低产向中产发展阶段，要求随着地力水平的提高，逐渐增加单位面积穗数；中产向高产发展阶段，要求在达到本品种适宜穗数的基础上提高穗粒重。中穗型品种每公顷 600 万～650 万穗；多穗型品种 800 万穗左右；大穗型品种 500 万穗左右。

④叶面积指数。叶面积指数于小麦挑旗期达到最大值，在高产栽培中，冬小麦适宜的叶面积指数动态为冬前 1 左右，起身期 1.5～2，拔节期 3～4，挑旗期 5～6（超高产田达到 7 左右），灌浆期叶片不早衰，较长时间保持在 4～3 为好。

⑤干物质积累与分配。冬小麦一生干物质积累可分为 3 个阶段：第 1 个阶段从出苗到拔节，历时全生育期的 3/4，此期若干物质积累过少，难以形成壮苗，不能奠定丰产基础；若干物质积累过多，则表明麦苗旺长；群体结构合理的高产田此期干物质积累量占一生最高量的 20% 左右。第 2 阶段从拔节到乳熟期，历时全生育期的 1/6，积累的干物质量占总干物质

量的 65% 以上，是干物质积累的主要时期。第 3 阶段从乳熟到成熟，此期中上部叶片逐渐衰老，营养物质迅速转运至籽粒，总干物质积累速度缓慢（表 5-14）。上述 3 个阶段干物质积累量与总干物质量的比例是否适宜，也是衡量群体结构是否合理的指标。

表 5-14　高产麦田干物质的积累动态

（山东农业大学，1979、1997）

品种（年份）	项目	生育时期							籽粒产量（kg/hm²）
		冬前	起身	拔节	挑旗	开花	乳熟	成熟	
山农辐 63	干重（kg/hm²）	744	2 123	3 002	6 600	9 600	13 920	16 380	7 500.0
（1979）	占总干重（%）	4.54	12.98	18.32	40.65	58.65	84.87	100	
鲁麦 22	干重（kg/hm²）	3 009	4 042	5 073	9 332	13 251	17 738	20 960	9 535.4
（1997）	占总干重（%）	14.54	19.53	24.52	45.10	64.05	85.73	100	

改善光合产物的分配利用，是提高收获指数和经济产量的一个重要途径。如果茎叶生长过旺，由于茎叶的生长消耗了大量的光合产物，会影响根系和产品器官的生长发育。在冬小麦高产栽培条件下，分别于起身期和拔节期追施氮肥的试验结果指出（表 5-15），挑旗期标记旗叶的 ^{14}C 同化物在成熟期向籽粒中分配的比例，拔节期追肥的处理显著高于起身期追肥的处理；而旗叶的滞留比例和向其他营养器官的分配比例，拔节期追肥的处理少于起身期追肥的处理。表明氮肥后移至拔节期追施，可促进挑旗期生产的光合产物向籽粒的分配，减少旗叶的滞留比例及向其他营养器官的分配比例，有利于提高旗叶的光合速率和粒重。

表 5-15　不同追氮时期处理挑旗期标记的旗叶 ^{14}C 同化物成熟期在植株体内的分配（%）

（山东农业大学，2001）

品种	追氮时期	旗叶	其他营养器官	穗轴+颖壳	籽粒	千粒重（g）
	起身期	12.63	32.36	14.99	40.02	28.52
烟农 15	拔节期	11.70	30.80	14.37	43.13	30.47
	挑旗期	12.01	30.49	14.12	43.38	30.36

⑥根系。根系的发达与否和群体大小密切相关。群体越大，行内株间光照条件越差，植株的有机营养不足，根系生长受到抑制，不仅影响叶片的寿命与功能，还影响穗的形成和发育。根系可以干重、根系活力和有关酶活性表示其发达程度。

（2）**群体的分布**　指组成群体的小麦植株在垂直和水平方向的分布。垂直分布主要指叶层分布或叶层结构，包括叶片大小、角度、层次分布和植株高度等。在叶面积指数相近的情况下，叶片小而挺的群体比叶片大而平展的群体株间或底层的光照条件好。水平分布，即小麦植株分布的均匀度和行株距的配置。

（3）**群体的长相**　群体的长相是群体结构的外观表现，包括叶片挺拔、叶色、生长整齐度、封垄早晚和程度。

（4）**群体的组成**　指组成群体的作物种类和品种。如麦棉套作群体在其共生期内，群体的组成包括小麦和棉花两种作物，两种作物的比例与群体内的透光情况、个体发育的优劣都有密切的关系。

群体的大小、分布、长相随着个体的生长发育而不断变化，在衡量麦田群体结构是否合理时，应该综合分析以上各项指标在小麦整个生育过程中的动态变化。在小麦生产中，从小麦生长前期，就应以合理的栽培措施调节群体，使各时期的指标都在适宜的范围内，以使群体合理发展，个体健壮发育，达到高产的目的。

3. 小麦群体层次的划分 小麦的群体是相对于个体而言的。所谓个体，就是单株；所谓群体，就是密集在同一田块上，相互有联系、有影响的个体所构成的个体总和。根据小麦群体不同层次的功能特点，小麦群体在垂直水平上划分为3个层次，即光合层、支架层和吸收层（图5-18）。

光合层也称为叶层，以叶片为主，还包括叶鞘和穗部。依据该层次器官所在的部位、受光程度和光合能力大小，光合层又可以分为光补偿点以上的上层和光补偿点以下的下层。在密植条件下，上层的厚度在抽穗前为20～40cm，抽穗后由于日照角度增大和群体内叶面积变化的影响，增加至30～50cm，群体内的该层次称为冠层。光合层的主要功能是光合作用和蒸腾作用。由于群体内的光分布呈指数下降，位于该层下部的叶层，在每天早晚太阳斜射，光强低于1 000lx时，呼吸消耗大于合成积累，是光合层中的消耗部分。应通过合理密植、改善种植方式和生育前中期肥水的合理施用，控制该层的高度。

支架层也称为茎层，是光合层的支柱，并在叶层与根层之间进行水分和营养物质的运输传导。在密植和肥水施用不合理时，该层发育不良，引发生育后期倒伏、光合层遭到破坏的现象，最终将限制产量的提高。

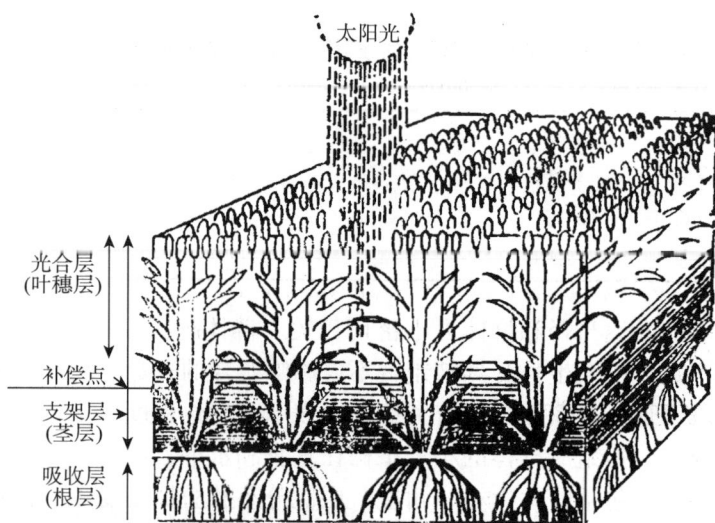

图5-18 小麦群体概貌示意图
（山西农业大学，1995）

吸收层又称为根层，包括根系及其周围的土、水、气、热、微生物和营养物质等所形成的根土系统。小麦根层的深度一般为2m，但受到土体的质地、结构和土壤水分的调节。生育期间，尤其是根系向下生长的生育前期，土壤水分充足则根层的深度较浅，上层土壤水分适度缺乏则根层较深。据山西农业大学在黄土高原土壤中测定，小麦最大可见根深达 5m。该层的上层，根系盘根错节，个体间的相互影响比地上部还严重。

4. 小麦群体与个体的关系　大田生产中的麦田，是一个由许多个体集合而成的群体。在群体内的各个植株，既相互独立，又密切联系、相互影响。由于群体内许多植株聚集在一起，使群体内温度、湿度、光照、CO_2 浓度等小气候环境及土壤理化特性，与单株种植的或稀植条件下的小麦所处的环境条件相比有很大变化。群体内小气候环境的好坏，强烈地影响个体植株的生长发育和各种生命活动，反过来又影响群体的发展和质量。播种量过大或肥水不当时，小麦群体生育后期发生的植株倒伏、穗粒数少、粒重低等，都是由于生育中、后期群体内小环境恶化引起的。因此，群体内小环境的好坏，是评判小麦群体结构是否合理的重要指标。

在分析大田生产的小麦群体时，必须考虑植株个体基础。同样在分析植株个体时，也要考虑群体状况。例如，在小麦生产上，获得同样单位面积穗数条件下，基本苗较少、单株分蘖较多的群体，由于个体较壮，平均穗粒重较高，实际籽粒产量高于基本苗较多的群体。这也是小麦精播高产栽培技术体系的理论基础之一。此外，在考虑单株穗数和平均穗重等个体指标时，还要根据群体情况分析。如果穗数不足，即使穗粒重较高，对生产意义也不大；相反，如果穗数过多，则又很难提高穗粒重。生产中应依据品种特性和当地气候条件、水肥条件，采用适宜的高产栽培技术体系，建立适宜于该体系的群体结构。

群体是个体的综合表现，个体是群体的基础。在分析和处理小麦生产问题时，要从群体找规律，从个体找根源。例如，在小麦种植密度过大时，总分蘖数较多，分蘖增加和减少速度都很快，变异幅度也比较大。在这种条件下，虽然总分蘖数较多，但成穗率较低。这一消长动态与群体大小密切相关，表现的是群体规律。但其原因主要与拔节期各分蘖的营养状况、群体对分蘖消长和成穗的影响及对个体营养的调控有关。

（二）群体结构的自身调节与人工调节

1. 群体结构的自身调节　小麦自身具有的分蘖能力，在小麦群体的数量特征上表现出较强的自身调节能力。小麦群体的自身调节，是通过个体具有的以适应外界条件变化来调节生长发育的能力来实现的。例如，群体的平均粒重是比较稳定的性状，在不同密度条件下变化较小。不同密度的小麦通过分蘖数和成穗数的多少、每穗小穗数和穗粒数的多少等层层调节，最后使产量构成因素中的千粒重变异系数最小，使有关产量构成因素与干物重的积累相适应（表 5-16）。由于个体的这种适应性变化，保证了群体产量的相对稳定。当小麦密度增大时，穗数虽有所增多，但变幅远小于基本苗的变幅，且穗粒数减少，千粒重也有所减轻，使最后产量的差异变小。

表 5-16　不同密度小麦产量构成因素的调节过程

（河北省农林科学院，2006）

基本苗 （万/hm²）	穗数 （万/hm²）	穗粒数 （个）	千粒重 （g）	总粒数 （万/hm²）	理论产量 （kg/hm²）	实际产量 （kg/hm²）	干物质产量 （kg/hm²）
225	558.4c	34.0a	43.4a	18 985.6	8 239.8	7 742.9b	15 336.9b

（续）

基本苗 （万/hm²）	穗数 （万/hm²）	穗粒数 （个）	千粒重 （g）	总粒数 （万/hm²）	理论产量 （kg/hm²）	实际产量 （kg/hm²）	干物质产量 （kg/hm²）
375	626.9b	30.2b	41.5b	18 932.4	7 856.9	8 366.0a	17 019.7a
525	676.5a	28.6c	40.8b	19 347.9	7 893.9	8 122.7ab	16 683.5a
0.400	0.096	0.090	0.032	0.012	0.026	0.039	0.054

注：最后一行数字为变异系数（＝标准差/平均数），4个品种平均。

由于不同种植密度的群体变化过程中的层层调节，使得不同处理群体中一些参数的比值差异越到后期越小，但不同处理的个体指标则越到后期差异越大，这样就保证了群体的稳定性（表5-17）。与此同时，由于个体数目增多而群体较大时，调节的结果趋向于削弱个体，对生产并非有利。因此，在群体自动调节范围内，以个体数较少更为有利。

表 5-17　不同密度条件下茎蘖及产量要素的自动调节

（河北农业大学，2008）

类别	计划密度 （万/hm²）	实际密度		起身期茎数		拔节期茎数		总穗数		总粒数		总粒重	
		数值	比值	数值	比值	数值	比值	数值	比值	数值	比值	数值	比值
群体	180	175.1	1.00	1 695.9	1.00	1 620.5	1.00	584.0	1.00	21 020.4	1.00	8 188.9	1.00
	300	313.3	1.79	1 812.7	1.07	1 684.1	1.04	620.5	1.06	21 527.9	1.02	8 751.0	1.07
	420	448.2	2.56	1 835.4	1.08	1 601.3	0.99	646.3	1.11	21 004.8	1.00	8 364.3	1.02
	540	563.8	3.22	1 919.0	1.13	1 657.1	1.02	682.0	1.17	21 163.7	1.01	8 083.2	0.99
个体	180	1	1	9.69	1.00	9.25	1.00	3.34	1.00	120.05	1.00	46.77	1.00
	300	1	1	5.79	0.60	5.38	0.58	1.98	0.59	68.71	0.57	27.93	0.60
	420	1	1	4.09	0.42	3.57	0.39	1.44	0.43	46.86	0.39	18.66	0.40
	540	1	1	3.40	0.35	2.94	0.32	1.21	0.36	37.54	0.31	14.34	0.31

注：总粒重的单位，群体为 kg/hm²，个体为 g/株；其他项目的单位，群体均为万/hm²，个体均为个/株。

群体的自身调节能力与品种类型有关。通常，随品种光温反应敏感性增强，植株的分蘖能力增强，群体水平上的自身调节能力也随之增强。因此，采用温光反应敏感的冬性品种，可以发挥其较强的自身调节能力，适当降低基本苗，依靠较多的分蘖和较高的分蘖成穗率，实现预定的单位面积穗数。同一种生态类型的小麦品种，其分蘖能力和在群体中的自身调节能力也存在差异。因此，在小麦生产中，要依据品种的自身调节能力和特性，采用适宜的基本苗数，并确定合理的播种期和其他调控措施。

除上述群体在数量上的自身调节外，群体中植株通过特定的趋向性，如趋光、趋水和趋肥等特性，依据周围环境特征进行特定的调节，如改变植株叶片的着生部位、与茎秆的夹角等，以充分实现光能的有效截获和利用。

2. 群体结构的人工调节　小麦群体自身调节能力的实现需要一定的外界条件，并受外界条件的制约。其自身调节的能力、历程、速度、方向和结果，都不一定符合栽培目标的要求。因此，要在充分认识群体自动调节能力的基础上，有意识地进行人工调节。

小麦生育期间的群体结构，主要受播种期、播种量和肥水等栽培措施的调控。小麦生产中，依据当地的生态条件，采用适宜的栽培技术，建立合理的群体结构，是获得小麦高产、高效的保证。如通过播种期和密度的配合、肥水施用时期和数量的配合，可以在一定程度上调控群体结构和株型，使群体和个体的生长发育和产量形成沿着合理的轨道进行。

3. 群体自动调节作用的机理　小麦群体的自动调节是通过反馈作用进行的。所谓反馈是指一种过程的后果，引起过程中某些条件的变化，反过来影响过程本身，使这一过程最后稳定在某一水平上。例如，增加肥水可促进分蘖的发生和增大分蘖的叶面积，当分蘖发展到一定限度以后，由于肥水和光照的限制，生长减慢，分蘖停止，部分分蘖死亡。通过以上步骤，就可以使不同种植密度的群体穗数稳定在一定的水平上。

小麦的自动调节能力较强，生产中已加以应用，如精播高产栽培中，利用分蘖成穗创高产的途径就是成功的一例。但是，自动调节能力有一定限度，如种植密度过小或过大，自身难以完全调节，最终都不能达到较合理的群体结构，造成穗数过多或过少，不能高产。因此，在生产中，不能单纯依赖小麦本身的自动调节能力，必须人为地通过栽培措施，如利用密度、肥水、深锄、镇压等，促进或控制群体发展，并因势利导，利用其自动调节能力，建立合理的群体结构，以适应小麦生产的需要。

（三）建立合理群体结构的途径

1. 小麦合理群体结构的概念　小麦合理的群体结构是指根据当地自然条件和生产条件以及品种特性和栽培技术，使麦田的群体大小、分布、长相和动态有利于群体与个体的协调发展，改善光合性能，从而能经济有效地利用光能和地力，争取单位面积穗足、每穗粒数多、粒重，达到高产、优质、高效的目的。

2. 建立合理群体结构　各地高产栽培经验表明，合理的群体结构因自然条件、耕作制度、品种特性和栽培技术而不同。归纳起来，从调节基本苗出发，建立合理的群体结构创高产，大体上可分为三条途径：

（1）以分蘖穗为主达到高产　基本苗较少，每公顷120万～180万，群体较小（春季最大总茎数不超过计划穗数的2倍），分蘖成穗率较高（50%左右）。通过减少基本苗数控制无效分蘖，以防止群体过大；通过提高分蘖成穗率保证单位面积穗数，从而达到个体发育健壮，群体结构合理，单位面积穗足、每穗粒数多、粒重，而且抗倒伏。这个途径对土壤肥力条件和栽培技术水平要求较高。

（2）以主茎穗与分蘖穗并重达到高产　每公顷基本苗195万～300万，群体中等，在总穗数中主茎穗与分蘖穗约各占50%。选用分蘖力中等或偏上、穗型较大、秆壮抗倒的品种，利用冬前分蘖成穗、群体不太大、个体发育较好，以争取较大的穗粒重而增产。这一途径适于达到中产的麦田，为当前生产所普遍采用。

（3）以主茎穗为主达到高产　基本苗较多，每公顷450万～600万。通过增加苗数弥补单株分蘖不足，以争取足够穗数，适用于晚播冬小麦或春小麦分蘖期短的自然条件。采用这一途径的晚播冬小麦麦田，拔节前应适度控制无效分蘖，避免群体过大带来倒伏的风险。

（四）群体中的主要矛盾及其转化规律

不同产量水平下，群体中的主要矛盾不同。在低产水平（1 500～3 000kg/hm²）下，群体中的主要矛盾是生产条件不能满足小麦生长发育对环境条件的要求，如土壤条件差、肥力低、肥水供应不足，造成小麦群体不足，个体生育差，最终单位面积穗数少，穗粒数少，千粒重低，产量较低。缓解该类群体的主要矛盾及其向有利群体转化的方法是，培肥地力，改善灌溉条件，增加施肥量，适当增加播种量。由此增加群体数量，并同步改善个体发育状况，促进产量增加。

在中产水平（3 000～4 500kg/hm²）下，群体中的主要矛盾通常是群体过大，导致个体生长发育不良，主要与肥水的供应量和时期不合理有关。如施肥多、浇水量大、播种量大，以及偏施氮肥，养分不平衡，或春季追氮偏早，造成生育中后期群体数量大，其中的分蘖数量所占比例大，造成株型不合理，群体内中下部通风透光差，生育后期易发生倒伏。尽管3个产量构成因素中的单位面积穗数较多，但穗小、粒少、粒重轻。缓解该类群体的主要矛盾及其向有利群体转化的方法是，掌握好适宜的肥水施用时期和数量，适当控制播种量，依据土壤供肥特性平衡合理施肥。其中，尤其要重视适当推迟春季第1次施肥、浇水的时间。由此建立数量适当的群体，进一步挖掘个体生产潜力，实现单位面积小麦生产力的进一步增长。

在高产水平（6 000～7 500kg/hm²）下，群体中的群体、个体指标及动态较合理，3个产量构成因素也较协调。限制产量进一步提高的主要矛盾通常是植株各器官之间在生育中后期不尽协调。由于某些措施实施得不尽合理，造成生育中后期群体的某一层次或多个层次不合理。如由于追氮数量、时期及其与其他配料的配比不合理，造成植株中上部叶片的大小、着生角度和位置不合理，限制光合层的厚度，影响支架层和根层的特征，通常是影响该类群体产量进一步增加的原因之一。缓解该类群体的主要矛盾及其向有利群体转化的方法是，利用近年取得的小麦高产技术成果，全方位采用优化技术和应变性措施，建立结构合理、具有高光效特征的高质量群体，由此实现小麦产量的进一步提高。

二、高产群体质量指标

高产群体质量指标是指能反映个体与群体源库关系协调、具有高的光合效率和经济系数的高产群体的主要形态特征与生理特性的数量指标。

（一）开花至成熟期群体光合生产量是小麦群体质量的核心指标

小麦籽粒在开花后形成并灌浆充实，其干物质的70%～90%来自开花后积累的光合产物，即小麦产量随花后干物质积累量的增加而提高，而花前干物质积累量与籽粒产量呈极显著二次曲线关系。因此，小麦产量水平高低主要取决于群体花后光合生产能力，花后干物质积累量反映了群体的优劣，是群体质量的核心指标。

根据江苏省各地高产典型田块调查，每公顷产量9 000kg小麦成熟期的群体生物产量达 19 500kg 以上，花后干物质积累量在 7 500kg 左右；每公顷产量 7 500kg 小麦成熟期的群体生物产量一般均在 16 500～19 500kg，花后干物质积累量在 5 250kg 以上。

(二) 适宜 LAI 是小麦高产群体质量的基础指标

提高开花至成熟期的群体光合生产量，其基础生物学条件是具有大小适宜、功能持续期长的群体叶面积。适宜的群体 LAI 随品种株型、播期播量、肥水管理及生产地的光辐射量等而有差别。自矮秆高产抗倒小麦品种出现以来，最大适宜 LAI 已提高至 6～7，产量潜力水平提高至 7 500kg/hm² 或更高。

(三) 在适宜 LAI 条件下，提高单位面积总粒数是增加群体花后光合产物的重要生理指标

小麦籽粒数的多少反映了库容量的大小，因此总结实粒数多少和粒重高低是高产群体质量的重要指标，提高总结实粒数既是进一步高产的重要形态指标，也是提高群体结实期光合生产量的重要生理指标。

(四) 粒叶比是衡量群体库源协调水平的综合指标

粒叶比反映了源的质量水平和库对源的调运能力，是库源关系协调水平的一种数量表示方法。在适宜 LAI 基础上提高总结实粒数和粒重进而提高产量，就必须从库源关系上通过提高粒叶比来实现。在适宜 LAI 基础上，粒叶比愈高，群体质量愈高，产量水平愈高。

(五) 茎蘖成穗率是群体质量的诊断指标

在适宜穗数范围内，茎蘖成穗率愈高、总结实粒数愈多、粒叶比愈高、花后积累量愈多，最终产量也愈高。说明在攻取适宜穗数的同时，可以通过提高茎蘖成穗率来提高群体质量指标。因此，茎蘖成穗率可以作为群体质量的诊断指标。培育小麦高产群体，应控制高峰茎蘖数，在实现适宜穗数前提下，使茎蘖成穗率达 40％～50％甚至更高。

三、小麦的群体结构与光能利用

(一) 小麦群体的光能利用

Monsi 等 (1953) 提出的大田层切技术，能揭示小麦等作物群体的光能分布、光合产物分布以及不同叶茎层的比例，已经成为小麦等大田作物群体结构定量分析的重要方法。

叶面积的空间分布和消光系数是影响群体内光分布的重要因素。其中，叶片的空间分布可以用叶片在空间的方位角和倾角来精细定位和描述。小麦群体内叶片由 8 个方位角与 6 个倾角共组成 48 个叶片空间分布组合。

小麦群体内的光分布递减规律基本符合 Beer-Lambert 定律，用公式表示为：

$$I = I_0 e^{-kF}$$

式中：I 是群体中某一层次的水平光强；I_0 是群体顶部的自然光强；F 为群体中某一层次以上的叶面积指数；e 为自然对数的底数；k 为消光系数，其大小因群体结构的不同而不同，与叶片排列状态，特别是与叶片倾角的大小有密切关系。倾角越小，则 k 值越小，群体透光率越好。

依据抽穗期的群体数量，高产小麦的群体结构可以分为 3 种类型。第一种类型的群体数量较大，抽穗后总茎数北方在 1 200 万/hm² 以上，南方在 900 万/hm² 以上。叶面积较大，LAI 大于 7。一半以上的叶片集中在植株上部 30～50cm 的高度，相互遮光严重，群体中光强急剧下降。下层光线不足，黄叶和无效分蘖多，后期倒伏概率大，产量不高。第二种类型的群体数量适中，抽穗期总茎数北方在 900 万/hm² 左右，南方在 750 万～850 万/hm²。群体中的光强下降缓慢，第一层以下的光强为冠层上方的 50％左右。群体中黄叶较少，分蘖成穗率高，后期不倒伏。光合产物总量以及向籽粒的运转量大，产量高。第三种类型的群体数量较小，抽穗期总茎数北方少于 750 万/hm²，南方少于 700 万/hm²。群体内上层、中层和下层的光截获量均较大，但由于 LAI 低，导致总光能利用率低，产量也较低。

（二）株型与光能利用

叶片与茎秆夹角的大小，以及各叶位叶片垂直分布状况决定的株型，是影响消光系数，决定中下部叶片光能截获量的重要指标。特别是在生长中后期，群体叶面积的垂直分布状况，对产量形成的影响尤为重要。河南农业大学（1998）对叶片夹角较小、株型紧凑的温麦 6 号产量水平为 9 000kg/hm² 的麦田研究发现，挑旗期由上向下 5 个叶片分别占总绿叶面积的 27.9％、27.0％、21.5％、18.2％和 5.4％。开花后 15d，倒 4 叶枯黄 95％，倒 3 叶枯黄 48％，光合作用主要靠旗叶和倒 2 叶；花后 25d，旗叶枯黄 43％，倒 2 叶枯黄 65.5％，此后主要靠这 2 个叶片及穗部和穗下节间的绿色面积进行光合作用。延缓倒 2 叶和旗叶枯黄，是提高后期光能利用率的关键。

（三）提高光能利用率的途径

1. 培育高光效小麦品种 依据当地的生态条件和生产水平，选育生态适应性强、光合作用潜力大、综合农艺性状好的具有高产潜力的品种，是提高小麦光能利用率的重要途径。在多年的育种实践中，通过对形态特征、生理功能和产量表现等定向遗传改良，我国选育出一批具有高光效特征的小麦品种，实现了产量和光合能力两者的同步提高。如烟台市农业科学院烟农 1212 品种表现为株型紧凑、叶片光合速率高的特征，可在群体水平上建立良好的结构，奠定了高光效、超高产的基础，多年实打验收公顷产量达到 12 000kg。

2. 进一步深化小麦高光效机理研究和高产实践 从理论上小麦光能利用率和小面积高产实践来看，各生态类型区的小麦产量和光能利用率还有较大的提高潜力。因此，进一步深化小麦高光效的机理研究，可以为生产实践提供有价值的参考依据；在前人相关工作的基础上，探明高光效和进一步高产的限制因子，优化小麦栽培技术体系，对于小麦生产的高产、高效和可持续发展具有重要的意义。

3. 提高光能利用率的栽培技术　从理论上分析，要达到小麦光合生产潜力的理论高限，必须同时具备以下条件：一是具有高光合效能的小麦品种；二是具备最适于接受和分配太阳辐射的群体结构；三是群体中空气 CO_2 浓度正常，其他环境因素处于最适状态；四是光合产物分配与利用协调。

根据以上分析，从栽培技术角度可调控、提高小麦光能利用率的主要措施有：适宜的肥水供应。不能因为肥水不足限制光合物质生产，也不能因为肥水太多而成为高产的限制因素。建立合理的群体结构，提高光能转化率，在小麦生长前中期，要采取合理的栽培技术，迅速扩大叶面积；生长后期尽可能长时间保持最适叶面积指数，并保持较高光合强度。努力提高经济系数，根据主要限制因子增源或扩库，保持产量形成的源库平衡。

第六章 小麦的营养生理与施肥

小麦生长发育过程中，需要从土壤中吸收多种营养元素，如氮、磷、钾、钙、镁、硫、铁及一些微量元素，这些元素主要靠根系从土壤中吸取，对小麦的生长发育起重要作用。

一、大量元素

(一)小麦对氮、磷、钾元素的需求

随着产量水平的提高，小麦对氮、磷、钾吸收总量增加。每生产100kg籽粒，约需氮(N)$2.18\sim2.80$kg、磷(P_2O_5)$0.90\sim1.05$kg、钾(K_2O)$2.84\sim3.83$kg。北部冬麦区和黄淮冬麦区小麦氮、磷、钾的吸收比例一般为2.7:1:3.1，随产量水平提高，氮的吸收量减少，钾的吸收量增加，磷的吸收量基本稳定；西北冬春麦区旱地冬小麦氮、磷、钾的吸收比例为1.9:1:3.3，氮素吸收量相对较低，对钾的需求量较高；长江中下游冬麦区小麦氮、磷、钾的吸收比例平均为2.5:1:2.7；西南冬麦区小麦氮、磷、钾的吸收比例分别为3.0:1:3.7(表6-1)。

表6-1 不同麦区和产量水平下小麦对氮、磷、钾的吸收量

麦 区	产量水平 (kg/hm^2)	吸收总量 (kg/hm^2)			生产100kg籽粒 吸收量(kg)			吸收比 N:P_2O_5:K_2O	数据来源
		N	P_2O_5	K_2O	N	P_2O_5	K_2O		
黄淮和北部冬麦区	3 270	120.3	40.1	90.3	3.69	1.23	2.76	3.0:1:2.2	河南省农业科学院
	4 575	125.9	40.2	133.7	2.75	0.88	2.92	3.1:1:3.3	山东省农业科学院
	5 520	142.5	50.3	213.5	2.58	0.91	3.87	2.8:1:4.3	河南农业大学
	6 420	159.0	73.6	166.5	2.48	1.15	2.59	2.2:1:2.3	烟台市农业科学院
	7 650	182.9	75.0	212.0	2.39	0.98	2.77	2.4:1:2.8	山东农业大学
	8 265	229.2	99.3	353.3	2.77	1.20	4.27	2.3:1:3.6	河南农业大学
	9 810	286.8	97.4	330.2	2.92	0.99	3.37	2.9:1:3.4	山东农业大学
	平均	178.1	68.0	212.2	2.80	1.05	3.22	2.7:1:3.1	

（续）

麦 区	产量水平 （kg/hm²）	吸收总量 （kg/hm²）			生产100kg 籽粒 吸收量（kg）			吸收比 N : P₂O₅ : K₂O	数据来源
		N	P₂O₅	K₂O	N	P₂O₅	K₂O	N : P₂O₅ : K₂O	
西北冬春麦区 旱地冬小麦	2 900	55.5	36.2	99.1	1.91	1.25	3.42	1.5 : 1 : 2.7	西北农林科技大学
	3 109	73.0	38.5	130.4	2.35	1.24	4.19	1.9 : 1 : 3.4	西北农林科技大学
	3 497	56.3	44.0	148.5	1.61	1.26	4.25	1.3 : 1 : 3.4	西北农林科技大学
	4 211	108.3	44.0	173.3	2.57	1.04	4.12	2.5 : 1 : 3.9	西北农林科技大学
	4 680	100.6	54.1	157.1	2.15	1.15	3.36	1.9 : 1 : 2.9	西北农林科技大学
	5 406	136.0	56.3	196.2	2.52	1.04	3.63	2.4 : 1 : 3.5	西北农林科技大学
	平均	88.3	45.5	150.8	2.18	1.16	3.83	1.9 : 1 : 3.3	
长江中下游 冬麦区	3 705	91.5	48.2	84.5	2.47	1.30	2.28	1.9 : 1 : 1.8	南京农业大学
	5 558	125.7	55.5	125.7	2.26	1.00	2.26	2.3 : 1 : 2.3	江苏省农业科学院
	7 028	202.8	70.4	196.8	2.89	1.00	2.80	2.9 : 1 : 2.8	江苏省农业科学院
	7 994	249.0	80.0	322.5	3.12	1.00	4.03	3.1 : 1 : 4.0	南京农业大学
	平均	167.3	63.5	182.4	2.69	1.08	2.84	2.5 : 1 : 2.7	
西南冬麦区	4 010	98.7	26.9	105.5	2.46	0.67	2.63	3.7 : 1 : 3.9	四川农业大学
	5 015	147.6	54.5	193.7	2.94	1.09	3.86	2.7 : 1 : 3.5	四川农业大学
	5 400	141.9	56.1	218.3	2.63	1.04	4.04	2.5 : 1 : 3.9	四川农业大学
	6 161	148.2	48.9	172.1	2.41	0.79	2.79	3.1 : 1 : 3.5	四川农业大学
	平均	134.1	46.6	172.4	2.61	0.90	3.33	3.0 : 1 : 3.7	

（二）小麦对氮、磷、钾的吸收积累

随着小麦在生育进程中干物质积累量的增加，氮、磷、钾吸收总量也增加。北部冬麦区和黄淮冬麦区小麦整个生育期呈现两个吸氮高峰，第1个吸氮高峰是冬前分蘖期至越冬始期，第2个吸氮高峰出现在拔期至孕穗期。小麦对磷和钾的吸收规律与氮素基本一致。在起身期以前，小麦对氮、磷、钾的吸收总量较少，起身期以后，随着植株迅速生长，养分需求量也急剧增加。小麦对氮、磷的吸收量在成熟期达最大值；对钾的吸收量在抽穗期达最大值，之后钾的累积量下降（表6-2）。

表6-2 冬小麦不同生育时期氮、磷、钾累积进程

（河北农业大学，1993）

生 育 时 期	干物质产量 （kg/hm²）	N		P₂O₅		K₂O	
		累积量 （kg/hm²）	占比（%）	累积量 （kg/hm²）	占比（%）	累积量 （kg/hm²）	占比（%）
三叶期	168.0	7.65	3.76	2.70	3.08	7.80	3.32
越冬期	841.5	30.45	14.98	11.55	13.18	30.75	13.11
返青期	846.0	30.90	15.20	10.65	12.16	24.30	10.36

（续）

生育时期	干物质产量 (kg/hm²)	N		P₂O₅		K₂O	
		累积量 (kg/hm²)	占比（%）	累积量 (kg/hm²)	占比（%）	累积量 (kg/hm²)	占比（%）
起身期	768.0	34.65	17.05	14.55	16.61	33.90	14.45
拔节期	2 529.0	88.50	43.54	25.20	28.77	96.90	41.30
孕穗期	6 307.5	162.75	80.07	49.80	56.85	214.20	91.30
抽穗期	7 428.0	170.10	83.69	54.00	61.64	234.60	100.00
开花期	7 956.0	164.70	81.03	57.30	65.41	206.10	87.85
花后 20d	12 640.5	180.75	88.93	67.20	76.71	184.65	78.71
成熟期	15 516.0	203.25	100.00	87.60	100.00	191.55	81.65

注：数据为冀麦 24、冀麦 7 号和丰抗 2 号 3 个品种的平均值，平均产量 6 976.5kg/hm²。

春小麦一生中对氮素的吸收有两个重要时期：一是分蘖期至拔节期，氮素吸收量约占总吸收量的 22%～26%；二是拔节期至孕穗期，氮素吸收量约占总吸收量的 32%～38%。春小麦一生对磷素的吸收呈现"慢—快—慢"的变化特点，出苗至分蘖期磷素吸收量较少，分蘖期至拔节期吸收量明显增加，拔节期至孕穗期为吸收高峰期，吸收量约占总吸收量的 33%～38%，之后逐渐降低。春小麦对钾素的吸收量在全生育期呈单峰曲线变化，分蘖期至拔节期为吸收高峰期，开花期积累量达最大值。

（三）氮、磷、钾在小麦植株体内的分配与再分配

据河北农业大学（2005）研究，小麦一生中随生长中心的转移，植株吸收的氮、磷、钾元素的分配中心也有规律地转移。北部冬麦区和黄淮冬麦区小麦抽穗期之前氮素主要集中在叶片；抽穗后氮素在茎、叶中的分配比例减小，在穗中的分配比例逐渐增大；开花期以后，籽粒成为氮素的分配中心，至成熟期籽粒中储存的氮素约占植株总吸氮量的 72.5%～81.6%。据测定，小麦籽粒中来自植株开花后吸收的氮约占籽粒中总氮量的 16.4%～23.3%；来自营养器官开花前储存氮素的再分配比例约占籽粒中总氮量的 76.7%～83.6%。小麦拔节期以前，磷素的分配中心是叶片，之后磷素的分配逐渐向茎和穗部转移，成熟时植株吸收的 60% 磷素集中在籽粒中。钾素在各器官中的分配转移与氮、磷不同，从拔节到灌浆期，钾主要集中在茎中，叶次之，在穗中分配的比例较少；灌浆中后期，籽粒中钾的积累量大幅度增加，至成熟期钾在茎和籽粒中分配的量分别占植株总吸钾量的 32.9%～48.0% 和 36.0%～47.2%，而在叶和颖壳中的分配比例很少。

据西北农林科技大学（2009）研究，西北旱地冬小麦成熟期籽粒中积累的氮素约占全株总氮量的 70% 左右。开花至成熟期间，85%～90% 的叶片氮、35%～60% 的茎秆氮、68%～74% 的穗部氮经再转运进入籽粒（表 6 - 3）。高产品种开花后累积的氮、磷较多，但其氮和磷转移量、转移率、转移氮和磷对籽粒的贡献率均低于中、低产品种；高产品种

开花前钾累积量和钾转移量无明显优势，但其籽粒对钾的保存能力较强，花后钾损失较少。

江苏省农学会（1994）报道，长江中下游麦区小麦植株体内氮、磷、钾的分配与再转运规律与北部冬麦区和黄淮冬麦区小麦基本一致。成熟期籽粒中储存氮素占全株总氮量的75.1%～77.6%，磷素占全株总磷量的78.4%～83.9%，钾素在籽粒中的分配比例较少，仅占总量的16.5%～20.3%。从开花至成熟，叶片和茎鞘中的氮素经再转运，向籽粒的输出率分别达到80.3%和50.9%；叶片和茎鞘中磷素向籽粒的输出率分别达到61.1%和67.7%。

表 6-3　开花后不同处理叶、茎、穗氮素转移率（%）

（西北农林科技大学，2003）

器官	施氮量（kg/hm^2）				
	0	60	120	180	300
叶	89.1a	85.5b	89.1a	87.9a	85.6b
茎	51.0b	35.2d	60.7a	53.5b	46.2c
穗	68.9c	74.1a	68.7c	71.0b	73.4a

注：各器官氮素转移率（%）=（各器官最大氮素累积量－成熟期各器官氮素累积量）×100/各器官最大氮素累积量；同一器官数据后的不同字母表示不同处理间的差异显著（$P<0.05$）。

春小麦苗期吸收的营养元素主要用于分蘖和叶片等营养器官的建成；拔节至开花期主要用于茎秆和分化中的幼穗；开花以后则主要流向籽粒。磷的积累分配与氮基本相似，但吸收量显著小于氮。钾向籽粒中转移量很少。

二、小麦对钙、镁、硫元素的需求

山东农业大学（1994）研究表明，小麦对钙、镁的吸收高峰均出现在拔节期至挑旗期，开花后吸收强度急剧下降。钙的积累量最高值出现在灌浆中期，此时镁的积累量仅占成熟期的83.7%。每生产100kg籽粒成熟期需吸收钙、镁量分别为799.0g和340.3g，100kg籽粒中含钙、镁量分别为68.0g和151.0g。据河北农业技术师范学院（1992）研究，冬小麦对硫的需求与产量水平密切相关，生产100kg籽粒需吸收硫154.0～222.0g；公顷产量9 172.5kg冬小麦植株硫积累量在成熟期达最大值，植株硫积累量为35.9kg/hm^2，生产100kg籽粒需吸硫380.0g。

三、小麦对微量元素的需求

小麦对硼、锌、铁、锰、铜等元素的吸收，虽然绝对量很少，但对小麦的生长发育起着十分重要的作用。每生产100kg籽粒，约需硼1.80g、锌4.80g、铁17.98g、锰7.52g、铜3.07g。

河南农业大学（2004）研究，小麦植株硼素含量在整个生育期内呈双峰曲线变化，第

1个峰值在分蘖期、第2个峰值在起身期。植株对硼的累积吸收呈"Logistic"曲线变化，收获期总积累量达97.1g/hm²。硼素在植株各器官中的分配，拔节期至孕穗期以叶鞘、茎为中心，孕穗期至抽穗期开始转向生殖器官，但成熟期硼素在籽粒中的分配比例并不多，约90%的硼素仍分布于营养器官中。

河南师范大学（2010）研究，植株地上部锌积累量在三叶期至起身期增长缓慢，起身期至灌浆初期急剧增长，灌浆初期至灌浆末期增长又趋于平缓。在三叶期至起身期，锌主要分配在叶片和叶鞘中，占植株地上部锌积累量的50%左右。拔节期以后锌在茎秆中的分配比例于抽穗期达到最大值，之后逐渐下降。灌浆末期，锌在籽粒中的分配比例达到61.5%，在茎秆和叶鞘中的分配比例只有38.5%。籽粒中积累的锌，63.4%来自灌浆期植株对锌的吸收，36.6%来自营养器官锌的转移，地上部各营养器官锌的转移量和转移率均以茎秆最高。

河南农业大学（2001）报道，冬小麦对铁的吸收速率随生育进程呈双峰曲线变化，其峰值分别出现在拔节期和乳熟期。在小麦一生中，叶片始终是铁分配的主要器官，叶中铁累积量可占全株铁累积总量的45.7%～75.0%，其次是叶鞘。成熟时铁在穗部的分配比例由开花期的12.0%上升到27.6%，仍有72.4%的铁残留在叶片、叶鞘和茎秆中。

小麦植株锰的阶段累积量随生育进程呈双峰曲线，其峰值分别出现于拔节期和乳熟期。随生育进程的发展，锰的分配中心由叶片逐渐向穗部转移。在乳熟期以前，叶片一直是锰的主要分配器官，在成熟时则主要积累在穗部，分配比例为57.6%，另有30%左右的锰残留在叶片和叶鞘中，残余在茎中的锰约占全株总锰量的10%。

越冬前是小麦植株铜含量及其阶段吸收铜量最低的时期，其吸收铜量仅占一生铜累积总量的2.4%。返青期至拔节期，铜吸收量占总量的7.4%。拔节期至开花期及开花期至乳熟期，小麦铜的阶段吸收量占总量的比例分别为20.6%和21.0%。乳熟期至成熟期，小麦铜阶段吸收量占总量的44.5%。随生育进程，铜的分配中心由叶片转向茎，再由茎转向穗。成熟时50%的铜累积在穗部，而残留在茎和叶鞘中的铜分别占总量的28.4%和21.6%。

第二节　小麦的氮素营养

一、氮素的生理功能

氮素对小麦的生命活动有着非常重要的作用。土壤中的氮素主要以硝态氮、铵态氮和酰铵态氮的形式被小麦吸收。土壤中NO_3^-在根表皮细胞原生质膜上的载体作用下进入细胞，然后在细胞质中的硝酸还原酶（NR）作用下形成NO_2^-，NO_2^-再进入细胞质体中经亚硝酸还原酶（NiR）的催化还原成NH_4^+，这个过程主要在小麦叶片中进行，根同化硝酸根的贡献很小。生成的NH_4^+经谷氨酰胺合成酶（GS）进一步转化为谷氨酰胺，谷氨酰胺再经谷氨酸合成酶（GOGAT）催化形成谷氨酸，或经其他氨基转移酶作用形成各种有机氮化合物，最后合成各种蛋白质或核酸等。氮素是构成原生质的主要成分，也是酶的结构成分和叶绿素、激素、核酸、多种辅酶、多种维生素的组成部分。氮素营养的优劣对小麦的氮素代谢生理过程，根、茎、叶、穗、粒等器官的建成与功能，以及小麦的产量和品质都有显著影响。

（一）施氮量对小麦光合日变化的影响

设置 0（CK）、96（N96）、168（N168）、240（N240）和 276（N276）kg/hm² 施氮量，于灌浆中期（开花后 15d）测定不同施氮量处理的旗叶光合日变化（图 6-1）。不施氮处理的旗叶光合速率在一日内呈双峰曲线变化，在 13：00～14：00 期间出现低谷。各施氮处理均表现为单峰曲线变化，处理 N96、N168、N240 均在 11：00～13：00 期间达到高峰，而后旗叶光合速率逐渐下降；在 96～240kg/hm² 施氮量范围内，旗叶光合速率一日内均表现为随施氮量的增加而升高。高施氮量 N276 处理在 9：00～11：00 期间达到高峰，峰值出现早，且光合速率显著高于其余处理，而后迅速下降，光合速率显著低于 N240 处理。不施氮处理在 13：00～14：00 期间出现明显的光抑制现象。上述结果表明，适量增施氮肥提高了旗叶防御光损伤的能力，光合速率高；过量施氮旗叶光合速率降低。

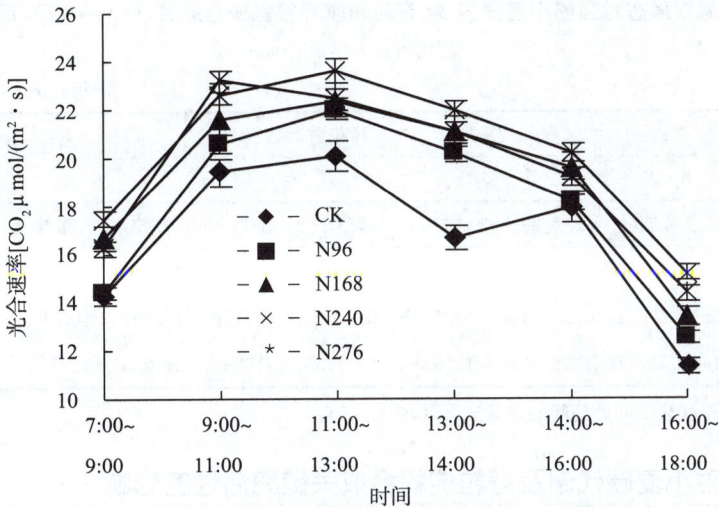

图 6-1　施氮量对小麦旗叶光合速率日变化的影响

（山东农业大学，2004）

（二）氮素对小麦氮代谢关键酶活性的影响

氮素同化代谢过程中的关键酶是硝酸还原酶（NR）和谷氨酰胺合成酶（GS）。小麦开花后旗叶 NR 和 GS 活性随施氮量的增加而升高（图 6-2）。花后渍水会导致旗叶 GS 和谷丙转氨酶（GPT）活性降低，增加施氮量显著提高受渍小麦旗叶 GS 和 GPT 活性。追氮时期由起身期推迟至拔节期，亦显著提高小麦旗叶和根系中 NR 活性。与硝态氮和铵态氮相比，酰胺态氮对小麦旗叶 NR 和 GS 活性、籽粒谷氨酸合酶活性（表 6-4）有明显促进作用。

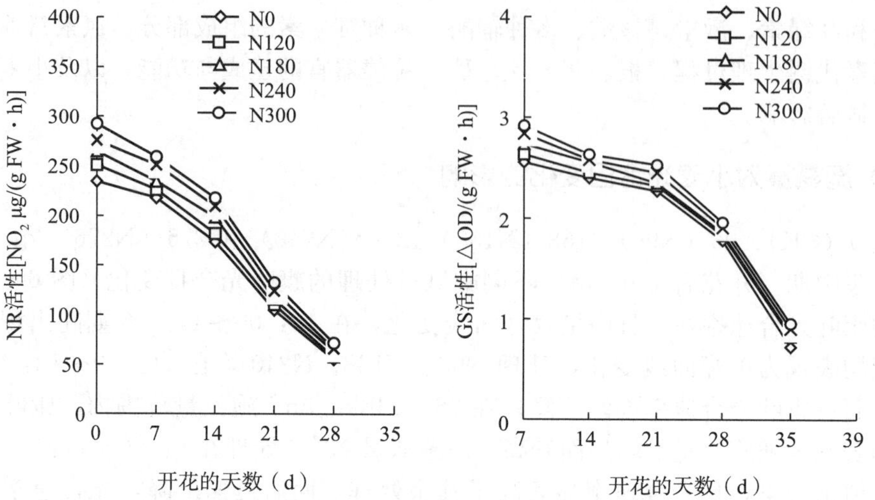

图 6-2　不同施氮量对小麦旗叶硝酸还原酶（左）和谷氨酰胺合成酶（右）活性的影响

（山东农业大学，泰安，2002）

表 6-4　氮素形态对强筋小麦豫麦 34 籽粒和旗叶谷氨酸合成酶（GOGAT）活性的影响

（河南农业大学，2005）

单位：μmol/（g FW · min）

氮素形态	开花后天数（d）									
	10		15		20		25		30	
	籽粒	旗叶	籽粒	旗叶	籽粒	旗叶	籽粒	旗叶	籽粒	旗叶
硝态氮	29.65b	11.65a	19.06b	10.59b	26.47b	9.53b	15.88b	8.47a	12.71a	8.47a
铵态氮	29.65b	12.71a	22.24ab	13.77ab	29.65ab	12.71ab	16.94b	10.59a	14.82a	10.59a
酰胺态氮	34.94a	13.77a	26.47a	15.88a	31.77a	14.82a	22.24a	12.71a	15.88a	12.71a

注：表中不同字母代表不同处理间的差异显著（$P<0.05$）。

（三）氮素对小麦碳代谢及籽粒淀粉合成关键酶活性的影响

河南农业大学（2007，2010）研究，二磷酸核酮糖羧化酶（RuBPcase）是小麦光合碳同化的关键酶，适量施氮显著提高小麦开花后旗叶 RuBPcase 活性，促进叶片中光合产物的合成与积累，并显著提高开花 20d 后籽粒中淀粉合成关键酶腺苷二磷酸葡萄糖焦磷酸化酶（ADPGPPase）、可溶性淀粉合成酶（SSS）、淀粉分支酶（SBE）和束缚态淀粉合成酶（GBSS）活性，促进灌浆中后期籽粒淀粉的合成。但氮肥用量过多时籽粒中淀粉合成关键酶活性反而下降，影响籽粒中淀粉的合成。

追氮时期由起身期推迟至拔节期，小麦旗叶光合速率和灌浆期旗叶^{14}C同化物向籽粒转移比例显著提高，旗叶中磷酸蔗糖合成酶（SPS）和蔗糖合成酶（SS）活性及蔗糖含量，籽粒中 SS 活性和淀粉积累量亦显著提高，促进籽粒灌浆；但追氮时期过迟，如开花期追氮显著影响旗叶中蔗糖的合成和籽粒中蔗糖的降解，对籽粒淀粉合成不利。适当减少基施氮肥比例，增加追施氮肥比例，小麦开花后旗叶 SPS 活性和蔗糖含量，以及籽粒 ADPGPPase、SSS 和 GBSS 活性升高（图 6-3），成熟期淀粉积累量增加。

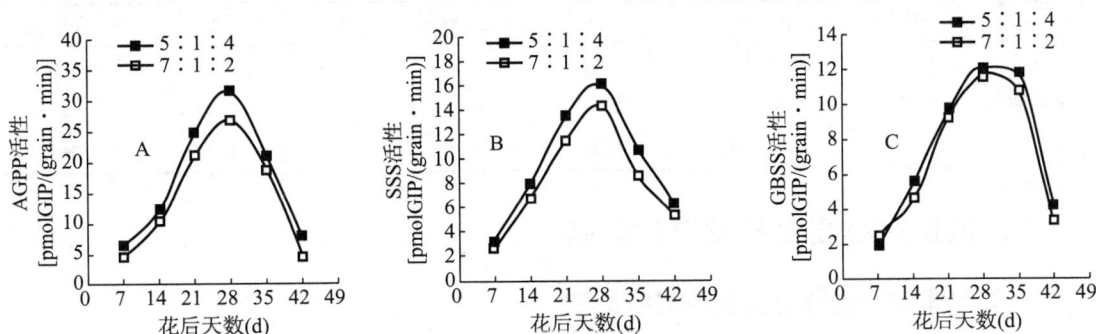

图 6-3 籽粒 AGPP 活性（A）、SSS 活性（B）、GBSS 活性（C）变化

5：1：4 和 7：1：2 均为基肥：壮蘖肥：倒 2 叶肥

（扬州大学农学院，2005）

（四）氮素调控小麦衰老的生理机制

蛋白水解酶活性的升高与蛋白质的降解是小麦叶片衰老的显著特征。氮素营养充足可以提高旗叶可溶性蛋白质和核酸含量，降低蛋白水解酶内肽酶、氨肽酶及核酸酶的活性，延缓小麦旗叶的衰老（表 6-5）。小麦衰老伴随着植株体内激素含量的变化。施氮可增加旗叶内细胞分裂素类物质（ZRs）含量，减少脱落酸（ABA）的累积量，提高旗叶细胞中超氧化物歧化酶（SOD）和过氧化氢酶（CAT）的活性，降低旗叶老化过程中超氧阴离子的产生速率，减少 H_2O_2 累积量，延缓叶片光合功能衰退，提高旗叶 1，5-二磷酸核酮糖羧化酶（RuBPcase）活性和 PSⅠ、PSⅡ活性，改善光合机构光反应与暗反应之间的平衡状况，减少过剩的还原力。

山东农业大学（1997）研究表明，在基施 50%氮肥的基础上，拔节期或挑旗期追施 50%的氮肥，与起身期追氮相比，可显著提高根系中 SOD 活性和根系活力，减少根系中丙二醛（MDA）含量，延缓籽粒灌浆中后期根系的衰老，延长籽粒线性增重阶段的持续时间。南京农业大学（2005）的研究结果表明，南方冬麦区小麦在渍水条件下适当增施氮肥，可以提高旗叶 SOD 活性、可溶性蛋白含量和脯氨酸含量，减少 MDA 的积累，从而延缓植株衰老进程。

表 6-5 不同处理对旗叶内肽酶和氨肽酶活性变化的影响

（山东农业大学，2003）

单位：α-NH_2 nmol/（g FW·h）

品种	施氮量 （kg/hm^2）	开花后天数（d）					
		0	7	14	21	28	35
内肽酶	0	0.411	1.284a	1.985a	3.131a	6.852a	9.357a
	120	0.407	1.266a	1.954a	3.028a	6.076b	8.452b
	240	0.402	1.201b	1.817b	2.874b	4.907c	7.493c

（续）

品种	施氮量 (kg/hm^2)	开花后天数（d）					
		0	7	14	21	28	35
氨肽酶	0	0.097a	0.296a	0.415a	0.588a	2.359a	4.778a
	120	0.095a	0.293a	0.407a	0.524b	2.135b	4.413b
	240	0.088b	0.281b	0.386b	0.431c	1.857c	4.146c

二、氮素对小麦生长发育的影响

（一）氮素对小麦器官生长发育的影响

在一定施氮量范围内，施氮量与小麦分蘖数、单株成穗数及次生根数呈正相关（表6-6）。氮肥充足，小麦分蘖早、生长快，次生根数增加；但氮肥过多，分蘖滋生过多，田间荫蔽，会引起倒伏减产。

表6-6　不同施氮量对小麦分蘖、根系发育的影响

（河南省农业科学院，1982—1983）

调查日期 （月/日）	小麦分蘖根系 发育状况	施氮量（kg/hm^2）				
		0	60	120	180	240
越冬期 (12/23)	单株分蘖数	0.1	2.1	2.6	3.9	3.7
	单株次生根数	5.2	5.9	6.1	7.9	7.5
拔节期 (3/29)	单株分蘖数	2.1	2.4	3.2	4.8	4.2
	单株次生根数	16.1	17.5	21.9	23.2	23.3

注：品种为百农3217。

氮素显著提高小麦根系活力，增强根系吸收能力。在一定范围内，随施氮量增加，0~40cm土层根系占的比例增大，40~100cm土层根系占的比例减小，说明较多的氮素供应对浅层根的促进作用较大。拔节期或挑旗期追施氮肥与起身期追施氮肥相比，灌浆后期中下层根干重占总根量的比例和根系活力均较高，有利于小麦对水分和养分吸收。与单施硝态氮和铵态氮的处理相比，施用酰胺态氮可显著增加小麦的根体积、根重以及拔节期至开花期的根系活力和根系活跃吸收面积。

据安徽农业大学（2010）研究，小麦基部第1、第2节间的长度均随施氮水平的提高而增加，基部第1、第2节间的粗度、秆壁厚度和充实度以及基部第2节间机械强度则表现相反，这是过多施氮造成倒伏的原因之一。适当推迟追氮时期，可使穗下节间与基部节间的比值增大，小麦植株倒伏率降低。基部节间长度和含氮量随氮肥基施比例的增加而增加，基部节间粗度、秆壁厚度、节间充实度、机械强度则表现相反。细胞壁纤维素、木质素含量和茎秆抗倒指数均随氮肥基施比例的增加而下降。生产中采用前轻中重后补的氮肥运筹模式，即氮肥少量基施，拔节期多追，孕穗期适当补追，可明显提高小麦茎秆的抗倒能力。

安徽农业大学（2011）研究表明，小花分化数量与拔节期间氮素水平高低呈显著正相关（$r=0.882$，$P<0.05$）。增施氮肥促进小花分化，可使每穗中具有8~10朵小花的小穗数增加，从而增加每穗小花数。氮素水平与小花分化高峰出现的早晚也有密切关系，氮

素水平低，高峰提早出现；反之，高峰出现时间后移。而高峰提早出现是导致小花分化时间缩短，分化数量减少的必然结果。氮素不足是造成各类小花分化数量少而退化多的主要原因之一。与氮肥全部基施相比，氮肥基施50％＋拔节期施50％和氮肥基施30％＋拔节期施50％＋孕穗期施20％的氮肥后移技术可显著提高孕穗期受渍小麦的结实小穗数，增加主茎和分蘖穗结实3～4粒小穗的比例，减轻孕穗期渍害对小麦穗部结实的影响。

（二）氮素对小麦干物质积累与分配的影响

据山东农业大学（2007）研究，在一定范围内，随施氮量增加，小麦干物质积累量显著提高，籽粒中来源花后同化的干物质量和比例增加，营养器官开花前储存的干物质向籽粒中的转移量亦增加，而花后转移的干物质对穗粒重和籽粒产量的贡献率下降。在$210 \sim 270 kg/hm^2$施氮量范围内，提高施氮量可显著提高小麦茎中果聚糖合成关键酶——蔗糖果糖基转移酶和果聚糖果糖基转移酶的活性，促进果聚糖的积累，但降低果聚糖外水解酶活性，不利于果聚糖在灌浆中后期的分解输出。

在南方稻麦轮作条件下，增施氮肥可提高由茎秆转移出的干物质对籽粒的贡献率（图6-4），且以

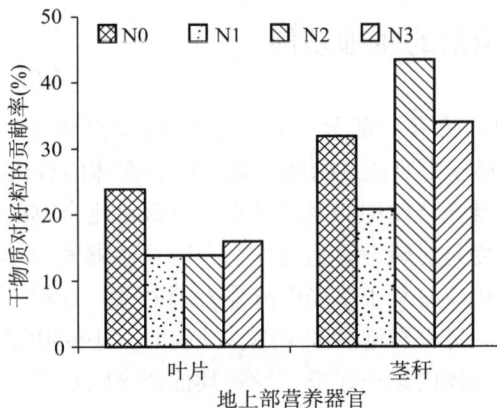

N0、N1、N2、N3处理施氮量分别为0、93.75、168.75和243.75 kg/hm²

图6-4　不同施氮水平下小麦地上营养器官
花后转移干物质对籽粒的贡献率
（中国科学院南京土壤研究所，2009）

$168.75 kg/hm^2$施氮量处理最高，过多或过少施氮均不利于营养器官储存干物质向籽粒的转运。

（三）氮素对小麦产量和品质的影响

在一定施氮范围内，随施氮量增加，小麦穗数和穗粒数均增加，千粒重和籽粒产量呈先升后降趋势。随施氮量增加，强筋小麦湿面筋含量和沉降值均提高，面团形成时间和稳定时间延长，面包体积和面包评分提高（表6-7）。追氮时期由起身期推迟至拔节期或挑旗期，能显著增加强筋和中筋小麦穗粒数和千粒重，提高籽粒产量、面粉湿面筋含量和沉降值，延长面团稳定时间。适当减少基施氮肥比例，增加拔节期追施氮肥比例，亦可提高强筋和中筋小麦籽粒产量和籽粒蛋白质含量，延长面团形成时间，一般以基追比为5∶5较为适宜。

表6-7　施氮量对小麦籽粒产量及品质的影响
（南京农业大学，2008；品种：烟农19）

施氮量 (kg/hm²)	穗数 (×10⁴/hm²)	每穗粒数 (粒)	千粒重 (g)	产量 (kg/hm²)	蛋白质含量 (％)	湿面筋含量 (％)	沉降值 (mL)
0	387.0c	18.5c	40.8a	2 809.4d	11.2e	20.3c	26.9cd
120	512.5b	29.7b	41.6a	6 549.5b	12.2d	25.7b	25.4d

（续）

施氮量 （kg/hm²）	穗数 （×10⁴/hm²）	每穗粒数 （粒）	千粒重 （g）	产量 （kg/hm²）	蛋白质含量 （%）	湿面筋含量 （%）	沉降值 （mL）
180	553.5a	32.3a	38.8b	7 204.5a	12.9c	26.4b	28.4c
240	571.5a	34.5a	38.4b	7 419.6a	13.8b	27.5ab	32.6b

第三节　小麦的磷素营养

一、磷素的生理功能

土壤中的磷素大部分是以一价正磷酸根离子（$H_2PO_4^-$）和少量二价正磷酸根离子（HPO_4^{2-}）被小麦吸收。磷酸根被吸收后在体内合成核酸、核蛋白和磷脂质，直接参与呼吸和发酵过程及光合作用的生化过程，对碳水化合物的合成、分解、运输及对氮素代谢都有很大影响。小麦是对磷素敏感的作物。磷对各器官分生组织的细胞分裂和增殖亦有重要作用，充足的磷肥供应有利于小麦形成强大的根系，有利于小麦早发快长，促进根系生长和分蘖发生，开花后促进籽粒饱满和早熟。缺磷时，小麦叶绿素内的光合产物向外输送受阻，而以淀粉形式在叶绿体内累积起来，导致其他器官碳水化合物不足，能量缺乏，影响植株代谢。

（一）磷素对小麦旗叶光合速率变化的影响

由图 6-5 看出，挑旗后小麦旗叶光合速率上升，开花以后达最大值后一直呈下降趋势至成熟。鲁麦 22（L22）施磷后提高了化后 21d 之前的小麦旗叶的光合速率，特别是光合速率高值持续期内施磷处理显著大于对照；对于济南 17（J17）来说，整个灌浆期间施磷处理均显著高于对照，但提高幅度小于鲁麦 22 旗叶。两个品种的两个施磷处理之间均无显著差异。

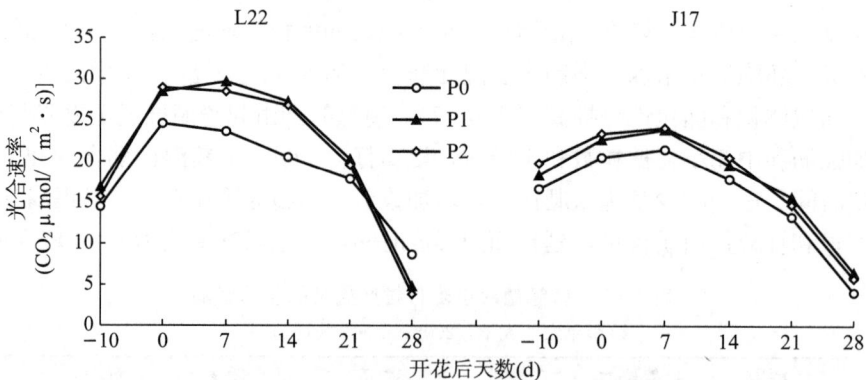

P0 为不施磷肥；P1 为 105kg/hm² P₂O₅；P2 为 210kg/hm² P₂O₅

图 6-5　磷对旗叶光合速率变化的影响

（山东农业大学）

（二）磷素对小麦碳代谢及籽粒淀粉合成关键酶活性的影响

河北农业大学（2006）的试验结果表明，在 $75\sim375kg/hm^2$ 施磷 P_2O_5 量范围内，随施磷量增加，小麦旗叶净光合速率、气孔导度、叶绿素含量、可溶性蛋白质含量和 ATP 酶活性均提高，叶绿素含量缓降期和光合速率高值持续期延长。但施磷量达到 $375kg/hm^2$ 时，旗叶的叶绿素 b 含量减少，希尔反应和非环式光合磷酸化活性受到抑制，说明过多施磷对小麦光合碳同化无益。

扬州大学农学院（2006）的试验指出，在每公顷磷 P_2O_5 肥施用量为 $0\sim210kg$ 范围内，施磷可提高强筋和中筋小麦旗叶磷酸蔗糖合成酶（SPS）活性、花后 28d 之前籽粒蔗糖合成酶（SS）活性、花后 $14\sim21d$ 内籽粒腺苷二磷酸葡萄糖焦磷酸化酶（ADPGPPase）活性、籽粒结合态淀粉合成酶（GBSS）和可溶性淀粉合成酶（SSS）活性，但强筋小麦旗叶 SPS 活性、籽粒 ADPGPPase 和 SSS 活性提高的幅度小于中筋小麦。在 $0\sim108kg/hm^2$ 施磷（P_2O_5）量范围内，增加施磷量，弱筋小麦旗叶 SPS 活性增强，旗叶和籽粒蔗糖含量，以及籽粒 SS、ADPGPPase、SSS 和 GBSS 活性均提高，成熟期籽粒直链淀粉、支链淀粉和总淀粉含量及积累量和积累速率均升高。施磷量超过 $108kg/hm^2$，弱筋小麦旗叶和籽粒蔗糖含量，旗叶 SPS 活性，籽粒 SS、ADPGPPase、SSS 和 GBSS 活性，以及籽粒直链淀粉、支链淀粉、总淀粉积累速率和积累量呈下降趋势。

（三）磷素对小麦氮代谢关键酶活性及籽粒蛋白质合成的影响

施磷可提高灌浆前期和中期小麦旗叶硝酸还原酶和谷氨酰胺合成酶的活性（图 6-6），促进氮素同化；增强灌浆中期旗叶内肽酶（EP）活性，有利于营养器官蛋白质的降解和游离氨基酸向籽粒的再分配，但过高的磷素水平（$210kg/hm^2$ P_2O_5）对灌浆后期旗叶游离氨基酸向籽粒的再分配影响较小。施磷对籽粒蛋白质合成和积累的促进作用在灌浆前期较大，后期较小。

（四）磷素对小麦衰老及抗逆性的影响

据西北农林科技大学（1998）研究，在西北旱作条件下，施磷明显增强春小麦叶片组

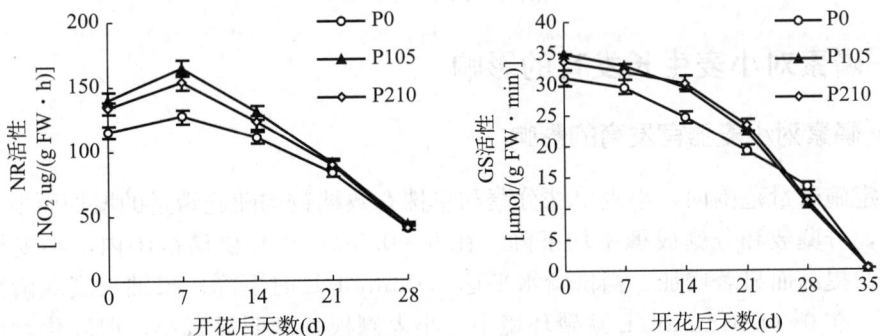

P0、P105 和 P210 处理的施磷（P_2O_5）量分别为 0、105 和 $210kg/hm^2$

图 6-6 施磷量对旗叶 NR 和 GS 活性变化的影响

（山东农业大学，2003）

织细胞膜的稳定性，提高渗透调节能力，有利于植株吸水，增加叶片束缚水含量，增强叶片组织耐脱水能力和保水能力。山东农业大学（2010）研究，适量施磷可显著提高小麦开花后旗叶 SOD、POD 和 CAT 活性，降低 MDA 含量，延缓旗叶衰老，尤其对受干旱胁迫的小麦，可在一定程度上减轻活性氧等有害物质对植株体的伤害，提高小麦的抗旱性。

在低温胁迫下，施磷可明显降低小麦幼苗组织的相对电导度，增加可溶性糖和脯氨酸含量，提高 SOD 活性（图 6-7），增强低温下小麦幼苗的抗寒性，减缓低温对小麦幼苗的伤害。

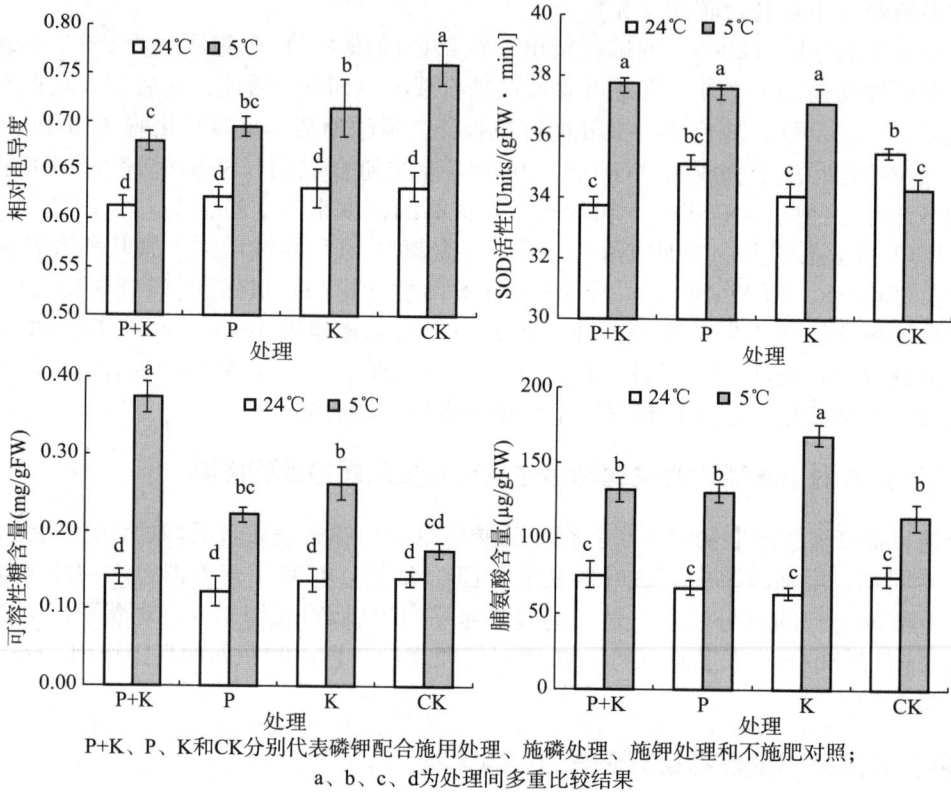

P+K、P、K和CK分别代表磷钾配合施用处理、施磷处理、施钾处理和不施肥对照；
a、b、c、d为处理间多重比较结果

图 6-7　低温胁迫下磷、钾对小麦幼苗相对电导率、SOD 酶活性、可溶性糖和脯氨酸含量的影响
（河南科技大学农学院，2009）

二、磷素对小麦生长发育的影响

（一）磷素对小麦器官发育的影响

在一定施磷量范围内，小麦单株分蘖和单株有效穗数均随施磷量的增加而增多，但施磷量过多，分蘖数和分蘖成穗率均下降。在 0～0.5mmol/L 供磷范围内，小麦根轴数量随磷浓度的提高而显著增加，当供磷水平达 1.0mmol/L 时下降；根轴长度随磷浓度的增加而下降。在 0～0.01mmol/L 缺磷环境中，小麦侧根长度明显减小，但同化物向根部的分配比例增加，侧根数量和侧根密度均显著提高。低磷刺激了根轴的伸长，高磷则促进了侧根的发育，提高了单位根重的表面积（表 6-8）。根轴的伸展有利于对磷源的探寻，侧根的生长有利于对磷的吸收。

表6-8　不同供磷水平对小麦根系形态的影响

（中国农业大学，2001）

供磷（P）水平（mmol/L）	基因型	株根轴数（条）	株根长（cm）	根轴长度（cm）	株侧根数（条）	侧根密度（条/cm）	侧根长度（cm）	株地上部干重（mg）	株根干重（mg）
0	81（85）5-3-3-3	6.3±0.36h	512.0±80.1de	26.5±2.2a	155.8±17.4b	0.93±0.07ab	2.2±0.5d	51.0±5.63c	27.3±4.62ab
	NC37	8.4±0.31e	547.3±32.2cde	21.6±3.5b	159.3±8.2b	0.90±0.13b	2.3±0.4d	54.5±4.25c	21.7±2.00cd
0.01	81（85）5-3-3-3	6.8±0.30gh	876.4±48.3a	27.1±2.1a	191.3±7.9a	1.05±0.09a	3.6±0.3abc	63.6±7.83c	30.4±4.29a
	NC37	9.2±0.92cd	656.2±97.6bc	18.6±2.5c	16.9.2±10.7b	1.00±0.00ab	2.9±0.6cd	59.6±5.72c	22.8±1.43cd
0.1	81（85）5-3-3-3	9.0±0.65cde	703.5±80.9b	22.4±0.9b	118.0±10.1c	0.59±0.03d	4.2±1.3a	122.6±11.90a	24.6±1.72bc
	NC37	10.5±0.94ab	553.9±36.5de	15.5±1.8d	108.0±22.7cd	0.66±0.07cd	3.8±0.9abc	96.7±12.55b	20.5±3.37cd
0.5	81（85）5-3-3-3	8.1±0.75ef	556.6±56.7cde	20.2±1.3bc	108.4±2.5cd	0.67±0.03cd	3.6±0.5abc	123.2±13.08a	20.5±2.07d
	NC37	10.7±1.01a	529.2±60.8de	15.9±0.7d	125.6±27.3c	0.73±0.12c	2.9±0.6bcd	115.4±14.39a	19.5±1.41d
1.0	81（85）5-3-3-3	7.3±0.42fg	628.2±53.8bcd	22.5±1.5b	118.8±10.3c	0.71±0.04cd	3.9±0.5a	123.8±12.92a	19.7±2.29d
	NC37	9.6±0.51bc	491.2±13.5e	13.8±1.9d	94.0±15.4d	0.72±0.15c	3.9±0.6ab	93.9±5.55b	15.0±0.87e

注：表中数据后不同小写字母表示不同处理间差异显著（$P<0.05$）。

在土壤干旱条件下，施磷可促进根系生长，增加 0～150cm 土层中的根量，提高根系比表面积，降低根系呼吸速率，使 0～20cm 土层中根量所占比例增加，在一定程度上补偿了因上层土壤水分亏缺引起的次生根条数下降，扩大了对深层土壤水分的吸收利用能力。

河北农业大学（2006）研究表明，在严重缺磷条件下，小麦植株幼穗分化开始晚，但穗分化进程加快，于小花分化期前后基本赶上正常供磷植株的幼穗分化进程。严重缺磷植株尽管其生长严重受抑，但后期发育并不延迟。小麦穗分化开始前缺磷，之后供磷可促进植株生长，但延迟了幼穗分化进程，一般比正常供磷植株晚一个穗分化时期，成熟期延迟 9d。

（二）磷素对小麦干物质积累与分配的影响

在 0～108kg/hm^2 施磷（P$_2$O$_5$）量范围内，随施磷量增加，植株干物质总积累量和花后干物质积累量均增加，当 P$_2$O$_5$ 施用量超过 108kg/hm^2 时，植株干物质积累量随施磷量增加而下降（表 6-9）。据山东农业大学（1994）研究，适量施磷可提高开花 24d 之前的籽粒灌浆速率；但在籽粒灌浆后期（开花 28d 以后），不施磷处理粒重仍缓慢增加，而施磷处理则处于停滞状态，说明磷素通过提高早期和中期籽粒灌浆速率，增加了粒重和籽粒产量。

表 6-9　施磷量对小麦各生育期干物质积累动态的影响

（扬州大学，2006）

单位：kg/hm^2

施磷（P$_2$O$_5$）量	越冬始	返青期	拔节期	孕穗期	开花期	成熟期	开花后	籽粒产量
0	341.08f	460.31e	794.83f	4 308.22f	6 037.10f	11 142.43f	5 105.33f	4 999.33f
36	361.64e	495.50d	825.93e	4 853.24e	6 232.55e	12 894.69e	6 662.14e	5 470.11e
72	386.09d	515.30c	871.93d	4 959.12d	6 454.80d	14 827.89d	8 373.09d	5 930.24d
108	445.58a	574.30a	971.95a	5 263.22a	7 149.22a	16 263.94a	9 114.72a	6 600.61a
144	409.04b	535.32b	920.94b	5 100.11b	6 912.23b	15 765.72b	8 853.49b	6 460.17b
180	397.42c	527.10b	894.34c	5 007.22c	6 836.22c	15 516.35c	8 680.13c	6 211.35c

（三）磷素对小麦产量和品质的影响

据西北农林科技大学（2005）研究，在西北旱作条件下，一定施磷量范围内，随施磷量增加，穗粒数和千粒重明显增加，籽粒产量提高，但面团形成时间和稳定时间缩短，弱化度和评价值呈降低趋势，最大拉伸阻力、50mm 处拉伸阻力值增大，延伸度降低，面团弹性和筋力明显降低，面团的延展性增强。

山东农业大学研究表明（表 6-10），施磷显著提高了籽粒蛋白质含量，处理间表现为 P1＞P2＞P0。表明适宜施磷量的处理可显著提高籽粒蛋白质含量，过量施磷不利于籽粒蛋白质积累。P1 处理的面团形成时间和稳定时间均最长，弱化度值最低；P2 处理的面团形成时间和稳定时间最短，弱化度值最高；P1处理的评价值显著高于其他处理。说明适宜的磷肥用量有利于改善小麦的营养品质和加工品质。

表6-10 施磷量对籽粒蛋白质含量和面团流变学特性的影响

(山东农业大学，2005)

处理	蛋白质含量（%）	面团形成时间（min）	面团稳定时间（min）	弱化度（FU）	评价值
P0	13.12c	6.5b	17.1b	32b	150bc
P1	14.16a	8.0a	24.7a	21c	273a
P2	13.57b	5.9c	10.6c	40a	132c

注：P0为不施磷肥；P1为105kg/hm² P_2O_5；P2为210kg/hm² P_2O_5。

由表6-11可以看出，在本试验地力条件下，施磷显著提高了籽粒产量，但P1和P2两施磷处理间籽粒产量无显著差异。由于施磷促进了植株对氮素的吸收，提高了植株氮素的积累量，从而导致了其氮素利用效率下降，且随着施磷水平的提高，小麦氮素利用效率下降显著。

表6-11 施磷量对籽粒产量和氮素利用效率的影响

(山东农业大学，2005)

处理	生物产量（kg/hm²）	籽粒产量（kg/hm²）	经济系数（%）	氮素积累量（N kg/hm²）	氮素利用效率（kg/kg N）
P0	17 765b	8 010b	45.09b	231.1c	34.66a
P1	15 438c	8 610a	55.77a	254.2bc	33.87a
P2	20 877a	8 637a	41.37c	300.5a	28.74b

注：氮素利用效率＝籽粒产量/氮素积累量。P0为不施磷肥；P1为105kg/hm² P_2O_5；P2为210kg/hm² P_2O_5。

第四节　小麦的钾素营养

一、钾素的生理功能

钾不是植株体内有机物的组成部分，土壤中的钾元素以钾离子（K^+）的形态被小麦吸收。钾素的代谢过程与小麦的呼吸作用和蛋白质合成有密切关系。钾能促进多糖的合成，它是细胞内多种酶的活化剂，使生化反应加快。钾能促进碳水化合物的形成与转化，使叶片中糖分向正在生长的器官输送。钾素营养良好，能增加细胞的束缚水含量和保水能力，提高小麦抗病、抗旱及抗冻能力，并促进维管束发育，使茎秆粗壮、坚韧抗倒，有利于小麦正常落黄成熟。钾素不足时，小麦茎秆变矮，生长缓慢，机械组织不发达，容易发生倒伏；光合能力减弱，下部叶片早衰干枯，抽穗及成熟明显提早，不利于灌浆，影响产量和品质。

（一）施钾量对小麦旗叶光合特性的影响

采用温室盆栽沙培试验，探讨不同浓度钾营养对小麦群体光合速率的影响。设 5、10、40、80 和 120mg/L 5 个不同钾（K_2O）水平的处理，分别以 K1、K2、K3、K4 和 K5 表示。

试验结果如图 6-8 所示，小麦拔节以后各生育时期的群体光合速率与供钾水平呈正相关。从图 6-8 还可看出，低钾处理的 K1 与 K2 群体光合速率于孕穗期即达到高峰，之后下降；而 K3 与 K4 处理开花期才达高峰，光合速率高值期持续时间也较长。值得注意的是供钾水平最高的 K5 并没有获得最高的群体光合值。

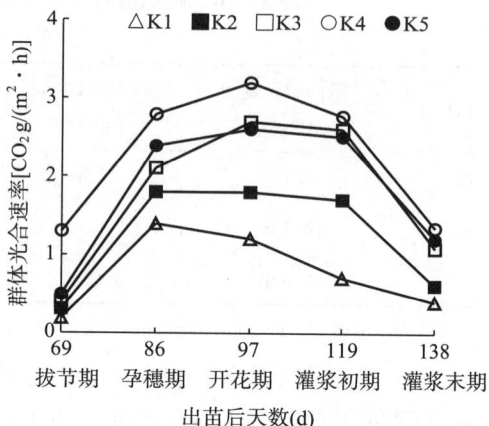

图 6-8 施钾量对群体光合速率的影响（盆栽）
（山东农业大学，1996）

（二）钾素对小麦氮代谢和籽粒蛋白质合成的影响

钾素可显著提高小麦各生育期叶片硝酸还原酶活性，促进氮素的同化，提高灌浆前期和中期旗叶中可溶性蛋白质和游离氨基酸含量。适宜的施钾量还能增强旗叶内肽酶和羧肽酶活性，促进营养器官氮素向籽粒转移和籽粒中蛋白质的合成，提高籽粒蛋白质含量。高氮缺钾会导致蛋白质合成及含氮化合物转运受阻，茎秆内氮素积累增多，引起氮代谢和各种生理代谢紊乱。

（三）钾素对小麦碳代谢及籽粒淀粉合成关键酶活性的影响

施钾能提高小麦开花后旗叶叶绿素含量，增强旗叶磷酸蔗糖合成酶（SPS）和蔗糖合成酶的活性，有利于灌浆前期和中期旗叶蔗糖的合成，促进籽粒灌浆并增加茎中果聚糖、蔗糖、果糖和葡萄糖在灌浆期间的积累。适宜的施钾量还能促进灌浆后期茎鞘中果聚糖的降解及蔗糖、果糖和葡萄糖向籽粒中的转运，提高籽粒中腺苷二磷酸葡萄糖焦磷酸化酶（ADPGPPase）活性和蔗糖的供应强度与淀粉积累速率，增加总淀粉和支链淀粉含量。

（四）钾素对小麦衰老及抗逆性的影响

河南科技大学（2009）研究指出，钾可显著增加幼苗可溶性糖和脯氨酸含量，在低温环境下能降低细胞中的水势，增加原生质的浓度，保护细胞内的生物大分子，维持细胞正常代谢，增强小麦幼苗膜质稳定性和抗冻能力。在水分胁迫条件下，适量施钾可降低小麦叶片水势和渗透势，并促进受旱小麦叶片内游离脯氨酸积累，提高叶片的持水力，抵御干旱对小麦的影响（表 6-12）。

表 6-12　不同供水条件下钾对小麦叶片水势的影响

（中国科学院水土保持研究所，1987）

处　　理		测定时土壤湿度 （最大持水量的%）	叶片总水势（ψ） （$\times 10^5$ Pa）	叶片渗透势（$\psi\pi$） （$\times 10^5$ Pa）	叶片压力势（ψp） （$\times 10^5$ Pa）
正常供水	施钾	70	−2.84	−11.72	8.88
	不施钾	70	−3.44	−12.01	8.57
干旱	施钾	35	−19.48	−20.44	0.96
	不施钾	35	−14.48	−13.98	−0.50

适量施钾可以显著提高旗叶 SOD 和过氧化物酶的活性，减缓活性氧产生速率，减少 MDA 的积累，从而减轻细胞膜系统受损伤的程度，延缓叶片衰老（河南农业大学，2000）。

二、钾素对小麦生长发育的影响

（一）钾素对小麦器官发育的影响

在一定范围内，随施钾量增加，小麦单株分蘖数和最高总茎数均显著增加，成穗数显著提高。增施钾肥能明显提高小麦根系钾素含量，增大根表面积，提高根系活力和根干物重，促进根系向深层生长，增加 40～100cm 土层根的分布数量，提高小麦对深层土壤水分和养分的吸收能力。山西省农业科学院（2000）在旱作条件下的研究表明，钾素能促进小麦返青后次生根的生长，但施钾量过大，单株次生根数反而降低。水培试验表明，在 0.1～1.0mmol/L 供钾浓度范围内，小麦的根长和次生根数量均随供钾浓度的提高逐渐增加，供钾浓度超过 1.0mmol/L 时，根系生长受到抑制，次生根数量减少。

河南省农业科学院（2006）研究指出，钾素能促进小麦茎秆表皮下厚角组织细胞层数明显增多，厚角组织及细胞壁明显增厚，使基部第 1、第 2 节间粗壮，强度增大，机械性能得到改善，但对成熟期株高影响不显著。另外，施钾使小麦茎秆维管束数量显著增多，维管束面积显著增大，茎秆输送养分的能力显著增强。然而，施用钾肥过多，基部第 1、第 2 节间壁厚增加幅度减小，基部第 2 节间长度增加，粗度、壁厚反而有降低的趋势。施钾能明显增加旗叶叶片、主脉和侧脉的厚度，促进主脉和最大侧脉的厚角组织发育，有利于旗叶直立，减少反射光和光透射损失，而且增强叶片对病虫害入侵的抵抗能力。

河南农业大学（2000）研究结果表明，丰富的钾营养能够促进小麦苞叶原基和小花的分化与发育，使不孕小穗数减少，结实小穗数增加，穗粒数增多，并有利于粒重提高。钾素对小粒型品种幼穗发育的促进效果尤为显著，施钾可促使其穗长增加，促进小穗原基分化，显著增加每穗小穗数。

（二）钾素对小麦干物质积累与分配的影响

增施钾肥可促进小麦各生育时期干物质的生产与积累，有利于开花后营养器官中碳水化合物向生殖器官的再分配。山东农业大学[14]C 试验结果显示（表 6-13），标记 3d 后，高供钾处理单茎放射性^{14}C总强度大于低供钾处理，成熟期滞留于旗叶的^{14}C同化物低于低供钾处理，而分配至穗中的比例显著大于低供钾处理，说明充足的钾能促进同化物由营养器官向穗部器官的转运与分配。此外，高供钾处理的^{14}C同化物分配至根中的比例较低供钾处理大，有利于提高根系活力，延缓早衰。但在富钾土壤上，钾素对植株干物质积累与分配的促进作用减弱。

表6-13　施钾量对小麦开花期^{14}C同化物转运分配的影响（盆栽）

（山东农业大学，1992）

器官	K2			K4		
	放射性比强度 (Bq/gDW)	放射性总强度 (Bq/茎)	占单茎放射性总强度（%）	放射性比强度 (Bq/gDW)	放射性总强度 (Bq/茎)	占单茎放射性总强度（%）
旗叶	524.44	23.60	0.25	318.36	17.51	0.18
旗叶鞘	996.28	69.74	0.74	1 725.90	131.17	1.32
穗下节	14 613.10	1 461.31	15.59	13 156.25	1 578.75	15.94
穗	7 842.42	1 199.89	12.81	17 855.10	3 571.02	36.06
倒2叶	17 673.41	1 166.45	12.44	12 548.00	878.36	8.87
倒2叶鞘	5 321.16	228.81	2.44	4 330.20	212.18	2.14
倒2节间	25 724.36	2 829.68	30.19	16 467.47	2 799.47	28.27
其余叶	1 639.44	147.55	1.57	1 107.31	210.39	2.13
其余叶鞘	1 196.63	95.73	1.02	649.50	77.94	0.79
其余节间	8 478.00	2 034.72	21.71	652.00	176.04	1.78
根	798.49	116.58	1.24	1 569.30	249.52	2.52
总计		9 374.06	100.00		9 902.35	100.00

注：叶和节等均为从顶部顺序向下数；K2和K4每公顷施K$_2$O量分别为112.5 kg和337.5 kg。

（三）钾素对小麦产量和品质的影响

西北农林科技大学（2002）研究表明，在0～112.5kg/hm^{2}钾（K$_2$O）施用量范围内，随施钾量增加，小麦各生育期总茎数增加，穗数、穗粒数、千粒重和籽粒产量提高，但过多施钾不利于小麦产量的形成。

山东农业大学研究表明（表6-14），施钾提高了小麦湿面筋含量、沉降值和面团稳定时间，增加了籽粒产量。从表6-14还可以看出，施钾最多的K3处理品质与产量不是最优的，钾素增产效率也不高，说明施钾过多，并不能协调优质、高产、高效的关系，生产中应切实注意。

在小麦生产施肥问题上，存在着重氮轻钾倾向。研究表明，在高氮条件下，缺钾使蛋白质合成及含氮化合物的转运受阻，氮代谢失调。为了在提高产量的同时，改善小麦的品质，必须提高钾肥的比例。在本试验地力条件下，认为在总施氮量为210kg/hm^{2}前提下，优质、高产、高效生产的施钾（K$_2$O）量为每公顷112.5kg。

表 6 - 14　不同施钾处理对小麦籽粒品质、产量和钾素增产率的影响

(山东农业大学，2003)

处理 （kg/hm²）	湿面筋 （%）	沉降值 （mL）	面团稳定时间 （min）	籽粒产量 （kg/hm²）	钾素（K₂O）增产率 （kg/kg）
0	40.75c	38.25b	8.0b	7 322.40c	—
75	42.56a	42.18a	8.5ab	7 958.85b	5.6b
112.5	42.38a	43.65a	9.0a	8 237.40a	6.3a
202.5	41.93b	41.74a	8.1b	8 137.70a	3.6c

第五节　其他营养元素

一、钙、镁、硫元素的生理功能及其对小麦生长发育的影响

（一）钙

钙是合成细胞壁胞间层中果胶酸钙必需的元素。钙参与染色体结构的组成并保持其稳定性，也是一些酶的活化剂，促进糖类和蛋白质形成；调节植物体内酸碱度，平衡生理活性；在细胞内与草酸形成草酸钙结晶，可避免草酸过多的毒害，并可降低胶体水合度，提高黏滞性和原生质的保水能力，提高小麦抗寒、抗旱等抗逆性。钙与氢、铵、铝和钠离子还有拮抗作用，可避免这些离子对植株的不利影响。

由于钙在植物体内移动性很小，所以缺钙时，病症先从生长点和幼叶部位显现出来，使其枯萎甚至生长点死亡。苗期钙素不足，根毛很快停止生长，并逐渐变黄，新形成的幼根也很快死亡，叶呈暗灰绿色。生长中后期缺钙植株早衰，不结实或少结实。在盐胁迫下，增加 Ca²⁺ 供应，可提高小麦幼苗植株体内脯氨酸含量，增强过氧化物酶活性，降低丙二醛含量，提高幼苗耐盐性。

（二）镁

镁是叶绿素的组成成分，是叶绿素形成和光合作用所必需的元素。镁也是许多酶的活化剂，在磷酸和蛋白质代谢过程中起重要作用，并能促进植株对磷的吸收。缺镁最明显的症状是缺绿症，叶片脉间失绿，严重时出现坏死斑点，叶片枯萎脱落，且以较老的叶片先显现病症。

分蘖期缺镁，小麦植株根系少，且短而粗，发育停滞不前，生长的叶、根很快变黄死亡，发生的分蘖多属无效。底施镁肥能明显促进小麦生长发育，增加籽粒产量。在 0～150kg/hm² 施镁（MgSO₄·7H₂O）量范围内，小麦冬前分蘖数、最高分蘖数、穗数、穗粒数、千粒量和籽粒产量均随施镁量的增加而增加，增产幅度为 4.3%～11.4%；继续增加施镁量，籽粒产量呈降低趋势（周口市农业科学院，2009）。灌浆期叶面喷施镁肥，可以提高籽粒蛋白质含量和沉降值，延长面团形成时间和稳定时间。

（三）硫

硫是胱氨酸、半胱氨酸、蛋氨酸等含硫氨基酸和蛋白质的重要组成成分，对植物体内某些酶的形成和活化有重要作用。叶片中有机硫主要集中在叶肉细胞的叶绿体蛋白上，对叶绿体的形成和功能发挥有重要影响。小麦苗期供硫不足，植株很快失绿，叶片变短。缺硫还使叶片气孔开度减小，羧化效率降低，硝酸盐积累，降低光合性能，产量降低。

适量施硫可增加小麦开花前营养器官氮素的积累量，并促进其在开花后向籽粒中转运，提高开花后旗叶叶绿素含量和净光合速率，增强旗叶磷酸蔗糖合成酶活性，促进旗叶蔗糖的合成，提高籽粒中蔗糖含量，促进淀粉的合成与积累，增加单位面积籽粒产量。施硫能促进富硫蛋白质的合成，增加植株体内螯合物的比例，使植物重金属的中毒反应得到缓解。

二、微量元素的生理功能及其对小麦生长发育的影响

（一）硼

硼素参与植株体内糖类的运输和代谢，可以提高原生质黏性，增强植株抗寒、抗旱、抗热和抗病性，增加细胞壁的稳定性，促进细胞结构发育。硼能促进植物花粉的萌发和花粉管伸长，减少花粉中糖的外渗，有利于受精和种子发育。东北农业大学（2000）研究指出，缺硼使小麦穗部吲哚乙酸含量亏缺，而且运输受阻，在茎部有吲哚乙酸的积累；穗部和茎部细胞分裂素含量明显减少，麦穗发育不好，结实率极差。硼的缺少还会造成酚类化合物在植物体内的积累。

冬小麦以适宜浓度的硼浸种后可促进其叶部和生殖器官糖类的合成，并使叶片光合作用合成的糖类向生殖器官转运。东北农业大学（2001）研究表明，拔节前缺硼对小麦结实没有显著影响；拔节至孕穗期缺硼对小麦结实率影响较大，该阶段供硼对提高结实率有重要作用。

（二）锌

锌不仅是细胞膜和碳酸酐酶的组成成分，具有催化 CO_2 水合作用，同时还参与叶绿体和吲哚乙酸的合成，并且在物质分解、氧化、还原和蛋白质合成等过程中起重要作用，还对植物体内一些酶有活化作用。冬小麦缺锌出苗不齐，抗寒、抗旱性差，分蘖少，植株矮化，叶片出现不正常灰绿色，严重时叶面出现浅灰色斑点，并逐渐发展成叶脉间失绿，最后蔓延到全部叶片失绿黄化，甚至难以抽穗，严重影响籽粒产量。

在缺锌土壤适当增施锌肥，可显著提高越冬期、拔节期小麦单株次生根数和根系活性；促进分蘖早发，增加大蘖和单株干物重，提高成穗数，而且可延缓花后叶片衰老，促进籽粒灌浆，显著提高粒重和籽粒产量。灌浆期叶面喷施锌肥可以提高小麦籽粒的沉降值和湿面筋含量，延长面团稳定时间。

（三）铁

铁是植株体内多种氧化酶、铁氧还蛋白和固氮酶的组成成分。铁缺乏时，亚硝酸还

原酶和次亚硝酸还原酶的活性降低，使硝态氮还原成铵态氮的过程变得缓慢，影响氮素同化和蛋白质的合成。铁虽不是组成叶绿素的成分，但在叶绿素形成中不可或缺，缺铁时，叶绿素形成受到障碍和破坏，叶片失绿，严重时变成灰白色，尤其是新生叶更易出现失绿。

西北农林科技大学（2009）研究，铁肥直接施入土壤很难提高禾谷类作物籽粒中铁的含量。拔节期喷施铁肥可提高小麦根系和籽粒中铁含量和累积量，增加籽粒产量。在盐胁迫条件下，增施铁肥可以增加叶片叶绿素含量，提高小麦叶片 PSⅡ 光化学活性，增强耐盐能力。但在无盐胁迫条件下，过多施铁对小麦有害。

（四）锰

锰是叶绿体的组成成分并参与水的光解，缺锰光合作用不能正常进行。在冬小麦体内锰通过有价数变化参与植物体内各种氧化还原过程和电子传递，是 30 多种酶的活化剂和多种酶的组成成分，与小麦的呼吸作用、氮代谢、碳水化合物的转化和生长素的合成与分解有密切关系。冬小麦缺锰症一般从 4 叶期开始，由下往上第 2 片叶中部失绿，叶脉间出现黄色条纹或褐色斑点，部分叶脉特别是叶尖仍保持绿色，逐渐往上部叶片扩展。严重时叶片全部黄化，下部叶片枯死，且植株分蘖少，根细长。

河南科技大学（2011）研究指出，采用 0.2mg/L 的锰溶液浸种，可显著提高小麦种子发芽率和发芽势，增加幼苗叶绿素含量，促进种子萌发和幼苗生长。中国农业大学（2011）研究，在水旱轮作缺锰土壤上施用锰肥，可显著改善稻茬小麦缺锰症状，提高小麦籽粒产量和吸锰量。陕西省土壤肥料研究所（2011）研究，在陕西中部和北部旱塬区，土壤有效锰含量 5mg/kg 为小麦缺锰的临界值，在低锰土壤上施锰可显著提高籽粒产量，增产幅度达 4%～8%。

（五）铜

铜是叶绿体蛋白质体蓝素的组成成分，通过有价数变化在光合作用中充当电子传递体的作用；同时是许多氧化酶的组成成分，参与呼吸作用、氧化磷酸化过程、氮代谢及细胞壁形成过程，能增强冬小麦抗病力。

浙江农业大学（1994）研究，小麦缺铜会导致"穗而不实"，即抽正常形态穗而不结实。其原因是缺铜导致小麦植株总糖、非还原糖、淀粉含量低，淀粉转移速率慢，小麦花粉中淀粉积累量低，败育花粉增加。西北师范大学（2005）研究，过多的铜会抑制小麦根系质膜 H^+-ATPase 的活性，导致细胞膜发生较强的氧化损害；小麦胚根、次生根数减少，总根长度、胚芽长度缩短，根体积和干重减少，幼苗叶绿素和可溶性蛋白质含量、株高均降低。

（六）钼

钼是植株体内硝酸还原酶的组成成分，参与硝态氮的还原过程。缺钼会导致植株叶片内的硝酸盐大量累积，不利于蛋白质的合成。钼能促进小麦种子的萌发和幼苗生长，提高叶绿素含量和叶片光合速率。此外，钼还能调节小麦在一天中的蒸腾强度，使早晨的蒸腾强度提高，白天其余时间的蒸腾强度降低，并增强小麦叶片的保水能力，提高抗旱性。

华中农业大学（1996）研究，采用钼肥拌种可显著促进小麦分蘖早发，增加分蘖数，提高干物质积累量和株高。播种前土施钼肥能促进冬小麦营养生长阶段碳水化合物的积累，并在生殖生长阶段促进碳水化合物向穗部转移，显著提高籽粒产量。灌浆期叶面喷施钼肥可使小麦籽粒粗蛋白含量、湿面筋含量和沉降值提高，面团形成时间和稳定时间延长，改善籽粒品质。

第七章　小麦的水分生理与灌溉及排水

第一节　小麦与水分的关系

一、水的生理生态作用

小麦全部生命活动都需要在一定的水分条件下才能进行，水在小麦生命过程中的作用包括生理作用和生态作用。

水的生理作用：水是细胞原生质的重要组分，细胞分裂和延伸生长都需要足够的水分；细胞的膨压需要水分来维持，水能保持植株固有的姿态；水是光合作用重要原料，并参与呼吸作用、有机物质合成和分解过程；水是植株体内许多生化反应过程和物质吸收、运输的良好介质。只有满足适宜的生理需水要求，小麦才能正常生长发育。

水的生态作用：水不仅是小麦植株体温调节器，也是小麦生存环境的重要调控因素，其对环境的影响是多方面的，如：水的热容量大、导热率较高，土壤中含水多少直接影响土壤温度的变化；水对土壤可直接产生冻融效应和干湿效应（指冻融交替和干湿交替所产生的效应），从而有助于改善土壤物理性状；水还可控制土壤盐分的上下运移，而且各种肥料都必须先溶于水才能被吸收。

鉴于水所具有的重要生理和生态作用，在小麦生产中，水分管理成为重要栽培管理措施。通过灌溉和排水，一方面满足小麦适宜的生理需水要求，另一方面以水调温、以水改土、以水调气、以水调肥等，创造小麦生长适宜的环境条件。

二、麦田系统的水分流动

麦田系统中的水分包括土壤水、植物水、大气水、地表水和地下水5个方面。土壤水是指由地面向下至地下水面以上土壤层中的水分，亦称土壤中非饱和带水分。由于各地麦田地下水位深浅不一，非饱和带土层厚度也不一致，在实际研究中通常考察根系分布层的土壤水分。大气水主要指大气降水；地表水主要是径流和灌溉水；地下水指埋藏于饱水带以下饱和土体中的水分；植物水指小麦植株内水分。土壤水经土表蒸发和被小麦吸收后经冠层蒸腾不断进入大气，大气降水和灌溉水进入土壤后转化为土壤水，土壤水过多会渗入地下水，地下水也可通过毛管作用上升补充土壤水。在麦田生产系统中，水分的流动过程（图7-1），实质上是上述"五水"的相互转化过程。在此水分转化过程中，水流把土壤—植物—大气连为一体，在土壤—植物—大气连续体（SPAC）中水分的传输主要涉及土壤—大气、土壤—根系和冠层—大气3个界面。SPAC系统中这3个界面的水分传输通量决定了农田的水分耗散结构，即蒸腾和蒸发。在小麦栽培管理中，主要通过调控土壤—大气界面的水分传输，如优化种植方式、增加覆盖、保墒耕作等，降低麦田棵间无效蒸发耗水；通过调控根系吸水，如促根下扎、提高根系活性等，提高土壤水分的利用效率；通过调控冠层—大气的水分传输，如有限供水、控制奢侈蒸腾等，提高作物蒸腾效率。三者相结合，最终达到提高整个麦田生态系统水分利用效率的目的。

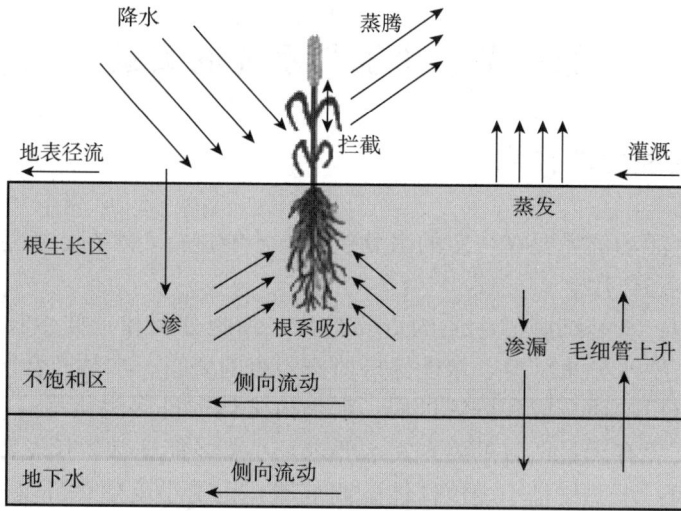

图7-1 麦田系统水分流动

三、小麦对水分的吸收、运输和散失

（一）小麦对水分的吸收

小麦主要通过根系吸收水分，其对水分的吸收量和吸收速率取决于土壤水的有效性和根系吸水能力。

土壤中水分的有效性主要取决于土壤水的储量及土壤水势。土壤有效水总容量是田间持水量和永久萎蔫系数的差值。不同类型土壤的有效水总容量不同，一般为黏土＞壤土＞沙土。小麦根系主要分布在深2m土体中，2m土体是庞大的土壤水库，其有效水总容量，壤土可达350～400mm。在小麦生产过程中，农田实际的土壤有效水含量因播前储水的多少及降水、灌水和农田耗水的平衡状况而变化。

小麦根系的吸水能力主要取决于根系分布范围和吸水动力与活性，但也受制于土壤水分状态。根系吸水的动力来自根压和蒸腾拉力，以蒸腾拉力为主。根系吸水的部位主要是根尖，特别是根毛区对水分的吸收最为旺盛。小麦根系在土壤剖面上的分布是不均匀的，不同土层根量差异很大，一般表层 0～40cm 根量可达总根量的 80％左右，而下层根量逐渐减少。根重、根长等参数在土壤剖面中的分布常呈现指数递减趋势。由于根量的分布差异，根系吸水在土壤中的分布也不一致，当土壤含水量适宜时，上层根系吸水率较大，由上到下吸水率也呈指数递减。但在上层土壤干旱时，上层根系吸水受到限制，处于下层湿润土层中的根系吸水活性提高，吸水量增加。在小麦生育过程中，由于根系生长和土壤水分的变化，根系吸水范围也随之发生变化。一般来说，在冬小麦生育前期，根系吸水主要集中在 80cm 以上土层；拔节至开花期随根系向纵深发展，根对 80cm 以下深层土壤水分的利用增加；特别是到灌浆期，灌水少的冬小麦主要依靠中下层土壤的储水来维持蒸腾需水。

凡是影响根系生长、土壤—根系水势变化和水流阻力的因素均影响根系吸水。小麦栽培通过深耕或深松打破犁底层，通过调亏灌溉和增施磷肥等措施，均可促进根系深扎，扩大根系吸水范围，增加对下层土壤水的利用。

（二）小麦体内水分的运输与散失

小麦吸收的水分，只有约 1‰用于植物体的构成，绝大部分通过冠层散失（主要通过蒸腾）到大气中。水分从被根系吸收至蒸腾到大气中，其输导过程为：土壤水→根毛→根皮层→根中柱鞘→根导管→茎导管→叶脉导管→叶肉细胞→叶细胞间隙→气孔下腔→气孔→大气。

气孔蒸腾是蒸腾的主要方式。小麦叶片和非叶片器官（叶鞘、茎、穗颖）均有气孔分布，但非叶器官单位面积气孔数目少，蒸腾也较少，叶片是主要蒸腾部位。

蒸腾作用的快慢与蒸腾量受植株体内外多种因素制约。叶片大小、气孔密度和气孔开度或气孔阻力是影响蒸腾作用的主要内部因素。扩大群体叶面积，可增加地面覆盖，减少蒸发耗水，但群体的蒸腾耗水也会增加。在旱地麦田，往往因群体密度过大，叶面积过大，使前期蒸腾耗水过多，加剧后期水分胁迫。小麦叶片气孔分布因品种而不同，不同叶位也有差异，通常旗叶的气孔密度高于其他叶片，叶片正面的气孔数多于反面的气孔数。小麦冠层不同层位叶片及叶片不同部位的气孔阻力也有明显差异，一片叶子从叶尖到叶基部气孔阻力逐渐增大；叶片反面的气孔阻力大于正面相应部位的气孔阻力；冠层不同层位叶的气孔阻力由上向下逐渐增大。由于气孔阻力在冠层内的垂直变化和辐射在冠层中的垂直衰减，蒸腾速率在小麦冠层内的分布也呈垂直变化。一般来说，上部叶片的蒸腾速率较大，下部叶片的蒸腾速率较小。有的品种叶表面覆有较厚的蜡质层和茸毛，有降低蒸腾的作用。

外界环境条件对蒸腾的影响主要表现在叶内水分由液态变为气态的能量提供、叶片和周围环境之间的水汽压梯度及空气边界层阻力几个方面。太阳辐射、空气饱和差、气温、风速等因素均对蒸腾有影响。土壤水分通过影响根系吸水速率和气孔开度进而影响蒸腾。当土壤出现一定程度干旱时，作物根系迅速感知干旱，以化学信号（ABA）的形式将干旱的信息传递到地上部分，在叶片水分状况尚未发生改变时即主动降低气孔开度，降低蒸腾作用，调节作物的水分利用。

蒸腾耗水对小麦生长是必需的，但过多蒸腾会降低水分利用效率，在土壤水分不足时会造成植物伤害。小麦高产高效栽培既要维持叶片较高的光合活性，又要适当降低群体蒸腾、减少水分消耗。通过适度水分调亏，可控制气孔开度和水分散失；通过减少无效分蘖并促其早衰，可减少无效蒸腾；通过控制适宜叶面积、优化冠层结构，可减少奢侈蒸腾，提高群体蒸腾效率。

四、水分对小麦生长发育的影响

（一）水分对种子萌发和出苗的影响

在适宜温度下，小麦种子吸水达到麦粒干重的 30% 以上才开始发芽，水分少，发芽慢；种子吸水达麦粒干重的 40% 时，发芽较快；种子吸水达到麦粒干重的 45%～50% 时，胚芽鞘突破种皮而萌发。在适期播种条件下，土壤含水量为田间最大持水量的 70%～80% 时，种子发芽速度最快。但水分过多，会因缺氧而影响种子的正常出苗。

（二）水分对叶片生长的影响

在适宜水分条件下，小麦出叶快，叶片能充分扩展，叶面积较大；水分不足或适度亏缺，叶片生长慢，叶面积减小，但比叶重增加；严重水分胁迫则会使新叶出叶困难，老叶加速衰亡。

（三）水分对茎秆生长的影响

充足的水分促进节间伸长，特别是在氮肥较多情况下其促进作用更为明显，易造成徒长；干旱条件下茎秆伸长受到限制，严重干旱下，茎生长过慢，对幼穗分化不利。在穗下节间伸长过程中严重缺水，会导致不能抽穗或抽穗不全。

（四）水分对根系生长的影响

小麦根系生长受土壤水分状况影响很大，严重缺水时，初生根生长缓慢，次生根受影响更大，甚至停止生长，使麦苗容易受冻、受旱。当土壤稍旱时，根/冠比值较大；土壤水分适中时，如达田间最大持水量的 60%～70% 时，根/冠比值中等；土壤过湿，根/冠比值变小。过湿的土壤通气不良，根系生长受到阻碍。

（五）水分对穗分化的影响

充足的水分供给对穗分化正常进行极为重要，干旱加快穗分化速度，缩短穗分化时间，在穗分化过程中不同时期干旱均会影响相应时期的穗性状形成。如单棱期干旱，使穗长变短，小穗数减少；二棱期干旱，会减少小穗数，但影响程度较前期轻；小花分化期干旱，使小花数减少，结实小穗数降低；性细胞形成期干旱，不育小花比例增加，结实率下降，对产量影响极大，所以，药隔形成至四分体形成期必须保证水分供给。受干旱影响最大的是基部和顶部小穗上的小花，其次是中部小穗的上位小花（第 3、4 朵花）。

(六) 水分对开花和籽粒灌浆的影响

小麦开花要求的最适空气相对湿度为 70%～80%，低于 20% 则影响正常授粉，但湿度太大时，花粉粒易吸水膨胀破裂。籽粒形成初期水分供应充足有利胚乳细胞发育，可增加籽粒容积，此期干旱部分籽粒可能停止发育，结实粒数减少。籽粒灌浆需要适宜的水分，轻度干旱能提高灌浆强度，严重干旱，光合强度下降，植株早衰，粒重下降。

第二节 小麦的需水特性

一、需水量与需水规律

(一) 小麦的需水量

作物需水量是指在土壤水分条件非限制下健壮生长植株的水分需要量，为植株蒸腾量和棵间蒸发量的总和，亦称蒸散量。中国主要农作物需水量等值线图协作组曾对我国小麦主产区多年平均需水量进行了研究（表 7 - 1），根据这一研究，我国冬小麦多年平均需水量在325～550mm 之间，从南向北逐渐增大，最低值出现在陕南地区和江苏、安徽等省的长江以北地区，为 325～375mm、最高值出现在陕北、晋北与冀北地区，为 525～550mm；春小麦需水量在 300～700mm 之间，变幅较大，总的趋势是从东向西、从南向北逐渐升高。

表 7 - 1 我国小麦主产省份多年平均需水量

小 麦	省 份	需水量（mm）
冬小麦	北 京	500
	天 津	530
	河 北	449～536
	山 西	487～555
	河 南	383～528
	山 东	416～521
	陕 西	354～574
	安 徽	346～423
	江 苏	329～462
春小麦	吉 林	362～577
	甘 肃	302～656
	黑龙江	340～584
	辽 宁	240～559
	宁 夏	370～665
	青 海	441～735
	内蒙古	378～627

注：根据《中国主要农作物需水量等值线图研究》(1993) 整理。

小麦需水量是作物耗水的理论潜势，实际耗水量则受土壤、气象、作物自身及栽培技术措施等多因素影响而变化。根据麦田水量平衡关系，小麦一生的实际耗水量可用下式表示：

$$ET = Sw + P + I - D + Wg - R$$

式中：ET 为小麦耗水量，也即实际蒸散量；Sw 为生育期内根层土壤水分利用量；P 为降水量；I 为灌溉量；D 为降水、灌溉水向深层的渗漏量；Wg 为地下水通过毛细管上升被小麦利用的水量；R 为地表径流量。北方大部分麦田地下水埋深较深，不易为小麦根系吸收利用，且深层渗漏和地表径流可以忽略。因此，麦田耗水量可用下式测算：

$$耗水量（mm 或 m^3/hm^2）= 播种时根层土壤储水量 + 生长期总灌水量 +$$
$$有效降水量 - 收获期根层土壤储水量$$

综合各地报道，目前我国小麦主产区小麦耗水量一般为 400～580mm，节水栽培麦田耗水量较低。

（二）小麦的需水动态

小麦不同生育阶段或生育时期的实际需水量或耗水量与当地气候和土壤条件、不同小麦品种的生长发育特点、产量水平和田间管理状况有密切关系。各生育阶段或每日的需水（耗水）量称为某阶段需水（耗水）量或日需水（耗水）量。日需水量也叫需水（耗水）强度。任一阶段需水量占作物全生育期总需水量的比值称为需水模系数（耗水模系数）。冬小麦从播种到越冬，气温渐降，麦苗尚小，需水强度较低；越冬期由于气温低，表层土壤经常冻结，小麦生长缓慢或停止，需水强度最小。春季返青后，随着气温逐渐回升，小麦生长加快，需水强度也逐渐增大。在抽穗量灌浆期需水强度达到最高峰，此期日需水达 5mm/d 以上。此后由于植株衰老，蒸腾减弱以至停止，需水强度逐渐减弱。

从不同地区冬小麦阶段需水量和模系数（表 7-2）看，水浇地冬小麦不同阶段耗水量占全生育期总耗水量的比例为：播种—越冬为 10%～20%，越冬—返青为 5%～10%，返青—拔节为 10%～20%，拔节—抽穗 20%～30%，抽穗—成熟 30%～45%。在拔节以前约 150d 的生育期内（约占全生育期的 2/3 左右），耗水量只占全生育期的 30%～40%。旱地冬小麦生育期间降水相对较少，主要依靠吸收播前土壤储水，拔节前耗水比例通常在 40% 以上。

春小麦出苗后，生长量与耗水量均随气温上升而增加，播种至分蘖 30～50d，阶段耗水量占总耗水量 5%～10%；分蘖到拔节 20d 左右，耗水占 15%～17%；拔节到抽穗 20d 内耗水占 25%～29%。抽穗到成熟日数和耗水量因各地气候不同而差别较大。西北春麦区，尤其是青藏高原，抽穗到成熟达 60～70d，宁夏引黄灌区和甘肃河西走廊一带也在 40～50d，耗水量可占到 50%。所不同的是，青藏高原后期气候冷凉，灌浆期长，日耗水量较少而平稳；宁夏、甘肃气候干旱，日耗水量大，抽穗到乳熟高达 7.5mm/d；东北春麦区，抽穗到成熟正值雨季，耗水量少于其他地区，阶段耗水量仅占全生育期的 30% 左右。

表7-2 冬小麦各生育时期需水量及模系数（根据各地资料整理）

地点	项目	播种—越冬	越冬—返青	返青—拔节	拔节—抽穗	抽穗—成熟	全生育期
河北吴桥	阶段需水量（mm）	70.89	40.06	47.83	110.84	169.61	439.24
	模系数（%）	16.14	9.12	10.89	25.23	38.61	100.00
	日需水量（mm/d）	1.39	0.44	1.41	4.82	4.46	1.85
山东兖州	阶段需水量（mm）	48.47	37.35	86.01	95.96	154.61	410.13
	模系数（%）	11.47	8.84	20.36	23.40	37.7	100.00
	日需水量（mm/d）	0.84	0.43	2.10	4.57	3.86	1.66
河南新乡	阶段需水量（mm）	78.46	41.38	73.20	110.40	165.90	469.34
	模系数（%）	16.72	8.82	15.60	23.52	35.35	100.00
	日需水量（mm/d）	1.27	0.57	1.59	3.94	4.15	1.88
安徽蒙城	阶段需水量（mm）	83.75	31.50	74.26	142.8	205.25	537.55
	模系数（%）	15.60	5.90	13.80	26.60	38.20	100.0
	日需水量（mm/d）	1.23	0.66	2.25	4.2	5.4	2.43
陕西武功（旱地）	阶段需水量（mm）	108.40	51.20	21.60	137.10	93.60	411.80
	模系数（%）	27.60	13.20	5.60	35.50	24.00	100.00
	日需水量（mm/d）	2.10	0.60	1.00	3.20	3.10	1.69

二、小麦各生育阶段土面棵间蒸发与叶面蒸腾

从产量形成角度看，棵间蒸发是无效耗水，冠层蒸腾除部分无效分蘖的无效蒸腾外，绝大部分是有效耗水。在小麦生育的不同时段，棵间蒸发量与叶面蒸腾量不同，两者在麦田耗水中的比例也不同，主要随冠层覆盖度的变化而变化。在生育早期，苗小叶少，地面植株覆盖度低，农田耗水以蒸发耗水为主，叶面蒸腾耗水占总耗水量的比值小；随着植株生长和叶面积指数不断增大，农田耗水逐步转入以蒸腾耗水为主，叶面蒸腾耗水量占总耗水量的比例也逐渐增加，一般在开花—灌浆期达到最高；到生育后期，根系活力衰弱，功能叶片衰减，叶面积指数降低，叶面蒸腾耗水量所占比例也随之下降（表7-3，表7-4）。

表7-3 冬小麦不同生育阶段棵间蒸发量及占阶段蒸散量的比例

（中国农业科学院农田灌溉研究所，2000）

地点	项目	播种—越冬	越冬—返青	返青—拔节	拔节—抽穗	抽穗—成熟	全生育期
河北栾城（2001—2002）	ET（mm）	55.79	35.24	64.17	109.95	269.30	534.45
	E（mm）	46.42	30.49	32.64	13.39	45.04	167.98
	T（mm）	9.37	4.75	31.53	96.56	224.26	366.47
	E/ET（%）	83.20	86.52	50.86	12.18	16.72	31.43

（续）

地点	项目	播种—越冬	越冬—返青	返青—拔节	拔节—抽穗	抽穗—成熟	全生育期
河南新乡 (1997—1998)	ET (mm)	73.86	31.07	68.29	114.99	173.64	461.85
	E (mm)	46.03	11.66	22.68	12.18	20.39	112.94
	T (mm)	27.83	19.41	45.61	102.82	153.25	348.91
	E/ET (%)	62.32	37.53	33.21	10.59	11.74	24.45

注：E 为棵间蒸发量；T 为叶面蒸腾量；ET 为蒸散量。下表同。

在小麦全生育期的蒸散耗水总量中，棵间蒸发耗水所占比例为 25%～45%，变异很大，与栽培管理技术水平有很大关系。一般随产量水平提高，蒸发耗水比例减小，达到一定高产水平后，蒸发耗水比例可稳定在较低水平；随灌溉次数增多，表层湿润时间延长，蒸发耗水增多，蒸发耗水比例也会增加；生产上常因播种质量差、缺苗断垄、土壤板结等，加大棵间蒸发量。麦田蒸发耗水的主要时期是播种到拔节期，此期蒸发量常占小麦一生蒸发量的 60% 以上，占该阶段蒸散总量的 50%～70%，抓好此阶段节水栽培措施，可以减少麦田无效蒸发，进而可减少麦田总耗水量。疏松表土、覆盖保墒、窄行匀播、减少灌溉等均是有效地减少蒸发耗水的措施。山东农业大学（2010）研究表明，播前采用"深松＋条旋耕"整地耕作方式，比常规的旋耕方式可使播种至越冬阶段的麦田耗水量减少10mm 左右，有利于提高小麦水分利用效率。

表 7-4　春小麦不同生育时期棵间蒸发量及占阶段蒸散量的比例

（引自赵聚宝等《中国北方旱地农田水分平衡》，2000）

发育时期	ET (mm)	T (mm)	E (mm)	E/ET (%)
发芽期	6.9		6.9	100
幼苗期	19.6	8.6	11.0	56.1
分蘖期	85.8	45.0	40.8	47.6
拔节期	144.8	103.5	41.3	28.5
抽穗期	29.5	26.9	2.6	8.8
开花期	180.5	137.3	43.2	23.9
乳期期	20.0	14.1	5.9	41.8
黄熟期	13.5	9.3	4.2	45.2
全生育期	500.6	344.7	155.9	31.1

第三节　麦田土壤水分变化规律

土壤水分是土壤重要组成部分，土壤水分调控是作物高产栽培的重要环节，了解土壤—植物—大气连续体中土壤水分动态变化规律、作物对土壤水分的吸收利用特性是制订合理灌溉制度的重要依据。

一、小麦各生育阶段麦田土壤水分的消耗

不同区域麦田土壤水分的消耗受作物的生育时期、根系分布、降水、土壤含水量、土壤导水性能等作物、土壤和大气条件的共同作用和影响。无论冬小麦还是春小麦，在作物生长早期，冠层覆盖度小，蒸散量也较低，以土壤棵间蒸发耗水为主，且因根系分布浅，主要消耗上层土壤水分。随着作物的生长发育，作物冠层增大，耗水增强，到小麦拔节后，农田耗水过程以蒸腾耗水为主；根系入土深度增加，对土壤水分的消耗层次逐渐向土壤深层移动；抽穗至灌浆阶段小麦耗水强度达到最大，到灌浆后期，随着叶片的衰老，耗水强度逐渐降低。

中国农业大学（1995）对河北黑龙港平原区冬小麦田土壤水分消耗的观察表明，足墒播种春季无灌溉麦田，生育期总耗水量中，拔节前耗水约占40%，拔节后耗水约占60%。拔节前耗水主要层位为0～80cm土层，起身至拔节期该层土壤水分消耗量占阶段耗水量的比例为94.4%；拔节至孕穗阶段主要消耗0～130cm土层土壤水分；孕穗至开花阶段，主要消耗0～160cm土层水分，该层水分消耗量占阶段耗水量的93.4%；开花之后，耗水的深度则达2m土体。增加春季灌水，会增加总耗水量，每次灌水在时间上均会增加当时阶段的耗水比例，在空间上则增加上层土壤耗水比例。

中国科学院（2004）对河北山前平原区灌溉冬小麦不同生育阶段土壤水分消耗的研究也表明（表7-5），在小麦拔节以前，冬小麦根系对土壤水分的吸收主要集中在80cm以上的土层，占总蒸散量的80%以上；至抽穗前，根系主要吸收120cm以上土层的水分；抽穗—成熟期，120cm以下土层耗水比例明显增加。

表7-5　灌溉麦田典型时段冬小麦对不同层次土壤水分利用（占总蒸散量的%）

（中国科学院，河北栾城，2004）

生育阶段	测定时段（月/日）	土壤层次（cm）				蒸散速率（mm/d）
		0～40	40～80	80～120	120以下	
返青期	3/11～3/23	61.3	35.2	3.5	0	1.3
起身期	3/31～4/4	59.5	33.9	5.7	1.1	3.7
拔节—孕穗	4/12～4/19	56.0	30.3	10.9	2.8	3.9
抽穗—灌浆	5/4～5/11	40.1	24.1	18.1	18.9	4.2
灌浆—成熟	5/26～6/2	37.7	19.2	23.8	19.3	5.1

二、土壤水分的季节性变化

（一）灌溉农田土壤水分的季节性变化

灌溉农田土壤水分的周年变化主要受种植制度、自然降水、作物耗水和农田灌水等的综合影响。黄淮海地区是我国冬小麦主产区，冬小麦—夏玉米一年两熟轮作制是该区主要种植制度。根据中国农业大学（1995）在河北的调查，冬小麦和夏玉米轮作田

土壤水分周年变化呈现明显的季节性变化特点。冬小麦生长在一年中的旱季，大多数地区降水量不能满足小麦生育的需水量，土壤储水不断被吸收利用，其被利用的多少与灌溉制度和灌水多少密切相关。虽然土壤含水量随降水和灌水的时、量分布变化而波动，但正常年份，土壤储水总体趋势是下降的，至收获期土壤储水量降为一年中的最小值。夏玉米生长在一年中的雨季，进入雨季之后，降水量通常大于当时作物的耗水量，土壤水得到回补。雨季末，多数年份在8月10日前后，土壤储水接近田间持水量，达到一年中的最大值。此后，即在夏玉米生长后期，降水量往往不能满足当时作物生育需要，土壤储水逐渐减少，到小麦播种前，土壤储水减少量因年份而不同，一般降水年型，约减少50~80mm。后通过小麦播前灌足底墒水，再次把土壤储水回补到最大值。

分析河南郑州冬小麦和夏玉米轮作田多年0~50cm和0~100cm深度土壤湿度随时间的变化曲线图（图7-2），也可看出土壤水分的季节性变化。即每年10月下旬小麦播种出苗后土壤湿度开始下降，直至6月上、中旬达到最低值。6月下旬以后随着降水的增多，土壤湿度逐步上升，至10月中旬达到最高值。

在一个作物生长年度内，由于降水、灌水和作物耗水的影响，土壤储水量出现1~2次最大值和1次最小值，年复一年循环往复，这就是冬小麦—夏玉米轮作田土壤水的周年变化特征。在节水生产中，应根据周年水分变化特点，合理调控土壤水，一方面，在小麦季充分利用土壤水，使麦收后腾出较大的土壤库容，接纳汛期降水；另一方面，抓好雨季蓄水保墒，减少雨水损失，增加小麦播前土壤储水。

（二）雨养旱作农田土壤水分季节变化

雨养旱作农田土壤水分季节变化与降水、作物生长等因素密切相关。在我国北方旱作农区，由于受水分限制，旱作麦田多为一年一熟。冬小麦一般9月下旬播种，翌年6月底成熟；春小麦一般3月中、下旬或4月上旬播种，7月下旬至8月中旬收获。麦田土壤水分季节性变化表现出明显的4个特征时期。

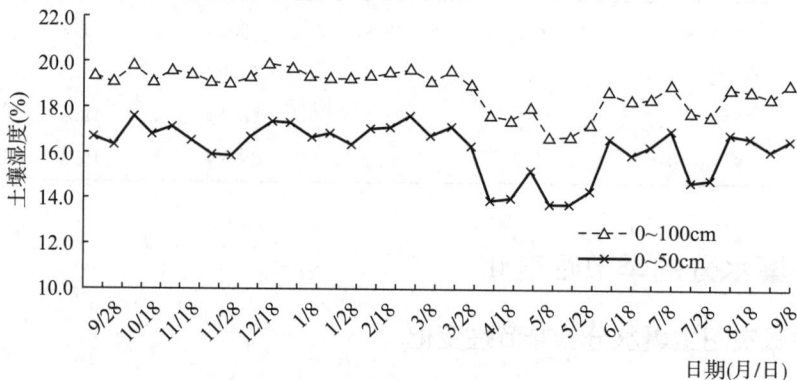

图7-2 郑州南郊土壤湿度随时间变化曲线（多年平均）

（引自《河南小麦栽培学》，2010）

1. 雨季土壤蓄墒期　各地雨季开始与结束时间多为 7～9 月，此期降水量大于田间蒸散量，土壤含水量逐渐增加，是土壤水分的主要补充时期。土壤水补充量因降水年型和地区而异，一般冬麦田补充较多，春麦田补充较少。此期土壤储水多少对旱地小麦产量高低有重要影响，生产上应"蓄""保"并重，采取各种措施最大限度地纳雨蓄墒、保墒减耗。

2. 土壤缓慢失墒期　此期指秋末冬初的 10～11 月。冬麦田为苗期生长阶段，春麦田为休闲阶段，期间降雨减少，温度逐渐降低，土壤处于雨季后的湿润状态，上层土壤水分因表面蒸发而缓慢失散。此期土壤管理应与前期有效衔接，做好保墒工作。

3. 土墒相对稳定期　此期一般从 11 月下旬开始至翌年 3 月中、下旬（部分春麦区至 4 月上、中旬），历时很长，是全年降水量最少的阶段，但因温度低，冬季土壤水分凝结，直至初春蒸发都很缓慢，土壤水分含量相对稳定。

4. 土壤大量失墒期　此期从 3 月中、下旬开始至 6 月（部分春麦区从 4 月上、中旬到 7 月上旬），早春风多风大，气温转暖并不断升高，蒸发增加，冬小麦返青和春小麦出苗后蒸腾日趋加强。随着表层土壤水分不断散失，深层土壤水的消耗也不断增加。至雨季来临前，土壤水分降至一年中的最低值。生产上应根据小麦需水要求控制土壤水分变化，尽可能减少蒸发耗水，增加有效蒸腾耗水比例；尽可能减少前期耗水，增加产量形成期耗水比例。

三、土壤水分的垂直变化

小麦对土壤水分的利用深度决定于根系分布层的深度和密度。在黄土高原地区，水分利用深度可达 3m 或更深一些，但主要用水层一般达 2m 或稍深一些。黄淮海平原地区水分利用深度可达 2m 或更深一些，但主要用水层一般达 1m 或稍深一些，节水栽培条件下 1m 以下土层用水会增加。

土壤水分在各层土体中的分布状况，主要受降水、灌溉水、作物不同生育时期对土壤水分吸收利用及地下水补给的影响，在地下水位较深的地区可大致划分为 4 个层次。

1. 土壤水分速变层　一般为 0～20cm 表土层，直接接受气象因素和耕作措施的影响较大，土壤水分含量变化剧烈，大雨或灌溉后可达水分饱和，严重干旱时含水可降至萎蔫系数以下。该层是土壤与大气的界面层，对下层土壤水分变化有调控作用，如耕作不当，会影响根群下扎，或者阻碍降水入渗，或者加剧棵间蒸发，对小麦生长和水分利用都会造成不利影响。

2. 土壤水分活跃层　20～100cm 土层是积蓄降水和灌溉水的主要层次，也是根系吸水和土壤供水的主要层次，其土壤水分含量受蒸腾耗水、表土蒸发、灌水和降水入渗等影响而处于变化之中，且随生育进展变化愈强。该层土壤水分的持续有效供给对小麦高产稳产具有重要影响，生产上应合理调控该层土壤水分供补关系及前后期耗水分配，确保关键期水分供给。

3. 土壤水分缓变层或过渡层　100～200cm 土层根系分布较少，土壤含水较多，除严重干旱地区外，一般农田该层土壤含水量均在作物适宜土壤湿度下限以上，受外界环境影响较小，在小麦生育期内变化幅度相对较小且滞后。其土壤水分除直接供小麦吸收利用外，主要是调节上下层土壤水分的供应与蓄积。但因灌溉程度、根群下扎深度与作物耗水强度的不同，该层土壤水分的变化也会有差异。上层土壤干旱或供水不足，会促进该层土壤水分的消耗，特别是在小麦生长后期。在小麦抗旱节水栽培中，通过促根下扎、扩大深层根群，可以增加该层土壤水利用，并维持后期光合生产性能。

4. 土壤水分相对稳定层 200cm以下土层土壤水分含量受作物和外界气象因素影响甚微，在整个生长期变化甚小，基本保持稳定状态。但生长健壮的旱地小麦，仍可消耗一定量的200cm以下的土壤水分。

在小麦生产实践中，不同灌溉模式对土壤水分垂直变化及耗水的空间分布影响很大。据中国农业大学在河北黑龙港平原区吴桥麦田的观察（1993—1994），不同灌溉处理土壤发生干旱的时间（土壤含水量低于14%的时间）不同，足墒播种后春季不灌水处理（表7-6），0~20cm土层发生干旱的始期通常在起身或拔节期，0~60cm土层发生干旱始期为孕穗期，0~100cm土层发生干旱的始期为开花期；拔节水处理，灌水之后0~20cm土层发生干旱的始期为开花期，0~80cm土层发生干旱的时期为灌浆期；拔节水、开花水两水处理，0~40cm土层发生干旱的时期为灌浆后期；拔节水、开花水、灌浆水三水处理，0~40cm土层发生干旱的时期为成熟之前。就耗水空间分布而言，不同灌水处理各时段耗水空间有相当大差异，每次灌水之后，均增加上层土壤水分消耗量，减少下层土壤水分消耗量。如孕穗至开花阶段，春季不浇水处理0~130cm土层的耗水量占阶段耗水量的78.6%，且耗水深度已达200cm，而拔节水处理耗水则集中在0~100cm土层。灌浆到成熟阶段，春季不浇水麦田60cm以下土层耗水占阶段耗水的86.3%，而拔节、开花、灌浆三水处理60cm以下土层耗水占阶段耗水的13.8%。灌水次数越多，消耗下层水越少，且灌溉水的消耗量越大。

表7-6 无灌溉麦田土壤水分含量（%）时空变化
（中国农业大学，1993—1994）

层位 (cm)	测定日期（月/日）										
	播前	11/30	3/10	3/30	4/5	4/15	4/21	4/24	5/10	5/21	6/6
0~20	21.4	25.7	22.9	15.1	11.8	11.5	11.0	8.9	7.9	6.0	5.4
20~40	22.8	23.1	22.1	16.1	14.6	13.6	12.2	9.3	11.9	6.8	6.8
40~60	22.2	23.3	21.1	20.0	18.8	15.5	15.1	11.9	12.7	10.0	9.3
60~80	21.8	22.8	21.0	20.0	17.0	17.0	16.8	15.7	14.4	11.4	10.4
80~100	21.3	22.0	24.3	20.3	20.0	18.8	19.1	18.4	14.6	12.8	11.5
100~130	20.7	21.1	22.7	20.4	21.1	20.9	19.7	19.9	17.2	17.4	13.2
130~160	22.4	22.1	23.1	22.0	20.7	21.8	21.2	21.4	20.5	19.1	16.7
160~200	23.5	26.3	26.3	25.1	25.5	25.1	23.8	25.0	23.6	22.6	21.6

四、小麦耗水量、土壤供水量与籽粒产量的关系

（一）小麦耗水量与籽粒产量和水分利用效率的关系

作物水分的消耗和作物产量之间的关系函数，称水分生产函数。在其他因素不变情况

下，小麦产量与全生育期总耗水量的函数关系有线性和二次抛物线等形式，即：

$$Y = aET + b \tag{1}$$
$$Y = aET^2 + bET + c \tag{2}$$

式中：Y 为小麦的产量；ET 为小麦耗水量（蒸散量）；a、b、c 为经验系数，通过试验资料确定。

大量研究表明，只有在一定范围内，Y 才随 ET 线性增加。当 Y 达到一定水平后，再继续增加则要依靠其他农业措施。因此，（1）式表达的线性函数关系一般只适用于灌溉水源不足、管理水平不高、农业资源未能得到充分发挥的中低产地区。随着水源条件的改善和管理水平的提高，Y 与 ET 的关系中出现了一个明显的界限值，当 ET 小于此界限值时，Y 随 ET 的增加而增加，开始增加的幅度较大，然后减小；当达到该界限值时，产量不再增加，其后 Y 随 ET 增加而减小。因此，呈现出二次抛物线关系，（2）式表达了其函数模型。小麦水分利用效率（产量/耗水量）和耗水量的关系，也近似二次曲线。但在产量未达到最高产量之前，水分利用效率已随耗水量的增加出现下降。

在河北吴桥高产农田的研究显示（图 7-3），耗水量（ET）与小麦产量和水分利用效率（WUE）的关系均表现为二次抛物线函数关系。随着耗水量增加，小麦产量和水分利用效率均逐渐增加，当耗水量达到 4 600m³/hm² 时，水分利用效率达到最大；继续增加耗水量，产量仍可增加，但水分利用效率逐渐下降；当总耗水量达 5 200m³/hm² 时，小麦产量达到最大，在此基础上继续增加耗水量，产量不再增加，并渐趋下降。节水栽培需要协调耗水量、产量和水分利用效率三者关系。高产地区，应在高产水平上努力降低耗水量，提高水分利用效率；低产地区，应努力减少无效耗水、提高产量，提高水分利用效率。从图中可看出，在相同或相近的耗水量水平上，产量和水分利用效率水平会有较大变异，说明通过优化栽培技术，可以在一定的或较低的耗水量水平上达到高产与高水分效率的统一。

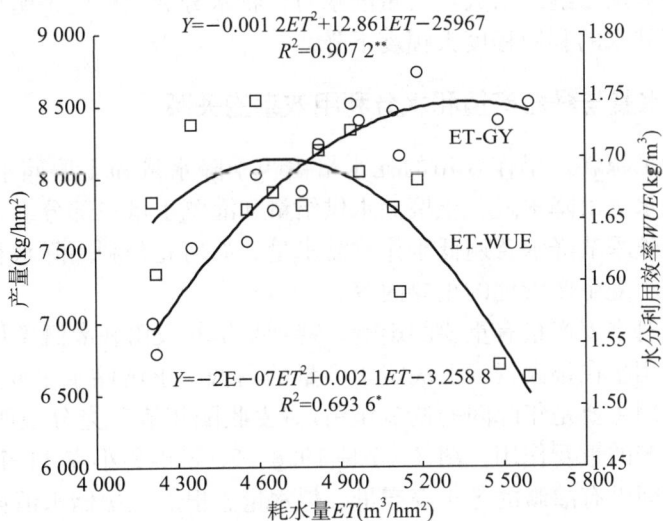

图 7-3　冬小麦产量、水分利用效率与耗水量关系
（中国农业大学，2005—2007）

在宁南对大田春小麦有限灌溉条件下耗水量与产量及水分利用效率之间的量化关系研究表明，春小麦耗水过程具有 3 个特征（图 7 - 4）。

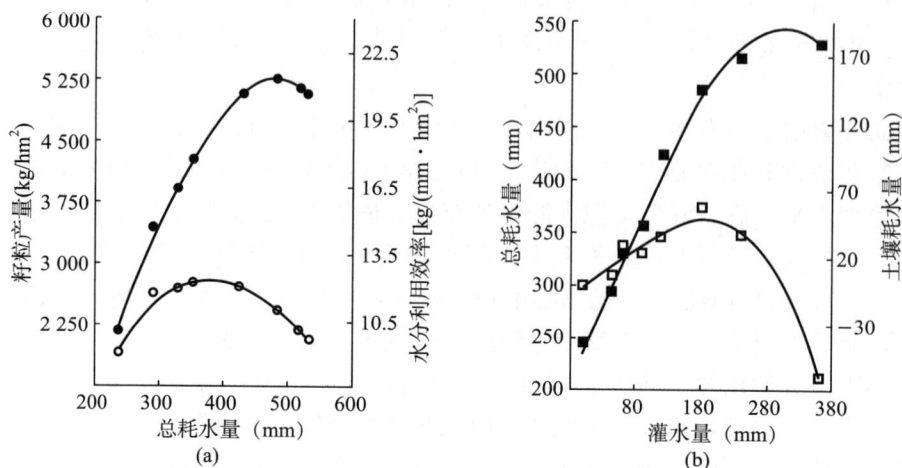

图 7 - 4　作物产量（●）和水分利用效率（○）与总耗水量之间的关系（a）
及总耗水量（■）和土壤耗水量（□）与灌水量的关系（b）
（引自山仑等《中国节水农业》，2004）

（1）当灌水量仅为 30～60mm 时，作物总耗水量从 240mm 增加到 320mm，可大幅度提高籽粒产量、水分利用效率，同时作物对土壤储水的利用程度也明显增加了 20～50mm。

（2）当灌水量为 60～150mm 时，总耗水量从 320mm 增加到 440mm，籽粒产量依次增加，水分利用效率和对土壤储水的利用程度则在较高水平上保持相对稳定。

（3）当灌水量为 150～350mm，总耗水量增加到 440～540mm，籽粒产量在高水平上相对比较稳定。随灌水量继续增大，大量灌水对作物水分利用产生了明显负效应，致使水分利用效率和土壤储水的利用程度大幅度下降。

（二）土壤供水量与籽粒产量和水分利用效率的关系

从小麦耗水的来源看，旱作麦田的耗水量由当季降水量和土壤储水供给量两部分组成，灌溉麦田的耗水量由降水量、土壤储水供给量和灌溉水量三部分组成。我国无论冬麦区还是春麦区，生长季节降水普遍低于作物需水量。如何充分利用降水和土壤供水，并适度补充灌溉，成为小麦生产管理的重要内容。

土壤供水能力对小麦产量有重要的影响，特别是旱作农田和灌溉条件较差的地区，土壤储水多少及其利用量在很大程度上决定了产量的高低。土壤储水主要来自夏秋季降水，土壤储水的调节作用主要是年际间的调节作用，"麦收隔年墒"充分说明了小麦播种前的土壤储水对小麦丰产的重要作用。图 7 - 5 是 1998—2008 年冬小麦 11 个生长季节播种时底墒充足，生育期间没有灌溉的冬小麦产量、耗水量、根层土壤储水消耗量的变化。从图中可以看出，土壤储水消耗量（SWD）是作物生育期蒸散量（ET）的主要来源，11 个生长季节平均 SWD/ET 在 60％以上，即蒸散中 60％以上的水分来源于播前的土壤储水。

土壤储水消耗与冬小麦产量呈正相关关系，可用下式表示：

$$Y = 12.488SWD + 3\,027.6 \qquad (R^2 = 0.415\,5)$$

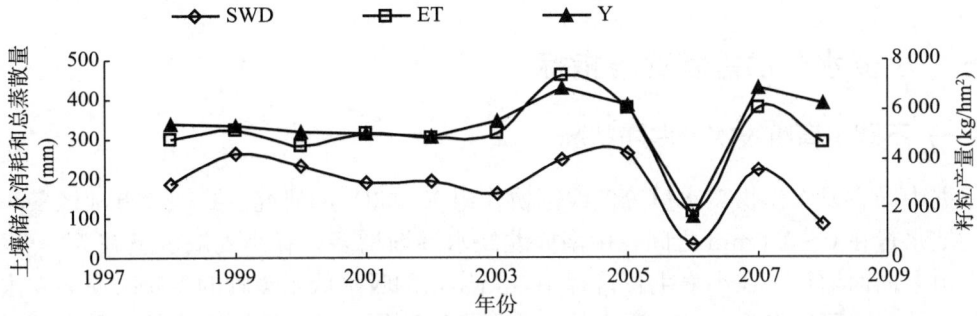

图 7-5　冬小麦在生育期间没有灌溉情况下的籽粒产量(Y)、土壤储水消耗(SWD)和总蒸散量(ET)

（中国科学院，栾城，1998—2008）

许多研究表明，随着灌水量增加，麦田总耗水量增加，而土壤储水的利用量及其占总耗水量的比例下降（表 7-7）。从表中可以看出，在麦季降水较少的河北吴桥，采用"底墒水＋拔节水＋开花水"灌溉模式可获得最高的产量和最高的水分利用效率；而在麦季降水较多的山东兖州高产田，采用"底墒水＋拔节水"灌溉模式就可获得最高产量和最高水分利用效率。两地产量和水分利用效率最高的灌溉模式，其土壤储水供给量均占总耗水量的 30% 以上。因此，播前储足底墒，生育期减少灌溉次数，促进根系下扎，提高土壤水利用率，可以实现节水与高产的统一。

表 7-7　不同灌溉处理小麦耗水组成与水分利用效率

（中国农业大学，2006—2007；山东农业大学，2006—2007）

| 地点 | 处理 | 总耗水 ET (mm) | 耗水组成（mm） | | | | | | 产量 (kg/hm²) | 水分利用效率 (kg/m³) |
			灌溉水	占比 (%)	降水	占比 (%)	土壤储水	占比 (%)		
河北吴桥	W1	433.0	60.0	13.9	129.0	29.8	244.0	56.3	7 101.2	1.64
	W2	461.4	135.0	29.3	129.0	28.0	197.4	42.8	7 778.4	1.69
	W3	482.0	195.0	40.5	129.0	26.8	158.0	32.8	8 435.9	1.75
	W4	496.2	270.0	54.4	129.0	26.0	97.2	19.6	8 385.9	1.69
	W5	515.4	300.0	58.2	129.0	25.0	86.4	16.8	8 191.4	1.59
山东兖州	W (0)	436.6	0.0	0	246.4	56.4	190.2	43.6	8 461.9	1.94
	W (1)	489.8	60.0	12.3	246.4	50.3	183.5	37.4	8 797.7	1.80
	W (2)	520.7	120.0	23.0	246.4	47.3	154.3	29.6	9 790.4	1.88
	W (3)	549.6	180.0	32.8	246.4	44.8	123.2	22.4	9 485.8	1.73
	W (4)	512.4	120.0	23.4	246.4	48.1	145.9	28.5	8 962.4	1.75

注：W1 为浇底墒水；W2 为底墒水＋拔节水；W3 底墒水＋拔节水＋开花水；W4 底墒水＋起身水＋孕穗水＋开花水；W5 为底墒水＋起身水＋孕穗水＋开花水＋灌浆水；W（0）为不浇水；W（1）为底墒水；W（2）为底墒水＋拔节水；W（3）为底墒水＋拔节水＋开花水；W（4）为底墒水＋开花水。

第四节　小麦合理灌溉的指标与技术

一、小麦水分供需状况与指标

（一）不同生育阶段水分供需状况

根据中国主要农作物需水量等值线图协作组（1993）的研究，我国北方地区冬小麦多年平均缺水量在 0～350mm 之间，由南向北缺水逐渐增多；春小麦缺水量在 50～650mm 之间，由东向西增加。在小麦生长过程中，当作物的吸水低于蒸腾的需要时便会发生水分亏缺。水分亏缺可能发生在小麦生育的各个时期，不同时期、不同程度的水分亏缺对小麦生长和产量形成会有不同的影响，栽培上应适时适度调补水分。

1. 苗期　小麦发芽出苗期干旱会影响群体建成。生产中为保证苗全、苗齐、苗壮，应足墒播种。底墒的多少取决于夏秋土壤储水情况，地区间和年份间有很大差异，当储水不足时需浇水补墒；无灌溉条件的旱地小麦则需趁墒适期播种。一般大粒种子受早期水分胁迫的影响较小，胚芽鞘较长的品种有利于在旱地土壤成苗，这些品种特性在栽培上应加以利用。

出苗后，叶片的扩张生长对水分胁迫很敏感，当叶水势为 -0.7MPa 至 -1.2MPa 时叶片生长速率显著降低；分蘖对水分胁迫也很敏感。因此，苗期水分胁迫会使群体叶面积指数降低，并会影响群体穗数。冬小麦出苗后温度渐低、耗水较少，在浇足底墒和播种质量较高的条件下，一般在入冬前、甚至起身或拔节前不会出现严重的水分胁迫。但若底墒不足、播种过早、播种质量差，苗期土壤水分亏缺会影响幼苗生长。特别是小麦进入越冬期，虽地上部停止生长，但若长时期气象干旱、土壤严重失墒，会使分蘖节受旱而招致冻害，甚至死苗。因此，越冬期应保证分蘖节和根系处于适宜土壤水分环境。返青—拔节前为了促进根系下扎、减少无效分蘖和表土蒸发，应适当控制土壤水分。

2. 穗生长期　拔节到开花期是小麦植株各器官（根、茎、叶、穗）活跃生长时期，水分胁迫会影响各器官形态与机能。轻度到中度水分亏缺首先降低细胞生长和叶面积，进而降低单位叶面积的光合速率。如水分亏缺进一步加重，叶片净光合速率会因部分气孔关闭而大幅下降。小麦叶片在叶水势为 -1.5MPa 时气孔开始关闭（Kobata et al，1992；Palta et al，1994）。此期维持植株的水分状态和气孔开放，不仅对调节体温，而且对维持高的 CO_2 导度从而保持光合暗反应的进行和电子传递功能是非常重要的。

从产量形成看，拔节至开花期是决定穗粒数的关键时期，穗生长过程发生水分胁迫会严重降低穗粒数，特别是孕穗到出穗期水分胁迫减产最为剧烈，此时水分胁迫会降低有效小穗数和可育小花数。碳和氮的有效供给对穗生长和结实至关重要，而水分胁迫会降低这两者的供给。此阶段由于对水分亏缺最敏感、受水分胁迫影响最大，同时此期温度较高、耗水较多，是小麦需水临界期，应确保适宜的水分供给。

3. 籽粒建成期　临近开花期的水分亏缺会加快发育进程，但会减少从开花到籽粒线性生长期茎鞘中水溶性碳水化合物的积累。当花后水分胁迫使叶片光合生产能力下降时，开花前储藏物（特别是果聚糖和蔗糖）向籽粒再运转变得更加重要，它们对籽粒生长有重要贡献。籽粒灌浆期水分胁迫会加速叶片衰亡，缩短灌浆时间；严重水分胁迫则会降低籽粒淀粉合成关键酶活性，降低灌浆速率。从开花到灌浆前期，耗水强度最大，是小麦第2个水分临界期，生产上应保证水分需求。从灌浆后期到成熟期，叶片逐渐枯黄，籽粒充实逐渐减缓并停止，需水减少。尤其是进入蜡熟期，根系开始死亡，该时期如灌水，会加速植株衰亡。

（二）植株水分状况诊断指标

一些形态和生理指标可以用来反映植株水分供需状况及受水分亏缺的影响程度。主要的指标有：

1. 形态指标　缺水时幼嫩的茎叶易发生萎蔫；生长速率下降（因膨压降低甚至消失，代谢减慢）；叶片卷曲，叶、茎颜色转为暗绿色（由于细胞生长缓慢，叶绿素浓度相对增大）或叶片发黄等。形态指标易观察，但从缺水引起形态的变化，有一定的滞后期。因此，当观察到植株缺水时，植株已经受到了一定的危害。

2. 生理指标　它能及时、灵敏地反映小麦植株内部的水分状况，如叶片水势、细胞汁液浓度、溶质势和气孔开度等都可以作为灌溉的生理指标。植株缺水时，叶片水势很快降低；细胞汁液浓度升高，溶质势降低；气孔开度减小，甚至关闭。当有关指标达到临界值时，应及时灌溉。应该强调，不同地区、不同品种、不同生育期、同一植株的不同部位、同一部位在一天中的不同时间，作为生理指标的参数都可能不同。因此，应结合当时当地情况，确定具体的灌溉生理指标，并在固定时间和固定部位进行测定。叶片水势与光合强度及植株生长的关系最为密切，因而以水势大小作为灌溉的生理指标应用较多。作物作为一个整体，其水分关系动力学使其功能组织保持在某一适宜水势范围内（$-0.2 \sim 0.3$MPa），渗透势则足以维持 $0.1 \sim 0.5$MPa 的膨压。水分亏缺引起叶片和株体水势的降低，降低的幅度取决于胁迫程度和作物本身抗旱性的强弱。当土壤水分含量降低到土壤相对含水量的 $40\% \sim 50\%$，相当于叶水势约为 -0.5MPa 之前，小麦叶水势下降缓慢，但对干旱反应敏感品种下降较快；若土壤相对含水量降为 $30\% \sim 35\%$，小麦叶水势相应迅速降至 -1.6MPa 以下，敏感品种则低于 -2.3MPa。当水势降至某一低限，膨压便不能维持而发生萎蔫。表 7-8 是小麦不同生育阶段允许水分亏缺的叶水势临界值，可供参考。

表 7-8　小麦受旱的叶水势临界值

（引自康绍忠《西北地区农业节水与水资源持续利用》，1999）

作物	生育阶段	受旱的叶水势临界值（MPa）
冬小麦	分蘖—拔节	$-0.9 \sim -1.1$
	拔节—抽穗	$-1.1 \sim -1.2$
	灌浆期	$-1.3 \sim -1.6$
	乳熟期	$-1.5 \sim -1.6$

（续）

作物	生育阶段	受旱的叶水势临界值（MPa）
	分蘖—拔节	－0.8～－0.9
春小麦	拔节—抽穗	－0.9～－1.0
	灌浆期	－1.1～－1.2
	乳熟期	－1.4～－1.5

当作物发生水分亏缺时，气孔导度和潜热交换都减少，蒸散对叶片的降温作用也随之降低，叶片的温度就比没有水分亏缺的高，据此，近年提出用叶片温度变化来反映作物是否发生水分亏缺。随着便携式商用红外测温仪器的开发和生产，使得用温度来指示作物水分亏缺程度成为可能的方法，并已建立了不同的指标来指导灌溉，如冠层-大气温度差或日胁迫度（stress degree day，SDD）、临界温度变异（critical temperature variability，CTV）、累积温度胁迫程度（temperature stress day，TSD）和作物水分亏缺指数（crop water stress index，CWSI）等。

二、土壤适宜水分与指标

小麦合理灌溉应以丰产、优质和提高水分利用效率为目标，协调小麦一生的水分关系，特别是关键生育时期的水分供需矛盾。小麦不同生育时期对土壤水分有不同的要求，表7-9是根据各地近年研究和生产实践提出的冬小麦各生育时期适宜土壤水分范围。一般在播种至出苗期，土壤含水量以占田间持水量的70%～80%为宜，低于60%出苗不整齐，低于40%不能出苗，高于90%易造成烂根烂种。出苗至越冬阶段，以占田间持水量的65%～80%为宜，低于60%不利分蘖发生，地上部遇低温易受冻，低于40%则分蘖节因干冻而死亡。返青至起身，以占田间持水量的60%～80%为宜，适宜范围较宽，但高产田要求偏低，以巩固冬前分蘖成穗，控制春后分蘖和茎叶生长，并减少蒸发；群体不足、需要促进春季分蘖的麦田可以适当高些。拔节至抽穗，气温上升较快，对水分反应极为敏感，该期适宜水分应为田间持水量的70%～85%，低于60%会引起分蘖成穗与穗粒数下降，对产量影响较大。抽穗至灌浆前期，以占田间持水量的70%～75%为宜，既要防止干旱所造成的可孕小花结实率下降而影响每穗粒数，以及干旱逼熟使粒重下降，又要防止田间湿度过大，造成渍水烂根，影响粒重。灌浆后期，小麦叶片逐渐衰老，对水分的需要量也迅速减少，同时，小麦的深层根系，可以利用1m以下土层的水分，此期上层土壤水分含量以不低于田间持水量的55%为宜。节水栽培为了减少用水量，各生育时期的土壤水分含量应尽可能控制在适宜水分含量的低限值，若群体合适，可以在需水临界期保证适宜土壤水分，而在水分不敏感时段（返青—拔节前期和灌浆后期）保持适度的水分亏缺。

表7-9　冬小麦各生育时期的适宜土壤水分（占田间最大持水量百分比）

生育时期	出苗	分蘖—越冬	返青—起身	拔节—抽穗	抽穗—灌浆前期	灌浆后期—成熟
适宜范围（%）	70～80	65～80	60～80	70～85	70～75	55～70

（续）

生育时期	出苗	分蘖—越冬	返青—起身	拔节—抽穗	抽穗—灌浆前期	灌浆后期—成熟
显著受影响的土壤水分含量（%）	60以下 90以上	60以下	55以下	65以下	65以下	50以下
土层深度（cm）	40	40	40	60	60	60

三、灌溉时间

在小麦生长发育过程中，何时灌溉要看墒情和苗情，还要考虑综合管理技术的要求。当土壤水分含量低于适宜水分指标下限值，若不灌溉就会影响麦苗正常生长时；或在管理体系中需要以水促苗、以水保苗、以水防灾（如防冻、防干热风）时应考虑及时灌溉。灌溉时间的选择，既要满足小麦生长关键期或需水临界期的水分需求，又要考虑在某些非水分敏感期实施调亏管理。

（一）冬小麦灌溉时间

就北方冬麦区而言，一般可选择的主要灌溉时间如下：

1. 底墒水　播前的灌水叫底墒水，其主要作用是增加土壤储墒，满足小麦种子发芽及苗期对水分的需要，保证苗全苗壮。培育冬前壮苗是小麦高产栽培的基础与关键环节，而它的前提离不开"足墒播种"。足墒的指标是 2m 土体土壤含水量达到田间持水量的90%左右，40cm 土体土壤含水量达到田间持水量的70%左右。底墒水要灌匀灌透，浇水量依前茬收获后土壤储墒多少而定，储墒多则量少，储墒少则量多，一般情况下浇水量为 $600 \sim 750 \mathrm{m}^3 / \mathrm{hm}^2$。

2. 越冬水　越冬水是为了保证小麦在越冬期间分蘖节和根层处于适宜的水分状态，一方面调控土壤温度，防止冬季冻害，特别是对秸秆还田、播后未镇压的麦田，通过浇越冬水可压实土壤，保苗安全越冬；另一方面冬水春用，为春季生长和肥水管理打好基础。因此，小麦高产栽培应重视浇好越冬水。

越冬水应依据气温、墒情、苗情适期浇灌。冬水过早，气温尚高，冬前蒸发失水量大，且易造成土壤板结、裂缝，冬季和早春失墒较多，不利返青，达不到浇冬水的目的；冬水过晚，则因温度偏低，土壤冻结，水分不能正常下渗，积水结冰，易发生"凌抬"伤苗和窒息死苗。一般田间持水量低于70%时需浇越冬水，浇水时间应在日平均气温稳定 $3 \sim 4 \mathrm{℃}$、夜冻昼消水分得以下渗时。冬灌水量不宜过大，一般为 $600 \sim 750 \mathrm{m}^3 / \mathrm{hm}^2$。晚茬小麦播前浇足底墒，越冬前土壤墒情适宜，可以免浇越冬水。田间持水量达到70%时，北部冬麦区和黄淮冬麦区不需浇越冬水。

3. 返青水　小麦返青以后，冬前分蘖继续生长，年后分蘖陆续出现，为促进麦苗早返青早发，需要土壤有适宜的水分。但返青期间，小麦生长主要受温度制约，增温保墒是促进生长的主要措施，应尽可能控制灌水。晚茬弱苗浇返青水会影响地温回升而不利麦苗生长。一些中高产麦田，返青期浇水不当，易导致春季无效分蘖增多，群体过大、徒长倒伏。只有在特殊干旱年份，底墒不足或未浇冬水，返青期严重缺墒，土壤含水量低于田间持水量的60%以下时，才应浇返青水。

4. 拔节水 小麦起身之后，进入拔节期植株生长加速，需水较多，必须保证足够的水分供应，一般在起身、拔节至孕穗阶段需浇1次水。具体浇水时间除考虑墒情因素外，应主要依据群体大小和增穗增粒的要求确定。当群体偏小，需要促蘗增穗时，应重点浇好起身水，之后根据墒情再浇孕穗水；当群体适宜或偏大，需要保穗增粒时，应在起身至拔节前期控制供水，在拔节中后期浇水，浇足这次水，孕穗期土壤水分适宜，可以不浇孕穗水。

5. 开花水 小麦抽穗开花期气温高、耗水多，遇旱不利于开花授粉和籽粒形成。高产田一般应浇开花水，以提高小花结实率，并保证灌浆期水分需要。

6. 灌浆水 浇灌浆水的目的是为了维持后期叶片光合作用，延缓衰老，延长籽粒生长期，特别是在后期严重干旱或干热风的年份，浇灌浆水可使小麦顺利灌浆，避免早衰。但一般年份，灌浆水的作用可以为扬花水所代替，且扬花水有增粒增重的双重效果，浇水时期又较安全，因此在水源有限地区应保证开花水，可以不浇灌浆水。

（二）春小麦灌溉时间

春小麦全生育期一般灌水3～5次，拔节至抽穗期是需水的临界期。一般灌溉时期如下：

1. 底墒水（冬灌） 春小麦播前应储墒，最好在上一年秋冬灌溉，春季可提前播种。灌水要均匀，不冲不漏，保证灌水质量。灌水后适墒期内应耙耢保墒，整平地块，成待播状态。

2. 三叶、分蘗水 春小麦管理要早追肥、早灌水、促进早分蘗，因此可在2叶1心期灌头水。此次灌水宜采用小畦灌或细流沟灌，严防大水漫灌。

3. 拔节水 灌完头水，二水要缓，一般在基部第2节间定长、无效分蘗死亡后再灌水，应适当加大灌水量，灌足、灌透。

4. 抽穗、灌浆水 为保证后期开花、灌浆的水分需要，应浇好抽穗水，并根据麦田需要和水分条件浇灌浆水。灌浆期浇水，应注意防止小麦倒伏。

四、灌溉制度

麦田灌溉制度是小麦全生育期内的灌溉时间、灌水量、灌溉次数和灌溉总量的总称。在水资源丰富、并有足够输配水能力的地区，可采用丰产充分灌溉制度，即以获取最大产量为目标，根据小麦生育需水规律安排灌溉，使全生育期的水分需要都得到最大程度满足。而在水资源有限，无法使所有田块都按照充分灌溉制度进行灌溉的条件下应发展节水灌溉。我国北方大部分地区水资源紧缺，应根据当地小麦需水动态、水资源条件和产量要求确定合理的灌溉组合方案。华北冬小麦节水灌溉制度一般应以足墒播种为基础，在生育期间因地制宜采用不同的灌溉制度。表7-10是目前各地推行的主要节水灌溉制度及其灌水组合模式。

表7－10　华北地区冬小麦主要节水灌溉制度及其灌水组合模式

灌溉制度	主要灌水组合模式	适用年份或地区
三水制	越冬水＋拔节水＋开花水	干旱年份或一般年份、灌水条件好的高产地区
二水制	越冬水＋拔节水	平水年份、灌水条件较好的地区
一水制	拔节水或开花水	多雨年份或灌水条件较差的地区
不浇水	生育期无灌溉	严重缺水或灌溉条件无保障的地区

注：未包括底墒水。

春麦区通常气候较冬麦区更为干旱，春季少雨，春播时土壤含水量不足，一般需灌播前水，最好进行冬前储水灌溉或早春储水灌溉。春小麦生育期的灌水与冬小麦春季灌水基本相同，特别应注意拔节、孕穗期不能缺水。无论冬、春小麦，麦田单次灌水量一般为 $600\sim750m^3/hm^2$。

五、灌溉方法

小麦灌溉一般采用畦灌法、沟灌法与喷灌法。

（一）畦灌法

畦灌是利用田间渠道或管道使灌溉水进入田间，利用灌水畦或格田进行灌溉，使灌溉水借重力作用和毛细管作用下渗湿润作物根区土壤的灌水方法。灌水畦的长度、宽度要适当。一般自流灌区畦长30～100m，畦宽应与农机具工作宽度相适应，多为2～3m。地面坡度小、沙性大、渗水快的地快，畦应短些；相反，可长些。华北井灌区通常采用塑料软管（俗称"小白龙"）输水入田，一般播前预留主埂，播后做畦，灌溉畦面积不宜过大，一般40～60m²。为提高田间灌水效率和灌溉均匀度，我国许多地区所发明推广的小畦灌溉、长畦短灌、波涌灌溉、膜上灌及水平畦田灌溉方法等都有很好的节水效果。灌溉后地面易形成板结层，拔节前的灌溉应在灌水后及时锄划破除表土板结层，以利通气保墒。

（二）沟灌法

沟灌常用于小麦和其他作物间、套种植以及稻麦两熟地区。采取沟灌，遇旱既能灌水，遇涝又可利用沟来排水。稻麦两熟区的沟灌是利用厢沟或垄沟引水灌溉。水集中在沟内借毛细管作用向两侧浸润，这种方法不仅比畦灌省水，而且可减少表土板结。沟灌须在每块田的四周开挖输水沟，灌水沟与输水沟垂直，输水沟稍深于灌水沟，便于排水，灌水深度以保持在沟深的2/3或3/4为宜。

（三）喷灌法

喷灌是利用一套专门的设备将灌溉水加压（或利用水的自然落差自压），并通过管道系统输送压力水至喷洒装置（喷头）喷射到空中分散形成细小的水滴降落田间的一种灌溉方法。喷灌可根据作物的需要及时适量地灌水，具有省水、省工、节省沟渠占地、不破坏

土壤结构、可调节田间小气候、对地形和土壤适应性强等优点，并能冲去作物茎叶上的尘土，有利于植株的光合作用。但喷灌需要一定量的压力管道和动力机械设备，能源消耗、投资费用高，而且存在如下局限性，一是受风的影响大，一般在3～4级风时应停止喷灌；二是白天高温下喷洒，水汽蒸发造成水分损失，最好在傍晚进行；三是容易出现田间灌水不均匀、土壤底层湿润不足等情况。喷灌的基本技术要求是：喷灌强度要适中，喷洒要均匀，水滴雾化要好。

近年来，部分干旱缺水地区开始推行麦田微灌技术，包括微喷和微滴两种方式，可以做到供水与供肥同步一体化、灌溉时间与灌水量可调化，且节水节肥效果明显，但在大面积生产中推广应用尚需解决生产成本、设备维护、井网布局、肥料供需、技术服务等问题，应因地制宜。

第五节　小麦节水灌溉的生理基础

节水灌溉是通过适当减少灌溉次数和灌溉量、提高水分利用率和利用效率、实现丰产稳产的灌溉技术。我国水资源普遍紧缺，发展小麦节水灌溉有重要意义。

一、节水灌溉与小麦生长发育

节水灌溉对小麦生长发育具有有益的调控作用。

（一）节水灌溉可控制茎叶生长

植物细胞的扩张生长对水分亏缺最为敏感。与充分灌溉相比，节水栽培前期控水，土壤水分亏缺会限制叶片生长，使单茎叶面积缩小；延缓并减弱分蘖的发生，使基部节间缩短，株形变小，群体结构改善。如起身—拔节期适度干旱胁迫会明显减小上部三片叶的叶面积，但对群体较大的麦田，改善了下层叶片的受光状态。适度干旱虽然使叶面积减小，但比叶重增加，叶的质量提高，而且叶片蜡质和茸毛可能增多，有利于减少蒸腾。

（二）节水灌溉可促进根系下扎

土壤含水量的多少，直接影响根系的发育。在潮湿的土壤中，小麦根系生长缓慢，多在表层伸展，分布范围窄，根冠比小。随着土壤含水量降低，根系生长速度加快，当土壤相对含水量为60%～70%时，最适宜根系生长和次生根的发生。适度干旱有利于干物质向根系分配，增强根系功能，并使土壤表层根量减少，深层根量所占比例增加，根冠比增大，有利于提高抗旱能力。山东农业大学（1991、1993）研究指出，冬小麦在苗期对土壤干旱适应能力最强，而拔节后根系对土壤水分减少的适应能力变弱。因此，节水栽培通过前期控水，促进根系下扎，增加下层根比例，而后期下层土壤含水量较高，使根系功能得以持续发挥。

（三）节水灌溉可加快生育进程

小麦从分蘖到抽穗前，不同时期水分亏缺都会加快生育进程，使开花期提前，水分亏缺时间越长、亏缺程度越重，其效应越大。因此，在不影响穗粒形成的前提下拔节前适度水分亏缺，可提早开花，从而可延长籽粒生长时间，增加粒重，这对灌浆期较短、后期有干热风危害的地区具有重要意义。灌浆后期适度水分胁迫可提高灌浆速率，并能促进茎秆储藏物质向籽粒转移。

（四）不同生育阶段对水分亏缺的敏感性不同

水分亏缺不仅会影响营养生长，也会影响生殖生长。从产量形成看，生殖生长对胁迫的反应较为敏感。在营养生长阶段，短期的轻度水分胁迫后，作物在得到水分重新补充后的一段时间内生长速度会明显加快，表现出一定的生长补偿效应，从而不致因短期的轻度缺水而引起产量下降。但在生殖生长的关键阶段，缺水所造成的影响难以在复水后得到补偿，从而使产量严重降低。表 7-11 是用 Jensen（1968）模型计算的冬小麦（中国农业科学院，栾城）和春小麦（甘肃农业大学，张掖）不同生育时期对水分亏缺的敏感指数 λ_i。可见，冬小麦返青起身和灌浆后期 λ_i 是负值，表明这两个阶段作物对水分亏缺不敏感，适当的水分亏缺不影响产量；而拔节至孕穗期间 λ_i 最大，这个时期冬小麦对水分亏缺最敏感。春小麦也是拔节至抽穗阶段 λ_i 最大。因此，小麦从拔节期到开花授粉期是对缺水最敏感的阶段，此阶段水分胁迫对产量影响最大，节水栽培的水分运筹一般以保证此阶段适宜的水分供应为核心，而在对水分不敏感的时段则控制灌溉。

表 7-11　用 Jensen 模型计算的小麦不同生育时期敏感指数 λ_i

（冬小麦：中国科学院，2001；春小麦：甘肃农业大学，2006）

	返青—起身	拔节期间	孕穗期间	抽穗—灌浆	灌浆后期
冬小麦	−0.121 3	0.314 5	0.272 1	0.101 6	−0.087

	出苗—三叶	三叶至拔节	拔节至抽穗	抽穗至成熟	
春小麦	0.062 2	0.018 6	0.423 8	0.189 6	

二、节水灌溉与小麦生理特性

小麦的生理过程对水分亏缺的反应与生长对水分亏缺的反应不同，生长对水分亏缺很敏感，而各生理过程对水分亏缺均有一个阈值反应，只有当水分亏缺达到一定程度时，作物的生理过程才受到影响。在小麦的某些生育时期，维持一定的水分亏缺对作物产量的形成有利。

（一）节水灌溉与渗透调节

渗透调节是植物在干旱条件下维持水分吸收和细胞膨压的重要机制。小麦具有较强的渗透调节能力，且随水分胁迫的加重，其渗透调节能力也相应增强（李德全，1991），特别是在开花前后渗透调节能力最强。在节水灌溉条件下，当土壤含水量下降到田间最大持水量的60%时，叶片水势明显下降，而膨压变化较小，此时通过渗透调节能基本维持膨压，从而有益于其他生理过程。小麦主要渗透调节物质是脯氨酸、K^+、可溶性糖及其他游离氨基酸等。小麦苗期渗透调节能力与苗期抗旱性有密切相关性。渗透调节能力因品种而异，在水分亏缺条件下具有较高渗透调节能力的基因型也表现较高的产量（Morgan 等，1996）。根系的渗透调节能力与叶片存在相关性，穗器官渗透调节能力比叶片强。Ali 等（1999）研究表明，小麦在轻度水分胁迫下产生的非水力信号通过降低叶片生长和气孔导度以及促早开花，增强了对干旱的适应性；而在中度和重度水分胁迫下，通过渗透调节维持膨压，从而在一定程度上维持产量形成过程。

（二）节水灌溉与根系吸水

在一定阶段减少灌溉，可以控制根系吸水区域和吸水量，但不会影响根系吸收机能。小麦在苗期阶段，其根系吸水活性对土壤水分亏缺敏感性较小，且随土壤水分的减少，根系吸水活性表现增强，特别是经过水分胁迫复水后，根系吸水活力会较大幅度增加。但拔节以后根系对土壤干旱胁迫的敏感性增强、适应能力减弱。后期抗旱性下降与细胞保护酶活性有密切关系。河南农业大学（1997）的研究表明，拔节以前根系抗氧化保护酶（SOD，CAT，POD）活性受水分胁迫影响较小，短期干旱还会增强其酶活性，但拔节以后的水分胁迫会使保卫酶活性水平显著下降。节水灌溉在前期"蹲苗"的基础上，灌好拔节水和开花水，可以扩大根系吸收面积，并持续增强根系吸水活力。

（三）节水灌溉与光合生产

轻度水分亏缺影响叶片生长，但并不影响光合代谢过程，因而对光合作用速率不造成明显影响。只有当水分亏缺加剧时，光合速率才明显下降。在有限供水下，小麦光合生产能力能够得到维持。山东农业大学（1995）研究表明，随着灌水量减少，冬小麦旗叶过氧化物酶活性和丙二醛含量增高，可溶性蛋白质、叶绿素含量和超氧化物歧化酶活性降低，旗叶光合作用下降（表7-12），加速膜脂过氧化作用和衰老，但灌三水（底水、拔节水、孕穗水）和五水（底水、冬水、拔节水、孕穗水、灌浆水）处理之间，上述生理特性和籽粒产量差异并不显著。还有研究表明，土壤干旱对冬小麦旗叶的影响是一个渐进的生理生化和细胞结构改变的过程，轻度干旱胁迫对冬小麦生理特性影响不大，表现出对干旱的适应性（山东农业大学，1997）。

表7-12　不同灌水处理对旗叶光合速率 $[CO_2 \mu mol (m^2 \cdot s)]$ 的影响

（山东农业大学，1995）

灌溉处理	花后0d	花后15d	花后25d	花后31d
1	14.49±0.95	9.84±1.33		
2	14.9±1.27	11.59±0.80	2.72±0.70	
3	15.16±1.50	15.74±0.78	7.07±1.01	2.02±0.74

灌溉处理	花后 0d	花后 15d	花后 25d	花后 31d
4	18.95±0.15	20.15±0.73	10.90±1.93	7.14±1.01
5	19.85±1.13	21.43±2.94	12.32±1.23	7.45±1.06

注：处理 1 为不浇水；2 为底水＋拔节水；3 为底水＋拔节水＋孕穗水；4 为底水＋冬水＋拔节水＋孕穗水；5 为底水＋冬水＋拔节水＋孕穗水＋灌浆水。每次灌水量为 $600m^3/hm^2$。

从群体光合生产看，中国农业大学（2003）的研究表明，灌 2 次水（拔节水＋开花水）处理的群体总叶面积小于灌 4 次水（起身水＋孕穗水＋开花水＋灌浆水）的处理，但群体光合速率与灌 4 次水处理无显著差异，甚至其开花前群体光合速率还高于灌 4 水处理（图 7-6）。这与其拔节前控水使单茎上部叶面积减小、群体结构和受光状态改善、群体呼吸较低有关。因此，灌 2 次水（拔节水＋开花水）处理可以维持较高的群体光合效率。

近年的研究表明，穗器官光合耐逆性强于叶片，在水分和高温胁迫下穗光合速率下降幅度小于叶片（中国农业大学，2001、2002）。穗器官具有旱生型结构，渗透调节能力强，且具有较高的 C4 光合酶活性，在轻度水分胁迫下，其 C4 途径酶活性能被诱导增强。在水分胁迫下穗光合功能的相对稳定性，对于维持籽粒灌浆有重要作用。抗旱节水栽培需要利用和发挥穗光合耐逆优势。

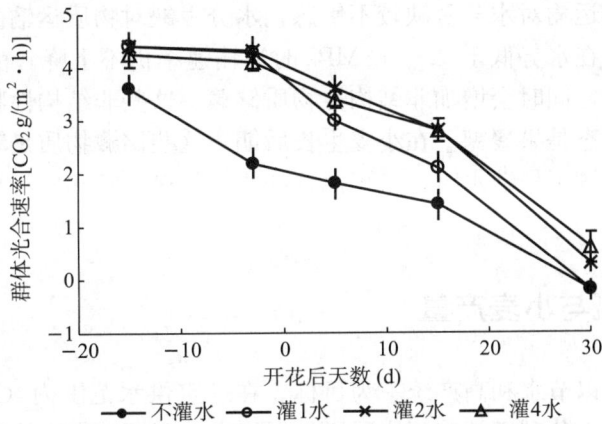

图 7-6　不同灌水处理小麦群体光合速率变化

（中国农业大学，2003）

（四）节水灌溉与叶片蒸腾

减少灌溉，适时适度创造上层土壤水分亏缺环境，不仅可以减少蒸发，而且可以诱导根系产生非水力信号（主要是 ABA）传导到地上部，调节叶片气孔开度，减少蒸腾强度，达到节水的目的。在水分亏缺过程中，蒸腾作用的下降超前于光合作用的下降，因而在适度低水分下蒸腾效率较高。随着土壤水分增加，光合和蒸腾速率均加快。但当土壤含水量达到一定水平后，继续增加含水量，光合速率增加平缓或不再增加，而蒸腾速率仍持续递增（图 7-7），使得蒸腾效率明显下降，从而出现奢侈蒸腾。一般当土壤含水量超过田间持水量 75%时，便会产生明显的奢侈蒸腾。实施节水灌溉、控制土壤含水量在一定范围内可以减少奢侈蒸腾。

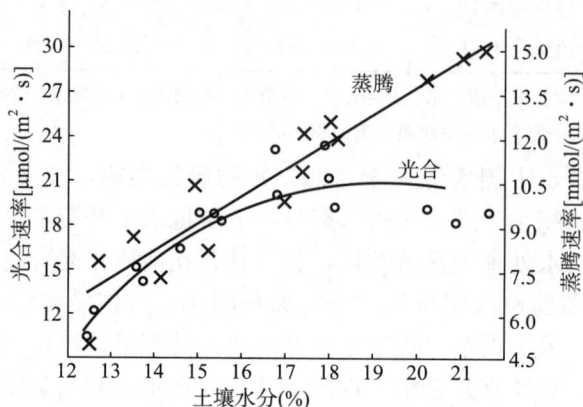

图 7-7　土壤水分与小麦光合、蒸腾速率的关系
（中国农业科学院农田灌溉研究所，1995）

（五）节水灌溉与物质运输和分配

试验表明，物质运输对水分亏缺较不敏感，水分亏缺对物质运输的影响要比对光合作用的影响为小，小麦在水势低于 $-2\sim-3MPa$ 时运输速率仍不下降。前期适度水分亏缺会控制植株结构性生长，同时会增加非结构性物质储藏。这些非结构性物质主要储藏在茎鞘中，且主要储藏物形态是果聚糖。在小麦生长后期，这些储藏物质是籽粒灌浆的重要物质来源，当生长后期十壤干旱缺水时，茎鞘储藏物质会加速分解和向籽粒运转，对产量形成具有重要贡献。

三、节水灌溉与小麦产量

小麦节水灌溉应以节水和高产统一为目标。在一定供水范围内（耗水量较低时），随耗水量增加，产量与水分利用效率可协同增加，但水分利用效率高值往往是在中等供水条件下获得，超过此供水水平，作物的水分利用效率开始下降，而产量仍随供水量增加而增加，两者之间又呈现不同步现象。而当供水过多时，产量也不再增加甚至下降，水分利用效率更显著地降低。因此，节水灌溉配合优化的栽培措施，可以在适量供水条件下实现节水和高产的统一。

（一）调亏灌溉技术

调亏灌溉是 20 世纪 70 年代发展起来的一种节水灌溉技术。该技术基于作物不同生育时期、不同生理过程对水分亏缺的反应不同，以及水分胁迫可以改变同化物分配的认识，在作物生长发育的某些时期主动施加一定的水分胁迫，影响作物的代谢及光合产物在不同组织器官之间的分配模式，使同化物从营养器官向生殖器官的分配增加，从而达到节水不减产或增产的目的。水分调亏可以是时间上的调亏（部分时段水分亏缺），也可以是空间上的调亏（部分根区干旱）。国内许多单位研究认为，小麦生长苗期是水分调亏的适宜时期，土壤相对含水量可以调节到 45%～50%。据中国农业科学院农田灌溉研究所（2003）在河南商丘的研究，冬小麦调亏灌溉的适宜时段首先为三叶—返青阶段，土壤水分调亏度为田间持水量的 40%～60%，历时约 55d，平均比对照（相对水分含量 75%～85%）增产 0.88%～8.25%，节水 12.80%～18.55%，水分利用效率提高 15.96%～32.98%；其次为返青—拔节阶段调亏，调亏度为田间持水量的 40%～45%，历时约 25d，平均比对照节水 23.22%～27.35%，水分利用效率提高 24.47%～32.98%。

（二）晚播调冠与土壤水调控相结合的节水栽培技术

河北省多年推广应用"冬小麦节水高产栽培技术"（中国农业大学，2006），即在冬小麦—夏玉米种植体系中实行"双晚"栽培制度，通过冬小麦晚播（配合窄行匀播），减少年前无效耗水；通过增加基本苗，控株增穗，扩大冠层中非叶光合器官（穗、茎、鞘）面积和根群中种子根数目，从而增强后期群体光合耐逆性和深层吸水能力；通过减少灌溉，创造拔节前和灌浆后期上层土壤适度水分亏缺环境，控叶促根减耗（减少总蒸散量），增加土壤水利用，麦收后腾出较大土壤库容接纳夏季降水。该项技术采用的节水灌溉模式为灌 1 水（拔节水）和灌 2 水模式（拔节水＋开花水）。多年的技术定位试验（表 7-13）表明，随着灌水次数和灌水量增加，小麦产量也相应增加，但水分利用效率却以灌 1 水（拔节水）和灌 2 水（拔节水＋开花水）处理高于灌 4 水（起身水＋孕穗水＋开花水＋灌浆水）处理，特别是灌 2 水与灌 4 水比较，产量差异并不显著（均达到 8 100kg/hm² 以上产量），而总耗水量却明显减少。同时，节水灌溉模式对土壤储水的利用显著增加，为多接纳夏季雨水创造了条件。

表 7-13　不同灌溉模式产量和水分利用效率
（中国农业大学，2004—2008）

灌溉模式	降水（m³/hm²）	灌溉水（m³/hm²）	播前土壤储水消耗量（m³/hm²）	总耗水 ET（m³/hm²）	籽粒产量（kg/hm²）	水分利用效率 WUE（kg/m³）	水分边际效应（kg/m³）
W0	1 112	0	2 223	3 334	6 134	1.84	—
W1	1 194	750	1 885	3 829	7 515	1.96	2.79
W2	1 194	1 462	1 615	4 270	8 134	1.90	2.14
W4	1 194	2 700	991	4 885	8 206	1.68	1.34

注：W0 为不灌水；W1 为灌 1 水（拔节水）；W2 为灌 2 水（拔节水＋开花水）；W4 为灌 4 水（起身水＋孕穗水＋开花水＋灌浆水）。

（三）深松少耕与低定额灌溉相结合的节水栽培技术

针对小麦生产中大面积采用浅旋耕直接播种的耕作模式，造成浅而厚的犁底层，阻碍降水入渗和根系深扎，不利于蓄水保墒和根系对深层土壤水分的吸收利用，且影响播种质量，进而影响产量的问题，山东省近年推广应用"小麦深松少免耕镇压节水栽培技术"，包括

"深松—旋耕—耙压—播种—镇压"模式（玉米秸秆还田＋深松30cm＋旋耕15cm＋耙压或镇压2遍＋播种机播种＋播后镇压）和"深松—镇压—条旋耕施肥播种镇压一体机播种"模式（玉米秸秆还田＋深松30cm＋镇压2遍＋条旋耕施肥播种镇压一体机播种）。利用这两种耕作方式可有效地打破犁底层、促根下扎和蓄水保墒，再配合低定额灌溉栽培技术，可以增产并提高水分利用效率。山东农业大学对不同耕作模式的比较试验表明，深松＋条旋耕模式有利于增加土壤储水利用，是兼顾高产与节水高效的最佳模式（表7-14）。

表7-14 不同耕作方式对农田耗水构成及水分利用效率的影响

(山东农业大学，2007—2009)

年　度	处　理	总耗水量 (mm)	耗水构成（mm）			产　量 (kg/hm²)	水分利用效率 [kg/(mm·hm²)]
			降水	灌水	土壤储水		
2007—2008	条旋耕	388.70	228.00	50.35	105.35	6 303.68	16.43
	深松＋条旋耕	473.31	228.00	70.21	175.09	9 516.48	20.11
	旋耕	433.15	228.00	72.98	132.17	7 532.67	17.39
	深松＋旋耕	489.58	228.00	99.80	161.78	9 451.68	19.31
	翻耕	466.52	228.00	91.77	146.75	8 504.67	18.23
2008—2009	条旋耕	326.35	140.60	63.12	122.63	6 065.28	18.59
	深松＋条旋耕	429.00	140.60	87.63	200.76	8 957.92	20.88
	旋耕	371.83	140.60	88.67	142.57	6 869.87	18.74
	深松＋旋耕	449.63	140.60	118.11	190.92	9 070.93	20.17
	翻耕	420.13	140.60	112.17	167.37	8 175.13	19.46

（四）沟播与垄作节水栽培技术

旱地小麦采用沟播技术，可以聚雨拦雪、蓄水保墒、增温透光、集中施肥，有利于抗旱防寒保苗，是一项传统的旱作丰产技术。在灌溉农田采用沟播沟灌技术可以减少灌水量，结合调亏灌溉可以显著提高水分利用效率。与沟播技术的沟内播种、垄背暄土保墒不同，近年来山东、河南等地从国外引进并发展的垄作栽培技术，则是垄上播种、垄沟灌溉，通过沟内集中施肥和小水渗灌，提高了水肥利用效率，同时，垄作使群体结构和群体环境改善、扩大了边行优势，也有抗逆增产之效（表7-15）。

表7-15 垄作与平作产量及水分利用效率比较

(山东省农业科学院，2004)

品种	处理	籽粒产量 (kg/hm²)	降水量 (mm)	灌水量 (m³/hm²)	总耗水量 (mm)	水分利用效率 [kg/(mm·hm²)]
济麦19	垄作	6 901.5	136.2	1 500.0	352.1	19.61
	平作	6 415.5	136.2	1 500.0	380.8	16.85
烟农19	垄作	7 065.0	136.2	1 500.0	352.1	20.07
	平作	5 799.0	136.2	1 500.0	380.8	15.23

第六节　湿害生理与排水

小麦湿害，又称渍害，是指土壤水分超过小麦生长适宜土壤含水量上限要求时对小麦的危害。主要发生在小麦生长季雨水较多、地下水位较高、耕层滞水较多或地面易积水地区。

我国长江中下游麦区常年降水量较多，同时由于稻麦两熟耕作制大面积扩大推广，前作水稻使土壤浸水时间长，土壤黏重、排水困难、透气性差，湿害发生频繁，是该麦区小麦高产、稳产的主要限制因子。湿害是江苏、安徽、湖北、四川等省稻茬小麦生产上常见的自然灾害。

一、小麦湿害发生原因与生理机制

（一）湿害发生原因

湿害易发地区，导致土壤水分过多而受渍的原因：一是雨水过多，日照时数不足，田间湿度大，地温低，土壤含水量长期处于饱和状态；二是地下水位过高，地下毛细管水强烈上升顶托，使土壤过湿，水、气矛盾加剧；三是三沟不配套，排灌设施差，明水排不出去，暗水不能滤，沟渠不畅通，造成湿害发生；四是稻麦两熟农田，因前作水稻使土壤浸水时间长，土壤黏重、排水困难、透气性差而出现湿害。

（二）湿害发生的生理机制

1. 氧气亏缺　湿害使土壤空隙大多被水分充满，氧气迅速亏缺，导致土壤氧化还原电位降低（表7-16），某些离子被还原成更可溶和更有毒的形式（如硫化物 H_2S、FeS），氧化还原酶作用减弱，细胞生理机能下降，引起根腐和木质化。小麦细胞氧气亏缺使有氧呼吸减弱，无氧呼吸增强，产生了大量丙酮酸、乙醇和乙醛，对小麦正常生长发育产生严重毒害。同时，无氧呼吸的加强不仅使离子的主动吸收减弱，小麦营养元素亏缺，中间代谢产物从根部淋失，还消耗小麦体内大量储存物质，导致饥饿，轻则生长不良、产量降低，重则死亡。

2. CO_2 浓度升高　小麦遇到湿害时，植株内部 CO_2 浓度相对增高，从而抑制有氧呼吸，促进无氧呼吸，导致乙醛、乙醇等的毒害。高浓度的 CO_2 还抑制体内 H_2O_2 酶、乙醇酸氧化酶和硝酸还原酶的活力，从而影响小麦体内有毒物的降解和氮素营养。

表7-16　土壤淹水对土壤氧化还原电位的影响（5cm 土层内 mV 数）

（江苏省农业科学院，1981）

处理	淹水 30d					淹水 15d	
	苗期	越冬	返青	拔节孕穗	抽穗灌浆	拔节	孕穗
对照	700	691	647	637	705	660	702
淹水	485	483	369	165	265	389	227

3. 乙烯增加　由于根系和地上部乙烯的合成能力在湿害条件下增强，引起小麦体内乙烯含量增加，进而引起细胞分裂素下降，正常激素平衡失调，气孔关闭，叶绿素含量减少，干物质积累减慢，叶片卷曲、脱落，抑制根系生长和对离子的吸收，营养失调，正常的生理生化代谢系统受到破坏。

4. 减弱离子主动吸收　由于湿害造成根际氧气亏缺，离子的主动吸收减弱，从而导致小麦大量营养元素和微量营养元素的亏缺，或必需的中间代谢产物从根部淋失。湿害对小麦地上部生长的影响小于其对矿质离子吸收的抑制。研究表明，水渍不仅限制氮素的吸收，而且可抑制离子（如 NH_4^+、NO_3^-）的同化和转移。在引起植株氮含量和其他无机营养降低的同时，也会因硝化作用的增强而导致土壤氮的流失。另据报道，受湿害的小麦体内可溶性糖增加，不能合成多糖，磷成分减少，氮、磷的代谢都受到干扰。

二、小麦湿害的栽培生理基础

（一）湿害植株的形态特征

1. 苗期　苗期湿害造成种子霉烂，出苗率低，僵苗不发，苗瘦而小；根系发育不良，在湿害条件下出现的新根粗短、白嫩，向下生长受阻；根分枝稀疏，多分布于近地处，根毛密度明显减少（表7-17）；分蘖期推迟，蘖少而小或不发生分蘖而形成单秆独苗，基部叶片黄化快。但苗期黄叶并不立即枯死，可以持续一定的时间。苗期湿害延缓幼穗发育进程，受湿害小麦不但小穗数减少，且小穗分化的终止期也相应推迟。

表7-17　土壤渍水对根分枝、根毛密度及生长势的影响
（引自马元喜《小麦的根》，1998）

水分处理	距分蘖节5~15cm 一级分枝数（条）	比对照减少 （%）	根毛密度 （条/mm²）	比对照 减少（%）	根尖至根毛区 距离（mm）	比对照 减少（%）
对照	21.1	—	224.5	—	4 773	—
渍水	16.7	20.9	102.1	54.5	10 145	112.5

2. 拔节至开花期　植株矮小，由下而上叶片变黄。先是叶片的叶尖发黄，出现黄斑，叶脉变黄，然后波及叶片中下部，经过一段时间，枯黄的部分次第枯死。同时分蘖大量死亡，分蘖成穗率明显降低，以致全田穗数下降造成减产。受湿害植株的次生根明显减少，且根系分布范围狭窄，根部呈水渍状，暗灰色，根毛少，根皮凸起、脱落；根尖发黑且有沉淀物，吸收功能减弱并较难恢复。受湿害的麦穗明显缩短、结实小穗数显著减少、不孕小花数显著增加，抽穗开花期延迟，结实粒数大幅度下降。另外，湿害阻碍节间伸长，植株高度下降，主要表现在穗下节间和倒2节间明显缩短。

3. 灌浆成熟期　抽穗后，由于"库"主要集中于生殖器官，光合产物极少向下运转，因此湿害对地下根系的削弱比地上部更大。根系发生早衰后逐渐腐烂变黑。上部三片功能叶早衰，光合作用减弱，光合产物减少，同时茎鞘中储存物质向籽粒转移的速度也减慢，植株很快枯死，成熟期提早。籽粒因得不到有机物的充实而变得瘦瘪，千粒重明显降低，最终导致减产。

（二）小麦湿害生理

湿害会引起小麦发生一系列生理生化变化，影响小麦根系和地上器官正常生长发育。

1. 根系呼吸速率减弱　受湿害的小麦根系只能利用土壤水中低量氧进行呼吸，因而小麦呼吸速率普遍减弱，各个生育时期受到湿害时其根系呼吸速率均下降，湿害时间愈长，根系呼吸速率下降愈大。在湿害条件下的地上部功能叶片的耗氧量大增，湿害结束后10d，呼吸速率剧降。有人认为这是湿害下叶内呼吸基质消耗殆尽所致。

2. 根系活力与根群质量同时下降　湿害下小麦根系伤流和氨基酸合成能力及根系活力开始即急剧下降，根的质量也同时下降，根系活跃吸收面积变小，尤其是在拔节—孕穗期，反映主动吸水能力的小麦根系伤流量出现不可逆的下降。研究表明，孕穗期土壤渍水逆境初期（0~5d），单株根干重略有增加；渍水5d后，地下根系干重、根系活力和根系SOD酶活性开始下降，根系质膜相对透性和膜脂过氧化水平（MDA含量）开始提高；渍水10d时，根系活力和根系SOD酶活性急剧降低，根系质膜相对透性和膜脂过氧化水平（MDA含量）快速增加；渍水20d时，根系活力和根系SOD酶活性降到最低，根系质膜相对透性和膜脂过氧化水平达到最高。随着渍水时间的延长，根系因缺氧呼吸而受害加重，这是导致受渍小麦早衰的主要生理原因。同时，孕穗期土壤渍水逆境严重影响根系吸收、运输和分配[32]P的能力，从而加速了根系衰老（表7-18）。

表7-18　孕穗期土壤渍水逆境对豫麦18 [32]P吸收与分配的影响
（河南农业大学和安徽农业大学，2006）

处理	总吸收量[Pulse/(20mgDW·min)]	根系 0~10cm [32]PAC	POTAC（%）	10~20cm [32]PAC	POTAC（%）	茎鞘 [32]PAC	POTAC（%）	叶片 [32]PAC	POTAC（%）	穗 [32]PAC	POTAC（%）
CK	16 466.8	3 685.4±38.4	22.38	585.5±28.2	3.56	6 460.2±35.8	37.41	4 628.2±25.5	28.31	1 107.7±20.2	6.73
淹水	2 617.30	1 476.6±16.6	56.42	269.2±10.8	10.29	566.5±22.4	21.64	316.6±17.7	12.10	88.4±4.2	3.38
RIR（%）	84.11	59.93		54.02		91.23		93.16		92.02	

注：[32]PAC、POTAC分别代表[32]P吸收量和占总吸收量百分比，RIR为与对照比相对受害率。

3. 根系吸收养分的功能减弱　湿害阻碍氮（N）、磷（P）、钾（K）营养元素的吸收与同化。小麦中后期受湿害后根系活力大大降低，根系吸收能力和矿质养分的吸收量都下降，表现出"饥饿"现象。在湿害条件下，小麦幼嫩植株中的N、P、K等所有韧皮部可移动性元素，虽然可从老叶运向新叶，但并不能完全补偿由于根系功能受到抑制造成的养分供应不足，幼嫩展开叶中养分数量明显低于未受害植株的叶片。研究表明，孕穗期渍水逆境显著影响小麦氮素的吸收量，降低茎鞘、功能叶片和全株相对含氮量和绝对含氮量，而对氮素在地上不同器官的分配比例影响较小。由于根际土壤渍水逆境影响了小麦根系正常吸收氮素，使叶片含氮量急剧下降，从而导致旗叶叶绿素含量和净光合速率降低。

4. 湿害对光合作用的影响　湿害条件下，小麦叶片细胞的膜系统被破坏，细胞质外渗严重，电导率上升，生理代谢紊乱，叶绿体结构被破坏，叶片发黄枯萎，叶面气孔收缩或部分关闭，以致叶内外气体交换受阻，限制了 CO_2 进入叶片，与光合作用相关的酶活性降低，导致光合作用减弱，是小麦减产的基本原因。安徽农业大学研究表明，孕穗期至抽穗期淹水处理 20d，单株绿叶面积、功能叶叶绿素含量、净光合速率和小麦叶片光合碳同化酶的活性与对照相比均显著下降（图 7-8）。

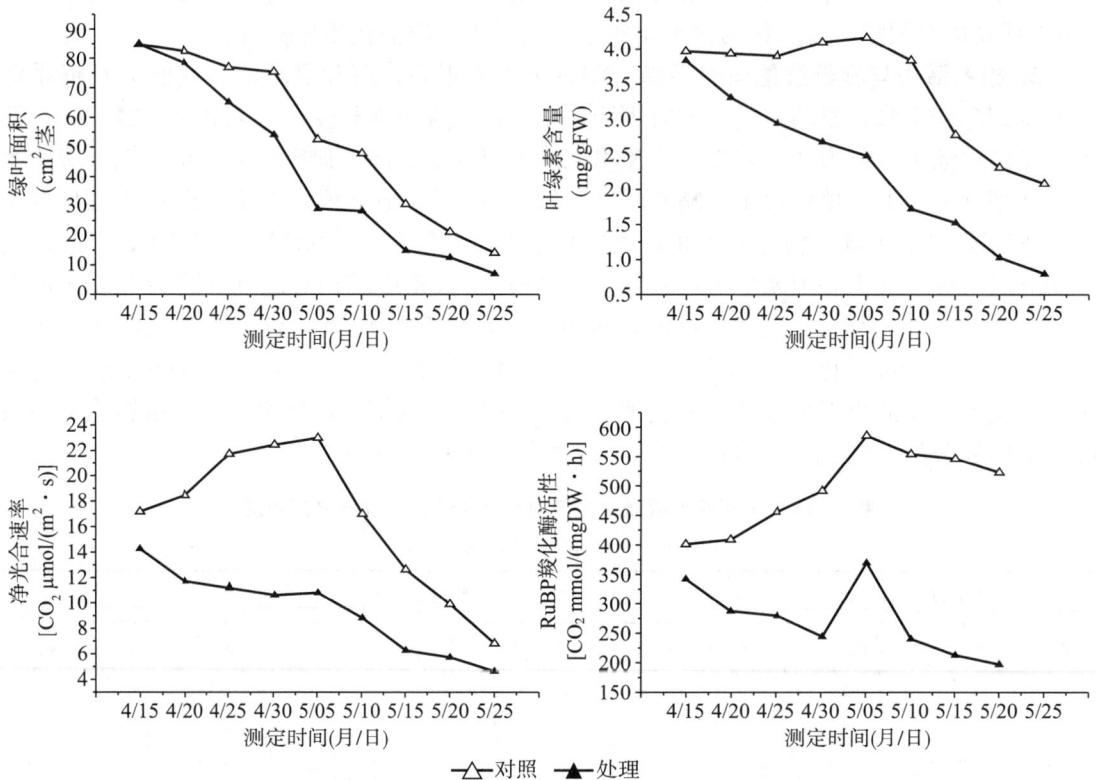

图 7-8　湿害对冬小麦博爱 7422 光合特性的影响

(安徽农业大学，2000)

5. 干物质积累量减少，运输和分配比例改变　土壤湿害导致根层缺氧，抑制作物生长。不同生育时期的土壤湿害不仅削弱光合产物的积累，而且还改变光合产物向地上和地下部分的分配比例。湿害条件下，小麦地上和地下部分的日增干重显著下降，根系的日增干重的下降比例大于地上部分，表明湿害对小麦根系的危害比地上部分更为严重。过少的根系难以长时间维持相对较大的地上器官的生长，也是湿害致使小麦叶片发黄枯死的重要原因。

6. 小麦植株内源激素发生变化　湿害改变小麦内源激素的合成和运输。正由于内源激素平衡的改变，以致小麦体内一系列生理生化代谢过程也发生变化。如生长速率与光合速率下降，叶中叶绿素含量和绿叶面积减少，根系活力和 RuBP 羧化酶活性降低，最终导致叶片早衰和产量下降。

乙烯：小麦受湿害胁迫后，根系缺氧刺激 ACC 合成酶，促进根中 ACC 的合成，形成的 ACC 随蒸腾液流由根系输向地上部，在通气条件下转变为乙烯，因而地上部乙烯量增加。乙烯的增加有利于不定根和通气组织的形成，从而增强小麦的耐湿性。

脱落酸（ABA）：土壤渍水后，小麦地上部 ABA 的合成加速，ABA 含量迅速增加。ABA 含量增加，叶绿素和蛋白质降解加速，叶片中 SOD 和 CAT 活性下降，DNA 和 RNA 合成也受到强烈抑制，以致小麦耐湿能力减弱。

生长素（IAA）：湿害胁迫与生长素关系的研究不多。试验表明，湿害下小麦地上部 IAA 浓度升高，根中 IAA 含量降低的时间延迟。另外，湿害还会干扰根中生长素的合成，地上部乙烯和 ABA 含量增加也能阻止地上部生长素向根系的运输，导致地上部生长素含量增加。这对提高小麦耐湿能力是重要的。

赤霉素（GA）和细胞分裂素（CTK）：根尖是合成 GA 和 CTK 的主要部位。湿害造成根系缺氧可直接抑制根内 GA 与 CTK 的形成和运输，同时间接影响地上部 GA 和 CTK 的生物合成。地上部 GA 和 CTK 含量下降时，茎叶生长受抑制，叶片衰老加速。

（三）小麦湿害敏感期

小麦对湿害逆境的反应，在不同生育阶段表现出较大的差异。一般认为生育初期耐湿性较强，中期耐湿性急剧下降。前期主要影响群体，但群体数量可通过增蘖得到补偿，损失较小；而后期则主要影响个体，表现穗粒数下降，粒重降低。人工模拟渍水试验表明（表 7 - 19），孕穗期渍水对产量影响最大，其次是灌浆期和拔节期，苗期渍水对产量影响最小。根据各地研究，小麦对湿害最敏感的时期为孕穗至开花期。

表 7 - 19　不同生育时期渍水对小麦品种博爱 7422 生理指标和产量的影响

（安徽农业大学，2001）

指标	项目	苗期	返青期	拔节期	孕穗期	灌浆期
绿叶面积 （cm²/株）	对照	46.5	288.4	270.4	235.6	84.6
	处理	34.6	165.5	124.6	110.4	24.1
	相对受害率（%）	25.9	42.61	53.92	53.14	72.41
干重 （g/株）	对照	0.833 2	2.135 2	5.864 2	9.124 6	14.467 1
	处理	0.521 5	1.742 3	3.458 1	5.623 1	8.654 2
	相对受害率（%）	37.45	18.45	41.03	38.37	40.37
叶绿素含量 （mg/gDW）	对照	1.576	1.822	3.185	3.12	1.762
	处理	1.244	1.41	2.168	2.17	0.845
	相对受害率（%）	21.07	22.61	31.93	30.45	52.04
光合速率 [μmol/（m²·s）]	对照	14.45	16.45	17.12	20.66	12.76
	处理	11.28	12.72	13.56	12.68	7.46
	相对受害率（%）	21.94	22.67	20.79	38.63	41.54
产量 （g/盆）	对照	9.06	9.06	9.06	9.06	9.06
	处理	6.74	5.64	3.94	2.38	2.92
	相对受害率（%）	25.55	37.76	56.4	73.71	67.73

（四）影响小麦耐湿性的因素

1. 品种（基因型） 不同基因型耐湿性有显著差异。一般耐湿性强的基因型有较强的根系活力、光合能力和有机物合成能力，湿害解除后这些指标均可得到一定程度恢复。另外，还可保持一定的气孔开张度并有迅速恢复的能力。一些研究提出，可以用孕穗期湿害处理后植株叶片的枯衰程度作为品种耐湿性等级的鉴定指标（蔡士宾，1989；朱旭彤等，1993）。

2. 生育时期 许多学者在小麦不同生育阶段给予湿害处理，发现孕穗期（拔节后15d至抽穗期）湿害对产量的影响最大，认为孕穗期是小麦湿害临界期，其次是开花期和灌浆期。孕穗期以前小麦发根力强，新老根系的更替快，所以湿害较轻；孕穗期后小麦根系已趋衰老，所以湿害重，以致产量下降。

3. 温度 温度升高，土壤氧化还原反应增强，有毒物质增多且氧气在水中的溶解度下降，土壤微生物和小麦的呼吸耗氧量增加，因此湿害随之加重，后期湿害减产更大。

4. 地下水位与耕作层滞水 地下水位高低主要影响根系的生长和分布及吸收能力大小。椐江苏省多点多年试验，返青拔节期地下水位以 1.0～1.2m 为宜，越冬期以 0.6～0.8m 为宜，播种期以 0.5m 为宜。耕作层滞水是小麦湿害的直接原因，其受降水量的影响更为密切。多雨的春季耕层滞水活动位在 50cm 左右，当日降水量在 16mm 以上，耕层滞水位由 50cm 上升到 30cm 以上；当日降水量在 4mm 以上，耕层滞水位保持不降。

5. 土壤 湿害与土壤质地、结构、有机质含量、矿物质组成、pH 值等有关。黏土透水性差，保水力强，易造成湿害。南方麦田多为水稻土和黏土，易致湿害加重。土壤培肥、改良土壤结构、提高土壤保肥能力可有效提高小麦抗湿（渍）性。

三、预防或减轻小麦湿（渍）害的途径与技术措施

（一）选育和选用抗湿（渍）性强的品种

小麦耐湿性强、弱在品种间存在着差异，应选择抗湿性强的品种。已有报道表明，华麦8号、鄂麦12、荆麦63、扬麦158等品种在生产上表现出极强的耐湿性，在湿害严重地区有较好的生产适应性。

（二）建立良好的麦田排水系统，减少受渍时间

麦田内外排水沟渠应配套，田内采用明沟与暗沟（或暗管）相结合的办法，前者排除地面水，后者降低地下水位。秋季开好畦沟，腰沟或出水沟都应逐级加深。春季及时疏通三沟，做到沟沟相通，达到雨停田干。这些措施不仅可以减轻湿害，而且能够减轻小麦白粉病、纹枯病、赤霉病及草害。据江苏省有关资料，拔节期地下水位在 0.2m 以上，小麦即无收；返青期地下水位由 0.2m 降至 0.5m，每公顷可增产 1 500kg。另外，减少受渍时间，可减轻渍害对小麦根系生育的不利影响（表 7-20）。

表 7 - 20　渍水持续时间对小麦根系生物量的影响

(河南农业大学，2001)

渍水处理	返青—拔节		拔节—孕穗		孕穗—扬花		灌浆期	
	生物量(g/株)	比CK少(%)	生物量(g/株)	比CK少(%)	生物量(g/株)	比CK少(%)	生物量(g/株)	比CK少(%)
CK	0.422	—	1.178	—	1.295	—	1.136	—
1d	0.403	4.6	1.192	−1.2	1.203	7.3	1.098	3.3
3d	0.456	−7.9	1.019	13.4	1.197	8.6	0.924	18.6
5d	0.419	0.7	0.880	25.2	1.095	15.6	0.773	31.9
10d	0.356	15.6	0.780	33.7	0.988	23.9	0.667	41.3
20d	0.311	26.2	0.693	41.2	0.763	41.2	0.527	53.6

(三) 采用抗湿 (渍) 耕作与栽培技术措施

改良耕作制度，避免水旱田交错插花种植，实行连片种植；特别是注意选择水稻秧田的位置，避免"旱包水"；大力提倡机耕畦作和机开沟，加深耕作层，破除犁底层；增施有机肥料；改良土壤结构，增加土壤通透性，减少土壤中有毒物质；及时排涝受渍田，增加土壤透气性，促进根系生长。同时，加强纹枯病、根腐病的监测及综合防治；通过培育壮苗，建立合理的群体结构，协调群体和个体关系，发挥小麦自身的调节作用，提高小麦的群体质量，这些都是提高小麦耐湿 (渍) 能力的措施。

(四) 合理施肥和及时采取氮素营养补偿技术

由于湿害造成叶片某些营养元素亏缺 (主要是氮、磷、钾)，碳、氮代谢失调，从而影响小麦光合作用和干物质的积累、运输、分配，以及根系生长发育、根系活力和根群质量，最终影响小麦产量和品质。为了防止这一点，在施足基肥 (有机肥和磷、钾肥) 的前提下，当湿害发生时应及时追施速效氮肥，以补偿氮素的缺乏，延长绿叶面积持续期，增强叶片的光合速率，从而减轻湿害造成的损失。另外，通过合理轮作，配方施肥，增施有机肥和磷、钾肥，均可改善土壤结构，促进根系生长，进而增强作物抗渍能力。

(五) 适当喷施生长调节物质

在湿害逆境下，小麦体内正常的激素平衡发生改变，产生"逆境激素"——乙烯。乙烯和 ABA 增加，致使小麦地上部衰老加速。所以在渍水时，可以适当喷施能延缓叶片衰老的生长调节物质或营养剂 (如磷酸二氢钾)，以减轻湿害。

第八章 雨养旱作麦田的生理生态

第一节 雨养旱作麦田的区域划分与
生态条件特点

一、雨养旱作麦田的区域划分

雨养旱作麦田,是指在无灌溉条件下,依靠自然降水满足小麦生长发育的水分需求、完成生产过程的小麦生产种植田。我国旱作麦田包括北方雨养旱地小麦区和南方雨养旱地小麦区(以下称旱作麦田或旱地小麦区)。

北方旱地小麦区,是指淮河以北的北方旱地小麦种植区,分布在东北西部、华北北部、西北、内蒙古以及青藏高原。但从自然降水的满足供应程度来看,北方旱地小麦区主要指年降水量在 400~600mm 范围内的河北、山东、河南、山西、陕西、甘肃等秋播冬小麦的非灌溉区,面积近 400 万 hm^2 左右,占北方六省小麦总面积的 30% 左右,其中陕西、甘肃和山西旱地小麦面积均约占本省小麦总面积的 1/2 以上。北方旱地小麦生产受自然气候生产力影响较大,主要影响因素包括自然降水、土层厚度、土壤质地与结构、地下水源深浅等。根据上述自然条件不同,北方旱地冬小麦区可分为黄土高原深地下水层旱作麦区、黄淮海浅地下水层旱作麦区两个类型区。

南方旱地小麦区,是指淮河以南的广大南方雨养小麦种植区,分布在华中中南部、华东、华南、西南各地,一般年降水在 800~1 800mm,不足 200d 的小麦生育期降水量也在 400mm 以上,自然降水总量完全可以满足无灌溉条件下小麦生长发育的需求。影响南方旱地小麦生产的主要自然因素是春季偶遇季节性干旱,小麦生育后期渍害严重、光照不足等。因此,从自然降水的满足供应程度来看,干旱不是限制该区小麦生产的主要因素。根据各地的生态条件,南方雨养小麦区可分为长江中下游麦区、华南麦区和西南麦区三个类型区,西南旱作麦区丘陵较多,降水较少。

二、雨养旱作麦田的生态特点

旱作麦田在全国分布范围广,各地小麦的生态条件,特别是北方和南方的生态条件差异较大，影响旱作小麦生产的主要因素和生产中的主要问题也不同。据此，分为北方旱地小麦区和南方雨养小麦区。

（一）北方旱地小麦区

根据北方旱地小麦区的生态条件特点，该区可分为黄土高原旱作麦区、黄淮海旱作麦区。

1. 黄土高原旱作麦区　该区以太行山、中条山为界，东西切割、西南走向，包括豫西黄土丘陵旱作冬麦区、山西中南部黄土丘陵旱作冬麦区、陕西渭北旱塬及延安黄土丘陵旱作冬麦区，并向西延至甘肃东部及宁夏固原黄土丘陵旱作冬麦区，是我国旱地小麦主要产区。由于黄土覆盖较深，一般达 30～300m，地下水埋藏较深、开发困难，除部分黄河沿岸可进行引黄灌溉外，其余大多为我国永久性旱作麦区。根据该区水热资源的差异，又可分为半干旱、半湿润暖旱丘陵冬麦区和半干旱、干旱冷凉丘陵旱作冬麦区两个亚区。

（1）半干旱、半湿润暖旱丘陵冬麦亚区　该区主要指沿黄河中游潼关大弯处为中心的陕西渭北旱塬、豫西旱塬以及山西晋城、运城峨嵋岭旱塬，是我国黄河中游农耕发祥地，具有悠久的种麦历史与丰富的旱作生产经验。该区年降水量在 500～650mm，干燥指数约为 1.2～2.5，为半干旱至半湿润区，伏雨量大而集中，下渗积蓄性强，冬季温暖，年平均气温在 12℃ 以上，1 月平均气温在 -3～1℃，小麦安全越冬条件好，一般为带绿越冬，越冬经历的时间短，返青早，分蘖及幼穗分化时间长，成穗率高，穗子大。是我国光、热、水资源最好的旱地冬小麦高产区及潜在高产区。

（2）半干旱、干旱冷凉丘陵旱作冬麦亚区　该区主要包括山西中部旱作冬麦区（包括长治、晋中、吕梁），陕西延安及甘肃东部庆阳、平凉旱作冬麦区，宁夏固原地区的一部分冬麦产区，年降水量约为 400～550mm，由东向西逐渐减少，其中山旱地区降水可达 550mm 以上。该区冬季严寒，年平均气温为 10℃ 左右，1 月份平均气温在 -5～0℃，极端最低气温达 -25℃，麦苗越冬条件不好，冬季地上部受冻干枯，干旱冷冻常是造成越冬死苗、死蘖的重要原因。该区是我国北方旱地小麦低产区。

2. 黄淮海旱作麦区　该区包括太行山以东、淮河流域以北的河北、河南、山东及江苏和安徽等省的一部分，其中平川非灌溉条件的旱地，多为浅地下水层的非永久性旱地，以及降水量较高非必要性灌溉的旱地；浅山丘陵旱作区，大多土层较薄，蓄水保水性较差，但平降水量较多，一般在 600～700mm，干燥指数约 1.2～1.5，为半湿润易旱区。该区又可分为冀鲁平川浅地下水层无灌溉旱作区、冀鲁浅山丘陵旱作区和沿淮湿润旱作区三个亚区。

（1）冀鲁平川浅地下水层无灌溉旱作亚区　该亚区多为不连片的、暂无灌溉条件的旱作区，由于地下水源的可开发性，或河流水源的可引入性，故为非永久性旱作区。其中部分地区属于地下水位较高的非灌溉涝洼地或下湿盐碱地，土壤黏重、排水性较差。

（2）冀鲁浅山丘陵旱作亚区　该亚区为沿山无灌溉条件的岗坡丘陵地区，或沿海丘陵地区，如冀西沿太行山的浅山丘陵地带、鲁中沿沂蒙山的旱作区、胶东沿海丘陵区、豫西南岗坡丘陵旱作区等。这些地区多为岗地，土层较浅，蓄水保水性较差，大多是本省的旱薄低产区。

（3）沿淮湿润旱作亚区　该亚区主要是指苏北、皖北等无灌溉条件的旱地麦作区。虽无灌溉条件，但年降水量多在700mm以上，且地下水源充足，水层很浅。播种至苗期常处于旱季，需做好播种保墒、保全苗工作。小麦生长中后期应注意排水防湿。

（二）南方雨养小麦区

根据南方雨养小麦区的生态条件，该区可分为长江中下游麦区、西南麦区和华南麦区。

1. 长江中下游麦区　本区北以淮河、桐柏山与黄淮冬麦区为界，西抵鄂西及湘西山地，东至东海，南至南岭，包括浙江、江西及上海全部，河南信阳地区，以及江苏、安徽、湖北、湖南各省的部分地区。全区地域辽阔，地形复杂，平原、丘陵、湖泊、山地兼有，而以丘陵为主体，面积约占全区总土地面积的3/4左右。海拔2～341m，地势不高。本区位于北亚热带，全年气候湿润，水热资源丰富。区内河湖众多，水网密布，雨水充沛，年降水量在830～1 870mm，小麦生育期间降水340～960mm，常受湿渍危害，且愈往南降雨量愈大，湿害愈重。北部地区偶有春旱发生，但主要是后期雨水偏多，日照不足，小麦生育中后期常发生湿害和高温危害。本区热量资源丰富，最冷月平均气温为3.5℃，绝对最低气温−11.1℃。本区无霜期长约255d，＞0℃积温4 800～6 900℃，种植制度为一年两熟以至三熟。全区小麦适宜播期为10月下旬至11月中旬，成熟期北部5月底前后，南部地区略早。本区湿涝和病害是制约小麦生产的重要因素，须选用抗病优质高产品种。该区品种类型为弱冬性或春性，光照反应中等至不敏感，生育期200d左右。

2. 西南麦区　本区地处秦岭以南，川西高原以东，南与华南麦区为界，东抵鄂西山地、湘西丘陵区。包括贵州省全境，四川省、云南省大部，陕西省南部，以及湖北、湖南两省西部。全区地势复杂，山地、高原、丘陵、盆地相间分布，其中以山地为主，约占总土地面积的70%左右，海拔一般为500～1 500m，最高达2 500m以上。其次为丘陵，盆地面积较少。平坝少，丘陵旱坡地多。全区冬季气候温和，高原山地夏季温度不高，雨多、雾大、晴天少，日照不足，最冷月平均气温为4.9℃，绝对最低气温−6.3℃。本区无霜期长，260多d，＞0℃积温3 147～6 500℃。年日照时数1 620h左右，日均仅约4.4h，为全国日照最少地区，日照不足是本区小麦生长的主要不利因素。年降水量1 100mm，基本可以满足小麦生育期的需水需求。但部分地区由于季节雨量分布不均，冬、春雨水偏少，干旱时有发生。种植制度除四川部分冬水田为一年一熟外，基本为一年两熟。小麦播种期一般为10月下旬至11月上旬，成熟期在5月上中旬。本区品种类型多为半冬性或春性，冬季无停滞生长现象，对光温反应迟钝，生育期180～200d，具有灌浆期长、大穗、多花、多实，以及耐瘠、耐旱、休眠期长等特性。

3. 华南麦区　本区地处我国南端，包括福建、广东、广西全部以及云南南部。全区地势复杂，以山地丘陵为主，约占总土地面积的90%左右。全区主要为南亚热带，气候温暖湿润，冬季无雪，最冷月平均气温7.9～13.4℃，绝对最低气温−5.4～−0.5℃，＞0℃积温5 100～9 300℃。年降水量在1 500mm左右，小麦生育期降水量为430mm左右，为全国水资源最丰富的地区，但季节雨量分配不均，苗期雨水较少，中期次之，灌浆期多雨寡照，湿度大，影响开花、灌浆和结实。成熟期多雨，穗发芽、病害严重。种植制度主要为一年三熟，部分地区为稻麦两熟或两年三熟。小麦播种期在11月中、下旬，成熟期为 3 月中、下旬至 4 月上旬。本区小麦品种类型大部分是春性，苗期对低温要求不严格，灌浆期较长，抗寒性和分蘖力较弱，籽粒较大，休眠期长，对光照反应迟钝，生育期 120d 左右。内陆山区有部分弱冬性品种，分蘖力较弱，麦粒红皮，休眠期较长，不易在穗上发芽。各地对小麦品种的要求也不相同，沿海平原区水稻小麦轮作田应选用耐湿性好、抗病的早熟春性小麦品种；丘陵坡地要选用耐旱性强、抗风、不易落粒、抗病的春性早熟品种；内陆山岭区，湿、冷、阴、病和后期倒伏是小麦生产的限制因子，因此应选用耐湿、耐阴、抗倒伏、不易穗发芽的早中熟弱冬性或弱春性小麦品种。

第二节　北方旱作麦田

一、北方旱作麦田的气候生产条件特点

我国北方旱地小麦生产受自然气候和生产条件的影响较大，并约束着耕作制度、栽培技术及品种选用等技术措施的正常发挥。加之该区面积大，分布广，自然气候类型复杂，生产条件差，栽培水平低，导致产量低而不稳，成为影响小麦生产丰歉的重要区域。北方旱地小麦的气候、生产条件特点主要表现在以下几个方面。

（一）大陆性不稳定的气候特点

北方气候特点集中体现在降水量少，一般年降水量在 400~600mm，年际变幅大；年内分配不均，冬春少雨干旱，夏秋降水集中，7~9 月降水占到全年降水量的 60% 以上，而小麦生育期的 10 月至第 2 年 6 月降水量只有 150~230mm；强烈的地面蒸发造成短时期内土壤水分的大量亏缺，耕作层甚至根系主要分布层土壤水分不足，加剧了干旱的发生，直接影响着旱地小麦的正常生长，加之小麦生育后期的干热风危害，严重地威胁着小麦生育后期穗粒重的形成。因此，干旱是制约北方旱地小麦生产发展的主导因素。

（二）土壤贫瘠，水土流失严重

北方旱作麦田主要分布在山区与丘陵地区，土壤瘠薄，不仅有机肥源不足，无机营养也很缺乏。根据资料综合整理（表 8-1），大面积中低产旱地麦田土壤有机质含量普遍低于 0.8%，全氮含量低于 0.07%，有效磷含量多在 3~5mg/kg，除钾的含量稍高外，氮、磷都不能满足小麦正常生长的需求，特别是磷素普遍严重缺乏，成为小麦生长的主要限制因素。此外，山西、甘肃、陕西等省的丘陵旱地多为一年一作耕作制，土壤裸露时间长，风蚀水蚀造成水土流失严重，山丘旱地平均年侵蚀表土 0.9mm，严重者达 1.3mm。

表 8-1　北方大面积中低产麦区土壤养分状况
（根据土壤普查资料整理）

地区	有机质（%）	全氮（%）	有效磷（mg/kg）	速效钾（mg/kg）
鲁西北、鲁西南平原、湖洼	0.40~0.60	0.03~0.045	1~4	75~90

（续）

地区	有机质（%）	全氮（%）	有效磷（mg/kg）	速效钾（mg/kg）
胶东丘陵区	0.60	0.04	4	30～60
鲁中山丘	0.60～0.80	0.03～0.07	<3	50～100
豫西、豫北	>0.8	0.06～0.09	>5	90～120
豫东北平原旱地	0.4～0.8	0.03～0.068	2.5～8	90～200
晋南	0.45～0.67	0.04～0.05	3～5	80～150
晋中	>0.7	0.03～0.04	3～5	50～100
甘肃平凉	<0.76	0.04～0.07	3～5	30～50

（三）粗耕粗种，技术水平低

北方旱作麦区，大多交通不便，由于自然条件的限制，生产技术的调节效果差，造成投入少，技术不到位，管理粗放，降水利用率不高，加之品种更换慢，退化严重，小麦产量随气候年型波动大、低而不稳。

（四）土层深厚，蓄水性强

北方广大黄土高原区，土层深厚，且土壤蓄水性强。据山西农业大学测定，土壤凋萎含水量为9%～13%，田间持水量为21%～39%，一般旱地小麦根系可以下扎到的3m土层，最大储水量达1 324mm，其中有效水800mm左右，易有效水580mm左右。强大的土壤水库能充分接纳蓄存小麦休闲期（也是降水高峰期）的自然降水，供旱季小麦生长利用，有利于缓解小麦生育期（10月至翌年6月）与降水高峰期（7～9月）的矛盾。

（五）耕地面积大，利于休闲轮作养地

旱作地区一般人均耕地面积较大，多为一年一作耕作制。夏休闲期间可通过深耕改土、覆盖保墒，增加土壤储水，也可通过与养地作物轮作恢复地力。另外，不受前作影响，可精细整地，适时播种，利于培养冬前壮苗，发挥小麦利用土壤深层水分、养分的能力。

二、北方旱作麦田的土壤持水特性与水分变化规律

旱地麦田的自然降水是通过土壤被小麦生长所利用的。而自然降水一旦进入土壤，其数量、特征状态、累积、消耗就因土壤特性的不同而发生多样性的变化。不同土壤类型因质地、结构、孔隙度等不同，土壤水分对小麦的有效性也不同。

（一）旱地麦田土壤持水特性

美国学者布里格斯（L. J. Briggs）最早把土壤水分分为吸湿水、毛管水、重力水。以后许多研究者为表达土壤水分的数量特征，又提出多种土壤水分指标，其中旱地小麦生产

应用最广泛的有 3 个土壤水分指标常数：①凋萎系数。为土壤"水土"结构中有效储水的水分下限。②田间持水量。为土壤水分达到饱和后，在无蒸发无下渗（下渗停止）时，土壤所能保持的土壤含水量。即在自然条件下，田间可能保持的最大持水量，此为土壤水分的上限指标。③毛管断裂含水量。当由于作物吸收与土壤蒸发使土壤毛管水断裂不能连续供应作物耕层所需要的悬着水时，此时的土壤含水量即所谓毛管断裂含水量。由于水分供不应求，生长受阻，所以又称阻滞含水量。毛管断裂含水量一般为田间持水量的 60%～70%，由于它处于田间持水量与凋萎值两个临界值之间的缓冲带，也是旱地小麦较多年份、较多生长时期所处的不同程度的水分胁迫带。相对而言，它比凋萎值与田间最大持水量临界点的绝对指标要宽得多，也是衡量栽培技术、经济高效用水、品种抗旱特性以及提高水分利用效率的关键所在与重要指标。

旱地麦田不同土壤质地具有不同的土壤胶体性质、颗粒及大小比重，因而土壤水分常数的凋萎系数及田间持水量有明显的不同。根据山西省万荣县旱地麦田的测定，不同土层土壤水势的含水量及不同水分指标的土壤储水量见表 8-2。如山西省南部黄土丘陵旱作麦田，黏壤土，其凋萎系数含水量为 9%～13%，田间持水量为 21%～39%，毛管断裂含水量约为 16%～20%。从表 8-2 看出，0～2m 土层最大田间总储水量可达 803.9mm，其中有效水达 510.0mm，易有效水可达 314.3mm，难有效水 196mm；若根系用水深度达3m，则田间最大总储水量可达 1 324mm，其中有效水可达 853mm，易有效水可达585mm，难有效水可达 267mm。当然在一般年份，年降水 500mm 左右的半干旱地区，是难以达到最大田间持水量指标的。

表 8-2　山西万荣旱地麦田 3m 土层土壤储水量
（山西农业大学，1992）

土层（cm）	储水量（mm）			
	最大储水	有效水	易有效水	难有效水
0～50	163.1	93.0	50.8	42.2
50～100	169.2	81.4	27.1	54.4
100～150	223.8	157.1	111.4	45.8
150～200	247.9	178.6	125.1	53.4
200～250	260.4	171.6	135.7	35.9
0～100	332.3	174.4	77.8	96.6
0～150	556.0	331.5	189.2	142.4
0～200	803.9	510.0	314.3	195.8
0～300	1 324.6	853.3	585.6	267.5

不同土壤类型的土壤持水特性不同，西北黄土高原的垆土地（表 8-3），2m 土层的土壤容重变动在 1.20～1.41g/cm³ 之间，总孔隙率为 46%～55%，各层土壤田间持水量达 21%～25%，由此计算出 2m 土层蓄水量可达 611.7mm。由于黄土高原地下水位很深，水分渗透性好，即使在田间最高持水量下，充气孔隙仍可保持 18%～25%。凋萎湿度大多在 7%～10% 之间，凋萎湿度到田间持水量为有效水分，可达 388mm，相当于

258m³ 水。

表 8 - 3　陕西永寿旱作麦田土壤水文常数

（西北农林科技大学，1987）

土壤深度 (cm)	容重 (g/cm³)	总空隙率 (%)	田间持水量		凋萎系数		在田间持水量下		
							有效水量		充气空隙 (%)
			%	mm	%	mm	%	mm	
0～20	1.25	53.1	21.4	26.7	7.2	9.0	14.2	17.7	26.4
20～40	1.22	54.0	22.7	27.7	7.2	8.8	15.5	18.9	26.3
40～60	1.38	48.1	23.3	32.0	7.3	10.0	16.0	22.0	16.2
60～80	1.36	48.9	23.2	31.4	7.4	9.9	15.8	21.5	17.5
80～100	1.20	54.7	24.2	29.1	8.5	10.2	15.8	18.9	25.7
100～120	1.19	55.1	24.8	29.8	9.9	11.8	14.9	18.0	25.3
120～140	1.23	53.6	25.7	31.6	10.2	12.6	15.5	19.1	22.0
140～160	1.26	52.7	26.0	32.7	10.4	13.1	15.6	19.6	20.1
160～180	1.26	52.5	25.8	32.8	10.5	13.2	15.4	19.6	19.7
180～200	1.27	52.3	25.2	32.2	10.5	13.3	14.7	18.9	20.1
0～200				611.7		222.4		388.0	

豫西的洛阳褐土地，1.6m 土层的土壤容重变动在 1.61～1.69g/cm³ 之间，各层土壤田间持水量（相对干土的百分率）达 30%～38%，由此计算出 1.6m 土层蓄水量可达 960.99mm，其中有效水可达 679.5mm，易有效水可达 430.88mm，难有效水可达 248.62mm。因此，土壤持水能力越强，有效储水量越多，旱地小麦的水分生产潜力就越大（表 8 - 4）。

表 8 - 4　河南洛阳旱地麦田土壤持水特性指标

（河南农业大学，2008）

土壤深度 (cm)	田间持水 (mm)	易有效水 (mm)	难有效水 (mm)	无效水 (mm)
0～20	97.19	50.13	26.50	20.56
30～40	121.55	55.72	31.49	34.34
50～60	121.92	52.51	35.23	34.18
70～80	123.02	54.69	34.64	33.68
90～100	119.70	54.40	29.50	35.81
110～120	128.72	54.40	29.72	44.60
130～140	128.12	56.03	30.29	41.80
150～160	120.77	53.01	31.26	36.50
0～160	960.99	430.88	248.62	281.48

（二）旱地麦田土壤水分变化规律

旱地麦田水分的唯一来源是自然降水，不同地区不同年份降水的季节分布不同，土壤水分有不同的变化规律。小麦生长季节的耗水也深刻地影响着土壤水分的变化过程。

1. 渭北旱垣麦田土壤水分循环的季节变化　根据原中国科学院西北水土保持研究所观察（表 8-5），冬小麦收获后，0～200cm 土层有效水剩余量仅相当于有效水容量的 36.5％。土壤水分循环深度可达 220cm，土壤水分亏缺值高达 195.3mm，其中 0～180cm 土层水分含量接近凋萎湿度。根据作物发育过程对土壤水分的影响，可将土壤水分循环区分为 3 个明显不同阶段。

（1）土壤水分稳定期　此时期从播种至越冬末。这一阶段因小麦处于苗期，植株幼小，作物蒸腾量小，土壤水分损失以土面蒸发为主，因气温较低，土面蒸发也较小，仅为 122.5mm，日均蒸发量为 1.07mm。加之降水量较少，仅为 67.4mm，日均降水量 0.59mm，到期末土壤水分亏缺量仅为 5.1mm，故土壤水分相对处于稳定状态。这一阶段土壤水分循环主要在 70cm 土层以上。

（2）土壤水分缓慢消耗期　此时期从越冬末期至拔节末期。这一阶段因气温回升，小麦植株经返青至拔节，生长量逐渐增加，植株蒸腾量也随之增加。此阶段 0～200cm 土层水分储量损失 52.6mm，降水量 47.6mm，总耗水量为 100.2mm，日均耗水量 1.11mm，土壤水分亏缺量达 107.7mm，土壤水分循环层次主要在 0～100cm。

（3）土壤水分大量消耗期　此时期从拔节末期至收获。这一阶段植株迅速生长，植株蒸腾量达一生最大，总耗水量达 240.6mm，日均耗水量 3.3mm，降水量也较高，可达 157.6mm，土壤水分储量损失为 87.6mm，到收获后，0～200cm 土层有效水仅剩 106.4mm，土壤水分亏缺量高达 195.3mm。此时期土壤水分循环深入到 220cm 土层。到期末，100～200cm 土层土壤水分储量减少了 44.3mm，占土壤水分储量损失的 51％。因之，深层储水在作物生长后期占相当重要的地位，且此时是作物产量的形成期，故深层蓄水是作物稳产高产的关键。总之，随冬小麦生长发育土壤水分循环的层次不断加深，强度加大，直至收获达一生最大。

表 8-5　渭北旱垣旱作麦田土壤水分季节变化

（中国科学院西北水土保持研究所，1988）

项目	1987—1988 年（月/日）									
	10/5	11/5	12/5	1/5	2/5	3/5	5/5	6/6	7/2	10/5
0～50cm 有效水储量（mm）	81.3	71.5	64.5	60.4	63.1	57.7	21.9	59.8	32.3	81.3
占有效水容量（％）	100	87.9	79.3	74.3	77.6	71.0	27.0	73.6	39.8	
50～100cm 有效水储量（mm）	67.3	63.1	58.0	57.4	50.3	43.2	37.3	21.7	19.5	67.3
占有效水容量（％）	100	93.8	86.2	85.2	74.8	64.1	55.4	32.2	28.9	
100～150cm 有效水储量（mm）	70.1	65.1	63.0	63.6	59.8	51.2	42.6	34.7	25.1	70.1
占有效水容量（％）	100	92.9	98.8	90.7	85.3	73.0	60.8	49.5	35.8	
150～200cm 有效水储量（mm）	66.0	66.4	65.0	68.5	62.2	52.3	50.0	41.6	29.5	72.6

（续）

项目	1987—1988 年（月/日）									
	10/5	11/5	12/5	1/5	2/5	3/5	5/5	6/6	7/2	10/5
占有效水容量（%）	90.9	91.5	89.5	94.3	85.7	72.1	68.8	57.3	40.7	
0～200cm 有效水储量（mm）	284.7	266.1	250.5	249.9	235.4	204.4	151.8	157.8	106.4	291.3
占有效水容量（%）	97.7	91.3	86.0	85.8	80.8	70.2	52.1	54.2	36.5	
水分储量变化	—	−30.5	−16.8	12.6	−13.7	−44.5	−54.2	6.8	−55.0	195.3
降水量（mm）	—	40.6	11.3	19.8	2.8	5.6	46.9	114.3	31.3	272.6
总耗水量（mm）	—	71.1	28.1	7.2	16.5	50.1	101.1	107.5	86.4	467.9
日均耗水量（mm/d）	—	2.3	0.9	0.2	0.6	1.7	1.7	3.4	3.3	1.7

2. 黄淮半湿润易旱区土壤水分循环的季节变化　以河南为例，豫西丘陵旱作区属于黄淮半湿润易旱地区，年降水 600～800mm，其中夏季降水占年降水的 55%～60%，旱地小麦生长季节占 40%～45%，且降水分散、数量少、时间不定，常发生季节性干旱。由于年降水量较多，雨季又正值盛夏季节，水热同步，因而麦收后可种植粮、经、菜各种复种作物。通常从产量与效益出发，该区多采用小麦—玉米—小麦的种植制度。其土壤水分的年内季节变化如表 8-6 所示。

表 8-6　半湿润地区土壤水分时空季节变化

（河南农业大学，1987）

单位：mm

土层（cm）	春夏强烈耗墒期			夏秋水分补充期			秋冬缓慢耗墒期			冬季表墒凝结稳定期		
	3/17	7/17	±	7/17	9/18	±	9/18	2/18	±	12/18	2/17	±
0～15	33.6	25.5	−8.1	25.5	60.9	+35.4	60.9	26.6	−34.3	26.2	44.0	+17.8
15～50	90.0	95.2	+5.2	95.2	84.2	−11.0	84.2	68.3	−15.9	68.3	64.6	−3.7
50～90	109.0	104.0	−5.0	104.0	114.2	+10.2	114.2	118.0	+3.8	118.0	101.9	−16.1
90～160	220.4	170.0	−50.4	170.0	256.8	+86.8	256.8	148.3	−108.5	148.3	157.6	−9.3
0～160	453.0	394.7	−58.3	394.7	516.1	+121.4	516.1	361.2	−154.9	361.2	368.1	6.9

由表 8-6 看出，该区土壤水分变化亦可分为 4 个时期：

（1）**春夏强烈耗墒期**　约为 3～6 月，是小麦返青后迅速生长时期，气候处于旱季，麦田耗水日趋增多，土壤水分蒸发常表现入不敷出，遇到旱年水分亏缺更大。由于该阶段土壤水分来源主要靠年前夏秋雨季供给复播作物需求之后剩余的水分，因此土壤水分对小麦的供应取决于年前雨量的多少和秋作消耗的多少。

（2）**夏秋水分补充期**　约为 7～9 月，该期在半湿润地区雨量充沛，既可满足夏播秋作之需，又有一定多余水分积蓄供小麦"伏雨春用"生长所需。由表看出，雨季过后，0～160cm 土层有效储水可达 516.1mm。

（3）**秋末初冬缓慢耗墒期**　约为 9 月下旬至 12 月。此时雨季已过，降水明显减少，气温尚高且缓慢降低，多西北风，正值旱地小麦苗期旺盛生长之际，虽土壤蒸发和作为蒸腾耗水进入冬前高峰期，但麦苗幼小，耗水不大，加之气温日趋降低，土壤水分处于缓慢蒸发期。比半干旱地区蒸发耗水要大。

（4）冬季表墒凝结稳定期　约为翌年1～2月。冬季降水很少，耕层土壤及其水分冻结，小麦虽在白天中午0℃以上温度下，仍可带绿缓慢生长（尤其是根系），但耗水量不大，土壤水分处于相对稳定时期。

3. 晋南旱地麦田土壤水分周年动态变化　晋南旱作麦田年降水表现了明显的季节性分布差异，60%左右降在小麦播种前的7～9月，漫长的小麦生育期降水量只占40%左右，带来土壤水分周年性的动态变化，呈现出明显的积蓄与消耗两个阶段与四个量性速率不同的特征时期（表8-7）。

表 8-7　旱作麦田土壤水分年变化
（山西农业大学，1984）

单位：mm

土壤深度(cm)	1983—1984 年（月/日）									
	7/21	8/10	8/25	9/14	9/25 播种	10/8 出苗	12/20 冬前	3/17 返青	4/15 拔节	6/2 成熟
0～20	44.3	41.1	40.0	49.9	54.3	53.8	39.8	35.4	23.4	24.4
20～40	44.0	47.7	43.8	53.3	56.8	57.7	42.3	38.2	24.3	29.3
40～60	37.5	43.5	36.4	46.6	46.6	48.6	39.4	32.8	26.1	27.6
60～80	38.0	45.0	39.9	46.6	43.4	51.6	45.8	39.4	28.7	36.7
80～100	31.9	43.6	37.8	44.2	43.1	46.6	43.4	38.6	32.0	32.2
100～120	28.3	43.6	38.0	42.0	41.8	45.0	42.8	37.2	31.4	31.7
120～140	25.3	43.1	40.2	42.0	42.3	43.4	43.1	38.6	32.5	33.8
140～160	27.1	42.6	40.4	43.1	42.8	43.9	46.6	43.1	34.6	37.8
160～180	29.7	41.8	39.9	44.7	44.4	46.6	58.8	46.3	37.8	38.6
180～200	32.2	39.1	32.0	45.2	47.1	47.9	52.9	48.9	44.2	44.2
0～100	195.7	220.9	197.8	240.6	249.2	258.3	210.7	184.4	134.5	150.2
100～200	142.6	210.2	196.5	217.0	218.4	226.8	244.2	214.1	180.5	186.1
0～200	338.3	431.1	394.3	457.6	467.6	485.1	434.9	398.5	315.0	336.3

土壤水分积蓄恢复阶段为6月下旬至10月上旬，前后共约100d以上。以年降水500mm左右的黄土丘陵半干旱麦区为例，该阶段始期，土壤含水量处于全年最低点，约160cm以上的土层内，常年土壤水分降至萎蔫点上下，其中80cm以上土层含水量仅为6%～7%，80～160cm为9%～11%，160cm以下土层含水量约为13%～16%；3m土层总水量约为350～400mm。该阶段末期3m土层储水量多雨年份可达700mm以上，常年可达600～700mm，少雨年份可达550～600mm。因降水与蒸发的不同，该阶段又可分为三个特征时期。

（1）有效水恢复期　该期约从6月上旬至8月底，降水量逐渐增加，气温处于20℃以上的高温期，降雨日土壤水分补充恢复，无雨日土壤水分又被蒸发消耗，积蓄与蒸发消耗交错进行，土壤含水量频繁起落，稳定增加速度慢，蒸发耗水可影响到1m以下土层，

可被蒸发的含水量为 13%~14%。由于高温季节的强烈蒸发，土壤含水量难以稳定超过 17% 以上；水分的扩散移动性很慢，约为 1~10mm/h；水分下渗深度一般可达 1.8m，降水的蓄存率约为 50%。期末 3m 土层可充满膜状水至毛管断裂水（14%~16%），对小麦为弱有效水。

（2）有效水积蓄期 该期从 9 月初至 10 月上旬，降水虽开始减少，但平均气温降到 20℃ 以下，土壤蒸发过程减弱，水分积蓄过程占主导地位，土壤储水增加，水分移动性增强，在上下层水势差的作用下，水分大量向深层补充，多雨年份可达 3m 以下，常年可达 2m 多，期末可渗透层含水量达 17%~21%。小麦可利用的有效水达 300mm 以上，是旱源麦田生态生产效应稳定的水分资源。

（3）土壤水分利用耗散阶段 该阶段从 10 月上、中旬小麦出苗到翌年 6 月上、中旬小麦收获，即小麦的整个生育期，此阶段降水量仅占年降水量的 40% 左右。初期气温较低，麦苗较小，以土壤蒸发消耗为主；随着小麦生育的推进，蒸腾蒸发加强，土壤水分消耗量越来越大，耗水深度越来越深；期末土壤水分亏缺至全年最低值。该阶段又可分为两个特征时期：一是表层水分缓慢蒸散期。该期从 10 月中、下旬初至翌年 3 月初，降水和气温均处于全年的低谷期，其中 12 月至翌年 2 月小麦基本处于越冬期，蒸腾耗水量很小，土壤蒸发主要发生在表层 60cm 以内，随着表层含水量降低，深层水不断向上层扩散冷凝。二是深层水分大量调用消耗期。该期一般从 3 月初到 6 月上、中旬，即小麦返青到成熟，气温开始迅速回升，随着小麦进入拔节抽穗旺盛生长，土壤蒸发和植株蒸腾作用加剧，虽然自然降水量也有增加，但远不能弥补该期强烈耗水的需求，是旱地麦田水分供需矛盾激化的时期。随着表层含水被消耗，小麦根系不断从深层调用水分，该期末小麦用水深度可达 2~3m。实测表明，此时 0~60cm 土壤含水量可降至 6%~10%，60~160cm 可降至 8%~13%，处于凋萎点上下，160~300cm 土壤常年含水量也仅为 12%~17%，是全年土壤水分最枯竭的时期。

4. 旱地麦田土壤水分的垂直变化 研究表明，旱地麦田土壤水分动态不仅有明显的时间上的阶段性差异，而且不论在任何阶段，土壤水分又同时具有明显的垂直层次上的空间差异。一般可分为四层：

（1）水分剧烈变化层（活跃层） 该层在黄土高原半干旱地区深度约在 0~100cm，在黄淮海半湿润低平原地区约为 0~40cm。该层为主要根群耗水与土壤蒸发耗水层，受大气环境影响大，特别是 0~30cm 的耕作层常呈风干状态，水分含量变化剧烈，变幅在 6%~22% 之间。

（2）水分缓慢变化层（次活跃层） 黄土高原半干旱地区该层约在 100~200cm，半湿润区约在 40~100cm。此层不直接受大气环境影响，水分消耗缓慢，为小麦生育期间耗水的主要层次。水分含量变化在 12%~22% 之间。在常年气候降水条件下，可供小麦需水的 80% 左右。在生长末期该层土壤所亏缺的水分可以得到补偿。

（3）水分相对稳定层 黄土高原半干旱地区该层一般在 200~300cm，半湿润地区约在 100~150cm。在中等降水年份和一般耕作栽培技术条件及产量水平下，涉及该层水分消耗很少，处于相对稳定状态。但在干旱较重或综合技术、产量水平达到 4 500kg/hm^2 甚至更高时，该层水分也会被消耗，并且只有在伏雨充沛的丰水年，水分才有可能补充渗达此层。

（4）原生态土壤水分稳定层　黄土高原半干旱地区，一般300cm以下就处于常年湿润的原生态水分稳定层，含水量一般在10％～13％。

三、北方旱地小麦高产的生物学基础

（一）旱地小麦生育特点

旱地小麦由于受自然条件特别是降水条件的影响，其生长发育过程、速度、结构、数量等与水地小麦相比，具有一定特点。

1. 苗期积温高，易培育壮苗　不论半干旱地区休闲麦田，还是半湿润地区回茬麦田，由于前茬收获早或前茬为休闲地，加之水肥条件的限制，一般都采取以提早播期弥补水肥的不足。播种早、积温高，加之旱地麦田一般播在夏秋伏雨之后，土壤水分处于恢复阶段，利于培育壮苗。

2. 冬前分蘖多，高峰出现早，但成穗率低　目前大面积中低产旱地小麦分蘖高峰期一般都出现在拔节以前，尤其是土壤肥力较低、播期过早的冬前旺苗，甚至冬前分蘖就达高峰，形成麦分蘖早衰的单峰曲线。分蘖高峰出现期的早晚与产量水平密切相关。据调查（表8-8），旱地小麦产量1 500kg/hm² 以下麦田，一般冬前就达分蘖高峰；产量3 000kg/hm² 以上的麦田，分蘖高峰出现在返青至起身期，只有产量4 500kg/hm² 以上麦田才出现冬前及冬后两个分蘖高峰，并且第2个高峰同样比水地小麦出现早（春季雨水多例外），以及在起身直到拔节前为了保证主茎成穗的水分需要，短期内大量死亡。据中国农业科学院在山西观察，旱地小麦有效分蘖期一般在出苗后25d结束，单株成穗即使在中等条件下也不过1.2～1.4个，大量的旱地麦田（主要指半干旱区）仅为主茎成穗。

表8-8　旱地不同产量水平小麦分蘖高峰出现期

(山西农业大学，1980)

土壤肥力	产量水平（kg/hm²）	分蘖动态（万/hm²）			成穗数（万/hm²）
		11/20	3/10	4/5	
瘠薄旱地	1 537.5	960.0	885.0	510.0	277.5
中肥旱地	3 922.5	945.0	1 065.0	750.0	472.5
高肥旱地	5 772.5	1 230.0	—	1 419.0	631.5

注：11/20、3/10、4/5分别指11月20日、3月10日、4月5日。

3. 幼穗分化早、速度快、结实率低　我国旱地小麦春季十年九旱，风多、干旱、雨少，即使有雨也大多为10mm以下的无效雨，加之温度回升快，更加速了幼穗分化进程，并从4月中、下旬幼穗分化至雌雄蕊突起时，进入边分化边退化的过程，因而结实率明显低于水浇地小麦。

4. 抽穗早、卡脖旱、灌浆快、易早衰　旱地小麦孕穗至抽穗正值十年九旱的高温少雨季节，土壤失水达到高峰，严重时1～2m土壤水分都在凋萎值以下。因此，旱地小麦为了传宗接代产生适应性的顶端小穗提早灌浆结束，以保证中部小穗的结实。

5. 根系生长期长、数量多、入土深、根穗比大　旱地小麦初生根从一开始就表现趋水特性，垂直向下生长。次生根的生长从分蘖开始到抽穗，一遇降水即使是 5mm 左右的微雨，土壤表层看似衰老的根系，也会起死回生"喷发"少量的侧根。一般正常播种的旱地小麦，即使产量较低的独秆独穗苗，单株次生根也可达 10 条以上。

（二）旱地麦田水分蒸发蒸腾收支积耗变化

旱地麦田水分平衡关系取决于 4 个水分变量，即土壤储水、自然降水、土壤蒸发耗水、作物蒸腾耗水，影响着土壤水分盈余亏缺及作物产量的高低。陕西省农业科学院（1994）研究观察了渭北旱原麦田不同年际不同生育时期土壤蒸发与小麦蒸腾耗水的数量特征：

（1）小麦不同生育阶段的农田蒸散量与小麦生育状况、气温高低以及小麦生育期长短有关（表 8-9）。其中蒸散量最大的生育时期为返青—抽穗期，3 年试验平均年蒸散量达175.1mm，占全生育期的 40.1%，日平均蒸散量达 2.5mm。播种—越冬阶段，虽然麦苗小，但经历时间长，同时土壤棵间蒸发旺盛，因此麦田蒸散量达 121.0mm，占全生育期的 27.7%。

表 8-9 麦田水分实际蒸散量
（陕西省农业科学院，1994）

发育阶段	1984—1985			1985—1986			1986—1987			3 年平均		
	阶段蒸散量		日均蒸散量(mm)	阶段蒸散量		日均蒸散量(mm)	阶段蒸散量		日均蒸散量(mm)	阶段蒸散量		日均蒸散量(mm)
	mm	占全生育期(%)		mm	占全生育期(%)		mm	占全生育期(%)		mm	占全生育期(%)	
播种—越冬	126.1	28.1	1.4	138.0	36.2	1.3	98.9	20.6	1.1	121.0	27.7	1.3
越冬—返青	52.1	11.6	0.5	36.8	9.6	0.5	33.1	6.9	0.3	40.7	9.3	0.4
返青—抽穗	197.3	43.9	1.7	97.6	25.6	1.4	230.3	48.1	3.3	175.1	40.2	2.5
抽穗—成熟	73.5	16.4	1.7	109.2	28.6	2.5	116.8	24.4	2.2	99.8	22.8	2.1
全生育期	449.0	100.0	1.6	381.6	100.0	1.4	479.1	100.0	1.7	436.6	100.0	1.6

（2）旱地小麦棵间蒸发一般大于植株蒸腾（表 8-10）。3 年平均棵间蒸发达 250.6mm，占总蒸散量的 66.0%，而植株蒸腾只占 34.0%。但从小麦不同生育阶段看，从返青至抽穗植株蒸腾达 123.3mm，占同期蒸散量的 70.4%。其余生育期间是棵间蒸发大于植株蒸腾。

表 8-10 麦田棵间土壤蒸发与麦株蒸腾
（陕西省农业科学院，1994）

发育阶段	1984—1985				1985—1986				1986—1987				3 年平均			
	棵间土壤蒸发		麦株蒸腾		棵间土壤蒸发		麦株蒸腾		棵间土壤蒸发		麦株蒸腾		棵间土壤蒸发		麦株蒸腾	
	mm	占同期蒸散量(%)	mm	占同期蒸散量(%)	mm	占同期蒸散量(%)	mm	占同期蒸散量(%)	mm	占同期蒸散量(%)	mm	占同期蒸散量(%)	mm	占同期蒸散量(%)	mm	占同期蒸散量(%)
播种—越冬	86.3	68.5	39.7	31.5	128.6	93.2	9.4	6.8	81.9	82.7	17.1	17.3	98.9	81.7	22.1	18.3

（续）

发育阶段	1984—1985				1985—1986				1986—1987				3年平均			
	棵间土壤蒸发		麦株蒸腾		棵间土壤蒸发		麦株蒸腾		棵间土壤蒸发		麦株蒸腾		棵间土壤蒸发		麦株蒸腾	
	mm	占同期蒸散量（%）	mm	占同期蒸散量（%）	mm	占同期蒸散量（%）	mm	占同期蒸散量（%）	mm	占同期蒸散量（%）	mm	占同期蒸散量（%）	mm	占同期蒸散量（%）	mm	占同期蒸散量（%）
越冬—返青	49.0	94.0	3.1	6.0	35.7	97.0	1.1	3.0	24.2	73.1	8.9	26.9	36.3	89.2	4.4	10.8
返青—抽穗	64.5	32.7	132.8	63.3	46.4	47.5	51.2	52.5	44.4	19.3	185.8	80.7	51.8	29.6	123.3	70.4
抽穗—成熟	63.8	86.7	9.8	13.3	57.4	52.5	51.9	47.5	69.5	59.4	47.5	40.6	63.6	63.6	36.4	36.4
全生育期	263.6	70.5	185.4	29.5	268.1	72.5	113.5	27.5	220.0	58.6	259.3	41.4	250.6	66.0	186.1	34.0

（3）水分收支平衡分析表明：3年麦田水分平均蒸散支出436.6mm，与同期的降水收入290.5mm相抵，尚亏缺146.1mm，亏缺33.5%。其中，返青至抽穗阶段缺水最严重，平均缺水97.6mm，占总缺水的66.8%。

（三）旱地小麦根系生长规律

1. 旱地小麦根系动态生长规律　旱地小麦根系的数量增长有冬前和冬后两个高峰，且冬后第2次增长高峰大于冬前第1次增长高峰。冬前根系增长高峰表现为种子根（初生根）、次生根发生与伸长，初生根的发生伴随播种、出苗至三叶期，次生根冬前发生高峰伴随冬前分蘖期。初生根产生后，经30d左右的生长，即可达到50~80cm土层，冬前根系下扎最大深度可达200cm以下，在根系下扎过程中伴有少量的侧生根生长。冬后根系进入第2次发生伸长盛期，盛期高峰约在孕穗—抽穗期（4月中旬至5月中旬），也是一生根系生长的高峰，表现为次生根发生与深层种子根的侧根大量发生。到抽穗期次生根数量和根系生物量达到一生的最大值，而地上部生物量50%以上是抽穗以后累积的，说明小麦须根系早在小麦成熟前就较早地出现了衰亡过程。对不同时期不同根层根系活力进行测定表明，小麦籽粒发育到半仁期，根系开始衰亡，其过程是上层根首先死亡，随着深度的增加，死亡时期推迟。成熟期根系下扎最大深度平均为370cm左右，土层深厚的黄土丘陵旱地小麦最大根深可达500cm左右。

2. 旱地小麦根系垂直分布特征　旱地小麦根系大约85%的根量集中分布在0~20cm的耕作层中，7.7%分布在20~100cm土层中，2.9%分布在100~200cm土层中，200cm以下的深层根约占4.4%（表8-11）。不同生育期小麦根系分布均服从指数递减模式，而且随生育时期的推移回归指数逐渐减小，表明根系生物量随土层加深的衰减速度随生育进程而逐步降低，也反映了随生育期推移根系生物量增长中心下移的趋势。多年研究表明不同生态类型品种之间、高矮秆品种之间、不同生产力品种之间以及不同苗型之间小麦根系垂直分布指数递减都是动态变化的，表现出明显差异。旱地品种深层根量明显高于水浇地品种，而高产品种根系所达深度以及根系活力都是相对较强，表明高产型品种根系随土层加深的衰减速度低于低产型。

表 8-11 旱地小麦根系动态生长与垂直分布

（山西农业大学，1984）

项　目		越冬前	返青期	拔节期	抽穗期	成熟期
根系生物量		315.8	326.5	700.9	805.8	724.2
（深度，cm）		(240.0)	(340.0)	(420.0)	(440.0)	(500.0)
不同土层根量分布	（0～10）	180.0	163.1	440.6	442.5	424.8
	（10～50）	74.3	78.0	120.2	139.7	103.2
	（50～100）	29.4	40.7	68.6	91.4	73.0
	（100～200）	28.9	35.8	53.6	88.5	79.4
	（200～300）	3.2	8.0	15.1	35.5	36.4
	（300～400）	—	0.9	2.5	7.8	6.6
	（400～500）	—	—	0.3	0.4	0.8

注：生物量（根量）单位为 mg/[50cm^2×深度（cm）]；试验点为山西万荣南景村。

（四）旱地小麦不同根群对产量的影响

小麦根系根据其发生时期不同可分为种子根和次生根，根据在土壤中的分布深浅不同又可分为浅层根群和深层根群。这些不同类型的根群，在小麦一生的生长发育过程中和水分、养分吸收中起着不同的作用，对实现旱地小麦的稳产高产具有重大的意义。

1. 种子根与次生根　不同生育期大田断根试验表明，断种子根可使小麦产量平均降低65%左右，且达到显著水平；而断次生根平均减产11%，与对照差异不显著。其中，返青期断初生根平均减产73%，拔节期减产58%，抽穗期减产67%，三个时期断次生根分别减产6.4%、10.2%和18.7%，返青和抽穗期断根效应大于拔节期。抽穗期断根后增加水分管理，可使减产幅度降低22%左右。断种子根可使单株成穗数、穗粒数及千粒重平均分别降低32.5%、37.4%和20.7%，其中返青和拔节期断种子根对单株成穗数降低幅度（平均为37.7%）大于抽穗期（22.1%），断根越早对穗数影响越大；返青期和抽穗期断种子根，千粒重分别降低10.7%和41.5%，且与对照差异达极显著水平，说明种子根对千粒重的贡献有举足轻重的作用。断次生根对产量构成因素的影响类似断种子根，但影响程度小。此外，抽穗期断根后浇水施肥比不浇水施肥的千粒重平均提高19%左右，说明断根后加强水肥管理有补救作用。

小麦种子根与次生根对小麦生长发育和产量形成的作用研究表明，种子根虽然数量少，但由于种子根入土深，吸水用水能力强，无论在延续时间上还是作用大小上其功能都明显大于次生根群。尤其在旱地条件下，种子根对产量贡献具有不可替代的作用。

2. 浅层根与深层根　多年来对小麦根系在土壤中的垂直分布研究表明，50cm以下深层根群有两个生长盛期，一为越冬前迅速下扎期，一为拔节到抽穗期间大量侧生期。

50cm 以下的深层根占不到总根量的 20%，但深层根系对地上部的生长及产量的贡献却有着极其重要的作用，特别是在干旱条件下，其作用更为突出。大田断深层根试验表明，断根处理的产量平均比不断根的产量降低 33.3%，其中起身期断根产量平均降低 15.4%，抽穗期断根产量平均降低 49.9%，可见后期深层根的作用之大。此外，断根后浇水比断根后不浇水产量提高 78.1%，说明断根主要影响土壤水分的吸收利用，所以浇水对断根造成的减产有明显的补救作用。分析产量构成因素的变化表明，起身期断深层根使单位面积穗数显著减少。其中不浇水条件下，断根比不断根的穗数减少 19.9%，穗粒数和千粒重也降低，致使减产 23%；浇水条件下，断根比不断的穗数减少 7.3%，穗粒重降低 11%。抽穗期断深层根在不浇水情况下，穗粒数减少 34.4%，千粒重降低 28.2%，致使产量降低了 55%，可见前期断根主要影响穗数，后期主要影响穗粒数和千粒重。

相关通径分析表明，后期深层根对产量的效应是直接作用，而冬前根系对产量的效应主要是通过后期深层根系而实现的间接作用。此外，后期深层根系是由种子根和冬前次生根系组成的，深层根群中种子根所占比重随入土深度的增加而加大，种子根与深层根对深层土壤水分的利用具有明显的优势，是充分开发土壤深层储水的重要生物学基础。种子根群和深层根群的突出作用，为旱地小麦高产栽培提供了充分的理论依据和进一步开发利用的前景。所以冬前培育壮苗、促进根系下扎是旱地小麦高产稳产的重要措施。

（五）培育冬前壮苗是旱地小麦高产的生物学基础

旱地小麦产量低而不稳，除环境条件因素外，冬前麦苗生长力弱，地面形不成强大的"叶光系统"，地下形不成强大的"根土系统"。因此，培育冬前壮苗是旱地小麦高产的基础。

1. 不同苗型的生长特点与根系分布特征　研究表明，不同苗型小麦个体、群体表现出较大的差异（表 8-12）。旺苗田苗期生长量过大，冬前封垄，最高分蘖数达到 1 410 万/hm²，叶面积系数达到 1.4，前期对上层土壤水分与养分消耗过大，虽生物学产量高但经济产量较低；弱苗田则相反，由于生长太弱，单株分蘖平均只有 2.8 个，次生根平均只有 2.3 条，叶面积系数仅 0.1，土壤水分不能高效利用，光热资源大量浪费，干物质生产量低；壮苗田苗期生长稳健，个体和群体生长适中，最终的产量水平和经济系数均高于旺苗和弱苗麦田。

表 8-12　不同苗型的性状表现

（山西农业大学，1984）

冬前苗型	分蘖 （个/株）	次生根 （条/株）	单株 绿叶数	叶面积 系数	最高分蘖数 （万/hm²）	产量 （kg/hm²）
旺苗	7.7	9.7	13.0	1.4	1 410	2 700.0
壮苗	5.6	6.5	10.7	0.7	975	4 597.5
弱苗	2.8	2.3	4.3	0.1	480	1 597.5

不同苗型的根深、根量以及根系的构型明显不同（表8-13）。旺苗田根系总量大，表层根量多，深层根量少；前期根系生长快，后期深层根系生长慢；成熟期根系构型表现出根系数量随土层深度增加衰减较快。弱苗田根系总量小，且分布浅，冬前根系入土深度只有60cm左右，后期最大根深只有3m左右，整个生育期根系生长缓慢。壮苗田根系总量较大且分布深，特别是深层根量分布比例大；根系生长快，特别是后期深层根系生长快，从拔节到抽穗根系日增长量是旺苗田的2倍、弱苗田的7倍，表现出根系数量随土层深度增加衰减较慢，可以开发利用更多的深层土壤水，保证中后期产量形成过程中的水分需求。

表8-13　三种苗情冬小麦各生育期根量分布

（山西农业大学，1984）

深度 （cm）	旺　苗			壮　苗			弱　苗		
	冬前	拔节	抽穗	冬前	拔节	抽穗	冬前	拔节	抽穗
0～10	535.3	1 103.4	1 240.7	433.7	847.8	697.0	108.0	182.5	197.3
10～50	198.9	357.1	500.8	180.1	185.3	335.5	47.0	78.8	100.7
50～100	57.6	122.9	121.6	66.9	62.2	139.4	3.4	41.6	66.1
100～200	45.5	99.9	128.1	44.8	50.5	143.8	0.0	56.3	60.0
200 以下	6.8	54.0	68.8	18.0	76.3	81.6	0.0	7.5	6.1
总根量	844.1	1 737.3	2 055.0	643.5	1 249.1	1 404.3	158.4	366.8	430.2
根深度（cm）	240	400	460	240	400	420	60	260	320
日增长量（mg）	3.40	9.45	7.20	2.30	5.39	13.48	0.70	2.80	1.94

注：根量单位为 mg/［50cm^2×深度（cm）］。

2. 不同苗型的土壤水分利用效率与产量差异　不同苗型小麦由于根系生长与分布特征的不同，对土壤水分的利用程度、生产效率和最终的产量水平都有明显的差异（表8-14）。旱地小麦生产，一般降雨年份小麦抽穗以后1.6m以上的土层基本没有有效水分，产量形成过程中主要靠吸收深层土壤水分来维持生长。小麦生育后期，土壤水分的垂直分布呈"三角形"，即土壤越深含水量越高，而小麦根系垂直分布则呈"倒三角形"，即土壤越深根量越少，因此越是深层的根系所处的土壤水分条件越优越，可利用的水分越多。比较3种小麦苗型的土壤水分利用表明，壮苗田生育后期土壤深层的根系比较发达，拔节以后利用土壤水量116mm，是旺苗和弱苗田的2倍，其中对1.6m以下土壤深层水的调用量达38.6mm（为该期土壤耗水量的1/3），是旺苗田的近2倍、弱苗田的12倍；同样降水条件下，壮苗田的水分生产率（0.56kg/mm）明显高于旺苗田（0.36kg/mm）和弱苗田（0.27kg/mm），壮苗田小麦产量达到4 597.5kg/hm^2，分别比旺苗和弱苗田小麦增产70%和188%。所以北方旱地小麦必须在搞好蓄水保墒、培肥土壤的基础上，通过良种良法合理组合种植技术体系应用，狠抓培育冬前壮苗，建立最佳土、肥、水、苗的高产结构，达到以肥养土、肥土保墒、肥土促苗、苗壮根深、以苗用水、以根调水，实现最大限度开发利用土壤深层水，提高自然降水利用率。

表 8-14 根苗类型与土壤水分利用的关系

(山西农业大学，1984)

苗型	产量 (kg/hm²)	耗水总量 (mm)	水分生产率 (kg/mm)	深度 (mm)	土壤水消耗 (mm)		各层相对耗水 (%)
					拔节前	拔节后	
旺苗	2 700.0	503.0	0.36	0~60	82.0	14.6	41.7
				60~160	65.3	23.0	38.2
				160~300	25.4	21.0	20.1
				0~300	172.7	58.7	100.0
壮苗	4 597.5	549.0	0.56	0~60	56.0	29.7	30.9
				60~160	67.2	47.7	41.4
				160~300	38.2	38.6	27.7
				0~300	161.4	116.0	100.0
弱苗	1 597.5	392.6	0.27	0~60	73.6	22.9	43.6
				60~160	73.0	27.7	45.5
				160~300	21.2	3.1	10.9
				0~300	167.8	53.7	100.0

第三节 西南旱作麦田

西南地区地处中国西南部，包括青藏高原东南部、四川盆地和云贵高原大部，行政区域涵盖四川省、云南省、贵州省、重庆市和西藏自治区，幅员面积约 250 万 km²。地貌单元以高原山地为主，约占总面积的 75%，丘陵约占 15%，盆地、平坝约占 5%。

一、西南旱地麦田的气候生态条件特点

西南旱地小麦分布广，涉及的地貌、气候类型多样。2009 年该区小麦播种面积217.78 万 hm²，其中旱地麦占 75% 以上，主要分布于四川盆地中部丘陵、盆周山区，云南中部，贵州中、北部，以及重庆部分丘陵地区。云南、贵州集中在海拔 1 000~2 000m地区，而四川、重庆集中在海拔 300~1 000m 地区。小麦生育期间总体气候温和，但大部分区域光照条件较差，冬春干旱明显，后期高温高湿，气象灾害多而频繁。

（一）大部分地区光照条件较差

云南大部分地区年太阳总辐射为 500~600kJ/cm²，日照时数 2 000~2 300h，小麦生育期间日照时数可达 1 600h，日照充足，光质较好。但除云南以外，四川盆地和贵州、重庆的大部分旱地麦分布区域，小麦生育期间的太阳总辐射仅为 130~160kJ/cm²，日照时数 500~700h。光照强度小，日照不足，是影响旱地小麦产量和品质的重要天气因素

之一。

（二）冬暖春早，倒春寒频发

除云南旱地麦一般于 10 月上旬播种、翌年 4 月下旬收获外，四川、重庆、贵州旱地麦多在 10 月下旬播种、翌年 5 月上中旬收获。小麦生育期间的平均气温 10～13℃，最冷月（1 月）平均气温 4～10℃，日最低气温低于 0℃的天数 2～25d。四川盆地小麦生育期间一般无≥35℃的日最高气温，但部分年份灌浆成熟阶段存在高温逼熟危害。云南、贵州小麦抽穗成熟阶段气候温和，一般无干热风和高温逼熟。但是，四川、重庆、云南、贵州的春季气温波动都较大，往往存在"倒春寒"和偶发霜冻危害，尤其是云南的保山、楚雄、沾益、陆良等地霜冻发生较频较重。西南地区小麦冬季不停止生长，无北方冬小麦的越冬和起身两个阶段，分蘖期短，出苗至拔节仅 80d 左右，增穗条件差，但幼穗分化时间长，易形成大穗。

（三）降水分布不均，冬干春旱明显

西南旱地小麦主要分布区域的年降水量一般在 1 000～1 300mm，但季节分布不均。小麦生育期间降水量大部分区域 200～300mm，部分区域不足 150mm，不能满足小麦需求。同时，秋播和小麦成熟阶段雨水偏多，而冬、春干旱频繁。其中，四川盆地秋季绵雨较多，而过 10 月以后降雨日渐稀少，冬干春旱常常影响分蘖发生（表 8 - 15）。云南小麦生育季节正处一年中的旱季（11 月至翌年 4 月），降水量只有 100～290mm，仅占全年的15％～25％，各地每年都有春旱发生，而较严重的春旱平均约 5 年发生一次。贵州小麦在出苗—分蘖、分蘖—拔节阶段，降水与耗水需求基本平衡，拔节—抽穗阶段严重不足，而抽穗—成熟阶段则雨水过多。

表 8 - 15　四川盆地旱地麦区代表点的气象要素值（1951—1980）

气象要素	内江	南充	巴中	宜宾
无霜期（d）	314	300	275	347
1 月平均气温（℃）	7.1	6.5	5.6	7.8
小麦生育期间要素值				
生育期天数（d）	179	183	195	175
平均气温（℃）	11.9	11.6	11.3	12.1
平均日较差（℃）	6.3	6.1	7.6	6.0
日最低气温≤0℃日数（d）	1.8	3.2	10.7	0.6
日最高气温≥35℃日数（d）	0.1	0.1	0.0	0.2
太阳总辐射量（kJ/cm²）	140	143	166	127
平均相对湿度（%）	79	79	77	80
总降水量（mm）	206	261	252	278
10 月下旬至 12 月下旬（mm）	66	82	79	87
1～2 月降水量（mm）	32	31	22	49
3 月上旬至 5 月上旬（mm）	107	147	151	142

二、旱作麦田的土壤水分变化规律

（一）土壤水分的时空变异特征

西南麦区以丘陵、山地为主，地势地貌对土壤性质和水分的时空变异影响极大，即使在同一成土母质的小区域内，微地貌都深刻影响着土壤的光热分布和水分动态，进而影响作物生长发育。

丘陵地貌一般分为丘顶、丘腰、丘脚和谷底（或沟底）。丘顶土层最薄，仅 20～40cm；丘腰稍厚，40～80cm；丘脚最厚，80～120cm。从丘顶至丘脚，随土壤由沙变壤、变黏，土层由薄变厚，土壤水分含量也逐渐增多。坡地土壤水分特征随剖面深度的增厚而呈现一定规律的变化，饱和含水量和田间持水量随深度增厚而降低，含水量和萎蔫含水量则随土层厚度增加而呈波动变化，其变异程度总体上随土层增厚而减小。同时，变异程度也因水分参数不同而异，含水量＞萎蔫含水量＞田间持水量＞饱和含水量。丘陵坡地 0～20cm 土层是小麦的主要供水层，分布着 80％以上的小麦根系。0～20cm 土层极易受气象因素和人为活动的影响，水分变化大，遇旱易出现缺墒，甚至低于凋萎湿度；20～40cm 土层是小麦根系的吸水层，分布有 10％左右的小麦根系，也易受气象因素和人为活动的影响，常呈干湿交替状态，具有为供水层补充水分的重要功能；40～60cm 土层的土壤水分相对较稳定，在小麦缺水和生育后期才能被吸收利用（四川农业大学，2005）。因区域气候、地势地貌、土壤类型和坡度不同，土壤水分的垂直变异特征也有差异。

旱地土壤水分的时间变异特征是降水、蒸发、渗漏、作物蒸腾等因素共同作用的结果，尤其受降水多少的影响。四川丘陵典型坡耕地不同耕层土壤水分含量的变化随降水节律而波动，2008 年 12 月下旬持续干旱无雨，至 12 月 30 日 0～30cm 耕层含水量已降至10％左右，12 月 31 日降了一点小雨，土壤含水量略有回升。在小麦拔节和抽穗扬花两个关键生育时期，往往也是坡地土壤水分含量处于最低的时期，供需矛盾十分突出。一般从4 月份开始，雨水才逐渐增多。

（二）土壤水分供需状况

天然降水是丘陵旱坡地土壤水分的唯一来源，但由于降水分布不均，小麦生长又处于一年的旱季，加之地势地貌对降水再分配和水分运移的影响，使得土壤水分常常难以满足小麦生长的需要。

据四川省 1979—1995 年实测资料，四川盆地小麦田间耗水量 143.4～370.0mm，平均 244.5mm。其中，盆中丘陵区均值为 257.2mm（177.3～366.2mm），盆东南丘陵区均值为 268.1mm（146.3～370.0mm）。大部分丘陵区的降水量与小麦需水量基本相当，但播种—拔节阶段往往缺水较多，特别是干旱年份和沿三台、中江、金堂、简阳一线的老旱区，缺水更多。云南中部丘陵地区属北亚热带高原季风型冬干夏湿气候区，小麦生长季节（11 月至翌年 4 月）降水量一般只有全年的 15％～25％，尤其是拔节—孕穗阶段（1～3月）更少，而且相当部分为地表径流所损失（表 8 - 16）。因此，降水无法满足土壤蒸发和小麦蒸腾耗水所需，干旱严重。

表 8-16 滇中旱地水分参数的季节性变化
(中国科学院昆明生态研究所，1990)

项目	旱季						雨季					
	11月	12月	1月	2月	3月	4月	5月	6月	7月	8月	9月	10月
降水量	46.2	27.4	12.0	15.9	20.8	47.6	135.8	150.0	155.8	172.5	146.1	61.0
蒸发器蒸发量	102.6	96.7	130.9	179.4	229.7	259.9	229.3	172.2	169.8	143.5	129.1	101.4
径流量	19.2	11.6	5.1	7.3	10.9	13.8	62.3	71.9	84.2	84.6	82.7	26.4
渗漏量	15.3	3.4	3.1	5.4	5.0	9.2	40.0	50.0	48.9	59.8	42.3	17.2
蒸散总量	41.3	43.9	52.5	75.5	84.2	179.7	42.4	82.7	85.6	76.3	63.0	52.8
降雨提供量	11.6	12.5	3.9	3.2	4.8	32.0	25.4	28.1	22.7	28.0	21.0	17.5
仪器补给量	29.7	31.5	48.6	72.3	79.3	142.0	17.1	54.6	62.9	48.2	42.1	35.3

注：表中数据为3年平均值，单位为mm。

由于不同台位土壤的耕层厚度和肥力水平差异，使得土壤保水和供水能力差别很大。从四川盆中丘陵来看，一般年份不同台位土壤在播种阶段都能基本满足种子萌发对水分的要求，但到了中后期，特别是小麦进入灌浆阶段，二三台地则存在明显的水分亏缺。若遇上干旱年份，高台位土壤往往水分供给不足，从播种到灌浆各阶段，均需要及时适量灌水补给。云南11月至翌年4月为旱季，降水稀少，小麦拔节—灌浆时期（1～3月）降水常常仅在20～30mm，加上风大、蒸发量大，干旱严重。贵州旱地小麦拔节—抽穗阶段的降水量也不足需水量的50%。

三、西南旱地小麦高产的生物学基础

（一）小麦生长发育及环境因素的影响

西南地区具有冬暖、春早的气候特点，云南旱地麦一般9月下旬至10月上旬播种，次年4月成熟，四川、贵州、重庆则多数在11月上中旬播种，翌年5月上中旬成熟，冬季不停止生长，一生包括出苗、分蘖、拔节、孕穗、抽穗、开花、成熟等阶段。

绵阳26和川麦107是20世纪90年代以来西南地区推广面积最大、最具代表性的两个春性品种，根据连续3年的试验观察，其播种—出苗、出苗—分蘖、分蘖—拔节、拔节—抽穗、抽穗—开花、开花—成熟等生育阶段历经天数分别为7d、25d、38d、70d、6d、44d，全生育期190d。比之春性较强或较弱的品种，全生育期一般仅相差3～5d，各生育阶段的长短差异主要体现在分蘖—拔节和开花—成熟两个阶段。

播种—孕穗是穗数决定期，降水和光照则是影响丘陵旱地小麦成穗多少的两个关键因素。播种阶段的土壤墒情状况直接决定着出苗质量和基本苗的多少。在旱区和大部分丘陵区的干旱年份，旱地小麦常常因为播种阶段干旱少雨，导致出苗困难，缺行断垄严重，基本苗不足，分蘖少、质量差，缺乏高产基础。拔节—孕穗阶段的降水和光照条件对分蘖成穗率影响极大。很多旱地小麦的分蘖总量并不低，单株分蘖可达3～5个，但平均成穗一般仅有 0.5 个左右，甚至更少。在旱地小麦比较集中的川中丘陵区，春季气温回升很快，小麦拔节早，植株蒸腾和棵间蒸发量大，高台位小麦随着土壤水分的迅速减少和高湿寡照天气的影响，分蘖迅速死亡，大部分难以成穗。

幼穗分化和穗粒数多少与幼穗分化期的温度、光照等环境因素密切相关。该区域小麦幼穗分化开始早，分蘖始期生长锥即开始伸长，叶龄 3.5 叶左右。

丘陵区小麦一般在 3 月底至 4 月上旬开花，5 月上中旬成熟，灌浆期 40~45d。灌浆阶段气温低、光照充足、降雨少的气候条件利于提高千粒重。但是，旱地特别是高台位旱地小麦的千粒重常常受灌浆中后期高温天气影响而显著下降。

（二）旱地小麦产量形成及光能利用

1. 产量及产量构成特点　西南地区各区域气候生态条件差异较大，加之品种及栽培水平悬殊，致使形成了不同的群体结构。以四川盆地为例（表 8-17），盆南阴雨寡照，温度较高，而盆中受干旱制约，分蘖、成穗都不高，群体较小；盆西生态条件相对较好，群体较大，穗容量和产量较高。小麦分蘖时间较短，一般呈单峰曲线变化，中上水平麦田在多数年份的最高苗数为 600~900 茎/m²，有效穗较低（250~400 穗/m²）。穗粒数多在 30~40 粒，基本苗较低的高产田也有 45 粒以上的。千粒重相对稳定，除了灌浆期受气温和土壤墒情的影响外，主要取决于品种，当前多数主导品种的千粒重在 42~50g。盆中丘陵区大田生产水平总体较低，每公顷产 4 000~6 000kg。但同样在丘陵旱地，小麦单产也可以达到相当高的水平，如 2010 年中江套作小麦单产达到 6 371kg/hm²，2011 年简阳旱地套作小麦单产也突破了 6 000kg/hm²。

表 8-17　四川盆地不同区域旱地小麦产量及产量构成因素

（四川省农业科学院，2008）

产量水平	县/市	品种	基本苗数（株/m²）	最高苗数（茎/m²）	有效穗数（穗/m²）	穗粒数（粒/穗）	千粒重（g）	产量（kg/hm²）
大田水平[①]	广汉市	多品种	210~300	500~950	330~420	30~40	40~50	6 000~7 500
	中江县	多品种	220~300	450~700	270~370	30~38	40~50	4 500~6 800
	井研县	多品种	200~300	450~600	250~360	28~35	39~46	4 000~5 200
高产水平[②]	广汉市	川麦 42	225	984	468	38.5	49.8	8 865
	中江县	川麦 42	138	489	345	52.2	45.8	7 995
	井研县	川麦 43	217	642	426	36.1	45.7	7 027

① 2005—2008 年生产调查数据，多个主推品种平均值；② 2006—2007 年高产试验数据。

2. 光能利用状况及生产潜力　通过土壤培肥和栽培技术改进，提高光能利用率，提升大面积生产水平，是切实可行的。在四川盆地光辐射量较小，尤其在中后期高温、高湿、寡照的不利生态条件下，要进一步提高光能利用率和产量，必须在选用高光效良种（合理的株型、耐肥抗倒、抗病抗逆等）的基础上，采用先进的栽培管理措施，建立合理的群体结构，提高群体质量。四川省农业科学院研究表明，由于不同播种方式群体结构的不同，使群体内部光照条件差异很大，小窝密植群体的中下部光照条件明显优于窄行条播。拔节初期、孕穗期和灌浆期，小窝密植群体的基部光照强度占自然光强的百分率分别为 18.6%、2.7%、4.5%，2/3 植株高度的光照强度占自然光强的百分率分别为 44.3%、5.2%、21.5%，均显著高于同期的窄行条播群体。光照条件的改善，最终反映在光合能力和有机物质的积累与转运上。用 ^{14}C 标记测定，灌浆阶段小窝密植群体的光合能力比窄行条播高 12.2%，同化产物在穗部所占的比重比条播高 22.2%。

（三）栽培措施对旱地小麦产量形成的影响

1. 种植制度的影响 旱地小麦一般与玉米、甘薯、花生、大豆等进行间套种植，其生长发育和产量受到种植制度的影响深刻。旱地多熟种植的核心是带幅与带比问题。研究结果表明，带幅和带比需要通盘考虑，合理布局，侧重高产作物，兼顾播种面积、密度和适宜空间。粮粮型的带幅以 160～200cm 为宜，土质好的宜窄，差的宜宽。从全年总产和小麦高产角度来看，带比以对等（93：93cm，83：83cm）或麦带略宽（100：83cm）为佳。小麦与花生套种和小麦与大豆套种较普遍，生产上主要有两种模式：一是窄行小麦套一行花生（简称小行麦套花生）；二是宽行小麦套两行花生（简称宽行麦套花生）。就小麦产量而言，前者比后者高，但就全年产值而言，后者优于前者，且便于农事操作。

2. 播种期的影响 在广泛推广分带轮作制之前，小麦播种在甘薯茬口上。为了高产和安全储存，甘薯一般要在 11 月上中旬才收获，导致小麦晚播、瘦茬，产量低。四川省农业科学院（1993）研究表明，播期对产量及产量构成因素的影响最大。研究还表明（1998），在平原麦区，播期的影响最大，而盆中浅丘陵麦区播期的影响也仅次于氮素。

南充市农业科学研究所试验，无论茬口是玉米还是甘薯，11 月 21 日播种的小麦都比 11 月 5 日播种的减产 20% 以上。四川省农业科学院在中江县的播期试验（品种 SW1862），以 10 月 25 日播种的产量最高，之后随播期延迟，分蘖成穗率显著下降，有效穗不足，产量剧减。2006 年的播期试验结果同样表明，春性品种（川麦 42）和弱春性品种（川麦 39）都以较早播种的产量高。不同时期的试验结果一致表明，广大川中丘陵麦区小麦的高产播期为 10 月底至 11 月上中旬，过早可能遭遇一定程度的冻害，过迟难于利用秋墒实现高产。

3. 施肥措施的影响 大量研究结果表明，施肥量依然是影响旱地小麦产量的重要栽培因素之一。施肥比不施肥增产幅度大，尤其是在基础肥力较低的丘陵旱地，有机肥和化肥配施的增产幅度都在 100% 以上。氮、磷、钾三要素中，氮肥的增产效果大于磷肥和钾肥，但施氮量也并非越多越好，一般高产需施氮量为 120～180kg/hm^2，超过 180kg/hm^2 不但不能增产，反而会导致倒伏、减产和品质下降。钾肥在灰色冲积土壤上的增产效果明显，而磷肥则在丘陵区的姜石黄泥、老冲积黄壤、遂宁紫色"石谷子"土壤上具有十分突出的增产效果，因为这些土壤的有效磷含量很低，仅 5mg/kg 左右。

从施肥时期来看，平原稻茬麦田土壤肥力水平较高，降低底肥比例、增加中期用肥量可显著增产，而丘陵旱地小麦以重底早追模式产量最高。

第九章 小麦品质及其调控

第一节 小麦品质概述

一、小麦品质概况

小麦品质通常指小麦品种对某种特定最终用途的适合性，或对制作某种产品要求的满足程度。小麦品质是一个综合的相对概念，因小麦品种使用目的和用途不同，其含义也不同。评价品种品质的优劣是以籽粒、面粉、面团以及最终制品的物理、化学和营养特性，以及性状的客观测定结果为依据，视其适合和满足最终制品要求的程度，来衡量小麦籽粒和面粉品质的优劣。小麦品质一般包括籽粒外观品质、营养品质和加工品质。

（一）籽粒外观品质

籽粒外观品质性状包括籽粒形状、整齐度、饱满度、粒色、胚乳质地和容重等。这些性状不仅直接影响小麦的商品价值，而且与营养品质、加工品质关系密切。

1. 籽粒形状 籽粒形状是小麦的品种特性，一般圆形和卵圆形籽粒的表面积小，磨粉容易，出粉率高。腹沟的形状和深浅是衡量籽粒形状优劣的指标之一。腹沟深，籽粒皮层占的比例较大，且易沾染灰尘和泥沙，加工中难以清除，影响出粉率和面粉质量；相反，腹沟浅，皮层所占的比例较小，在磨粉过程中可使润麦均匀，磨粉时受力平衡，方便碾磨，出粉率高。因此，从制粉的角度看，近圆形且腹沟较浅的籽粒品质较好。

2. 籽粒整齐度 籽粒整齐度是指籽粒形状和大小的均匀一致性，籽粒整齐的品种，磨粉时去皮损失少，出粉率高。否则加工前需要先分级，使耗能增大。

3. 籽粒饱满度 籽粒饱满度是衡量小麦籽粒形态品质的一个重要指标。籽粒饱满，胚乳充实，种皮光滑，腹沟浅，饱满度好；而胚乳不充实，粒瘦、腹沟深、皮粗的籽粒饱满度差。籽粒饱满度好的小麦出粉率高，面粉品质好。

4. 籽粒颜色 小麦的粒色以红粒和白粒最为常见，此外还有黄粒、琥珀色粒、紫粒和蓝粒品种。除蓝粒由糊粉层内的色素决定外，其他均由种皮色素层的色素决定。

籽粒颜色随品种的不同而具有其特有的颜色和色泽，但也受环境条件的影响，在不良的条件影响下品种籽粒可失去光泽，甚至改变其颜色，如晚熟、病虫危害（赤霉病等）、储藏时间过长、受潮、发热霉变等都会使麦粒表面失去光泽，出现不同色泽的斑点，使表面光滑度变差。小麦籽粒颜色与品质并无必然联系，只是因白皮小麦加工的面粉麸星颜色浅、粉色白、出粉率高受面粉加工企业和消费者的欢迎。红皮小麦休眠期长，抗穗发芽能力较强，其在世界范围内的分布远比白粒小麦广泛。在小麦育种和面粉加工中，不能单纯追求籽粒颜色，更不能凭面粉粉色决定取舍，而要综合其他品质性状进行判断。根据我国北方地区人们的喜爱和习惯，可考虑选种白皮品种，但应注意防止穗上发芽造成损失。

5. 胚乳质地 胚乳质地表现在硬度和角质率两个方面。籽粒硬度是对小麦籽粒胚乳软硬程度的评价，它反映了胚乳的内部结构；角质率反映的是籽粒外观上的玻璃质或透明度的程度，不是胚乳组织的内部结构。籽粒硬度取决于蛋白质与淀粉结合的紧密程度，是一个遗传性状。它与润麦的着水量和润麦时间、粉碎耗能、筛理效率、出粉率关系密切，涉及制粉工艺流程和采用相应的技术及其参数的调整等。小麦品种的硬度不同，其制粉特性存在较大差异。硬质小麦的润麦时间较长，加水量较大，碾磨耗能多，碾磨时形成颗粒较大、较整齐、流动性较好的粗粉，筛理效率高。而且，硬质小麦皮层与胚乳结合较松，胚乳较易从皮层上刮净，制成的面粉麸星少、色泽好、灰分少、出粉率高。软质小麦则相反，小麦粉颗粒小而不规则，麸皮率高，出粉率低，小麦粉颗粒表面较粗糙，筛理较难，麸星多，容易造成粉路堵塞。硬质小麦面粉中淀粉粒破碎（破损淀粉）较多，且面粉的加工精度越高，破损淀粉越多，导致小麦粉吸水率增大。软质小麦制出的粉细，淀粉粒很少破损，吸水少，在和面与发酵时很少膨胀，不变形、易烘干，适宜制作饼干。由此可见，小麦籽粒的硬度与制粉和加工品质有关。因此，小麦籽粒质地的软硬（硬度）是评价小麦加工品质和食用品质的一项重要指标，是国内外小麦市场分类和定价的重要依据，以及是小麦育种的重要育种目标。

玻璃质或透明度是籽粒在田间干燥过程中形成的，籽粒中有空气间隙时，由于衍射和漫射光线使籽粒呈不透明或粉质状；当籽粒充填紧密时，没有空气间隙，光线在空气和麦粒界面衍射并穿过麦粒就形成半透明或玻璃质。一般用角质率表示籽粒玻璃质或透明度的程度。在正常收获、干燥的情况下，籽粒角质率与硬度之间存在着显著的正相关。国内外过去常以角质率作为划分硬度的标准，但角质率与硬度是两个不同的概念，且两者不存在必然的因果关系。角质率易受环境条件的影响，尤其是在籽粒干燥过程中影响更大，乳熟后期连续阴雨，籽粒角质率降低。在我国新的小麦硬度国家标准中，已取消按角质率划分小麦硬度等级的规定，用抗粉碎指数评价小麦的硬度。

6. 容重 容重是小麦收购、储运、加工和贸易中分级的重要依据，也是鉴定小麦制粉品质的一个综合指标。容重是小麦籽粒形状、整齐度、饱满度和胚乳质地的综合反映，容重大的小麦品种，籽粒整齐饱满，胚乳组织较致密。容重与籽粒大小的关系不大，但受籽粒间空隙大小的影响。容重与出粉率和小麦粉灰分含量相关密切。在一定范围内，随容重增大，小麦出粉率提高，灰分含量降低；反之，随容重的减小，出粉率急剧下降，灰分含量增加。容重是我国现行商品小麦收购的质量标准和定价依据。

（二）营养品质

小麦营养品质是指其所含的营养物质对人营养需要的适合和满足程度。它包括营养成分的多少、各种营养成分是否全面和平衡、各种营养成分是否可被人充分地吸收和利用，以及是否含某些抗营养因子和有毒物质等。小麦籽粒主要由蛋白质、淀粉、脂类、纤维素、色素、酶类、水分等营养成分组成，其中蛋白质和淀粉占全籽粒的80％。小麦籽粒中的蛋白质主要由清蛋白、球蛋白、麦醇溶蛋白和麦谷蛋白等4种蛋白质组成。麦醇溶蛋白和麦谷蛋白占全部蛋白质质量的80％，两者的含量和比例是影响小麦营养品质和加工品质的主要因素。蛋白质是人体组织的基础物质，在酶系统的作用下参与体内的各种代谢过程。因此，小麦籽粒中蛋白质含量的多少、蛋白质中各种氨基酸组成的平衡程度，尤其是赖氨酸含量的多少，直接影响人体健康。蛋白质由20种氨基酸组成，有一些氨基酸人体能自身合成（非必需氨基酸），有一些氨基酸人体自身不能合成（必需氨基酸），必须从食物中获取，其中最重要的就是人体内第一需要的氨基酸——赖氨酸。一般小麦品种籽粒中赖氨酸含量很少，远不能满足人体对赖氨酸的需求量。不同小麦品种蛋白质的氨基酸组成和比例是不同的，因此，小麦籽粒蛋白质中赖氨酸含量的多少也是影响小麦营养品质的主要因素。小麦（尤其是黑小麦）中还含有调节人体功能的多种微量元素，一般可满足人类成长发育和健康的需要。此外，小麦籽粒中还存在一些抗营养因子如植酸、戊聚糖（阿拉伯木聚糖）和β-葡聚糖等，阻碍人体对蛋白质及其他营养物质的吸收和利用。

（三）加工品质

小麦加工品质是指小麦籽粒对制粉以及面粉制作不同食品的适合和满足程度。小麦籽粒通过碾磨、过筛，使胚和麸皮（果皮、种皮及部分糊粉层）与胚乳分离，磨成面粉的过程，称为小麦的第一次加工；由面粉制成各类面食品的过程，称为小麦的二次加工。小麦加工品质可分为磨粉品质（或称第一次加工品质）和食品加工品质（或称二次加工品质）。

1. 小麦籽粒的磨粉品质（一次加工品质）　磨粉品质是指小麦籽粒在碾磨成面粉过程中，品种对磨粉工艺所提出要求的适合和满足程度。磨粉品质的优劣是关系制粉企业经济效益的关键因素。磨粉品质好的小麦应表现易碾磨、胚乳与麸皮易分离、易筛理、能耗低、出粉率高、灰分低、粉色好等特性。因此，出粉率、灰分、白度和能耗常作为小麦磨粉品质的主要评价指标。

（1）**出粉率**　是指单位重量的籽粒所磨出的面粉与籽粒重量之比。它是一个相对概念，在比较小麦品种出粉率时，应以制成相同灰分含量的小麦粉为依据。出粉率高低直接关系到制粉企业的经济效益，因此是衡量小麦磨粉品质的首要指标。不同小麦品种出粉率高低取决于两方面的因素：一是胚乳所占小麦籽粒的比例；二是制粉时胚乳与非胚乳部分分离的难易程度。前者与籽粒大小和形状、皮层厚薄、腹沟深浅、胚的大小等性状有关，后者与胚乳质地、籽粒含水量和粗纤维含量等因素有关。籽粒大小、硬度、胚的大小、籽粒表面形状等都对出粉率有一定影响，但都难以确定其与出粉率间存在必然的相关关系。一般认为容重与出粉率间存在正相关，说明该性状对出粉率的重要性。但容重与出粉率的关系取决于品种、地点和年份等，因此，容重也难以作为出粉率的可靠指标。总之，出粉

率是小麦一系列籽粒性状的综合体现，单一的籽粒性状难以准确反映出粉率的高低。

（2）面粉灰分　是指各种矿质元素的氧化物占籽粒或面粉的百分含量，它是衡量面粉精度和划分小麦粉等级的重要指标。小麦粉中的灰分含量过高，粉色加深，加工的产品色泽发灰、发暗。因此，无论从磨制优质小麦粉的角度，还是从提高食品品质的角度，都希望小麦粉中的灰分含量尽可能低些。小麦面粉中的灰分含量与出粉率、籽粒清理程度和籽粒本身的灰分含量有关，灰分在小麦籽粒的各部分的含量差异较大，胚乳中的含量约为0.4%，而在皮层中的含量为8%左右，如果制粉过程中磨入过多的皮层和胚，会增加小麦粉灰分含量，所以灰分含量主要取决于小麦粉加工精度和出粉率。有些磨粉企业在磨粉过程中要提取部分糊粉层，以提高出粉率，这样不可避免地有较多的麸皮混入面粉，结果在增加出粉率的同时，也增加了灰分含量。另外，在小麦籽粒清理过程中不能很好地去除砂石、尘土和其他杂质，也使小麦粉灰分含量增加和含沙量超标，影响小麦粉质量。面粉中的灰分含量受品种类型影响，在相同的出粉率条件下，硬白冬小麦面粉的灰分含量和面粉色泽均比硬红冬小麦好，软春麦面粉的灰分含量比软冬麦面粉的灰分含量低。土壤、气候和栽培条件等因素也会影响小麦灰分含量。从小麦籽粒性状看，籽粒饱满、容重高的小麦一般灰分含量低。由于灰分含量测定简单，在小麦粉等级中区分明显，所以灰分含量是区分小麦粉等级的主要指标。我国制粉规定的小麦粉等级灰分含量指标：一等粉（特制粉）小于0.70%，二等粉小于0.85%，标准粉小于1.10%，普通粉小于1.40%。

（3）面粉粉色（色泽和白度）　是磨粉品质的重要指标，已被列为国家小麦面粉标准的主要检测项目。小麦粉白度会影响到食品的品质，不同食品对面粉的白度要求不尽相同。面包、馒头、盐白面条等食品对小麦粉白度都有较高的要求；相反，碱黄面条则要求黄色素含量较高。

小麦的籽粒颜色、胚乳质地，制粉工艺水平、出粉率，以及小麦粉的粗细度、水分含量、黄色素含量、多酚氧化酶含量和活性等因素都对小麦粉白度产生一定影响。通常软麦比硬麦的粉色好，主要因为硬麦制粉时粒度较大，对光的散射较强，导致白度下降。面粉过粗或含水量过高都会使面粉白度下降。籽粒颜色对白度产生影响主要由于麸星污染。在制粉过程中，干制粉前路提出的高质量麦心粉，粉色较白，灰分含量也较低，后路出的粉粉色深，灰分含量也较高。由于面粉颜色深浅反映了面粉灰分含量的高低、出粉率的多少，国外常根据面粉的白度值的大小来确定面粉的等级。

在影响粉色的因素中，小麦色素含量和多酚氧化酶活性越来越得到小麦育种者的重视。小麦籽粒中的色素主要有黄色素和棕色素，黄色素的主要成分为类胡萝卜素类化合物，是致使粉色发黄的主要原因。新鲜小麦粉白度稍差，储藏日久，类胡萝卜素被氧化，粉色变白。籽粒中多酚氧化酶的含量和活性与小麦粉及其产品的色泽关系密切。在小麦籽粒中，多酚氧化酶主要存在于皮层，尤其是糊粉层。因此，出粉率提高，多酚氧化酶的含量活性增加会加大小麦粉及其制品褐变的程度。

（4）能耗　对制粉企业来说，降低制粉能耗，可相应提高经济效益。籽粒整齐度高的小麦，不仅出粉率高，还减少了大小粒分开的工序，从而提高制粉效率，降低能耗。籽粒硬度与能耗关系密切，硬度高的小麦不易破碎，碾磨时能耗较高，但其胚乳易与麸皮分离，且碾磨时，形成的小麦粉颗粒较大、较整齐，流动性好，便于筛理。因此，对粉路长的大型设备，硬麦能耗低于软麦；对中型设备，两者差别不大；对小型机组，则硬麦能耗高于软麦。

影响小麦磨粉品质的主要性状有：小麦籽粒饱满度、整齐度、种皮厚度、腹沟深浅、容重、千粒重、胚乳质地等。一般来说，籽粒饱满整齐、种皮薄、腹沟浅、容重和千粒重高、胚乳透明，出粉率高。面粉灰分低、粉色新鲜洁白、出粉率高和能耗低的小麦一般被视为具有好的磨粉品质。

2. 面粉的食品加工品质（二次加工品质）　食品加工品质是指将小麦面粉进一步加工成不同面食品时，不同面食品在加工工艺上和成品质量上对小麦品种的籽粒和面粉质量提出的要求，以及他们对这些要求的适合和满足程度。

将面粉加工成面食品时，各类面食品在加工工艺和成品质量上会对小麦的籽粒和面粉质量提出不同的要求。例如制作面包、饼干、蛋糕等焙烤类食品，应具有良好的烘焙性能；制作馒头、面条、水饺等蒸煮食品，应具有良好的蒸煮性能，且食品质量优良、风味独特。通常以面粉的吸水率、面筋含量、面筋质量、面团流变学特性等与食品加工品质密切相关的指标来衡量，以此决定其为强筋粉、中强筋粉、中筋粉或弱筋粉以及适应制作的面食品种类。

（1）湿面筋含量　面筋是小麦蛋白质存在的一种特殊形式。将小麦面粉和水揉搓成面团，再将面团在水中揉洗，则面团中的淀粉和麸皮等固体物质逐渐脱离面团，悬浮于水中，另一部分可溶性物质溶于水中，最后留下的是具有弹性、延展性和黏性的物质，就是面筋。湿面筋中约含有 2/3 的水和 1/3 的干物质。干物质中醇溶蛋白和麦谷蛋白各占 40% 左右，其他蛋白占 4% 左右，余下的为糖类、脂类和灰分，分别占 10%～15%、2%～8% 和 0.05%～2%。

面筋中的醇溶蛋白和麦谷蛋白不溶于水，但吸水力强，其迅速吸水膨胀后，分子相互连接，形成网络状凝胶物质。网络中包藏着大量的水分，形成湿面筋。由于面筋具有弹性和延展性等重要物理性质，因此面团在发酵过程中产生的二氧化碳气体，可为面筋所保持，形成无数的气室，使面团膨胀。经蒸制或烘烤，淀粉糊化，将气体保存于气室内，从而制得疏松、柔软可口而富有弹性的面包或馒头。无论醇溶蛋白或麦谷蛋白，单独存在时都不具有面筋的这种特殊物理性质。仅醇溶蛋白存在时，无面团醒发阶段，所得产物是一种具有极大塑性但无弹性的胶黏性物质；仅有麦谷蛋白存在时，掺水的小麦粉不能醒发，在正常的揉和条件下仍为一种不能伸展的物质。总之，面筋的黏弹性是由醇溶蛋白和麦谷蛋白共同赋予的，只有当两种蛋白之间的比例达到最佳时才能形成理想的面团质量和良好的加工品质。

（2）面团流变学特性　面团是在揉面过程中形成的，面团的物理性质所反映的面筋品质，更接近于实际加工条件。测定面团流变学特性，可以评价面筋品质和面包等食品的制作品质。在我国其测定仪器多为粉质仪。

用粉质仪可以测定面粉吸水率、面团形成时间、面团稳定时间和软化度，绘出粉质图（图 9-1）。其中稳定时间为最主要的指标，稳定时间越长，面包的评分越高。强力粉的面团形成时间和稳定时间长，软化度小；弱力粉的面团形成时间和稳定时间短，软化度大。

粉质仪测定的简单程序是：称量以 14％含水量为基础的面粉 50g 于和面碗中，在开机搅动的同时，由固定的滴定管加水，和面碗中的面粉逐渐形成面团，通过传动装置带动记录器在记录纸上绘出粉质图。在面团形成过程中，粉质仪的搅拌叶片受到的阻力逐渐增大，直到粉质仪谱带达到（500±20）BU 时，延续一段时间，以后又慢慢下降。面粉吸水率是指在加水揉面过程中，使面团达到标准稠度（500BU）时，所需的加水量。吸水率与蛋白质的数量和质量呈显著正相关，吸水率高的面粉比吸水率低的面粉可以烤出更多的面包。面团形成时间指从加水时间到谱带达到峰值的时间（以分钟记），反映面团的弹性。面团形成时间短表示面筋量少质差。面团稳定时间指从谱带进入 500BU 到离开 500BU 的时间（以分钟记）。稳定时间短，反映面团形成后不耐搅揉，面筋网络易破坏，面筋强度小，面团的加工处理性能差。断裂时间指从揉面开始到谱带中线自 500BU 降落到 30BU 时所需的时间（以分钟记），其品质含义与稳定时间类似。软化度指达到峰值后 12min 时谱带中线自 500BU 下降的距离（以 BU 记），也反映面筋的强度。软化度大，表示面团在过度搅揉后，面筋变弱的程度大，面团变软发黏，面包烘焙品质差。评价值是上述各项指标的综合反映。

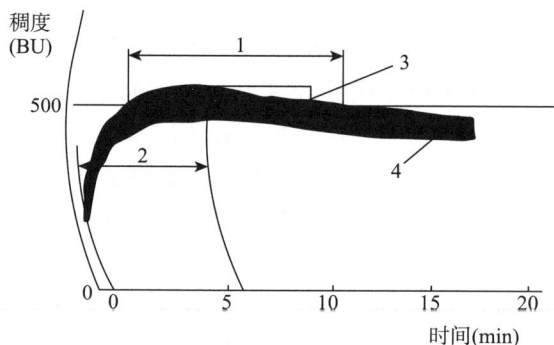

图 9-1　粉质图
1. 稳定时间　2. 面团形成时间　3. 公差指数　4. 软化度
［《作物栽培学各论》（北方本），2003］

（3）沉降值　是反映小麦品质的综合指标，有泽伦尼沉降试验（Zeleny sedimentation test）和 SDS（十二烷基硫酸钠）沉降值试验两种测定方法。泽伦尼沉降试验原理是面粉中面筋组分在弱酸性溶液中水合膨胀后影响悬浮面粉在溶液中下沉的速度和体积，以毫升（mL）表示。沉降值不仅与面筋的数量和质量关系密切，而且与籽粒蛋白质含量呈极显著正相关，与粉质仪测定指标中的面粉吸水率、面团形成时间、稳定时间和评价值，以及烘烤试验中的面包体积也呈显著正相关。有人把沉降值、蛋白质含量和面筋含量相结合，作为评价小麦品质的较为简单易行的综合指标。

（4）降落值　指一定细度麦粉的稀悬浮液在热水器中快速糊化后，因 α-淀粉酶作用而使淀粉糊液化的程度。以黏度计搅拌棒在被液化的热面粉糊中下降一定的距离所经历的时间（s）表示。面粉中 α-淀粉酶活力大小，也是检测小麦在收获和储运过程中是否发过芽的一项间接指标。一般＜150s 为发芽的小麦面，酶活性高，制作的面包心黏湿。

3. 小麦淀粉与加工品质的关系　小麦胚乳中按重量计约有 3/4 是淀粉。淀粉是谷物储藏多糖的主要形式，包括直链淀粉和支链淀粉。直链淀粉和支链淀粉在小麦籽粒中的含量和比例对小麦的食品加工品质有重要影响。直链淀粉含量高的小麦粉制成的馒头、面条食用品质差，馒头体积小，面条、馒头的韧性差；而直链淀粉含量偏低或中等的小麦粉制成的馒头、面条韧性弹性好，馒头体积大。

二、小麦品质的物质基础

(一) 小麦籽粒的结构

从外观来看，小麦籽粒可分为腹背两面，腹面有腹沟，背面基部有胚，顶端着生短而硬的茸毛。在植物学意义上，小麦籽粒属于颖果，其解剖结构外层为果皮，果皮以内是真正的种子，包括种皮、珠心层、胚和胚乳。成熟的果皮无色。种皮由透明的内、外种皮和夹在其中的色素层构成，色素层的色素颜色决定小麦籽粒的颜色。种皮的内侧是珠心层，与种皮结合紧密，透水性较差。珠心层以内是胚乳，其最外层是由一单层或两层（腹沟与两端处）厚壁细胞构成的糊粉层，糊粉层以内是淀粉质胚乳，占籽粒重量的绝大部分。胚位于籽粒背面基部，内侧紧贴胚乳，外侧被皮层包裹。

1. 果皮　果皮起源于子房壁，种皮由胚珠外被产生，故两者都来自母本组织。粮食加工业常把果皮和种皮合称为皮层，厚度约为 $40\sim60\mu m$，重量占小麦籽粒的 8.5%。磨粉时，要将皮层与胚乳分离，以得到面粉。皮层厚度与加工品质直接相关，籽粒皮层越厚，皮层占麦粒重量越大，出粉率越低，麸皮越多。我国南方潮湿地区的小麦籽粒皮层较厚，红粒小麦较白粒小麦皮层厚。

2. 胚乳　胚乳一般占籽粒总重的 $82\%\sim85\%$，加上糊粉层一般为 90% 左右。胚乳的主要成分是淀粉和蛋白质，前者占籽粒重的 $60\%\sim68\%$，后者占 $7\%\sim18\%$。小麦品质的优劣主要决定于这两种成分的含量和性质，其中蛋白质尤为重要。糊粉层的化学组成除含有较多的蛋白质和纤维素外，还含有丰富的无机盐、脂肪、B族维生素和多种蛋白酶，营养价值很高。但由于糊粉层细胞与种皮组织结合紧密，传统的磨粉工艺往往把本属于胚乳组织的糊粉层和皮层一起磨除，这是很可惜的损失。目前采用分层碾磨新工艺，可将其保留。

3. 胚　胚约占籽粒总重的 2.5%。胚中脂肪含量很高，达 $6\%\sim11\%$，还含有蛋白质、可溶性糖、多种酶和大量维生素。在磨制精度高的面粉时，不宜将胚磨入。

由于品种、产区和种植条件的不同，小麦籽粒各部分比例也会有较大的差异。

(二) 小麦籽粒的化学组成及与品质的关系

小麦籽粒的化学组成主要有蛋白质、碳水化合物、脂类、矿物质和维生素等。这些成分为人体所需的各种营养成分，其含量的高低和平衡程度决定了小麦营养品质的优劣。小麦籽粒的化学组成因品种、产区、气候和栽培条件的不同而变化较大，而且籽粒的不同部位化学组分含量也不相同。面粉的化学成分除受上述因素影响外，还受制粉方法、加工精度和面粉等级的影响。

1. 蛋白质　小麦蛋白质的含量和质量是影响小麦营养品质和加工品质的重要因素。

一般小麦籽粒蛋白质含量在 13％左右，小麦粉为 11％左右。蛋白质存在于籽粒的各个部分，但分布很不均匀，其中种皮和果皮约占 5.0％，胚约占 3.5％，盾片约占 4.5％，糊粉层约占 14.8％，胚乳约占 72.2％。不同部分蛋白质含量是不同的，胚和糊粉层蛋白质含量最高，胚乳由里向外，蛋白质含量及其性质均存在一定的差异，蛋白质含量越是接近种皮越高。由里向外，小麦蛋白质的数量和质量呈梯度分布，这是在制粉流程中不同粉流选择配混，生产专用粉技术的重要理论基础。

根据在不同溶剂的溶解度的不同，可将小麦蛋白质分为：清蛋白、球蛋白、麦醇溶蛋白（麦胶蛋白）和麦谷蛋白 4 种组分，其中清蛋白、球蛋白约占总蛋白的 20％，麦醇溶蛋白和麦谷蛋白各约占 40％。而不同品种或同一品种在不同环境条件下，4 种蛋白质比例是变化的，一般随籽粒蛋白质含量增加，清蛋白、球蛋白相对比例下降，麦醇溶蛋白比例增加，麦谷蛋白基本保持恒定。清蛋白和球蛋白为非储藏蛋白质（非面筋蛋白），主要是一些参与代谢活动的酶类和其他水溶性蛋白。清蛋白和球蛋白中含有丰富的赖氨酸、色氨酸和蛋氨酸，营养平衡较好，营养价值较高，决定小麦的营养品质。麦谷蛋白和麦醇溶蛋白为储藏蛋白质，赖氨酸、色氨酸和蛋氨酸含量都较低，麦谷蛋白和麦醇溶蛋白是组成面筋的主要成分，又称面筋蛋白。醇溶蛋白赋予面筋的延展性，麦谷蛋白赋予面筋的弹性，只有这两种蛋白共同存在，并以一定比例相结合时，面筋才具有其特有的特性。因此，两者的含量和比例是决定小麦加工品质好坏的主要因素。

麦谷蛋白根据其分子量大小分为高分子量麦谷蛋白亚基和低分子量麦谷蛋白亚基两类。自 20 世纪 80 年代末以来，国内外的小麦谷物化学家和育种家一直研究谷蛋白的数量，高、低分子量谷蛋白亚基的含量及其比例对小麦品质的影响。发现除谷蛋白的总量、高分子量谷蛋白亚基和低分子量谷蛋白亚基的含量及比例与面筋的强度和面粉的烘烤品质相关密切外，还发现特定的优质高分子量麦谷蛋白亚基对面粉的烘烤品质具有特别的作用。烘烤品质不同的小麦品种，其麦谷蛋白的特性不同，特别是麦谷蛋白亚基组成各异。高分子量麦谷蛋白亚基和低分子量麦谷蛋白亚基聚合成粒度（分子量）大小不同的谷蛋白多聚体，其中大聚合体含量具有特别重要的作用。一般谷蛋白大聚合体含量越高，面筋的强度越大，面粉的烘烤品质越好。

2. 碳水化合物 小麦的碳水化合物主要是淀粉，另有少量的纤维素和其他糖类。一般淀粉占小麦籽粒的 57％～67％，占小麦粉的 67％，占胚乳的 70％。除蛋白质外，淀粉是小麦籽粒和面粉中含量最多的组成部分。面粉的烘烤和蒸煮品质除与面筋数量和质量有关外，在很大程度上受到淀粉性质影响。以往人们在研究小麦品质时主要着眼于小麦蛋白质，常常忽视小麦淀粉对小麦加工品质的影响。事实上，小麦淀粉含量和组成与小麦品质间的关系非常密切。

小麦中的淀粉以淀粉粒的形式存在，可分为 A 淀粉粒（透镜状的大淀粉粒）和 B 淀粉粒（圆形的小淀粉粒）。淀粉是葡萄糖的聚合体，根据葡萄糖分子之间的连接方式的不同可分为直链淀粉和支链淀粉两种。在小麦淀粉中，直链淀粉约占 1/4，支链淀粉占 3/4。淀粉的糊化、黏度、凝沉等特性与淀粉粒大小、比例和淀粉粒中直链淀粉、支链淀粉含量及其比例密切相关，对我国传统的面食品的加工品质尤其是馒头、面条和饺子等的蒸煮食用品质有很大的影响。

纤维素常与半纤维素伴生，是小麦籽粒细胞壁的主要成分，占籽粒重量的1.9%～3.4%，主要分布在皮层中。小麦粉中纤维素含量的多少可以反映小麦粉的加工精度。

除淀粉和纤维素外，小麦籽粒中还含有约4.3%的糖。在面包生产中，它们既是酵母的碳源，又是形成面包色、香、味的基质。包括单糖类的葡萄糖、果糖和半乳糖；二糖类的蔗糖、蜜二糖、麦芽糖；寡糖类的棉籽糖；多糖类的葡果聚糖和葡二果聚糖及戊聚糖等。在小麦籽粒各部分中，胚的含糖量最高，可达24%。由于糖具有吸湿性，如果制粉时将胚磨入，利于微生物繁殖，不利于小麦粉的保存。加之胚的灰分含量也较高，因此磨制高级粉时不宜将胚磨入。

3. 脂肪　小麦籽粒脂肪含量一般为1.9%～2.5%，在胚中含量最丰富，可达15%以上。在小麦粉储藏过程中，脂肪易发生酸败，影响小麦粉品质，这也是制粉时尽量使胚和胚乳分离的一个重要原因。

4. 矿物质元素　小麦籽粒中含有多种矿物质元素，如含量较多的磷、钾、镁、钙、钠、铁、硒等及一些微量元素如锌、硫、硼、铜、锶、钼、铬、钴、铝、碘和锰等。小麦籽粒矿物质含量随品种、种植地区、气候条件、施肥状况等不同而有很大的差异，且籽粒中的分布也极不均衡。籽粒或小麦粉经充分灼烧后，各种矿物质元素变为氧化物残留，便是灰分。小麦籽粒矿物质含量一般为1.5%～2.0%，大部分存在于麸皮和胚中，尤其在糊粉层中含量最高。糊粉层含有丰富的蛋白质和维生素，营养价值较高。为提高出粉率和营养价值，制粉时可尽量磨入。但糊粉层又是灰分含量最高的一层，因此在磨制优质粉时不宜磨入。值得注意的是：籽粒中的磷主要以植酸的形式存在。单胃动物（包括人）因缺少水解植酸的植酸酶，不能很好地吸收和利用，从而使植酸随粪便排出，造成磷的浪费和环境的污染。另外植酸极易与Ca、Fe、Mg、Zn等微量元素的二价阳离子螯合，形成不可溶性的植酸盐及与蛋白质结合为不溶性的复合物，从而影响动物和人对这些微量元素吸收和利用，降低了它们的生物有效性。因而，植酸是一种抗营养因子。

5. 维生素　籽粒和面粉中维生素含量甚微，主要的维生素是复合维生素B、泛酸及维生素E，维生素A、维生素C和维生素D的含量很少。维生素主要集中在胚和糊粉层中，制粉后面粉的维生素含量显著减少，与出粉率和面粉精度有关。另外，在烘焙食品过程中高温又使面粉维生素受到破坏。为了弥补小麦粉中维生素不足，发达国家采用添加维生素（维生素B_1、烟酸及核黄素等）的方法以强化面粉和食品的营养。

各类化学成分占小麦籽粒组成部分的比例如表9-1所示。

表9-1　小麦籽粒各组成部分的化学成分（干物质）

（《小麦面粉品质改良与检测技术》，2008）

籽粒部分	占籽粒比例（%）	占小麦籽粒各组成部分的比例（%）						
		蛋白质	淀粉	糖	纤维素	戊聚糖	脂肪	灰分
籽粒	100	16.06	63.07	4.32	2.76	8.10	2.24	1.96
胚乳	81.6	12.91	78.92	3.54	0.15	2.72	0.68	0.45
胚	3.24	37.63	0	25.12	2.46	9.74	15.04	6.32
糊粉层	6.54	53.16	0	6.82	6.41	15.44	8.16	13.93
果皮、种皮	8.93	10.56	0	2.59	23.73	51.43	7.46	4.78

第二节　我国小麦品质分类和不同食品对
籽粒及小麦粉品质性状的要求

一、我国小麦品质分类

根据我国研究和生产应用的实际情况，结合国际经验，目前的标准仍按"筋力"分类，分为强筋、中强筋、中筋、弱筋。

（一）强筋小麦

胚乳为硬质，小麦粉筋力强，适用于制作较高档次的面包或用于配麦的小麦品种。

（二）中强筋小麦

胚乳为硬质，小麦粉筋力较强，适用于制作方便面、饺子、北方馒头、面条等食品的小麦品种。

（三）中筋小麦

胚乳为硬质，小麦粉筋力适中，适用于制作面条、饺子、馒头等食品的小麦品种。

（四）弱筋小麦

胚乳为软质，小麦粉筋力较弱，适用于制作南方馒头、蛋糕、饼干等食品的小麦品种。

二、小麦品质分类指标

不同类型小麦品种的品质指标应符合表 9－2 的要求。

表 9－2　小麦品种的品质指标（GB/T 17302—2013）

项目		指标			
		强筋	中强筋	中筋	弱筋
籽粒	硬度指数	≥60	≥60	≥50	<50
	粗蛋白质（干基）（%）	≥14.0	≥13.0	≥12.5	<12.5
小麦粉	湿面筋含量（14%水分基）（%）	≥30	≥28	≥26	<26
	沉降值（Zeleny 法）（mL）	≥40	≥35	≥30	<30
	吸水量（mL/100g）	≥60	≥58	≥56	<56
	稳定时间（min）	≥8.0	≥6.0	≥3.0	<3.0
	最大拉伸阻力（EU）	≥350	≥300	≥200	—
	能量（cm²）	≥90	≥65	≥50	—

三、不同食品对小麦籽粒和小麦粉（面粉）品质性状的要求

（一）面包

本文面包指主食面包，这种面包要求强筋小麦，故其加工品质可作为衡量强筋小麦的重要指标。小麦原料对面包品质的影响主要在其蛋白质的质量和数量。此外，淀粉特性及糖类、脂类、酶类等含量也有一定影响。

1. 蛋白质数量　从近几年全国小麦样品的分析结果来看，面包评分在 80 分以上的品种样品，其小麦籽粒粗蛋白质含量多在 14%（干基）以上，小麦粉面筋含量多在 32% 以上，可视为优质面包的基本要求。籽粒蛋白质含量和质量均影响面包的质量，中国农业科学院作物研究所根据 1984 年、1985 年两年各地品种区域试验材料的分析，粗蛋白含量与面包体积和评分的相关系数达 0.469 和 0.450，均达到极显著水平；湿面筋含量和面包体积、评分的相关系数分别为 0.258 和 0.303，也达显著水平。农业部谷物品质监督检验测试中心（北京）（以下简称谷物品质检测中心）2008 年通过对近几年面包评分达到 80 分以上品种的 700 多份材料统计分析，评分与蛋白质含量相关系数达 0.497，极显著相关。统计材料分析还显示湿面筋含量与面包体积相关系数可达 0.438，也极显著相关。还有一些报告表明，干面筋含量较湿面筋与面包评分关系更为密切。需要说明的是，蛋白质（面筋）含量对面包品质的影响与蛋白质组分有关，面筋蛋白的组成主要是麦谷蛋白和醇溶蛋白，一般认为麦谷蛋白更多影响面团的弹性，尤其是高分子麦谷蛋白，而醇溶蛋白更多影响延伸性，两者需有适宜的比例。同样，麦谷蛋白又因其亚基组成不同而对面包品质有不同影响，如高分子麦谷蛋白 D 组的 5+10 亚基，B 组的 7+8、17+18、13+16 亚基对面包有正面影响，低分子麦谷蛋白亚基中 B3d 也有正面影响。除亚基类型外，还与其含量有关，如亚基 7 的超量表达可表现为超强筋。而含 1B/1R 易位系的材料则对面包品质有负影响。除品种遗传特性外，种植环境与栽培条件对蛋白质及其组成也有较大影响。

2. 流变学特性　上面所述蛋白质成分的变化是影响蛋白质"质"的内因，"质"的量化表现还需用一定仪器进行测定，一般以不同仪器测定面团形成过程流变学特性代表。面粉（小麦粉）加水揉和的面团为具有黏弹性的半流体物质，在受到特定负载后形成的曲线中，应力、应变与时间之间的关系所导致的弹性、塑性、韧性以及形变的各种特性，称为面团的流变学特性。此种特性主要与蛋白质质量有关，但也受蛋白质数量的影响，育种单位和加工企业常以这些特性作为表征加工质量的重要指标。常用的测定流变学特性的仪器包括粉质仪、拉伸仪、揉混仪、吹泡（示功）仪。目前国内科研单位与企业单位常用的为粉质仪，但据农业部谷物品质检测中心（北京）统计结果，拉伸仪面积与面包体积与评分相关系数分别达 0.481 与 0.463，均呈极显著相关，延伸性相关系数亦达 0.390 以上，均高于粉质仪形成与稳定时间。不过，拉伸仪测定面粉用量较大且费时较长，故一般多用粉质仪。美国也常用揉混仪，因其用量少、检测时间短，主要用于育种单位。

（1）粉质仪指标

①形成时间。形成时间与面粉在水合过程中影响面筋测定形成的因素有关。中国农业科学院作物研究所曾用 17 个国内外品种在 6 个不同环境下测定的平均值分析形成时间和

面包评分关系，两者相关显著，但评分达 80 分以上面包也有高有低，最低才 3min 左右，高的可达 20min 以上。从国内近年面包鉴评结果看，优质面包的面团形成时间多在 4～7min 之间。由于形成时间与耗能有关，故不必过长，但也不宜低于 3min。

②稳定时间。面团稳定时间主要用来表示面粉形成面团时耐受机械搅拌的能力，反映面团的耐揉性。面团稳定时间长的，面包体积和评分也高（也有研究表明，稳定时间与面包体积是二次曲线相关），但并非越长越好，因其与耗能和成品加工时间有关。在农业农村部组织的历届面包鉴评中，优质面包面粉稳定时间多在 12min 以上，但也有 7～9min 即达较高评分（＞80 分）的。一般进口的加拿大小麦面粉稳定时间多在 9～10min，故 9min 以上的面团稳定时间若其他指标配合较好，即可烘烤出体积大、评分高的较好面包。另外，形成时间和稳定时间也有一定的互补效应，形成时间可能对面包体积影响更大。

③弱化度与其他粉质仪指标。一些研究表明，弱化度或公差指数指标与面包体积的相关较稳定时间更为密切，优质面包弱化度多小于 30FU。而评价值由于综合了形成时间、稳定时间和弱化度的表现，故评价更为全面。电子型粉质仪的质量指标 FQN 与评价值有相似功能。此外，面团吸水率与面包体积也相关，农业农村部谷物及制品检测中心（哈尔滨）以春小麦品种测定面团吸水率与面包体积的相关性，相关系数为 0.552 3，极显著。研究表明，面团吸水率与籽粒硬度以及蛋白质和戊聚糖含量等亦相关。由于过去国内缺乏硬度指标，甚至育成品种的稳定时间长、籽粒硬度表现为软质的小麦，达不到优质面包的要求。故国内品种制成的面粉的吸水率整体偏低，而国外优质强筋小麦面粉的吸水率多在 60％以上，这也是今后品种改良应注意改进的内容之一。

（2）拉伸仪指标　拉伸仪反映面团在拉伸时抵抗拉伸的能力，也是反映面筋强弱的重要指标。由于测定时用的是醒发面团，且可以较直观测定其延伸性，故对面包评价有重要意义。

①抗延阻力。一般于 135min 时测定面团的最大抗延阻力（Rmax），面包要求＞400EU，国外硬红春小麦更高，可达 500EU 以上，国内烘烤优质面包用的小麦也可达 450EU 以上。抗延阻力并不是越高越好，过强则面团僵硬，其延伸性不相配合，反而降低了面包体积，面包瓤的结构也变差。

②延伸性。以往国内研究多强调面团抗延阻力而忽视延伸性，近几年农业农村部谷物及制品检测中心（哈尔滨）的研究表明，延伸性与面包评分相关系数为 0.362 2，达极显著相关，与体积相关系数为 0.295 6，亦达显著相关。农业农村部谷物品质检测中心（北京）统计多年面包品质达标的小麦品种，发现延伸性与面包体积和评分的相关系数分别为 0.393 和 0.392，均达极显著相关，相关密切程度均高于粉质仪的有关指标。国外优质面包小麦，如加拿大和美国硬红春小麦的延伸度可达 18cm 以上。

③拉伸面积。该项指标包括抗延阻力与延伸性，以拉伸曲线所包围面积（cm^2）表示，对面包烘烤品质而言，基本上属直线性相关，与面包体积和面包评分相关均极显著，国外小麦如加拿大春小麦品种，其面粉（团）的粉质仪稳定时间不是很高，但其拉伸仪指标却很突出。国内期货强筋小麦的拉伸仪面积标准定为≥90cm^2，国内部分优质面包小麦拉伸仪面积可达 100cm^2 以上。

表 9-3 中列出农业部谷物品质检测中心（北京）2007 年测试的国内部分达到烘烤面包标准的小麦样品的品质分析结果。这些指标在不同年度间都有一定变化，例如，师滦02-1 的 2009 年测试样品，平均稳定时间为 17.1min，面包评分只有 82 分，而郑麦 366 稳定时间 9.4min，面包评分却 85 分。

表 9-3　我国部分优质面包用小麦品种的品质分析结果（2007）

品种名称	籽粒蛋白含量（%，干基）	沉降值（mL）	湿面筋含量（%）	粉质仪			拉伸仪			面包体积（cm²）	面包评分
				吸水率（%）	形成时间（min）	稳定时间（min）	最大抗延阻力（EU）	延伸性（mm）	拉伸面积（cm²）		
师滦 02-1	16.02	39.9	32.7	58.3	6.4	21.7	805	167	173	873	94
郑麦 366	15.60	41.3	34.3	61.6	6.8	11.1	533	183	128	883	94
藁城 9415	14.36	37.3	30.2	59.9	7.7	12.3	585	146	111	788	88
济麦 20	15.03	42.6	33.9	57.6	5.9	15.1	523	166	115	781	79
藁城 9618	15.53	34.0	31.4	61.0	9.5	19.3	649	139	117	773	83
山农 12	15.83	68.3	34.4	59.0	6.0	15.4	602	188	150	808	84
烟农 19	14.33	39.6	33.0	60.7	4.4	6.6	308	160	69	815	84
豫麦 34	14.94	46.1	31.1	60.4	4.7	8.3	468	178	111	781	84
淄麦 12	14.50	40.8	31.7	62.2	6.8	9.1	449	189	114	824	91
平均值	15.12	43.25	32.52	60.13	6.46	13.21	546.88	168.00	120.88	814.00	87.22

注：面包体积在总评分中占 40%。

从表 9-3 可以看出，多数优质面包用小麦品种样品，其籽粒蛋白质含量均在 14%（干基）以上，湿面筋含量基本在 32% 以上；粉质仪形成时间大部分在 6min 以上，但也有仅 4min 以上的，稳定时间多在 12min 以上，低的在 6～9min 之间；拉伸仪面积除个别外均在 110cm² 以上，最大抗延阻力基本在 450EU 以上，延伸性达到国外硬红春小麦水平（>180mm）的较少，部分仅接近美国硬红冬小麦水平。上述品种硬度指数均大于 60。此外，还可以看出蛋白质数量与质量之间有互补作用，例如藁城系列品种湿面筋含量低于32%，但稳定时间与抗延阻力均高，故也能做出较好的面包。

（3）揉混仪（揉面仪、和面仪）　其工作原理与粉质仪类似，优点是用粉量少，一般只需 10g 面粉（微量可用 2.5g），适用于育种工作者早代品质测定。从有关试验看，与面包体积和评分相关性均可达到显著或极显著水平。因其样品用量少，也常为一些初步研究工作（例如添加剂使用）采用，根据其结果再做进一步研究。其应用中的最大问题是具体指标不稳定，被测材料的蛋白质含量、水分含量以及实验室温、湿条件等均影响具体结果，例如同品种蛋白质含量提高 2%，峰高相差可达 30%，峰值宽度同样受影响。

3. 其他有关性状

（1）沉降值　沉降值（沉淀值）受小麦蛋白质数量和质量的双重影响，因用量甚小，故常作为品质育种早代筛选指标之一。一般作为面包用的泽伦尼（Zeleny）沉降值需 >40mL，与美国硬红冬小麦相近。国外优质春麦小麦沉降值可达 60mL 左右。目前还有

SDS 沉降值微量测定，均可用于育种早代，但要注意测试操作条件、粉粒大小等均影响结果。测试要严格控制试验条件与制粉条件，并在每一批次中加入对照样品，以保证测试结果的重演性。

（2）其他指标　近几年一些研究表明，大分子谷蛋白聚合体（GMP）含量的多少与面包表现密切相关。因其用量极少，可作为育种者早代筛选应用。不过其测试方法对绝对值有较大影响，可与对照品种比较定优劣。面筋指数也较常用，＞90 较好，但该指数主要反映面筋弹性，与延伸性关系较小。

（二）面条

面条为我国主食，种类较多，除手工面条外，还有不同类型的机制、半机制面条。此外，南方多加碱，北方多加盐。本文以北方机制加盐干面条（挂面）为代表加以介绍。

1. 蛋白质数量与质量　蛋白质含量和质量影响面条的内在与外观品质，一般蛋白质含量较高，面筋强度高有利于面条韧性和咬劲，但过高不适合机器加工（回缩严重），干燥后易弯曲，煮熟后表面粗糙，外观变差。蛋白质含量和白度还有一定负相关，影响外观品质。蛋白质含量过低，面筋强度不足，则易断条，不耐煮，口感韧性、弹性不足。由于蛋白质含量与面条外观（特别是色泽）负相关，故一般选用蛋白质含量中等、面筋适当偏强的以弥补量的不足，从多数研究来看，籽粒蛋白质含量以 12%～14%（干基）为宜。据 2005 年全国面条用品种品质鉴评结果，12 个面条评分在 85 分以上的品种品质性状平均值：籽粒蛋白质含量为 12.4%（干基），面团形成时间 4.1min，稳定时间 7.8min，湿面筋含量 28.5%，拉伸面积 91cm²。不过，从 2005—2008 年的面条鉴评结果看，前三名中均有稳定时间在 5min 左右，拉伸面积在 50～70cm² 的品种，如荔高 6 号、徐州 856 等，优质面条代表性品种永良 4 号常年稳定时间在 6min 左右，均属于中筋至中强筋小麦。河南、山东等地研究还表明，软化度更利于评价面条质量，而稳定时间与面条评分则呈二次曲线关系，软化度以＜100BU 为好。此外，方便面、拉面等面筋含量宜稍高。面团的延伸性与干面条、拉面评分也有较显著正向影响，宜予注意。

除蛋白质含量外，蛋白质组成对面条品质也有影响。如有研究认为醇溶蛋白含 45 号谱带品种面条品质较好，而含 41 号（有的报道为 42 号）谱带者较差；低分子谷蛋白中 A3d、B3d 亚基等也对面条品质有正向影响。还有认为中分子量麦谷蛋白亚基与面条品质有关。

2. 淀粉性状　淀粉是小麦籽粒中最主要的成分，赋予面条黏弹性。从制面适宜性角度看，与面条加工品质相关的是小麦籽粒淀粉粒的软硬。澳大利亚和日本小麦等食感评价高的小麦淀粉粒全部为软质。表示淀粉软硬的指标之一是直链淀粉和支链淀粉的比值，直链淀粉含量低，糊化温度低，容易糊化的为软质。

（1）淀粉糊化特性对面条煮面品质的影响　一般而言，淀粉糊化峰值黏度越高，面条在光滑性、黏弹性方面的品质越好。淀粉膨胀势作为简易测定面条质量的指标，具有快速、样品用量少的特点，RVA（快速黏度仪参数）所测峰值黏度与面条食感呈极显著相关。小麦面粉（或淀粉）的黏度值和膨胀势可作为面条品质的评价指标之一。山东省农业科学院作物研究所（2002）认为，优质面条要求淀粉糊化峰值黏度≥2 900cP，膨胀势和峰值黏度与面条的所有指标皆为正相关，r 介于 0.10～0.50 之间，说明提高淀粉糊化特性确能改善面条品质，而且对其他性状没有负向影响。

（2）淀粉组成对面条质量的影响　制作优质面条的小麦品种应具有合适的直链淀粉与支链淀粉比率，直链淀粉含量低是面条小麦品种的共性。直链淀粉含量高的小麦粉制成的面条食用品质差，韧性差；而直链淀粉含量低或中等的小麦粉制成的面条食用品质较好，有韧性。一般来说，支链淀粉比例高一些。糊化温度低一些的面条口感较好。安徽农业大学农学院（2000）研究认为，直链淀粉含量与面条评分存在负相关，相关系数为 -0.53。黑龙江省农业科学院（2001）研究认为，面粉白度高，面条褐变低，直链淀粉含量低于 23%，淀粉糊化过程中回生黏度小，面条较好。直链淀粉含量和糊化温度可作为面条麦的选种指标。山东农业大学（2002）研究也表明，直链淀粉含量和 TOM 值（煮面冲洗水中总有机物含量）与面条品尝评分为极显著负相关，但后者直接通径系数最大而前者间接通径系数最大。

小麦直链淀粉含量主要取决于颗粒结合的淀粉合成酶（简称 GBSS 或 Wx 蛋白），GBSS 的 3 个基因位于染色体的 7AS、4AL 和 7DS 上，分别被命名为 $WxA1$、$WxB1$ 和 $WxD1$。Wx 蛋白催化直链淀粉的合成，因而与小麦品质密切相关。直链淀粉含量的减少程度既与 Wx 基因的数目（1 个、2 个或 3 个）有关，也受遗传背景的制约。这 3 种蛋白质可通过 SDS-PAGE 分离鉴定，如果这 3 种 Wx 蛋白均缺失，则淀粉中只有支链淀粉而没有直链淀粉，即糯小麦。我国小麦品种中 Wx-B1 缺失类型较多，可作为优质面条小麦品种选育生化指标。

对中国面条来说，蛋白质品质最为重要，其次为淀粉特性。蛋白质质量和淀粉糊化特性对面条品质具有一定的相互补偿作用，其不同之处是蛋白质为面条提供理想的适口性和不利的外观，淀粉则提供良好的外观和富有弹性的质地。降低直链淀粉含量，改善淀粉糊化特性是面条小麦改良的目标。

3. 色泽　面条对色泽也有一定要求，对面粉要求亮度要高，色彩色差仪 L 值要高，而 b 值（黄色度）宜低，国外强筋麦 b 值多较高。中国近年培育的强筋麦中，在对面条感官评价时，往往因筋力偏强类型韧性强、口感好而掩盖了 b 值偏高（过黄）的不利因素，如历年农业农村部组织鉴评出的优质面条 b 值多偏高。中国农业科学院作物科学研究所研究表明，面条评分与 b 值为负相关，$r=-0.61$，达极显著。此外，a 值（红色度）也影响色泽，低值较好。南方面条与方便面对色泽要求不同，可以偏黄。另外，鲜面条还受多酚氧化酶（PPO）影响，PPO 活性高的放置后易褐变，对外观不利。侯国泉（1997）认为好的方便面为面粉蛋白质含量 $<11.8\%$（14% 湿基），沉降值 $>42\text{mL}$，最高黏度 $>650\text{BU}$，色泽 L 值 >90.5。其进一步研究认为有关蛋白质、淀粉质量和数量指标均以中等略偏上为好。

与面包相比，对面条研究还较少，在感官评价上还存在一些问题，例如黏弹性和适口性、光滑性均属主观评价，不同评价主体影响评价结果。目前，已开始利用仪器如质构仪对面条的黏弹性、咀嚼性进行测试，但如何与感官评价结合起来尚待进一步研究。也有利用煮面干物质失落率、煮制吸水率等来进行间接评价，有待进一步研究。此外，加工方法与煮面时间等均影响评价结果，总体看，评价体系仍有待完善。另外，由于蛋白质特性和淀粉特性之间对面条的影响方向不同，两者虽有互补作用，但对小麦蛋白质特性与淀粉特

性、磷脂等的相互作用还有待深入研究。

面条的实验加工宜采用标准轧面机器并注意实验室温、湿度的调控。干面条可在相对湿度 65％、温度不高于 40℃的恒温恒湿箱内干燥，加水量按面粉吸水率的 50％～60％调节，约为面粉重量的 32％～33％。这一加水量较挂面厂的加水量相对稍高。目前挂面厂多采用仿日本生产线分段调节温湿度，加水量多为 30％±2％。鲜面条的加水量可在 35％左右，中国农业科学院研究认为一般混合麦 35％较好，硬质麦可提高到 36％，有 1B/1R 易位系的材料酌减 1％。

（三）馒头

馒头是我国重要的面制品，尤以北方为主，一般要求色泽偏白，表皮光滑。北方还要求口感有一定咬劲，高径比值大，体积适中，（比容 2.5 左右）；南方则偏喜松软类，比容较大。

1. 蛋白质性状　馒头对小麦粉适应性较宽，多数中筋小麦和部分中强筋小麦均可制作北方型偏硬馒头。

（1）蛋白质含量　制作馒头小麦粉的蛋白质含量（14％湿基）在 10％～12％之间较适宜。蛋白质含量过高且筋力强的小麦粉制作的馒头表面有皱缩、孔隙开裂、烫斑、气泡等现象，且色泽变差；蛋白质含量较低的低筋粉制作的馒头表面光滑，但咬劲差。

（2）流变学特性　稳定时间较长有利于提高馒头挺立度（高径比）和口感，但过长反致馒头皱缩，不利外观品质。稳定时间过短、筋力过弱的，在发酵过程易塌陷，且馒头扁平，咬劲差。与面条类似，软化度与馒头品质的相关优于稳定时间。质构仪测定分析，软化度与馒头弹性、回复性均呈显著相关。加工方式也有影响，机制馒头由于机械搅拌力度一般大于手工，故对稳定时间要求更高些，但总体看，稳定时间 3～7min，弱化度≤130FU（≤100FU 更好）已可满足馒头要求。北方馒头又称硬质馒头，要求筋力较强，以中筋小麦较为适宜，白度好的中强筋小麦也可利用；而南方馒头筋力要求较弱，希望口感更松软，故弱筋小麦亦可利用。

（3）淀粉特性　淀粉组分对馒头品质有一定影响，一般要求直链淀粉含量相对较低，支链淀粉含量较高，这样的面粉制作馒头体积较大，结构较好，口感弹韧性好，且老化速度慢，复蒸性好。淀粉与蛋白质性状间也有一定互补作用。中国农业科学院研究认为，淀粉糊化峰值与馒头总分呈正相关。也有报道认为，胶凝值＜800VU 较好。

2. 白度　群众喜偏白、色泽较亮类型。影响白度的除黄色素类（如胡萝卜素）外，前已提及蛋白质含量与白度呈负相关，故馒头用小麦不要求蛋白质含量太高而以适当提高面筋强度来弥补口感等内在质地。此外，籽粒硬度也与白度呈负相关，馒头用小麦以半硬质类型较适宜（南方可用软质）。硬质小麦要注意其白度表现，有的硬质小麦白度也较好，如小偃 6 号及其衍生品种。生产上还可利用强筋硬麦与弱筋软麦搭配方式解决内在与外观的综合品质。

此外，加工工艺对馒头品质也有影响，如揉和程度。还有报道认为强筋小麦可利用多加水（按吸水率调整）来缓和外观的不利因素。但对机械生产而言，一般要求恒定的加水量和生产工艺，不可能随品种来调整，需加注意。另外一点是，含 1B/1R 材料由于黑麦碱吸水量大，机械搅拌常易发黏，影响口感，如无优质小麦蛋白质的（如含谷蛋白优质亚基材料）互补，也影响馒头加工品质。

3. 馒头制作与评价　不同实验室馒头的制作方法不同，有添加辅料或不加辅料，有加碱或不加碱，发酵时间从 40min 到 150min，有二次发酵法或一次发酵法，有手工制作或机械制作等不同方式。同一类型小麦由于制作方法不同，致使馒头的品质也不同。

有关馒头品质的评价方法和指标，还处于探索阶段。目前，馒头大多借鉴面包的评价指标与方法，常采用感官评价，评价指标包括：馒头体积、比容、表皮色泽、外观形状、内部结构、弹性、韧性等。也有用质构仪测定馒头的硬度、黏度、松弛弹性和附着性等。还有待进一步探讨更客观标准的方法。

总体来看，馒头对小麦品质的要求不太严格，多从外观与内在质地两方面综合评价，以蛋白质含量和面筋强度中等、直链淀粉含量较低、不易回生老化、白度较高的中筋小麦为宜。手工馒头用弱筋小麦，淀粉质量好的也可做出较好馒头。北方偏硬及机械加工馒头对面筋强度要求稍高，南方偏软馒头要求面筋强度较低。

（四）饼干、糕点

此类食品主要以弱筋软麦为主要原料，我国原商业部对食品专用粉的指标为酥性饼干湿面筋含量 22%～26%，粉质仪稳定时间为≤2.5min 和≤3.5min 两个等级。饼干类型较多，酥性（包括甜酥性）饼干要求口感酥松，不需要面筋网络的形成，是弱筋小麦加工食品的代表性品种。市场需要量也较大。糕点中弱筋类国内代表性品种如江南的酥饼（作评价食品代表）、粤式早点多数也是用弱筋小麦粉。西式糕点中代表性品种如海绵蛋糕等也常作为评价弱筋麦代表性品种。

酥性饼干和酥饼的延展度和总评分，均与粉质仪的吸水率和形成时间、拉伸仪的 R/E 值、吹泡仪的 P/L 值呈极显著负相关，而与拉伸仪 E 值显著正相关。粉质仪稳定时间与饼干直径呈负相关且不显著，但与形成时间呈负相关且显著。中国农业科学院（2005年）的研究认为，酥性饼干小麦籽粒蛋白质含量 9%～11.5%，吹泡仪弹性（P 值）≤40mm，弹性/延伸性（P/L）≤0.50，碱水保持力（AWRC）≤59%，水保持力≤53%。由于碱水保持力和水保持力与粉质仪吸水率高度相关，故粉质仪吸水率亦可作重要参考。一些研究还表明，沉降值与酥性饼干、酥饼品质呈显著负相关，优质者沉降值宜＜25mL。

从近年中国小麦质量报告看，饼干宽度/直径＞8.0，蛋糕体积＞1 000cm³，以长江中下游种植的宁麦 9 号（生产厂家接受的饼干用麦）和豫麦 18 等为代表的弱筋小麦，其沉降值均＜22mL，湿面筋含量在 24% 左右，吸水率在 55% 以下，形成时间在 2min 左右，稳定时间变动在 1.5～3.4min 之间。

碱水保持力与戊聚糖含量及破损淀粉有关，故影响吸水率。饼干生产过程中，对面筋网络的要求与面包相反，当饼干生坯含水量高而面筋弹性又较高时，不利直径的延展，易造成收缩和口感粗糙，且饼干成品要求含水量低于 3%，吸水率高干燥过程耗能也大。饼干类型很多，韧性饼干等口感较硬的，筋力可稍强。而另一大类发酵饼干如苏打饼干常用筋力较强小麦粉进行第一次发酵以保持一定气体，然后再加入弱筋粉完成发酵程序。

蛋糕对小麦品种品质的要求国内研究相对较少，原商业部蛋糕专用粉指标为湿面筋含量22%～24%，稳定时间≤2min。蛋糕类型也较多，一般以海绵蛋糕（主要成分为面粉、鸡蛋、糖）作为评价标准。河南省农业科学院（2000年）的研究表明，蛋糕比容（代表蛋糕品质重要指标）和总评分与面粉蛋白质含量均呈显著或极显著负相关，总评分与沉降值也呈极显著负相关。粉质图指标中，吸水率与总评分相关系数为－0.9339，达极显著相关，与稳定时间相关甚弱而未达显著水平。与形成时间为极显著负相关（－0.95），拉伸图中同样与延伸性相关系数0.7688达极显著，R/E值则高达－0.9696。不过，该研究也表明，面粉强度如过弱，则蛋糕过于松散易碎。粗脂肪含量对海绵蛋糕有负面作用，游离脂肪对打发的蛋糊有消泡作用。就淀粉酶活性而言，试验中降落值在310s，即有顶部塌陷问题，但活性过低（＞450s），蛋糕心易发硬。蛋糕用小麦粉的蛋白质含量一般为7%～9%，对于奶油蛋糕（除蛋糖外，还要加奶油，奶水，发酵粉等），除其加工工艺不同外，高等级蛋糕面粉还常常用氯气漂白处理，其作用是将大分子蛋白分解为小分子蛋白，避免搅拌中起筋，且颜色更洁白。另外，要注意蛋糕用粉灰分含量要低，常用出粉率50%左右的细粉。还有研究认为淀粉糊化温度偏高，热稳定性差者，易变形回缩。

除蛋糕外，一般糕点也多用软质弱筋小麦，如美国主要用软白麦或软红冬麦，我国原商业部标准中糕点用粉的指标是湿面筋含量≤22（软白麦）或≤24.0%（软冬红麦），粉质仪稳定时间≤2.0min，有些糕点宜用较弱的中筋粉生产。

参照有关材料，以酥性饼干和海绵蛋糕为代表的糕点的籽粒蛋白质含量宜＜12%（干基），Zeleny沉降值＜25mL，形成时间较稳定时间更重要，以＜2min较好。关键是吸水率要低，好的宜在52%左右，最高不宜超过55%，对酥性饼干更要求较好延展性，按吹泡仪指标吹泡仪L值＞100mm较好，P/L宜＜0.6。有条件的可测定溶剂保持力，以水溶剂或碳酸钠保持力与曲奇饼干关系较密切，因其用粉量少，对软质麦育种早代筛选有较好价值，宜予倡导。目前具体指标不同研究结果还不统一，例如中国农业科学院作物科学研究所认为水溶剂保持力≤53%、碳酸钠保持力≤66%为好，而江苏省农业科学院认为水溶剂保持力＜57%、碳酸钠保持力＜75%为好，该结果与江苏里下河地区农业科学研究所研究结果相似。结合美国近年品质年报中软白麦与软红冬麦数据，水溶剂保持力＜57%、碳酸钠保持力＜75%可作为初步筛选参考标准。结合我国现有偏弱筋品种情况看，由于面团延伸性多偏低（拉伸仪E值＜150mm，吹泡仪L值＜100mm），因此在一些研究报告中常可看到面筋含量偏高（＞25%），以量（面筋含量与延伸性一般呈正相关）补质来制作酥性饼干获得较好结果的现象。这方面与国外品种差距较大，是今后育种应改进的地方。由于糕点类型较多，有些为糕点中需发酵面团制作的，筋力可较强。

第三节　小麦品质与环境条件的关系

一、小麦籽粒蛋白质、淀粉的形成和积累以及氮素、施氮量和施用时期与小麦产量和品质的关系

蛋白质和淀粉是小麦籽粒的主要成分，也是影响小麦品质的重要因素。小麦籽粒蛋白

质和淀粉的积累伴随着籽粒灌浆全过程，籽粒形成初期蛋白质含量高，随着籽粒灌浆的进行，干物质积累增加。开花后 18~24d，淀粉的合成速率快于蛋白质合成速率，粒重直线上升，蛋白质含量明显下降，随着籽粒粒重增加缓慢，蛋白质含量开始回升，呈高—低—高的变化趋势。在籽粒氮素积累过程中，氮素的来源包括两方面，一是开花后直接吸收同化的氮素，约占籽粒总氮素量的 20% 左右；二是开花前植株储藏氮素再运转至籽粒中，约为 80%。促进开花前氮素的合成和积累，以及开花后的吸收同化及再分配和向籽粒的转运对提高籽粒蛋白质含量有重大的作用。在籽粒形成的早期阶段，籽粒中合成的蛋白质主要是清蛋白和球蛋白，它们在灌浆初期含量较高，以后急剧下降，两者分别在花后 22d 和花后 17d 基本保持不变。随着灌浆进程的推进，醇溶蛋白和谷蛋白的合成量迅速增加。

　增加氮肥施用量及增加中后期氮肥比例，在灌浆初期籽粒蛋白质含量略低，但在灌浆中后期蛋白质合成速率迅速上升，籽粒蛋白质含量明显提高，面筋含量和籽粒中各蛋白质组分含量都呈增加趋势，由于不同蛋白质组分含量增加的幅度不同，其结果改变了蛋白质各组分的比例，随施氮量增加或增加后期的施氮比例（氮肥后移），清蛋白和球蛋白含量未显著增加，而显著地提高醇溶蛋白和谷蛋白（储藏蛋白）的含量，同时提高蛋白质中的谷蛋白/醇溶蛋白比值，因而使中、强筋小麦品种的面包的烘烤品质得到改善，但这对弱筋小麦品种的品质有不利的影响。增施氮肥提高了小麦籽粒蛋白质含量并改变了蛋白质各组分的比例，是增施氮肥能改善小麦加工品质的重要原因。但在地力较差和底肥不足的情况下，减少前期施氮量，会导致减产，同时后期过量施用氮肥也会造成贪青晚熟，对提高产量和改善品质均有不利的影响。

　淀粉在籽粒发育过程积累的快慢和多少显著影响籽粒的产量和品质。小麦籽粒淀粉由直链淀粉和支链淀粉组成，淀粉总量、直链淀粉和支链淀粉含量及其比例对小麦淀粉特性和淀粉品质有重要的影响，而淀粉总量、直链淀粉和支链淀粉含量及其比例与淀粉合成有关酶的活性密切相关。小麦籽粒中与淀粉合成有关的酶主要有：尿苷二磷酸葡萄糖焦磷酸化酶、腺苷二磷酸葡萄糖焦磷酸化酶、可溶性淀粉合成酶和淀粉粒结合态淀粉合成酶，其中小麦籽粒灌浆过程中腺苷二磷酸葡萄糖焦磷酸化酶、可溶性淀粉合成酶和淀粉粒结合态淀粉合成酶的活性变化与淀粉积累动态关系密切。小麦籽粒灌浆过程中，尿苷二磷酸葡萄糖焦磷酸化酶与腺苷二磷酸葡萄糖焦磷酸化酶活性变化趋于一致。在灌浆期内，腺苷二磷酸葡萄糖焦磷酸化酶活性与籽粒总淀粉积累速率、籽粒直链淀粉积累速率，以及在后期与直链淀粉、支链淀粉相对积累速率呈极显著正相关。可溶性淀粉合成酶活性与支链淀粉积累速率和总淀粉积累速率关系密切，在灌浆前期与籽粒直链淀粉积累速率呈显著正相关，在灌浆后期呈负相关；淀粉粒结合态淀粉合成酶活性在灌浆中前期很低，对籽粒淀粉积累的调节作用小，但淀粉粒结合态淀粉合成酶活性变化与直链淀粉积累速率呈极显著正相关，且在灌浆后期与总淀粉积累速率也呈极显著正相关，说明淀粉粒结合态淀粉合成酶活性对直链淀粉和总淀粉积累具有重要的调节作用。不同小麦品种的直链淀粉含量与支链淀粉含量比值（直/支比值）差异是灌浆中后期直链淀粉与支链淀粉积累速率的不同所造成的。总之，在灌浆期淀粉粒结合态淀粉合成酶活性较低，同时灌浆中后期腺苷二磷酸葡萄糖焦磷酸化酶活性和尿苷二磷酸葡萄糖焦磷酸化酶活性较低，籽粒直链淀粉含量较低，反之亦然。

淀粉粒结合态淀粉合成酶又称 Wx 蛋白，有 Wx-A1、Wx-B1 和 Wx-D1 等 3 个不同的亚基，其中任何 1 个或 2 个亚基缺失时，籽粒直链淀粉合成量和含量都不同程度地下降，3 个亚基同时缺失时，籽粒直链淀粉含量很低或接近零，称之为糯小麦。籽粒的可溶性淀粉合成酶活性较高，在灌浆前期有利于直链淀粉和支链淀粉的累积，在灌浆后期则只有利于支链淀粉的积累。上述规律，可作为调节小麦籽粒淀粉品质的理论依据。

增加施氮量在灌浆前期有使腺苷二磷酸葡萄糖焦磷酸化酶、可溶性淀粉合成酶和淀粉粒结合态淀粉合成酶活性降低的趋势，在灌浆的中、后期它们的活性均随施氮量增加而提高。但过量施用氮肥反而降低它们的活性，总淀粉含量随之降低，只有适量施用氮肥才可以提高籽粒淀粉的合成能力。

小麦开花后，籽粒的总淀粉、直链和支链淀粉的含量及积累量均呈不断上升的趋势，它们的积累速率均呈单峰曲线变化。但直链淀粉开始积累、含量上升和最高积累速率均迟于支链淀粉。一般认为，在一定范围内增加施氮量和提高后期比例，对成熟籽粒的直链淀粉含量影响不显著，但籽粒总淀粉和支链淀粉含量则随施氮量的增加呈下降趋势，这与施氮量增加造成灌浆前期和中期籽粒可溶性淀粉合成酶活性降低，影响籽粒中支链淀粉的合成和积累有关。这是粒重随施氮量增加反而降低的生理原因之一。但适当增加施氮量能提高籽粒支链淀粉所占的比例，降低了直/支比值，有利于改善淀粉的特性。综合考虑氮肥对小麦籽粒蛋白质和淀粉的影响，对不同用途的小麦品种其氮肥的运用应有相应的改变，对于要提高籽粒蛋白质含量和湿面筋含量，并具有较强的面筋强度的面包和面条用小麦，施氮量应适当增加，追氮时期应适当后移；对于要降低籽粒蛋白质含量和湿面筋含量，面筋强度弱并且籽粒总淀粉和支链淀粉含量高的饼干、糕点用小麦，施氮量应适当减少，追氮时期应适当向前、中期前移。

研究证明，小麦籽粒产量与籽粒蛋白质含量之间总的趋势呈负相关，但这种关系在一定产量范围内是可以协调的，使灌浆期内籽粒干物质和蛋白质含量达到同步的增长。一般施氮量增加，蛋白质含量增加，但施氮量不同，对籽粒蛋白质含量、籽粒产量和蛋白质产量及其间的关系有不同的影响。当施氮量较少时，随施氮量增加，籽粒产量明显地增加，但由于氮素供应不足，蛋白质含量未能提高反而轻微下降。在此较少施氮量范围内，小麦产量与籽粒蛋白质含量之间呈负相关。此后，施氮量继续增加，产量逐渐提高，籽粒蛋白质含量和蛋白质产量也逐渐地增加，直到籽粒产量达到最高，在此施肥量范围内，小麦产量与籽粒蛋白质含量及蛋白质产量之间的趋势呈正相关，也就是说小麦籽粒产量与籽粒蛋白质含量、蛋白质产量同步协调增加。因此，籽粒产量达到最高时的施氮量也是生产上最佳的施氮量。此后，再增加施氮量，籽粒产量开始下降，但籽粒蛋白质含量仍继续增加，反映两者乘积的蛋白质产量也稍有增加，直至达到最大值。在此施肥量范围，籽粒产量与籽粒蛋白质含量开始呈负相关趋势。过此范围之后，继续增加施氮量，籽粒产量明显下降，蛋白质产量也随之下降，但籽粒蛋白质含量仍在增加，此时，小麦籽粒产量、蛋白质产量与籽粒蛋白质含量均呈负相关。一般增加施氮量，在提高籽粒蛋白质含量的同时，也提高了面筋含量和改善了蛋白质各组分的比例，面包的烘烤品质也得到改善。因此，明确不同施氮量对增加籽粒产量和改善品质的效应，对指导合理施肥，实现高产、优质和高效栽培有重要的实践意义。

二、磷、钾和硫等元素与小麦产量和品质的关系

除氮肥对小麦籽粒产量和籽粒蛋白质含量及其品质有重要的影响外，磷、钾和硫也有重要的影响作用。一般认为在施氮充足的条件下，施用磷、钾肥有利于改善小麦品质。研究表明，土壤有效磷含量不足 10mg/kg 时，施用磷肥能显著增加产量，改善小麦品质，尤其是对小麦的加工品质影响作用更大。维持土壤有效磷含量为 22～30mg/kg 对保证小麦高产和优质是必要的。在施磷量为 0～150kg/hm² 的范围内，随施磷量的增加，在增加籽粒产量的同时，籽粒蛋白质、湿面筋和赖氨酸含量，以及容重、出粉率及面筋强度也提高，同时改善了小麦的营养品质和加工品质。当施磷量超过 150kg/hm² 时，进一步增加施磷量，虽能提高籽粒产量，但籽粒蛋白质含量减少，并降低籽粒醇溶蛋白和谷蛋白的含量，对加工品质产生不利的影响。

近年来，由于长期在小麦生产上重视氮肥施用而忽视钾肥的原因，黄淮冬麦区和北部冬麦区部分麦田出现缺钾现象，对小麦生长发育和限制产量的影响进一步加大。研究表明，供钾充足促进了小麦植株对氮、磷、钾的吸收和氨基酸的合成与积累；促进开花后对氮的吸收，增强光合作用，增加各器官的干物质积累量；促进开花后营养器官储存的光合产物向生殖器官的再分配和开花后对氮、磷的吸收，并以较高的比例转运到籽粒中，加大淀粉积累速率，提高粒重和产量。适量增施钾肥可以提高氨基酸向籽粒运输的速率和氨基酸转化为蛋白质的速率，从而提高蛋白质含量及其组分中醇溶蛋白和谷蛋白的含量，改善小麦的加工品质。但过量施钾，虽仍能提高粒重和产量，但籽粒品质趋于降低。另外，小麦生育中期需钾量较多，因此钾肥作基肥一次性施用，与小麦需钾规律不吻合，肥料利用率低，增加产量和改善品质的效果不佳。应将部分钾肥在拔节期前后作追肥施用。

硫是蛋氨酸、胱氨酸和半胱氨酸的组分，且是蛋白质的醇溶蛋白和谷蛋白分子间及分子内二硫键，以及高、低高分子量谷蛋白亚基内、外二硫键的构成所不可缺少的，二硫键对维持面筋的功能有着决定性的作用。在一定范围内，施用硫肥能增加小麦各生育期植株的氮素含量，增大开花后营养器官中氮素向籽粒的转移量和转移率，提高了氮素利用率及籽粒产量，增加籽粒蛋白质含量和面筋含量，提高醇溶蛋白和谷蛋白含量及谷蛋白含量/醇溶蛋白含量的比值，有利于谷蛋白大聚合体的积累，改善小麦的加工品质。但过量施用硫肥，籽粒产量和籽粒蛋白质含量不再显著地增加，虽对醇溶蛋白积累稍有促进作用，但对谷蛋白积累不利，品质无显著改善。研究表明，在一定条件下，硫对产量增加的效果和蛋白质的调控效应取决于氮素的供应水平，籽粒中氮和硫的比例是影响籽粒蛋白质品质的重要因素。适量施氮促进氮和硫的吸收与积累，提高了籽粒中氮和硫素的含量，获得适宜的氮/硫比值，增加籽粒蛋白质含量，提高籽粒谷蛋白所占比例，烘烤品质得到改善，并提高了籽粒产量；但过量施氮肥，并未显著增加植株及籽粒氮素的积累量，却抑制了硫素向籽粒中转移，导致籽粒中硫素积累量和含量降低，氮/硫比值显著升高，籽粒谷蛋白含量下降，谷蛋白大聚合体的积累也受影响，烘烤品质变劣，籽粒产量亦降低。

有研究指出，土壤有效硫的临界值为 0～12mg/kg，土壤有效硫含量低于 21.1mg/kg 就会限制小麦产量潜力的发挥。缺硫时籽粒蛋白质含量低、出粉率低、面筋弹性差、筋力

弱，延展性不足，面包烘烤品质差。在有机质含量低的沙质土壤、酸性土壤和淋溶较严重的土壤容易出现缺硫现象，施硫肥的效果好。

三、降水量和土壤水分与小麦产量和品质的关系

水分是小麦生长发育、产量与品质形成最重要的影响因素之一，尤其是抽穗至成熟期间，降水、灌溉和土壤水分状况对小麦品质有显著影响。一般认为，降水量或土壤含水量与小麦蛋白质的含量呈负相关。我国小麦品种的籽粒蛋白质含量从北向南有随降水量和相对湿度递增呈逐渐减少的趋势，而且品种的制粉品质及面包和面条的加工品质，总的趋势也因降水量的差异由北向南逐渐变差。降水量影响小麦品质的关键时期，主要在籽粒形成期和灌浆阶段，此时过多的降水会导致籽粒蛋白质含量下降及降低面筋的强度和弹性，这可能是我国南方麦区适于生产蛋白质含量低、筋力差的弱筋小麦的原因。但如遇连阴雨天气往往不利于籽粒干物质的积累导致粒重下降，籽粒蛋白质含量反而上升，同样不利于弱筋小麦籽粒品质的形成。

一般增加灌溉量可改善土壤的水分状况，能显著提高花前营养器官干物质的积累及其由营养器官向籽粒的转移，以及花后干物质的积累，增加了籽粒产量，促进淀粉的合成与积累，降低了籽粒蛋白质含量；同时土壤有效氮的淋溶和反硝化作用也影响蛋白质的形成，结果使蛋白质积累相对减少。灌溉对小麦品质的影响与灌水时期及次数有关，一般随灌水量增大、灌水次数增多和浇水时间的推迟，籽粒蛋白质和赖氨酸的含量降低，限制了储藏蛋白和谷蛋白大聚合体的积累，降低了谷蛋白/醇溶蛋白的比值。降低面筋的强度和弹性，烘烤品质变差。但有研究指出，降水量少、土壤水分不足的年份，灌溉可提高籽粒产量、蛋白质含量和赖氨酸含量，而降水量多、土壤水分充足的年份，灌溉过多则降低蛋白质含量。

水分逆境包括干旱和湿害（渍水）对小麦籽粒产量与蛋白质含量的形成和积累有重要的影响。土壤干旱或土壤水分不足时，降低了开花前和开花后干物质的积累及其向籽粒的转运，不利于获得较高的蛋白质产量和籽粒产量。土壤适度干旱增加了小麦籽粒中蛋白质含量和面筋含量，提高谷蛋白含量和谷蛋白/醇溶蛋白的比值，面筋的强度和弹性及烘烤品质有所改善。土壤干旱虽使灌浆中期可溶性淀粉合成酶和淀粉粒结合态淀粉合成酶活性下降减慢，尤其是可溶性淀粉合成酶活性下降得更慢，但后期可溶性淀粉合成酶和淀粉粒结合态淀粉合成酶活性还是比土壤水分适宜时低，结果最终的籽粒总淀粉含量和直链淀粉含量降低，但支链淀粉含量上升，因而降低了淀粉的直/支比值，对面条的加工品质有利。因此，适度减少灌溉定额和限制后期的灌水次数，不浇麦黄水，有利于改善小麦的加工品质。土壤水分严重亏缺时，严重影响小麦籽粒中蛋白质含量及醇溶蛋白和谷蛋白的积累，谷蛋白/醇溶蛋白的比值下降，不利于形成较多谷蛋白大聚合体，从而面筋含量减少和面筋强度变弱，烘烤品质不良。土壤水分严重亏缺也显著降低灌浆中后期可溶性淀粉合成酶和淀粉粒结合态淀粉合成酶的活性，显著影响总淀粉、支链淀粉和直链淀粉的积累，虽淀粉的直/支比值稍为降低，但淀粉品质和特性总体水平变差。所以，土壤水分严重亏缺造成籽粒产量和品质同时下降。当水分过多、发生湿害（渍水）时，减少了开花前和开花后干物质的积累及其向籽粒的转运，粒重和籽粒产量下降，小麦籽粒中蛋白质含量、谷蛋白含量及谷蛋白/醇溶蛋白的比

值显著降低，也使总淀粉和直链淀粉的积累减少，虽支链淀粉含量增加，淀粉的直/支比值下降，但淀粉品质和特性总体水平变差。因此，湿害同样致使籽粒产量和品质同时下降。

　　研究表明，水肥措施间存在互作效应。在施肥量一定的情况下，降水后土壤水分充足，产量显著提高，籽粒中淀粉含量增加，大量的碳水化合物稀释了籽粒中有限的氮素，籽粒中蛋白质含量减少，这种稀释效应在土壤供氮不足时尤为明显，增加施肥量可使这种稀释效应得以缓解。土壤水分不足，籽粒产量下降，因为淀粉的合成与积累在干旱缺水时受阻较大，而蛋白质的合成与积累受影响较小，因此籽粒中蛋白质含量则相对增加，产量与籽粒中蛋白质含量间呈负相关，在供氮充足的条件下，这种倾向更明显。相反，在旱区进行灌溉，籽粒产量明显提高，籽粒中蛋白质含量相对可能下降，产量与籽粒中蛋白质含量间亦呈负相关，在供氮不足的条件下，这种倾向更明显。在旱区若能把灌溉与增施氮肥相结合，则产量和蛋白质含量有可能同时增长。

四、温度与小麦产量和品质的关系

　　温度变化，尤其是自开花至成熟的温度变化对小麦品质影响最大。开花至成熟，在15～32℃范围内，随温度升高，籽粒干物质积累速率降低，灌浆持续期缩短，干物质积累减少，粒重降低，但籽粒中氮素浓度提高，籽粒蛋白质含量相对增加。有研究认为，高温对籽粒碳水化合物积累和淀粉合成的影响大于对籽粒蛋白质含量的影响。所以，温度主要是通过致使籽粒产量降低而影响籽粒蛋白质含量的。高温提高了籽粒蛋白质含量，灌浆前期高温使籽粒中的谷蛋白含量显著升高，而醇溶蛋白含量未发生显著的变化，导致谷蛋白/醇溶蛋白比值提高，谷蛋白大聚合体含量也显著升高，形成强度较高的面筋，改善了烘烤品质。但在灌浆中后期随温度升高籽粒中的清蛋白、球蛋白和醇溶蛋白含量均显著增加，籽粒中的赖氨酸含量增加，有利于提高营养品质。但谷蛋白含量降低，使谷蛋白/醇溶蛋白比值和谷蛋白大聚合体含量随温度升高而下降，烘烤品质下降。所以，灌浆前期高温能使烘烤品质改善，灌浆中后期温度升高对提高营养品质有利。多数研究表明，灌浆期高温显著降低籽粒总淀粉含量和支链淀粉含量，直链淀粉含量则随温度升高有所增加，因而提高了淀粉的直/支比值。腺苷二磷酸葡萄糖焦磷酸化酶、可溶性淀粉合成酶、淀粉粒结合态淀粉合成酶活性变化与籽粒淀粉积累量的变化趋势基本一致，随温度升高而降低，但淀粉粒结合态淀粉合成酶的活性与其他淀粉合成相关酶的活性相比，受高温影响的程度较小。因此，灌浆期高温使籽粒淀粉的积累量降低，主要是高温抑制了籽粒灌浆中后期的淀粉合成，并与腺苷二磷酸葡萄糖焦磷酸化酶、可溶性淀粉合成酶、淀粉粒结合态淀粉合成酶等淀粉合成相关酶活性下降密切相关。温度对加工品质的影响主要表现在灌浆期随温度的升高，多项加工指标均有所提高。一是面团强度随温度升高而增强，面包烘烤品质得到改良，但温度高于32℃、发生高温胁迫时，粒重降低，籽粒产量受到严重的影响。二是在灌浆前期受高温胁迫时籽粒蛋白质含量提高，在灌浆中后期受高温胁迫，则显著下降。三是籽粒中的谷蛋白含量在灌浆前期受高温胁迫时显著升高，而醇溶蛋白含量未发生显著的变化，导致谷蛋白/醇溶蛋白比值提高，谷蛋白大聚合体含量也显著升高，烘烤品质可能更好些。但在灌浆中后期受高温胁迫，籽粒中的谷蛋白含量和谷蛋白大聚合体含量显著减少，醇溶蛋白含量显著升高，使谷蛋白/醇溶蛋白

比值降低，面团强度和面包体积明显降低和减少。

我国黄淮冬麦区在小麦灌浆期经常发生"干热风"天气，它是温度、水分和风力的综合反应，当最高气温高出 30℃、最小相对湿度较低、风速较大三者同时出现时易发生"干热风"。发生干热风时，高温、干旱和高蒸腾强度导致植株水分入不敷出，茎叶萎蔫，根吸收能力下降，叶绿素遭破坏，叶片青枯，光合作用强度明显下降，碳水化合物积累减少，灌浆速度减慢，灌浆持续期缩短，粒重降低，籽粒产量急剧下降；湿面筋含量下降，清蛋白、球蛋白和醇溶蛋白含量减少，但谷蛋白含量相对增加。在长江中下游麦区小麦生育的中后期雨水偏多，尤其是灌浆期，湿害往往伴随 30℃以上的高温，蒸腾强度剧增，导致植株水分入不敷出而提早枯熟，形成高温逼熟，既减缓了籽粒灌浆速率，也缩短了籽粒的灌浆持续期，粒重降低，籽粒产量下降。

五、光照与小麦产量和品质的关系

光照强度在不同生育时期对籽粒蛋白质含量具有不同的效应，在营养阶段强光照可增加籽粒蛋白质含量，但在灌浆期光照强度与籽粒蛋白质含量呈负相关。在弱光条件下，光合强度降低，光合产物形成少，籽粒中碳水化合物积累少，粒重和产量显著降低，但由于籽粒中氮积累受光照不足的影响较小，致使籽粒蛋白质含量相对增加。所以，弱光增加籽粒蛋白质含量的作用往往是伴随籽粒产量降低。弱光条件下面筋含量增加，醇溶蛋白和谷蛋白含量均升高，但谷蛋白升高的幅度大于醇溶蛋白，导致谷蛋白/醇溶蛋白的比值增大，致使谷蛋白大聚合体含量也随之提高，有利于面筋强度和烘烤品质的改善。在灌浆期，光照强度与籽粒淀粉含量呈正相关，光照越强，籽粒淀粉含量越高。因为光照主要影响光合作用，所以光照升高，光合强度变大，光合产量提高，加大了碳水化合物的积累，籽粒淀粉含量增加，淀粉品质和特性也得到一定程度的改善。不同生育时期，日照时数对籽粒蛋白质含量具有不同的影响，在营养生长阶段，长日照时数有利于籽粒蛋白质含量的提高，但在开花至成熟期籽粒蛋白质含量则随日照时数的减少而增加。

纬度和海拔对小麦品质的影响主要是通过温度和光照对籽粒品质产生作用。

总之，小麦品质的优劣不是单一环境因素影响的结果，而是水分、温度和光照等多个环境因子综合作用的结果。一般认为，干燥、少雨及光照充足的气候条件有利于小麦蛋白质和面筋含量的提高。因此，强筋小麦品种适于种植在光热资源充足，晴天多、降水较少，土壤肥沃的地区；而弱筋小麦品种适于种植在降水较多的地区，在这种气候条件下，有利于弱筋品质的形成。

六、土壤质地、类型和养分等与小麦产量和品质的关系

土壤类型、质地和土壤肥力对小麦籽粒蛋白质含量和品质的影响与水分、温度和光照等因素一样起重要作用。研究表明，随土壤质地由沙变黏，小麦籽粒蛋白质含量提高，如果质地进一步变黏，籽粒蛋白质含量又有所下降。在进行强筋小麦生产时，应选择质地适宜的壤土或稍偏黏的壤土为好。

　　随土壤有效氮含量提高，籽粒蛋白质含量增加。土壤有效氮含量较低时，籽粒蛋白质含量提高幅度较大，当有效氮含量超过一定范围时，其效应变小。土壤有效磷、速效钾含量与籽粒蛋白质含量均呈二次曲线关系。一定范围内，随着土壤有效磷和速效钾含量增加，籽粒蛋白质含量升高；随着土壤有效磷和速效钾含量进一步提高，籽粒蛋白质含量随之下降。随土壤有效氮含量提高，面粉湿面筋含量增加，但土壤有效磷、土壤速效钾与面粉湿面筋含量均呈二次曲线关系，在土壤有效磷、速效钾含量较低时，随着土壤有效磷含量、速效钾含量的提高，面粉湿面筋含量稍有上升；当土壤有效磷、速效钾含量进一步提高时，面粉湿面筋含量下降，说明适量的土壤有效磷、速效钾含量对面筋形成有促进作用，过多、过少都不利于面筋含量的提高。土壤有机质含量在一定范围内，随着其含量的增加，小麦籽粒蛋白质含量和面粉湿面筋含量均呈逐渐增加的趋势。与烘烤品质有关的多数品质性状与土壤肥力指标的关系较一致，在一定范围内，它们随着土壤有机质含量和含氮量的增加而提高。

　　上面有关小麦籽粒蛋白质、淀粉的形成和积累及其与小麦产量和品质的关系，氮素和施氮量及施用时期、磷和钾及硫等元素与小麦产量和品质的关系，环境条件如降水量、土壤水分、温度、光照以及土壤质地、类型和养分等与小麦产量和品质的关系，都因地区和品种的不同而有所差别，特别是因品种的品质类型和用途的不同差别更大。

第十章 小麦栽培技术

第一节 小麦栽培的基本原则

小麦栽培是在认识小麦生长发育和产量形成规律及其与生态环境条件相互关系的基础上，合理确定适宜的耕作制度和种植方式，并采取相应的综合配套技术措施，协调小麦与环境、群体与个体、地上与地下、营养生长与生殖生长的关系，最大限度地发挥品种的遗传潜力和光、热、水、土等环境因素的有利作用，克服其不利影响，实现小麦的"高产、优质、高效、生态、安全"生产。

一、强化农田基本建设，创造良好环境条件

环境条件对小麦生长发育和产量形成均有较大的影响。因此，发展小麦生产应针对本地区自然资源和生产条件，进行农田基本建设，不断改良土壤，培肥地力，为小麦正常生长发育创造良好的环境条件。

（一）改良土壤，培肥地力

当气候条件能基本满足小麦生长发育需求时，水、肥、土条件与小麦的产量关系密切。小麦对土壤的适应能力较强，耕层深厚、质地良好、土壤肥沃、养分充足的土壤有利于小麦的高产稳产。一般认为，适宜小麦生长的土壤条件为土壤容重 $1.2g/cm^3$ 左右，空隙度 $50\%\sim55\%$，有机质含量在 1.0% 以上，pH $6.8\sim7.0$，氮、磷、钾等营养元素丰富且有效供肥能力强，通气性和保水性好。而对于广大的中低产麦田，土壤结构不良、肥力不足、水分亏缺或多余、抗逆能力差等是影响小麦产量进一步提高的主要限制因素。因此，不论是高产麦田，还是中低产麦田，都应在合理耕作的基础上，按照养分归还理论的要求，采取秸秆还田，增施有机肥，适量施用无机肥，科学配施大量、中量、微量元素等措施，改善土壤的营养结构和营养水平，不断培肥地力，为实现小麦高产稳产奠定良好的肥力基础。

（二）深耕深翻，平整土地

高产麦田应具有熟土层深厚、土壤肥沃、结构良好、质地适宜等特点。因此，应采取深耕深翻，平整土地，不断加厚活土层，使得麦田土壤疏松绵软、通气保温、保水保肥、耐旱耐涝、肥力稳定，不断提高土壤微生物活性，促进养分分解，确保麦田耕层越耕越厚，土壤越种越肥。小麦播种前耕翻平整土地，可起到破除板结、匀墒保墒等作用，能有效防止水土流失，并有利于小麦生育期间中耕、肥水管理、收获等田间作业，是保证播种质量，实现苗全、苗齐、苗匀、苗壮的重要措施。

（三）扩大灌溉面积，健全排涝设施

我国北方地区自然降水量较少，不能满足小麦生长发育对水分的需要，对小麦产量影响很大。因此，必须充分挖掘现有灌溉设施和水资源潜力，努力扩大灌溉面积，建立完善的灌溉和排水设施，打造高标准农田，做到旱能浇、涝能排，并大力推广节水灌溉，克服制约小麦产量的障碍因素，为小麦正常生长发育创造良好的环境条件，确保小麦持续高产稳产。在无水浇条件的旱地麦田，要积极推广旱作高产栽培技术，着力提高自然降水的利用效率。南方雨多湿害重的地区和北方低洼易涝地区，要注意做好排水防渍的农田基本建设，切实开好腰沟、围沟、厢沟，确保沟沟相通、排水顺畅。

二、选用优良品种，良种良法配套

小麦优良品种是在一定生态条件下，经过人工选择和自然选择培育而成的。每一个小麦品种都有各自适宜的生态环境，因而具有一定的适应性，只有环境条件能充分满足或适合其生态生理和遗传特性的需求时，才能充分发挥优良品种的遗传特性和生产潜力。因此，在小麦栽培实践中，应选用最适合当地种植的小麦品种，并配之以适宜的栽培管理措施，真正做到良种良法配套，才能实现小麦高产优质高效生产。

三、建立合理群体，充分利用光能

试验证明，小麦生物量的90%～95%来自光合作用。因此，小麦产量的高低，在很大程度上取决于植株对太阳光能的利用情况。麦田管理采取的各项技术措施，实质上也是直接或间接地创造有利于小麦光合作用的条件，使其能积累更多的光合产物，从而增加产量。但在小麦生育期间，往往由于种种原因，造成光能损失而导致减产。如冬小麦拔节之前行间的漏光损失，越冬期间温度低于0℃造成的光能损失，生育中后期群体内的遮阴及反射损失，成熟前衰老器官的吸光损失，以及植株中下部因光照不足对光合作用的影响等，都是影响小麦光合作用和产量形成的重要因素。因此，要根据品种的特征特性和产量构成特点，采取合理的栽培管理措施培育壮苗，构建合理的群体结构，力促个体发育健壮、根系发达、株型结构合理，从而经济有效地利用光能和地力，使源、流、库协调发展，生物产量和经济产量同步提高，争取穗足、粒多、粒饱，达到高产、优质、高效的目的。

四、优化综合技术，高产优质高效

小麦高产优质高效的栽培技术，是一个由若干单项技术优化集成组装而成的综合配套栽培技术体系，其中任何一个单项技术在综合技术体系中的配合状况，都直接或间接影响到综合技术体系的实施效果，而且有些单项技术可同时满足多重目标的需要，在综合技术体系中起到主导和关键的作用。因此，要使小麦高产优质高效生产，就必须针对当地主导品种的特征特性和产量构成特点，将耕作整地、种子与土壤处理、测土配方施肥、播期播量科学，以及中耕、化控、追肥、浇水、病虫草害防控等单项技术优化集成，制订出小麦高产优质高效的综合配套栽培技术体系，并在具体实施过程中，根据小麦苗情、土壤墒情和天气条件变化，做出适当调整，确保各项技术措施及时、准确落实到位，使小麦的生长发育和群体结构按照预定的指标发展，以实现高产优质高效的生产目标。

五、保护生态环境，保证食品安全

（一）建立生产基地，确保产地环境安全

小麦的安全生产与产地环境密切相关。产地环境污染主要指大气、水体和土壤污染三个方面。小麦安全生产基地的选择应综合考虑本地区自然生态条件、社会经济发展规划等方面的因素，选择生态条件良好，土壤耕层深厚、地势平坦、排灌方便、肥力较高，没有对产地环境构成威胁的污染源的生产区域。同时，小麦的安全生产区域应要尽量避开工业园区和交通要道，以防止工业"三废"、农业废弃物、城市垃圾和生活污水等对小麦产地的污染。

（二）增施有机肥，适量施用化肥

由于化学肥料的肥效快，施用方便，增产效果显著，不少地方化肥投入过量，超过了小麦正常生长和食品安全的需要量，致使土体、水体污染严重，硝态氮含量增加，水体富营养化，对农田生态环境和小麦产品质量安全造成了严重威胁。因此，要保证小麦的安全生产，必须做到增施有机肥，适量施用化肥，通过测土配方合理施肥，做到有机肥料与无机肥料相结合、大量元素与微量元素相结合、基肥与追肥相结合，提高肥料利用效率。同时要求所施用肥料中污染物在土壤中的积累不致危害小麦的正常生长发育，不会对土壤有益微生物产生明显不利影响，不会对地表水和地下水产生污染，所生产的小麦产品中污染物的残留量不超标。具体施肥量应根据目标产量所需养分吸收量、土壤养分供给量、肥料有效养分含量、肥料利用率等施肥参数确定。

（三）推广生物农药，防止化学农药污染

农药是小麦安全生产必需的生产资料，也是对生态环境与生物有害的有毒化学品。小麦安全生产使用农药的关键是，针对麦田病虫草害的发生种类、发生时期及发生危害程度，积极推广应用高效、低毒、环境友好的生物农药和生物综合防治技术，选择适宜的高

效、低毒、低残留农药，并按照国家和行业标准，合理掌握农药的使用时期、使用方法、使用次数、间隔时间等技术指标，以尽量减少或避免化学农药对生态环境和小麦产品带来的污染。

（四）严禁污水灌溉麦田，避免施用城市垃圾肥料

小麦是灌溉用水较多的作物，造成麦田水体污染的来源主要有城市生活污水和工业污水等，这些污水中含有重金属等无机有毒物和苯酚等有机有毒物，还含有病毒、病菌、寄生虫等，极易造成麦田生态环境和产品污染。因此，要严格禁止使用污水灌溉麦田。要确保小麦的安全生产，还必须坚持做到不施用城市生活垃圾肥料。对于已经产生污染的麦田，应采用生物或化学修复的方法逐步进行修复。

第二节 选用良种

一、小麦良种的重要性

小麦产量的提高，是通过品种的遗传改良、生产条件改善和栽培技术改进共同作用的结果，其中，品种的遗传改良起了主导作用。表 10-1 为新中国成立后河南省 10 次品种更新换代与单产变化的情况，在小麦增产的诸多因素中，除了生产条件改善、栽培技术水平提高外，小麦品种的更新换代发挥了重要的增产作用。选用分蘖成穗率高、单株生产力高、抗倒伏、株型较紧凑、光合能力强、落黄好，以及抗病、抗逆能力强，品质优良的良种，是实现小麦高产优质高效生产的重要基础。

二、小麦良种选用的原则

小麦良种是在原有亲本遗传特性的基础上，于一定生态环境和栽培条件下选育而成，因而具有一定的适应性。只有当栽培环境条件和栽培措施能充分满足或适合品种的生态生理和遗传特性需求时，才能充分发挥其优良的遗传特性和增产潜力。小麦良种选用应掌握的一般原则如下。

（一）根据本地区生态条件选用良种

小麦在我国分布范围很广，各地的气候条件、土壤类型、耕作制度等生态因素差异也很大，即使在同一个大的生态类型麦区或同一个省份，也往往由于光、温、水、土等生态因素的差异，可以划分为若干个相对较小的生态类型区，不同生态类型区适宜种植的品种类型也有一定差异。因此，各地在选用小麦良种时，先要根据当地的生态条件，特别是温度条件，因地制宜选用冬性、半冬性或春性品种。如果品种类型选择不当，如在黄淮冬麦区北部种植春性品种，常常出现因冬前发育过快、提前拔节遭受冻害而造成减产的现象。

表 10 - 1   河南省小麦品种更换与单产变化

更换次第	时间	历经年数	主导品种	平均单产（kg/hm²）	比上阶段增产（%）
0	1949	—	农家品种	654.0	—
1	1950—1953	4	平原 50、蚰子麦、辉县红、葫芦头、徐州 438、开封 124	667.5	3.5
2	1954—1962	9	碧蚂 1 号、白玉皮、西农 6028、南大 2419、碧蚂 4 号	786.0	17.8
3	1963—1972	10	阿夫、阿勃、北京 8 号、丰产 3 号、内乡 5 号、内乡 36	1 086.0	38.2
4	1973—1980	8	7023、郑州 761、郑引 1 号、矮丰 3 号、小偃 4 号	2 068.5	90.5
5	1981—1988	8	百农 3217、宛 7107、豫麦 7 号、豫麦 2 号、陕农 7859	3 277.5	58.4
6	1989—1992	4	豫麦 13、豫麦 10 号、冀麦 5418、西安 8 号、豫麦 17	3 502.5	6.9
7	1993—1996	4	豫麦 21、豫麦 18、豫麦 25、豫麦 41、豫麦 29 等	3 882.0	10.8
8	1997—2002	6	豫麦 49、豫麦 18、豫麦 54、豫麦 70、豫麦 34 等	4 506.8	18.6
9	2003—2010	8	郑麦 9023、百农矮抗 58、豫麦 49-198、周麦 16、新麦 18、周麦 18、郑麦 366、众麦 1 号等	5 484.4	21.7
10	2011—2017	8	百农矮抗 58、周麦 22、郑麦 366、西农 979、郑麦 7698、周麦 27、百农 207	7 860.0	43.3
11	2018—		百农 207、百农 4199、中麦 895、郑麦 379	8 100.0	3.1

资料来源：第 1～9 次品种更新换代依据河南省种子管理站等编著《河南种业 50 年》；第 9～11 次更新换代品种依据河南省种子管理站小麦品种推广面积年度统计报告。

（二）根据本地区生产水平选用良种

要充分发挥小麦良种的增产潜力，就必须根据当地的生产条件和产量水平，因地制宜合理选用良种。如在中低产水平下选用高产品种，往往由于地力水平跟不上，难以发挥良种的增产潜力而不能实现高产。同样，高产麦区应选用丰产潜力大的耐肥、抗倒品种，若选用种植中低产品种，则当地的资源优势难以得到充分发挥，也不能实现高产。因此，旱薄地因产量水平低，水资源短缺，应选用抗旱耐瘠稳产品种；而旱肥地则应选用增产潜力较大的抗旱耐肥节水品种。

（三）根据不同耕作制度选用良种

我国小麦耕作制度多样，各地在选用小麦良种时，应根据当地的耕作制度和作物茬口合理选用良种。如麦棉两熟套作区，不但要求小麦品种具有适宜晚播、早熟的特性，以缩短麦棉共生期，同时要求小麦品种具有植株矮、株型紧凑、边行优势强等特性，以充分利用光能，保证两熟作物都能获得高产。

（四）根据当地逆境灾害特点选用良种

生产实践证明，逆境灾害是造成小麦减产和影响产量稳定的最主要因素之一，不同小麦品种对各种逆境灾害的抗御能力有明显差异。因此，各地在选用小麦良种时，要根据当地的主要逆境灾害特点，选用高产优质、且抗逆能力强、适应性广、稳产性好的小麦良种。如干热风发生重的地区，应选用适当早熟、抗早衰、抗青干的品种，以避开或减轻干热风的危害；在干旱或无水浇条件的半干旱地区，应选用抗（耐）旱性好的节水稳产型品种；南方冬麦区多雨，湿涝（渍）害严重，日照不足，赤霉病发生重，应选用耐湿性强、抗（耐）赤霉病及种子休眠期长、抗穗发芽能力强的品种。小麦病虫害的发生情况比较复杂，往往一个地区会有多种病虫害发生，这些地区在选用小麦良种时，既要注意对当地主要病虫害具有高度抗性，同时也应对其他次要病虫害及自然灾害具有较高的抗（耐）性。

（五）根据市场需求选用良种

我国北方人民以小麦为主食，食品种类繁多，对相应面粉原料的质量要求各不相同，特别是随着人民生活水平的提高和膳食结构的改变，人们对小麦质量提出了优质化、多样化的市场需求，各地在发展小麦生产时，要根据强筋、弱筋小麦的适宜种植区域，因地制宜选用既高产又优质的小麦良种。

三、良种良法配套

要实现小麦的"高产、优质、高效、生态、安全"生产，除因地制宜选用适宜的良种外，还要采用与品种遗传特性、生产环境条件和目标产量相适应的配套栽培技术措施。根据各地小麦高产栽培经验，要实现小麦良种良法配套，必须抓好以下几个方面：一是依据当地的气候、土壤、地力、种植制度、产量水平和病虫害发生情况等，因地制宜选用最适宜当地的品种，并依据品种的温光反应特性，合理确定适宜的播种期。二是根据品种的分蘖成穗特性和实现高产的最佳产量结构，合理确定适宜的播种量，建立高质量的群体起点，构建合理的群体结构。三是根据所选品种生长发育特点和实现高产优质高效的需肥规律和需水特性，合理确定肥水等田间管理措施。四是根据当地病虫草害发生规律和发生危害程度，选用对路农药，及时进行综合防控。五是搞好品种布局，做到主导品种突出，搭配品种合理。

第三节　小麦规范化播种技术

小麦在我国分布范围广泛，而且各地的气候条件、土壤类型、耕作制度和产量水平差异较大，因此各地小麦规范化播种技术内容也各有不同。如黄淮冬麦区和北部冬麦区小麦规范化播种技术包括耕作整地（深松、耕翻或旋耕，耕后耙地镇压，或前茬作物秸秆粉碎还田后耕翻）浇水造墒、药剂拌种或种衣剂包衣，努力做到适期、适墒、适量播种；长江中下游冬麦区和西南冬麦区稻茬麦规范化播种技术包括水稻收获前7～10d放水，收获后挖好三沟、排水降渍，药剂拌种或种衣剂包衣，适期适量播种、提高播种质量等。

一、耕作整地

耕作整地是小麦播前的主要技术环节，也是良种和其他栽培措施发挥增产作用的基础。其目的使麦田达到耕层深厚，土壤中水、肥、气、热状况协调，土壤松紧适度，保水、保肥能力强，地面平整，符合小麦播种的要求，为全苗、壮苗及植株良好生长创造条件。麦田耕作整地一般包括耕翻、耙耱镇压和播前整地三个环节。

（一）耕翻

麦田耕翻不仅可翻转耕层，掩埋有机肥料、作物残茬、杂草和病虫有机体等，还可疏松耕层，松散土壤，降低土壤容重，增加空隙度，改善通透性，促进好气性微生物活动和土壤养分释放，同时还能增强土壤渗水、蓄水、保肥、供肥能力和提高土壤肥力。但麦田耕翻也不宜过深，以防止将较多的生土翻到地表和使土壤大空隙过多。麦田的耕翻深度应根据土壤质地、土层厚度和雨水等条件而定。据研究，小麦根系有 60% 左右分布在 0～20cm 土层，90% 分布在 0～40cm 土层。因此，麦田耕翻深度一般以 20～25cm 为宜。

麦田适当深耕，可使耕层厚而疏松，土壤透气性增强，有利于储水蓄墒和养分矿化，对小麦生长发育十分有利。近年来随着旋耕和秸秆还田面积的逐年扩大，以及一些地方连年用小拖拉机耕地，致使在耕作层 15cm 之下形成了一层质地紧密而坚硬的犁底层，严重影响了小麦根系下扎和对深层水分与养分的吸收，并阻碍了降水和灌溉水的下渗，这类麦田极易发生根倒伏和干旱、早衰而造成减产。因此，连续旋耕 2～3 年的麦田，应深耕或深松 1 年，以破除犁底层。以传统铧式犁耕翻一次的效果一般可维持 2～3 年，但由于其工序复杂，耗费能源较大，在干旱年份还会因土壤失墒严重而影响播种质量和小麦产量。因此，对于播种前的土壤耕作可采取 2～3 年深耕或深松一次，其他年份采用"少免耕"，包括旋耕或浅耕等。

（二）耙耱、镇压

麦田耕翻后及时耙耱可破碎土垡，疏松表土，平整地面，使耕层土壤上松下实，减少水分蒸发，起到抗旱保墒的效果。因此，凡是机耕或旋耕后的麦田都应根据土壤墒情及时耙地。近年来，黄淮冬麦区和北部冬麦区旋耕面积较大，旋耕后的麦田表层土壤疏松，如果不进行耙耱、镇压就播种，往往会因播种过深而形成深播弱苗，严重影响小麦分蘖的发生，造成穗数不足。同时，这类麦田还会因透风跑墒使播种后表层土壤很快失墒，影响次生根的发生和下扎，造成冬季黄苗死苗现象发生。镇压有踏实土壤、压碎土块、平整地面的作用，当耕层土壤过于疏松时，镇压可使耕层紧密，提高耕层土壤水分含量，使种子与土壤紧密接触，有利于根系及时发生与伸长、下扎。

（三）播前整地

播前整地具有平整地表、破除板结、匀墒保墒、深施肥料和有利于小麦生育期间中耕、灌水等田间作业管理等作用，是确保小麦播种质量，实现苗全、苗匀、苗齐、苗壮的重要基础。播前整地一般结合耙地、耱地、镇压、作畦等同时进行。北方冬小麦水浇地复种指数较高，前茬作物收获后在农时紧张情况下要在较短时间内完成深耕、施肥、播前整地三个作业环节，就必须在前茬作物收获后立即撒施肥料、灭茬深耕，耕后及时耙耱整地、作畦，以保证浇水均匀，不冲不淤，并做好田间畦埂，畦宽一般以 2～3m 为宜，畦埂宽一般不超过 40cm。山西、陕西、甘肃旱地冬小麦多为一年一熟的耕作制，小麦收获后正值雨季来临，应立即进行深耕耙地，接纳降水，然后浅耕耙耱保墒。

各类麦田耕作整地都要做到"深、透、碎、细、实、平、足"，即深耕深翻加深耕层，耕透耙透不漏耕漏耙，土壤细碎无明暗坷垃，无架空暗垡，地面平整，上虚下实，底墒充足，为小麦播种和出苗创造良好的土壤环境。采用旋耕播种和玉米秸秆还田的麦田，更要注意增加耙耱次数，以踏实土壤，提高整地质量。同时，在麦田耕作整地时，还要正确掌握宜耕、宜耙等作业时机，以减少耕作费用和降低能源消耗，做到合理耕作，保证作业质量。

二、施肥技术

(一) 施肥量

麦田科学施肥的基本原理是，根据预定目标产量所需养分量与土壤养分供应量的差额来确定施肥量，以达到养分收支平衡的目的。当前确定小麦适宜施肥量的方法一般采用测土配方平衡施肥法，即根据小麦的目标产量、需肥规律、土壤供肥性能与肥料效应，在合理施用有机肥的基础上，提出氮、磷、钾肥和中、微量元素的适当用量和比例。麦田施肥量通常采用以下公式计算：

$$施肥量(kg/hm^2) = \frac{计划产量所需养分量(kg/hm^2) - 土壤当季供给养分量(kg/hm^2)}{肥料养分含量(\%) \times 肥料利用率(\%)}$$

式中，计划产量所需养分量可根据每生产 100kg 籽粒所需养分量来确定；土壤供肥状况一般以不施肥麦田产出小麦的养分量测知土壤提供的养分数量。在田间条件下，氮肥的当季利用率一般为 30%～50%；磷肥为 10%～20%，高者可达 25%～30%；钾肥多为 40%～70%；有机肥的利用率因肥料种类和腐熟程度不同而有较大差异，一般为 20%～25%。

在不同地力水平条件下，小麦的产量水平越低，施肥的增产效果越显著，随着产量水平的提高，施肥的增产效果逐渐降低。我国西北麦区麦田严重缺磷，普遍缺氮，钾相对充足；黄淮冬麦区高产麦田缺钾，部分麦田缺磷。因此，只有根据小麦的需肥量和吸肥特性、当地土壤养分的供给水平、实现目标产量的需肥量、所使用肥料的有效含量及肥料利用率等，因地制宜实行配方施肥，才能实现小麦的需肥与供肥平衡，获得高产优质高效。

根据北方冬小麦高产种植的经验，在土壤肥力较好的情况下（秸秆全量还田，0～20cm 土层土壤有机质含量 1%，全氮含量 0.08%，水解氮 80mg/kg，有效磷 20mg/kg，速效钾 80mg/kg），产量为每公顷 7 500kg 的小麦，大约每公顷需施优质有机肥 45 000kg，纯氮（N）210～225kg，磷（P_2O_5）105～150kg，钾（K_2O）105～150kg。其中，有机肥、磷肥、钾肥、50% 的氮肥作底肥，另 50% 的氮肥于起身期或拔节期追施。

（二）施肥时期

施肥时期应根据小麦的需肥动态和肥效时期来确定。一般冬小麦生长期较长，播种前一次性施肥的麦田极易出现前期生长过旺而后期脱肥的现象。因此，除施用适量的底肥外，还要在小麦生育期间适时适量进行追肥，特别是北部冬麦区和黄淮冬麦区生态条件适合、有强筋、中筋小麦种植的地区，氮肥的施用要采取基施与追施相结合的方式，即实施底追肥数量各 50％、春季追氮时期后移和适量施氮相结合的"氮肥后移"技术体系，以满足小麦全生育期对养分的需要，改善强筋和中筋小麦品质，并提高肥料利用效率。

（三）施肥方法

肥料运筹既要依据小麦正常生长发育和产量、品质形成对各种营养元素的需求，又要考虑小麦不同生育时期的需肥规律和不同类型土壤的供肥特点，并根据产量目标所确定的各种肥料，在适宜时期、按适宜比例，并采取适宜的施肥方法合理施用，以最大限度地发挥肥料的增产效果，达到既高产优质，又节本高效、保护生态环境的目的。

1. 基肥 实践证明，施足基肥是实现小麦高产、优质、高效的重要措施。施用基肥的作用，一方面是满足小麦生育前期对养分的供应需求，促进分蘖和根系早发快长，培育壮苗，为植株健壮生长、构建合理群体结构和实现高产优质奠定基础；另一方面是基肥中施入的有机肥和氮、磷、钾等配方肥，可为小麦全生育期源源不断地提供养分。特别是基肥中施入的有机肥，养分全、分解缓慢、肥效长而稳定，具有改善土壤结构、促进微生物活动的作用，使土壤养分持续释放，供小麦各生育阶段的需要。小麦高产栽培实践证明，基肥最好施用缓效性肥料，且施用的肥料种类应比较全面，做到有机无机并重，以有机肥为主，并根据测土化验分析结果施用配方肥。高产麦田一般应将有机肥与磷、钾肥混合全部底施，氮肥 50％左右作基施，剩余 50％左右于小麦起身期或拔节期追施，即采用"氮肥后移"的施肥方式；旱地小麦应适当增加基肥施用比例。近年来，随着秸秆还田面积增大，有机肥施用量减少，一些地方用速效化肥作基肥的现象比较普遍。用速效化肥作基肥应注意深施，以增加肥效。

2. 种肥 在小麦播种时，与种子同时播入麦田的肥料称为种肥。施用种肥的目的主要是为了满足小麦苗期生长的需肥要求，对促进冬前分蘖和次生根生长，培育冬前壮苗有较好的效果。施用种肥一定要注意选择肥料种类和掌握适宜的用量，并做到种、肥隔离。种肥的施用量一般为每公顷尿素 75.0kg 或磷酸二铵 75.0kg。

3. 追肥 在测土配方、施足基肥的基础上，依据小麦苗情变化和不同生育时期对养分需求特点，实施看苗追肥，以及时满足小麦生长发育对养分的需求，促进相应器官正常生长，构建合理的群体结构，防止小麦生育后期脱肥早衰，使"穗、粒、重"三个产量构成因素协调发展，最终实现丰产优质高效。麦田追肥的具体方法参见有关章节。

4. 叶面喷肥 大量实践证明，在小麦孕穗至籽粒灌浆的前中期叶面喷肥，可以有效补充小麦生育后期对养分的需求，具有延长叶片功能期和保持根系活力，促进花后光合产物转运积累，防御干热风危害，延缓植株衰老，增加粒重的作用。一般可用 1％～2％的尿素溶液（即每公顷用 7.5～15kg 尿素兑水 750kg），或 0.2％～0.3％的磷酸二氢钾溶液（即每公顷用 1.50～2.25kg 磷酸二氢钾兑水 750kg）进行叶面均匀喷洒。也可结合防治小麦病虫害进行叶面喷肥，但应注意随配随用。

三、灌溉技术

（一）畦灌

畦灌法是在平整土地基础上，修筑土埂，将麦田分隔成若干个长方形或方形小畦，在麦田需要灌溉时把水放入畦中，水流在畦面形成薄水层，并沿畦长方向边流边渗的灌水方法。采用畦灌的麦田要求畦面平整，并根据水源、土壤性质、地面坡度等确定适宜的畦田长度、宽度和畦埂高度。畦田长度取决于地面坡度、土壤透水性及入畦流量。当地面坡度小、土壤透水性强、土地不够平整、入畦流量小（如井灌）时，畦田长度宜短些；反之，畦田宜长些。一般渠灌区的畦长以 30～70m 为宜，畦宽以 2～4m 为宜；井灌区的畦长以 40 左右为宜。畦子比降为 0.2％～0.3％。

（二）沟灌

沟灌通常用于小麦与其他作物间、套种植以及稻麦两熟地区。采用沟灌遇旱既能浇水，遇涝又可利用沟来排水。南方稻麦两熟区的沟灌是利用厢沟或垄沟进行引水沟灌，将水引入沟内借土壤毛细管作用向沟的两侧浸润，从而达到灌溉的效果。与麦田畦灌相比，沟灌不仅节水，而且可减轻表层土壤板结。采用沟灌的麦田必须在每块田的四周开挖输水沟，且灌水沟与输水沟的方向垂直，输水沟稍深于灌水沟，以便于排水。灌水深度以保持在沟深的 2/3 或 3/4 为宜。

（三）间歇灌溉

间歇灌溉又称波涌灌溉、涌流灌溉，它是在对传统沟灌、畦灌技术进行改进的基础上，采用大流量、快速推进、间断地向畦内放水的一种新型地面灌水技术。间歇灌溉是把连续供水时间划分为几个供水周期，把灌溉水流分段地由畦首快速推进到畦尾。采用该技术由于沿水流前进方向上土壤受水时间差异减少和灌水的深层渗漏损失降低，从而提高农田灌溉效率及灌水均匀度，达到节水的目的。

间歇灌溉的技术要点：一是掌握好放水与停水周期（一次放水和一次停水的过程叫作一个周期）。一般畦长 200m 以上时，以 3～4 个周期为宜；畦长 200m 以下时，以 2～3 个周期为宜；停水时间与放水时间之比一般以 1∶1 或 2∶1 较为合适。二是掌握好放水时间。波涌灌溉的放水时间应掌握在连续灌水时间的 65％～90％。三是掌握好放水流量，以不冲刷土壤为原则。

（四）"小白龙"灌溉

"小白龙"灌溉是用一种高压聚乙烯吹塑而成、具有一定弹力的薄膜软管进行输水的灌溉方式，也是目前黄淮冬麦区较普遍采用的一种麦田灌溉技术。其优点：一是由于"小白龙"管内输送的是压力水流，流速快。二是可避免蒸发渗漏，节约用水。三是灵活方

便，适应性强。"小白龙"可爬坡、越沟、拐弯和穿越池埂，且不设固定水口，不必修建田间渠道，灌溉 $1hm^2$ 麦田，一般只需 100m 软管投入。采用"小白龙"灌溉的技术要点：一是掌握适宜的水压。"小白龙"的输水能力除取决于断面尺寸外，还与通过管内水压大小有关。通常"小白龙"充水度在 $80\% \sim 90\%$ 时，是其正常工作状态。二是要根据井的出水量选用合适的折径。如果水井出水量为 $170m^3/h$，可选 500mm 折径；出水量为 $80m^3/h$，可选 350mm 折径的"小白龙"。三是在使用"小白龙"浇灌麦田时，一般应先远后近，先高后低。

（五）喷灌

喷灌是利用水泵产生的压力，将水通过压力管道输送到田间，经喷头喷射到空中，形成细小的水滴，再均匀地洒落到地面，对小麦进行灌溉的一种灌水方法。目前，生产上应用的管道式喷灌系统可分为固定式、半固定式和移动式三种；机组式喷灌系统可分为绞盘式、时针式、平移式等。麦田喷灌一是节水；二是省工省地；三是适用于各种土壤和地形，且通过调整水滴大小和喷灌强度，不会破坏土壤团粒结构；四是可调节田间小气候，增加近地表层的空气湿度，降低气温，预防干热风对小麦的危害，并能冲洗小麦茎叶上尘土，有利于光合作用，提高产量。注意问题，一是喷灌强度应小于土壤的入渗强度，以免产生地面积水或产生地面径流，造成土地板结或表土冲刷，造成水土流失；二是喷灌到田间的水量分布要均匀，使整个灌区都能获得足够的水分；三是喷灌的水滴对小麦叶面或土壤表面的冲击伤害要小或没有，以免造成农作物受伤或因倒伏而造成减产损失。

四、排涝防渍技术

南方麦区因小麦播种前后及其生育期间，常因连续降雨或因土壤质地极易发生涝渍灾害。小麦的涝渍灾害按季节可分为秋涝、春涝和初夏涝。涝渍指标一般以降雨量来表示。如秋涝的指标为月降水量 $\geqslant 150mm$，或连续两个月降水量 $\geqslant 300mm$，或 $9 \sim 11$ 月雨日 $\geqslant 30d$。

麦田涝渍形成的根本原因是雨水过多造成土壤水分过多，产生"三水"，即地面水、潜层水和地下水的危害。特别是潜层水的危害更重，是导致渍害的直接原因。防治麦田渍害的中心任务是降低耕作层土壤含水量，增强土壤透气性，避免因根系长期缺氧而造成伤害。降低地下水、减少潜层水、促使土壤水气协调是麦田排涝防渍的有效措施。

（一）搞好田间排水工程

1. 开挖"三沟"排水　在小麦整地播种阶段，要起好"三沟"，即厢沟、腰沟和围沟，并做到深沟高厢，"三沟"相连，沟渠相通，以利于排除"三水"。按照因地制宜和厢沟浅、围沟深的原则，一般"三沟"的宽度为 40cm，厢沟、腰沟和围沟的深度分别为30cm、35cm 和 40cm。地下水位高的麦田和降水量多的地区可适当增加"三沟"的深度和宽度。厢沟的开挖数量及厢面的宽度以有利于排涝和节约用地为原则来确定。低洼易涝区和山区冲田的厢宽以 4m 为宜，平畈稻田以 5m 为宜，河湾地和丘陵岗地以 $7 \sim 8m$ 为宜。麦田"三沟"应在播种前挖好，小麦播种后及时清沟，并做到"三沟"配套，以利雨后排水降湿，尤其要做到沟沟相通，确保既能及时排除地面积水，又能迅速降低地下水位，以保持适宜的土壤含水量，减少渍害损失。洪涝发生时，要迅速疏通水道，及时排尽余水。采用机械开挖"三沟"具有速度快、功效高、质量好的特点。

2. 鼠道排水　20 世纪 60 年代江苏省常熟市采用手扶拖拉机为动力，牵引鼠道犁，在麦田 60～70cm 深处打成 6cm×9cm 的椭圆形土洞，洞口用砖或石头砌好以防堵塞，暗沟间距为 5m 左右。采用机械打"鼠道"排水省工省时，一次打洞一般可使用 3～5 年，排水效果较好。

3. 明暗沟结合排水　由暗沟（深 50cm 左右）、明沟（深 17cm 左右）、围沟（深 100cm 左右）和排降沟（深 100cm 左右）组成，其优点是：明沟排出地面水，暗沟和围沟排出耕层滞水，降低地下水。

（二）改进耕作栽培技术

如采用水、旱作物分开连片种植；实行水、旱合理轮作；适度加深耕层，增施有机肥；选用耐渍稳产小麦品种；改稻茬麦撒播为机械条、穴播等。这些耕作技术的改进，都具有明显的防渍效果。

（三）采用农艺措施

如雨后或麦田灌溉后及时中耕划锄，破除土壤板结，切断土壤毛细管，阻止地下水向上渗透，改善土壤通气条件，促进土壤风化和微生物活动，以调节土壤墒情，促进小麦根系发育，对防御麦田渍害有明显作用。

五、小麦播种技术

根据当地气候特点、土壤条件、种植茬口和小麦品种特性，适时适量高质量播种，可使个体生长健壮、群体结构合理、抗逆能力增强，是小麦丰产高效的基础。

（一）种子的精选与处理

1. 精选种子　选用发芽率高、发芽势强、无病虫、无杂质、籽粒大而饱满、整齐均匀的种子作为播种材料，可以保证种子发芽营养充足、发芽率高、发芽势强，出苗快而整齐，根系发育良好，分蘖早而粗壮，有利于培育壮苗，是增产的重要内在因素。因此，小麦播种前应通过机械筛选分级，选用粒大饱满、均匀一致、无杂质的种子进行播种。

2. 播前晒种　播前晒种可促进种子的呼吸作用，提高种皮的透气性，促进种子的生理成熟过程，有利于种子内部形成可溶性物质和排放二氧化碳，降低种子内发芽抑制物质和含水量等，并有一定的杀菌作用，进而提高种子的生活力和发芽势，使种子播种后吸水迅速，出苗快而整齐。特别是对于成熟度较差或储藏期间吸湿返潮的种子，晒种的效果更好。一般经过精选的种子，在播种前晒种 2～3d 即可。

3. 发芽试验 为实现苗全、苗匀、苗足、苗壮，在确定播种量之前应做好种子的发芽试验，以准确掌握种子的发芽率和发芽势，为选用质量合格的种子和确定适宜的播种量提供依据。种子的发芽率是指在适宜条件下，于规定天数内（6～7d）全部发芽种子数占供试种子数的百分率；种子的发芽势是指在适宜条件下，3d内发芽的种子数占供试种子数的百分率。生产上一般要求发芽率在85%以上的种子才能作为播种材料使用。

4. 种子处理 播种包衣种子或播前药剂拌种，能有效防治地下害虫、杀灭有害病菌，促使麦苗早发快长，发根增蘖，对实现苗全、苗匀、苗壮有显著效果。近年来我国冬小麦主产区纹枯病、根腐病、全蚀病、胞囊线虫病等根部和茎基部病害及地下害虫呈逐年加重趋势，影响小麦产量。因此，各地在小麦播种前，应针对当地苗期常发病虫害进行药剂拌种，或选用含有营养元素、药剂、植物生长调节剂等种衣剂包衣。播前药剂拌种应采用低毒高效安全的农药，适量拌种后堆闷，待种子充分吸收药液后再进行播种。

（二）播种量的确定

确定合理的播种量，以适宜的基本苗数作为高质量群体起点，是构建合理群体与产量结构，处理好群体与个体矛盾，协调小麦生长发育与环境条件关系的重要环节。生产上通常采用"以地定产、以产定穗、以穗定苗、以苗定籽"的方法来确定小麦的适宜播种量，即根据土壤肥力高低确定产量水平，根据计划产量和品种的单穗粒重确定单位面积合理的穗数，再根据单位面积穗数和单株成穗数确定基本苗数，最后根据基本苗数和所选用品种的千粒重、发芽率、田间出苗率等确定播种量。其计算公式为：

$$每公顷播种量(kg) = \frac{每公顷计划基本苗数(万) \times 种子千粒重(g)}{1\,000 \times 1\,000 \times 种子发芽率(\%) \times 田间出苗率(\%)}$$

小麦适宜播种量的确定与所选用品种特性、播期早晚、地力水平、整地质量、播种方式及栽培技术体系等有密切关系。确定小麦适宜的播种量应掌握的原则：一是品种的分蘖特性。一般冬性强、营养生长期长、分蘖能力强、分蘖成穗率高的品种，可适当减少播种量；而春性强、营养生长期短、分蘖力弱和成穗率低的品种，可适当增加播种量。二是播种期早晚。在同一生态类型区域内，播种较早的地块可适当减少播种量，播期推迟的地块可适当增加播种量。三是地力水平。水肥条件好、管理水平高、底墒充足的高产麦田，小麦的分蘖特性可以得到充分发挥，单株的成穗数也高，播种量可适当降低，否则，会因基本苗数过多，群体过大，个体与群体之间矛盾激化，导致减产；而土壤瘠薄、施肥不足的麦田，基本苗数可适当增加。四是整地质量与播种方式。稻茬小麦与旱茬麦、撒播麦与条播麦、条播麦与穴播麦相比较，前者的播种密度要适当大些。一般北部冬麦区适时播种的麦田每公顷基本苗可控制在270万～375万；黄淮冬麦区北片可控制在225万～300万，南片可控制在225万～270万。若播期推迟可适当增加播种量，以确保单位面积有适宜的基本苗数。

（三）播种期的确定

1. 气候条件 确定冬小麦适宜播期的主要依据是冬前积温，即从小麦播种到出苗及出苗到冬前停止生长时的积温，该积温应能达到冬前壮苗标准要求。在适宜播种深度条件下，冬小麦从播种到出苗的积温一般为120℃左右，出苗至冬前每生长一片叶子平均需要75℃左右的积温，根据叶蘖同伸关系，即可计算出冬前不同苗龄与蘖数需要的总积温。如冬前要求单株长有5个分蘖，主茎叶片数应该为6，则需要570℃（120℃＋75℃×6）积温。据此，生产上可根据当地常年的气象资料，从小麦越冬停止生长日期往前推算出适宜的播种时期。生产实践经验证明，冬小麦如果播种过早，冬前积温高，麦苗容易旺长，不仅过多消耗地力，还常因提前拔节导致冻害而造成减产；播种过迟，出苗晚，冬前积温不足，分蘖与次生根少，麦苗长势弱，穗小粒少，且因成熟期推迟，易受不利气候影响，使粒重降低而造成减产。

2. 生产条件 高产麦田要求一定的成穗数、较多的穗粒数和较高的粒重，对适宜播期的要求更为严格，应安排在最佳播期内播种。同时要适墒播种，土壤墒情不足应提前浇好底墒水。旱地小麦土壤水分是主要影响因子，要抢时早播，到时不等墒，有墒不等时，争取主动，保证全苗。同一地区在适期播种范围内，一般应先播早茬地、旱薄地、阴坡地、盐碱地，后播灌溉地、肥沃地和阳坡地。

3. 品种特性 小麦幼穗分化的各时期随播种期的推迟而后延。播种早，幼穗分化早、时间延长，但会导致植株生长发育早，在越冬期招致冻害；过于晚播，小麦因生长锥伸长期推迟，穗分化总天数和全生育期缩短，导致小穗数、小花数和结实粒数减少。北方各麦区冬小麦的适宜播期为：冬性品种一般在日平均气温16～18℃，半冬性品种在14～16℃播种较为适宜。因此，在同一地区应用不同类型品种时，应先播冬性品种，再播半冬性品种，最后播种春性品种。

中国各个麦区的播种适期差别很大，北部冬麦区一般为10月上旬；黄淮冬麦区为10月上、中旬；长江中下游冬麦区和西南冬麦区为10月中旬到11月中旬；华南冬麦区为11月上旬到11月下旬；西南冬麦区10月下旬至11月上旬。

（四）播种方式与质量要求

1. 北方小麦机械条播 条播是我国小麦主产区最常用的播种方式之一，其优点是：能使种子在行内分布均匀，容易保证一定数量的基本苗和维持合理的群体结构，对光能和地力的利用比较充分，并容易做到下种深浅一致，出苗整齐，且播种速度快、效率高、质量好，有利于田间中耕、施肥等作业。机械条播根据播种行距的不同，又分为等行距条播和宽窄行条播两种。机械等行距条播一般适用于中低产麦田；高产麦田和套种秋作物的麦田多采用机械宽窄行条播。采用机械宽窄行条播的麦田，小麦生育期间的中耕、锄草、追肥等作业可在宽行内进行，且有利于改善行间通风透光条件，能有效提高光能利用率。机械条播的播种深度因土壤质地、墒情而异，土壤墒情好以3～5cm为宜，旱地和沙性较强的土壤可略深些，但不宜超过5cm。采用大型谷物播种机条播可一次完成播种、打埂、作畦等田间作业。机械条播作业的质量要求是播行端直，下种均匀，深浅一致，覆土良好，接行准确。

2. 稻茬麦少（免）耕播种 少（免）耕种麦是指小麦播种或在生育过程中适当减少或不进行土壤耕作的一种新的种麦技术。该技术具有省工、节本、适时、减少水土流失、抗御湿耕烂种及保墒抗旱、显著提高效益等突出优点，适用于长江中下游麦区稻麦两熟区大面积推广应用。目前采用的主要有少（免）耕机条播、稻田套播等模式。

（1）少（免）耕机条播　少（免）耕机条播是在水稻让茬后，于机播前施基肥，然后用少（免）耕条播机直接在稻茬上播种。该方法可在表层 0～10cm 土壤含水量 30% 以下的各种稻板茬上，一次性完成碎土、灭茬、开沟、播种、镇压五项作业，每公顷播量 240 万～270 万苗为宜。播种深浅和行距配置可以进行调整，水稻收获后秸秆覆盖于田表，并做好沟渠配套。缺点是播种期遇连阴雨天气，条播机不能下田作业会影响适期播种。

（2）稻田套播　稻田套播是在前茬水稻收获前 10d 左右套种。套种前 1～2d 稻田应先浇 "跑马水"，及时排干，保持土壤含水量为田间最大持水量的 90%，田间无渍水时套种。稻田套播的基本苗应比常规栽培增加 10%～20%。为提高播种效率和均匀度，推广用弥雾机套播。该播种方式的突出优点是方法简便，能保证适时播种，提高播种质量，改善土壤环境，增强抗旱耐涝能力，培育壮苗，增穗增粒。

第四节　小麦的冬前及冬季管理

一、小麦苗期的生育特点和管理技术

（一）小麦苗期的生育特点

冬小麦从出苗至越冬是叶片、分蘖和根系等营养器官生长为主的时期。此期小麦根系从土壤中吸收的养分主要输送给功能叶片，植株全氮含量是一生中最高的时期，尤以叶片最为明显。叶片的光合产物多用于生长新生叶片、分蘖和根系。随着气温由高变低，麦苗分蘖和叶片的生长由快转慢，当平均气温下降至 0℃ 以下时，地上部生长趋于停止，但根系仍在继续生长。

（二）小麦苗期的管理技术

小麦从出苗至越冬是叶片、分蘖和根系等营养器官生长为主的时期，也是决定穗数的重要时期，并要在获得早、齐、全、匀苗的基础上，促根长叶、促发分蘖、培育壮苗，保苗安全越冬和为春后稳健生长奠定基础。

1. 播后镇压　播后镇压可压碎坷垃，减少土壤蒸发，使种子与土壤密接，有利于种子吸水萌发，提高出苗率。大型机械化栽培尤其重要。

2. 化学除草　杂草危害严重的麦田在苗期及时喷施除草剂，进行土壤封杀或化学除草。

3. 抗旱　播时严重干旱，土壤水分含量低于田间最大持水量的 70% 时，应及时浇水或沟灌窨水，抗旱催苗，切忌大水漫灌。

4. 查苗补缺　麦苗出土后，及时查苗补缺，移密补稀，如发现缺苗断垄，或基本苗不足，应立即催芽补种，以保证苗全。

二、越冬前及冬季管理技术

（一）北方水浇地

1. 防除杂草 于 11 月上中旬，小麦 4～6 叶期，日平均气温在 10℃左右时及时防除麦田杂草。化学除草要在当地农业技术人员指导下选用农药品种和浓度，以及进行田间除草作业。

2. 防治地下害虫 每公顷用 50％辛硫磷或 48％毒死蜱乳油 3.75～4.5L，兑水 10 倍，喷拌 600～750kg 细土制成毒土，在根旁开浅沟撒入，随即覆土，或结合锄地施入药土。也可用 50％辛硫磷乳油或 48％毒死蜱乳油 1 000 倍液顺垄浇灌，防治蛴螬、金针虫等地下害虫。

3. 浇越冬水 于 11 月下旬，开始浇越冬水，日均温 3～4℃时进行，夜冻昼消时结束，每公顷灌水 600m³（每亩灌水 40m³）。浇过越冬水，墒情适宜时要及时中耕松土。

对造墒播种或越冬前苗期降水较多，墒情充足，土壤基础肥力较高，群体适宜或偏大的麦田，不浇冬水。

5. 冬季适时镇压 浇过越冬水的麦田，冬季常出现地表裂缝，采取适宜镇压十分重要。冬季镇压可以压碎坷垃，弥合土缝，防冻保苗，安全越冬。旺长麦田可以通过镇压，控制麦苗生长，蹲苗促壮。

6. 冬季冻害的补救措施 发生冬季冻害、主茎和大分蘖冻死的麦田，在小麦返青初期追肥浇水，每亩追施尿素 10kg，缺磷地块可将尿素和磷酸二铵混合施用。小麦拔节期，再结合浇拔节水施肥，每亩施尿素 10kg。

一般受冻麦田，仅叶片冻枯，没有死蘖现象，早春应及早划锄，提高地温，促进麦苗返青，在起身期追肥浇水，提高分蘖成穗率。

（二）南方稻茬麦

1. 施好壮蘖肥，促根壮蘖 小麦主茎总叶片数为 13 叶及以上的品种，在适量施用基肥基础上，提倡在主茎第 4～5 叶出生时（4～5 叶期）施用壮蘖肥，有利于促进早发分蘖的生长、提高单株成穗数，并可为生育中后期施用拔节孕穗肥创造条件。但施肥量不宜多，应控制在总施氮量的 10％～15％，防止促进过多的无效分蘖，甚至导致基部节间过长。主茎总叶片数为 11 叶及以下的麦田，如基肥及苗肥均不足，应在主茎 3～4 叶期施用壮蘖肥；但若已适量施用基苗肥，则不应再施用。在冬前及越冬期间施用泥、杂灰肥培土壅根，既对麦苗有保暖防冻的作用，还可培肥土壤。

2. 看墒冬灌 冬季出现干旱的地区，需要冬灌。在底墒不足或冬季干旱，耕作层土壤含水量低于田间最大持水量 60％时就要冬灌，注意瘦地弱苗早灌，肥地旺苗推迟灌。冬灌时间一般在夜冻日消、日均温 3～4℃时进行。

3. 排水降湿 小麦在各生育阶段均会发生湿害，由于各期生理机能不同，湿害反应在形态特征上的表现亦不同。苗期湿害使种子根伸展受抑制，次生根显著减少，苗瘦苗小、叶黄、分蘖少，甚至无分蘖，僵苗不发；返青一拔节期湿害导致根系发育不良，根量

少，植株矮小、茎秆细弱、分蘖减少，成穗率低；孕穗期湿害，小穗小花退化数增加，结实率降低，穗小粒少；灌浆成熟期湿害，根系早衰，叶片光合功能下降，根系从土壤中吸收的水分不足以补充水分缺亏，引起生理缺水，植株早枯，灌浆期缩短，籽粒发育不良，千粒重下降，严重减产。

稻茬麦田开沟要三沟配套：竖沟、腰沟、田头沟逐级加深，沟沟相通，主沟通河。高产麦田：一般要求竖沟深 25～30cm，腰沟深 35～40cm，田头沟深 45～50cm，沟宽 20cm，以利排水、增加耕作层透气性。

4. 镇压与中耕除草 冬季镇压可以压碎土块，压实畦面，弥合土缝，使麦根扎实，防冻保苗，控上促下，有利保水保肥保墒，促使麦苗生长健壮。冬季镇压还能控制地上部主茎生长，促进低位分蘖和根系发育。旺长麦田可以通过多次镇压，控制麦苗生长，蹲苗促壮。

中耕可有效防除农田杂草，同时兼有疏松土壤，减少地面蒸发，促进养分释放，提高地温，有利根系、分蘖生长等多重效果。小苗弱苗要浅锄，以免伤苗和埋苗。旺苗可适当深锄，损伤部分根系，控制无效分蘖。播后未进行化学除草的麦田，此期需进行化学除草。

5. 小麦冻害防御 小麦冻害在冬春季均可发生。未经低温锻炼的麦苗，生长柔嫩，体内积累糖分少，细胞液糖浓度低，易发生冻害。小麦冻害和致死原因主要有细胞结冰和因土壤冻融，发生抬苗或"凌截"死亡。合理选用品种、精细整地、增施有机肥、适期播种、合理肥水、培育壮苗等均可增强麦苗自身抗冻能力；低温来临前，土壤干旱要及时灌水，有防冻效果。冻害发生后，应及时查清冻害发生程度，追施速效化肥（如干旱应结合浇水），促进麦苗尽快恢复生长。

第五节　小麦的春季管理

一、小麦春季生育特点

开春以后，平均气温稳定上升到 3℃以上时，小麦开始返青生长。返青、拔节到孕穗阶段是小麦根、茎、叶生长最旺盛时期，穗的分化发育主要亦在这一时期完成，故此阶段是营养生长和生殖生长两旺的时期。拔节以前，仍以分蘖、节根、叶片等营养器官生长为主，幼穗虽已经过前期分化，但体积增长缓慢，植株体内仍以氮素代谢为主；拔节以后，无效分蘖相继死亡，幼穗进入小花分化时期，穗的体积迅速增长，生长中心转为茎秆和穗，是小麦一生中生长速度最快、生长量最大的时期。植株的氮素代谢趋向减弱，碳素代谢加强，并逐步转入以碳素代谢为主的时期。到孕穗期，小麦的有效穗数和可孕小花数已基本确定，此期干物质的积累约占一生总干物重的 50%。小麦返青拔节孕穗阶段是巩固有效分蘖，争取总穗数，培育壮秆大穗，并为增粒重打基础的阶段。

二、小麦春季管理技术

返青、拔节至孕穗是小麦根、茎、叶生长最旺盛的时期，穗的分化发育也要在这一时期完成。主攻目标是促控结合，协调群体与个体、营养生长与生殖生长的矛盾，培育壮秆，巩固有效分蘖成穗，争取总穗数，培育壮秆大穗，增加小花分化数，减少小穗和小花退化数，提高可孕花数，争取穗大、粒多、粒重壮秆不倒。

（一）北方水浇地

1. 中耕松土和早春镇压 小麦返青期及早进行中耕松土或进行早春镇压，可以保墒，提高地温，促苗早发。

2. 防除杂草 冬前没防除杂草或春季杂草较多的麦田，应于小麦返青期至起身期，日平均气温在 10℃左右时防除麦田杂草。

3. 化控防倒 旺长麦田或株高偏高的品种，应于起身期每公顷用壮丰安 450～600mL，兑水 450kg 喷雾，抑制小麦基部第 1 节间伸长，使节间短、粗、壮，提高抗倒伏能力。

4. 追肥浇水 群体较小的三类苗，或是土壤相对含水量低于 60%，应在返青期浇水；土壤相对含水量高于 60%，群体适宜或偏大的麦田不浇返青水。起身拔节水对小麦生长发育极为重要，高产条件下，分蘖成穗率低的大穗型品种或群体适宜，在起身期追肥浇水；群体较大、生长健壮的一类苗在拔节期（基部第 1 节间伸出地面 1.5～2cm）追肥浇水；分蘖成穗率高的中穗型品种或群体稍大的麦田，在拔节初期至中期追肥浇水。中产条件下，中穗型和大穗型品种均在起身期追肥浇水。浇水量每公顷 600m^3。氮肥追肥量应占全生育期施肥总量的 50%左右。

5. 防治病虫害 起身期至拔节期，注意防治小麦纹枯病，此后应注意防治白粉病、锈病，抽穗期防治赤霉病和吸浆虫，兼治蚜虫。

6. 早春低温冷害补救措施 小麦拔节期至抽穗期，出现倒春寒天气，地表温度降到0℃左右，会发生早春冻害。发生早春冻害的麦田，立即施速效氮肥和浇水，促进小麦早分蘖、小蘖赶大蘖，提高分蘖成穗率，减轻冻害损失。

（二）南方稻茬麦

1. 施好拔节肥，适量施用孕穗肥 拔节肥可以增强中后期功能叶的光合强度，积累较多的光合产物供幼穗发育，巩固分蘖成穗，提高小花分化强度，增强中位花的可孕性，提高结实粒数；孕穗肥可提高最后 3 片主要功能叶的光合强度和延长功能持续时间，使更多的光合产物向穗部运输，增加粒数和粒重。

拔节肥的施用应在群体叶色褪淡、分蘖数已经下降、叶龄余数 2.5 左右、第 1 节间已接近定长时施用。中筋小麦在适当施用拔节肥后，于叶龄余数 0.5～0.8 时施用孕穗肥，拔节肥和孕穗肥分别以占总施氮量的 30%～40%和 10%为宜。弱筋小麦不能施用孕穗肥并应控制拔节肥施用量，以不超过总施氮量的 15%为宜，并不迟于倒 3 叶施用。

2. 防治渍害　在南方麦区，春季雨水多，要做好清沟理墒工作，保证排水畅通，做到雨止田干、沟无积水。麦田外三沟亦应畅通，控制麦田地下水位在 1m 以下，以有效降低土壤含水量，为后期增粒、增重创造条件。对已经发生渍害的黄僵苗，拔节肥提前追施并应适当增加三元复合肥施用量，以促进苗情转化。春后如遇干旱应及时灌水。

3. 冻害的补救　早春春霜冻害时有发生，在 3 月中、下旬到 4 月上、中旬，如气温陡降到零下 3℃ 以下，持续 5~6h，已经拔节的麦苗就会遭受到春霜冻害或冷害，特别是幼穗发育到雌雄蕊分化期至孕穗期的麦田最易受冻。小麦冻害多因细胞结冰和细胞间隙结冰为主，常导致幼穗死亡。小麦春季发生冻害，要在低温过后 2~3d 调查幼穗受冻的程度，对茎蘖受冻死亡率超过 10% 以上的麦田要及时追施恢复肥，如受冻死亡率在 10%~30% 的麦田，可追施尿素 75kg/hm²；茎蘖受冻死亡率超过 30% 的麦田，需增施尿素 30kg/hm²，以争取受害较轻的分蘖和后发生的高节位分蘖成穗，减轻或挽回产量损失。

4. 倒伏及预防　预防倒伏的主要措施是选用耐肥、矮秆、抗倒的高产品种；合理确定基本苗数，提高整地、播种质量；根据苗情，合理运用肥水等促控措施，使个体健壮、群体结构合理；如发现旺长及早采用镇压、培土、深中耕等措施，达到控叶控蘖蹲节，也可在起身期喷施多效唑、烯效唑等预防倒伏。

5. 化除与病虫害防治　注意做好春季化学除草工作，及时防治白粉病、赤霉病、纹枯病、锈病和蚜虫、黏虫等病虫害。

第六节　小麦的后期管理与收获

一、小麦后期的生育特点

小麦抽穗以后，根、茎、叶的生长基本停止，进入以生殖生长为主的阶段。在这一阶段中，小麦经过抽穗、开花、受精、籽粒形成，直至灌浆成熟，最终形成产量。

小麦进入孕穗期以后，穗下节间伸长，将麦穗送出旗叶的叶鞘。当穗顶的第 1 个小穗露出旗叶叶鞘时称为抽穗，全田 50% 的茎蘖抽穗时称抽穗期。抽穗早、迟主要取决于气候条件，气温高抽穗早，气温低抽穗迟。还与品种及肥水管理等栽培条件有关。小麦一般在抽穗后 2~4d 开花，在高温、低湿条件下，可当天开花；温度低，天气阴湿，甚至延迟到 10~15d 以后。小麦开花主要集中在上午 9~11 时、下午 3~5 时，形成一天 2 次开花高峰。全田开花需 5~7d。籽粒重取决于籽粒形成的胚乳细胞数，但籽粒的充实度则取决于灌浆强度和灌浆期的长短。从籽粒形成后至成熟，根据籽粒体积变化、干物质积累、水分含量变化，可分为乳熟期、蜡熟期和完熟期三个时期。

二、小麦生育后期的管理技术

小麦抽穗后的主攻方向是养根、保叶、防止早衰和贪青，抗灾、防病虫，延长上部叶片的功能期，保持较高的光合速率，增粒增粒重，丰产丰收。

（一）北方水浇地

1. 开花期浇水　小麦开花期浇水，浇水量每公顷 600m³。不要浇麦黄水，以免降低小麦粒重和品质。

2. 防治病虫害　此期注意防治小麦条锈病、赤霉病、白粉病，兼治麦蚜、红蜘蛛和吸浆虫。

3. 叶面喷肥　灌浆期叶面喷施 0.2%～0.3%磷酸二氢钾或 1%～2%尿素，可延长小麦功能叶片光合高值持续期，提高小麦抗干热风的能力，防止早衰。

4. 一喷三防　在孕穗至灌浆期将杀虫剂、杀菌剂与磷酸二氢钾（或其他用于预防干热风的植物生长调节剂、微肥）混配，叶面喷施，一次施用可达到防虫、防病、防干热风的目的。一喷三防选用药剂和肥料每公顷用量为：15%三唑酮可湿性粉剂 1 200～1 500g、10%吡虫啉可湿性粉剂 150～225g、0.2%～0.3%磷酸二氢钾 1 500～2 250g，兑水 750kg，叶面喷施。

（二）南方稻茬麦

1. 排水降湿　南方麦区大部分地区小麦生育后期降水量大大超过小麦生理需水量，土壤水分饱和，根系受渍早衰，麦株生理缺水，造成高温逼熟，同时也加重了病害。因此，要加强疏通排水沟，做到沟底不积水，降低土壤湿度，防止受渍使根系早衰。

2. 防治病虫　小麦生育后期是黏虫、蚜虫、白粉病、锈病、赤霉病大量发生的时期，对千粒重和产量影响较大，要加强病虫预测预报，及时科学防控。在小麦抽穗期喷药防治赤霉病，7d 以后再防治 1 次。

3. 根外追肥　小麦抽穗开花至成熟期间仍需吸收一定的氮、磷营养，可于灌浆初期进行磷酸二氢钾、尿素单喷或混合喷施以延长后期叶片的功能，提高光合速率，促进籽粒灌浆增重，并提高籽粒蛋白质含量。喷施浓度磷酸二氢钾以 0.2%～0.3%、尿素以 1%～2%为宜，溶液用量为 750kg/hm² 左右。近年来生产上结合后期病虫防治喷施生长调节剂类产品也起到一定增加粒重的作用。

三、适时收获

小麦的收获适期与品种特性（落粒性、休眠期）、籽粒成熟度和天气条件等有密切关系。小麦粒重以蜡熟末期至完熟初期为最高，此时应采用联合收割机收获。

第十一章　我国不同小麦生态区单项小麦栽培技术

第一节　小麦叶龄指标促控法栽培原理与技术

　　小麦叶龄指标促控法是从小麦生长发育规律研究入手，剖析小麦植株各器官的建成及其相互间的关系，以及自然环境条件和栽培管理措施对小麦生长发育、形态特征、生理指标、物质生产和产量形成的影响；是以小麦器官同伸规律为基础，用叶龄余数作为鉴定穗分化和器官建成进程及运筹促控措施的外部形态指标，以不同叶龄施肥灌水的综合效应和三种株型模式为依据，以双马鞍型（W）和单马鞍型（V）两套促控方法为基本措施的规范化实用栽培技术。小麦叶龄促控法获 1985 年国家科技进步二等奖。

一、小麦器官建成的叶龄模式

　　小麦主茎出现的叶片数称为叶龄。叶龄指标可以用叶龄指数和叶龄余数来表示，叶龄指数是指主茎上已出叶片数占主茎总叶片数的百分率。叶龄余数是指主茎还没有出生的叶片数，用小麦全生育期主茎叶片总数减去主茎上已出现的叶片数（叶龄），其差数（指还未露尖的主茎叶片数）即为叶龄余数。叶龄出现的顺序和过程与整个植株生长发育进程和其他器官的建成，存在密切的对应或同伸关系。通过叶片数目、出叶速度、叶片大小可以反映植株生长发育的全面情况。小麦植株各器官的生长发育按照一定的相关规律有节奏地进行，叶龄与各种器官生长发育的关系，可以概括为如下规律。

（一）叶龄与器官的同伸规律

　　小麦的各个器官都是在一定节位上发生的，凡是在同一节位上长出的叶片、叶鞘、节间、分蘖和节根等属于同位异名器官（即各个器官的长出节位相同而名称不同）；而从下到上在不同节位上长出的同一种器官（如不同节位上长出的叶片或其他器官）则是同名异位器官。同位异名器官的生长规律是先长叶片，次长叶鞘，再长节间，然后才长分蘖和节根。同时伸长的器官为异位异名器官（出生节位不同，名称也不同的器官）。这种同时伸长的异位异名器官称为同伸器官。同伸器官之间的关系有一定的规律性，即同伸规律。在一定的叶龄期，如以 n 代表开始伸长的叶片（始伸叶片），与其同时伸长的器官是 $n-1$ 叶的叶鞘、$n-2$ 叶的叶鞘所着生节位的节间和 $n-3$ 叶的叶腋中出现的分蘖，以及该分蘖基部的节根（图 11-1）。根据这一规律判断，如果开始伸长的叶片为春 6 叶（B1）时，则春 5 叶（B2）的叶鞘（S2）、春 4 叶（B3）的叶鞘（S3）所着生的节间（N3）等与其同时伸长。小麦春生露尖叶与器官的同伸关系详见表 11-1。

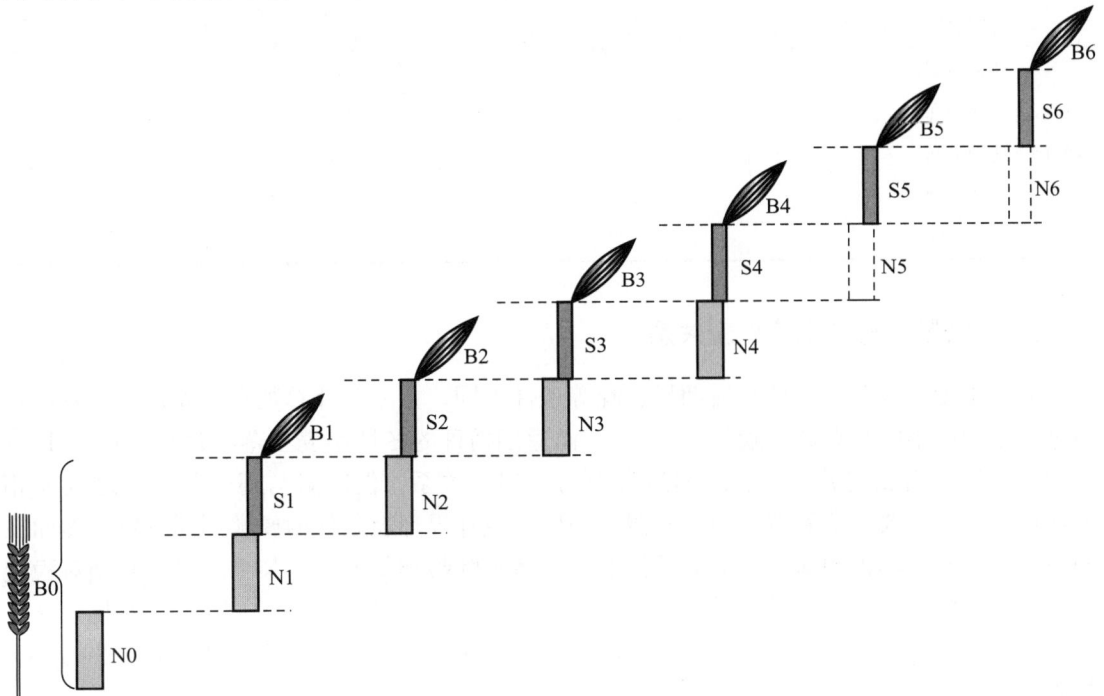

1. 同一横线内为同伸器官；2. B 代表叶片，S 代表叶鞘，N 代表节间；
3. B0 代表穗，B1 代表旗叶，S1 代表旗叶鞘，N0 代表穗下节，N1 代表旗叶鞘着生的节间，依次为 B2、S2、N2、…，等；4. B6 为春生第 1 叶（北京）；5. N5、N6 为未伸长节间

图 11-1 小麦各器官生长发育相关示意图

（中国农业科学院，1987）

表 11-1 春生露尖叶与器官同伸关系

（中国农业科学院，1987）

器官	生长状态	越冬心叶	春生 1 叶露尖	春生 2 叶露尖	春生 3 叶露尖	春生 4 叶露尖	春生 5 叶露尖	春生 6 叶（旗叶）露尖	春生 6 叶展开
叶位	待伸叶	3	4	5	6				
	始伸叶	2	3	4	5	6			
	速伸叶	1	2	3	4	5	6		
	显伸叶		1	2	3	4	5	6	
	定型叶			1	2	3	4	5	6

（续）

器官	生长状态	越冬心叶	春生1叶露尖	春生2叶露尖	春生3叶露尖	春生4叶露尖	春生5叶露尖	春生6叶(旗叶)露尖	春生6叶展开
鞘位	待伸鞘	2	3	4	5	6			
	始伸鞘	1	2	3	4	5	6		
	速伸鞘		1	2	3	4	5	6	
	显伸鞘			1	2	3	4	5	6
	定型鞘				1	2	3	4	5
节间位	待伸节间		1	2	3	4	5		
	始伸节间			1	2	3	4	5	
	速伸节间				1	2	3	4	
	显伸节间					1	2	3	
	定型节间						1	2	

（二）叶龄与穗分化的对应关系

由于小麦品种冬、春性和播期早、晚等条件不同，主茎叶片总数有较大差异。春性春播早熟品种主茎叶片总数一般为6～8片，而适期播种的冬性小麦主茎叶片总数可达12～14片。因此，叶龄与营养器官之间虽有密切的同伸关系，但叶龄与穗分化进程之间的相关性较复杂，主要是营养器官和生殖器官的生长对外界环境条件的要求不同所致。然而在同一地区、同一品种和播期相似的条件下，主茎某叶龄和穗分化的某个阶段却有相对稳定的对应关系。值得指出的是在不同生态条件下，叶龄在二棱末期以前，有一定变化，从二棱末期以后，则比较稳定（表11-2、图11-2），这就为采取管理措施提供了共性的理论基础。

表 11-2　叶龄指标与穗分化的对应关系

(中国农业科学院，1982)

叶龄指标	计算标准	叶龄或叶龄余数								
直观法	主茎不同叶位的叶龄	$n-6$	$n-5$	$n-4$	$n-3$	$n-2$	$n-1$	n	n 展开	抽穗
叶龄余数法	叶龄余数范围	6～5.8	5.8～5	4.8～4	3.8～3	3.5～2.8	2.2～1.5	1.5～0.8	0	抽穗
	平均	5.93	5.27	4.37	3.43	2.97	1.87	0.87	0	抽穗
倒数叶片推算法	不同倒数叶片的叶龄	倒7叶露尖前后	倒6叶露尖前后	倒5叶露尖前后	倒4叶露尖前后	倒3叶露尖前后	倒2叶露尖前后	倒1叶露尖前后	挑旗	抽穗
春生叶龄指标法	从春生1叶露尖算起	越冬心叶伸长	春生1叶露尖前后	春生2叶露尖前后	春生3叶露尖前后	春生4叶露尖前后	春生5叶露尖前后	春生6叶露尖前后	挑旗	抽穗
与叶龄相对应的穗分化阶段		伸长期	单棱期	二棱初期	二棱末至护颖分化	小花分化	雌雄蕊原基分化	药隔期	四分子期	花粉粒形成

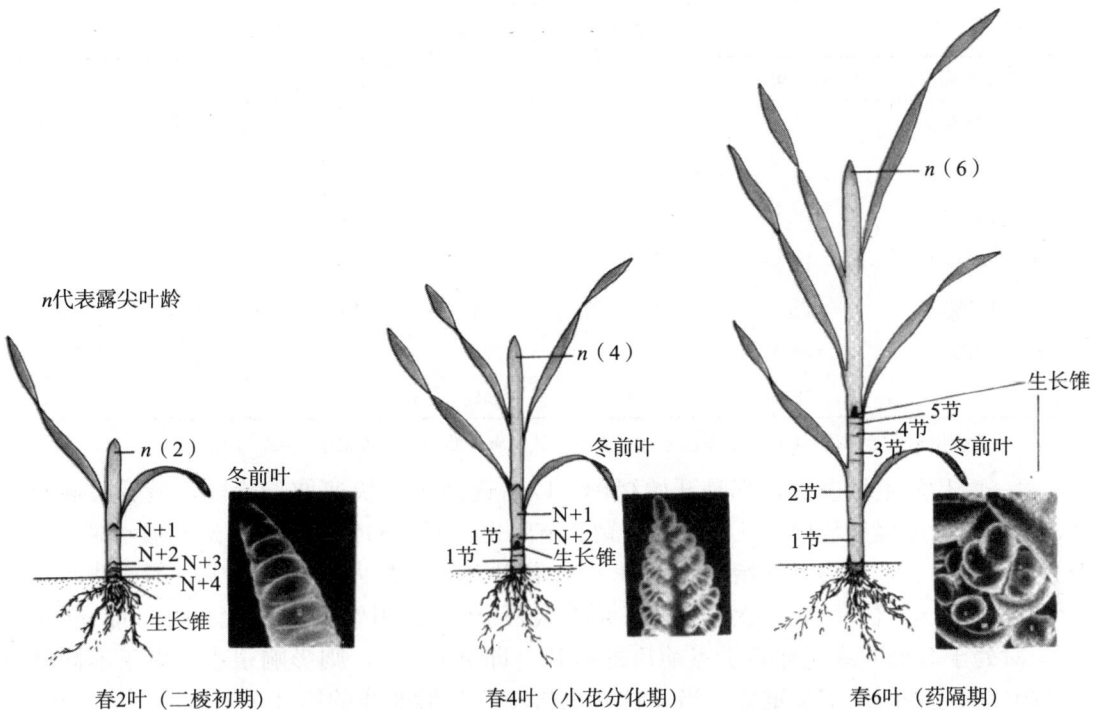

*n*代表露尖叶龄

春2叶（二棱初期）　　　　春4叶（小花分化期）　　　　春6叶（药隔期）

图 11-2　小麦不同叶龄器官生长发育解剖示意图
（中国农业科学院，1982）

二、小麦叶龄模式栽培的理论基础

（一）叶片不同生长进程的肥水效应

通过解剖观察，当植株的某一春生叶片从前一将展开或已展开的叶片基部伸出 1～2cm 时，称之为露尖叶片（用 n 代表）。此时该叶的长度已达到定型叶片长度的 60％～70％，接近伸长末期，故又称之为显伸叶；在露尖叶片（n）内还包裹着最多 5 片已分化的叶片，其中 $n+1$ 位叶正快速伸长，其长度约为该叶定型长度的 30％，故称之为速伸叶；$n+2$ 位叶也已开始伸长，其长度为 0.2～0.8cm，称为始伸叶；$n+3$ 及以后各位叶长均在 0.2cm 以下，称为待伸叶，尚未达到始伸标准。

春季不同叶龄追肥灌水，对始伸叶、待伸叶和速伸叶，都依次有不同程度的促进作用（表 11-3）。春生 1 叶露尖时追肥灌水，主要促进中下部叶片（2、3、4 叶）伸长；春 2 叶露尖时追肥灌水，主要促进中部叶片（春 3、春 4、春 5 叶）伸长；春 3 叶露尖时追肥灌水，主要促进中上部叶片（春 4、春 5、春 6 叶）伸长；春 4 叶露尖时追肥灌水，主要促进上部叶片（春 5 叶和旗叶）伸长；春 5 叶和旗叶露尖时追肥灌水，对春 5 叶和旗叶本身的影响很小。若以 n 代表追肥灌水时的露尖叶片，其肥水效应表现为各期追肥灌水后，均以 $n+2$ 位叶（始伸叶）的增长幅度最大；次为待伸叶 $n+3$ 和速伸叶 $n+1$；再次为显伸叶 n 本身；其他叶片一般增长幅度较小。

表 11 - 3　春季不同叶龄追肥灌水对各位叶的效应

（中国农业科学院，1981）

肥水时期	春1叶	春2叶	春3叶	春4叶	春5叶	旗叶
春生 1 叶露尖	13.3	20.3*	24.7*	22.9	18.6	14.0
春生 2 叶露尖	12.7	19.3	24.5	24.3*	19.6	14.0
春生 3 叶露尖	12.8	18.7	23.7	24.1	22.1*	16.0
春生 4 叶露尖	12.9	18.9	22.5	20.3	19.0	16.7*
春生 5 叶露尖	12.4	18.8	22.1	19.8	16.6	14.0
春生 6 叶露尖	12.5	18.6	22.3	20.0	16.3	13.1
CK	12.6	19.0	21.9	19.7	16.3	12.5

注：＊为受影响最大部位；CK 指挑旗前不追肥灌水，从挑旗开始与各处理灌水一致，下同。

　　每一叶片的生长进程，都是开始缓慢，以后逐渐进入快速伸长阶段，最后又逐渐转慢，整个伸长过程呈 S 形生长曲线。叶鞘和节间也有同样的伸长过程。追肥灌水时，对处于 S 形曲线第 1 个转折点的始伸叶（即 $n+2$ 位叶）影响最大，次为处于 S 形曲线起点的待伸叶（即 $n+3$ 位叶），再次为处于 S 形曲线两个转折点中间部位的速伸叶（即 $n+1$ 位叶），对处于 S 形曲线上部转折点前后的叶片（即 n 位叶），则影响很小。由于不同叶位叶片的生长过程既衔接又重叠，当 n 位叶生长转入 S 形曲线的第 2 个转折点时，$n+2$ 位叶的生长正转入 S 形曲线的第 1 个转折点，此期追肥灌水，对 n 位叶本身影响不大，但对 $n+2$ 位叶则影响最大。

　　除上述基本规律外，由于追肥灌水时期的生长阶段和当时的气候条件差异，其增长幅度也不一致。如春生 1、2、3、4 叶露尖时分别用肥水促进，受影响最大的位叶应为春生 3、4、5、6 叶，但各叶片的绝对增长幅度却有较大差异（表 11 - 4）。春生 3、4、5、6 叶的绝对增长量逐渐加大，与生长阶段和早春气温低、生长缓慢，后期气温升高、生长速度加快有关。

表 11 - 4　肥水时期与叶片增长幅度

（中国农业科学院，1981）

肥水时期	受影响最大位叶 ($n+2$)	受影响叶片增长（cm）	
		增长幅度	平均
春生 1 叶露尖	春生 3 叶	0.15～0.40	0.26
春生 2 叶露尖	春生 4 叶	0.25～0.60	0.39
春生 3 叶露尖	春生 5 叶	0.20～1.10	0.58
春生 4 叶露尖	春生 6 叶	0.40～1.40	0.82
平均	—	—	0.55

（二）叶鞘不同生长进程的肥水效应

　　春季不同叶龄肥水对叶鞘的影响，除定型者外，也都有一定的促进作用。凡是追肥灌水后建成的叶鞘，其长度都大于对照，而且增长幅度最大的部位也是与 $n+2$ 叶片的同伸鞘位一致（表 11-5）。若仍以外部露尖叶片为 n，则内部 $n+2$ 位叶为始伸叶，与始伸叶同时伸长的叶鞘为 $(n+2)-1$ 位叶即 $n+1$ 位叶的叶鞘。在 n 叶露尖时追肥灌水，受促进最大的为 $n+2$ 位叶的叶片和与 $n+2$ 位叶同时伸长的 $n+1$ 位叶的叶鞘，递次为 $n+2$ 位叶的叶鞘和 n 叶本身的叶鞘，其余叶鞘的增长幅度都相对较小。叶鞘与叶片生长不同之处在于叶片一般从植株基部到顶部，呈两头小中间大的梭形分布，而叶鞘则从植株基部到顶部逐渐增大，其中旗叶叶鞘较其他各叶鞘长度增加 $60.6\% \sim 82.3\%$。与叶片相比，各个叶鞘的长度比较稳定，相对差异较小，肥水效应叶鞘不及叶片显著。

表 11-5 不同叶龄肥水对叶鞘长度（cm）的影响

（中国农业科学院，1981）

肥水时期	春 1 叶鞘	春 2 叶鞘	春 3 叶鞘	春 4 叶鞘	春 5 叶鞘	旗叶叶鞘
春生 1 叶露尖	9.97	14.25*	13.55	13.69	13.97	16.01
春生 2 叶露尖	9.86	14.22	14.25*	13.51	14.18	16.01
春生 3 叶露尖	9.95	13.88	14.20	14.77*	15.80	16.53
春生 4 叶露尖	10.32	13.26	13.25	14.24	15.97*	17.22
春生 5 叶露尖	9.70	12.58	13.26	13.33	15.21	17.68*
春生 6 叶露尖	9.64	12.93	12.74	12.80	14.09	17.23
CK	9.88	12.89	12.36	13.09	13.73	15.80

* 为受影响最大部位。

（三）节间不同生长进程的肥水效应

不同叶龄追肥灌水，对相应节间的促进作用一般是前一阶段生长的节间增长幅度大时，后一阶段生长的节间增长幅度就相对较小（可延续 1~2 个节间）；先长的节间伸长速度放慢后，后长的节间又加快伸长。这种波浪式的生长进程，贯穿于小麦一生和各种器官上，节间较其他器官更为明显。这一规律为有计划地采取促控措施提供了理论依据。

试验表明，当以 n 代表施肥灌水当时的露尖叶片，受肥水影响最大的节间是 $(n+2)-2$，即 n 叶本身叶鞘所着生节位的节间（表 11-6）。其他节间受促进的大小，与该节位相应的同伸叶一致，前期肥水促进，对下部节间影响大，对上部节间影响小；后期肥水促进，对下部节间影响小；春生 3 叶、春生 4 叶露尖肥水促进，对各节间都有不同程度的影响。

表 11-6 不同叶龄肥水对节间长度（cm）的影响

（中国农业科学院，北京，1981）

肥水时期	第 1 节间	第 2 节间	第 3 节间	第 4 节间	穗下节间
春生 1 叶露尖	11.6	12.8	13.1	22.1	26.6
春生 2 叶露尖	11.4	12.2	12.9	21.0	28.0
春生 3 叶露尖	11.7*	13.1	13.6	21.6	29.3
春生 4 叶露尖	11.1	13.4*	14.7	22.5	30.0
春生 5 叶露尖	10.8	12.3	14.7*	22.0	29.1
春生 6 叶露尖	10.5	11.9	14.0	23.6*	28.7
CK	10.0	12.0	12.6	20.5	28.4

* 为受影响最大的节间。

（四）群体动态结构的肥水效应

不同叶龄追肥灌水对提高叶面积系数和延长绿叶功能期都有一定作用。春生1叶、春生2叶追肥灌水，起身后叶面积系数明显增大，但拔节后下部叶片衰老较早，叶面积系数下降较快；春生3叶、春生4叶追肥灌水，叶面积系数增长最快、最多，持续时间也最长，尤其春生3叶肥水的处理更为显著；春生5叶和旗叶追肥灌水，叶面积系数增长甚小或不增长，但可显著延长叶片功能期，特别是旗叶露尖时追肥灌水，直到灌浆期叶面积系数才加快下降（表11-7）。

表11-7 不同叶龄肥水处理叶面积系数动态变化

（中国农业科学院，1981）

肥水时期	3月28日	4月6日	4月19日	4月25日	5月5日	5月15日	5月30日
春生1叶露尖	1.2	2.0	4.1	5.7	3.8	3.2	2.6
春生2叶露尖	—	1.6	4.4	5.8	4.2	3.6	2.7
春生3叶露尖	—	1.7	4.8	6.8	6.0	4.5	2.3
春生4叶露尖	—	1.7	3.8	6.1	5.2	4.0	2.0
春生5叶露尖	—	1.7	3.0	5.6	4.6	4.0	2.5
春生6叶露尖	—	1.7	3.0	5.2	4.7	4.6	2.4
CK	1.3	1.7	3.0	5.2	3.6	3.7	1.8

不同叶龄追肥灌水对总茎数和成穗率有一定影响。小麦返青后，在春生1叶、2叶前后是春生分蘖期；当春生3叶露尖后进入护颖分化期，基部节间开始伸长，分蘖芽停止生长；春生4叶露尖后，分蘖迅速两极分化；挑旗时总茎数已接近成穗数。在春生1叶、2叶期追肥灌水，有增加分蘖和穗数的作用；春生3叶、4叶期施肥灌水，也有促蘖增穗的作用；春生5叶、6叶施肥灌水，对增穗的作用已经很小（表11-8）。因此，追肥灌水提高穗数的关键时期在春生2叶露尖前后。

表11-8 不同肥水处理对成穗数的影响

（中国农业科学院，1981）

肥水时期	1976—1977年基本苗 90万/hm²				1977—1978年基本苗 120万/hm²		平均	
	红良4号		农大139		农大139			
	总茎数 (万/hm²)	穗数 (万/hm²)	总茎数 (万/hm²)	穗数 (万/hm²)	总茎数 (万/hm²)	穗数 (万/hm²)	总茎数 (万/hm²)	穗数 (万/hm²)
春生1叶露尖					1 675.5	715.5		
春生2叶露尖	894.0	436.5	766.5	538.5	1 557.0	733.5	1 074.0	570.0
春生3叶露尖	976.5	460.5	774.0	495.0	1 555.5	747.0	1 102.5	567.0
春生4叶露尖	858.0	427.5	702.0	480.0	1 557.0	739.5	1 039.5	549.0
春生5叶露尖	843.0	420.0	700.5	481.5	1 554.0	712.5	1 032.0	538.5
春生6叶露尖	843.0	384.0	700.5	435.0	1 554.0	711.0	1 032.0	510.0
对照	832.5	343.5		427.5	1 554.0	709.5		

（五）穗部性状的肥水效应

春生 1 叶到春生 5 叶露尖是小穗、小花分化的主要时期，在地力基础较好的情况下，在此阶段内肥水早晚，对穗部性状影响较小。据研究，每穗小花总数在 139.6～143.5 之间，成花数均占 1/3 左右，差异甚小；而在春生 6 叶露尖期（药隔期）追肥灌水，不仅不孕小穗数少，而且成花结实率高，每穗粒数显著增加，因此药隔期是促进穗大粒多的关键时期（表 11-9）。药隔期肥水促使粒多、穗重的原因，除该发育阶段肥水有利于保花增粒外，关键是前期"蹲苗"促进了碳水化合物的积累，在生育中期茎叶中的有机物质储藏量高，单位叶面积和单位长度茎秆的干重显著增加。肥水促进后，为向穗部输送较多的同化物质创造了条件。因此，单位长度的茎秆重量与籽粒产量具有密切关系。

表 11-9　不同肥水处理对穗部性状的影响

（中国农业科学院，1981）

肥水时期	穗长（cm）	小穗数（个/穗）	不孕小穗数（个/穗）	粒数（粒/穗）	千粒重（g）
春生 1 叶露尖	7.44	18.2	1.70	29.5	39.2
春生 2 叶露尖	7.44	18.4	1.67	29.7	40.1
春生 3 叶露尖	7.48	18.0	1.79	29.2	40.7
春生 4 叶露尖	7.34	18.0	1.66	29.5	40.3
春生 5 叶露尖	7.57	18.0	1.68	28.9	40.3
春生 6 叶露尖	7.76	17.9	0.78	32.9	40.2

（六）不同叶龄肥水对器官的综合影响和株型变化

根据叶龄与穗分化的对应关系及器官同伸关系的研究结果，不同叶龄肥水对器官的综合影响列于表 11-10。春季不同叶龄时期追肥灌水，对株型的影响主要表现为三种类型：一为春生 1、2 叶露尖时追肥灌水，中部叶片较大，上下两层叶片相对较小，叶层呈两头小、中间大的梭形分布，基部节间较长。在群体较小的情况下，这种株型的群体对提高单位面积穗数和提高早期光能利用率有利；在群体较大时，易造成早期郁闭。二为春生 3、4 叶露尖时追肥灌水，上部叶片较大，中下部节间较长，叶层呈倒锥形分布，在群体较大的情况下，极易因"头重脚轻"，造成倒伏。但在群体较小的低产地块，对迅速扩大营养体有利。三为春生 5、6 叶时追肥灌水，植株各叶层叶片相对较小，特别是上部叶片小，基部节间短粗，上部节间相对较长，叶层呈塔形分布，有利于壮秆防倒，提高穗粒重。

表 11-10　不同叶龄肥水对器官的综合影响

（中国农业科学院，1981）

肥水时期	受影响叶位	受影响鞘位	受影响节位	受影响穗位	每穗粒数	千粒重
春生 1 叶露尖	2、3*、4	1、2*、3		增穗*		
春生 2 叶露尖	3、4*、5	2、3*、4	1	增穗*		

（续）

肥水时期	受影响叶位	受影响鞘位	受影响节位	受影响穗位	每穗粒数	千粒重
春生 3 叶露尖	4、5*、6	3、4*、5	1*、2	增穗		
春生 4 叶露尖	5、6*	4、5*、6	1、2*、3		增粒	
春生 5 叶露尖	6	5、6*	2、3*、4		增粒	增重
旗叶露尖		6	3、4*、5		增粒*	增重*
旗叶展开			4、5*		增粒*	增重*

注：* 为影响最大部位；无标记的影响次之；无明显影响的未列入。

三、小麦叶龄模式的综合技术

根据小麦植株各器官的建成及其相互间的关系，以及栽培管理措施对小麦生长发育的影响，以不同叶龄肥水的综合效应为依据，提出以叶龄模式为基础的双马鞍型（W）和单马鞍型（V）两套小麦管理的促控方法。

（一）双马鞍型促控法

此法又称三促两控法，适用于中下等肥力水平或土壤结构性差、保肥保水力弱、群体小、麦苗长势不壮的麦田，关键措施是：一促冬前壮苗。根据土壤肥力基础和产量指标，按照平衡施肥的原理，测土配方施足底肥，包括有机肥和化肥。确定适当播期和播量，选择适用良种，保证整地和播种质量，足墒下种，争取麦苗齐、全、匀、壮，并有适当群体。各地情况不一，但都应力争实现冬前壮苗。并适当浇好冻水，确保小麦安全越冬。一控是在越冬至返青初期，控制肥水，实行蹲苗。一般是在春生 1 叶露尖前，不浇水不追肥，冬季及早春进行中耕镇压，保墒提高地温，防止冻害。二促返青早发稳长，促蘖增穗。在春生 1~2 叶露尖前后浇水追肥，促进分蘖，保证适宜群体，以增加成穗数。浇水后适时中耕，促苗早发稳长。二控是在春生 3~4 叶露尖前后，控制肥水，再次蹲苗，控制基部节间过长，健株壮秆，防止倒伏。三促穗大粒多粒重。在春生 5~6 叶露尖前后，追肥浇水，巩固大蘖成穗，促进小麦发育，形成壮秆大穗，增加穗粒数，争取穗粒重。同时注意及时防治病虫草害，确保植株正常生长，实现稳产高产。由于采取三促两控措施，故称双马鞍（W）型促控法（图 11-3）。

（二）单马鞍型促控法

此法又称两促一控法，适用于中等以上肥力水平，群体合理，长势健壮的麦田。关键措施是：一促冬前壮苗。根据不同的土壤肥力基础和产量目标，确定相应的施肥水平，适当增施有机肥和底施化肥；要求整地精细，底墒充足，播种适期适量，保证质量，力争蘖足苗壮，并适当浇好冻水，保苗安全越冬。北方农谚所说的冬前壮苗标准是：三大两小五个蘖，十条麦根七片叶（包括心叶），叶片宽短颜色深，趴在地上不起身。不同生态区的壮苗标准不同，但都应在达到当地壮苗标准时实行此管理方法。一

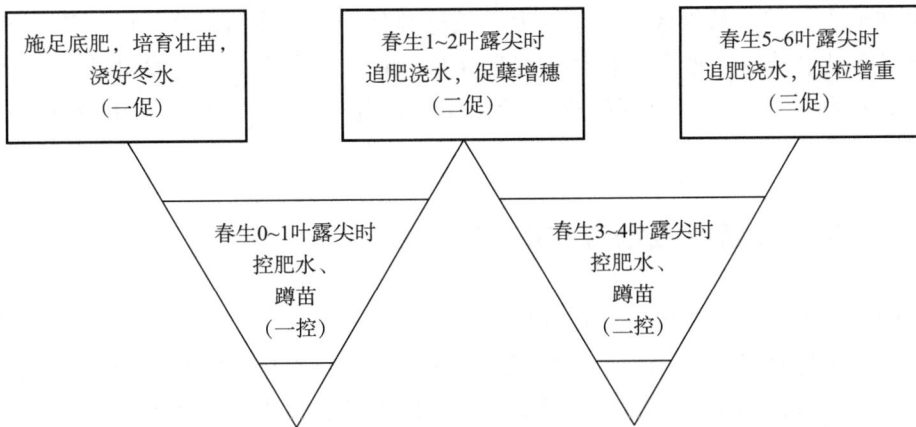

```
┌──────────────────┐   ┌──────────────────┐   ┌──────────────────┐
│  施足底肥,培育壮苗, │   │  春生1~2叶露尖时   │   │  春生5~6叶露尖时  │
│     浇好冬水        │   │  追肥浇水,促蘖增穗 │   │  追肥浇水,促粒增重 │
│     (一促)        │   │     (二促)       │   │     (三促)       │
└──────────────────┘   └──────────────────┘   └──────────────────┘
          \               /          \              /
           \   春生0~1叶露尖时  /       \  春生3~4叶露尖时 /
            \    控肥水、      /         \   控肥水、    /
             \    蹲苗       /           \    蹲苗    /
              \   (一控)   /             \  (二控)  /
               \         /               \        /
                \       /                 \      /
                 \     /                   \    /
                  \   /                     \  /
                   \ /                       \/
```

图 11-3 双马鞍(W)型促控法示意图

(中国农业科学院,1987)

控是在返青至春生 4 叶露尖时控制肥水,蹲苗控长,稳住群体,控叶蹲节,防止倒伏。主要管理措施:以中耕松土为主,群体过大的麦田可适当镇压,或在起身期采取化学调控手段,适当喷施植物生长延缓剂,以缩短节间长度,降低株高,壮秆防倒。二促穗大粒多粒重。在春5~6叶露尖前后肥水促进,巩固大蘖成穗,增加粒数和粒重。其他管理同常规措施。这种"冬前促,返青控,拔节攻穗重"的措施,称为单马鞍(V)型或大马鞍型促控法(图 11-4)。应用这种方法可使植株上 3 叶较短而厚,下两节间较短而粗,上部节间相对较长,在同等叶面积系数前提下,可以提高光能利用率,穗大粒多,是争取高产不倒和高产再高产的理想株型。

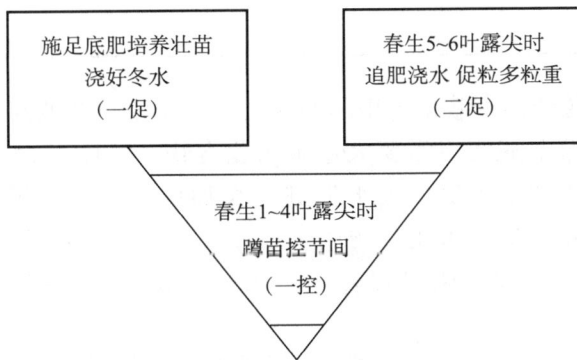

```
┌──────────────────┐        ┌──────────────────┐
│  施足底肥培养壮苗   │        │  春生5~6叶露尖时   │
│     浇好冬水        │        │  追肥浇水 促粒多粒重 │
│     (一促)        │        │     (二促)       │
└──────────────────┘        └──────────────────┘
            \                      /
             \    春生1~4叶露尖时  /
              \     蹲苗控节间    /
               \     (一控)    /
                \            /
                 \          /
                  \        /
                   \      /
                    \    /
                     \  /
                      \/
```

图 11-4 单马鞍(V)型促控法示意图

(中国农业科学院,1987)

第二节 冬小麦精播半精播高产栽培技术

冬小麦精播高产栽培,是一整套高产、稳产、低耗、生产效益和生态效益高的栽培技术。它是在地力、肥水条件较好的基础上，较好地处理了群体与个体矛盾，使麦田群体较小，群体动态比较合理，改善了群体内光照条件，使个体营养好，发育健壮，从而促使穗足、穗大、粒重、高产。冬小麦精播高产栽培的理论与实践获 1992 年国家科技进步二等奖。

一、小麦传统高产栽培存在的问题

小麦由低产变中产，主要是通过改变生产条件，增加投入，如改良土壤、发展灌溉、增加肥料、加大播种量等，小麦产量即可得以提高，实现单产 4 500kg/hm^2 左右的中产目标。如想进一步提高单产，仍继续增加投入，即大肥、大水、大播种量，每公顷基本苗 300 万以上，就会导致群体过大，田间光照不足，碳氮营养失调，个体植株生育弱，易倒伏，穗变小、千粒重降低而减产。

表 11 - 11 是倒伏麦株与不倒伏麦株的比较，可以明显看出前者植株体内硝态氮含量高，可溶性糖含量较低，而且倒伏愈严重，这种情况愈明显。可溶性糖/硝态氮比值可以清楚说明，麦株碳氮营养严重失调是引起倒伏的主要原因。

表 11 - 11　不同倒伏程度的麦株营养分析结果

（原山东农学院，1979）

倒伏程度	$NO_3^- - N$ 含量（mg/kg）	可溶性糖含量（mg/kg）	可溶性糖/$NO_3^- - N$
不倒伏	107	56 300	526
中度倒伏（倾斜 45°）	116	27 000	233
严重倒伏（平铺地面）	286	23 330	82

麦株倒伏是小麦传统高产栽培麦田的问题之一。小麦拔节期间，生长迅速，消耗大量有机养分，特别是茎节充实更需要大量碳水化合物。群体过大，田间光照不良，碳水化合物合成不足，再加上大肥、大水促进生长加快，对碳水化合物的需要量增加，此时供氮过多，将消耗大量碳水化合物用于蛋白质合成，从而使用于充实细胞壁的碳水化合物量减少。氮素过剩，碳水化合物不足，是导致节间细弱、易于倒伏的根本原因。

传统高产栽培（即大肥、大水、大播量、大群体的栽培法）麦田的另一问题是穗数过多、穗小，穗粒数偏少，穗层整齐度较差，群体下层穗更小。上层穗与下层穗分化出的小穗数相似，但退化小穗数却差异极大，因此有效小穗数有明显差异。已分化出的小穗大量退化是碳水化合物供应不足的结果。

综上所述，解决传统栽培中存在的主要问题（倒伏与穗粒数减少）的关键在于改善拔节以后的田间光照条件，而改善田间群体光照条件，关键又在于群体的大小与结构是否合理。根据山东多年的研究和生产实践：采用小麦精播高产栽培技术，是解决传统栽培中存在问题的较好办法，是继续提高小麦单产的重要途径。

二、冬小麦精播高产栽培的理论基础

（一）小麦精播栽培的生物学基础

1. 依靠分蘖成穗，增加多穗株在群体中的比重　从表 11－12 可以看出，在低产量水平公顷产量为 2 230.5kg 时，一穗株（主茎穗）的穗数占每公顷总穗数的 60.5％，而产量水平提高到公顷产量为 5 670.0kg 时，一穗株的穗数占总穗数的比重就大大下降，仅占 19.4％。这种以多穗株（分蘖穗）为主构成的群体，穗大高产。精播栽培的基本苗少，单株成穗多，以多穗株为主，所以产量较高。

表 11－12　不同产量水平下小麦产量结构的组成情况
（山东农学院，1977，泰山 1 号）

产量结构	产量水平	单株分蘖数和成穗数比例（各占总量的％）							
		1	2	3	4	5	6	7	8
株数	高	40.8	31.5	18.2	6.3	0.8	0.8	0.4	0.2
	中	74.0	18.1	5.7	1.4	0.2	0.2	0.07	0.04
	低	78.5	15.4	4.8	1.1	0.1	0.1		
穗数	高	19.4	31.4	27.6	13.0	4.3	2.3	1.0	0.7
	中	53.4	26.1	12.3	4.1	1.9	0.9	0.4	0.3
	低	60.5	23.6	11.4	3.5	0.3	0.7		

2. 单株成穗多，穗大粒多，千粒重高　研究证明，在一定范围内，单株成穗多，穗大粒多，千粒重高。单株的穗数与其平均穗粒数、千粒重之间有显著的正相关关系（表 11－13）。

表 11－13　小麦单株成穗数与穗粒数及千粒重的关系
（山东农学院，1977，泰山 1 号）

单株穗数	每穗粒数（粒）			千粒重（g）		
	高产	中产	低产	高产	中产	低产
1	27.2	25.0	22.3	36.4	32.7	30.9
2	27.6	28.9	23.5	35.8	34.5	31.9
3	30.1	31.3	30.1	37.8	36.3	33.4
4	30.4	32.8	33.4	39.4	38.9	36.4
5	32.0	33.6	32.2	40.7	38.6	37.5
6	33.2	33.6	27.6	45.0	42.1	—
7	33.0	35.8	—	45.5	41.6	—
8	41.4	32.3	—	47.5	43.4	—

研究证明，精播小麦植株健壮，不仅单株成穗多，而且穗大，平均每穗小穗数多，每小穗的粒数也多。试验进一步证明，小穗具有较多的粒数，其平均千粒重亦随之提高。由

此说明，适当减少单位面积基本苗数，增加单株分蘖成穗数，形成合理群体，是促进穗大粒多粒重的重要途径。

（二）小麦精播栽培的生理基础

小麦精播是采用充分发育的、健壮的单株组成较为合理的群体，以获得穗足、穗大、粒多、粒重、高产。其生理基础是：

1. 改善了田间光照条件，解决了高产与倒伏的矛盾　合理群体结构的主要指标之一是群体内的光分布合理，改善了冠层内的光照条件，以最大限度地提高光能利用率。据山东农业大学研究，精播栽培群体内的光照条件显著优于大群体处理，中部叶片制造的光合产物多，有利于茎秆充实，所以基部 3 节间的干重和可溶性糖含量均较高，又由于精播肥水促控合理，基部一、二节间较短，表现了较强的抗倒伏能力，而群体较大的处理则反之（表 11-14）。

表 11-14　不同密度对小麦主茎茎秆性状的影响
（山东农学院，1982）

基本苗（万/hm²）	春季最高蘖数（万/hm²）	拔节初期群体光照度						开花期间长度（cm）			基部 3 节间		单产（kg/hm²）	倒伏情况
		自然光		植株中部		植株基部		基 1 节	基 2 节	基 3 节	干重（g）	可溶性糖含量（%）		
		万 lx	%	万 lx	%	万 lx	%							
79.5	1 008.0	5.6	100	4.1	73.2	2.5	44.6	8.7	11.2	15.0	0.41	15.5	7 764	未倒伏
229.5	2 005.5	5.4	100	2.9	58.8	1.5	27.8	10.9	11.5	14.5	0.36	13.3	6 396	倒 80%

2. 改善了光合性能，个体发育健壮，奠定了粒多粒重的基础

（1）提高了小麦生育中后期的群体光合速率　小麦精播，基本苗少，群体光合最大值出现偏晚，而基本苗多的群体光合最大值出现偏早。拔节以前，基本苗多的群体光合速率高于基本苗少的；拔节以后，基本苗少的群体光合速率逐渐提高，开花以后，就明显高于基本苗多的。这说明大播种量、大群体光合速率上升快，高峰期来得早，后期下降迅速；而播种量少的，群体小，则有利于后期群体光合速率的提高和保持较高水平，更有利于高产。

（2）降低了生育后期的光合衰减率，延缓了衰老　旗叶叶绿素含量的高低可作为衰老的标志。精播小麦旗叶叶绿素降低速率较缓，叶面积系数也明显高于大群体处理（表 11-15）。

表 11-15　小麦不同基本苗的群体光合衰减率（%）
（山东农业大学，1988）

基本苗（万/hm²）	鲁麦 5 号	鲁麦 7 号
90	44.30	36.29
270	54.52	56.01
450	64.75	72.96

注：光合衰减率 = $\dfrac{\text{开花期群体光合速率} - \text{蜡熟期群体光合速率}}{\text{开花期群体光合速率}} \times 100\%$

（3）提高群体中下层的光合速率 据灌浆期测定结果，小麦精播倒3叶以下的群体光合速率显著高于基本苗多、群体大的光合速率（表11-16）。这对小麦后期维持较高的根系活力和光合速率，降低光合速率的衰减率有重要意义。

表11-16 小麦灌浆期群体光合速率

（山东农业大学，1988）

层次	每公顷90万基本苗		每公顷270万基本苗		每公顷450万基本苗	
	CAP	占总量的%	CAP	占总量的%	CAP	占总量的%
穗层	0.30	7.96	0.41	11.52	0.20	7.69
旗叶	0.72	19.10	0.60	16.86	0.51	19.62
倒2叶	0.36	9.55	0.27	7.58	0.22	8.46
倒3叶以下	0.66	17.51	0.48	13.48	0.21	8.01
茎秆（鞘）	1.73	45.89	1.80	50.56	1.46	56.15
合计	3.77	100.00	3.56	100.00	2.60	100.00

注：CAP为群体光合强度，单位为$CO_2 g/(m^2 \cdot h)$。

（4）改善了同化物的分配状况 山东农学院（1982）不同群体密度对小麦主茎[14]C同化物分配影响的研究（表11-17）结果表明，随着密度的降低，光合产物向穗中运输的比例由29.0%增至40.7%，说明低密度处理植株分配给穗部的光合产物多；叶中保留的比例，随着密度的降低由11.3%减少到4.63%，说明低密度处理同化器官的输出能力高于高密度处理，表明合理的群体结构是改善光合产物分配利用的重要基础。

表11-17 不同密度对小麦主茎[14]C同化物分配的影响

（山东农学院，1982）

测定部位	每公顷18万基本苗		每公顷82.5万基本苗		每公顷229.5万基本苗	
	总脉冲（次/min）	占总吸收量（%）	总脉冲（次/min）	占总吸收量（%）	总脉冲（次/min）	占总吸收量（%）
叶	1 463.8	4.63	1 216.3	8.25	1 618.2	11.30
鞘	1 869.5	5.92	1 614.0	10.94	1 060.9	7.40
茎	15 543.4	49.18	7 228.9	49.02	7 508.8	52.30
穗	12 728.5	40.27	4 688.7	31.79	4 157.1	29.00
总和	31 605.2	100.00	14 748.4	100.00	14 345.0	100.00

注：品种山农辐63；挑旗期测定；$^{14}CO_2$标记方法是用大型透明塑料将20cm样段双行麦株全部套住，整株饲喂。

3. 增强了根系的吸收能力 精播小麦单株具有较多的次生根，根系发达，生活力旺盛，吸收力强，改善了植株的无机营养状况。山东农业大学的研究证明，单株次生根条数与单株成穗数、总小穗数、结实小穗数和籽粒数等均呈极显著正相关关系；单株成穗数与有效蘖的次生根条数呈极显著负相关。多穗株的每一个单茎的平均伤流液量增加（表11-18），根系活力增强，吸收力提高，最终单株平均穗粒数和穗粒重增加。

表 11-18 小麦单株成穗数与其有效茎的平均次生根数和伤流液量的关系

(山东农学院，1977—1978)

单株成穗数	有效单茎次生根数	平均有效单茎伤流液量（mg/h）	单株伤流液量（mg/h）
5	12.4	7.8	39.0
6	10.5	9.1	54.6
7	7.9	8.5	59.5
8	8.1	10.4	83.2

注：品种为泰山 1 号；5 月 3～6 日测定，方法：选适宜植株，距地面 5～7cm 处剪断，套上指形管，内装有占管体 1/3 的脱脂棉，以吸收伤流液，剪口接触脱脂棉。

4. 提高了小花结实率，增加穗粒数和粒重　山东农学院研究，群体较小的麦田，每穗分化的小花数较多，每穗的小花总数也多；反之，则少。一穗中小花原基分化速度与体内的营养状况密切相关，增强氮代谢强度，提高植株体内氮素的含量，有利于小花原基分化。所以，在中低产田，应注意增施基肥，适时追肥浇水，促使每个麦穗分化较多的小花。但是高肥地，在密度一致的情况下，即使肥水或其他措施不同，一穗中分化的总小花数也相对稳定。小麦精播由于改善了群体内的光照条件，提高了植株体内有机养分的含量（尤其是碳水化合物），促进了小花的发育，提高了结实率。另据观察（表 11-19），采用精播技术，改善了碳水化合物的生产与消耗的比例，增加了植株体内碳水化合物的含量，可在一定范围内促进小花的发育，提高穗粒数。

表 11-19 不同密度对主茎穗小花退化的影响

(山东农学院，1982)

基本苗（万/hm²）	最大总茎数（万/hm²）	每穗小花总数	早期退化(4/13～4/16)		第一阶段退化(4/17～4/21)		第二阶段退化(4/22～5/3)		后期退化(5/4～6/7)		退化小花		结实粒数
			数量	占总退化量的(%)	数量	占总退化量的(%)	数量	占总退化量的(%)	数量	占总退化量的(%)	数量	占总退化量的(%)	
18	424.5	152	6	5.9	55	54.4	34	33.7	6	5.9	101	66.5	51.0
82.5	1 008	127	9	9.9	36	39.6	34	48.3	2	2.2	91	71.7	36.0
229.5	2 005.5	120	36	39.1	19	20.7	34	37.0	3	3.2	92	76.7	28.0

注：地力基础：0～20cm 土壤有机质含量 1.2%，全氮含量 0.08%，水解氮含量 40mg/kg，速效磷含量 40mg/kg，速效钾 80mg/kg；品种：山农辐 63；表头括号中数字指时间（月/日）。

5. 经济效益高，生态效应好

（1）提高了氮、磷肥的经济效益　研究证明，同一小麦品种，在精播高产条件下，每生产 100kg 生物产量所吸收的氮（N）量、磷（P_2O_5）量的平均数，与在其他条件下，包括高产条件的传统栽培或中产条件及低产条件下，每生产 100kg 生物产量所吸收的 N 和 P_2O_5 的平均数基本相同，差异不显著。而在精播条件下，每生产 100kg 籽粒产量所吸收的 N、P_2O_5 量，显著低于其他中、高产条件下传统栽培以及在低产条件下所吸收的 N、P_2O_5 数量（表 11-20）。

表 11－20　不同条件下小麦品种山农辐 63 的三要素吸收量

（山东农业大学，1979）

条件	生物产量（kg/hm²）	经济产量（kg/hm²）	经济系数	100kg 生物产量吸收量（kg）			100kg 籽粒产量吸收量（kg）		
				N	P_2O_5	K_2O	N	P_2O_5	K_2O
精播高产	16 159.5	7 753.5	0.448± 0.030	1.15± 0.170	0.469± 0.043	1.35± 0.373	2.39± 0.342	0.98± 0.129	2.77± 0.684
传统中高产	14 268.0	5 904.0	0.388± 0.052	1.29± 0.182	0.48± 0.042	0.98± 0.222	3.14± 0.550	1.17± 0.231	2.41± 0.722
低产	8 860.5	1 969.5	0.209± 0.015	1.325± 0.092	0.41± 0.050	0.625± 0.035	5.94± 0.820	1.82± 0.346	2.79± 0.035

（2）生态效应好　精播高产栽培在施肥方面要求贯彻以农家肥为主、化肥为辅的施肥方针，大量增施有机肥，有利于土壤有益微生物的活动，提高了土壤中有效养分含量和 CO_2 释放量。

三、冬小麦精播高产栽培技术

（一）培肥地力

实行精播高产栽培，必须以较高的土壤肥力和良好的土、肥、水条件为基础。实践证明，凡是小麦生产水平达到 5 250kg/hm² 以上的地块，耕层土壤养分含量一般达到下列指标：有机质（1.22±0.14）%，全氮 0.084%，速效氮 80mg/kg，有效磷 29.8mg/kg，速效钾 91mg/kg。这样的地块实行精播，可以获得 7 500～9 000kg/hm² 的籽粒产量。

（二）选用良种

试验和实践证明，选用分蘖成穗率高、单株生产力高、抗倒伏、株型较紧凑、光合能力强、落黄好、抗病、抗逆性好的良种，有利于精播高产栽培。株型和单穗重潜力不同的品种，适宜的群体结构不同，如株型紧凑、叶片较小、单穗重潜力较小的鲁麦 5 号和株型较松散、叶片较大、单穗重潜力较大的鲁麦 7 号相比较，鲁麦 5 号适宜的群体结构为每公顷基本苗 180 万，最高叶面积系数 6～7，光截获率 95% 以上，每公顷成穗 600 万～675 万，群体光合速率为 5g（CO_2）/（m²·h）以上；而鲁麦 7 号则为每公顷基本苗 120 万，最高叶面积系数 5～6，光截获率 95% 以上，每公顷成穗 525 万～600 万，群体光合速率为 5g（CO_2）/（m²·h）以上。两个品种如能达到上述群体结构均可获得高产。

（三）培育壮苗

培育壮苗，建立合理群体动态结构是精播栽培技术的基本环节。培育壮苗，促进个体健壮，除控制基本苗数外，还要采取一系列措施。主要包括：

1. 施足底肥　底肥施用以农家肥为主，化肥为辅，做到氮、磷、钾肥配合，不断培肥地力，满足小麦各生育时期对养分的需要。本着以产定肥，按需施肥的原则，一般每公

顷产 7 500kg 的精播麦田每公顷施优质土粪 45 000kg，氮肥（N）180～210kg，磷肥（P₂O₅）90～105kg，钾肥（K₂O）90～105kg，锌肥 15kg。除氮素化肥外，均作基肥施用。氮素化肥 50% 作基肥，50% 于起身或拔节期追施。

2. 提高整地质量　适当加深耕层，破除犁底层，加深活土层。整地要求地面平整、明暗坷垃少而小、土壤上松下实，促进根系发育。

3. 坚持足墒播种，提高播种质量　在造墒的基础上，选用粒大饱满、生活力强、发芽率高的种子进行播种。实行机播，提倡用 2BJM 型小麦精量播种机播种，要求下种均匀，深浅一致，播种深度 3～5cm，行距 20cm，提高播种质量。

4. 适期播种　日平均气温 16～18℃ 播种冬性品种，14～16℃ 播种半冬性品种，从播种至越冬开始（12 月 1 日左右），0℃ 以上积温 650℃ 左右为宜。如在山东鲁南和鲁西南一般以 10 月 1～10 日，其他地区以 10 月 1～7 日为宜。

5. 播种量适宜　播种量应该以保证实现一定数量的基本苗数、冬前分蘖数、年后最大分蘖数以及公顷穗数为原则。精播的播种量要求保证每公顷基本苗数为 150 万～180 万，冬前每公顷总分蘖数（包括主茎）为公顷穗数的 1.2～1.5 倍。

（四）创建合理的群体结构

精播的合理群体结构动态指标是：每公顷基本苗 150 万～180 万，冬前总分蘖数（包括主茎）1 050 万，年后最大总分蘖数（包括主茎）1 200 万，成穗 600 万～675 万，多穗型品种可达 750 万穗左右，叶面积系数冬前约 1、起身期 2.5～3、挑旗期 6～7，开花、灌浆期 4～5。

为实现上述指标，在培育壮苗基础上，还应该做到小麦出苗后及时查苗补种，早春返青期间及时划锄，松土、保墒、提高地温，重视起身或拔节肥水管理，浇好扬花水。

四、冬小麦半精播高产栽培技术

（一）冬小麦半精播高产栽培的概念

冬小麦半精播高产栽培（以下简称半精播）是在推广精播栽培的过程中，根据精播高产栽培的理论与技术衍生出来的。即在中等肥力水浇麦田，或高肥力麦田播种略晚，或播种技术条件和管理水平相对较差，或利用分蘖力较弱及分蘖成穗率较低品种的麦田，或在生产条件刚由中产变为高产的情况下，作为生产上逐步向精播过渡的一个步骤，采用半精播高产栽培技术是创高产的有效途径。其主要内容是：根据当地的生态条件和土壤肥力基础，从协调群体发展和个体发育的矛盾出发，确定适宜的基本苗（每公顷 225 万～270万），依靠主茎和部分分蘖成穗，在一定穗数的基础上主攻穗重，获得高产。

（二）冬小麦半精播高产栽培技术

半精播的配套技术总结为"八改二坚持"，主要内容有以下几个方面：

（1）改大播量为合理播量，降低基本苗（每公顷 225 万～270 万），建立合理群体动态结构，处理好群体与个体的矛盾，促进个体发育健壮。

（2）改小行距为较大行距（行距由原来 16.5cm 扩大为 20cm），以改善群体内通风、透光条件，有利于个体发育健壮。

（3）改耧播为机播，以保证降低播量和提高播种质量。

（4）改早播、晚播为适期播种，以培育壮苗。

（5）改浅耕为适当深耕，要求破除犁底层，以加厚活土层，促进根系发育；要求耕耙配套，精细整地，做到上松下实。

（6）改用良种、纯种，实行品种合理布局，充分发挥良种的增产潜力。

（7）改单一防治地下害虫为综合防治病虫害，以减轻小麦丛矮病、黄矮病等危害，提倡用种衣剂拌种。

（8）改田间管理一促到底为有控有促，控促结合。提倡适时补种，浇冬水，浇后划锄。返青期划锄保墒，提高地温；重视起身拔节肥水，浇好挑旗水。

（9）坚持以农家肥为主、化肥为辅的施肥原则，施足底肥，实行氮、磷、钾配合，补施微肥，重视秸秆还田。

（10）坚持足墒播种，提高整地、播种质量，保证全苗，培育壮苗。

第三节　冬小麦节水省肥高产栽培技术

我国华北地区水资源紧缺，年降水量少，且主要集中在夏季，因此小麦生长期间高产麦田需水量的 70%～80% 依靠灌溉。中国农业大学研究形成的冬小麦节水省肥高产栽培技术体系，推广应用后，节水效果显著。冬小麦节水省肥高产简化"四统一"栽培技术体系，2011 年获中华农业科技奖一等奖，被农业农村部确定为农业主推技术。

一、冬小麦节水高产栽培的技术原理

在年降水量 500～700mm 的地区，在中、上等肥力的壤质土壤上，通过浇足底墒水和在小麦生育期间浇 1～2 水（750～1 500m³/hm²），大面积产量可达到 6 000～8 250kg/hm²，水分利用效率达到 1.7～1.9kg/m³。这项技术的核心是以利用土壤水为主，将周年光热水资源—土壤—作物—措施统筹考虑，利用作物对水分亏缺的适应补偿能力和综合技术措施的调节补偿效应，实现节水高产。主要技术原理如下。

（一）发挥 2m 土体的储水功能，夏储春用，减少雨水损失

2m 土体是小麦的根系带，也是储水库。根据在河北省吴桥县测定，轻壤土和中壤土 2m 土层可储蓄有效水量达 465mm。在小麦—玉米一年两熟种植制度下，一般在冬小麦收获后，土壤实际储水下降到一年中的最小值。进入汛期之后，降水量大于当时作物的耗水量，土壤储水得到回升，达到一年中的最大值。汛期过后，土壤储水又逐渐下降，到小麦播种前，一般降水年型土壤储水减少 50～80mm。进行小麦播前灌底墒水，土壤储水再次出现最大值。这是土壤水的周年变化规律。

麦田耗水来源包括土壤水、灌溉水和降水三部分。据测定，随着灌溉水增加，土壤水的消耗减少（表 11-21）。春季浇 3 水处理，土壤水的消耗量只占总耗水量的 33%，土壤有效储水利用率只有 35% 左右，麦收后腾出的土壤库容小（162mm），汛期约有 100mm 降水被迫流失。采用节水栽培，春浇 1 水，土壤水的消耗量占总耗水量的 58%，土壤有效储水利用率达 50%，形成以消耗土壤水为主的耗水结构，麦收后腾出的土壤库容大，基本可容纳汛期多余的降水，做到"伏雨春用"。正常年份可挽回汛期水分损失约 100mm。

（二）减少灌溉次数，提高土壤水利用率，降低总耗水量

灌溉水大部分保持在土壤上层 0~60cm 土体中，灌溉后表层湿润时间长，蒸发耗水多。研究表明，小麦的总耗水量与灌水量呈正相关，灌水次数越多，总灌水量越大，总耗水量也越大。小麦的总耗水量与土壤水的消耗量呈负相关，土壤水利用量越多，总耗水量越少。表 11-21 表明，浇 1 水与浇 3 水比较，总耗水量减少了 79mm，水分利用效率也明显提高。通过减少灌溉次数，迫使小麦利用土壤水，并通过综合技术提高土壤水的利用率是节水高产栽培的重要内容。

表 11-21　不同灌溉处理的耗水量与耗水组成

（中国农业大学，1995—2006）

灌溉处理	总耗水量（mm）	灌溉水		降水		土壤储水		产量（kg/hm²）	水分利用效率（kg/m³）
		mm	%	mm	%	mm	%		
不浇水	364	0	0	96	26	268	74	5 955	1.63
浇 1 水	410	75	18	96	23	239	58	6 915	1.70
浇 2 水	442	150	34	96	22	196	44	7 890	1.78
浇 3 水	489	225	46	102	21	162	33	7 935	1.62

注：对照和各处理均以底墒水补充土壤储水，使播前土壤相对含水量达 90%。浇 1 水处理为拔节水；浇 2 水处理为拔节水+开花水；浇 3 水处理为起身水+孕穗水+灌浆水或拔节水+开花水+灌浆水。试验地点：河北吴桥。

（三）适当晚播，减少前期无效耗水，增进水分生产力

在限量供水条件下，需要通过播种期的选择协调前期耗水和后期耗水的关系。小麦拔节前的耗水主要是蒸发耗水，适当晚播可以缩短苗期减少前期耗水量，为生育后期留下较多可利用的土壤水，有益于后期灌浆和提高水分利用效率。适当晚播，配合增加基本苗和推迟春季灌水时间，可形成大群体、小个体结构，单位面积的初生根（种子根）数目增加，有利于吸收深层土壤水分。而且，由于分蘖成穗少，单穗占有的初生根量大，也有利于抵御后期上层土壤水分胁迫。华北地区冬小麦—夏玉米一年两熟制，冬小麦晚播可以给夏玉米让出 7~15d 时间，使玉米充分成熟，提高了夏玉米产量，从而也提升了周年水分生产力。

（四）利用适度水分亏缺调控，建立高光效、低耗水的株群结构，并促进籽粒灌浆

在足墒播种基础上，拔节前控水，会造成上层土壤一定的水分亏缺环境，可迫使根系

深扎，而且由于苗多蘖少，根群中初生根比例高，后期深层供水能力明显提高。拔节前适度水分亏缺，使单茎叶面积减小，上部叶片短而直立，形成小株型结构，进而群体容穗量大，透光好，叶片质量高，非叶光合器官面积增加，从而使群体光合/蒸腾比值提高。前期适度水分亏缺，也使生育进程加快，抽穗期提早。灌浆后期上层土壤水分亏缺，促进深层根吸水，既维持叶片功能，又促进茎鞘储藏物质运转，加快籽粒灌浆。

（五）发挥综合技术措施的协同调控作用，补偿短期水分胁迫对产量形成的不利影响

在节水栽培体系中，通过适当增加播种量，以基本苗保穗，可补偿拔节前上层土壤水分不足对穗数的不利影响；通过集中施用磷肥，适当增加基肥中氮素比例，确保前期壮苗长势，结合拔节后的补充灌溉，可补偿前期水分胁迫对穗粒数的不利影响；通过推迟春季灌水时间，诱导根系下扎，控制上部叶面积，建成高质量群体，发挥穗、穗下节间和旗叶鞘等非叶绿色器官光合耐逆机能，可补偿后期缺水对粒重的不利影响；通过选用熟期早、容穗量大、灌浆强度大、多花中粒型品种，可全面补偿前期和后期土壤水分亏缺对穗数、粒数、粒重的不利影响。

二、冬小麦节水省肥高产栽培的生理基础

（一）根系生长与土壤水利用

1. 节水栽培促进根系深扎，形成高效根群结构 节水栽培根群生长与分布不同于高水肥栽培模式，在节水灌溉条件下，上层土壤水分亏缺促进根系向深层伸展，使深层根量增加（表 11-22）。观察表明，拔节期的根系已伸展到土层 110cm 以下，开花期的最大根深已达 200cm。

表 11-22 不同灌溉处理根系数目与根重分布

（中国农业大学，2002—2003）

品种	灌水处理	基本苗（苗/m²）	初生根数（条/m²）	次生根数（条/m²）	灌浆期根干重分布（%）		
					0~40cm	40~100cm	100~200cm
石家庄8号	W0	619.0	3 157.0	6 886.8	68.7	15.5	15.8
	W2	623.7	3 180.8	7 979.4	70.5	17.9	11.6
	W4	614.7	3 134.9	8 980.9	72.7	18.4	8.9
鲁麦21	W0	595.3	2 560.0	6 007.6	69.8	16.5	13.7
	W2	592.7	2 548.7	5 969.5	71.7	18.1	10.2
	W4	595.1	2 558.7	7 461.4	72.4	22.4	5.1

注：W0 为不浇水，W2 为浇 2 水（拔节水＋开花水），W4 为浇 4 水（起身水＋孕穗水＋开花水＋灌浆水）；试验地点：河北吴桥。

由于晚播加大了播种量，单株次生根较少，但单位面积初生根数增加，以主茎成穗为主，单穗所占有的初生根数比早播麦多 1～2 倍。因此，形成了节水栽培独特的根群结构，即初生根数目多，下层根比例大，根群中初生根/次生根比值高、下层根/上层根比值高、

根数/穗数比值高，为后期充分利用深层土壤水创造了有利条件。

2. 节水栽培增加深层土壤水利用 可把小麦全生育过程分为前期、中期和后期3个耗水阶段对节水栽培增加深层土壤水利用进行分析。

从播种到拔节为第1耗水阶段。这一时段根群分布在0～60cm土层内，该层耗水占阶段耗水量的90%左右。由于播前土壤储水充足，加上播后暄土保墒，到小麦拔节期，一般不会产生严重的水分胁迫现象。但在冬春多风干旱年份，0～20cm土层会出现水分亏缺。

从拔节到开花为第2耗水阶段。拔节期灌水75mm，可使0～60cm土层储水达到最大值。由于随小麦生长植株根群下扎，拔节到开花期间上层、中层、下层通体耗水，因而减缓了上层耗水速度，直到开花期一般不会出现水分亏缺层位。从而在小麦生育的关键时期，能够正常供水。

从开花到成熟为第3耗水阶段。如果不考虑降水的影响，节水灌溉（浇1水）小麦从开花到成熟期间完全依靠土壤供水，这一时段消耗土壤水量120～150mm，属于后期限量供水类型。试验结果表明，即使后期限量供水，绝大多数年份都能实现6 000kg/hm² 单产目标。

常规灌溉麦田后期增加150mm灌溉水（增加开花水和灌浆水），属于后期充分供水类型。由于水分供大于求，使得耗水系数增大，水分生产率降低，大量土壤有效储水得不到充分利用，麦季腾出的土壤库容较小，汛期降水的损失无法避免。

不同灌溉处理成熟期土壤水消耗量的结果表明（表11-23），随着灌水次数的增加，2m土体内的耗水量及其占土壤有效储水量的比例明显下降，表明灌水在一定程度上影响了土壤水的充分利用，每多灌一次水（75mm），约减少消耗10%（30mm）的土壤水。从上壤水消耗量的空间分布来看，减少灌溉增加了80～200cm深层土壤储水的利用。

表11-23 不同灌水处理的土壤水消耗量及其空间分布

（中国农业大学，1993—1994）

处理	2m土体储水总耗水量		各层土壤储水消耗量（mm）			
	（mm）	占有效储水（%）	0～40cm	40～80cm	80～130cm	130～200cm
不浇水	248.7	85.1（67.6）	87.4	67.5	58.9	34.8
浇1水	217.2	74.3（54.8）	90.7	75.2	41.2	10.0
浇2水	194.6	66.6（56.1）	80.3	60.0	39.5	15.6
浇3水	152.5	52.2（49.7）	67.2	46.4	21.0	17.7
浇4水	135.7	46.4（44.8）	63.5	37.7	18.1	14.3
有效储水量		292.3	60.9	48.1	53.8	129.5

注：浇1水为拔节水，浇2水为拔节水＋开花水，浇3水为拔节水＋开花水＋灌浆水，浇4水为起身水＋拔节水＋开花水＋灌浆水。有效储水量为播种前土壤含水量减去土壤达萎蔫水势（—1.5MPa）时的含水量的计算值；括号内数值为2m土体内实际耗去的土壤有效水占有效储水量的百分比。试验地点：河北吴桥。

（二）冠层结构与光合生产

1. 节水高产冠层具有小叶、多穗、非叶光合面积比例大的特征　作物冠层结构与群体光合效率密切相关，构成群体光合的器官不仅包括叶片，还包括小麦的穗的各部分（护颖、内外稃、芒、果皮）、叶鞘和节间（主要是穗下节间）等非叶绿色器官。节水栽培通过增加基本苗保证足够穗数，通过拔节前控制供水、控制单茎叶面积，使叶片质量提高，非叶器官面积增加。由表 11-24 可知，随着灌水量减少，两个品种旗叶叶片长度、宽度和面积均相应降低，植株上部 3 片叶面积亦明显减小，比叶重增加；旗叶与茎秆夹角也随灌水量的减少而减小；粒叶比随灌水减少呈增加趋势。从不同灌水处理下群体绿色面积指数（GAI）、叶面积指数（LAI）、非叶绿色器官面积指数（NAI）的动态变化看（表 11-24），孕穗之前，绿色叶面积占群体总绿色面积 70% 以上，非叶器官面积所占比例较小，且不同灌水处理间差异不明显；开花之后，群体总绿色面积、非叶器官面积所占比例迅速上升，至灌浆期，非叶绿色器官面积占群体总绿色面积的 62.6%～83.6%，而绿色叶面积只占总绿色面积的 16.4%～37.4%，且随着灌水次数减少，非叶器官面积占群体总绿色面积的比例明显增加（表 11-25）。显示了后期非叶光合面积在节水小麦群体光合性能中的重要地位。

表 11-24　不同灌水处理小麦开花期植株上部叶片形态比较

（中国农业大学，2002—2003）

品种	处理	旗叶长 (cm)	旗叶宽 (cm)	旗叶面积 (cm²)	旗叶与 茎夹角 (°)	上 3 叶 叶面积 (cm²)	上 3 叶 比叶重 (mg/cm²)	穗粒重 (g)	粒叶比 (mg/cm²)
石家庄 8 号	不浇水	11.17	1.07	10.55	30.6	40.00	5.0	1.00	30.70
	浇 2 水	12.02	1.35	13.31	33.7	46.48	5.0	1.35	29.14
	浇 4 水	14.80	1.58	19.17	34.6	66.52	4.8	1.42	21.38
鲁麦 21	不浇水	9.63	1.26	9.95	23.2	35.14	5.0	1.01	28.86
	浇 2 水	11.40	1.35	12.62	27.8	40.41	4.8	1.08	26.71
	浇 4 水	14.91	1.57	19.20	30.6	54.19	4.4	1.18	21.76

注：浇 1 水为拔节水，浇 2 水为拔节水＋开花水，浇 4 水为起身水＋孕穗水＋开花水＋灌浆水；穗叶比为群体穗数/开花期上 3 叶总面积，粒叶比为穗粒重/开花期上 3 叶总面积。

表 11-25　不同灌水处理下小麦群体绿色器官面积组成及动态变化

（中国农业大学，2001—2002）

处理	指标	生育时期（月/日）					
		起身（3/19）	拔节（4/9）	孕穗（4/17）	开花（5/3）	灌浆（5/20）	成熟前（5/31）
不浇水	GAI	1.89 (100)	4.67 (100)	7.63 (100)	8.11 (100)	6.48 (100)	3.03 (100)
	LAI	1.71 (90.5)	4.36 (93.4)	5.36 (70.2)	2.69 (33.2)	1.06 (16.4)	0.00 (0.0)
	NAI	0.18 (9.5)	0.31 (6.6)	2.27 (29.8)	5.42 (66.8)	5.42 (83.6)	3.03 (100)

（续）

处理	指标	生育时期（月/日）					
		起身（3/19）	拔节（4/9）	孕穗（4/17）	开花（5/3）	灌浆（5/20）	成熟前（5/31）
浇1水	GAI	1.89 (100)	5.33 (100)	8.50 (100)	9.76 (100)	8.39 (100)	3.86 (100)
	LAI	1.71 (90.5)	4.93 (92.5)	5.87 (69.1)	3.62 (37.1)	2.25 (26.8)	0.37 (9.6)
	NAI	0.18 (9.5)	0.40 (7.5)	2.63 (30.9)	6.14 (62.9)	6.14 (73.2)	3.49 (90.4)
浇2水	GAI	1.89 (100)	5.32 (100)	8.57 (100)	10.06 (100)	9.74 (100)	4.29 (100)
	LAI	1.71 (90.5)	4.92 (92.5)	5.94 (69.3)	3.63 (36.1)	3.31 (34.0)	0.55 (12.9)
	NAI	0.18 (9.5)	0.40 (7.5)	2.63 (30.9)	6.43 (63.9)	6.43 (66.0)	3.74 (87.1)
浇4水	GAI	1.93 (100)	6.18 (100)	9.62 (100)	10.85 (100)	10.46 (100)	5.99 (100)
	LAI	1.72 (89.6)	5.75 (93.0)	6.61 (68.6)	4.30 (39.6)	3.91 (37.4)	2.16 (36.1)
	NAI	0.21 (10.4)	0.43 (7.0)	3.01 (31.4)	6.55 (60.4)	6.55 (62.6)	3.83 (63.9)

注：浇水时期同表 11-24。GAI 表示小麦群体总绿色面积指数（单位土地面积上所有绿色器官的面积）；LAI 表示小麦群体绿色叶面积指数；NAI 表示小麦群体非叶器官绿色面积指数（指单位土地面积上叶片以外所有绿色器官的面积）。括号中数据为占总绿色面积百分比。

2. 节水高产群体具有较强的光合耐逆性 节水栽培改善了冠层结构，增加了非叶光合面积，充分发挥了非叶器官的光合耐逆机能。旗叶节以上的穗、穗下节间和旗叶鞘这些非叶器官，外形近似圆柱体，在冠层中直立分布，且处于冠层顶端，可充分截获一天中不同时段的太阳辐射，并吸收冠层上方流动的较高浓度的 CO_2，在大群体下其优势更为明显，具有明显的光合生理优势。中国农业大学研究表明，在高温干旱胁迫下，非叶器官叶绿体结构的稳定性高于叶片，其光合速率下降幅度明显低于叶片，适度高温和干旱胁迫可诱导增强非叶器官 C4 代谢酶活性。特别是在籽粒生长中后期，各器官光合速率均下降，但叶片下降急剧，非叶器官下降迟缓，旗叶鞘和穗下节间的光合速率甚至超过旗叶叶片（图 11-5）。

测定表明，穗光合对籽粒重的相对贡献率大于旗叶叶片，穗下节间和旗叶鞘光合对粒重的贡献率也与旗叶相当，在旗叶节以上器官对粒重的总贡献率中，非叶器官的光合贡献率所占比例 70%～80%，随灌水减少而增大（中国农业大学，2003）。由于非叶绿色器官与叶片相比，具有逆境下的光合潜力和相对节水优势，因此，通过控水来控制叶片面积并提高叶片质量，通过增加穗数来提高群体中非叶绿色器官的比例，从而构建大群体、小叶形、高穗/叶比值（穗数与群体上 3 叶总面积之比）冠层结构，是节水高产栽培的重要方向。

（三）干物质积累、分配与水分利用效率

从器官建成和产量形成的角度分析，冬小麦开花前的光合产物主要用于源、库器官的建成，而开花后的光合产物则用于库器官的充实。从表 11-26 可以看出，在 3 个生育阶段中，播种至拔节阶段，物质积累量最小，水分利用效率最低。拔节至开花阶段，物质积累量大，水分利用效率最高，浇水可显著增加此期物质积累量，但浇 2 水、3 水、4 水之间物质积累量无明显差异，而阶段水分利用效率则以浇 1 水为最高，浇 4 水最低。开花至

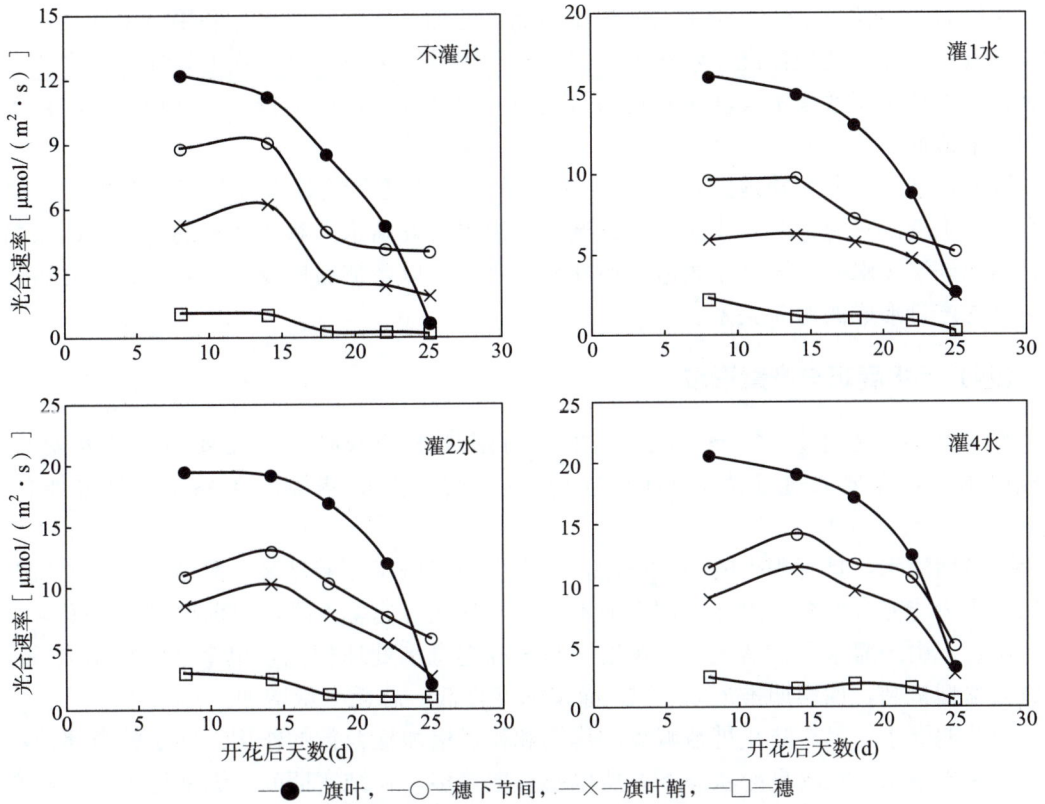

—●—旗叶，—○—穗下节间，—×—旗叶鞘，—□—穗

图 11-5 不同灌水处理冬小麦有关器官光合速率变化

（中国农业大学，2001—2002）

成熟期是籽粒产量形成的关键时期，产量与开花后的干物质积累量呈极显著正相关关系；适当增加灌水次数能明显增加开花至成熟期的干物质积累（表 11-26），但过多灌水（浇4 水），后期物质积累不再增加，并会降低。从开花后的水分利用效率看，不浇水最高，浇 1 水处理次之，随着灌水次数的增加呈明显的下降趋势。

表 11-26 不同灌溉处理干物质积累量、产量及其水分利用效率

（中国农业大学，1993—1994）

处理	播种至拔节		拔节至开花		开花至成熟		籽粒产量		
	干物重 (kg/hm²)	WUE_b (kg/m³)	干物重 (kg/hm²)	WUE_b (kg/m³)	干物重 (kg/hm²)	WUE_b (kg/m³)	产量 (kg/hm²)	WUE (kg/m³)	MU (kg/m³)
不浇水	2 640	1.70	4 715	4.04	3 755	3.89	5 462	1.47	—
浇 1 水	2 738	1.71	5 721	5.16	5 124	3.63	6 395	1.53	1.25
浇 2 水	2 835	1.74	5 930	4.85	5 685	3.18	6 827	1.47	0.57
浇 3 水	2 787	1.73	5 961	5.01	6 420	2.96	7 368	1.49	0.72
浇 4 水	2 933	1.76	5 949	3.86	5 710	2.43	6 858	1.23	-0.68

注：浇水处理同表 11-24。WUE 为产量水平上的水分利用效率；WUE_b 为干物质水平上的水分利用效率；MU 为增加灌水的边际效应。试验地点：河北吴桥。下表同。

从最后的籽粒产量看，浇1水处理比不浇水处理显著增产，水分利用效率最高，边际效应最大；浇2水处理比浇1水增产，但水分利用效率下降；浇3水处理在本年度的产量最高，但水分利用效率不及浇1水处理；而浇4水处理不仅产量较3水处理降低，且水分利用效率最低。

因此，在水资源紧缺地区，春浇1～2水是协调提高产量和水分利用效率的适宜灌溉方案。当水资源只允许灌1水时，应该选择在灌水能提高水分利用效率的拔节至开花期进行，当允许灌2水时，第2水则应选择在抽穗之后，以增加后期物质积累。具体时间的选择应考虑产量形成的源库关系。

（四）节水灌溉与产量形成

节水栽培，春季只浇1～2次水，利用有限灌水获取高产，需要考虑浇水对产量形成的影响，需要通过灌水时间的选择及其配套措施协调源库关系。分期灌溉研究表明：

起身期灌水，具有积极的增穗作用，冬春少雨多风年份最显著，但是对穗粒数和千粒重的作用不能充分发挥。由于后期水分不足，叶片光合速率下降，对前期物质的依赖性增加。而且，由于灌水早，增大了繁茂度，与未浇起身水处理相比，单茎叶面积增大50%，形成大株型机制，抽穗期推迟3～4d，灌浆强度降低，总耗水量增加。

拔节期灌水，具有防止穗数减少的作用和积极增加穗粒数的作用。由于整个穗粒数决定期处在土壤水分状况良好状态下，所以穗粒数最多，在结实期间气温平稳的年份，产量最高。但干热风年型千粒重难以保证。

孕穗期灌水，孕穗水之后，改善了整个千粒重决定期的水分条件，具有抽穗早、后期光合速率高、灌浆强度大等特点，千粒重最大。单茎叶面积小，典型的小株型机制，耗水量较少。因此，在干热风年型，具有较好的稳产性，能获得较高的产量。但是在非干热风年份，就存在源大库不足的问题。

春季浇1水谋求最大产量，并相应提高水分利用效率，最适灌水时期应在拔节期至孕穗期（表11-27）。在此基础上，拔节前和灌浆后期土壤水分亏缺的影响可以通过作物自身调节能力和技术措施加以补偿。

表 11-27 不同年度春浇 1 水灌水时期与产量及水分利用效率的关系

（中国农业大学，1991—1994）

年度	降水量（mm）		灌水时期	穗数（万/hm²）	粒数（粒/穗）	千粒重（g）	产量（kg/hm²）	耗水量（mm）	WUE（kg/m³）
	全生育期	前期							
1991—1992	44.2	18.8	起身期	549	29.0	40.3	6 371	399.0	1.59
			拔节期	548	30.0	39.7	6 632	386.0	1.73
			孕穗期	519	29.0	42.2	6 447	381.0	1.70
1993—1994	121.2	65.5	起身期	696	25.7	35.2	6 290	427.1	1.47
			拔节期	663	28.6	33.1	6 308	406.0	1.56
			孕穗期	642	26.9	38.0	6 585	407.3	1.62

春季浇 2 水，采取"拔节水＋开花水"模式，基本满足了源、库决定期的水分需求，在不同年份源、库均能保持相对平衡，可实现高产。再增加灌水，增产效应很小，甚至不增产或减产，水分利用效率明显下降。

三、冬小麦节水高产栽培主要技术

（一）底墒水调整土壤储水

土壤水是高效水，播种前浇足底墒水，将灌溉水转变为土壤水，并通过耕作措施，减少播种后土壤蒸发，是节水栽培的重要技术方案。底墒水的灌水量是由 $0\sim2m$ 土体水分亏额决定的。由于每年汛期后到小麦播种前降水量不同，2m 土体水分额年际间有较大差异。期间降水多的年份，底墒水灌溉量应小于 75mm，降水少的年份则应大于 75mm，而降水与多年平均值相近时，底墒水灌溉量 75mm 左右为宜。底墒水灌后，应使 2m 土体储水量达到田间最大持水量的 90%。足墒播种在节水栽培中占基础性地位。

（二）选用容穗量大、早熟、耐旱、多花、中粒型品种

节水栽培小麦品种的选用原则：一是成熟期早。早熟品种可以缩短后期生长时间，减少耗水量。二是容穗量大。华北地区小麦 3 个产量构成因素中穗数最活跃，对产量的影响最大；同时，节水栽培需要增加非叶光合面积。三是籽粒发育快、灌浆强度大、结实时间较短。由于开花到成熟阶段属于限量供水条件，水分胁迫时间多出现在灌浆后期，而籽粒发育进程快、灌浆强度大、结实时间相对较短的品种，可以缓解节水栽培后期上层水分亏缺的不利影响，使品种的产量潜力得以充分发挥。

（三）适当晚播

适当晚播可以减少冬前耗水，又为夏玉米充分成熟提供了时间，利于玉米增产。小麦晚播以不晚抽穗为原则，越冬苗龄 3（叶龄）是个界限，若苗龄小于 3 叶龄则抽穗期延迟，若大于 3 叶龄则抽穗期不延迟。因此，把越冬苗龄 3～4.5 叶龄作为最适宜的播期范围。

（四）集中施用磷肥、适当增加基肥氮量

研究表明，全年两茬所需磷肥集中施用小麦增产，夏玉米利用小麦磷肥后效不减产。在节水灌溉下，集中施磷可增加小麦生育前中期吸磷强度，促进根群发育，配合适当增加基肥中的氮素量，可促进前期长势，增加单位面积穗数。根据在河北吴桥县多年实践，节水、高产栽培的施肥量：在中上等肥力土壤，基施优质有机肥 $22.5\sim30m^3/hm^2$，尿素 $150kg/hm^2$，磷酸二铵 $300\sim375kg/hm^2$，硫酸钾 $150kg/hm^2$，硫酸锌 $15kg/hm^2$。拔节期看苗补施适量氮肥（不超过 $112.5kg/hm^2$ 尿素）。

（五）增加基本苗，确保播种质量

实践证明，节水栽培小麦依靠多穗增产，穗数应达到 675 万/hm^2 以上。由于晚播和

前期控水，分蘖成穗少，穗数靠基本苗保证。在河北吴桥县最适宜播期为 10 月 10～20 日，10 月 10 日播种，基本苗为 525 万/hm²，每晚播 1d 增苗 22.5 万，最多增加到 675 万/hm²，再晚播则不再增苗。但必须确保播种质量，配合做到：①精细整地。在适耕期耕翻土壤，耕深 20cm 以上，翻埋根茬、秸秆，耕前均匀施肥并撒施毒饵，耕后及时耙地、耱压、耢地；若不能耕翻，则旋耕 2～3 遍，耕后务必耙压。整地标准应达到耕层上虚下实，土面细平。②精选种子。确保籽粒大小均匀，严格淘汰碎瘪粒。③窄行匀播。机播，行距 15cm，严格调好机械、调好播量，避免下籽堵塞、漏播、跳播。做到各排种口流量一致，播深一致（3～5cm），落籽均匀。

（六）播后暄土保墒

疏松表土，切断毛管，减少蒸发耗水，是一项重要的节水栽培技术措施。机播后应镇压保墒；春季返青后锄划、灌水后松土，尽量减少蒸发耗水，提高实效耗水比例。

（七）春季适期补充灌水

春浇 1 水，灌水时间为拔节—孕穗期；春浇 2 水，最佳灌水期组合为拔节水＋开花水。

（八）选择适宜的土壤类型

不同类型土壤储水量差别很大，节水高产栽培适宜的土壤类型为沙壤、轻壤和中壤土。

第四节　小麦氮肥后移高产栽培技术

一、小麦氮肥后移高产栽培技术的内涵

小麦氮肥后移高产栽培是适用于强筋小麦和中筋小麦高产优质相结合的栽培技术，氮肥后移高产栽培技术能实现公顷产 9 000kg 小麦的高产，该项技术的主要成果内容获 2001 年国家科技进步二等奖，是农业农村部确定的农业主推技术。

常规冬小麦栽培在氮肥施用中，常常存在两个问题：一是在小麦播种时将氮肥一次性施入田里，即一次性底施，也称底施氮肥"一炮轰"；二是氮肥的运筹虽分为两次，但第 1 次于小麦播种前随耕地将 60%～70%氮肥耕翻于地下，称为底肥，第 2 次于返青期结合春季浇水追施 30%～40%的氮肥，致使底施氮肥过多，追肥时期偏早。

上述施肥时间和底追比例使氮素肥料多施在小麦生育前期，对于高产田中，会造成麦田群体过大，无效分蘖增多，小麦生育中期田间郁蔽，倒伏危险增大，后期易早衰，灌浆中后期光合速率迅速下降，影响产量和品质，氮肥利用效率低。

氮肥后移技术将氮素化肥的底施比例减少到 50%，追施比例增加到 50%，土壤肥力高的麦田底施比例为 40%，追施比例为 60%；同时将春季追肥时间后移，一般后移至拔

节期，土壤肥力高的麦田采用分蘖成穗率高的品种可移至拔节期至旗叶露尖时。

这一技术，可以有效地控制无效分蘖过多增生，塑造旗叶和倒 2 叶健挺的株型，使单位土地面积容纳较多穗数；建立起开花后光合产物积累多、向籽粒分配比例大的合理群体结构；能够促进根系下扎，提高土壤深层根系比重，提高生育后期的根系活力，有利于延缓衰老，提高粒重；能够控制营养生长和生殖生长并进阶段的植株生长，有利于干物质的稳健积累，减少碳水化合物的消耗，促进单株个体健壮，有利于小穗小花发育，增加穗粒数；能够促进开花后光合产物的积累和光合产物向产品器官运转，有利于较大幅度地提高生物产量和经济系数，显著提高籽粒产量；能够提高籽粒中清蛋白、球蛋白、醇溶蛋白和麦谷蛋白的含量，提高籽粒中谷蛋白大聚合体的含量，改善小麦的品质。氮肥后移技术有利于强筋和中筋小麦高产、优质、高效目标的实现。

二、公顷产 9 000kg 小麦对土壤条件的要求

（一）土壤有机质含量丰富，氮、磷、钾养分充足

生产实践证明，土壤营养丰富、比例协调的麦田产量高。表 11 - 28 显示了经山东省农业厅组织专家实打验收获得每公顷 9 000kg 以上产量的地块播前耕层土壤肥力状况，5 块公顷产量 9 000kg 以上的地块分别种植了 5 个品种，都获得了每公顷 9 000kg 以上的高产。近几年，山东鲁东、鲁中、鲁西每年都创建若干麦田实打每公顷 9 000kg 以上的高产，这些高产共同特点是均为在土壤有机质含量高，氮、磷、钾营养丰富而且比例协调的地力条件下取得的。

表 11 - 28　超高产麦田播种前 0～20cm 土层土壤肥力状况

（山东农业大学，1996—2006）

地点	品种（系）	产量（kg/hm²）	0～20cm 土层肥力状况				
			有机质（%）	全氮（%）	碱解氮（mg/kg）	有效磷（mg/kg）	速效钾（mg/kg）
龙口市北马镇前诸留村	8017-2	10 976.0	1.54	0.11	91.0	42.1	154.0
安丘市凌河镇前儒林村	鲁麦 7	10 032.5	1.37	0.10	88.6	111.0	109.0
寿光市寒桥镇北徐村	鲁麦 23	9 876.0	1.22	0.10	120.0	25.0	99.0
兖州市小孟镇王海村	泰山 23	11 034.9	1.30	0.10	80.0	25.0	83.0
兖州市小孟镇史王村	济麦 21	10 911.5	1.40	0.09	80.0	25.7	128.0

据山东农业大学用 ^{15}N 同位素示踪研究（表 11 - 29），高产小麦吸收的氮素营养有 2/3 来源土壤中储存的氮，1/3 来源当季投入的化肥，说明培肥地力，提高土壤的供肥能力是小麦高产的基础。近几年超高产麦田土壤养分测定结果和生产实践证明，公顷产量 9 000kg 以上的麦田，耕层土壤养分含量均具有有机质含量 1.4% 以上，全氮含量 0.1% 以上，碱解氮含量 90mg/kg 以上，有效磷含量 30mg/kg 以上，速效钾含量 100mg/kg 以上的地力基础。

表 11 - 29　高产小麦吸收肥料氮和土壤氮的数量与比例

(山东农业大学，2004，2001)

| 品种 | 总吸氮量 (mg/m²) | 来自肥料的氮 | | | | | | | 来自土壤的氮 | | 籽粒产量 (kg/hm²) |
| | | 来自基肥的氮 | | 来自追肥的氮 | | 合计 | | | | | |
		吸收量 (mg/m²)	吸收比例 (%)	吸收量 (mg/m²)	吸收比例 (%)	吸收量 (mg/m²)	吸收比例 (%)	吸收量 (mg/m²)	吸收比例 (%)	
济麦 20	34.82	4.34	12.45	4.48	13.91	9.18	26.36	25.64	73.64	9 159.3
鲁麦 22	193.57	22.87	11.81	26.50	13.69	49.37	25.20	144.20	74.50	9 421.9

注：鲁麦 22 氮吸收量的单位为 mg/茎。

（二）土体深厚，土体内构型和谐、无障碍层次

小麦是深根作物，一般根系可达土层深度 2.5～3.0m。土体深厚才能保证小麦根系有充分伸延、活动的范围和供给小麦水分、养分的库容，在一定范围内，作物产量与土体厚度呈正相关。超高产麦田要求 2m 土体内无过沙过黏的层次，各层质地多为壤质，无特殊的障碍层。

（三）耕层深厚，土壤结构良好

公顷产 9 000kg 高产麦田耕层厚度一般应为 25～28cm，耕层内土壤有机质含量高，呈较明显的团粒结构。团粒状土壤结构可使耕层内大、小孔隙比例适中，有利于保水、保肥，且水、肥、气、热状况协调稳定。

（四）改旋耕为深耕或深松，协调土壤水、肥、气、热状况

近几年，黄淮冬麦区和北方冬麦区用旋耕犁以旋代耕的面积逐年扩大，由于旋耕犁旋后土壤坷垃少，易整地作畦，因此这种耕作方式颇受农民欢迎。但因旋耕犁耕作太浅，一般不足 15cm，使犁底层加厚，耕层变浅，对有机质含量低的土壤会产生两点不利影响：一是影响小麦根系下扎；二是坚实的犁底层影响水分下渗和土壤蓄水纳墒，土壤深层蓄水少，不利于根系发育，降低了小麦生育后期抗御干旱和干热风的能力，影响粒重和产量。高产田耕层要求"深（耕深达到要求）、透（不漏耕漏耙）、细（精细整地）、平（土地平整）、实（土壤上松下实）"，有利于苗匀苗壮。所以，对旋耕麦田，应采取两年旋耕一年深耕或者深松的耕作制度，既有利于保持水土、提高效益，又有利于高产和可持续发展。

三、有机无机肥料配合培肥地力，延缓小麦衰老

小麦氮肥后移高产栽培技术必须在较高土壤肥力条件下实施。试验证明，有机无机肥料配合施用能显著地培肥地力。

（一）有机无机肥料配合降低根系膜脂过氧化作用，延迟根系衰老

超氧化物歧化酶是生物防御膜脂过氧化作用的重要保持酶之一。从表 11-30 可以看出，开花后 7d，两处理相应各层次根系超氧化物歧化酶活性为有机与无机肥相结合的处理Ⅰ显著高于仅用无机肥的处理Ⅱ，鲁 215953 品种仅下层处理Ⅰ高于处理Ⅱ；到开花后 16d，两处理相应各层次根系的超氧化物歧化酶活性均为处理Ⅰ高于处理Ⅱ，特别是中层根和下层根的差异更为显著；开花后 23d，各层次根系超氧化物歧化酶活性下降，两处理上层根系差异较小，而处理Ⅰ中下层根系的超氧化物歧化酶活性明显高于处理Ⅱ，说明有机无机肥配合施用能有效地延迟根系特别是中下层根系中后期活性氧清除能力的下降，也表明中下层根系在延迟植株衰老中的作用大于上层根系。

表 11-30　有机无机肥料配合对小麦根系超氧化物歧化酶活性的影响（U/g FW）

（山东农业大学，1995）

品种	处理	根层（cm）	开花后天数（d）（月/日）		
			7（5/14）	16（5/23）	23（5/30）
鲁 215953	Ⅰ	0～20	160.2	216.5	88.4
		20～40	157.8	263.7	106.2
		40～100	129.5	205.7	158.2
	Ⅱ	0～20	210.4	187.9	78.8
		20～40	184.5	117.2	90.6
		40～100	106.8	193.2	124.7

注：处理Ⅰ. 有机无机肥料配合；处理Ⅱ. 仅用无机肥料。表 11-31～表 11-33 同。

（二）有机无机肥料配合提高了根系活力

从表 11-31 看出，开花后 7d 两处理之间各层根对应层次根系活力大小差异不显著。此后，各层根衰老，根系活力降低，但处理Ⅰ各层根系活力下降幅度均小于处理Ⅱ，所以到开花后 16d 和 23d，处理Ⅰ各层根的根系活力也都高于处理Ⅱ。表明有机无机肥配合能延缓小麦根系活力下降，以供给植株和籽粒灌浆充足的养分和其他物质。

表 11-31　有机无机肥料配合对小麦根系活力的影响［μg TTC/(g FW·h)］

（山东农业大学，1995）

品种	处理	根层（cm）	开花后天数（d）（月/日）		
			7（5/14）	16（5/23）	23（5/30）
鲁 215953	Ⅰ	0～20	448.4	332.5	166.3
		20～40	269.7	171.3	90.7
		40～100	286.2	167.9	81.8
	Ⅱ	0～20	408.2	225.7	127.1
		20～40	262.6	134.8	65.0
		40～100	224.9	99.8	42.2

（三）有机无机肥料配合提高小麦生育后期各层根的干重和总干重

从表 11-32 可以看出，鲁 215953 处理 I 各层根干重分别比处理 II 的高 28.90%、6.06%和 34.38%说明有机无机肥料配合显著提高了各层根，特别是下层根干重，这对延缓叶片和根系衰老，提高小麦生育后期的光合速率起着重要作用。

表 11-32　有机无机肥料配合对小麦根干重的影响

（山东农业大学，1995）

品种	处理	根层（cm）	干重（g）	占总根重百分数（%）	总根重（g/土柱）
鲁 215953	I	0～20	15.03	65.38	
		20～40	2.80	12.18	22.99
		40～100	5.16	22.44	
	II	0～20	11.66	64.28	
		20～40	2.64	14.55	18.14
		40～100	3.84	21.17	

（四）有机无机肥料配合提高了籽粒产量和经济系数

从表 11-33 可以看出，处理间穗数和穗粒数无显著差异，但是由于处理 I 延缓了植株后期衰老，因而显著提高了千粒重，提高了产量。还可以看出，处理 I 的生物产量高，经济系数亦较高，说明有机无机肥料配合施用对千粒重和经济产量的提高，是通过促进灌浆中后期根系的吸收，延缓植株衰老，提高生物产量，并促进光合产品向籽粒中转运来实现的。这一研究结果表明，在土壤肥力较高、无机肥料供应充足的条件下，重视积造与施用有机肥仍是提高小麦产量的重要栽培技术措施。

表 11-33　有机无机肥料配合对产量构成因素和产量的影响

（山东农业大学，1995）

品种	处理	穗数（万/hm²）	穗粒数（粒）	千粒重（g）	生物产量（kg/hm²）	经济产量（kg/hm²）	经济系数
鲁 215953	I	618.60	30.87	51.23	21 085.4	9 097.4	0.43
	II	607.20	31.02	49.87	19 007.3	8 003.3	0.42

四、小麦氮肥后移技术的关键技术环节

实行氮肥后移技术，必须以较高的土壤肥力和良好的土肥水条件为基础。生产实践证明，公顷产小麦 5 250kg 以上的麦田，适合于氮肥后移高产栽培。应培养土壤肥力达到 0～20cm 土层土壤有机质含量≥1.4%，全氮＞0.08%，水解氮＞80mg/kg，有效磷

＞30mg/kg，速效钾＞90mg/kg，有效硫＞16mg/kg。在这样的地力水平上，运用氮肥后移延衰高产栽培技术，可获得公顷产量 7 500kg，并由公顷产量 7 500kg 向 9 000kg突破。

在上述地力条件下，施肥种类应考虑到土壤养分的余缺，平衡施肥，以利良种潜力的发挥。总施肥量，一般每公顷施有机肥 45 000kg，氮肥（N）120kg，磷肥（P_2O_5）105～120kg，钾肥（K_2O）150～120kg，硫酸锌 15kg。小麦、玉米秸秆全量还田。

上述施肥总量，在一般肥力的麦田，有机肥全部，化肥氮肥的 50%，全部的磷肥、钾肥和锌肥均作底肥，第 2 年春季小麦拔节期再追施余下的 50% 氮肥；在土壤肥力高的麦田，有机肥全部，钾肥和磷肥、锌肥均作底肥，底施氮肥的 40%，第 2 年春季小麦拔节时再追施余下的 60% 氮肥。

其他栽培技术环节与一般高产栽培相同。

五、小麦氮肥后移技术高产优质的生理基础

（一）提高开花后旗叶光合速率，延长光合高值持续期

如图 11-6 所示，在高产土壤肥力条件下，改氮肥一次性底施为底肥与追肥相结合，或者适当增加追施氮肥比例，显著提高了小麦开花后旗叶光合速率，延长光合速率高值持续期，增加光合产物的生产和积累，为籽粒淀粉合成提供充足的底物。

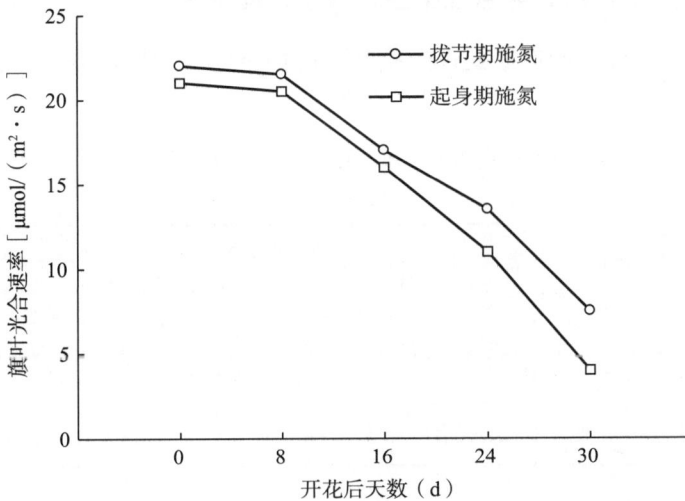

图 11-6 氮肥后移对开花后旗叶光合速率的影响

（二）促进光合产物向穗部分配

从表 11-34 可知，挑旗期标记于旗叶的 ^{14}C 同化物在成熟期向籽粒中分配的比例，拔节期追氮的处理显著高于起身期追氮的处理；而旗叶中滞留的比例和向其他营养器官的分配比例，拔节期追氮的处理少于起身期追氮的，有利于提高旗叶的光合速率和

粒重。

表 11-34　不同追氮时期处理挑旗期标记的旗叶¹⁴C同化物成熟期在不同器官的分配（%）

（山东农业大学，1999）

品种	追氮时期	旗叶	其他营养器官	穗轴＋颖壳	籽粒	千粒重（g）
烟农15	起身期	12.63b	32.36b	14.99	40.02b	28.52b
	拔节期	11.70c	30.80c	14.37	43.13a	30.47a
	挑旗期	12.01c	30.49c	14.12	43.38a	30.36a
	开花期	13.37a	33.40a	14.81	38.42c	27.38c

注：同一列不同小写字母表示在0.05水平上差异显著。

（三）增强拔节期以后的氮素同化能力，促进营养器官氮素向籽粒转运

在高产土壤肥力条件下，改氮肥一次性底施为底肥与追肥相结合，或者减少底施氮肥数量，增加追施氮肥的比例，能显著提高植株拔节至开花期的氮素同化能力，提高小麦旗叶硝酸还原酶活性和谷氨酰胺合成酶活性，从而提高了开花期营养器官氮素积累量和开花后向籽粒的转移量和转移率，有利于籽粒中氮素的积累。

（四）提高了开花后旗叶可溶性蛋白质含量，延缓衰老

表 11-35 表明，拔节期追氮处理的旗叶可溶性蛋白质含量显著高于起身期追氮处理，尤其以灌浆后期差异显著，说明其延缓了衰老。

表 11-35　追氮时期对旗叶可溶性蛋白质含量的影响（mg/g FW）

（山东农业大学，1997）

品种	追氮时期	开花后天数（d）					
		0	7	14	21	28	35
鲁麦22	起身期	51.13±0.10	48.08±0.09	40.42±0.14	33.18±0.19	17.25±1.02	8.32±0.12
	拔节期	52.48±0.04	50.24±0.41	43.67±0.13	37.26±0.13	24.01±0.81	10.22±0.91

（五）改善籽粒品质，提高产量

在高产土壤肥力条件下，改氮肥一次性底施为底肥与追肥相结合，或者适当增加追施氮肥比例，显著提高了湿面筋含量和面团形成时间，同时提高了支链淀粉/直链淀粉比值，增加了总淀粉积累量，改善了蛋白质品质和淀粉品质，并提高了籽粒产量（表 11-36）。在土壤碱解氮为90.04mg/kg的条件下，氮肥1/3底施、2/3追施是兼顾了优质和高产的氮肥运筹方案。

表 11-36 氮肥不同底追比例对籽粒蛋白质含量和加工品质及产量的影响

(山东农业大学，1999)

品种	处理	蛋白质含量（%）	湿面筋含量（%）	面团形成时间（min）	面团稳定时间（min）	支/直比值	总淀粉含量（%）	籽粒产量（kg/hm²）
济南17	Ⅰ	13.58b	35.69c	7.1c	8.0b	6.45c	68.14b	7 990.5c
	Ⅱ	13.67b	40.77a	8.0b	8.0b	7.36a	69.68a	9 378.0a
	Ⅲ	14.18a	38.95b	9.4a	10.2a	7.18b	69.24a	8 394.0b

注：处理Ⅰ：1/2底施，1/2拔节期追施；处理Ⅱ：1/3底施，2/3拔节期追施；处理Ⅲ：全部于拔节期追施。

（六）氮肥追肥时期后移提高了肥料氮的利用率

利用¹⁵N同位素进行的试验结果指出（表 11-37），将追氮时期由起身期后移至拔节期，增加了植株对氮素的吸收量，尤其是提高了肥料氮的吸收利用率。

表 11-37 追氮时期对土壤氮和肥料氮（¹⁵N）吸收利用的影响

(山东农业大学，2000)

品种	追氮时期	总吸氮量（mg/茎）	追肥氮 mg/茎	追肥氮 占总氮（%）	底肥氮 mg/茎	底肥氮 占总氮（%）	合计 mg/茎	合计 占总氮（%）	土壤氮 mg/茎	土壤氮 占总氮（%）
鲁麦14	起身期	155.61	21.28	13.68	15.38	9.88	36.66	23.55	118.95	76.44
	拔节期	169.42	25.07	14.80	20.32	11.99	45.39	26.79	124.03	73.21
鲁麦22	起身期	212.24	29.02	13.67	24.89	11.73	53.91	25.40	158.33	74.60
	拔节期	225.92	36.03	15.94	28.81	12.76	64.84	28.70	161.08	71.30

（七）减少了硝态氮向深层土壤的淋溶

在高产土壤肥力条件下，减少底施氮肥用量，增加追施氮肥的比例能显著提高生育中后期0～40cm土壤硝态氮含量，保证氮素供应，且硝态氮深层土壤的淋溶减少（图 11-7）。基施氮肥过多提高了冬前和拔节期0～100cm土层中硝态氮的含量，增加了土壤氮素淋溶。

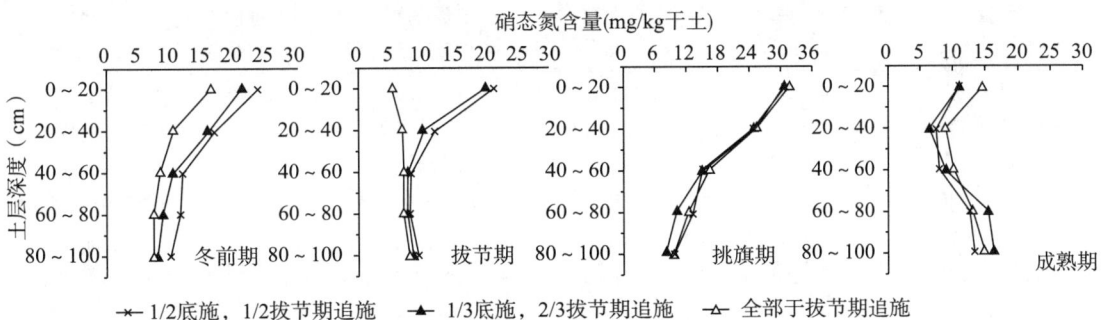

图 11-7 不同处理土壤硝态氮含量的时空变化

(山东农业大学，2004)

第五节　北方雨养旱地小麦丰产栽培理论与技术

一、黄淮冬麦区雨养旱地小麦丰产栽培理论与技术

雨养旱地小麦是指仅依靠自然降水栽培的小麦，其产量的高低与年降水量和生长期间降水量及降水利用效率关系密切。黄淮冬麦区的山东省和河南省有较大的雨养旱地小麦面积，山东省常年约有 86 万 hm^2，河南省常年约有 106 万 hm^2。山东省气候属暖温带季风气候类型，年平均降水量一般在 520～700mm；河南省属暖温带-亚热带、湿润-半湿润季风气候，年平均降水量为 500～900mm。两省降水主要集中在 7、8、9 三个月，小麦生长期 10 月至翌年 6 月降水量仅占全年降水量的 25%～40%，干旱成为限制该区小麦产量的重要因素。近年来，黄淮冬麦区进行了雨养旱地小麦栽培技术研究，集成了旱地小麦丰产栽培技术。

旱地小麦丰产栽培技术已得到推广应用，1997 年莱阳农学院在山东省莱阳市冯格庄镇马岚村用小麦品种鲁麦 21 实打取得 10 404.6kg/hm^2 的旱地小麦高产纪录；2015 年河南省洛宁县史村用洛旱 6 号品种创建的旱地小麦高产示范方产量为 9 808.5kg/hm^2。本项技术是 2007 年山东省科技进步二等奖的部分内容。

（一）旱地小麦高产的生理基础

1. 高产旱地小麦适宜的群体结构　莱阳农学院 1986—1990 年间调查了不同产量水平、不同条件的 126 块地片示范田和攻关田（表 11-38）。对调查结果分析可知，由低产到高产，冬前单位面积总茎数与成熟期单位面积穗数有一定的对应关系，即 3 000kg/hm^2 的产量，冬前总茎数为穗数的 3 倍；4 500kg/hm^2 的产量，冬前总茎数为穗数的 2.6 倍；6 000kg/hm^2 的产量，为 2.5 倍；7 500kg/hm^2 的产量，为 2.1 倍。随着产量的提高，冬前总茎数为穗数的倍数减小。

表 11-38　旱地小麦不同产量水平的主要群体指标

（莱阳农学院，1986—1990）

产量 （kg/hm^2）	基本苗数 （万/hm^2）	冬前茎数 （万/hm^2）	春季茎数 （万/hm^2）	孕穗期 叶面积系数	穗数 （万/hm^2）
3 499.5 (2 460.0～3 885.0)	140.25 (121.5～196.5)	1 111.5 (756.0～1 279.5)	1 422.0 (300.0～1 878.0)	2.0 (1.8～2.4)	373.5 (244.5～490.5)
4 650.0 (3 750.0～5 235.0)	201 (145.5～357.0)	1 225.5 (544.5～1 567.5)	1 567.5 (750.0～2 230.8)	2.6 (2.1～3.3)	468.0 (387.0～612.0)
6 240.0 (5 310.0～6 735.0)	177.0 (136.5～249.0)	1 474.5 (975.0～2 295.0)	1 747.5 (1 257.0～2 100.0)	4.0 (3.0～5.3)	595.5 (480.0～732.0)
8 106.0 (6 810.0～9 240.0)	168.0 (121.5～234.0)	1 453.5 (663.0～2 178.0)	1 737.0 (1 233.0～2 514.0)	5.0 (4.5～5.8)	678.0 (558.0～852.0)

注：括号内为变幅；小麦品种为鲁麦 13。

　　叶面积系数与产量的关系，产量为 3 000kg/hm² 的孕穗期叶面积系数为 2 左右，产量 7 500kg/hm² 的最大叶面积系数为 5 左右。因此，在生长后期较长时间内维持较大的叶面积是获得高产的基础。

　　洛阳市农林科学院的研究表明，在河南洛旱 7 号取得 7 500kg/hm² 以上高产（图 11-8），其基本苗为 150 万～180 万/hm²，越冬期群体达到 975 万/hm² 左右，拔节期达到 1 275 万～1 350 万/hm²，成熟期成穗数为 555 万～630 万/hm²，分蘖成穗率为 42%～45%。越冬期与拔节期群体大小与成穗数的比率是有效调控群体的重要依据，其中越冬期群体为成穗数的 1.7～1.8 倍，拔节期群体为成穗数的 2.2～2.4 倍。控制冬前群体数量适宜是重要的管理环节。

　　洛旱 7 号叶面积指数动态变化呈单峰曲线（图 11-9），自越冬期始逐渐升高，到孕穗期达到最大值，之后开始下降。洛旱 7 号取得高产适宜的叶面积指数为：越冬期保持在 1 左右，拔节期在 4 左右，孕穗期为 6～7，开花期为 5～6，灌浆前期为 4～5，灌浆中期为 3～4，灌浆后期为 1～2。

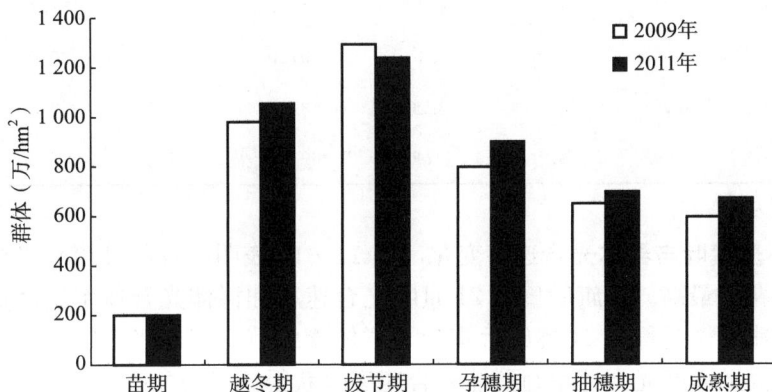

图 11-8　洛旱 7 号小麦群体动态
（洛阳市农林科学院，2009、2011）

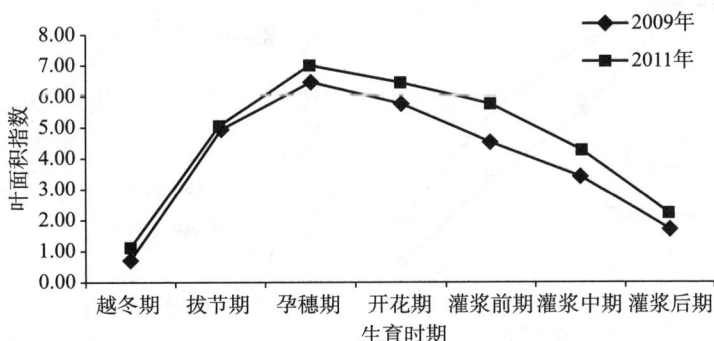

图 11-9　洛旱 7 号叶面积指数动态
（洛阳市农林科学院，2009、2011）

　　2. 土壤肥力对旱地小麦产量的影响　莱阳农学院进行的培肥地力定点试验结果表明（表 11-39），在长期偏施氮肥，土壤全氮维持 0.08% 左右，有效磷含量达 10mg/kg 以上的麦田，配套合理施肥可获 6 000kg/hm² 的产量。获得更高产量磷素营养应有更高水平，同时相应提高氮素营养水平。由于砂姜黑土速效钾含量在 100mg/kg 左右，低产麦田增施钾肥无效；达高产水平，氮、磷、钾配合的情况下增产效果明显。分析超过 7 500kg/hm² 的高产丰产典型，有效磷含量应该达到 20mg/kg 左右，而全氮含量应达 0.1% 左右，速效氮含量应达 80mg/kg 左右。据此，提高耕层速效氮和有效磷的含量，是旱地小麦高产培肥地力的主要方向。旱地高产麦田，随氮、磷营养的改善，也要求钾素营养有更高的指标。

表 11 - 39 旱地土壤养分状况对小麦产量的影响

（莱阳农学院，1986—1990）

地片	有机质（%）	全氮（%）	速效氮（mg/kg）	有效磷（mg/kg）	穗数（万/hm²）	每穗粒数（个）	千粒重（g）	产量（kg/hm²）
1	1.18	0.078	18.0	3.54	318.0	24.2	36.0	1 920.0
2	1.40	0.079	17.3	3.73	433.5	25.6	36.0	3 832.5
3	1.38	0.073	14.3	4.48	516.0	27.2	37.4	4 125.0
4	1.32	0.087	17.2	5.40	594.0	26.9	36.0	5 265.0
5	1.29	0.082	46.6	8.20	639.0	28.5	37.5	6 721.0
6	1.36	0.092	69.1	11.26	694.5	27.3	37.5	6 420.0

注：小麦品种为鲁麦 13。

3. 旱地小麦旗叶与群体光合速率变化 图 11 - 10 表明，各品种旗叶光合速率和群体光合速率在开花期最高。挑旗后鲁麦 21 旗叶光合速率和群体光合速率均降低缓慢，而烟 D27 则降低迅速，说明鲁麦 21 挑旗后旗叶与群体能维持较高的光合能力。因此，旱地麦田品种维持较高的旗叶光合速率与群体光合速率是获得高产的关键。

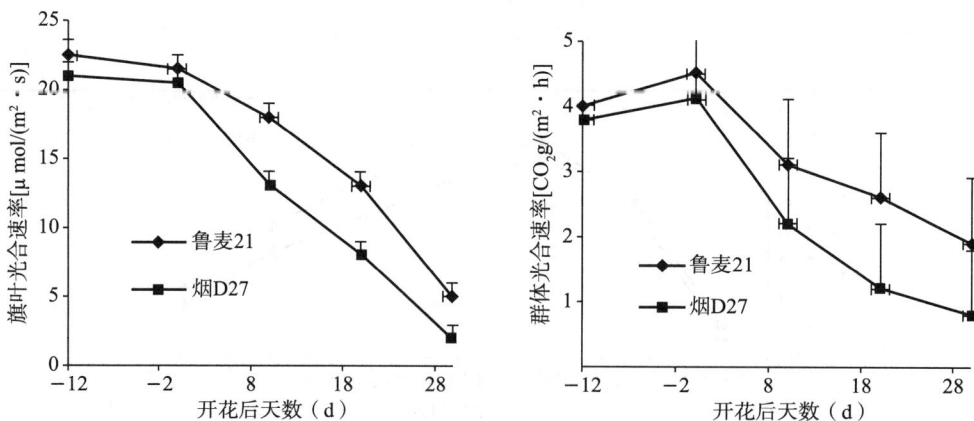

图 11 - 10 旱地小麦旗叶与群体光合速率变化

（莱阳农学院，1996—1997）

4. 不同旱地小麦品种产量及水分生产率变化 由表 11 - 40 可知，同等地力条件下，籽粒产量、秸秆产量和耗水量均以鲁麦 21 最高，水分生产率鲁麦 21 和莱农 9217 高于烟

D27 与莱农 8834，但水分生产率鲁麦 21 和莱农 9217 之间、烟 D27 与莱农 8834 之间无显著差异。说明鲁麦 21 和莱农 9217 是高产节水的旱地品种。

表 11-40　旱地小麦品种产量及水分生产率变化

(莱阳农学院，1996—1997)

品种	籽粒产量 (kg/m²)	秸秆产量 (kg/m²)	经济系数	耗水量 (mm/m²)	水分生产率 (kg/mm)
烟 D27	0.73c	1.14c	0.39b	0.56b	1.30b
莱农 8834	0.75c	1.13c	0.40a	0.57b	1.32b
莱农 9217	0.94b	1.35b	0.41a	0.68a	1.38a
鲁麦 21	0.96a	1.44a	0.40a	0.70a	1.37a

注：同一列不同小写字母表示在 0.05 水平上的差异显著。

（二）旱地小麦丰产栽培技术

1. 提高整地质量　雨养旱地一般耕作比较粗放，要获得高产，需在推行玉米联合机收获和秸秆还田的基础上，不断提高整地质量。即土层深度大于 100cm 旱地麦田，进行深耕或深松，耕深以 25cm 左右为宜，松深以 30～35cm 为宜。深耕或深松均隔 2～3 年进行一次。深松可以增加较深层土壤中根系的比例（表 11-41），利于根系对深层水肥吸收利用并减少土壤水分散失。

表 11-41　深松与传统旋耕对开花后根系干重占比的影响

(青岛农业大学，2009—2010)

土层深度 (cm)	根系干重占比（%）							
	深松处理				传统处理（旋耕）			
	0	10	20	30	0	10	20	30
0～20	42.54	39.88	36.30	41.24	51.26	49.54	47.70	48.26
20～40	23.25	24.88	26.03	23.58	18.33	18.25	18.23	21.01
40～60	15.46	15.72	17.30	17.68	12.88	14.11	15.84	15.94
60～80	11.89	12.89	13.87	12.42	10.76	12.12	12.52	11.32
80～100	6.87	6.60	6.51	5.05	6.77	5.98	5.71	3.46

注：小麦品种为济麦 22；表中数字"0、10、20、30"分别代表花后天数（d）。

2. 选用开花后衰老慢及开花后干物质向籽粒转运多的小麦品种　由表 11-42 可知，开花后干物质积累量对籽粒重的贡献率为鲁麦 21、莱农 9217 大于莱农 8834、烟 D27，说明在旱地高产田，鲁麦 21 和莱农 9217 开花后植株衰老较莱农 8834 和烟 D27 慢，鲁麦 21 和莱农 9217 籽粒产量中来自开花后光合器官输送的比例大，有利于形成高产。因此，旱地高产麦田应选用开花后衰老慢及开花后干物质向籽粒转运多的小麦品种。

287

表 11 – 42　不同品种花后干物质积累量对籽粒重的贡献率变化

（莱阳农学院，1996—1997）

品种	籽粒产量 (kg/m²)	开花期干物质产量 (kg/m²)	成熟期干物质产量 (kg/m²)	花后干物质积累量		花前干物质积累量		花后干物质积累量对籽粒重的贡献率（%）
				增重 (kg/m²)	占开花期 (%)	重量 (kg/m²)	占籽粒重 (%)	
烟 D27	0.73	1.44	1.87	0.43	29.86	0.30	41.10	58.90
莱农 8834	0.75	1.44	1.88	0.44	30.56	0.31	41.33	58.67
莱农 9217	0.94	1.61	2.29	0.68	42.24	0.26	27.66	72.34
鲁麦 21	0.96	1.71	2.40	0.69	40.35	0.27	28.13	71.87

3. 种子处理　小麦播种前晒种 2d，后用高效低毒的专用种衣剂包衣。未进行包衣的种子要用药剂拌种，根病发生较重的地块，选用 2% 戊唑醇按种子量的 0.1%～0.15% 拌种，或用 20% 三唑酮按种子量的 0.15% 拌种；地下害虫发生较重的地块，选用 20% 丁硫克百威乳油按种子量的 0.2% 拌种；病、虫混发严重地块用以上杀菌剂加杀虫剂混合拌种。

4. 播种期　从播种至越冬开始，具有 0℃ 以上积温 570～645℃ 为宜，即冬前单株主茎长到 6～7 叶，单株分蘖 5～7 个。山东、河南旱地小麦的适宜播种期与水浇地小麦的播种期一致，不要过早播种，播种过早冬前消耗过多土壤水分，易出现小麦早发早衰的现象。但注意播种时必须考虑土壤墒情，当土壤有失墒危险时要适当早播，并适当减少氮肥用量，适当减少每公顷基本苗，注意播后镇压。

5. 因地确定施肥量　实行有机肥与化肥配合，作基肥一次性施入土壤。由于中低产旱地小麦田地力基础较低，主要表现为有机质含量低，氮、磷养分含量低。可以通过适量增施氮、磷化肥，有利于单株生产较多干物质，以无机换有机，扩大有机物质的循环基础，提高土壤有机质含量。如实施玉米秸秆全量还田，注意秸秆长度小于 5cm。对产量 6 750～7 500kg/hm² 的旱地高产田，要求土层厚度 ≥100cm，10～20cm 耕层有机质含量 ≥1.1%，全氮（N）含量 ≥0.1%，碱解氮（N）含量 ≥90mg/kg，有效磷（P_2O_5）含量 ≥25mg/kg，速效钾（K_2O）含量 ≥100mg/kg，pH 6.0～8.0。同时，有机肥与化肥配合施用，总的施肥量（有机肥＋无机肥）为：每公顷施纯 N 180kg 左右，P_2O_5 120kg 左右，K_2O 105kg 左右。所有肥料一次性底施，也可留出 30% 的氮肥春季返青期或起身期趁墒开沟追施。

6. 以地力水平确定群体结构　根据基础地力水平，确定合理群体结构。对分蘖成穗率低的大穗品种，要求基本苗 225 万～270 万/hm²，冬前总茎数为计划穗数的 1.5～2.0 倍，春季最大总茎数为计划穗数的 2.0～2.5 倍，成穗数 420 万～525 万/hm²，每穗粒数 40 粒左右，千粒重 40g 左右；对分蘖成穗率高的品种，要求基本苗 225 万/hm²，冬前总茎数为计划穗数的 1.5～2.0 倍，春季最大总茎数为计划穗数的 2.0～2.5 倍，成穗数 450 万～600 万/hm²，每穗粒数 35 粒左右，千粒重 40g 左右。

7. 冬前管理　播种后及时查苗补种，补种时开沟浇水点种，保证出苗。冬前根据苗情，在降水较多年份，耕层墒情较好时应及早中耕保墒；早春降水较少年份，表土变干时应进行镇压。对过旺旱地麦田，一是应实施冬前或早春镇压，二是在冬前实施深耕断根（表 11-43），以增加中、下层根系的重量和比率，降低根系生长冗余，增加穗数和穗粒数，提高产量。

表 11-43　深耕断根对旱地小麦产量及其构成因素的影响

（莱阳农学院，1997—1998）

断根时期	穗数 （万/hm²）	穗粒数 （粒/穗）	千粒重 （g）	产量 （kg/hm²）	经济系数
冬前	631.8a	36.1a	39.1a	8 917.5a	0.47
起身期	590.5b	35.8a	38.9a	8 221.5b	0.47
冬前＋起身期	561.4c	35.2b	37.3b	7 370.7c	0.48
不断根	600.7b	35.7a	38.5a	8 255.1b	0.46

注：1. 小麦品种为鲁麦 21。2. 同一列不同小写字母表示在 0.05 水平上的差异显著。

8. 防治病虫草害　在冬前苗期注意化学防除杂草。春季从小麦拔节期开始，注意防治纹枯病、白粉病、锈病、赤霉病等及麦蜘蛛、蚜虫等。在开花期后田间脱肥时，用浓度 1.0%～2.0% 的尿素或 0.1%～0.2% 的磷酸二氢钾溶液喷施两次，每次间隔 10d。可与防治病虫的药剂配合使用，实现"一喷三防"。

9. 倒春寒的补救措施　密切关注天气变化，若一旦发生倒春寒，用浓度 1.0%～2.0% 的尿素与植物生长调节剂进行叶面喷施，促进中、小蘖迅速生长和潜伏蘖早发快长，减少穗数和穗粒数的下降幅度。

二、山西省雨养旱地小麦蓄水保墒丰产栽培理论与技术

旱地小麦蓄水保墒增产技术与配套农业机械的研发应用，2015 年获山西省科学技术进步一等奖。

（一）山西小麦生产特点

1. 生态特点　山西省常年小麦播种面积约 53.3 万 hm²，其中旱地小麦面积约占 45%，主要集中在运城、临汾、晋城等地。山西位于黄土高原东部，属典型的半干旱暖温带气候，降水特征为夏秋季多雨，冬春季干旱少雨，年均降水量 400～600mm，约 60% 的降水量集中在 7～9 月。山西旱作小麦主产区日均气温 12.9℃，年日照时数 2 242h，光能丰富，日照充足，蒸发量普遍高于实际降水量，约为 1 400mm。土壤类型主要为黄绵土和壤土，0～20cm 土层土壤 pH 8.4，有机质含量约 0.89%，全氮含量约 800mg/kg，碱解氮含量约 38.62mg/kg，有效磷含量约 14.61mg/kg。

2. 水分蓄积与利用特点　山西农业大学根据该区域降水的分布特点以及土壤水分的利用效应，把黄土高原旱作小麦水土系统分解为单循环水土系统与复循环水土系统（图 11-11）；根据小麦根系对土壤水分的利用将土壤水分划分为 3 个层次：水分剧烈变化

层、水分缓慢变化层、水分稳定层。土壤水分时空变化及运行规律为：400～600mm降水年型范围内，土壤水分积蓄、消耗、利用的剧烈变化层在300cm之内，并因年型不同而异，大约400mm降水年型用水层在160cm以上，500mm年型在220cm以上，600mm年型为260cm以上。因此，最大限度保蓄休闲期降水是旱地小麦高产稳产的主要措施。

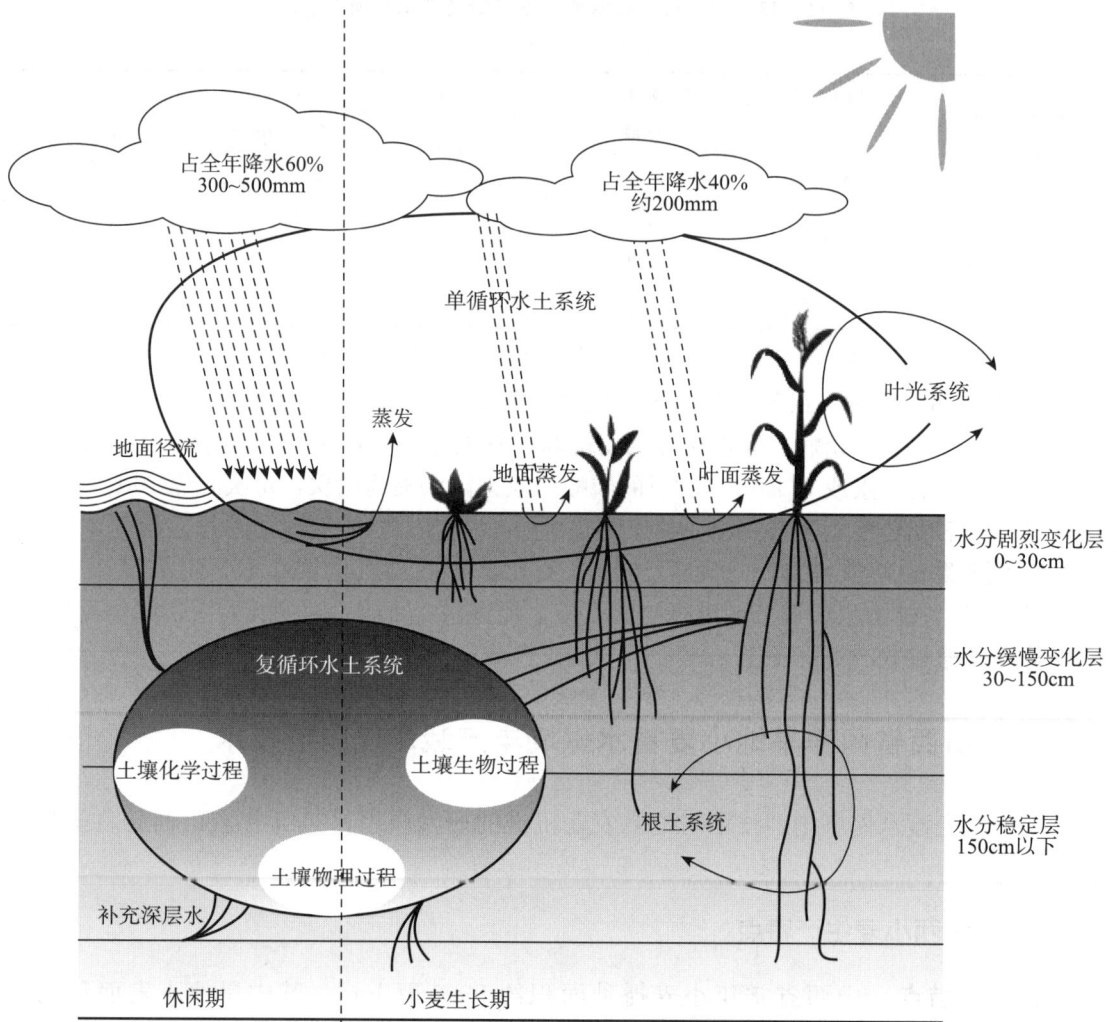

图11-11　一年一作"蓄用型"水土利用系统示意图
（山西农业大学，2015）

（二）旱地小麦蓄水保墒丰产栽培技术简介

蓄水保墒增产是旱地小麦栽培的核心内容，旱地小麦蓄水保墒丰产栽培技术就是针对目前旱地小麦生产上存在的干旱缺水、土壤瘠薄、产量低而不稳、比较效益低四大问题，以调控周年降雨资源、利用跨季节土壤水分为技术原则，协调土、肥、水、根、苗五大关系，集成的多功能作业与蓄水培肥为一体的耕作栽培技术体系。经过多年试验与示范，已形成两套技术模式。

深翻模式：以"深耕＋深施肥＋秸秆还田"为关键措施的"三提前"技术模式；

深松模式：以"深松＋深施肥＋秸秆覆盖"为关键措施的"三提前"技术模式。

山西旱地小麦传统大田生产平均公顷产量 3 000kg，应用该技术大面积生产平均公顷产量 3 600kg，与传统农户休闲期不进行耕作的模式比较，亩穗数增加 1.5 万～3 万，穗粒数增加 2～4 粒，产量增加 15% 以上，水分利用效率提高 15% 以上，增产增效显著。山西省旱地小麦蓄水保墒丰产栽培技术被农业农村部列为农业主推技术。

（三）旱地小麦蓄水保墒丰产栽培技术的生理基础

1. 对土壤水分的影响　旱地小麦蓄水保墒丰产栽培技术与休闲期不进行耕作的农户模式比较，在不同降水年型可提高播前 0～300cm 土壤蓄水量 37～100mm，尤其 60～180cm 土层提高明显；可提高土壤蓄水效率 24%～191%（图 11 - 12）。该技术提高播前土壤蓄水量可为适时播种创造有利条件，有效解决了旱地小麦遇雨过早播种造成冬前旺苗和等雨过晚播种导致冬前弱苗的问题，为培育冬前壮苗，缓解旱灾、冻灾造成的损失，实现旱地小麦高产打下了坚实的基础。

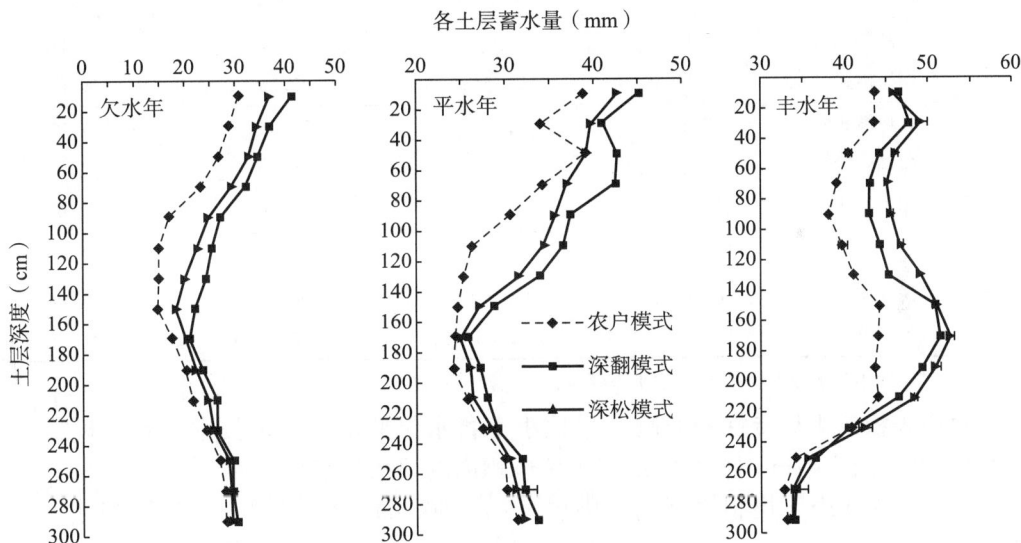

图 11 - 12　旱地小麦蓄水保墒丰产栽培技术对底墒的影响

（山西农业大学，2009—2019）

2. 对土壤理化特性的影响　不同粒径团聚体的数量分布和空间排列方式既影响土壤生物活动，又决定了土壤的孔隙分布情况，关系着土壤的保水保肥性能，对土壤水分利用和营养元素吸收与转化起着重要作用。旱地小麦蓄水保墒丰产栽培技术模式与农户模式比较，可提高 0.05～0.25mm 大粒径土壤微团聚体数量 10.2%～47.5%（图 11 - 13），降低播前 0～40cm 土壤容重 2.7%～6.1%，提高土壤孔隙度 2.6%～6.1%（表 11 - 44）。该技术有利于改善土壤理化性质，起到扩库增容的作用，提高土壤蓄水保墒的能力，促进小麦生长。

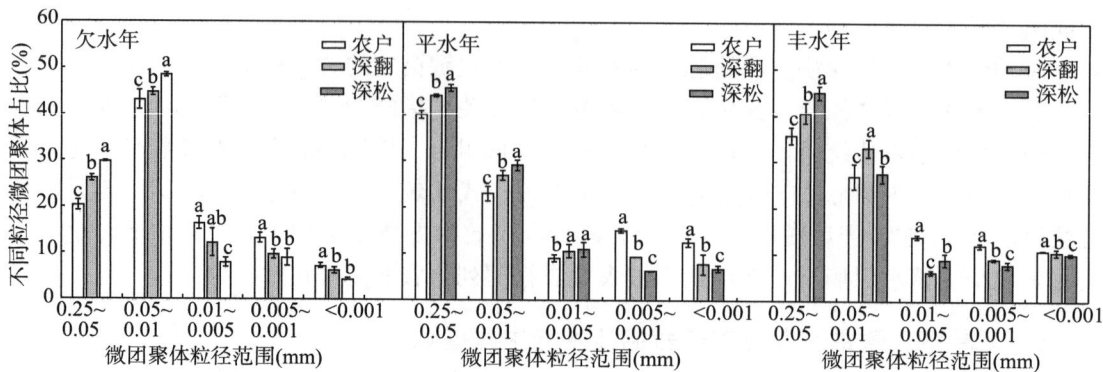

图 11-13 旱地小麦蓄水保墒丰产栽培技术对 0～40cm 不同粒径土壤微团聚体分布的影响

（山西农业大学，2014—2017）

表 11-44 旱地小麦蓄水保墒丰产栽培技术对 0～40cm 土壤容重和孔隙度的影响

（山西农业大学，2014—2017）

年型	耕作模式	土壤容重（g/cm³）		土壤孔隙度（%）	
		0～20cm	20～40cm	0～20cm	20～40cm
欠水年	农户模式	1.21a	1.35a	54.3b	49.1b
	深翻模式	1.17b	1.30b	55.9a	50.9a
	深松模式	1.18b	1.31b	55.5a	50.6a
平水年	农户模式	1.25a	1.38a	52.8b	47.9b
	深翻模式	1.18b	1.29b	55.5a	51.3a
	深松模式	1.19b	1.30b	55.1a	50.9a
丰水年	农户模式	1.23a	1.37a	53.6b	48.3b
	深翻模式	1.17b	1.30c	55.9a	50.9a
	深松模式	1.18b	1.32b	55.5a	50.2a

注：同一列不同小写字母表示在 0.05 水平差异显著。

3. 对小麦根系生长特性的影响 旱地小麦蓄水保墒丰产栽培技术与农户模式比较，提高各生育时期土层 1m 内根长密度（单位体积内的根系长度）18%～49%（图 11-14），也显著提高开花期中下层根系活力，中层（20～60cm）提高 10%～27%，下层（60～

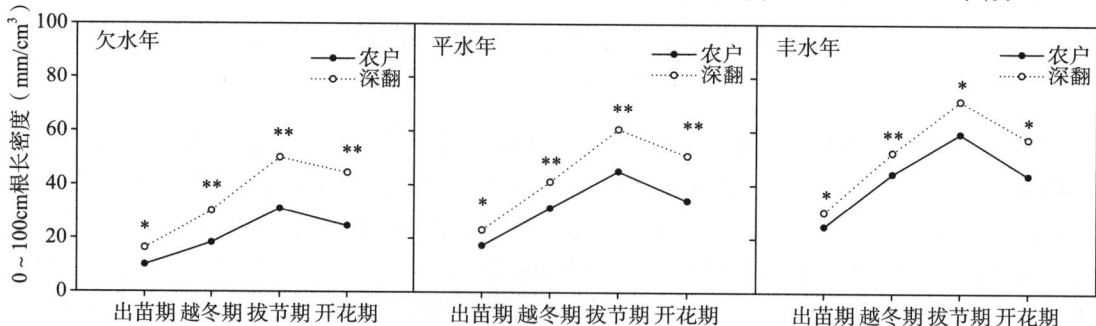

图 11-14 旱地小麦蓄水保墒丰产栽培技术对根长密度影响

（山西农业大学，2015—2019）

100cm）提高 10％～29％（图 11-15），有利于促进根系生长发育，提高对土壤深层水肥的吸收利用效率。

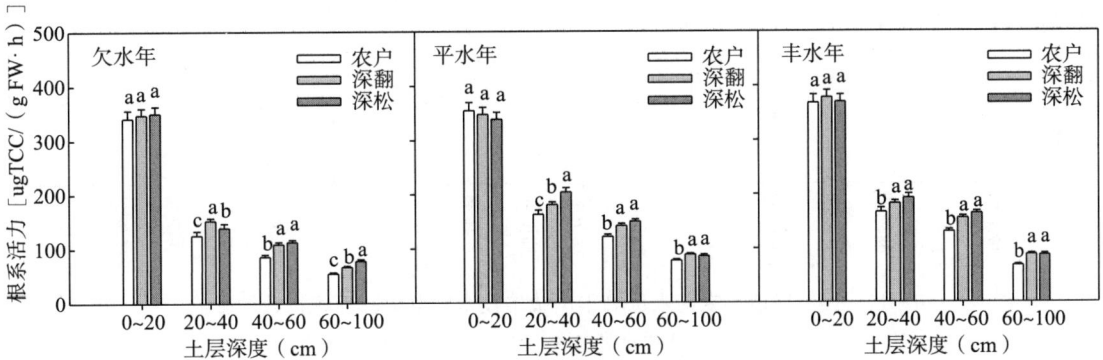

图 11-15　旱地小麦蓄水保墒丰产栽培技术对开花期根系活力的影响

（山西农业大学，2015—2019）

4. 对小麦群体结构的影响　冬前壮苗、合理群体是旱地小麦增产、稳产的重要保证，与农户模式比较，旱地小麦蓄水保墒丰产栽培技术可缩短基部 1～3 节间 1～3cm，降低株高 2～4cm，显著提高分蘖成穗率 3.7％～16.4％（表 11-45）。该技术有利于促进个体发育，优化群体自动调控能力，建立合理群体结构。

表 11-45　旱地小麦蓄水保墒丰产栽培技术对小麦群体结构的影响

（山西农业大学，2009—2013）

年型	耕作方式	基本苗 （万/hm²）	冬前分蘖数 （万/hm²）	春季最大分蘖数 （万/hm²）	穗数 （万/hm²）	分蘖成穗率 （％）
欠水年	农户模式	228.1a	737.2a	1 084.8c	404.0c	37.2b
	深翻模式	230.4a	785.2b	1 164.2b	504.2b	43.3a
	深松模式	230.6a	844.0a	1 189.3a	512.5a	43.0a
平水年	农户模式	230.5a	949.8c	1 213.5b	491.7c	40.5c
	深翻模式	231.4a	993.6b	1 334.5a	561.0b	42.0b
	深松模式	229.7a	1 054.4a	1 309.8a	584.0a	44.5a
丰水年	农户模式	230.5a	950.5c	1 266.6c	560.2c	44.2c
	深翻模式	223.1a	1 027.7a	1 355.9a	638.5b	47.1b
	深松模式	228.8a	975.6b	1 299.9b	651.2a	50.1a

注：分蘖成穗率指穗数与春季最大分蘖数的比值。同一列不同小写字母表示在 0.05 水平差异显著。

5. 对小麦冠层光合特性的影响　作物冠层截获光合有效辐射量直接关系到光合产物积累，是作物生长发育的能量基础。与农户模式比较，旱地小麦蓄水保墒丰产栽培技术显著增加小麦各生育时期冠层截获的光合有效辐射，开花期增幅达 6％～11％，显著提高叶面积指数（图 11-16）。该技术有利于改善旱地小麦光合作用，为丰产提供物质基础。

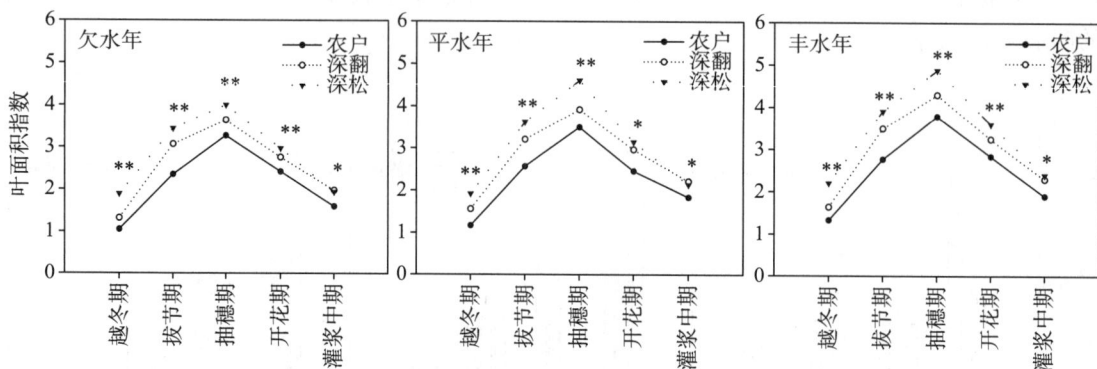

图 11 - 16 旱地小麦蓄水保墒丰产栽培技术对群体叶面积指数的影响

（山西农业大学，2015—2019）

6. 对小麦植株氮素吸收与转运的影响 旱地小麦蓄水保墒丰产栽培技术与农户模式比较，有利于促进植株氮素吸收，提高植株花前氮素运转量及其对籽粒的贡献率；提高丰水年和平水年的植株花后氮素积累量，提高氮素利用效率18%～26%（表 11 - 46）。

表 11 - 46　旱地小麦蓄水保墒丰产栽培技术对植株氮素积累转运和氮素利用效率的影响

（山西农业大学，2015—2019）

年型	耕作模式	花前氮素转运量		花后氮素积累量		氮素利用效率 (kg/kg)
		kg/hm^2	对籽粒的贡献率（%）	kg/hm^2	对籽粒的贡献率（%）	
欠水年	深翻模式	98.06b	88.37a	12.91d	11.63c	29.24b
	农户模式	43.80c	72.71c	16.44c	27.29a	31.38ab
平水年	深翻模式	118.05a	77.86bc	33.57a	22.14b	34.00a
	农户模式	99.39b	77.49bc	28.87b	22.51b	27.06b
丰水年	深翻模式	113.07a	80.57b	27.26b	19.43b	34.02a
	农户模式	97.53b	80.02b	24.35b	19.98b	28.81b

注：同一列不同小写字母表示在 0.05 水平上的差异显著。

7. 对籽粒产量及其构成因素的影响 旱地小麦蓄水保墒丰产栽培技术与农户模式比较，增加了单位面积穗数、每穗粒数、千粒重，提高了籽粒产量和水分利用效率（表 11 - 47）。

表 11 - 47　旱地小麦蓄水保墒丰产栽培技术对产量和水分利用效率的影响

（山西农业大学，2009—2019）

年型	耕作模式	穗数 （万/hm^2）	穗粒数 （粒/穗）	千粒重 （g）	产量 （kg/hm^2）	水分利用效率 [kg/(hm^2·mm)]
欠水年	农户模式	407.7c	20.4c	36.1c	2 715c	8.70c
	深翻模式	453.7a	23.8a	42.1a	3 924a	11.07a
	深松模式	427.2b	21.7b	39b	3 640b	10.55b

（续）

年型	耕作模式	穗数 （万/hm^2）	穗粒数 （粒/穗）	千粒重 （g）	产量 （kg/hm^2）	水分利用效率 [kg/(hm^2·mm)]
平水年	农户模式	401.0c	26.2b	40.5b	3 706c	12.29b
	深翻模式	446.6b	28.2a	40.6b	4 588b	13.28a
	深松模式	481.1a	28.4a	42.6a	4 794a	13.46a
丰水年	农户模式	485.5c	24.3b	35.4c	4 156c	7.91b
	深翻模式	603.0b	26.6a	37.2b	5 412b	9.76a
	深松模式	616.5a	26.7a	38.6a	5 612a	9.86a

注：同一列不同小写字母表示在 0.05 水平上的差异显著。

（四）旱地小麦蓄水保墒丰产栽培技术

1. 休闲期耕作 旱地小麦蓄水保墒丰产栽培技术要求前茬小麦收获时留高茬，以茬高 15～20cm 为宜，休闲期耕作时间选择在入伏第一场雨后，即在 7 月上、中旬进行。耕作方式可以选择深翻或深松。

深翻模式：田间撒施腐熟有机肥 30～45t/hm^2，或精制有机肥 1.5t/hm^2，采用深翻机械（如 1LF-335 型液压翻转犁）深翻 25～30cm，保持土垡原状，同时前茬秸秆残茬还田。

深松模式：使用深松施肥一体机（如 IS 系列凿型深松犁）深松 30～35cm，同时顺着深松垄沟施入精制有机肥 1.5t/hm^2，结合深松将秸秆覆盖于地表。

立秋后旋耕整地，旋耕深度 12～15cm，耕后耙平地表，进行保墒。

2. 施肥 选择耕层有机质含量＞1%，有效氮＞35mg/kg，有效磷＞20mg/kg，速效钾＞120mg/kg，产量 4 500kg/hm^2 左右的地块，小麦播种前结合整地撒施纯氮（N）120～150kg/hm^2，磷（P$_2$O$_5$）90～120kg/hm^2，旋耕将化肥翻入土壤。

3. 播种 播前精细整地，做到无土块、无根茬、无杂草，上松下实，田面平整。山西南部中熟冬麦区适宜播期为 9 月 25 日至 10 月 5 日，山西中部晚熟冬麦区适宜播期为 9 月 18～28 日。

根据品种特性确定基本苗，一般山西南部基本苗 225 万～300 万/hm^2，山西中部基本苗 270 万～375 万/hm^2。因此，适播期内，山西南部中熟冬麦区播种量为 120～150kg/hm^2，山西中部晚熟冬麦区播种量为 150～190kg/hm^2。适播期后每推迟 1d，播量增加 7.5kg/hm^2。适宜播种深度为 3～5cm。

可选用当地大面积推广应用的条播机（如 2BMF-12/6 型多功能免耕施肥播种机）和沟播机（如 2BMQF-7/14 型全还田防缠绕免耕施肥播种机）进行播种，行距 15～20cm。随播随镇压，或播后顺行镇压。

4. 冬前管理 遇雨发生板结，墒情适宜时耧划破土。播种后 7～10d 查苗，发现行内 10cm 以上无苗，应及时用同一品种浸种催芽后开沟补种，适当增加用种量。小麦 3～5 叶期、杂草 2～4 叶期化学除草。

5. 春季管理

（1）早春耙耱、划锄、镇压　弱苗田轻耙耱、浅划锄，旺苗田深中耕、重镇压。早春镇压保墒增温效果明显，因此，各类旱地麦田早春镇压都可实现增产。

（2）春季病虫害防治　返青至拔节期以防治地下害虫及麦蜘蛛、麦蚜为主，兼治白粉病、锈病、纹枯病；孕穗至抽穗开花期的防治重点是穗蚜、白粉病、锈病等。

（3）预防晚霜冻害　山西南部麦区 4 月上中旬、中部麦区 4 月中下旬，根据天气预报，晚霜来临之前，提前叶面喷施微肥、植物生长调节剂等预防。

6. 后期管理　抽穗至灌浆中期，用尿素 $1.5 \sim 2.0 kg/hm^2$ 和磷酸二氢钾 $0.15 \sim 0.2 kg/hm^2$，兑水 $500 \sim 600 kg$，叶面喷施 $2 \sim 3$ 次。孕穗至开花期，以防治麦蚜为主，兼治白粉病、锈病等；灌浆期以防治穗蚜、白粉病、锈病为重点。可采取叶面喷施微肥、杀虫剂、杀菌剂、植物生长调节剂等混合液，实现"一喷三防"，即防病虫、防早衰、防干热风。

三、甘肃省雨养旱地小麦秸秆带状覆盖丰产栽培理论与技术

甘肃省现常年小麦种植面积 80 万 hm^2 左右，其中旱地小麦面积约占 75%。旱地小麦约 90% 分布在年降水 $300 \sim 550mm$ 区域，300mm 以下和 $600 \sim 800mm$ 降水区域种植面积各占 5%。降水主要集中在 $7 \sim 9$ 月，常年生育期有效降水只占年降水量 40% 左右，降水稀少和季节性分布不匀，导致季节性干旱，以春末夏初干旱最为常见。因此，覆盖保墒是提高降水生产效率，取得小麦丰产的关键措施。

甘肃农业大学研究表明，采用玉米秸秆覆盖栽培技术不仅可显著改善土壤墒情，而且覆盖后还田可增加土壤有机质含量，培肥地力，改良土壤结构，是一种环保的覆盖方式。但是在甘肃热量不足的旱作麦区，若采用传统全地面秸秆覆盖，会明显降低地温，导致出苗困难和抑制前期生长发育，无增产效果甚至减产。为协调秸秆覆盖保墒与降温的矛盾，甘肃农业大学研究提出利用玉米整秆进行地面局部覆盖的方法，称为"秸秆带状覆盖"。经在甘肃多年多地试验和应用表明，该技术保墒和增产增效显著，一般年份可较常规无覆盖栽培稳定增产 12%、增收 750 元/hm^2 以上。据专家实产测定，在旱地高产田，应用该技术产量高达 $5\,655 kg/hm^2$。玉米秸秆带状覆盖保墒丰产栽培技术 2017 年被农业农村部确定为农业主推技术。

（一）玉米秸秆带状覆盖抗旱丰产栽培的生理基础

1. 促进生长，扩大库容　甘肃农业大学试验，在不同降水年型，与露地栽培相比，采用玉米秸秆带状覆盖栽培技术促进生长和扩大库容的效果平水年大于丰水年。促进营养生长、扩大库容是秸秆带状覆盖增产的主要原因（表 11 - 48）。玉米秸秆带状覆盖栽培与露地栽培相比，生物产量和库容（即单位面积籽粒数）显著提高；产量构成因素中，显著提高了单位面积穗数。秸秆带状覆盖栽培较好的水热环境可明显促进营养生长，而良好的营养生长又为建造较大的源库结构提供了物质基础，进而促进了多穗多粒的形成，最终提高籽粒产量。

表 11-48 产量与产量构成因素比较

(甘肃农业大学,2013—2015)

年度	处理	穗数 (万/hm²)	穗粒数 (粒/穗)	千粒重 (g)	籽粒产量 (kg/hm²)	生物产量 (kg/hm²)	收获指数 (%)	土壤储水量 (mm)
2013— 2014	秸秆带状覆盖	231.6a	31.1a	54.3a	3 710.3a	7 877.5a	47.1b	362.5a
	小麦碎秆全覆盖	235.8a	28.2b	50.4c	3 182.7b	6 844.5b	46.5b	337.1b
	露地栽培	186.2b	26.2b	52.7b	2 443.8c	5 059.6c	48.3a	312.9c
2014— 2015	秸秆带状覆盖	347.7a	31.3a	52.4a	5 422.8a	11 840.2a	45.8b	378.1a
	小麦碎秆全覆盖	322.2a	32.2a	47.8b	4 721.6b	10 446.0b	45.2b	359.3b
	露地栽培	279.4b	31.0a	48.2b	3 956.1c	8 399.4c	47.1a	343.3c

注:1. 土壤储水量为出苗至成熟期共 8 个生育时期 0~2m 土壤平均储水量。2. 试验地点:甘肃通渭。3. 同一列不同小写字母表示在 0.05 水平上的差异显著。

2. 改善墒情,提高土壤供水能力 提高 0~2m 土壤水库供水能力是该技术增产的水分基础。在平水年和丰水年,玉米秸秆带状覆盖丰产栽培全生育期 0~2m 土壤储水分量分别较露地栽培提高 50mm 和 35mm,尤其显著提高抽穗前土壤储水量。由于显著促进了营养生长,玉米秸秆带状覆盖丰产栽培在抽穗后的冠层蒸腾耗水较多,与露地土壤储水量差异逐渐变小(图 11-17)。

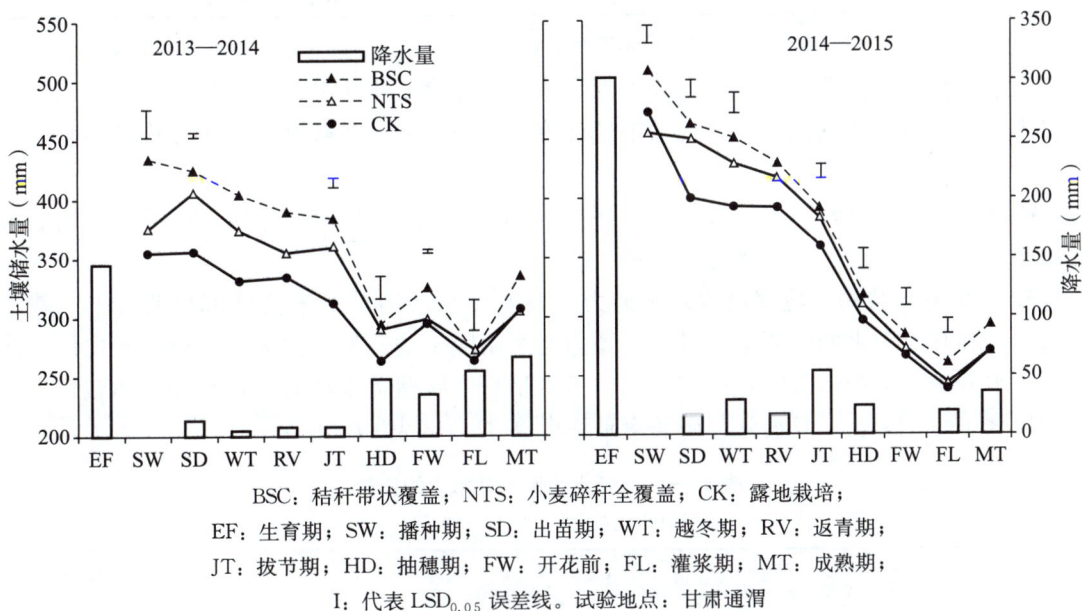

BSC:秸秆带状覆盖;NTS:小麦碎秆全覆盖;CK:露地栽培;

EF:生育期;SW:播种期;SD:出苗期;WT:越冬期;RV:返青期;

JT:拔节期;HD:抽穗期;FW:开花前;FL:灌浆期;MT:成熟期;

I:代表 $LSD_{0.05}$ 误差线。试验地点:甘肃通渭。

图 11-17 不同生育时期 0~200cm 土壤水分差异

(甘肃农业大学,2013—2015)

3. 提高降水入渗率 旱地土壤水分含量高低取决于土壤耗水和生育期降水补充两方面。玉米秸秆带状覆盖丰产栽培秸秆覆盖面积只有 40% 左右,且秸秆间有孔隙,对降水拦截和蓄纳能力强,不易造成径流损失,可保证降水完全入渗。西北旱地小麦生育期降水

150～200mm，占小麦生育期总耗水需求的45%左右，因此，提高降水入渗率对改善土壤供水具有重要贡献。

4. 降温抑蒸 与露地栽培相比，玉米秸秆带状覆盖丰产栽培具有前期增温、中后期降温的双重效应（表11-49）。总体来讲，玉米秸秆带状覆盖的降温幅度大于增温幅度，降温抑蒸也是该技术改善墒情和高效用水的主要原因。全生育期土壤5cm处温度平均较露地栽培降低2.0℃以上，但在气温最低的越冬期仅增加0.2～0.7℃；从返青开始降温效应逐渐明显，在灌浆高温季降低3.7～4.5℃。秸秆带状覆盖对地温的影响也与秸秆种类和覆盖模式有关，拔节后玉米整秆带状覆盖的降温效应明显高于小麦碎秆全地面覆盖。

表11-49 土壤5cm处的温度比较（℃）

（甘肃农业大学，2013—2015）

年度	处理	苗期	越冬期	返青期	拔节期	抽穗期	开花期	灌浆期	成熟期	平均
2013—2014	秸秆带状覆盖	10.5a	0.7ab	9.7b	16.7c	17.5c	18.4b	21.1c	22.9c	14.7c
	小麦碎秆全覆盖	11.0a	0.8a	9.9b	18.5b	20.3b	20.8a	22.6b	23.6b	15.9b
	露地栽培	10.9a	0.5b	10.6a	19.5a	20.9a	20.9a	25.6a	25.9a	16.9a
2014—2015	秸秆带状覆盖	16.3b	−0.3a	9.4b	15.8c	17.5c	19.5c	22.2b	23.2c	15.5b
	小麦碎秆全覆盖	16.1b	−0.3a	9.2b	16.2b	18.1b	20.3b	22.9b	23.8b	15.8b
	露地栽培	17.6a	−1.0b	10.1a	19.2a	20.6a	23.7a	25.9a	26.1a	17.8a

注：同一列不同小写字母表示在0.05水平上的差异显著。

玉米秸秆带状覆盖丰产栽培的前期保温有利于小麦安全越冬和维持根系在低温季节的缓慢生长，中后期随气温升高，覆盖的适度降温不仅有利于生长和分化更多穗部器官，而且会降低蒸发和蒸腾强度，进而减少奢侈耗水，减轻高温危害，有利于维持小麦生育后期较强光合生产力。秸秆覆盖的降温效应还推迟小麦成熟7d左右，有利于将耗水盛期更多推移到降水集中时段，延长光合持续期。

5. 优化耗水结构，提高深层用水能力 改变耗水结构是玉米秸秆带状覆盖丰产栽培技术增产和高效用水的主要生理基础。覆盖通过阻隔土壤蒸发，提高了蒸腾耗水比例，使更多的水分用于生产性蒸腾。测定表明，玉米秸秆带状覆盖丰产栽培虽然较露地栽培生育期多耗水13～51mm，但水分利用效率平均提高31%（表11-50）。

表11-50 耗水比例与耗水量的比较

（甘肃农业大学，2013—2015）

年度	处理	播种至拔节		拔节至开花		开花至成熟		耗水量 (mm)	WUE [kg/(hm²·mm)]	播前储水消耗 (mm)	
		耗水量 (mm)	比例 (%)	耗水量 (mm)	比例 (%)	耗水量 (mm)	比例 (%)			0～120m	120～200cm
2013—2014	BSC	85.2a	25.2	141.1a	41.5	112.5a	33.3	338.8a	11.0a	85.7a	13.5a
	NTS	50.3b	16.3	144.1a	46.6	115.4a	37.2	309.8b	10.3a	85.6a	−15.2b
	CK	78.2a	27.3	99.6b	34.6	109.8a	38.2	287.6b	8.5b	56.5b	−8.4b

（续）

年度	处理	播种至拔节		拔节至开花		开花至成熟		耗水量 (mm)	WUE [kg/(hm²·mm)]	播前储水消耗 (mm)	
		耗水量 (mm)	比例 (%)	耗水量 (mm)	比例 (%)	耗水量 (mm)	比例 (%)			0～120m	120～200cm
2014—2015	BSC	230.8a	56.3	131.1a	32.1	47.7a	11.6	409.6a	13.2a	150.9a	64.3a
	NTS	185.8b	49.1	135.1a	35.9	57.4a	15.0	378.3b	12.5a	145.6a	38.4c
	CK	228.9a	57.7	116.7b	29.4	51.1a	12.9	396.7b	10.0b	148.1a	54.3b

注：1. BSC：秸秆带状覆盖；NTS：小麦碎秆全覆盖；CK：露地栽培；WUE：用籽粒产量计算的水分利用效率。
2. 同一列不同小写字母表示在 0.05 水平上的差异显著。

比较不同生育阶段的耗水比例，玉米秸秆带状覆盖丰产栽培主要是提高了拔节至开花阶段的耗水量及耗水比例，尤其在降水较少年份，促进中期用水的效果更明显。与露地栽培相比，在 2013—2014 平水年，玉米秸秆带状覆盖丰产栽培增加拔节至开花阶段的耗水 42mm。拔节—开花阶段既是营养生长最旺盛阶段，也是穗数和穗粒数形成的关键阶段，集中保障耗水供应对搭好丰产架子、形成多穗多粒至关重要。

玉米秸秆带状覆盖丰产栽培可显著提高 120cm 以下土壤的深层用水能力，在降水较少年份更明显。黄土高原土层深厚，土壤蓄水库容大，利用深层储水对小麦存活、维持稳产及增产具有特殊抗旱意义。比较播前 120～200cm 土壤储水消耗量，在 2013—2014 平水年，玉米秸秆带状覆盖丰产栽培为 14mm，而露地栽培不但没有耗水输出，反而通过水分运移出现补充盈余 8mm，两者相差 22mm。

（二）秸秆带状覆盖丰产栽培技术要点

1. 玉米秸秆具有良好保墒和吸水性能　玉米秸秆表面蜡质层较厚，具有比小麦等作物秸秆更强的阻隔土壤蒸发性能。同时玉米秸秆的絮状髓心中含有较多亲水纤维，因此具有较强吸水和持水能力。与小麦碎秆覆盖相比，玉米整秆带状覆盖的孔隙度大幅度降低，可显著降低土壤水分蒸发的边缘扩散效应，不仅保墒能力更强，而且可减少粉碎秸秆的耗能和用工，节本增效。

2. 带幅比例及制作　覆盖带 35～50cm、种植带 35～70cm，行距 15～17cm，覆盖度（即覆盖面积比例）以 40%～50% 为宜。覆盖带既可平作覆秆，也可浅沟覆秆。浅沟覆秸秆有利于防风固秆，适宜沟深为 5cm，可结合耕作整地用拖拉机轮胎碾压成沟。根据甘肃省不同地块条件，推荐采用以下两种带幅类型：

（1）地块较大且平坦、适宜大中型农机具播种作业的川塬区，可加大种植带宽度和播种行数，采用覆盖带 50cm、种植带 70cm，小麦条播 5 行，推荐选用农哈哈 2BXF-9 型播种机。

（2）在地块较小的山区坡地和台地，常采用小型机械或畜力牵引播种，为减轻播种牵引拉力，可减小两带宽度和减少播种行数，采用覆盖带和种植带各 35～40cm、小麦条播 3 行，推荐选用 2BX-3 型播种机。

3. 覆盖模式和材料选择　针对取材来源不同，有搬迁式和双垄沟式两种覆盖模式，两者保墒和增产效果相近。

（1）搬迁式　玉米秸秆从异地搬运而来。在小麦秋播时玉米尚未收获地区，播种时预留覆盖带，越冬前完成秸秆搬运和覆秆。

（2）双垄沟式　利用前茬双垄沟地膜玉米整秆和双垄结构，就地覆秆，省工方便。该模式适合小麦秋播前玉米已成熟地区采用。结合玉米收获，将整秆就地镶嵌于小垄两行留茬之间（留茬高度5cm），形成50cm覆盖带，对70cm大垄进行局部旋耕和施肥后，条播4～5行小麦。注意：覆秆和播种前需揭去前茬聚乙烯残膜。

4. 覆秆方法及覆盖量　以玉米整秆单层盖严带状覆盖带为原则，覆盖度42%时，约需风干玉米秸秆9～12t/hm²。采用搬迁式时，覆盖带沿行向每隔1m少量堆状压土，以防大风揭秆。采用双垄沟式时，由于覆盖带两侧有高留茬固定，无须压土。

5. 精准施肥　在年降水350～550mm，0～20cm耕层有机质含量（1.0±0.2）%、有效氮含量（65±10）mg/kg、有效磷含量（7.5±2.5）mg/kg的基础肥力条件下，推荐化肥总施用量如下：目标产量3 750～5 250kg/hm²的麦田，施纯氮（N）90～120kg/hm²，磷肥（P₂O₅）75～90kg/hm²；目标产量2 250～3 750kg/hm²的麦田，施纯氮（N）60～90kg/hm²，磷肥（P₂O₅）50～75kg/hm²。甘肃为富钾地区，可不考虑施钾素化肥。

搬迁式结合播前整地全地面均匀施肥；双垄沟式结合局部旋耕，将基肥集中施于种植带。为防止双垄沟式前期化肥局部浓度过高引起烧苗，可将30%～40%氮素化肥后移至拔节前作追肥施入。

6. 局部密植播种　目标产量3 750～5 250kg/hm²麦田，按保证基本苗375万～450万/hm²下种；目标产量2 250～3 750kg/hm²麦田，按保证基本苗300万～375万/hm²下种。由于覆盖带不种植，为保证单位面积穗数不减，在按上述播量下种前提下（覆盖带面积计算在内），需适当增大行播量，局部密植。行播量根据覆盖度确定，采用覆盖带50cm、种植带70cm种5行小麦的带幅结构时，行播量较常规露地栽培提高42%，播种深度3～5cm，播种期与露地栽培相同。要达到冬前壮苗，冬小麦播种—越冬期需保证有效积温550～650℃；春小麦需适期早播，0～5cm土壤化冻即可播种。

7. 田间管理　加强拔节前中耕划锄和除草。搬迁式生育期一般不追肥，双垄沟式在拔节前趁墒追施总施氮量的30%～40%。若遭遇冬季冻害或倒春寒，可及时采取追施氮素化肥予以挽救（纯氮15～30kg/hm³）。有倒伏倾向麦田，拔节初期可喷施"壮丰安"等预防；开花后进行1～2次"一喷三防"。

8. 秸秆多茬利用　覆盖用的玉米秸秆可多茬利用。第2茬种小麦时，保留原覆盖带和种植带不变，前茬麦秆可叠加覆盖，继续对原种植带局部旋耕灭茬和施肥后，进行播种。第3茬可接种马铃薯或青贮玉米。三茬利用结束后，将所有玉米秸秆旋耕粉碎还田，进入新的轮作周期。

第六节　小麦测墒补灌节水高产栽培技术

一、小麦测墒补灌节水高产栽培技术的内涵

（一）小麦测墒补灌节水高产栽培技术的概念

目前，一般小麦生产多采用大水漫灌或畦灌，造成灌水过多；采用定量灌溉的麦田，

没有考虑灌水前土壤含水量，存在一定的盲目性。小麦测墒补灌节水高产栽培技术是根据小麦关键生育时期的需水特点，设定关键生育时期的目标土壤相对含水量，根据目标土壤相对含水量和实测的土壤含水量，利用公式计算出需要补充的灌水量，既保证了籽粒产量，又节约了水资源。小麦测墒补灌节水高产栽培技术被农业农村部确定为农业主推技术。

（二）小麦测墒补灌节水高产栽培技术应用效果

小麦测墒补灌节水高产栽培技术与传统灌溉技术相比，减少灌溉用水，促进小麦对 0～200cm 土层土壤储水的消耗利用，降低了 60～200cm 土层硝态氮含量，有利于小麦对硝态氮的吸收利用，减少了硝态氮向深层土壤淋溶的风险；提高了灌浆中后期旗叶光合速率，延缓了旗叶衰老，保持了较高的开花至成熟期干物质积累量，并促进了开花前储存干物质向籽粒的转运。

2013—2019 年，山东农业大学在山东省茌平县等 27 个示范县、河北省武强县等 21 个示范县和河南省获嘉县等 13 个示范县进行多年试验示范，结果表明，不同降水年型，小麦测墒补灌节水高产栽培技术比当地传统灌溉节水 20%～60%，水分利用效率提高 10% 以上，籽粒产量高于或等于传统灌溉，公顷产量达 8 250～9 000kg。

二、小麦测墒补灌节水高产栽培技术灌溉量的计算

（一）小麦测墒补灌节水高产栽培技术计算灌水量参数

1. 土壤含水量

（1）麦田土壤质量含水量和土壤相对含水量的概念和计算方法

①土壤质量含水量即一般说的土壤含水量，是指土壤中保持的水分质量占土壤质量的分数，单位用%表示。以烘干土的质量（指 105℃下烘干 12h 土壤样品的恒重）为基数进行计算，计算公式如下：

土壤质量含水量（%）＝（土壤鲜重－土壤干重）/土壤干重×100

②土壤相对含水量是指土壤质量含水量占该土壤田间持水量的百分数。计算公式如下：

土壤相对含水量（%）＝土壤质量含水量/田间持水量×100

（2）麦田土壤含水量的测定方法　土壤含水量测定方法包括烘干法和仪器法。烘干法需在田间取土样后，再于室内称重、烘干后进行计算；仪器法用 SU-LA 型土壤水分测试仪在田间直接读取土壤体积含水量，再用公式换算为土壤质量含水量。

①烘干法。用土钻分层取土，每 20cm 为一层，取后立即装入铝盒，盖好盖子，以防水分散失。先称铝盒与土壤鲜重的总重量，然后置于烘箱中，105℃烘 12h 至恒重，称土壤干重和铝盒重，按以上公式分别计算土壤质量含水量和相对含水量。

②仪器法。用 SU-LA 型土壤水分测试仪，每 10cm 为一层进行测定。手握连接杆上的手柄将传感器探头垂直插入待测土层土壤中，确保探针与土壤紧密接触。此时显示屏上"S"处显示土壤体积含水量，待数据稳定后，记录数据。测定下层土壤含水量时，先用

土钻将已测土层土壤取出，每 10cm 一层，小心清空土孔内残余散土，再将传感器探头垂直插入待测土层土壤中进行测定。

本仪器采集的数据为土壤体积含水量，需换算为土壤质量含水量后才能计算灌水量。换算公式为：

$$土壤质量含水量（\%）＝土壤体积含水量（\%，V/V）/土壤容重（g/cm^3）$$

2. 土壤容重和田间持水量　在前茬玉米收获后，麦田耕作之前，每 20cm 一层，用容积为 100cm³ 环刀取 0～140cm 土层土壤样品，立即称土壤样品鲜重，然后吸水 24h，饱和后称土壤样品吸水饱和重，放入 105℃ 烘箱烘 24h 至恒重，再称土壤样品干重。在一个县域内，相同土壤类型麦田的土壤容重、田间持水量基本一致。

$$土壤容重（g/cm^3）＝土壤样品干重（g）/环刀体积（cm^3）$$
$$田间持水量（\%）＝（土壤样品吸水饱和重－土壤样品干重）/土壤样品干重×100$$

（二）小麦测墒补灌节水高产栽培技术灌水量的计算

1. 确定小麦关键生育时期的目标土壤相对含水量　小麦需要灌溉的关键时期为播种期、越冬期、拔节期和开花期。在山东、河南的气候条件下，各关键时期 0～40cm 土层的目标土壤相对含水量为 70%。从节水的目的出发，播种前造了底墒水，一般不浇越冬水。

在年降水量为 520mm 的河北省武强县，由于年降水量少，拔节期和开花期 0～40cm 土层的目标土壤相对含水量设定为 75%～80% 较适宜。

年降水量不同的地区设定的目标土壤相对含水量不同。年降水量为 500mm 的地区，0～40cm 土层适宜的目标土壤相对含水量为 75%～80%；年降水量为 600mm 左右的地区，0～40cm 土层适宜的目标土壤相对含水量为 70%～75%；年降水量为 700mm 左右的地区，0～40cm 土层适宜的目标土壤相对含水量为 70%。

2. 小麦测墒补灌的灌水量的计算　测墒补灌的灌水量计算公式如下：

$$补灌水量（m^3/hm^2）＝15×\frac{20}{3}aH（B_1－B_2）$$

式中：a 为测墒土层土壤平均容重（g/cm³）；H 为测墒土层深度，40cm；B_1 为目标土壤质量含水量（田间持水量乘以目标土壤相对含水量）；B_2 为灌溉前土壤质量含水量。

三、小麦测墒补灌节水高产栽培技术的优点

（一）测墒补灌减少了灌溉量

由表 11-51 可知，在 2011—2017 年 6 个小麦生长季，拔节期和开花期，0～40cm 土层均补灌至土壤相对含水量为 70% 时，拔节期补灌量在 21.29～61.63mm 之间，开花期补灌量在 14.96～49.61mm 之间，总灌水量在 62.57～107.04mm 之间，拔节期、开花期补灌量和总补灌量 6 年平均值分别为 45.05、40.35 和 85.40mm，与定量灌溉拔节期和开花期均灌溉 60mm 相比，节约灌溉水 10.8%～47.8%，6 年平均节约灌溉水 28.8%。

表 11-51 不同生育时期的补灌水量和总灌水量（mm）

（山东农业大学，2009）

小麦生长季	小麦季降雨量	拔节期补灌量	开花期补灌量	总补灌量
2011—2012	183	21.29	41.29	62.57
2012—2013	225	56.98	50.06	107.04
2013—2014	156	61.63	14.96	76.59
2014—2015	219.4	33.75	48.57	82.32
2015—2016	212.7	52.0	49.61	101.61
2016—2017	280.7	44.64	37.59	82.23
平均	212.8	45.05	40.35	85.40

（二）测墒补灌促进了小麦对土壤储水的利用

小麦消耗的水分包括 3 个来源：土壤储水、降水和灌溉水。生产中定量节水灌溉的灌水量为每次 60mm，即每公顷 600m³。测墒补灌处理的灌水量及其占总耗水量的比例低于定量灌溉处理，土壤储水消耗量及其占总耗水量的比例高于定量灌溉处理，促进了小麦对土壤储水的利用，这是其节约灌溉水的原因（表 11-52）。

表 11-52 不同处理麦田耗水来源及其占总耗水量的比例

（山东农业大学，2009）

处理	耗水来源			总耗水量（mm）	占总耗水量的比例		
	灌水量（mm）	土壤储水消耗量（mm）	降水量（mm）		灌水量（%）	土壤储水消耗量（%）	降水量（%）
不灌水	—	168.7d	183	351.7d	—	48.0a	52.0a
定量灌溉 60mm（600m³/hm²）	120.0a	199.1b	183	502.1a	23.9a	39.7b	36.4d
测墒补灌	62.3c	219.2a	183	464.6b	13.4c	47.2a	39.4c

注：1. 测墒补灌处理是在拔节期和开花期 0～40cm 土层的目标土壤相对含水量均设定为 70% 进行计算的。2. 同一列不同小写字母表示在 0.05 水平的差异显著。表 11-53、表 11-54 同。

（三）测墒补灌促进了小麦对 60～140cm 土层土壤储水的消耗利用

测墒补灌处理的 60～140cm 土层土壤储水消耗量显著高于定量灌溉处理，说明测墒补灌促进了小麦对深层土壤水的利用（图 11-18）。

（四）测墒补灌提高了小麦灌浆中后期旗叶的光合速率

花后 14～35d，测墒补灌处理的旗叶净光合速率显著高于定量灌溉处理，保持较长时

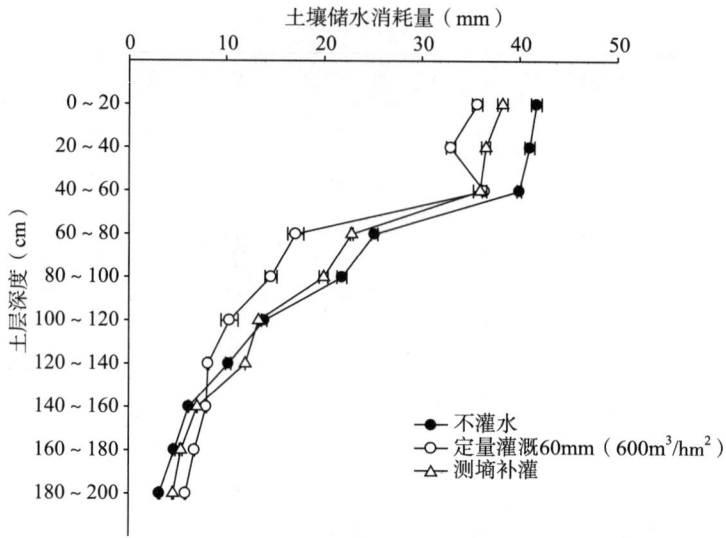

图 11-18　不同处理小麦生育期 0~200cm 土层土壤储水消耗量

（山东农业大学，2009）

间的光合高值持续期，有利于灌浆中后期旗叶碳水化合物的合成（图 11-19）。

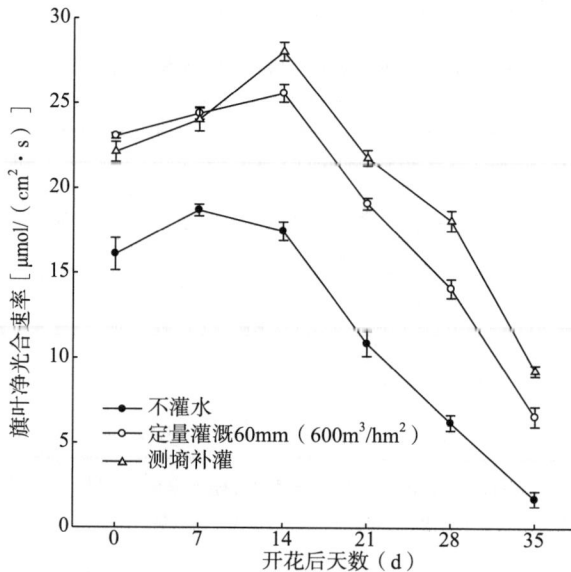

图 11-19　不同处理开花后旗叶净光合速率

（山东农业大学，2010）

（五）测墒补灌提高了小麦的根系活力

测墒补灌处理灌浆中后期 40~60cm 土层中的根系活力显著高于定量灌溉处理，有利于延缓根系衰老，提高开花后根系对土壤水分和养分的吸收（图 11-20）。

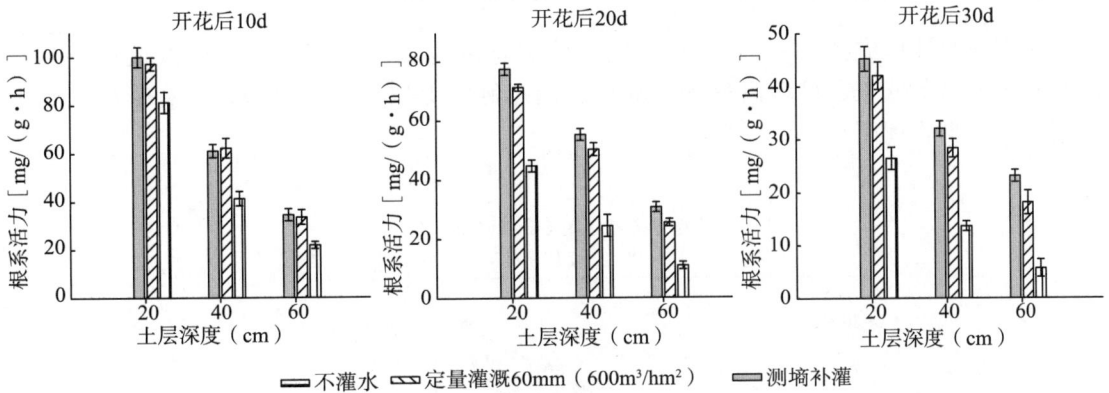

图 11-20 不同处理开花后 0～60cm 土层根系活力

（山东农业大学，2010）

（六）测墒补灌延缓了小麦旗叶的衰老

旗叶超氧化物歧化酶（SOD）是植物体内清除活性氧自由基的关键酶，其活性高表明延缓植株衰老。测墒补灌处理，籽粒灌浆中后期旗叶 SOD 活性显著高于定量灌溉处理，延长了光合高值持续期，延缓了开花后旗叶衰老（图 11-21）。

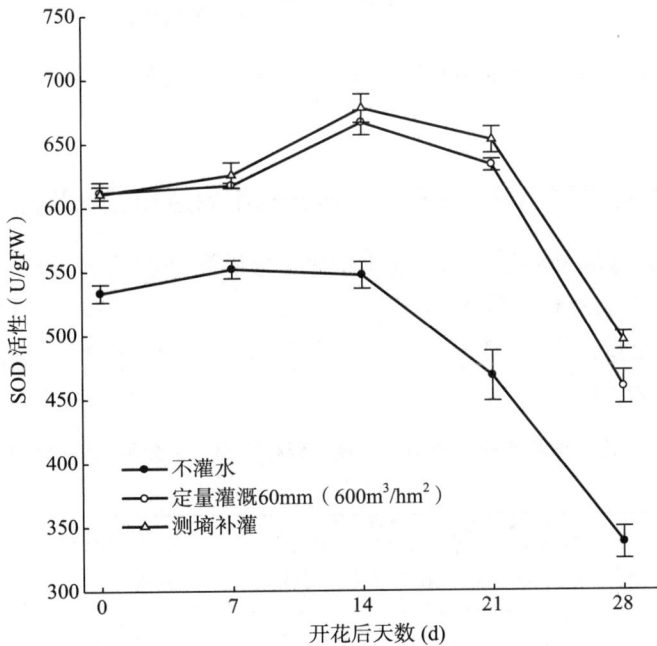

图 11-21 不同处理开花后旗叶超氧化物歧化酶（SOD）活性

（山东农业大学，2012）

（七）测墒补灌降低了60～200cm土层土壤硝态氮含量

测墒补灌处理成熟期0～40cm土层土壤硝态氮含量显著高于定量灌溉处理，60～200cm土层显著低于定量灌溉处理，减少了硝态氮向深层土壤的淋溶，有利于小麦对土壤硝态氮的吸收利用（图11-22）。

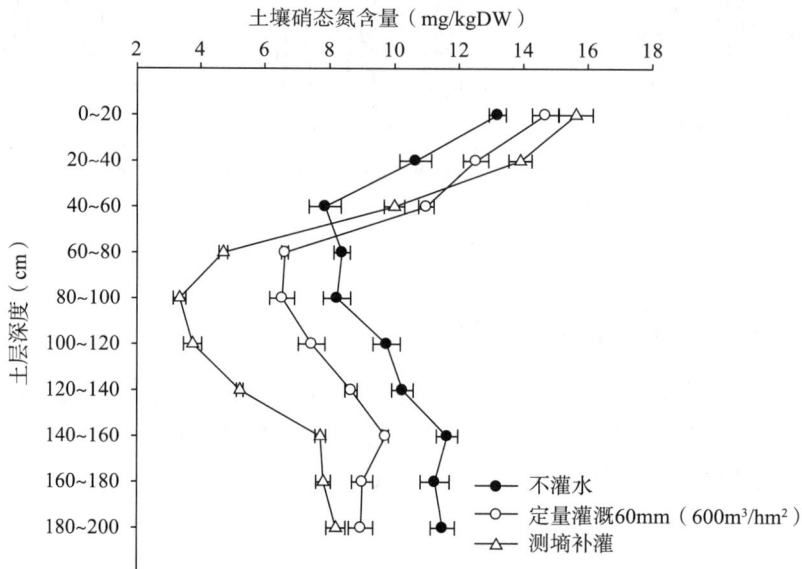

图11-22　不同处理成熟期0～200cm土层土壤硝态氮含量

（山东农业大学，2012）

（八）测墒补灌提高了小麦籽粒产量、水分利用效益和灌溉效益

2011—2012年，测墒补灌处理的总灌水量比定量灌溉处理低57.7mm（577.5m³/hm²），籽粒产量高10.7%，水分利用效率高19.5%（表11-53）。2013—2014年，测墒补灌处理的总灌水量低于定量灌溉处理43.4mm（433.5m³/hm²），籽粒产量高5.9%，水分利用效率高13.0%（表11-54）。

表11-53　各处理灌水量、麦田耗水量、籽粒产量、水分利用效率和灌溉效益

（山东农业大学，2011—2012）

处理	灌水量（mm）	麦田耗水量（mm）	籽粒产量（kg/hm²）	水分利用效率[kg/(hm²·mm)]	灌溉效益[kg/(hm²·mm)]
不灌水	0	351.7c	6 495.2c	18.5b	—
定量灌溉60mm（600m³/hm²）	120.0a	502.1a	8 711.9b	17.4c	18.5b
测墒补灌	62.3b	464.6b	9 648.4a	20.8a	50.5a

表 11 - 54 各处理灌水量、麦田耗水量、籽粒产量、水分利用效率和灌溉效益

(山东农业大学，2013—2014)

处理	灌水量 （mm）	麦田耗水量 （mm）	籽粒产量 （kg/hm²）	水分利用效率 [kg/（hm²·mm）]	灌溉效益 [kg/（hm²·mm）]
不灌水	0	383.5c	6 354.2c	16.6c	—
定量灌溉 60mm （600m³/hm²）	120.0a	452.6a	8 509.5b	18.8b	18.0b
测墒补灌	76.6b	424.1b	9 011.7a	21.3a	34.7a

四、小麦测墒补灌节水高产栽培技术的田间灌溉方法

（一）微喷带灌溉

1. 用仪器法测定土壤含水量，计算灌水量 根据"小麦测墒补灌节水高产栽培技术灌溉量的计算"部分内容介绍的方法和公式进行灌水量的计算。

2. 田间铺设微喷带

灌溉设备：水泵、涂塑软管、微喷带、水表。

操作步骤：

（1）主管的铺设

①主管道为涂塑软管，单条长 20m，多条使用时用铝制或 ABS 材质接头连接。

②主管道直径与水井出水口应一致。若水井出水口直径过大，可用两端直径大小不同的接管减小直径。

③主管道一端与水井出水口相连，另一端折叠数次后捆绑密封。所有连接处避免漏水，减少压力损失。

（2）微喷带的铺设

①微喷带带长 40～60m，带宽 65mm。

②若小区播种 8 行小麦，微喷带铺设于第 4、5 行行间，铺设时喷孔朝上，拉直铺平。

③灌水时微喷带一端连接主管道，另一端折叠数次后用 6cm 左右长度的微喷带套住密封。

（3）主管和微喷带的连接

①根据微喷带铺设间距，使用软带压孔器在主管道上打孔，打孔时应一次按压成型，忌多次按压，否则漏水。

②将鸭舌压板底座放入主管，丝扣部分伸出孔外，由内而外按照底座—主管管壁—橡胶垫—压板的顺序组装，最后将球阀 1 拧在丝扣上完成鸭舌压板与主管道的固定。连接完成后暴晒 4h，防止漏水。再按照球阀 1—水表—球阀 2—外丝拉头—微喷带的顺序完成主管道与微喷带首部的连接。

3. 用微喷带进行灌溉的操作步骤 根据计算的每公顷灌溉量和每个小区的面积，计算出每个小区灌溉量；记录水表读数，打开阀门进行灌溉，微喷带的喷水宽度以正好辐射畦宽为宜。及时查看水表读数，待灌溉量达到规定灌溉量时，停止灌溉。

4. 注意事项

（1）压力问题　①主管压力不可太大，以免与微喷带连接处胀裂。若主管压力过大，可通过开设排水口降低压力。②微喷带喷幅2m，压力比较适宜。若压力过大，可增加微喷带使用数量或调节球阀减少压力；若微喷带压力过小，可减少微喷带使用数量，增大压力。③灌水完成后应先关闭主井，防止主管和微喷带连接处胀裂。

（2）天气状况　应选择无风或微风天气灌溉。

（二）按井口出水量和时间进行测墒补灌

1. 用仪器法测定土壤含水量，计算灌水量　根据"小麦测墒补灌节水高产栽培技术灌溉量的计算"部分内容介绍方法和公式进行灌水量的计算。

2. 测定机井水泵每小时出水量并计算小区灌溉时间

（1）计算每小时出水量　用水表测定机井每小时出水量。

（2）计算每公顷补灌时间

$$每公顷补灌时间＝每公顷补灌量/机井水泵每小时出水量$$

（3）计算每个小区灌溉时间　试验研究表明，在测墒补灌条件下，小白龙软管一次均匀灌溉的小区面积在$20\sim40m^2$。灌水量$300m^3/hm^2$左右时，一次均匀灌溉的小区面积约$20m^2$；灌水量$450m^3/hm^2$左右时，一次均匀灌溉的小区面积约$30m^2$；灌水量$600m^3/hm^2$左右时，一次均匀灌溉的小区面积约$40m^2$。

根据计算的灌水量确定小白龙软管一次均匀灌溉面积，然后根据每公顷灌溉时间和每公顷划分均匀灌溉的小区数量，计算每个小区的灌溉时间。

$$每公顷所分灌溉小区个数＝10\ 000m^2/一次均匀灌溉的小区面积$$
$$小区灌溉时间＝每公顷灌溉时间/每公顷所分灌溉小区个数$$

3. 按井口出水量和时间进行测墒补灌的操作步骤　沿小麦种植方向在畦埂上铺设小白龙软管，软管两边各一畦小麦，每条软管浇2畦小麦。按距水井由远及近的顺序进行灌溉，先灌溉距水井最远的2个小区，按照每个小区的灌溉时间进行灌溉，灌溉时改水成数为90%，浇完后夫掉末端小白龙软管，继续灌溉相邻的2个小区，以此类推，直到灌溉结束。

第七节　南方稻茬小麦高产栽培理论与技术

一、江苏省稻茬小麦高产抗逆栽培理论与技术

江苏省常年稻茬小麦面积约175万hm^2，平均单产约5 600kg/hm^2以上。江苏稻茬小麦生产存在的主要问题是，前茬高产粳稻收获茬口偏晚、水稻秸秆量大、土壤黏重，造成秸秆还田及耕作整地、播种质量差，是制约稻茬小麦生产的关键因素，特别是浅旋耕常导致秸秆大多富积于土壤表层，直接影响播种质量和出苗质量。近年来，通过关键技术攻关，江苏省集成了一整套稻茬小麦高产抗逆栽培技术体系。

稻茬小麦高产抗逆栽培技术体系在江苏年应用面积已达 100 万 hm^2，创造了一批高产典型。2010 年徐州柳新农场 $0.231hm^2$ 徐麦 30 实收单产 9 945kg/hm^2；2011 年盐城大中农场 $0.222hm^2$ 扬辐麦 4 号实收单产 10 348.5kg/hm^2；2019 年盐城新洋农场 $0.226hm^2$ 华麦 5 号实收单产 11 005.5kg/hm^2。"小麦高产稳产优质抗逆栽培技术集成推广" 2011 年获江苏省农业技术推广一等奖。

（一）江苏省稻茬小麦高产的生理基础

1. 稻茬小麦抗（耐）渍品种的筛选 不同小麦品种对灌浆期渍害的耐性存在显著差异（表 11-55）。耐渍品种镇麦 10、扬麦 22 和扬麦 9 号在渍害胁迫下光系统 Ⅱ 实际光化学效率和叶片叶绿素含量（SPAD 值）的降幅较小，叶片可维持较强的光合能力；同时，叶片过氧化氢酶、谷胱甘肽还原酶和超氧化物歧化酶等抗氧化酶的活性增强，降低了丙二醛含量，从而减轻了渍害对植株的氧化胁迫。不耐渍品种郑麦 004、济麦 22 和济南矮 6 号在渍害胁迫下光系统 Ⅱ 实际光化学效率和叶片叶绿素含量的降幅较高，叶片光合能力下降；同时，叶片抗氧化酶活性下降，丙二醛含量显著上升，导致植株遭受过氧化胁迫的程度明显增强。

表 11-55 灌浆期渍害对不同小麦品种生理指标的影响

（南京农业大学，2018—2019）

品种	处理	实际光化学效率	旗叶叶绿素含量（SPAD 值）	丙二醛含量（mmol/mg）	过氧化氢酶活性（unit/mg Pro.）	谷胱甘肽还原酶活性（unit/mg Pro.）	超氧化物歧化酶活性（unit/mg Pro.）
镇麦 10	对照	0.40	55.13	2.49	4.06	1.58	18.15
	渍害	0.34	50.59	3.43	5.60	1.52	21.55
扬麦 22	对照	0.54	48.81	0.89	4.84	2.49	11.32
	渍害	0.50	49.51	1.27	7.37	3.57	15.12
扬麦 9 号	对照	0.44	45.30	2.82	4.63	1.95	8.29
	渍害	0.39	43.60	3.06	6.86	2.59	11.34
郑麦 004	对照	0.54	52.23	6.19	7.08	3.11	5.49
	渍害	0.38	36.65	8.08	5.61	1.82	4.97
济麦 22	对照	0.49	59.95	3.15	4.09	2.30	5.94
	渍害	0.34	47.57	6.17	3.53	1.65	6.60
济南矮 6 号	对照	0.51	58.41	2.23	4.40	2.51	13.25
	渍害	0.30	49.04	4.88	3.65	1.44	11.68

注：渍害处理时间为小麦灌浆期（开花后 7d）。试验地点：江苏南京。

2. 不同产量水平稻茬小麦的群体叶面积指数变化动态 稻茬小麦不同产量水平群体叶面积指数（LAI）均在返青后快速增加，孕穗期达最大值，之后下降。越冬期至开花期 LAI 与产量呈抛物线关系，而乳熟期 LAI 与产量呈线性正相关（表 11-56）。高产群体需在开花前获得适宜 LAI 的基础上，延缓开花后 LAI 衰减速率，维持较高的光合面积。江苏稻茬小麦适宜的孕穗期 LAI 为 6.0～7.0，开花期、乳熟期适宜的 LAI 分别为 5.0～6.0、4.0～4.5。

表 11-56 稻茬小麦扬麦 20 不同产量群体 LAI 变化动态
（扬州大学，2010—2011）

产量 (kg/hm²)	LAI					
	越冬期	返青期	拔节期	孕穗期	开花期	乳熟期
9 568	0.9a	2.5b	4.8b	6.8b	5.8a	4.5a
9 100	0.7b	2.0c	4.4c	6.5c	5.3b	4.1b
8 720	0.8ab	1.8d	4.1d	6.0d	5.0b	3.8c
8 455	0.8ab	1.8d	4.0d	5.8d	4.7c	3.3d
8 228	0.5c	1.3e	3.5e	5.2e	4.6c	3.2d
7 846	1.0a	2.9a	5.2a	7.3a	6.1a	2.9e

注：试验地点：江苏扬州。

3. 高产稻茬小麦开花后旗叶光合速率与衰老特性 稻茬小麦开花后剑叶叶绿素含量、清除活性氧的超氧化物歧化酶活性均呈单峰曲线变化，膜脂过氧化产物丙二醛含量逐渐上升，而净光合速率逐渐下降（表 11-57）。高产群体在籽粒灌浆期剑叶叶绿素含量及光合速率衰减速率慢，超氧化物歧化酶等活性酶活性高，而丙二醛含量低。提高稻茬小麦灌浆期剑叶光合及抗衰性能有利于籽粒产量的提高。

表 11-57 稻茬小麦扬麦 20 不同产量群体开花后旗叶光合速率与衰老特性
（扬州大学，2010—2011）

指标	产量 (kg/hm²)	开花后天数 (d)				
		0	7	14	21	28
SPAD 值	9 568	51.5a	52.0a	50.9a	46.2a	24.7a
	8 720	50.5a	52.2a	50.1a	45.9a	24.2a
	7 846	47.7b	50.3b	48.8b	42.6b	21.0b
净光合速率 [μmol/(m²·s)]	9 568	21.8a	18.6a	16.3a	14.9a	13.0a
	8 720	20.9a	18.7a	16.5a	14.5a	11.9b
	7 846	18.7b	16.6b	14.7b	12.3b	8.8c
超氧化物歧化酶活性 [U/(gFW·min)]	9 568	380.9a	475.0a	521.0a	607.8a	450.1a
	8 720	340.9b	463.7a	517.8a	586.9a	419.0b
	7 846	324.8c	424.6b	459.5b	540.3b	370.0c
丙二醛含量 (μmol/gFW)	9 568	27.4b	31.2b	35.0b	44.5b	50.3c
	8 720	28.7b	31.9b	35.7b	44.4b	56.1b
	7 846	30.9a	34.2a	38.4a	50.1a	70.7a

注：同一列不同小写字母表示在 0.05 水平上的差异显著。试验地点：江苏扬州。后同。

4. 高产稻茬小麦群体光合速率和干物质生产 表 11-58 示出稻茬小麦不同产量需要的总干物质积累量。可以看出，高产群体积累的总干物质积累量高，而形成高的干物质积累量，需以较高的光合面积和光合能力为支撑。如 7 500kg/hm² 以上产量水平的稻茬小麦，开花期 LAI 需达到 6.0 左右，而开花期群体光合速率应达到 22μmol 以上。

表 11-58 江苏不同产量水平稻茬小麦地上部干物质积累量与群体光合生产能力

（南京农业大学，2016—2018）

地点	产量水平 (kg/hm²)	干物质积累量（kg/hm²）				群体光合生产能力（开花期）	
		分蘖期	拔节期	开花期	成熟期	LAI	群体光合速率 [μmol/(m²·h)]
苏北（灌南）	9 750	>550	>5 500	>13 000	>20 000	>6.5	>23
	8 250	500~550	4 500~5 000	11 000~13 000	18 000~20 000	6.0~6.5	22~23
	6 750	450~500	3 500~4 500	10 000~11 000	15 000~18 000	5.5~6.0	21~22
苏南（金坛）	7 500	>500	>5 000	>11 000	>16 000	>6.0	>22
	6 750	450~500	4 000~5 000	10 000~11 000	15 000~16 000	5.0~6.0	21~22
	5 250	350~450	3 000~4 000	10 000~11 000	13 000~15 000	4.0~5.0	20~21

5. 高产稻茬小麦的干物质积累动态 稻茬小麦不同产量水平群体干物质积累均呈 S 形曲线变化动态，出苗至返青期光合物质积累慢，返青期后干物质积累量快速增加。孕穗期前不同生育阶段群体干物质积累量与籽粒产量均呈抛物线关系，而孕穗至开花期、开花至成熟期干物质积累量与产量均呈极显著线性正相关（表 11-59）。在孕穗期积累适量干物质的基础上，适当增加孕穗期至开花期干物质积累量，扩大花后干物质积累量是高产群体的物质基础。高产群体孕穗至开花期、开花至成熟期干物质积累量应分别达到 2 900~3 200kg/hm²、7 000~7 600kg/hm²。

表 11-59 稻茬小麦扬麦 20 不同产量群体干物质积累动态

（扬州大学，2010—2011）

产量 (kg/hm²)	干物质积累量（kg/hm²）					
	出苗期—越冬始期	越冬始期—返青期	返青期—拔节期	拔节期—孕穗期	孕穗期—开花期	开花期—成熟期
9 568	587.8b	1 017.7a	3 800.5b	5 349.0ab	3 125.9a	7 651.5a
9 100	481.1c	801.1b	3 049.7c	5 500.8a	3 004.8a	7 194.1b
8 720	490.5c	820.0b	2 959.7c	5 191.0b	2 917.9a	6 976.2bc
8 455	492.2c	753.9c	3 050.6c	5 134.6b	2 492.2c	6 565.6c
8 228	320.4d	572.6d	1 876.9d	5 425.4a	2 693.1b	6 548.3c
7 846	693.5a	1 068.5a	4 136.2a	5 405.5a	2 404.7c	5 249.6d

注：试验地点：江苏扬州。

6. 高产稻茬小麦的吸肥特性与追施拔节肥 稻茬小麦不同产量群体氮、磷、钾养分的吸收高峰都出现在拔节期至开花期，开花后植株仍可吸收一定量的氮和磷，而钾少量流

失（表 11-60）。进一步分析表明，拔节前各生育时期氮、磷、钾积累量与产量均呈抛物线关系，而拔节至开花期氮、磷、钾积累量与产量均呈显著正相关。因此，在小麦拔节前保持适量的氮、磷、钾养分供应，拔节期追施速效肥料，扩大拔节后养分的供应、提升生育中后期植株养分吸收能力是实现高产的重要途径。稻茬小麦高产群体 100kg 籽粒产量吸收氮（N）、磷（P_2O_5）、钾（K_2O）量分别在 2.5kg、0.7kg、3.9kg 左右。

表 11-60　稻茬小麦扬麦 20 不同产量群体氮、磷、钾养分积累动态

（扬州大学，2010—2011）

| 养分 | 产量 (kg/hm²) | 养分积累量 (kg/hm²) | | | | | 成熟期积累量 (kg/hm²) | 100kg 籽粒吸收量 (kg) |
		出苗期—越冬始期	越冬始期—返青期	返青期—拔节期	拔节期—开花期	开花期—成熟期		
氮 (N)	9 568	23.3b	23.2a	50.8b	104.0a	44.4a	245.6a	2.57a
	8 720	17.3c	19.5b	47.4c	92.6b	37.6b	214.4b	2.46a
	7 846	26.5a	22.8a	54.1a	58.0c	34.4c	195.8c	2.50a
磷 (P_2O_5)	9 568	3.7b	4.8a	12.0a	27.7a	23.5a	71.8a	0.75a
	8 720	3.0c	3.3b	10.3b	24.7b	20.7a	62.1b	0.71a
	7 846	4.2a	5.2a	12.6a	20.4c	13.7c	56.2c	0.72a
钾 (K_2O)	9 568	23.8b	44.8b	121.6a	259.0a	−55.6a	393.5a	4.11a
	8 720	19.8c	35.1c	94.5c	235.6b	−59.1b	325.9b	3.74b
	7 846	29.1a	56.3a	108.9b	187.6c	−87.3c	294.7c	3.76b

注：同一列不同小写字母表示在 0.05 水平上差异显著。试验地点：江苏扬州。

7. 不同产量水平稻茬小麦氮磷钾养分吸收和运转　在 7 500kg/hm² 和 8 250kg/hm² 产量水平下，成熟期地上部氮素总积累量分别为 188.1kg/hm² 和 204.7kg/hm²，磷总积累量分别为 78.0kg/hm² 和 85.8kg/hm²，钾积累量分别为 190.4kg/hm² 和 208.9kg/hm²。产量从 7 500kg/hm² 提高至 8 250kg/hm²，地上部氮、磷和钾的积累量需分别增加 16.6、7.8 和 18.5kg/hm²（表 11-61）。

表 11-61　不同产量水平稻茬小麦氮磷钾养分吸收积累及转运

（南京农业大学，2015—2017）

养分	产量水平 (kg/hm²)	地上部积累量 (kg/hm²)	转运量 (kg/hm²)	肥料吸收效率 (%)	肥料农学效率 (kg/kg)
氮 (N)	7 500	188.1	144.0	30.0	11.0
	8 250	204.7	151.0	36.1	14.0
磷 (P_2O_5)	7 500	78.0	18.1	19.2	10.4
	8 250	85.8	19.4	25.8	17.2
钾 (K_2O)	7 500	190.4	42.5	22.6	7.3
	8 250	208.9	52.3	32.9	11.8

（二）江苏省稻茬小麦高产栽培技术

江苏稻茬小麦实现大面积单产 7 500kg/hm² 以上的关键是提高播种质量、科学高效施肥、主动抗逆应变。播种期、冬前及春季的栽培技术要点如下。

1. 播种阶段

（1）选用抗（耐）渍小麦品种　研究表明，灌浆期受渍后，小麦籽粒千粒重和产量明显下降，穗数和穗粒数受影响较小，且耐渍品种的渍害减产率明显低于不耐渍品种，如耐渍品种镇麦 10、扬麦 22 和扬麦 9 号的产量降幅分别为 14.9%、0.7% 和 9.0%，不耐渍品种郑麦 004、济麦 22 和济南矮 6 号的产量降幅分别为 35.0%、31.7% 和 35.6%。因此，涝害频发的小麦种植区要选用抗（耐）渍性强的小麦品种（表 11-62）。

表 11-62　灌浆期渍害对不同小麦品种籽粒产量及其构成因素的影响

（南京农业大学，2018—2019）

品种	处理	穗数 （个/m²）	单穗结实粒数 （粒）	千粒重 （g）	产量 （g/m²）	渍害减产 （%）
镇麦 10	对照	592.5	34.7	32.8	674.8	14.9%
	渍害	572.9	35.9	27.9	574.0	
扬麦 22	对照	474.0	48.7	33.8	781.6	0.7%
	渍害	458.9	52.6	32.1	776.4	
扬麦 9 号	对照	524.9	50.5	22.4	593.4	9.0%
	渍害	506.0	50.3	21.2	540.3	
郑麦 004	对照	496.4	40.1	35.1	698.8	35.0%
	渍害	486.0	38.9	24.1	454.3	
济麦 22	对照	517.5	40.2	37.8	787.2	31.7%
	渍害	517.4	40.1	25.9	537.6	
济南矮 6 号	对照	526.3	27.3	45	646.5	35.6%
	渍害	524.9	26.7	29.7	415.9	

注：试验地点为江苏南京。

（2）土壤肥力要求　单产 7 500kg/hm² 以上的高产麦田耕作层深度要求 20cm 以上，土壤容重 1.2g/cm³ 左右；有机质含量，沙壤土为 1.2% 以上，黏土为 2.5% 左右，其中易分解的有机质要占 50% 以上；土壤含氮量 0.1% 以上，生长期间水解氮 70mg/kg 左右，有效磷含量＞15mg/kg，速效钾含量＞120mg/kg；土地平整，沟渠配套，灌排方便。土壤肥力高、稳水保肥能力强的黏土和壤土适宜种植中筋和强筋小麦，肥力低、稳水保肥能力弱的沙土适宜种植弱筋小麦。

（3）品种选用与种子处理　选用高产、优质、抗倒及赤霉病、白粉病、纹枯病抗性强的品种，稻茬麦区湿害发生概率较高，应注意选用耐湿性好的品种。苏北地区选用强筋、中筋半冬性白皮小麦品种；苏中地区以中筋、弱筋春性红皮小麦品种为主，搭配偏强筋春性红皮小麦品种；苏南地区以中筋春性红皮小麦品种为主。

要根据当地小麦种（土）传病害纹枯病、茎基腐病、腥黑穗病、全蚀病及蚜虫等病虫发生特点，加强小麦种子处理，选用相应药剂切实做好种子包衣、药剂拌种。要重点推广专用器械包衣（拌种），确保种衣剂（拌种剂）均匀覆盖在种子表面，提高种子药剂处理质量；要现包衣（现拌种）现用，当日播完。

（4）秸秆深旋还田　水稻收获前 7～10d 放水晒田，保证收获时田间土壤墒情适宜，便于机械作业。水稻收获机械要有切碎、匀铺装置，留茬高度 10cm 以下，稻草切碎长度控制在 5～8cm，抛洒均匀，稻草匀铺不到位需人工撒匀。如果稻草切碎长度过长或水稻收获时留茬高度过高，收获后应采用 1JH-220 型等专用秸秆粉碎机进行粉碎，秸秆粉碎机要匀速行驶，粉碎刀要贴近地面，确保留茬及秸秆粉碎彻底，分布均匀。选用 58.8kW（80 马力）以上大中型拖拉机深旋灭茬还田，旋耕埋草深度应达到 12～15cm，防止稻草富集于播种层。旋耕还田方式分为常规旋耕灭茬、反转旋耕灭茬和正转旋耕埋茬，旋耕还田质量一般以 0～5cm 土层（播种层）内秸秆数量为重要参考指标，要求该层稻秸所占比例不超过 40%。以此为指标，反转旋耕灭茬效果最好（表 11-63）。有耕翻条件的也可深耕还田并耙平或旋平后待播。

表 11-63　不同类型还田机械作业效果
（江苏省农业科学研究院，2011）

秸秆还田方式	秸秆在不同土层中的比例（%）			
	0cm	0～5cm	5～10cm	10～15cm
常规旋耕灭茬	8.1	46.1	31.3	14.5
反转旋耕灭茬	7.8	40.9	44.9	6.4
正转旋耕埋茬	8.9	58.0	31.1	2.0

（5）肥料运筹与基肥施用　适当降低施氮量，提高拔节后施氮比例并提高拔节期磷、钾肥施用量，有利于在开花期积累适量干物质的基础上，减缓花后光合面积衰减，提高群体净同化率，增加开花后光合物质生产，并促进氮素向籽粒运转，实现肥料利用效率与籽粒产量的同步提升。中、强筋小麦总施氮量一般掌握在 210～225kg/hm^2，采用基肥：追肥为 5：5 的运筹方式，追肥时间在拔节期至剑叶期；弱筋小麦应适当降低施氮量，一般为 180～195kg/hm^2，以基肥：追肥为 7：3 的运筹方式为宜，追肥时间在拔节期。根据土壤基础地力水平，氮、磷、钾适宜配比为 1：（0.4～0.6）：（0.4～0.6），磷、钾肥采用基肥：拔节肥为 5：5 的运筹方式。基肥可采用氮、磷（P_2O_5）、钾（K_2O）含量各 15% 的三元高效复合肥 450～600kg/hm^2，加 112.5kg/hm^2 尿素的组合。

（6）播种期与基本苗　江苏苏北地区小麦的适宜播期为 10 月 5～25 日，苏中麦区为 10 月 25 日至 11 月 10 日，苏南麦区为 10 月 28 日至 11 月 15 日。适期播种的中、强筋小麦基本苗以 225 万/hm^2、弱筋小麦以 240 万/hm^2 为宜。迟播小麦基本苗应适当增加，同时，随着播期推迟，种子田间出苗率下降，因此不同播种期之间适宜播种量差距较大。正常情况下播种适期之后，每晚播 1d，基本苗增加 7.5 万/hm^2，播种量应增加 7.5kg/hm^2 左右。但基本苗最多也不宜超过高产预期穗数的 80%，即苏北地区最多不超过 525 万/hm^2，苏中、苏南地区最多不超过 375 万/hm^2。

(7) 机械播种 江苏稻茬小麦播种季节常遇阴雨天气，需要根据土壤墒情优选机械播种的作业程序和机型，以提高播种质量、培育壮苗，实现高产（表 11-64）。适墒条件下稻草深旋（或深耕）还田后，大、中型播种机可选用 2BFG-10（8）230 型旋耕施肥播种机或 2BFG-10A 型少耕施肥播种机或 2BMQF-7/14 型条带免耕宽幅施肥播种机条播；土壤偏湿、稻草切碎匀铺后，可选用 2BG-6A 型少（免）耕中小型播种机带状条播，播后适墒镇压；重点提高秸秆还田质量和播种均匀度并根据播期调整播种量，可以实现"播深适宜、深浅一致、出苗均匀、苗量合理"的质量要求。南京农业大学研发的稻茬小麦精量化机械条施（肥）条播（种）技术［2BFD-12A 免（少）耕施肥复式播种机］，通过施肥播种一体化精确定量控制机械，同步完成施肥和播种作业。

表 11-64 不同墒情条件下不同播种方式对小麦产量及产量构成因素的影响

（扬州大学，2013—2014）

土壤相对含水量（%）	播种方式	穗数（万/hm²）	粒数（粒/穗）	千粒重（g）	产量（kg/hm²）
69.1	机条播	477.12a	41.79abc	38.71a	7 622.6a
	机撒播	467.50ab	42.24ab	38.14b	7 443.5ab
	带状条播	446.46b	42.66a	38.53ab	7 236.8b
	人工撒播	451.33ab	41.71c	37.28c	6 929.2c
97.0	机条播	465.62c	38.7b	37.97a	6 826.1b
	机撒播	486.60ab	40.48a	37.53ab	7 345.5a
	带状条播	491.58a	40.08ab	38.32a	7 511.2a
	人工撒播	469.50bc	40.56a	37.03b	6 921.0b

注：试验地点为江苏扬州。

播种时要根据土壤墒情调节播种深度，墒情好时控制在 2～3cm，土壤偏旱时调节为 3～4cm。播种机中速行驶，确保落籽均匀，来回两趟之间接头要吻合，避免重播或拉大行距，避免田中停机形成堆籽。田块两头先留空幅，便于机身转弯，最后补种两头空幅，对于机器播不到的死角等处要人工补种或出苗后移密补稀。

带镇压器的播种机要注意随播随镇压，注意镇压质量。对于不带镇压器的播种机，播种后要用镇压器镇压，使耕层紧实，以利于提高出苗率，促进全苗、齐苗和保墒防冻，确保安全越冬。播种时由于土壤墒情差未能镇压的麦田，播后墒情适宜时要立即镇压。

(8) 开沟降湿 提高麦田排水和渗漏能力，培育分布深广、活力旺盛根系，是南方稻茬小麦高产稳产的重要技术环节。稻茬麦田要三沟配套，竖沟、腰沟、田头沟逐级加深，沟沟相通。高产麦田要求每 2.5～3m 开挖一条竖沟，沟深 20～30cm，距田两端横埂 2～3m，各挖一条横沟，沟深 30～40cm，田块长超过 100m 的应加挖腰沟，沟深 30～40cm，沟宽 20cm 左右。开沟机开挖田内沟，注意均匀抛洒沟泥覆盖麦垄，减少露籽，防冻保苗。麦田防渍除开好配套沟外，还必须降低麦田的地下水位，其控制深度为：苗期 50cm 左右，分蘖越冬期 50～70cm，拔节期 80～100cm，抽穗后 100cm 以下。

(9) 化学除草 稻茬小麦草害一般偏重发生，播种后及时封闭化除是重要环节，要在

播后芽前墒情适宜时，及时用除草剂封杀杂草。

2. 冬前管理

（1）查漏补缺、防湿抗旱　出苗田块，及时查漏补缺，对缺苗断垄较为严重的田块要尽早补种。对沟系不配套的田块要及时开沟，补好内三沟，疏通外三沟，保证排水通畅，防止湿害。如遇干旱年份，对于墒情严重不足的田块，适时进行灌溉补墒，可采用喷灌或沟灌洇水方式，避免大水漫灌和长期淹水。

（2）查苗补肥、促平衡生长　如有基肥用量不足的麦田，要尽早补施苗肥，确保基苗肥总氮量达到一生总氮量的 50%～60%。苏北地区适期播种的小麦在 4～5 叶期可根据苗情适量施用尿素 75kg/hm² 左右作壮蘖肥，促进大分蘖生长，保证足穗；晚播小麦在基本苗和基苗肥充足的情况下切忌盲目追肥，以防促进无效分蘖过多发生，重点应在春后施好拔节孕穗肥攻大穗，最大限度减小晚播对产量的影响。

（3）化除杂草和防治病虫、保苗安全　对秋播未封闭化学除草或效果不理想的田块，可在冬前冷尾暖头、日平均气温 5～8℃ 以上的晴天，根据草相选用药剂及时喷药化除。要密切关注天气趋势，注意避开低温寒流，防止低温冻药害，即施药前 3d、后 5d 日平均气温不能低于 5～8℃。冬前还需注意防治蚜虫和纹枯病。

（4）控旺促壮、预防冻害　对旺长小麦，应在麦苗 5 叶期前后，抢晴抢暖喷施矮壮丰、矮苗壮或烯效唑等化控制剂，或在墒情适宜时适度镇压，控旺促壮。对稻草还田量较大、表土层暄松的麦田，要及时镇压，确保根土密接，提高保墒防冻能力。

3. 春季管理

（1）因苗制宜，施好拔节孕穗肥　春季管理的重点是施好拔节孕穗肥，开春时要及时查苗，对返青时群体过小（群体茎蘖数苏中、苏南地区小于 600 万/hm²，苏北地区小于 825 万/hm²）、穗数可能不足的三类苗和脱肥落黄严重麦田，要提早施用拔节肥，以促进弱苗转壮，争取足穗；对群体茎蘖数适宜的一、二类苗麦田，在叶色正常退淡、植株基部第 1 节间接近定长、第 2 节间伸长 1～2cm、叶龄余数 2.5 左右时追施拔节肥，有利于培育壮秆大穗，拔节肥一般可施用尿素 75～120kg/hm² 和三元高效复合肥（N、P_2O_5、K_2O 各 15%）150～225kg/hm²，富含磷、钾的麦田可仅施尿素 150～180kg/hm²。对群体过大，叶色未正常退淡的麦田，拔节肥应适当推迟施用，要做到叶色不退淡不施肥。高产田还提倡施用孕穗肥，掌握在剑叶（旗叶）露出一半时施用，有显著的增粒增重效果，一般可追施尿素 75～120kg/hm²。对弱筋小麦，施氮要前移，应以施用拔节肥为主，不宜追施孕穗肥。

（2）清沟理墒，防渍防旱　春后要及时清沟理墒、疏通田内外沟系，保证排水畅通，要做到雨止田干、沟无积水。春后如遇严重干旱，应结合拔节孕穗肥的施用，灌好拔节孕穗水，每公顷灌水 600m³，一般采用沟灌洇水，并在畦面中间表土湿润时停止灌水。有条件的地区可积极推广应用喷灌、微喷等现代化节水灌溉或水肥一体化技术。

（3）适时化除，及时防病治虫　春后要根据草相选准除草剂配方和用量及时化除，要在小麦拔节前的冷尾暖头、日均温 5～8℃ 以上抢晴用药，避免在寒流来临前后 3d 内用药，以防发生冻药害现象。要注意加强纹枯病、白粉病、赤霉病、锈病、蚜虫、麦蜘蛛等病虫害的防治，及时用药、用对药剂、足量用药，白粉病、纹枯病主要是防止过迟用药，赤霉病防治关键是用药时间要科学。要突出强化"一喷三防"工作，结合病虫防治进行药肥混喷，可一喷多防、保绿防早衰、保粒增重。

（4）防御冻害，及早补救 江苏冬春季一般性冻害年年都有，甚至一年出现多次，但春季倒春寒冻害危害较重。低温来临前，土壤出现旱情及时灌水可有助于防冻。冻害发生后 2～3d 内调查幼穗受冻程度，对茎蘖受冻死亡率超过 10% 的麦田及时追肥，幼穗冻死率 10%～30% 的麦田追施尿素 75kg/hm² 左右，冻死率 30%～50% 的麦田追施尿素 105～150kg/hm²，冻死率 50% 以上的麦田追施尿素 180～225kg/hm²，争取高位分蘖成穗，挽回产量损失。

（5）控制旺长，防止倒伏 倒伏是影响江苏小麦高产稳产的重要障碍因子之一。预防倒伏的主要措施是选用矮秆抗倒品种，多效唑、矮壮丰等拌种，适期精量播种，培育健壮个体。春后对旺长田应及早采用镇压、深中耕等措施，达到控叶控蘖蹲节；群体较大麦田于拔节前可用矮壮丰或 15% 多效唑可湿性粉剂 750g/hm² 进行叶面均匀喷雾，注意不可重喷。

（6）适时收获，颗粒归仓 在小麦蜡熟末期及时组织收割机收获并晒干或烘干入仓。如后期有连阴雨天气，可适当提前抢收。

二、安徽省稻茬小麦高产栽培理论与技术

安徽省稻茬麦分布于沿淮、江淮之间、沿江及皖西大别山与皖南山区，常年种植面积 95 万 hm² 左右，约占全省小麦面积 1/3。该区水资源丰富，增产潜力较大，但受秸秆还田、赤霉病、渍害、春霜冻及耕作管理粗放等因素制约，产量潜力未能充分发挥，一般单产 4 500～6 000kg/hm²。近年来，通过关键技术攻关与农机农艺融合，集成了安徽稻茬小麦高产栽培技术体系，创造了一批高产典型。2013 年凤台县桂集镇攻关田 0.135hm² 济麦 22 实收单产 8 777.3kg/hm²；2015 年庐江白湖农场攻关田 0.44hm² 宁麦 13 实收单产 8 501.1kg/hm²。

（一）安徽省稻茬小麦高产的生理基础

1. 稻茬小麦抗（耐）渍品种的筛选 不同品种抗（耐）渍性存在显著差异。一般抗（耐）渍性强的品种有较强的根系活力、光合能力及有机物合成能力（表 11-65），且当渍害解除后，这些生理指标可较快得到一定程度的恢复。皖麦 52 表现较强的抗（耐）渍能力。

表 11-65 孕穗期渍害对不同小麦品种生理指标的影响

（安徽农业大学，2017—2018）

品种	处理	旗叶 P_n [μmol/(m²·s)]	旗叶叶绿素含量 (mg/g DW)	单茎绿叶数 (片)	单茎绿叶面积 (cm²)	单茎地上干重 (g)	单茎地下干重 (g)	根冠比 (R/T)	根系活力 [μg/(gFW·h)]
皖麦 52	对照	24.68	3.253	2.76	73.9	2.768 2	0.195 5	0.070 6	106.7
	渍水	21.84	2.668	2.44	60.5	2.385 3	0.173 6	0.072 8	97.6

（续）

品种	处理	旗叶 P_n [μmol/ (m²·s)]	旗叶叶绿素含量 (mg/g DW)	单茎绿叶数 （片）	单茎绿叶面积 (cm²)	单茎地上干重 (g)	单茎地下干重 (g)	根冠比 (R/T)	根系活力 [μg/ (gFW·h)]
泛麦5号	对照	22.77	3.102	2.58	66.3	2.468 1	0.165 5	0.067 1	97.7
	渍水	16.12	2.517	2.25	49.6	1.979 2	0.139 2	0.070 3	80.5
扬麦13	对照	22.76	3.011	2.34	54.3	2.389 4	0.141 9	0.059 4	84.7
	渍水	16.12	2.468	2.18	45.1	1.795 5	0.124 8	0.069 5	76.8

注：渍害处理时间为小麦孕穗期；试验地点：安徽庐江。

2. 光合速率 稻茬小麦扬花—灌浆期的叶片净光合速率与籽粒产量呈二次抛物线关系（图11-23），籽粒产量水平达到 7 000kg/hm² 以上时扬花—灌浆中期叶片净光合速率需在 17.5μmol/(m²·s) 以上。安徽农业大学（2013—2015）研究指出，高产群体扬花期冠层截获光合有效辐射需达到 1 400μmol/(m²·s) 以上。安徽省农业科学院研究（2014—2016）研究表明，同一施氮水平下（210kg/hm²），增加拔节期氮肥追施比例可促进花后叶片光合速率增加，且光合性能在花后 30d 仍可维持较高水平。

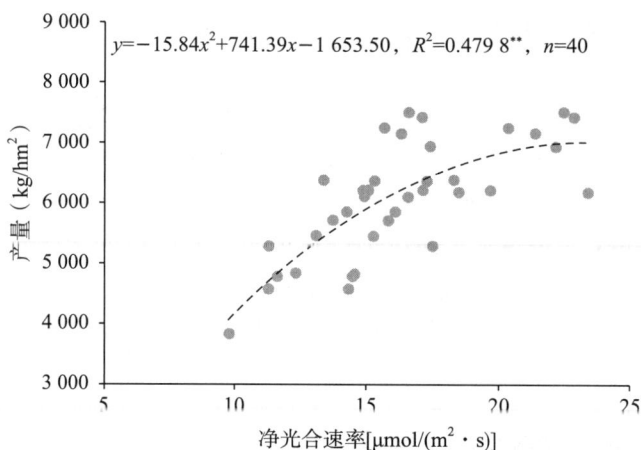

图11-23 扬花—灌浆期小麦旗叶净光合速率与产量的相关关系
（安徽省农业科学院，2014—2017）

3. 氮素吸收与转运 稻茬小麦籽粒产量与植株吸收氮素总量呈二次抛物线关系，要实现 7 500kg/hm² 的产量目标，小麦成熟期植株吸收氮素总量需达到 218.28kg/hm²。安徽农业大学研究表明，高产小麦营养器官花前储存氮素转运量、转运效率和转运氮素对籽粒氮素的贡献率均处于较高水平，叶片硝酸还原酶、谷氨酰胺合成酶和谷氨酸合成酶活性及叶片氮同化能力较强，茎秆和叶片的氮素转运速率和氮代谢水平较高。

4. 群体特征 干物质积累是小麦产量形成的基础，高产稻茬小麦需要一定的总干物质积累量和足够的光合面积为基础。稻茬小麦产量 7 000～7 500kg/hm² 水平其成熟期干物质积累量需达 16 000kg/hm² 左右，孕穗期最大叶面积指数为 6.89～7.57（表11-66），且开花—灌浆期、灌浆—成熟期的群体生长速率分别达到 33.2g/（m² · d）和 22.3g/（m² · d），净同化速率分别达到 8.6g/（m² · d）和 6.7g/（m² · d）。

表 11-66　稻茬小麦高产群体干物质积累量与叶面积指数

（安徽省农业科学院，2014—2016）

播期（月/日）	密度（万/hm²）	产量（kg/hm²）	干物质积累量（kg/hm²）						叶面积指数				
			越冬	返青	拔节	孕穗	开花	成熟	越冬	返青	拔节	孕穗	开花
10/20	300	7 100.9	2 372.6	3 617.6	4 822.4	8 505.8	12 557.9	16 374.8	1.23	2.33	5.35	7.57	5.39
10/30	300	7 593.8	1 263.3	2 892.5	4 573.2	7 119.8	11 050.7	16 346.3	1.17	2.27	5.17	7.35	5.20
11/9	360	7 240.8	642.9	1 916.7	3 941.5	5 915.7	9 331.6	15 837.5	1.09	2.01	4.95	6.89	4.77

注：品种为扬麦18；试验地点：安徽庐江。

5. 防涝降渍　安徽稻茬小麦的气象灾害胁迫主要以渍水和低温冷冻害为主。小麦生育后期渍害，导致旗叶丙二醛含量和过氧化物酶活性增强，超氧化物歧化酶活性降低，抗氧化系统酶活性下降，抑制了小麦旗叶光合作用（表 11-67）。安徽科技学院（2014—2015）研究表明，拔节期淹水引起光合性能下降，受渍 9d 内主要由于气孔限制引起，此后则是由非气孔因素引起。据安徽农业大学（2011—2014）研究，分蘖期、拔节期和孕穗期低温胁迫降低小麦叶片光合性能，灾后喷施 6-苄氨基腺嘌呤生长调节剂可明显缓解叶片光合功能和产量受损情况。

表 11-67　渍水对小麦旗叶内源保护酶活性的影响

（安徽农业大学，2013—2014）

品种	处理	孕穗期渍水			灌浆期渍水		
		丙二醛含量（nmol/g）	过氧化物酶活性[U/(g·min)]	超氧化物歧化酶活性[U/(gFW·min)]	丙二醛含量（nmol/g）	过氧化物酶活性[U/(g·min)]	超氧化物歧化酶活性[U/(gFW·min)]
淮麦30	对照	90.12b	30.51b	563.33a	100.99b	34.41b	608.33a
	渍水	118.34a	38.80a	438.67b	116.64a	40.81a	415.33b4
烟农19	对照	91.16b	33.35b	594.67a	87.31b	32.76b	595.67a
	渍水	120.11a	38.69a	473.67b	108.99a	38.46a	430.33b
扬麦19	对照	84.55b	30.66b	553.67a	90.55b	35.53b	612.33a
	渍水	115.12a	36.53a	456.67b	117.11a	39.48a	426.67b

注：同一列不同小写字母表示在 0.05 水平上的差异显著。试验地点：安徽合肥。

（二）安徽省稻茬小麦高产栽培技术

针对安徽省稻茬小麦普遍存在的整地播种质量差、灾害频发重发等生产现状，研究提出了"提高群体质量、保证有效穗数、增加穗粒数和粒重"为目标的稻茬小麦高产栽培技术。

1. 品种选择与种子处理 根据茬口早晚、地力水平和生态条件，宜选用优质、高产、抗寒性好、抗赤霉病、抗穗发芽和耐渍性强的小麦品种。沿淮地区杂交中稻早茬口选用半冬性品种，粳稻和糯稻晚茬口选用迟播早熟的半冬偏春性或春性品种；江淮沿江地区选用晚播早熟春性品种。播种前进行种子包衣或药剂拌种，每100kg麦种选用4.8%苯醚·咯菌腈100～200mL，加入适量水稀释成1～2L药液，与种子充分搅拌均匀，晾干后即可播种。种子包衣处理宜在播种前1～2周进行。

选用抗（耐）渍小麦品种。稻茬小麦孕穗期受渍后，穗粒数、粒重与籽粒产量明显下降（表11-68），抗（耐）渍性强的品种单穗结实粒数、粒重、单穗重、经济系数明显高于抗（耐）渍性弱的品种。从表11-68还可看出，皖麦52、泛麦5号、扬麦13孕穗期受渍小麦籽粒产量分别减产15.91%、19.84%、31.30%，皖麦52的耐渍能力优于泛麦5号，泛麦5号优于扬麦13。

表11-68 孕穗期渍害对不同小麦品种籽粒产量及构成因素的影响

（安徽农业大学，2017—2018）

品种	处理	穗数 （万/hm²）	单穗结实粒数 （粒）	千粒重 （g）	单穗重 （g）	产量 （kg/hm²）	渍害减产 （%）
皖麦52	对照	611.10	38.50	39.56	1.353 2	9 307.5	—
	渍水	626.10	34.88	35.84	1.151 9	7 827.0	15.91%
泛麦5号	对照	609.60	35.75	38.26	1.214 0	8 338.5	—
	渍水	603.75	31.66	34.97	1.107 2	6 684.0	19.84%
扬麦13	对照	514.65	38.81	39.90	1.292 1	7 812.0	—
	渍水	502.50	32.60	32.76	1.014 2	5 367.0	31.30%

注：试验地点：安徽庐江。

2. 秸秆还田与耕整地 水稻收割前10～15d排水，使用全喂入履带式联合收割机收割水稻，收割机加装秸秆粉碎抛洒装置，同步完成水稻收割、秸秆切碎和抛洒匀铺作业。要求水稻秸秆切碎长度≤7cm，切碎长度合格率≥90%，留茬高度≤15cm。土壤墒情适宜时可机械旋耕灭茬1～2遍，旋耕深度一般为12cm左右；对秸秆量大的田块需翻耕或反转旋耕灭茬，确保90%以上稻茬埋于10cm土层下，提高整地质量，满足播种要求。连续旋耕田块间隔2～3年应进行一次深耕或者深松。

3. 肥料高效运筹 安徽稻茬小麦高效施肥原则：在增施有机肥培肥地力的基础上，氮、磷、钾肥配合，补充微量元素；有机肥及磷钾肥、微肥全部基施，氮肥的50%～60%基施，40%～50%起身期或拔节期看苗追施，群体偏小时起身期追氮肥，群体适宜或偏大时拔节期追氮肥。

在每公顷施用农家肥22.5t或商品有机肥1.5t的基础上，不同目标产量水平施肥量为：公顷产量6 000～7 500kg时，N、P_2O_5和K_2O公顷施用量需分别达到180～210kg、75～90kg和90～120kg；公顷产量4 500～6 000kg时，N、P_2O_5和K_2O公顷施用量需达到 150～180kg、60～750kg 和 60～90kg。具体施肥方案参照表 11 - 69。

表 11 - 69　稻茬小麦不同产量目标施肥量

（安徽省农业科学院，2012—2015）

产量目标 （kg/hm²）	有机肥 （t/hm²）	氮（N） （kg/hm²）	磷（P₂O₅） （kg/hm²）	钾（K₂O） （kg/hm²）	硫酸锌 （kg/hm²）
6 000～7 500	农家肥 22.5 或 商品有机肥 1.5	180～210	75～90	90～120	15～22.5
4 500～6 000		150～180	60～75	60～90	—

表头中磷、钾为 P_2O_5、K_2O。

4. 适宜播期与播量　安徽省稻茬小麦分布范围广、区域跨度大，生态条件差异明显。正常年份小麦适宜播期：沿淮地区半冬性品种 10 月 15～25 日，春性品种 10 月 25 日至 11 月 5 日；江淮地区 10 月 25 日至 11 月 10 日；沿江地区 11 月 1～15 日。适期播种条件下，半冬性品种基本苗 270 万～330 万/hm²，春性品种基本苗 330 万～420 万/hm²。随播期推迟，播种量适当增加，每推迟 3d，播种量增加 7.5kg/hm²。

5. 机械化播种　安徽省稻茬麦田土壤黏重，整地播种困难，宜推广机械匀播技术，播种方式可采用宽幅机播、机械摆播、带状匀播等，行距 20～23cm，播深 3～5cm。目前大面积生产上推广应用的整地施肥播种一体机，可有效提高播种质量与作业效率，具有较好的增产效果（表 11 - 70）。

表 11 - 70　不同播种方式对小麦出苗及产量的影响

（安徽省农业科学院，2015—2017）

处理	出苗率 （%）	穗数 （万/hm²）	穗粒数 （粒）	千粒重 （g）	产量 （kg/hm²）
常规旋耕施肥播种一体机	55.68	565.5	34.2	38.5	7 075.5
防缠绕施肥播种一体机	65.31	609.0	36.3	40.1	7 593.0

注：试验地点：安徽颍上。

土壤墒情适宜或偏旱时，可选择秸秆全还田防缠绕免耕播种机（2BMQF-6/12），一次完成秸秆残茬铡切、灭茬、分茬、施肥、播种、镇压、起垄等多道工序，实现秸秆全量还田免耕施肥播种。全还田防缠绕施肥播种一体机动土面积小，动力消耗比旋耕播种机具低 20%，有效解决了稻茬小麦免耕播种时秸秆缠绕、壅堵的技术难题。

近年来，针对安徽稻茬麦区播种季常遇阴雨天气，田间作业难度加大，难以保证高质量播种的现状，安徽省凤台县农业技术推广中心等单位联合研发出高畦降渍播种一体机（2BWSF-12 型），可解决土壤湿度过大甚至田间积水条件下的播种难题，一次完成旋耕、灭茬、施肥、开沟、作畦、播种作业，作畦高度 18～20cm，沟宽 25cm 左右，畦面宽 2.0m 或 1.8m，畦面平直，2.0m 宽的畦面种 11 行小麦（表 11 - 71）。基于该机型总结出的稻茬小麦高畦降渍机械化种植技术被列为 2020 年安徽省农业农村厅主推技术。

表 11-71　高畦降渍播种对小麦产量及其构成因素的影响

（凤台县农业技术推广中心，2016—2018）

年份	处理	穗数（万/hm²）	穗粒数（粒）	千粒重（g）	产量（kg/hm²）
2017	高畦降渍	522.0	32.8	45.2	6 577.5
	对照	513.0	29.8	41.5	5 389.5
2018	高畦降渍	520.5	33.6	39.7	5 901.0
	对照	511.5	29.3	39.5	5 341.5

注：试验地点：安徽凤台。

6. "三沟"配套　安徽稻茬麦区小麦生长期间降水量明显多于淮北旱茬麦区，尤其生育期间连阴雨天气较多，易发生渍害。因此，播种作业后未开沟田块及时机械开沟，沿淮地区畦沟间隔 3～4m，腰沟间隔 30～50m；沿江地区畦沟间隔 2～2.5m，腰沟间隔 20～30m。要求田内"三沟"（畦沟、腰沟、田边沟）深度分别达到 20cm、25cm、35cm 左右，田外大沟深 60～80cm，"三沟"配套，沟沟相通，排灌方便。

7. 田间管理

（1）冬前管理

一是查苗、补苗。出苗后及时查苗补种、疏密补稀。

二是化学除草。实践证明，稻茬麦播后封闭除草效果较好，对未及时封闭处理，草害严重地块冬前要及时化除。以禾本科杂草为主的地块，可选用 6.9% 精恶唑禾草灵或 15% 炔草酸兑水喷防；禾本科、阔叶杂草混生地块，可用 7.5% 啶磺草胺水分散粒剂或 20% 氯氟吡氧乙酸乳油加 6.9% 精恶唑禾草灵水乳剂混合喷防。

三是控制旺苗。对播种偏早、播种量过大，有旺长迹象的田块，冬前可进行深中耕或化控，控制麦苗旺长。

（2）春季管理

一是控旺促弱。对于早播、密度过大或施肥过多，发生旺长的麦田，或种植抗倒伏能力差的品种，在小麦起身期适时进行化控或镇压，预防春霜冻害和倒伏。对于弱苗，早施返青肥，以促进春季分蘖早、生快长，确保足够穗数。

二是及时化学除草。对冬前没有进行化学除草或除草效果较差的田块，要抓住小麦拔节前晴好天气及时进行化除。

三是因苗追施起身肥或拔节肥。拔节肥宜掌握在叶色褪淡，小分蘖开始死亡，基部第 1 节间定长后施用。苗情正常的田块，一般于 3 月上、中旬趁雨追施拔节肥。对苗小苗弱、群体不足的三类苗，应于 2 月上旬追施返青肥，拔节肥推迟至 3 月中、下旬。基础肥力好、产量水平高的田块可适当加大拔节肥追施比例。苗情一般的二类苗施用起身肥。

四是适时防治病虫害。纹枯病、赤霉病、白粉病、麦蜘蛛、蚜虫等病虫是安徽稻茬麦区的防控重点，做到早发现、早防控。

五是清沟理墒。随着春季降水量的加大，要及时清沟理墒，实现"三沟"配套，除湿降渍，减轻渍害，促进根系健壮生长。

六是防范"倒春寒"和低温冷害。密切关注天气变化，一旦遭受寒潮侵袭，及时进行田间调查，发现小麦心叶和幼穗冻害时，及时追施速效氮肥，或喷施叶面肥，促进小麦恢复生长。

七是后期"一喷三防"。以防控赤霉病为主兼顾防治蚜虫和早衰，确保在小麦抽穗扬花初期普防 1 次。第 1 次用药后 5～7d 根据天气和病虫情酌情再防治 1～2 次。同时，采用根外喷施叶面肥或植物生长调节剂，增加粒重，减轻干热风危害。

三、湖北省稻茬小麦高产栽培理论与技术

湖北省常年小麦种植面积 106 万 hm² 左右，其中稻茬小麦年种植面积 60 万 hm² 以上，占全省小麦种植面积 60%左右。湖北省稻茬麦主要分布在鄂中北的丘陵岗地麦区和鄂南的江汉平原麦区，两个麦区的稻茬麦年种植面积分别为 30 万 hm² 左右和 18 万 hm² 左右，分别占全省稻茬小麦面积的约 50%和 30%。湖北省各麦区之间稻茬小麦单产水平差异较大，平均单产水平变化范围为 3 000～6 000kg/hm²。近年来，湖北省研究制订了《湖北省稻茬小麦高产栽培技术规程》《稻茬麦耕作播种技术规程》等省级地方标准，初步集成了以少免耕机械播种技术为核心的稻茬小麦优质高产高效栽培技术体系，在湖北省累计推广应用 150 万 hm² 以上。稻茬小麦抗逆丰产增效技术体系创建与应用，获 2022 年湖北省科技进步二等奖。

（一）湖北省稻茬小麦高产的生理基础

1. 稻茬小麦适宜品种的筛选 江汉平原为湖北省稻茬小麦主栽区，小麦生长季总降水量 350～550mm，降水分布较密集的两个阶段为播种出苗期和孕穗开花期，其中孕穗开花期过分充沛的降雨对小麦生长影响较大，易导致产量大幅度降低，病害加重。因此，适宜该地区种植的小麦品种首先应具有耐渍性强的特点。

2016—2019 年通过小区渍水试验对当地 50 余份主栽小麦品种开花期耐渍性进行了比较，最终筛选出襄麦 55 为渍水钝感品种（表 11－72），其耐渍的典型标志是渍水后旗叶等功能叶持续维持较高的叶绿素含量，且成熟期穗粒数下降幅度最小，最终籽粒产量为 5 002.5kg/hm²，仅比对照下降 19.7%。郑麦 9023 和川麦 104 的表现仅次于襄麦 55，为中等耐渍品种。

表 11－72　稻茬小麦抗（耐）渍品种筛选

（长江大学，2016　2019）

品种	处理	灌浆中期SPAD值	穗数（万/hm²）	穗粒数（粒）	千粒重（g）	籽粒产量（kg/hm²）	收获指数（%）
襄麦 55	对照	52.8	528.0	38.9	37.5	6 231.0	35.0
	渍水	49.2	526.5	37.4	25.2	5 002.5	31.0
郑麦 9023	对照	48.7	615.0	39.6	35.8	6 723.0	34.0
	渍水	35.6	610.5	37.1	26.7	4 879.5	30.0
川麦 104	对照	50.4	550.5	40.5	36.8	6 882.0	38.0
	渍水	37.3	541.5	37.4	26.4	4 765.5	30.0

注：渍水时期为开花期至开花后 7d，渍水小区面积 12m²，渍水期间小区地表保持 2cm 水层；渍水小区用塑料挡板隔离，挡板高 60cm，入土深 40cm。对照为不渍水处理，其他管理与渍水处理一致。试验地点：湖北荆州。

2. 稻茬小麦的分蘖成穗规律 不同类型品种和不同密度下茎蘖成穗规律的研究结果表明：湖北省稻茬小麦主茎的成穗率、产量贡献率、穗粒数、穗粒重分别为 100%、35.12%～54.50%、35.94～44.13 粒、1.44～1.93g，均高于各级分蘖，具体表现为主茎＞分蘖Ⅰ＞分蘖Ⅱ＞分蘖Ⅲ；主茎、分蘖Ⅰ和分蘖Ⅱ间的收获指数差异不显著，但均显著高于分蘖Ⅲ，分别为 44.75%～46.17%、42.06%～45.29%、42.04%～45.65% 和 26.57%～42.58%。因此，在湖北省稻茬小麦高产栽培中，应强调以主茎成穗为主，低密度下需要稳定分蘖Ⅰ和分蘖Ⅱ成穗，争取分蘖Ⅲ成穗；中密度下争取分蘖Ⅰ和分蘖Ⅱ成穗；高密度下则主要争取分蘖Ⅰ成穗。

3. 稻茬小麦的干物质积累与籽粒产量关系 根据近年在湖北襄州、南漳、随州、武汉及鄂州等地的研究结果，稻茬小麦孕穗至开花期和开花至成熟期的地上部干物质积累量与籽粒产量呈极显著正相关关系（图 11-24），其他时期地上部干物质积累量与籽粒产量相关不显著。当稻茬小麦目标产量为 6 000～7 500kg/hm² 时，郑麦 9023 和鄂麦 580 开花至成熟期的干物质积累量分别应达到 5 200～7 400kg/hm²、5 000～6 500kg/hm²，加上开花前的干物质积累量，郑麦 9023 和鄂麦 580 整个生育期的干物质积累量应分别达到 15 000～18 700kg/hm²、14 200～17 800kg/hm²。

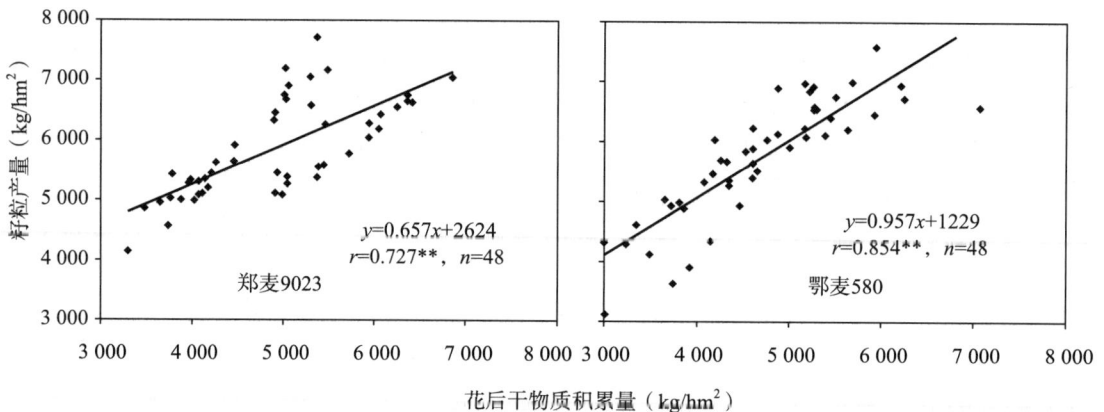

图 11-24 稻茬小麦郑麦 9023 和鄂麦 580 开花至成熟期干物质积累量与籽粒产量的关系
（湖北省农业科学院，2017—2019）

4. 湖北省不同麦区稻茬小麦养分吸收特征 湖北省中北部丘陵岗地麦区稻茬麦每生产 100kg 籽粒吸收氮（N）、磷（P_2O_5）、钾（K_2O）的量分别为 2.49～2.80kg、0.97～1.01kg、2.58～2.91kg，鄂南江汉平原麦区每生产 100kg 籽粒吸收氮（N）、磷（P_2O_5）、钾（K_2O）的量分别为 2.69～3.00kg、1.03～1.10kg、2.62～2.92kg（表 11-73）。随着产量水平的提高，每生产 100kg 籽粒养分吸收量增加。生产等量小麦，江汉平原麦区每 100kg 籽粒养分吸收量高于中北部丘陵岗地麦区。成熟期小麦地上部养分吸收量与小麦产量的关系表现为一定范围内小麦产量随养分吸收量的增加而提高；到达最高产量水平后，由于养分的奢侈吸收和养分间的拮抗作用等，养分吸收量虽进一步增加，但小麦产量呈现平产或减产趋势。

表 11 - 73　稻茬小麦不同目标产量每 100kg 籽粒养分吸收量

（湖北省农业科学院，2015—2019）

麦区	产量水平（kg/hm²）	每 100kg 籽粒养分吸收量（kg）		
		N	P₂O₅	K₂O
鄂中北丘陵岗地	3 000~4 500	2.49	0.97	2.58
	4 500~6 000	2.58	1.00	2.76
	6 000~7 500	2.80	1.01	2.97
鄂南江汉平原	1 500~3 000	2.69	1.03	2.62
	3 000~4 500	2.80	1.06	2.84
	4 500~6 000	3.00	1.10	2.92

5. 高产稻茬小麦的氮肥后移技术　氮肥适当后移是提高稻茬小麦分蘖成穗，减少无效分蘖发生，提高分蘖成穗率和籽粒产量的关键。如表 11 - 74 所示，氮肥全部底施，分蘖成穗率仅为 37.1%，62.9% 的分蘖均为无效分蘖。目前，江汉平原大多数采用 7：3 的氮肥运筹模式，即 70% 的氮肥底施，30% 的氮肥作蜡肥追施，此模式与氮肥全部底施相比，分蘖成穗率和产量提高。但是在高产稻茬麦田研究发现，适当降低底肥比例，增加一次拔节肥，即 1/3 底施、1/3 分蘖期追施、1/3 拔节期追施，可使分蘖成穗率进一步提高，籽粒产量突破 6 000kg/hm²，是适宜推广的氮肥运筹模式（表 11 - 74）。

表 11 - 74　氮肥运筹模式对稻茬小麦分蘖成穗率、产量及产量构成的影响

（长江大学，2016—2019）

氮肥处理	冬前分蘖数（万/hm²）	春季最大分蘖数（万/hm²）	穗数（万/hm²）	穗粒数（粒）	分蘖成穗率（%）	千粒重（g）	籽粒产量（kg/hm²）
100%底施	865	913	339	35	37.1	40.2	3 921.0
底肥：蜡肥＝7：3	658	917	368	35	40.1	41.4	4 363.5
底肥 1/3、蜡肥 1/3、拔节肥 1/3	719	818	459	39	56.1	40.0	6 558.0

注：小麦品种为郑麦 9023；试验地点：湖北荆州。

（二）湖北省稻茬小麦高产栽培技术

多年的生产实践表明，在湖北省稻茬小麦生产中，要实现小麦高产稳产必须提高播种质量，培育冬前壮苗；合理施肥，培育高质量群体，提高成穗率，增加穗粒数；控制渍害和病虫草害发生，防止后期早衰，提高千粒重。

1. 耕作播种阶段

（1）品种要求　鄂北地区稻茬小麦宜选用抗（耐）条锈病和赤霉病的半冬性或春性品种；鄂中南地区选用抗（耐）赤霉病、条锈病和穗发芽的弱春性品种。小麦播种前要进行晒种和药剂拌种，提倡使用包衣种子。以上选用的小麦品种均要求抗（耐）渍害。

（2）秸秆还田与耕作整地　在前茬作物水稻收获时应选择半喂入式收割机或加装秸秆

粉碎装置的全喂入式收割机（如 4LBZ-172B 型、4LBZ-120A 型或 4LZ-2.5 型水稻收割机）进行收割，切碎后的秸秆抛洒均匀。播前整地时，选择适宜的旋耕机具（1GQN-200 或 1GKN-180 旋耕机）进行旋耕，旋耕深度 15～20cm，使粉碎后的秸秆能均匀地分布在表层土壤中。前茬水稻留茬较高（≥15cm）或秸秆量较大时，需使用专用灭茬机（如 1JH-180 型或 1GFM-200 型灭茬还田机）进行一次灭茬作业后再旋耕，或使用机械深翻耕后再旋耕。

（3）播种期和播种量　按湖北省正常年份稻茬小麦冬前壮苗的叶龄指标为 5.5～6.5 叶计算，鄂北麦区稻茬小麦需要 0℃ 以上的冬前积温为 550～650℃、鄂南麦区为 500～550℃。结合分析湖北各地 10～12 月的多年气象数据，确定鄂北麦区稻茬麦适宜播种期为 10 月 20 日至 11 月 5 日，鄂南麦区为 10 月 25 日至 11 月 10 日；在适宜播期内，半冬性品种播期可适当提早，春性品种播期可适当推迟。在此基础上，根据各地当年播种期气象条件和土壤墒情，可适当提前或延迟 2～3d 播种。在气候条件正常、土壤墒情合适和播期适宜的情况下，湖北省稻茬小麦适宜基本苗为 300 万～375 万/hm²，适宜播种量为 187.5～225kg/hm²。如播期推迟或提早，播种量适当增加或减少，一般每推迟或提早 3d，播种量增加或减少 7.5kg/hm²；同时也要结合品种类型、种子千粒重、土壤墒情和整地质量等确定播种量的增减。

（4）播种方式　土壤墒情合适时，采用少免耕条播机播种（如 2BMF-12 型或同类型小麦播种机），一次性完成旋耕、施肥、播种、镇压等工序。在田间土壤湿度过大、适宜播期内无法进行机械整地播种作业的情况下，可采用机械或人工免耕直播，待机械开沟时将土均匀撒在厢面覆盖种子。

2. 肥料施用技术　据多年调查结果，湖北省稻茬小麦生产中具有高产潜力（6 000～7 500kg/hm²）、中高产水平（4 500～6 000kg/hm²）和中低产水平（3 000～4 500kg/hm²）的麦田面积分别约占稻茬小麦面积的 15%、50% 和 30%。其中，占比面积最大的中高产水平麦田土壤的基础肥力指标为有机质含量 2%～30%、碱解氮 90～120mg/kg、有效磷 10～20mg/kg、速效钾 100～130mg/kg。根据湖北省稻茬小麦养分吸收特征和稻茬麦田肥料利用率，特别是氮肥的利用率偏低的实际情况，在秸秆全量还田条件下，目标产量为中高产水平的小麦全生育期推荐施肥量分别为氮（N）150～180kg/hm²、磷（P_2O_5）75～90kg/hm²、钾（K_2O）60～75kg/hm²。肥料运筹方式一般为氮肥的基肥与追肥比例为 6∶4，磷、钾肥作为基肥在播前或播种时一次性施用。基肥一般施用有效总含量 45%（N、P_2O_5、K_2O 有效含量各 15%）的复合肥 525～600kg/hm²，提倡施用有机肥作基肥。

表 11-75 和表 11-76 分别列出了湖北省稻茬小麦不同产量潜力土壤的养分状况和稻茬小麦不同目标产量的肥料推荐用量，可供各地在制定湖北省稻茬小麦施肥技术方案时参考。

表 11-75　湖北省稻茬小麦不同产量潜力土壤的养分状况

（湖北省农业科学院，2015—2019）

产量潜力 （kg/hm²）	有机质含量 （g/kg）	碱解氮含量 （mg/kg）	速效磷含量 （mg/kg）	速效钾含量 （mg/kg）
3 000～4 500	10～20	50～90	5～10	50～100

（续）

产量潜力 （kg/hm²）	有机质含量 （g/kg）	碱解氮含量 （mg/kg）	速效磷含量 （mg/kg）	速效钾含量 （mg/kg）
4 500～6 000	20～30	90～120	10～20	100～130
6 000～7 500	>30	>120	>20	>130

表 11-76　湖北省稻茬小麦不同目标产量肥料推荐用量（kg/hm²）

（湖北省农业科学院，2015—2019）

目标产量（kg/hm²）	N	P₂O₅	K₂O
3 000～4 500	120～150	60～75	45～60
4 500～6 000	150～180	75～90	60～75
6 000～7 500	180～210	90～105	75～90

注：K_2O 为前茬水稻秸秆全量还田条件下钾肥的推荐用量。

3. 田间管理技术

（1）冬前田间管理技术　冬前田间管理除及时查苗、补苗和化学除草外，重点是促弱控旺，培育冬前壮苗。如基本苗不足或苗势较弱，应在 3 叶 1 心期前后，看苗追施苗肥（平衡肥），可追施尿素 75kg/hm² 左右；麦苗长势正常的，可以不用追施苗肥。如因播期过早或播量过大导致冬前苗期旺长，应分别采取镇压或喷施植物生长调节剂等措施，控制旺长，防止因年前拔节发生冬季冻害或因群体过大导致中后期倒伏。

（2）春季田间管理技术　春季田间除做好化学除草、清沟排渍、病虫害防治等常规管理外，重点是看苗追施拔节肥和冷害的补救。施好拔节肥，能够提高分蘖成穗率，增加有效穗数；减少小花退化，增加穗粒数；延长上部叶片功能期，提高千粒重。追施拔节肥的时间，应根据小麦长势情况确定。正常长势的小麦一般在小麦基部第 1 节间定长、第 2 节间开始伸长前后追施；长势较差、群体不足的小麦应提早在拔节前追施；群体偏大、长势偏旺的小麦可延迟到孕穗期追施。拔节肥的数量一般可根据麦苗长势施用尿素 112.5～150kg/hm²，群体过大或长势过旺的小麦要注意减少施肥量。稻茬麦在春季常因"倒春寒"天气产生冷害。冷害发生后要及时采取补救措施，根据冷害的发生程度，追施尿素 75～150kg/hm²。

4. 渍害防控技术　渍害除导致稻茬小麦田间湿度大，加重病害的发生外，还影响根系的发育与活力，造成小麦中前期生长不良和后期早衰。稻茬小麦渍害防控的重点是确保麦田沟渠配套畅通。播种后出苗前应及时使用开沟机开沟，做到深沟窄厢，三沟配套。厢宽 2m 左右，厢沟、腰沟和围沟深度要分别达到 20～25cm、30～35cm 和 40～50cm；同时应注意清理好麦田外围沟渠，保证麦田内外沟渠畅通。在小麦整个生育期，特别是春季，雨后要及时清沟排渍，避免渍害发生。

5. 病虫草害防治技术　湖北省稻茬小麦的主要病害有赤霉病、条锈病、纹枯病和白粉病，主要虫害为蚜虫、麦园蜘蛛和黏虫，杂草类型主要以禾本科杂草为主。要特别注意赤霉病和条锈病的防治，加强流行动态监测预报，及早预防，在小麦开花期前后可采取"一喷三防"技术措施防治病虫害。杂草的防治要特别重视冬前苗期的化学除草，如冬前未进行化学除草或除草效果不好，应在春季小麦拔节前进行一次化学除草。

四、四川省稻茬小麦高产栽培理论与技术

四川省稻茬小麦主要分布于成都平原和盆地丘陵，土壤以水稻土为主，耕层有机质含量 1.8%～5.5%，碱解氮 80～250mg/kg、有效磷 10～50mg/kg、速效钾 60～240mg/kg，pH 4.8～7.5，基础条件较好，但面临前期湿害、寡照，中后期干旱等环境障碍，常年产量维持在高产典型每公顷 7 500kg、千亩片 6 000kg、整县 5 000kg 的水平。近 10 多年来，以理论研究和技术创新为基础，集成了一整套稻茬小麦抗逆高产技术体系并广泛应用于生产，2020 年四川省梓潼县卧龙镇桂花村 0.22hm² 绵麦 902 品种稻茬小麦实打验收 10 418kg/hm²。本项技术"西南小麦产业提升关键技术与实际应用"2012 年获四川省科技进步一等奖。

（一）四川省稻茬小麦高产的生理基础

1. 作物生产效率　作物大面积单产不高的主因在于群体偏小，干物质积累量不足。但要在较短的生育期内（180～190d）积累足够多的干物质量，就必须提高作物生产效率。研究表明，生物生产率（成熟期干物质积累量/全生育期天数，BPR）和籽粒生产率（籽粒产量/开花至成熟天数，GPR）同小麦产量均呈极显著的正相关关系（图 11 - 25）。实现 9 000kg/hm² 目标单产，其 BPR、GPR 须分别达到 120kg/(hm² · d) 和 210kg/(hm² · d) 以上。

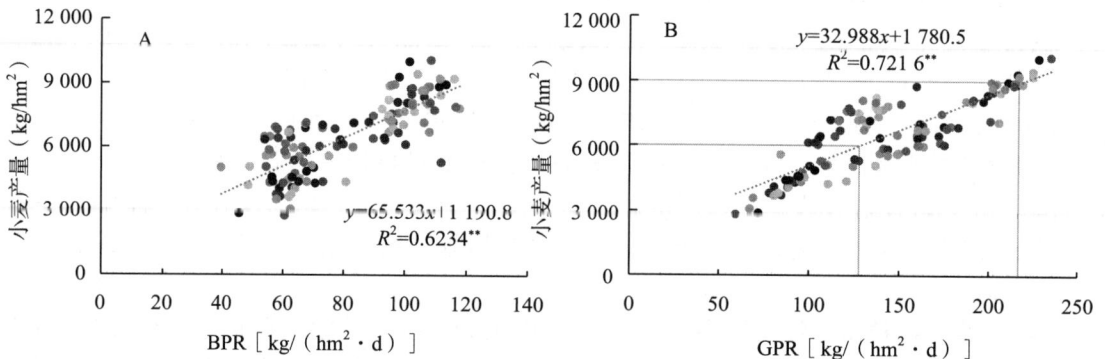

图 11 - 25　小麦产量与生物生产率（A）、籽粒生产率（B）之间的关系
（四川省农业科学院，试验地点：四川广汉，2017—2018）

2. 开花后叶片功能　要实现从中产向高产的跨越，必须将开花后干物质对籽粒的贡献率提升至 70% 以上；要提高开花后生产效率和干物质积累量则必须提高开花后冠层质量及其光合效能。研究表明，小麦产量与开花后 0～25d 的功能叶叶绿素含量（SPAD 值）、群体光合效率（CAP）呈极显著的正相关关系（图 11 - 26），高产群体的这两项参数较中产群体高 10%～15%。免耕秸秆覆盖栽培、氮肥后移等农艺措施都利于缓解后期干旱胁迫和延缓开花后叶片衰老，进而提高光合效能和有机物质生产能力。

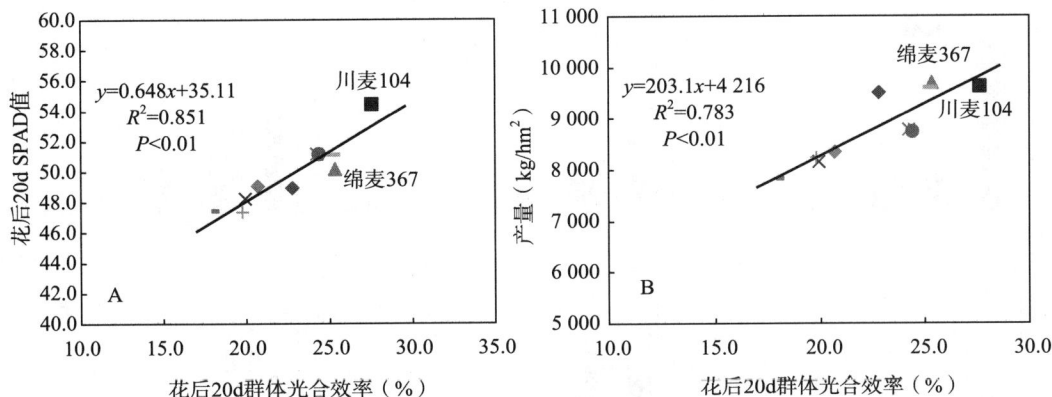

图 11-26　花后 20d 群体光合效率与旗叶 SPAD 值（A）和产量（B）之间的关系
（四川省农业科学院，2011—2013）

3. 氮素积累利用　氮素依然是影响稻茬小麦产量建成的关键营养元素。四川省稻茬小麦每公顷投入 135～180kg 氮，成熟期可积累 190～210kg 氮，其中肥料氮约占 40%；氮素吸收效率（NUpE）、氮素利用效率（NUtE）和氮肥偏生产力（PFP$_N$）分别达到 0.66kg/kg、44.9kg/kg、77.3kg/kg（表 11-77）。高产群体开花期氮素积累量比中产群体高 9.1%，增加的氮素主要储存于叶片，占 16.9%，从而增强了花后功能叶对高温、干旱等逆境的耐受性。免耕带旋播种的氮素吸收量较旋耕播种方式提高 9.95%；同时，各生育时期 0～40cm 耕层硝态氮含量均显著低于深旋条播（图 11-27），降低了氮淋溶风险，利于协同改善产量和环境效益。

表 11-77　不同产量群体的氮素吸收和利用效率差异
（四川省农业科学院，2016—2017）

项目		产量 （kg/hm²）	Nt （kg/hm²）	NtE （%）	PANU （kg/hm²）	NUpE （kg/kg）	NUtE （kg/kg）	NUE （kg/kg）	NHI	GPC （%）
年份	2016	7 823b	90.5b	78.1a	26.8b	0.61a	57.2a	34.9a	0.822a	8.9b
	2017	8 206a	108.5a	77.5a	46.2a	0.63a	46.7b	29.6b	0.830a	10.8a
处理	N+	8 899a	123.0a	78.2a	45.3a	0.66a	44.9b	29.7b	0.830a	10.7a
	N−	7 130b	75.3b	76.8a	27.7b	0.58b	59.1a	34.4a	0.822a	9.0b
N+	HYP	9 491a	127.5a	78.0a	42.3a	0.67a	47.3a	31.7a	0.825a	10.2b
	MYP	8 307b	118.4a	78.3a	48.2a	0.65a	42.6b	27.8b	0.838a	11.2a
N−	HYP	7 636a	76.3a	77.9a	30.7a	0.60a	62.2a	37.2a	0.818a	8.4b
	MYP	6 623b	74.2a	75.7b	24.6a	0.57a	55.9b	32.7b	0.826a	9.5a

注：Nt：氮素转移；NtE：氮素转移效率；PANU：花后氮素吸收；NUpE：氮素吸收效率；NUtE：氮素利用效率；NUE：氮素使用效率；NHI：氮素收获指数；GPC：籽粒蛋白质含量。N+、N−分别代表 150kg/hm²、60kg/hm² 肥料氮；HYP、MYP 分别代表高产和中产群体。不同字母表示相同组别不同处理之间差异达到 5% 显著水平。试验点：四川广汉。

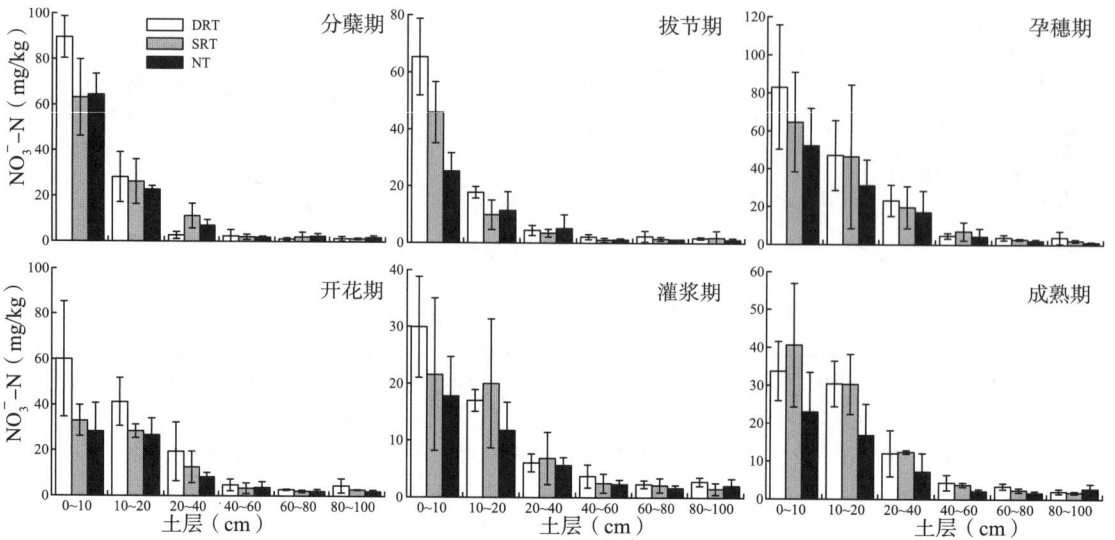

图 11-27 不同耕播方式下主要生育期土壤硝态氮含量

(DRT、SRT、NT 分别代表深旋耕机条播、浅旋耕机条播和免耕带旋机播。试验地点：四川广汉)

(四川省农业科学院，2016—2017)

4. 干物质积累 物质积累是产量形成的基础，科研和实践都表明，成熟期地上部干物质积累量（ADMm）同产量呈极显著正相关。公顷产量 7 500kg 和 9 000kg 以上的成熟期地上部干物质积累量须分别达到 15 760kg/hm² 和 19 000kg/hm² 以上。干物质积累量的大小受品种、栽培技术、环境等诸多因素影响，要获得较高的成熟期地上部干物质积累量和籽粒产量，稻茬小麦必须以适宜品种为基础，切实改善播种质量、肥水运筹和逆境管理。

（二）四川省稻茬小麦高产栽培技术

1. 目标产量 大面积目标单产 7 500kg/hm²。产量结构：穗数 400 万～450 万/hm²，穗粒数 40- 45 粒，千粒重 46 -50g；成熟期地上部干物质积累量 15 000kg/hm² 以上，收获指数 0.45 以上。

2. 土壤条件 良好的土壤条件是实现稻茬小麦高产的基础。高产田土壤：有机质含量≥2%、碱解氮≥120mg/kg、有效磷≥12mg/kg、速效钾≥80mg/kg，pH 5.5～7.5；土壤结构良好，没有明显的缺素、板结等障碍；前作水稻应适时晒田，成熟前及时开沟排水晾田，避免田面遭到机械碾压破坏，坑洼不平。

3. 适宜品种 四川光照弱、空气湿度大、冬暖春早，小麦生长具有"两短一长"特点，即分蘖期短、全生育期短、灌浆期长。所选品种应满足以下特点：株型相对紧凑，成穗 450 万/hm² 以上，千粒重 46g 以上；生育期适宜，具有较高的物质生产率；花后功能叶叶绿素含量较高，开花期旗叶 SPAD 值≥50，持绿期较长，灌浆快，落黄好。

4. 秸秆处理 前作水稻可采用半喂入式联合收割机收获，秸秆被切碎、均匀抛撒，秸秆长度小于 7cm。如果采取全喂入式联合收割机收获，则须在播种之前进行灭茬作业，达到细碎而分布均匀的状态，利于后续旋耕整地或播种。

5. 耕作整地 采用旋耕播种方式的农户，应在播前 20d 进行第 1 次深翻或旋耕整地，深度≥15cm；播前 1 周左右第 2 次旋地整平，利用这次整地可将有机肥和化学底肥充分混入耕层土壤。采用免耕栽培的重点做好开沟排水工作，尤其地势低洼或丘陵槽沟麦田，边沟和围沟的深度达到 25cm 以上，厢沟 20cm 以上，做到田面平整、沟渠相通。

6. 药剂拌种 对于自留种子和未包衣处理的商品种子，播前应进行清选、晒种，并用控制蚜虫的药剂（如吡虫啉）和预防苗期锈病的药剂（如戊唑醇）进行拌种处理。拌种应于播前 1d 进行，拌后晾干。

7. 适宜播期 四川稻茬小麦的最适宜播期是 10 月 25 日至 11 月 5 日。过早即 10 月 25 日之前播种，花期易遭遇倒春寒低温危害，造成小花败育不实，穗粒数下降；过迟播种如 11 月 10 日之后播种，往往分蘖力和成穗率下降，穗子变小，也很难通过加大播种量而得到较好弥补。

8. 适宜播量 多年多地研究结果表明，四川稻茬小麦大面积生产适宜的基本苗是 225 万～300 万/hm²，过高过低都不利于高产。目前多数品种的千粒重在 46～50g 之间，应根据种子大小、目标基本苗和整地质量确定具体播种量，一般为 150～200kg/hm²。

9. 播种方法 选用免耕带旋播种机播种（如 ZF-2BMF-8/10/12 型），8～12 行不等。播种深度 4～5cm，田湿宜浅、田干宜深。采用旋耕栽培的则选用条播机或郓农-2BJK6 型宽幅精量播种机，播种深度 4～5cm，播后用 1YZ-2.1 型镇压机镇压一次（表 11-78）。

表 11-78 不同播种方式产量性状和经济效益比较

（四川省农业科学院，2017—2018）

播种方式	分蘖质量（播后 50d）				产量结构				经济效益（元/hm²）		
	TN（个）	PI₁（%）	LAI₁（叶龄）	DWI₁（g）	SN（穗/m²）	GN（粒/m²）	TKW（g）	GY（kg/hm²）	TC	OV	NR
深旋条播	1.19	53.0	0.95	0.74	377	14 786	48.2	7 762	14 325	17 855	3 530
免耕带旋	1.61	66.7	1.35	1.04	479	18 330	46.0	8 534	13 050	19 626	6 578

注：TN：单株分蘖数；PI_1、LAI_1、DWI_1 分别代表 I 级分蘖发生率、叶龄和干重；SN：每平方米穗数；GN：每平方米粒数；TKW：千粒重；GY：籽粒产量；TC：总成本（含土地租金 7 500 元/hm²）；OV：产值；NR：纯收益。试验地点：四川广汉。

10. 科学施肥 每公顷施用纯 N 120～180kg、P_2O_5 75～120kg、K_2O 75kg 可满足 7 500～9 000kg/km² 的目标产量。氮肥分 2 次施用，底肥占 60%、拔节追肥占 40%；磷、钾肥全部用作底肥。机械化免耕播种多使用复合肥，根据底施纯氮量和复合肥的氮含量，换算成实际基施复合肥数量。拔节追肥按总用氮量的 40% 折算成尿素。

11. 冬前管理 播后至 12 月底属冬前管理时期。重点任务有 3 项：一是水分管理。过湿麦田及时清沟降渍；播后若遭遇天旱则须及时灌溉，灌水时间不宜过长，避免烂种。二是苗期化学除草。一般在 12 月上、中旬进行，不能过迟。防治阔叶杂草和禾本科杂草的除草剂混合均匀喷施，力避用药过量造成药害。三是对旺长麦田进行镇压或喷施生长延缓剂，如矮壮素。

12. 春季管理 四川小麦冬季不停止生长，一般于 1 月上、中旬拔节。1～3 月春季管

理任务：

（1）追施拔节肥 主要是氮肥，占总施氮量的40％。

（2）灌溉拔节水 对于干旱年份或沙壤稻茬麦田，中后期也存在轻度到中度的干旱胁迫，应在拔节期灌溉1次。降雨充沛年份和地势低洼麦田，或者群体过大麦田，可以不灌。

（3）控制旺长 对于生长过快或群体过大的麦田，应喷施生长延缓剂加以控制，培育高质量群体。

（4）抓好病虫防控 1～2月重点是做好条锈病发生中心的防控；3月重点是做好齐穗至初花期的赤霉病预防，可结合锈病、白粉病、蚜虫、红蜘蛛等发生情况，开展以赤霉病预防为核心的"一喷多防"。

13. 后期管理 小麦一般于3月中旬抽穗、下旬扬花，灌浆期40～50d。灌浆过程可能遭遇脱肥、高温、渍水等非生物胁迫，可视情况进行根外追肥，即叶面喷施浓度为1％～2％的尿素，或浓度0.3％～0.4％的磷酸二氢钾；也可结合后期病虫情况添加防治药剂。丘陵槽沟田则注意排水降渍。

14. 适时收获 四川省小麦成熟期遭遇"烂场雨"的概率较高，应于完熟初期及时收获。种粮大户和家庭农场可以通过烘干设施及时烘干收储；小农户须及时晾晒、储藏。

第八节 小麦垄作高产高效栽培技术

小麦垄作高产高效栽培技术是将小麦种在抬起的垄上，在垄沟内进行追肥和灌溉的一种有别于传统平作的种植方式。与传统平作相比，一是垄作可以显著改善小麦群体的通风透光条件。二是改传统平作的大水漫灌为垄沟内小水渗灌，改传统的撒施追肥为沟内集中条施，在不同降水年型，可节约灌溉用水30％～40％，肥料利用率提高10％以上。小麦的边行优势得到充分发挥，穗粒数增加3～4粒，千粒重增加2～2.5g，增产10％左右。三是消除了传统平作大水漫灌导致的根际土壤板结现象，耕层土壤容重降低，改善了土壤通气状况，根系活力显著提高。四是提高小麦的抗病及抗倒伏能力，充分发挥小麦的产量潜力，适合单产9 000kg/hm² 左右的高产地块应用。小麦垄作高产高效栽培技术获2008年山东省科技进步二等奖。

一、小麦垄作高产高效栽培技术的生理基础

（一）对土壤理化特性的影响

1. 土壤容重、土壤呼吸及土壤温度 与传统平作相比，起垄种植使土壤的熟化层相对增加15～18cm。垄作栽培条件下麦田0～10cm和10～20cm土层的土壤容重明显降低，土壤孔隙度增加3.5％～16.8％；麦田由传统平作的平面型变成了垄作的波浪形，土壤表面积和截获的太阳辐射均显著增加，耕层土壤的温度相应提高（图11-28）；但与传统平作相比，垄作栽培对0～20cm土层土壤呼吸强度无显著影响，显著提高了20～40cm土层土壤呼吸强度（图11-29）。

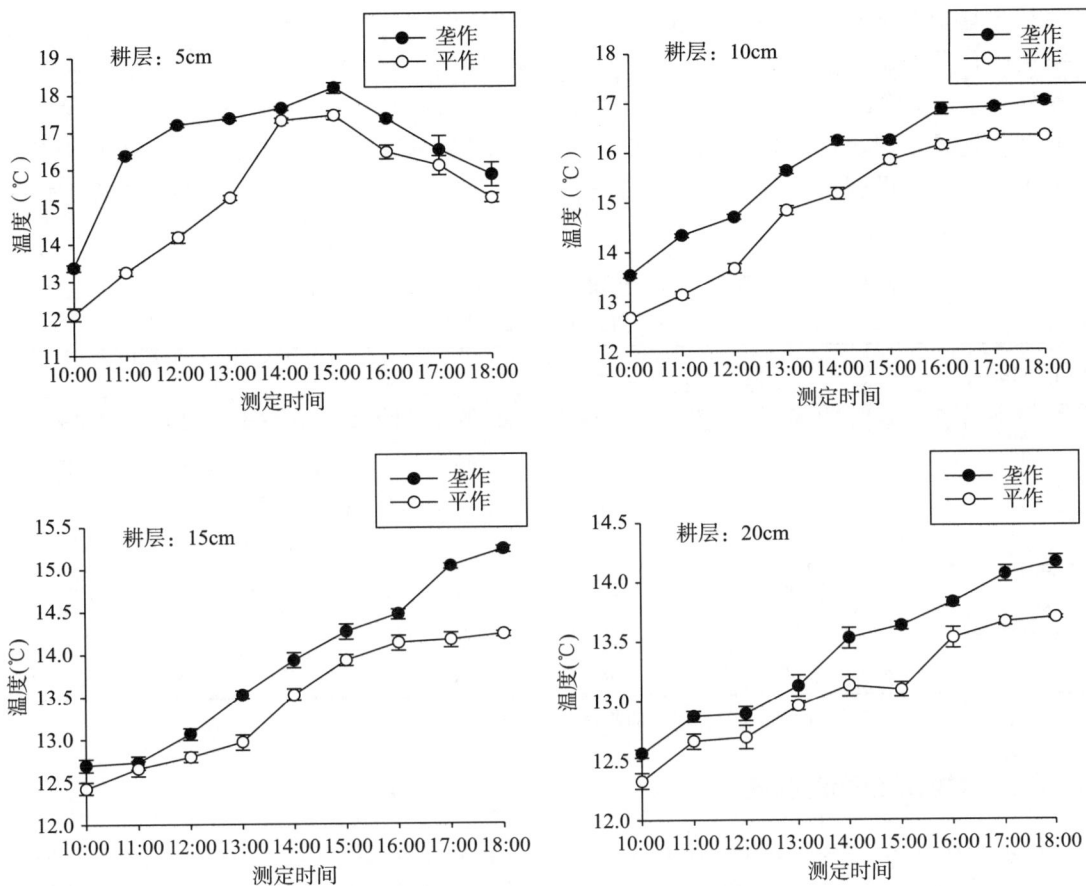

图 11-28 小麦拔节期不同种植方式对土壤温度的影响

（山东省农业科学院，2010）

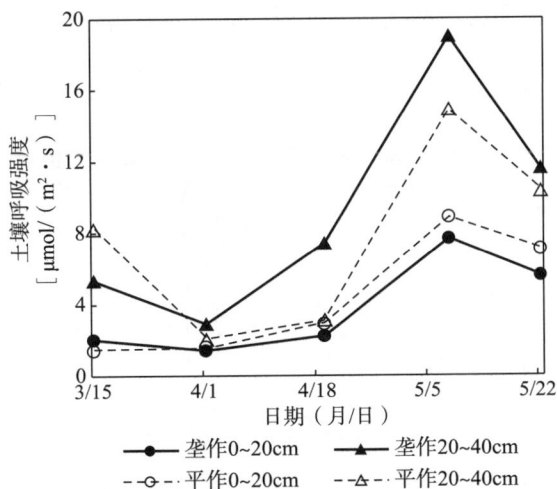

图 11-29 小麦拔节期不同种植方式对土壤呼吸强度的影响

（山东省农业科学院，2009）

2. 土壤养分分布 土壤物理性状的改善有利于土壤养分的矿化和有效化。与传统平作相比，垄作栽培显著提高 0～40cm 土层中的速效养分含量，尤其是根际土壤的速效养分含量（表 11-79）。尽管整个生育期内深层土壤（40～60cm）的速效养分含量变化无显著差异，但垄作 0～20cm 和 20～40cm 土层碱解氮和速效磷的含量均显著高于传统平作，土壤的供肥能力显著改善，有利于植株健壮生长，为获得高产奠定了良好的基础。

表 11-79 不同种植方式土壤速效养分含量（mg/kg）的变化动态
（山东省农业科学院，2003）

种植方式	土层（cm）	起身期（3/12）			拔节期（4/10）			灌浆期（5/27）		
		碱解氮	速效磷	速效钾	碱解氮	速效磷	速效钾	碱解氮	速效磷	速效钾
垄作	0～20	79.2a	34.0a	181.0a	69.8a	30.1a	160.0a	78.6a	24.4a	145.0a
	20～40	79.8a	27.6b	174.0a	71.4a	22.6b	155.0ab	79.8a	21.6a	132.0a
	40～60	40.8cd	10.6d	146.0c	40.1c	8.1c	140.0bc	41.4d	6.10c	122.0a
平作	0～20	42.6c	27.0b	174.0a	61.8b	24.4b	151.0ab	73.8b	22.0a	138.0a
	20～40	71.0b	22.3c	160.0b	62.3b	22.2b	145.0ab	70.3c	18.2b	128.0ab
	40～60	39.1d	9.80d	148.0c	38.8c	6.8c	128.0c	37.4e	6.40c	112.0b

注：表中同一列小写字母表示在 0.05 水平上的差异显著。下同。

（二）对根系分布的影响

传统平作栽培 0～20cm 土层根系干重比例显著高于垄作种植；垄作栽培条件下小麦开花期根系干重在 20～40cm 和 40～60cm 土层较传统平作分别高 31.4% 和 37.4%。开花期，垄作栽培模式下小麦 0～20cm 土层根系表面积和根系活力与平作栽培无显著差异，但在 20～40cm 和 40～60cm 土层垄作种植显著高于传统平作栽培。表明传统平作栽培条件下根系分布集中于上层土壤，而垄作栽培显著增加了土壤中、下层根系的比例，提高了根系活力（图 11-30）。

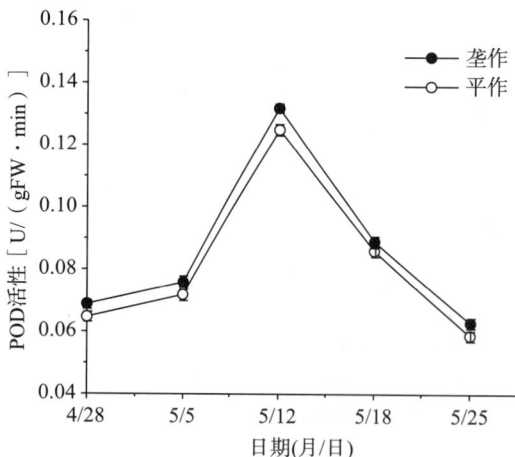

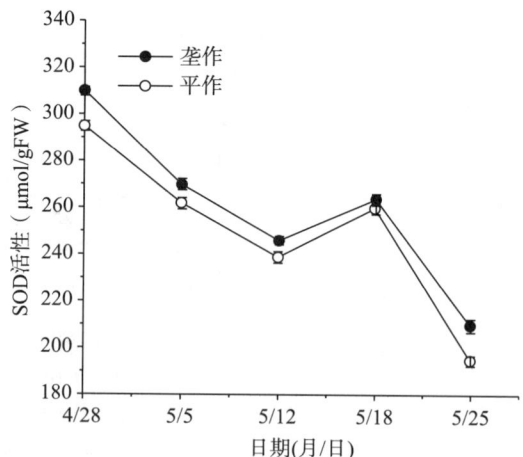

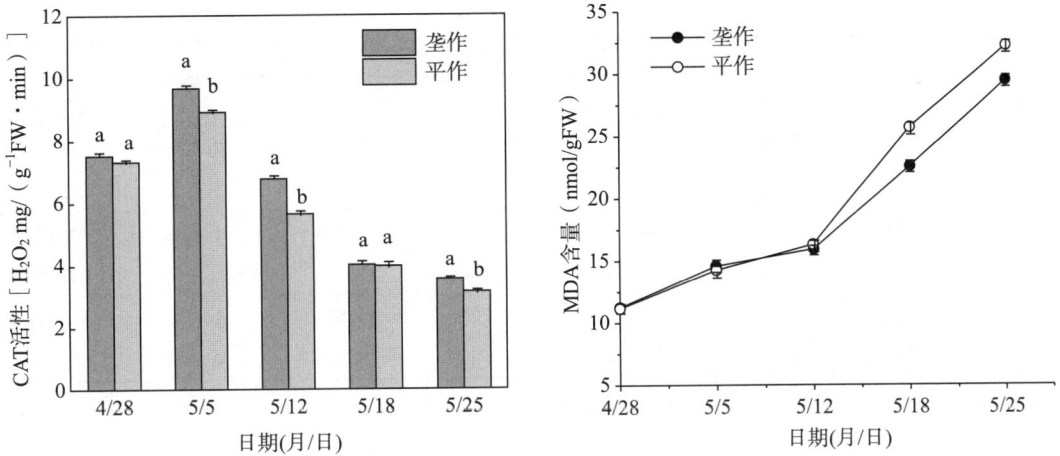

图 11-30　不同种植模式对开花期小麦根系分布及根系活力的影响

(山东省农业科学院，2013)

（三）对小麦群体结构的影响

垄作栽培具有较强的群体自动调控能力。在基本苗相同的情况下，垄作栽培较传统平作显著降低了小麦单位面积最大茎蘖数，提高了分蘖成穗率（表 11-80）。自拔节期始，垄作小麦叶面积系数显著高于平作小麦（表 11-81），有利于光能的截获和光合物质的积累。

表 11-80　不同种植方式下小麦群体动态变化

(山东省农业科学院，2003)

品种	处理	基本苗 （万/hm²）	最大分蘖数 （万/hm²）	穗数 （万/hm²）	分蘖成穗率 （%）
济麦 20	垄作	219.0a	1 368b	658.1a	48.1a
	平作	220.5a	1 662a	663.0a	39.9b
济麦 19	垄作	210.1a	1 341b	641.6a	47.8a
	平作	217.5a	1 514a	647.5a	42.8b
泰山 23	垄作	231.2a	1 360b	643.1a	47.3a
	平作	229.5a	1 585a	638.6a	40.3b
烟农 19	垄作	225.2a	1 319b	617.4a	46.8a
	平作	222.1a	1 634a	598.0b	36.6b

注：显著性测验在同一品种的两种栽培模式间进行比较。

表 11-81　不同种植方式下小麦叶面积系数变化

(山东省农业科学院，2003)

品种	栽培模式	日期（月/日）					
		4/18	4/27	5/8	5/16	5/23	5/28
济麦 20	垄作	2.81a	3.74a	5.07a	4.81a	4.20a	3.60a
	平作	2.58b	3.45b	4.12b	4.02b	3.37b	3.24b

（续）

品种	栽培模式	日期（月/日）					
		4/18	4/27	5/8	5/16	5/23	5/28
济麦 19	垄作	2.23a	3.16a	3.63a	3.46a	2.80a	2.58a
	平作	2.03b	2.72b	3.43a	3.07b	2.40b	2.21b
泰山 23	垄作	2.50a	3.45a	4.99a	4.73a	4.41a	4.17a
	平作	2.40a	3.20a	4.80a	4.57a	4.01b	3.74b
烟农 19	垄作	2.67a	3.74a	4.90a	4.85a	4.56a	3.64a
	平作	2.20b	3.01b	4.60b	4.52b	4.46a	3.58a

注：显著性测验在同一品种的两种栽培模式间进行比较。

（四）对小麦植株形态的影响

1. 叶片形态及分布　与传统平作相比，垄作栽培条件下，小麦旗叶和倒 2 叶变小，倒 4 叶和倒 5 叶增大。垄作小麦叶面积的变化，有利于构建"松塔形"的株型结构，增加群体光能的截获量。

2. 株高及茎节长度　与传统平作相比，垄作栽培改善田间通风透光条件、降低田间湿度的直接作用就是小麦植株各节间的长度普遍较传统平作小麦相应的缩短，其中基部一、二节间缩短 3～5cm，株高降低 5～8cm（表 11-82）。

表 11-82　不同栽培方式对小麦植株各节间长度及株高的影响（cm）

（山东省农业科学院，1998—2006）

品种	年代和地点	栽培模式	第 1 节间	第 2 节间	第 3 节间	第 4 节间	穗下节间	株高
济麦 19	1998—2001 济南	垄作	4.6b	6.1b	11.2a	15.6a	25.4a	70.8b
		平作	5.5a	7.3a	12.1a	16.4a	25.8a	75.1a
济麦 21	2001—2003 济宁	垄作	4.7b	8.4b	11.7b	15.7a	26.6a	76.1b
		平作	5.8a	9.7a	13.0a	16.4a	27.1a	81.8a
烟农 19	2003—2004 青州	垄作	4.3b	7.9b	10.2b	15.6a	25.2a	72.2b
		平作	5.6a	8.6a	12.0a	16.1a	25.4a	76.7a
济宁 12	2003—2005 曲阜	垄作	4.8b	8.7b	13.1a	18.2a	26.1a	79.9b
		平作	5.9a	9.8a	14.2a	18.8a	26.6a	84.3a
济宁 16	2005—2006 汶上	垄作	4.2b	7.6b	11.7a	17.5b	25.4a	74.4b
		平作	6.4a	9.4a	12.6a	19.1a	26.7a	82.2a

注：显著性测验在同一品种的两种栽培模式间进行比较。

（五）对小麦抗逆性的影响

1. 群体通风透光性和抗病性　小麦垄作栽培降低了田间湿度（表 11-83），改善了小麦冠层的小气候条件，不仅明显抑制了小麦纹枯病、茎基腐病、白粉病和赤霉病等茎、叶和穗部病害的发生，而且促进了小麦茎秆的健壮生长，小麦的抗倒伏能力显著增强（表11-84）。

表11-83 小麦群体内的空气湿度（%）

（山东省农业科学院，2009）

品种	种植方式	测定部位	测定日期（月/日）				
			4/23	5/2	5/9	5/16	5/23
95（6）161	垄作	垄背	65c	71c	76b	79c	84c
		垄沟	59e	62d	65c	73d	73d
	传统平作	畦内	71a	79a	84a	85b	93a
烟农19	垄作	垄背	67b	72b	87a	88a	83c
		垄沟	62d	65d	67c	78c	74d
	传统平作	畦内	72a	77a	84a	86ab	88b

2. 旗叶自由基清除能力 研究发现，垄作小麦花后旗叶的 SOD、POD 和 CAT 活性高于平作小麦，自由基清除能力较高，植株抗氧化、抗衰老能力增强，减轻了活性氧的毒害作用，有利于小麦后期籽粒灌浆。而垄作小麦旗叶较低的丙二醛（MDA）含量水平（图11-31），进一步验证了垄作栽培在提高植株抗逆、延衰方面的生理作用。

表11-84 不同种植方式对抗病性的影响

（山东省农业科学院，2005—2006）

品种	种植方式	纹枯病发病率（%）	白粉病病情指数（%）	倒伏率（%）
烟农19	垄作	1.8d	9.2c	5.0c
	传统平作	51.2a	22.8a	60.0a
95（6）161	垄作	7.9c	7.7d	0.0d
	传统平作	32.6b	19.6b	10.0b

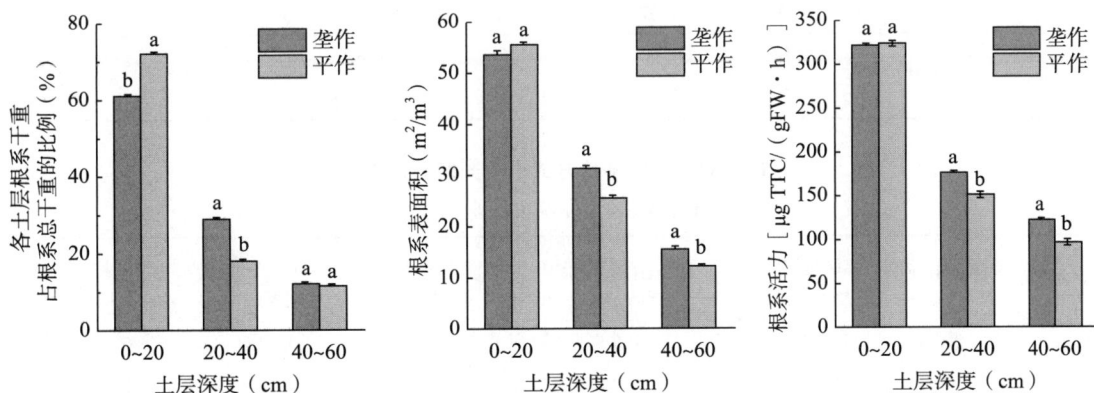

图11-31 不同种植模式对小麦旗叶灌浆期 SOD、POD、CAT 和 MDA 含量的影响

（山东省农业科学院，2008—2010）

（六）对产量和资源利用效率的影响

1. 产量结构及产量　与传统平作相比，垄作显著增加了供试品种的穗粒数（增加 3～4 粒），千粒重提高 1.5～2.0g，显著提高了群体的抗倒伏能力，供试品种产量分别增加了 10.0％和 13.4％（表 11-85）。

表 11-85　不同种植方式对小麦产量及产量构成因素的影响

（山东省农业科学院，2011—2012）

品种（系）	种植方式	穗数（万/hm²）	穗粒数（粒）	千粒重（g）	产量（kg/hm²）	经济系数	倒伏率（%）
95（6）161	垄作	453.0c	43.1a	38.7a	6 195.0b	0.39a	0
	平作	448.5c	39.8b	36.0b	5 629.5c	0.37b	0
烟农 19	垄作	633.0a	36.1c	36.6b	6 765.0a	0.40a	0
	平作	615.0b	32.3d	31.7c	5 394.0d	0.35c	60

2. 资源利用效率　垄作栽培在节水 32.7％～37.1％的同时，产量增加 10％左右，水分生产效率得到显著提高（表 11-86）。垄作栽培改善了小麦田间通风透光条件，光能利用率较传统平作增加 10.0％以上（表 11-87）；垄作栽培提高了群体的生物量和植株含氮量，导致群体的氮素积累量显著高于平作，氮肥利用效率提高了 12.8％～13.9％。

表 11-86　各试验点产量与节水效果表

（山东省农业科学院，2011—2012）

地点	品种	种植方式	面积（hm²）	总灌水量（m³/hm²）	产量（kg/hm²）	较平作增产（%）	较平作节水（%）
青州	济麦 19	垄作	0.43	2 041.5	7 518.0	8.8	37.1
		平作	0.12	3 246.0	6 912.0		
青州	济麦 20	垄作	6.67	2 283.0	9 157.5	13.6	32.7
		平作	6.67	3 393.0	8 064.0		
邹平	济麦 20	垄作	20.00	1 837.5	8 128.5	12.1	36.6
		平作	20.00	2 902.5	7 254.0		

表 11-87　不同种植方式小麦光能利用率比较

（山东省农业科学院，2008—2009）

品种	种植方式	籽粒固定的能量（MJ/hm²）	茎叶固定的能量（MJ/hm²）	籽粒光能利用率（%）	茎叶光能利用率（%）	干物质产量光能利用率（%）
95（6）161	垄作	110 209.5a	166 781.3a	0.362a	0.548a	0.910a
	平作	100 149.0b	150 850.3b	0.329b	0.496b	0.825b
烟农 19	垄作	120 349.5a	166 674.5a	0.395a	0.548a	0.943a
	平作	106 126.5b	152 718.3b	0.349b	0.502b	0.851b

二、小麦垄作高产高效栽培技术

（一）选择适宜地块

垄作栽培显著提高小麦的抗病及抗倒伏能力，在单位面积产量 9 000kg/hm² 左右的高肥力地块应用更易发挥其增产优势。应选择耕层深厚、土壤肥力较高（有机质含量＞1.2%、有效氮＞80mg/kg、有效磷＞25mg/kg、速效钾＞90mg/kg）、保水保肥能力较好且有水浇条件的地块。

（二）整地

起垄播种前深耕 25cm 左右，打破犁底层，优化根系生活环境。玉米秸秆还田地块要确保秸秆还田质量（秸秆长度不超过 5cm，抛洒均匀），以免影响播种质量。

（三）合理确定垄幅

单位面积产量 9 000kg/hm² 以上的高肥力地块，垄幅以 75cm 左右为宜，垄高 15～18cm，垄上种 2 行小麦，垄顶小麦的行距为 25cm，垄间行距为 50cm（图 11 - 32）；单位面积产量 7 500～9 000kg/hm² 的地块可在垄顶种 3 行小麦，垄顶小麦的行距 17cm 左右，垄间行距 40cm 左右。单位面积产量低于 7 500kg/hm² 的地块，常不易封垄导致漏光损失，因而不适合垄作。可选用 2BL-3/6 型小麦垄作播种机起垄。

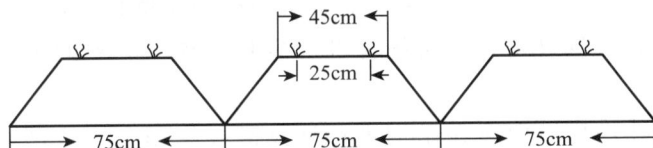

图 11 - 32　小麦垄作栽培示意图

（四）选择分蘖成穗率高的多穗型品种

小麦生物产量与经济产量成正相关。多年研究结果证明，在不发生倒伏的前提下，小麦株高越高的年份生物产量越高，因而籽粒产量越高。选择分蘖成穗率高、株高适中（80cm 左右）的多穗型品种，有利于充分发挥垄作小麦的边行优势和抗倒、抗病优势，获得较高产量；反之，若选择分蘖成穗率低的大穗型品种，或株高过低（低于 70cm）、株型过于紧凑的品种，则常因不能及时封垄造成漏光损失而不易发挥垄作栽培的抗倒增产优势。

（五）种肥同播

适期播种条件下，基本苗 225 万/hm² 左右为宜，晚播时要根据播种时间适当增加播种量（按每晚播 3d 增加基本苗 15 万/hm² 确定需要增加的播种量），播种深度 3～5cm。播种时，产量水平 9 000kg/hm² 地块施用 375kg/hm² 磷酸二铵或 600kg/hm² 三元复合

肥（N-P$_2$O$_5$-K$_2$O＝15-15-15）作基肥施施于垄顶小麦行间，施肥深度 7～10cm。选用 2BL-3/6 型小麦垄作播种机播种，一次完成起垄、施肥、播种、镇压等复式作业，提高播种质量和作业效率。

（六）播后浇水

足墒播种时（土壤相对含水量 70％～80％），播后不需浇水；但土壤墒情不足时（土壤相对含水量低于 70％）播种，播后应及时浇水沉实垄体，有利于苗全、苗齐、苗匀和苗壮。

（七）冬前除草

垄作小麦田间杂草多生长在光照条件较好的垄沟内，可在冬前杂草生长量较小时顺垄沟机械除草，减少对除草剂的依赖；也可在冬前顺垄沟化学除草，因杂草生长量小，用药少而集中，杀草效果好，减少过量使用除草剂对土壤的污染，有利于绿色生产。

（八）浇越冬水

冬前日平均气温下降到 3～5℃，自然水体夜冻昼消时（小雪前后），适时浇越冬水，灌水量 450m^3/hm^2 左右，有利于垄作小麦安全越冬。

（九）镇压与划锄

镇压可以沉实土壤，减少透气跑墒；划锄可以破除土壤板结，增温保墒；镇压和划锄可以优化小麦根系生活环境，促进植株健壮生长，提高小麦的抗逆能力。故冬前和返青期镇压、划锄是传统平作小麦重要的田间管理措施。而与传统平作小麦不同，垄作小麦出苗后不需要镇压，但可在垄沟进行划锄破除沟底土壤板结，与此同时消灭垄沟内的杂草。

（十）春季肥水管理

起身期追施纯氮（N）105～135kg/hm^2（尿素 225～300kg/hm^2 或含 N 30％的高氮低钾复合肥 450kg/hm^2），肥料直接机械条施或人工开沟施于垄沟底部。与传统平作的撒施相比，相对增加施肥深度 15cm，提高肥料利用率。施肥后立即浇水，灌水量 450m^3/hm^2 左右。抽穗开花前，土壤相对含水量低于 70％时可结合浇水（300m^3/hm^2）追施尿素 75kg/hm^2，有利于增加灌浆强度，提高籽粒产量。

（十一）及时防治病虫害

与传统平作相比，小麦垄作栽培改善了田间通风透光条件，降低了田间湿度，植株生长健壮、抗逆能力强，有利于减轻小麦纹枯病、茎基腐病、白粉病和赤霉病等常见病害的危害，减少农药的使用量，有利于绿色生产。但仍应注意病虫害的预测预报，做到早发现、早防治。

（十二）适时收获，秸秆还田

同传统平作一样，垄作小麦可用联合收割机收获，下茬作物（多为玉米或大豆）于小麦收获后直播于垄顶。粉碎的小麦秸秆大多积累在垄沟底部，不会影响下季作物播种和出苗，因此要求垄作栽培的作物尽量做到秸秆还田，以提高土壤有机质含量，培肥地力。

第九节　北纬 33°麦区旱茬小麦高产栽培技术

一、北纬 33°麦区的分布与生态特点

（一）北纬 33°麦区的区域分布

北纬 33°麦区旱茬小麦主要分布在安徽省的淮河以北、沿淮河两岸平原及长江淮河之间的北部丘陵，湖北省的鄂北岗地、鄂中丘陵、鄂西北与鄂东北山地。包括安徽的亳州、宿州、淮北、阜阳、蚌埠、淮南 6 市 26 个县与滁州、六安、合肥 3 市的北部 6 个县，常年小麦种植面积 186.67 万 hm^2 左右；湖北的襄樊、荆门、随州、孝感、黄冈、十堰 6 市 26 个县，常年小麦种植面积 40 万 hm^2 左右。以北纬 33°麦区旱茬小麦高产栽培技术为主要项目成果的"安徽江淮区域小麦高产工程技术研究与应用"，2009 年获安徽省科技进步奖一等奖。

（二）北纬 33°麦区的气候与降水特点

1. 温度　该麦区处于黄淮平原南端和江淮之间的北部地区，农作物种植制度为一年两熟，小麦前作多为玉米、大豆、花生、芝麻之类的早秋茬，少部分为棉花、甘薯等晚秋茬。属暖温带半湿润气候向亚热带湿润气候的过渡地带，年平均气温 14～16℃，大于 0℃积温 5 200～5 500℃，小麦生长季节（10 月至翌年 5 月）积温 2 200～2 266℃，冬季最冷月（1 月）平均气温−1～2.5℃。地处北纬 33°线以北的安徽淮河以北的中北部地区可满足种植弱冬性品种对温度需求，33°线以南的安徽沿淮、江淮之间北部和湖北中北部地区可满足种植半冬性、春性品种对温度的需求。

由于本麦区处于我国南北方中间地带，过渡性气候特征明显，小麦生长季节往往受到来自南北方暖冷气流的干扰，对小麦正常生长发育有着一定的影响。比较突出的有以下几个方面：

（1）**冬季的高温**　小麦在正常年份适期播种条件下，以多蘖壮苗入冬，经历越冬前后一定时期的较低温度耐寒锻炼，具有较强抗寒能力。但遇暖冬年份，小麦生长过快，偏早播种的春性品种提前拔节，易遭受 2～3 月倒春寒低温冻害。

（2）**4 月上旬 0℃以上的低温**　本麦区 4 月上旬历年正常日均温可达 12～15℃，小麦临近孕穗期，若遇 5～6℃以下低温天气，易受冷害，表现为穗上部小花不孕缺粒。

（3）**5 月份的高温**　本麦区小麦开花与籽粒形成灌浆期间要求适宜温度在 20～25℃之间，随温度升高，灌浆速度加快。但超过 25℃，甚至出现 28～30℃以上的高温天气，因

器官失水加快，叶片易早衰，对灌浆不利，影响粒数、粒重的增加。

2. 光照 本麦区安徽淮河以北光照条件优于淮河以南及湖北中北部，年太阳辐射量 543.9～497.9kJ/cm²，小麦生长季节（10月至翌年5月）太阳辐射量 313.4～283.7kJ/cm²，日照时数 1 436～1 101h。淮河以北光能生产潜力大，每年春末夏初太阳辐射量和日照时数较多，有利于小麦抽穗开花后籽粒形成与灌浆成熟，淮河以南及湖北中北部亦能满足小麦对光照的需求。

3. 水分 本麦区降水资源和黄淮海中北部麦区相比，相对较多，年降水 850～1 100mm，其中60%以上分布在6、7、8三个月，9～12月逐月减少，翌年1～5月又逐渐增多。常年小麦生长季节降水量350～500mm。从总量看，淮河以北尚难满足小麦高产的需求，淮河以南与湖北中、北部可以满足小麦需求，但因降雨时空分布不均，秋季种麦时易遇旱，影响小麦适时播种和出苗齐全，淮河以北及鄂北岗地，春季3月份也常有干旱发生，给适时施用拔节肥增加了一定的难度。此外，由于5月份雨水偏多，易造成小麦抽穗开花、籽粒形成与灌浆期间土壤水分过多，引起湿害、倒伏以及病害加重等不利的影响。

（三）北纬33°麦区的土壤养分特点

该麦区土壤有砂姜黑土、潮土与黄土。其中，砂姜黑土主要分布在淮河以北及沿淮地区，是安徽淮北、沿淮旱茬麦分布最广的土壤类型。砂姜黑土物理性状差，质地黏重，缩胀系数大，失水干旱时产生大量裂缝，造成毛细管断裂，既漏水，又影响毛细管水上升，形成发僵土块，小麦受旱严重；当大量降水后因膨胀而堵塞孔隙，阻止了水分下渗，形成托水层，使上层滞水，小麦受到涝渍害。不仅如此，土壤有机质与养分含量也不高。近些年，通过增施肥料与多种途径改良，有机质与养分含量有所提高，与潮土相比，小麦后期供氮充足，有利于提高产量与蛋白质含量，适于发展强筋小麦。潮土分布在沿淮两岸，土体较深厚、疏松、通透性好，有利于耕整地质量的提高，但大部分属中低产土壤，唯有两合土是旱地小麦高产土壤。分布在鄂北岗地的黄土，有机质含量稍高，是该地区小麦产量较高的一个原因。

二、北纬33°麦区小麦产量的形成

本麦区处于我国南北麦区的过渡带，地跨安徽淮河以北、沿淮与江淮之间及湖北中北部，各地气候条件有一定差异，小麦品种类型多，有弱冬性、半冬性、春性，生育期自北向南240～210d。提高小麦的产量，必须充分利用小麦生育期间光、温、水资源变化中的有利条件，克服不利条件，形成具有我国北方麦区多穗和南方麦区大穗的优势，促使小麦整个生育进程前、中、后期正常生长，实现产量构成穗、粒、重三者协调发展。

（一）前期壮苗越冬争足穗

本区小麦在适墒、适期、适量播种条件下，出苗后可充分利用冬前10月至12月中旬有利的光、温资源促发生分蘖，形成多蘖壮苗越冬。由于冬前麦苗生长物质分配和代谢中心是以新生分蘖为主，因此冬前发生的分蘖能得到充足营养，分蘖赶主茎趋势明显，幼穗发育与主茎差距缩小，分蘖成穗率高，一般70%以上可以成穗，这是形成公顷穗数多的重要基础。麦区自北向南每公顷基本苗225万左右，能形成675万～525万穗，淮北创高产田可达750万穗。

（二）中期稳健生长保大穗

本区小麦在越冬期间并不停止生长，而是间断地缓慢生长，正常年份会增长1个叶龄左右，幼穗器官在较低温度与短日照条件下不断进行小穗原基分化。早春2月初"立春"之后，气温逐渐回升，小麦进入返青、起身、拔节生长，但由于2～3月屡受北方寒流侵袭，气温上升较为缓慢，因此麦苗能够稳健生长，幼穗器官进行小花分化与发育的时间得到延长。据分析，自年前越冬开始后小穗原基分化至次年3月上中旬拔节前后的雌雄蕊分化，为期长达70～80d，这是保证小花发育多结实，形成大穗的一个重要生理原因。本麦区自北而南在满足水、肥条件下，每公顷穗数在675万～525万时，平均每穗粒数可达36～40粒。

（三）后期防早衰增粒重

本区小麦从抽穗到成熟为期45d左右，主要是进行开花、受精、结实、籽粒灌浆成熟过程。主攻目标是保根护叶，延长上部3张叶片的功能期，保证叶片正常落黄及碳水化合物向穗部籽粒运输，以提高粒重。由于4～5月雨水逐渐增多，开花期遇雨会发生赤霉病；晴天气温高，蚜虫危害大，特别是出现雷雨、大风强对流天气会引起小麦倒伏。因此，防御病虫危害及灾害性气候是确保小麦后期延缓早衰、增加粒重的关键环节。

三、北纬33°麦区小麦栽培技术

（一）北纬33°麦区小麦生产存在的问题

本麦区过去生产上制约小麦产量提高的问题概括起来主要有大播量、"一炮轰"施肥、品种与播期不协调、整地质量差、病虫草害防治不及时等。这些问题的存在既有历史原因，也与生产条件和产量水平有很大关系。

1. 大播量问题　过去因地力薄，施肥少，地下害虫严重，自留种子发芽率低，加上整地播种粗放，小麦播种后成苗率低，所以采用大播量来保证麦田有一定的成苗数量，一般每公顷播量225～300kg，撒播甚至高达375kg以上。20世纪90年代中后期，随着地力、施肥水平的提高和播种条件的逐步改善，以及药剂拌种、种子包衣技术的应用，小麦成苗率有了很大提高，若仍然采用较大的播种量势必带来越冬前后每公顷1 500万以上茎蘖的大群体，危害多端：

①麦田出苗稠挤，植株营养与光照条件削弱，影响主茎低节位分蘖发生，分蘖缺位多，难以形成冬前壮苗。

②容易引起麦苗旺长，尤其是冬春暖湿气流促使麦株中上层叶片生长过大，提早封行，致使麦田通风透光不良，不仅造成茎秆基部细弱，埋下后期倒伏隐患，而且为病虫害的发生蔓延提供了有利条件。

③降低麦田中下层叶片光合功能，使物质积累减少。

④影响小麦后期根系发展，容易发生根系早衰。所有这些都直接反映了大群体对光照资源未能充分利用，难以达到形成高产的要求，且浪费种子，加大种麦成本。

2. "一炮轰"施肥问题 20世纪80～90年代种麦多以农家肥为主，化肥为辅，一般每公顷施30 000kg左右土杂肥，加750kg碳酸氢铵和750kg过磷酸钙，采取一次性底施。这种施肥方式对满足以主茎穗为主，实现3 750kg/hm² 以上中等产量水平是有保障的。但是自20世纪90年代后期以来，小麦大面积生产施肥多以化肥代替有机肥。由于化肥增产明显，安徽淮河以北、沿淮河两岸旱茬麦每公顷氮素化肥施用量已增加到碳酸氢铵1 125kg或尿素450kg的水平，并配施相应磷肥。在施肥水平提高以后，继续沿用"一炮轰"方法施肥，不仅使麦苗前期生长过旺，造成徒长，而且在冬春季节因雨雪天气，易造成化肥流失，往往至小麦中后期就出现脱肥早衰现象。湖北鄂北岗地与鄂中丘陵旱地麦亦同样存在底肥氮和前期用肥量过大，后期供肥不足，肥料利用率偏低的问题。这类施肥方式尽管单位面积穗数有所增加，但穗粒数和千粒重却很难增加，产量提高受到限制。

3. 品种与播期不协调问题 这个问题在小麦春性品种比例大的地区较为普遍。过去因为棉花、甘薯晚秋作物种植面积大，或者因为早秋茬玉米、花生等人工收获进度慢，加上遇秋旱时畜力耕整地困难等原因，小麦播期推迟，因而春性品种的种植比例增大。例如，安徽2003—2005年春性品种种植比例占58%，湖北春性品种种植比例更大，一些地方甚至基本上全为春性品种。而近些年棉花、甘薯晚秋作物面积减少，机械化收获、耕整地发展速度快，前作腾茬后土壤墒情适宜，农民便趁墒种麦，春性品种因过早播种年前拔节受冻害的现象便经常发生。

4. 整地质量差问题 旱茬麦地区早秋茬作物收获后，地面裸露，气温高，蒸发量大，土壤失墒严重；采用小型机械，耕整地速度慢，耕层浅，以及旋耕后耙不实，无镇压，落籽过深，出苗弱，或失墒后土坷垃大，出现缺苗断垄。此外，耕地连年内翻，形成脊背式地面，高低不平，机械条播深浅不一致，影响播种后的出苗整齐度。湖北省旱茬麦地区耕整地的机械化作业率已达到80%左右，但播种机械化作业率仍然很低，以撒播为主，成为限制产量进一步提高的主要原因之一。

5. 麦田灌排水基础设施薄弱 本麦区安徽省淮河以北、沿淮河两岸地区20世纪80～90年代曾经发展一部分河灌和地下井灌溉面积，后因小麦比较效益低，农民一般遇秋旱也不愿抗旱造墒种麦，而是等雨播种，往往延误适期播种。湖北省鄂北岗地和鄂中丘陵旱地由于地面不平整，不具备灌溉条件，主要根据自然降雨选择播期，因此常出现播期偏早或偏晚的情况，是制约小麦高产稳产的限制因素。

（二）北纬33°麦区小麦栽培技术

针对本麦区小麦生产上长期存在的以上5个方面问题，通过近几年小麦高产攻关实践，总结形成有以下几项关键技术措施。

1. 品种布局上扩大半冬性品种比例，减少春性品种面积 安徽1991年夏季大水后，不少地方退水较迟，引进了河南省迟播早熟的春性品种豫麦18，该品种无论在丰产性还是在品质食用性方面都深受农民欢迎，以后面积逐年扩大，20 世纪 90 年代后期至 21 世纪初期，包括豫麦 18-64 系和江苏扬麦系列等春性品种占全省小麦面积 50％左右，某些沿淮县（区）豫麦 18 占 80％～90％。但由于豫麦 18 等春性品种在沿淮、淮北过早播种或遇暖冬年份会提早到春节前拔节，易受倒春寒低温冻害。加之近年来，棉花、甘薯晚秋作物面积缩小，大豆、玉米、花生、芝麻等早秋作物面积扩大，更适于半冬性小麦品种接茬。实践证明，高产优质的半冬性品种采用良法配套栽培，在同等条件下，每公顷产量较春性品种提高 1 125～1 500kg。所以，扩大半冬性品种，减少春性品种是本麦区挖掘小麦增产潜力的重要技术环节。目前主栽的半冬性品种是烟农 19、皖麦 38、新麦 18、皖麦 50、皖麦 52 等；春性品种是偃展 4110、皖麦 44、皖麦 48、郑麦 9023、鄂麦 23、鄂麦 18、鄂恩 6 号等。

2. 趁墒适期播种与降低播量相结合，提高整地、播种质量 本麦区 6～8 月降水量占年降水量的 60％以上，通常 9 月底、10 月初土壤底墒尚足，虽因夏秋季节气温较高，蒸发量大，土壤上层失水迅速，但如能在早秋作物收获后，保住墒情趁墒种麦，就可保证播后一次出全苗。半冬性品种适宜播期是 10 月 10～15 日，适宜密度为每公顷 195 万～225 万苗；春性品种，适宜播期是 10 月 20～30 日，适宜密度为每公顷 270 万～300 万苗。且出苗后能在冬前充分生长，发根增蘖，形成单株具有 2～4 个 I 级分蘖、6～10 条次生根的壮苗越冬，为保证穗数奠定基础。与此同时，临近越冬前后主茎 6～7 叶，幼穗器官进入二棱初期至二棱期，完成了春化发育阶段。这也为春后延长光照发育阶段，有利于小花分化与发育，增加每穗粒数提供时间。

所以，通过适墒整地、提高整地与播种质量，适期播种与适宜播量相结合是为争取足穗、大穗创造良好条件的关键技术。例如，在 2006—2007 年安徽淮北小麦高产攻关中，据对 10 月 16 日播种的烟农 19 品种超高产田每公顷 225 万基本苗与一般高产田每公顷 267 万基本苗的群体动态分析，超高产田越冬期群体茎蘖数为 1 072.5 万/hm²，春季高峰群体 1 585.5 万/hm²，成穗数 702.0 万/hm²，其越冬群体数：最高群体数：最终成穗的比例为 1.54：2.27：1；而一般高产田越冬群体数为 1 465.5 万/hm²，春季最高群体数 1 777.5 万/hm²，成穗数 618.0 万/hm²，其越冬群体数：最高群体数：成穗数的比例为 2.26：3.25：1（图 11 - 33）。表明每公顷产量 9 000kg 左右的超高产田比每公顷产量 7 500kg 左右一般高产田的群体动态表现出"基数小，峰值适中，两极分化快，成穗多"的特点，这是由于减少大量春后无效分蘖滋生，有利于年前大分蘖成穗，创建合理群体结构的结果。

3. 改全量氮肥底施为底肥追肥两次施用，改返青肥为拔节肥，后期施延衰肥 安徽农业大学早在 20 世纪 80 年代中期已通过试验提出拔节肥的增产效果，但这项技术始终推不开，农民普遍认为肥料一次性底施（"一炮轰"）既简单又不担心遇春旱施不下肥。实际上，全量氮肥一次性底施，不仅会促使苗期旺长，而且一部分养分还会在冬季雨雪中淋失受损，导致中后期脱肥早衰，肥料利用率和小麦产量均大为降低。2006 年以来，在各地建立的高产示范田中，底肥留下 150.0～187.5kg/hm² 尿素作为拔节肥，可使每公顷增产 1 125kg 左右，收到了明显的增产效果。从表 11 - 88 可以看出，等量肥料氮全部一次性底施与基施 60％、拔节期追施 40％的相比，每公顷减产 735.0～1 008.0kg。

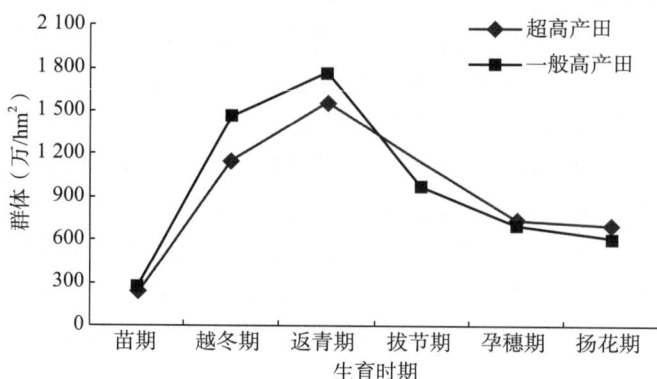

图 11-33 超高产田与高产田群体动态的比较

(安徽农业大学，安徽蒙城，2007)

表 11-88 氮素不同基追比例对产量的影响

(安徽省农业科学院作物研究所，2007)

品 种	基追比例	穗 数 （万/hm²）	穗粒数 （粒）	千粒重 （g）	产 量 （kg/hm²）
烟农 19	10：0	715.85	31.3	41.10	8 730.0
	6：4	710.10	34.8	42.62	9 465.0
皖麦 50	10：0	614.10	30.9	46.77	8 844.0
	6：4	608.10	35.2	47.93	9 852.0

注：每公顷施氮总量 270kg，过磷酸钙 1 050kg，氯化钾 225kg，豆饼 600kg；追肥时期为拔节期。试验地点：安徽蒙城。

目前大面积小麦生产已进入中高产阶段，尤其是高产攻关田要注重年前增加大分蘖，壮苗越冬，并控制春季无效分蘖增生。一般施返青肥易促进春季无效分蘖增生，使群体过大，导致麦行通风不良，基部茎节生长细长，并有利于纹枯病发生。因此，除非是冬前晚播的小弱苗可施返青肥，促其加快生长，增加春季分蘖，以增大光合群体，而适期播种正常生长的越冬壮苗则不施返青肥。为了防止小麦后期早衰，增加粒重，近年来，攻关田普遍结合后期赤霉病和穗蚜的防治，喷施叶面肥延衰，使千粒重得到提高（表 11-89、表 11-90）。

表 11-89 施拔节肥与小麦穗、粒、重之间的关系

(安徽农业大学，2006)

基肥用量（kg/hm²）			拔节肥 尿素 （kg/hm²）	基本 苗 （万/hm²）	每穗 小穗数 （个）	每穗退化 小穗数 （个）	穗数 （万/hm²）	穗粒数 （粒）	千粒重 （g）	实际产量 （kg/hm²）	增产 （kg/hm²）	增幅 （%）
氮 （N）	磷 （P₂O₅）	钾 （K₂O）									
225.0	112.5	105.0	0	271.5	22.4	4.7	693.0	33.0	40.0	8 233.5		
156.0	112.5	105.0	150.0	262.5	22.3	2.0	676.5	38.2	40.4	9 396.0	1 162.5	14.1

注：试验地点为安徽涡阳。

表 11 - 90   小麦生育后期喷施黄腐酸叶面肥对千粒重的影响

(安徽农业大学，2007)

| 基肥用量（kg/hm²） | | | 基本苗 | 拔节肥 | 喷施叶面肥 次数 | | | 穗数 | 穗粒数 | 千粒重 | 实际 产量 | 增产 | 增幅 |
氮 (N)	磷 (P₂O₅)	钾 (K₂O)	（万/hm²）	尿素量 (kg/hm²)	开	灌	乳	（万/hm²）	（粒）	(g)	(kg/hm²)	(kg/hm²)	（%）
277.5	112.5	105.0	277.5	225.0	0	0	0	702.0	36.6	41.8	9 666.0	624.0	6.5
276.0	112.5	105.0	276.0	225.0	1	1	1	702.0	36.6	44.5	10 290.0		

注：本表中的开、灌、乳分别表示开花期、灌浆始期和乳熟中后期。试验地点：安徽涡阳。

4. 及时防治病虫草害　危害本麦区小麦的主要病虫害有纹枯病、赤霉病、白粉病、条锈病、地下害虫、蚜虫、麦蜘蛛等，局部地区还有吸浆虫和黏虫。这些病虫害主要以化学防控为主，生产上往往由于防控不及时，农药不对路，防控方法不正确，造成严重减产。通过近几年小麦高产攻关，植保部门发挥行业系统对麦田病虫发生的监测预报作用，提供科学防控方案，组织开展统防统治，较好解决了一家一户防治病虫难的问题。

麦田草害也是影响小麦产量较为突出的问题，试验与生产实践证明，麦田化学除草宜掌握在冬前小麦三叶期前后，气温 7～8℃时进行，不仅可以实现除小、除少、效果好的目标，同时能够起到减少用药、降低喷药成本及保护农田环境的作用。

第十节　小窝（穴）密植高产栽培理论与技术

一、小窝（穴）密植技术的形成

我国长江以南的四川、贵州、湖南等省的小麦，约一半分布在平原（坝）的稻茬麦区，多数土质比较黏重；另一半分布于小块的坡台土和山地。气候特点是麦季日照不足，常年多秋雨，给整地播种带来一定困难。传统的播种方式是每公顷约 15 万窝（穴、丛）的稀窝播（稀大窝），还有少量撒播。稀大窝土地利用率低，群体分布不合理；撒播下种难匀，生长不齐，透光不良，管理不便，都不利于高产。

四川省成都市东郊的黄壤黏土地区，汉源县和西昌市的部分地区，20 世纪 60 年代以来，一直在进行缩小行窝距、减少每窝用种量的实践，取得了明显的增产效果，但未能引起广泛的重视和推广。直到 20 世纪 70 年代后期至 80 年代中期，四川、湖南两省才先后系统总结了播种方式变革的经验，并在全省范围内组织了播种方式的协作攻关研究。浙江、贵州两省的有关单位，也先后开展了这方面的试验研究。

因地制宜缩小行窝距，增加单位面积窝数，减少每窝用种量的小窝密植（湖南叫密点播），是适合这些地区生态条件的优良播种方式。四川省于 20 世纪 80 年代初、湖南省于 80 年代后期将这一技术列为全省小麦增产的主要技术而加以大力推广，获得了重要的增产效果，也取得了十分显著的增产效益。

20 世纪 90 年代以来，播种工具的改革取得重大进展，免耕覆草栽培技术的大面积推广，更赋予小窝密植技术新的生命力。小窝（穴）密植高产栽培技术获农业部 1984 年技术改进一等奖。

二、小窝密植增产的生理基础

（一）规格严密，群体整齐均匀

小窝密植的行窝距、窝的深浅和每窝用种量都基本得到控制，窝内肥水条件较好，不用泥土而用细碎的粪肥盖种，露籽、深籽、重籽显著减少，田间出苗率比大田生产常规播种高 10%～20%，群体整齐均匀。

（二）群体的分布和发展较为合理，利于穗数和穗重的协调发展

稀大窝的每窝麦苗过于密集，不利于分蘖的产生和个体的健壮生长，对土地和光能的利用也不经济，因而穗数和穗重都较低。

小窝密植的植株在田间的分布状态可以用"大分散，小集中"来形容。从全田看，麦苗均匀地分布在纵横通风透光的小窝内，而在一个小窝内，个体又有小的集中，对群体能起到"促控结合"的作用。同条播相比，分蘖前期早而快，后期受到一定抑制，故无效分蘖较少，中期群体不过大，后期绿叶面积下降较慢，因而能达到足够的穗数和显著较高的穗重。同稀大窝相比，生育前、中、后期，群体均能得到良好协调的发展，后期绿叶面积较大，因而能实现足够的穗重和显著较高的穗数（表 11-91、表 11-92）。

表 11-91　小窝密植与条播分蘖及叶面积动态

（四川省农业科学院）

播种方式	茎蘖数（万/hm²）						叶面积指数				
	冬前	最高苗	拔节	孕穗	有效穗	穗重（g）	分蘖	拔节	孕穗	开花	乳熟
小窝密植	775	880	799	425	392	1.99	1.49	4.10	5.00	4.30	2.32
窄行条播	818	931	857	517	300	1.85	1.61	4.80	5.23	4.20	2.34

表 11-92　小窝密植与稀大窝分蘖动态及花后叶功能期

（湖南农学院）

播种方式	茎蘖数（万/hm²）						开花后叶面积持续期（d·cm²）			
	冬前	最高苗	拔节	孕穗	有效穗	穗重（g）	倒 3 叶	倒 2 叶	旗叶	合计
密点播（小窝密植）	967	1 117	834	651	477	1.13	22.08	510.70	1 143.81	1 676.59
稀大窝	852	849	787	550	439	1.08	0.0	286.63	1 001.54	1 288.17

（三）田间光照条件较好，小麦次生根较发达，抗倒伏能力较强

据四川省农业科学院测定，在拔节、孕穗和灌浆 3 个阶段，小窝密植行间基部和中上

部光照强度均明显高于常规播种处理，孕穗和灌浆期其单茎次生根数多 1.33 条（13.5%）和 1.99 条（21.9%）。据四川省内江地区农业科学研究所孕穗期测定，小窝密植的单茎次生根数比稀大窝多 2.1 条（20.2%）。另从播种方式试验和生产均可看出，小窝密植的抗倒能力比稀大窝强。

（四）群体光合能力较强，净光合生产率较高，有机物质的积累和运输分配较好

播种方式不同导致的群体生长状况和田间光照条件的差异，最终反映在光合能力、有机物质积累和转运上。干物质积累测定表明，苗期小窝密植和稀大窝的田间光照条件都比较好，净光合生产率差异较小。拔节后小窝密植的净光合生产率比稀大窝高，开花灌浆阶段继续增高。小麦生长前期和中期，小窝密植单位面积上干物质积累量相对较低，开花阶段由于叶面积增大，加之光合生产率较高，其干物质积累量即超过稀大窝，故最终的生物产量和经济产量都比稀大窝高。

科学研究结果和生产实践经验表明，在一定的品种和生产条件下，提高播种质量，保苗增穗，是中低产变高产的技术关键；建立合理群体动态结构，协调群体和个体的关系，提高群体光合能力，促进光合产物较多地转化为经济产量，是高产更高产所要解决的主要问题。四川等省小麦播种方式的研究和生产实践表明，在大面积栽培条件下，小窝密植能促进播种质量的规范化和精细化，利于保证苗全苗均苗壮，增加穗数，是中低产变高产的有效措施；在精耕细作的高产栽培下，对小麦生长促控结合的作用，能使群体和个体生长期得到健壮均衡而又适度的发展，在形成产量的关键阶段，同化和向穗部转运有机物质的能力都较强，最终能在单位面积上形成一定的穗数和较高的穗重，实现高产。

三、小窝密植的技术要点

小窝密植栽培是在传统稀窝播技术上改进形成的，其作业和农艺要求，因各地生态条件和传统习惯而有所不同。

手工作业有开窝和开沟点播两类。四川省开窝用小撬（铁制圆形开窝器）或小锄，开沟用小锄。自 20 世纪 80 年代后期以来，人力点播机已在大面积生产上应用。

单位面积上的适宜窝数和行窝距，四川的标准是：盆西行距 20cm 左右，窝距 10cm 左右，每公顷 40 万～50 万窝；盆中行距 20cm 左右，窝距 13cm 左右，每公顷 38 万～45 万窝；盆东南行距 23cm 左右，窝距 13cm 左右，每公顷 30 万～38 万窝。湖南农业大学的研究结果表明，小窝密植以行距 20cm 左右，窝距 10cm 左右，每公顷 35 万～45 万窝较好。

为充分发挥小窝密植的优越性，须掌握适宜的开窝（沟）深度。播种过深，根茎过分伸长，徒耗胚乳养分，麦苗细弱；过浅，在土壤干旱情况下影响出苗和以后生长，高寒山区分蘖节还可能受冻。据四川省农业科学院试验和各地经验，窝深以 3～5cm 为宜（表 11-93）。每窝用种量力求均匀一致，易溶解的化肥兑在粪水中窝（沟）施，过磷酸钙等不易溶解的化肥与堆肥等混匀后作盖种肥。

表 11 - 93　播种深度对小麦生长和产量的影响

(四川省农业科学院)

籽粒大小	播种深度 (cm)	基本苗 (万/hm²)	单株分蘖数 (含主茎)	有效穗 (万/hm²)	每穗粒数 (粒)	千粒重 (g)	产量 (kg/hm²)
	3	205	3.40	445	36.7	39.34	6 418
大	5	208	2.97	417	37.3	40.65	6 320
	7	216	2.67	403	36.4	41.51	6 076
	3	219	3.12	421	37.4	37.95	5 972
小	5	222	2.92	423	36.7	40.38	6 264
	7	221	2.43	388	37.9	40.84	5 926

四、小窝密植技术的发展

(一) 从人力逐步向半机械化、机械化发展

小窝密植技术虽然增产显著，但人工开窝（沟）点播效率低，且不易保证规格质量。20 世纪 80 年代中期起，四川的农机、农技部门密切配合，积极研制推广半机械化、机械化的小窝密植机具，至今一直在四川大面积生产上应用的 2BJ-2 型人工牵引点播机，就是成功的例子。

2BJ-2 型播种机以开沟器开沟、排种轮播种。排种轮与地轮同轴，田间作业时人力牵引手把退行，开沟器开沟的同时，地轮轴带动排种轮转动，将种子播在开沟器所开沟中。因其行距和窝距是固定的，播种前只需根据每窝用种量调节播种轮上凹孔的深浅，即可规范化完成播种，使用非常方便。整机重量仅 12kg 左右，运输和播种时转向都很方便，价格也低廉。一人操作，每小时可播种 0.07hm²，比人工开窝（沟）播种工效提高 10 倍。多年多点对比结果表明，在播面比较平整，播种孔调节到位的条件下，用 2BJ-2 型播种机播种能够接近、达到、甚至超过人工开窝播种的产量。

目前，在 2BJ-2 型双行点播机的基础上，又陆续推出了由拖拉机牵引，一次可播 4 行或 6 行和集播种施肥于一体的点播机，已在生产上使用。同时，对小窝密植机具的改进工作仍在进行中。

鉴于四川等麦区小麦生态条件复杂，各地生产水平差异较大，小窝密植的机具应以效率较高、功能较全的小型轻便的机型为主。

(二) 小窝密植与稻田免耕露播覆草栽培技术的结合

实践证明，免耕种麦的优势表现在两个方面，一是保持了水稻因原有的耕层结构和适宜的土壤水分，为小麦健壮生长创造了良好的土壤生态环境；二是能够克服在土壤黏湿条件下耕翻土地所造成的土面不平，开窝（沟）不便，播种深浅不一的缺陷，提高小窝密植的质量。

据 1986—1989 年四川省在不同生态区稻茬麦田多年多次的对比试验结果，同为小窝

密植，免耕比翻耕小麦增产 6.3%～9.6%，每公顷节约用工 90～150 个。

随着农村生活条件的改善，秸秆不再成为主要燃料，田间焚烧，既造成秸秆资源的浪费，更带来严重的空气污染。如何把高产与简化高效、当季高产与土地生产力提高、资源利用与环境保护更好地结合起来，成为 20 世纪 90 年代面临的重大课题。对此，四川省农业科学院与相关单位部门协作开展研究，于 20 世纪 90 年代中后期逐步集成提出了以免耕小窝密植技术为基础，机械露播和稻草覆盖为核心的"稻茬麦露播覆草简化高效栽培技术"，增产效果十分显著。当前，这项技术已在四川稻茬麦生产上得到广泛应用，并开始向国内生态条件相似的地区和南亚国家扩展。

五、小窝密植的增产效果

四川省农业科学院连续 3 年试验结果表明，小窝密植比同期生产上推广的稀点播显著增产。据四川省近年来对高额丰产田资料分析，面积在 0.1hm² 以上的高额丰产田，都是采用小窝密植技术取得的（表 11 - 94）。

表 11 - 94　四川省经严格验收核实的高额丰产田资料

年份	地点	品种	播种方式	籽粒产量 （kg/hm²）	穗数 （万/hm²）	穗粒数 （粒）	千粒重 （g）
1982	广汉连山镇	绵阳 11	小窝密植	7 597	372	45.5	45.0
2009	江油大堰乡	川麦 42	小窝密植	8 878	480	35.6	52.0
2010	江油大堰乡	川麦 42	小窝密植	10 660	492	39.1	55.7
2011	江油大堰乡	川麦 55	小窝密植	9 499	387	51.5	47.0

注：小窝密植规格为行距 20～22cm，窝距 10～12cm。

据湖南农学院麦类研究室 1983—1988 年在湖南新化、新邵、长沙等地 8 次播种方式试验结果，每公顷 37.5 万～45 万窝的密点播产量均居第 1 位，密点播比稀点播的增幅高达 53.5%。密点播增产的主要原因是穗数显著增多，粒重也有提高。

第十一节　强筋小麦优质丰产栽培技术

一、强筋小麦籽粒品质分类

强筋小麦和中强筋小麦是两类与强筋有关的小麦品质分类。根据国家标准化管理委员会 2013 年颁发的小麦品种品质分类标准（GB/T 17892—2013），强筋小麦品种要求籽粒硬度指数≥60，粗蛋白含量（干基）≥14.0%；小麦粉湿面筋含量（14%水分基）≥30.0%，沉降值（Zeleny 法）≥40mL，吸水量≥60（mL/100g），面团稳定时间≥8.0min，最大拉伸阻力≥350EU，能量≥90cm；中强筋小麦品种要求籽粒硬度指数≥60，粗蛋白含量（干基）≥13.0%；小麦粉湿面筋含量（14%水分基）≥28.0%，沉降值

（Zeleny 法）≥35mL，吸水量≥58（mL/100g），面团稳定时间≥6.0min，最大拉伸阻力
≥300EU，能量≥65cm。强筋小麦胚乳为硬质，小麦粉筋力强，适用于制作面包或用于
配麦；中强筋小麦胚乳为硬质，小麦粉筋力较强，适用于制作方便面、饺子、面条等
食品。

生产实践证明，同一个强筋小麦品种在不同地点、不同年份种植，品质性状有所差
异。因此，发展优质强筋小麦生产，先要选用质量稳定的强筋小麦品种，还必须研究制定
配套的优质高产栽培技术，以充分发挥品种的遗传潜力，生产出达到标准的优质强筋小麦
产品。我国强筋小麦主要分布在北方小麦灌浆期降水量少、天气晴好的区域，河北、山
东、河南都是我国适宜强筋小麦生长的省份。强筋小麦优质丰产栽培技术获 2006 年国家
科技进步二等奖。

二、环境条件对强筋小麦品质与产量的调节效应

（一）土壤条件对强筋小麦产量与品质的调节效应

1. 土壤类型和质地 河南省农业科学院研究表明，小麦籽粒蛋白质含量以中壤质的
立黄土最高，重壤质的砂姜黑土次之，沙壤质的潮土最低。研究还表明，随土壤质地由沙
变黏，小麦籽粒蛋白质含量由 10.40％提高到 14.91％，如果质地进一步变黏，蛋白质含
量便有所下降。据山东农业大学研究（2000），土壤类型明显影响小麦品质，沉降值、吸
水率、面团稳定时间和评价值指标均以棕壤较高，砂姜黑土次之，潮土较低。

2. 土壤肥力 一般情况下，小麦籽粒蛋白质含量与土壤速效氮含量呈正相关，当土
壤速效氮含量在 100mg/kg 以下时，蛋白质含量随速效氮含量增加显著增加，但超过
100mg/kg 以后，这种增加效应明显变小。小麦蛋白质含量随土壤有机质含量增加而增
加，特别是当土壤有机质含量在 1.3％以下时，这种趋势非常明显；有机质含量超过
1.5％以后，蛋白质含量的增加就趋于缓慢。中国农业科学院（1984）对我国北方冬麦片、
黄淮北片和南片小麦区域试验品种的品质分析表明（表 11-95），高肥组比中肥组不仅产
量提升，而且品质也有提升，说明高肥力地块有利于改善强筋小麦的品质。

表 11-95　土壤肥力水平对冬小麦产量和品质的影响

（中国农业科学院，1984）

区试组	产量 （kg/hm²）	容重 （g/cm³）	蛋白质含量 （％）	湿面筋含量 （％）	沉降值 （mL）	面团稳定 时间（min）
黄淮北片水地高肥	6 165	788	14.0	32.5	26.1	3.73
黄淮北片水地中肥	5 370	789	13.2	30.8	25.9	3.14

（二）营养元素对强筋小麦产量与品质的调节效应

1. 氮素与小麦品质和产量

（1）施氮量　山东农业大学（2001）用强筋小麦品种济南 17 研究了在高肥地力条件

下不同施氮量对小麦品质的影响。从表 11 - 96 可以看出，籽粒产量和品质随施氮量的增加而提高，但是每公顷施 240kg 氮素和 300kg 氮素处理的产量与品质性状无显著差异，每公顷 300kg 氮素处理的氮素生产效率反而降低，说明增加施氮量可以提高产量，改善品质，但有一个高产优质高效的适宜数量。

　　河南农业大学研究结果亦表明，强筋小麦品种豫麦 34 和郑麦 9023 的主要品质性状随施氮量增加呈提高趋势，在 7 500kg/hm^2 产量水平条件下，强筋小麦的适宜施氮量为 210～225kg/hm^2，有利于强筋小麦的高产高效，改善品质性状（表 11 - 97）。

表 11 - 96　不同施氮量对小麦品质和产量的影响

（山东农业大学，2001）

施氮量 (kg/hm^2)	籽粒蛋白质含量 (%)	湿面筋含量 (%)	面团稳定时间 (min)	籽粒产量 (kg/hm^2)	蛋白质产量 (kg/hm^2)	籽粒产量氮素生产效率 (kg/kgN)	蛋白质产量氮素生产效率 (kg/kgN)
0	13.01	39.89	9.4	6 745.5	877.5	—	—
120	13.24	41.16	9.5	7 366.5	975.0	5.18	0.81
180	13.38	41.30	9.5	8 041.5	1 075.5	7.20	1.10
240	14.45	43.30	11.0	9 121.5	1 318.5	9.89	1.84
300	15.21	43.71	11.5	8 991.0	1 368.0	7.49	1.64

表 11 - 97　氮肥施用量对强筋小麦品质性状的影响

（河南农业大学，2004）

品种	施氮量 (kg/hm^2)	粗蛋白含量 (%)	容重 (g/L)	沉降值 (mL)	湿面筋含量 (%)	吸水率 (%)	形成时间 (min)	稳定时间 (min)	弱化度 (BU)
豫麦 34	0 (CK)	14.37	742	65.8	28.6	60.0	4.5	6.0	60
	150	14.75	762	66.2	29.6	60.2	5.0	6.0	50
	225	14.86	766	67.5	30.3	60.6	5.0	7.0	50
	300	14.91	765	69.5	31.6	60.6	5.5	8.0	50
郑麦 9023	0 (CK)	14.26	778	60.2	31.8	60.2	4.5	6.5	60
	150	14.87	779	61.0	32.0	60.4	4.5	7.0	60
	225	15.12	783	61.2	33.0	60.6	4.5	9.0	60
	300	15.26	782	60.2	32.9	61.0	4.5	8.5	60

　　注：氮肥 50%基施，50%拔节期追肥；磷、钾肥全部底施。

　　（2）施氮时期　研究表明，施氮时期对小麦籽粒品质有显著影响，氮肥后移是强筋小麦实现产量品质协同提高的重要技术措施。随施氮时期后移，小麦品质性状改善，且以拔节期至挑旗期追施氮肥的增产调优效果较好。追施氮肥时期过晚（至开花期），虽然籽粒蛋白质含量较高，但面团稳定时间变短，产量降低（表 11 - 98）。因此，从改善品质、提高产量综合考虑，拔节期是强筋小麦优质高产高效栽培的最佳追氮时期。

表 11-98　追氮时期对小麦品质和产量的影响

（山东农业大学，2000）

品种	追氮时期	容重 (g/L)	出粉率 (%)	湿面筋含量 (%)	面团稳定 时间（min）	籽粒产量 (kg/hm²)
烟农15	起身	808.96	85.6	40.2	6.9	8 173.5
	拔节	814.38	86.3	42.3	8.0	8 791.5
	挑旗	816.36	86.9	44.4	8.6	8 661.0
	开花	799.39	87.4	41.4	7.4	7 743.0

（3）氮素底追比例　在高产条件下研究等氮量不同基追比例对小麦品质性状的影响，结果表明，在高肥地力、公顷产量 9 000kg 条件下，增加追氮比例（2/3 拔节期追施），强筋小麦的籽粒产量、蛋白质产量和湿面筋含量最高，且面团的耐揉性较强，显著改善了籽粒加工品质。在中等肥力、公顷产量 7 500kg 条件下，氮肥以 50% 基施和 50% 拔节期追施为宜（表 11-99）。

表 11-99　氮素不同底追比例对小麦品质和产量的影响

（山东农业大学，2000）

品种	氮素处理	容量 (g/L)	出粉率 (%)	蛋白质含量 (%)	湿面筋含量 (%)	面团稳定时间（min）	籽粒产量 (kg/hm²)	蛋白质产量 (kg/hm²)
济南17	Ⅰ.1/2底、1/2追	792.8	64.74	13.58	35.69	8.0	7 856.6	1 085.3
	Ⅱ.1/3底、2/3追	792.3	65.67	13.67	40.77	8.0	9 227.9	1 261.5
鲁麦21	Ⅰ.1/2底、1/2追	803.8	71.86	11.62	31.52	2.8	9 943.9	1 155.5
	Ⅱ.1/3底、2/3追	811.6	74.96	11.22	33.01	3.5	9 966.5	1 118.3

2. 磷素与小麦品质和产量　从表 11-100 可以看出，在缺磷土壤适量施用氮肥的基础上，适量施用磷肥（每公顷 105kg P_2O_5），可在提高籽粒产量的同时，提高了籽粒蛋白质和湿面筋含量，延长了面团稳定时间，改善了小麦的营养品质和加工品质。进一步提高施磷量（每公顷施用 210kg P_2O_5），产量提高，品质降低至不施磷的处理。说明，在强筋小麦生产中，获得高产优质高效的施磷量是有一定范围的。

表 11-100　施磷对小麦品质和产量的影响

（山东农业大学，2003）

品种	施磷量 (kg/hm²)	籽粒蛋白质含量 (%)	湿面筋含量 (%)	面团稳定时间 (min)	籽粒产量 (kg/hm²)
济南17	0（CK）	15.40	42.07	6.0	4 813.5
	105	16.33	47.40	6.2	6 112.5
	210	15.62	43.23	5.3	6 846.2

3. 钾素与小麦品质和产量　施钾能提高氨基酸向籽粒转移的速度和籽粒中氨基酸转

化为蛋白质的速度，从而提高蛋白质含量，增加沉降值，改善加工品质。从表 11-101 可以看出，施钾肥处理的籽粒容重、湿面筋含量、沉降值均有所提高，面团形成时间和稳定时间延长，改善了小麦的加工品质，籽粒产量提高。从表 11-101 还可看出，并不是随着施钾量的增加，品质愈好。施钾量大的处理，加工品质反而下降，产量亦不再增加。综合产量与品质结果，高产优质高效的施钾（K_2O）量为 112.5kg/hm²。

表 11-101 不同施钾处理对小麦品质和产量的影响

(山东农业大学，1999)

品种	施钾量 (kg/hm²)	容重 (g/L)	湿面筋含量 (%)	沉降值 (mL)	面团形成时间 (min)	面团稳定时间 (min)	籽粒产量 (kg/hm²)
	0（CK）	790.15	40.75	38.25	6.0	8.0	6 722.4
	112.50	812.34	42.56	42.18	6.4	8.5	7 958.9
烟农 15	168.75	817.16	42.38	43.65	7.3	9.0	8 237.4
	225.00	808.47	41.93	41.74	6.3	8.1	8 132.7

4. 硫素及微量元素与小麦品质 硫是蛋白质合成不可缺少的元素，缺硫导致籽粒蛋白质含量低，面团抗揉性差，延展力弱，烘烤品质变劣，清蛋白和球蛋白的合成数量减少，进而影响面粉的营养与加工品质。研究表明，当土壤有效含硫量低于 16mg/kg 时，增施硫肥不仅可提高小麦产量，而且增加籽粒蛋白质含量、湿面筋含量，延长面团稳定时间，改善小麦籽粒品质。河北农业大学（2003）研究表明，在土壤有效硫含量为 10mg/kg 的条件下，施硫（S）30～90kg/hm² 都能提高强筋小麦品种藁优 8901 的品质（表 11-102），综合考虑以施硫 60kg/hm² 左右为宜。

表 11-102 不同施硫量处理下的小麦籽粒和面粉品质

(河北农业大学，2003)

施硫量 (kg/hm²)	籽粒蛋白质含量 (%)	籽粒容重 (g/L)	沉降值 (mL)	湿面筋含量 (%)	面粉吸水率 (%)	面团形成时间 (min)	面团稳定时间 (min)	评价值	籽粒产量 (kg/hm²)
0（CK）	16.42	811	34.5	27.8	62.7	5.5	16.5	＞60	5 458.7
30	17.56	813	36.8	30.3	63.1	6.5	14.0	70	6 192.3
60	17.56	818	38.1	30.2	63.4	6.0	14.0	69	6 976.3
90	17.27	817	36.4	30.4	64.3	5.8	15.5	69	6 665.2

锌对小麦品质也有影响。据河北农业大学（2003）研究，在土壤有效锌含量为 0.7mg/kg 的条件下，施用硫酸锌 11.25～33.75kg/hm² 可以提高强筋小麦品种藁优 8901 开花后对氮、磷、钾、锌 4 种元素的吸收量和开花前营养器官中储存的氮、磷、锌的转移量，使成熟期植株和籽粒中 4 种元素的积累量提高，从而提高籽粒产量，改善品质（表 11-103）。综合考虑，以施用硫酸锌 22.5kg/hm² 较为适宜。

表 11－103　不同施锌量处理下的小麦籽粒和面粉品质

（河北农业大学，2003）

施硫酸锌量 (kg/hm²)	籽粒蛋白质含量（%）	籽粒容重 (g/L)	沉降值 (mL)	湿面筋含量 (%)	面粉吸水率 (%)	面团形成时间（min）	面团稳定时间（min）	评价值	籽粒产量 (kg/hm²)
0（CK）	17.41	813	30.3	31.9	65.2	6.5	11.5	70	5 458.7
11.25	17.63	824	33.5	31.0	65.8	7.0	13.4	71	6 192.3
22.50	17.66	826	33.6	31.5	67.6	7.5	13.5	72	6 976.3
33.75	17.74	823	35.3	31.5	61.2	5.5	10.4	68	6 665.2

　　锰能促进小麦对氮素的吸收并转运到籽粒中，从而提高籽粒蛋白质含量，改善品质。但只有在土壤中缺乏这些元素时，补充施用这些元素才能获得提高籽粒产量和改善品质的良好效果，而且多种元素配合施用的效果要比单一施用某种元素的效果要好。

（三）灌溉对强筋小麦产量与品质的调节效应

　　从表 11－104 可以看出，济南 17 处理 2 和处理 3 蛋白质含量较高，随着灌水次数增多，湿面筋和面团稳定时间变优，但浇水次数过多的处理，品质变劣，特别是处理 5 在浇灌浆水的基础上又浇麦黄水，蛋白质和湿面筋含量降低，面团稳定时间变短，说明在强筋小麦生产中，不要浇麦黄水。从表 11－104 还可以看出，增加灌水次数能够增加单位面积穗数、穗粒数和千粒重，籽粒产量也随之提高，但是灌水次数过多的处理，由于千粒重降低，产量也降低。

表 11－104　不同灌溉处理对小麦品质和产量的影响

（山东农业大学，2000）

品种	处理	籽粒蛋白质含量 (%)	湿面筋含量 (%)	面团稳定时间 (min)	籽粒产量 (kg/hm²)
济南 17	1	13.2	37.6	12.8	3 358.5
	2	14.5	41.0	16.0	5 428.5
	3	14.8	43.0	15.6	6 051.0
	4	14.1	43.7	13.6	6 796.5
	5	13.8	41.2	13.1	6 259.5

　　注：处理1（底水）、处理2（底水＋拔节水＋孕穗水）、处理3（底水＋冬水＋拔节水＋孕穗水）、处理4（底水＋冬水＋拔节水＋孕穗水＋开花水）、处理5（底水＋冬水＋拔节水＋孕穗水＋开花水＋灌浆水＋麦黄水），每次灌水 600m³/hm²。

（四）收获时期与小麦品质和产量

　　利用强筋小麦品种济南 17，在小麦灌浆后期至完熟期之间分 5 次收获，测定产量与品质（表 11－105）。从表 11－105 可以看出，蜡熟末期收获的籽粒蛋白质含量最高，面团稳定时间最长，千粒重和籽粒产量也最高。

表 11 - 105　不同收获时期对冬小麦籽粒品质和产量的影响

（山东农业大学，2000）

品种	收获时期（月/日）	生育期	蛋白质含量（%）	面团稳定时间（min）	千粒重（g）	籽粒产量（kg/hm²）
济南 17	5/28	灌浆后期	14.23	13.8	33.7	7 725.0
	6/3		15.29	15.1	38.4	8 745.0
	6/7		15.38	17.2	38.4	9 120.0
	6/10	蜡熟末期	15.54	18.5	39.1	9 300.0
	6/12	完熟期	14.99	17.0	39.0	9 049.5

三、强筋小麦优质丰产栽培技术

优质强筋小麦冬前及越冬期管理目标：在苗全苗匀基础上，促根增蘖，促弱控旺，培育壮苗，促壮苗安全越冬；返青—抽穗期管理目标：因地因苗分类管理，促弱控旺转壮，保苗稳健生长，构建高质量群体，培育壮秆大穗，搭好丰产架子；抽穗—成熟期管理目标：防病治虫，叶面喷氮，养根护叶，防倒延衰，适时收获，防止穗发芽。

（一）合理选用品种

根据当地生态和生产条件、产量和管理水平，以及各品种的品质表现，因地制宜选用适宜的优质强筋小麦品种。

（二）注重培肥地力

强筋小麦优质高产栽培必须以较高的土壤肥力和良好的土、肥、水条件为基础，并通过连年秸秆还田和实施测土配方施肥，保持较高的有机质含量，达到土壤营养平衡、养分供应充足，利于强筋小麦的营养品质和加工品质的改善。产量水平 7 500～9 000kg/hm² 的高产麦田，种植优质强筋小麦的土层厚度 150cm 以上，耕作层 25cm 以上，麦田 0～20cm 上层土壤有机质含量＞1.2%，全氮含量≥0.1%，碱解氮≥90mg/kg，有效磷≥25，速效钾≥100mg/kg，有效硫 16mg/kg，pH 6.5～7.5。

产量水平 6 000～7 500kg/hm² 的中产水平麦田，0～20cm 土层土壤有机质含量≥1.0%，全氮含量≥0.08%，碱解氮≥70mg/kg，有效磷≥20mg/kg，速效钾≥80mg/kg，有效硫 16mg/kg，pH 6.5～7.5。

（三）播前精细整地

麦田播前耕翻可掩埋有机肥料、粉碎作物秸秆、杂草和病虫有机体等，还可疏松耕层，松散土壤，降低土壤容重，增加孔隙度，改善通透性，促进好气性微生物活动和养分释放，并可提高土壤渗水、蓄水、保肥和供肥能力，为实现全苗、壮苗及植株良好生长发育创造条件。耕深一般要求达到 23cm 以上，禁止以旋代耕，耕后及时耙糖，踏实土壤。

也可进行深松 30cm。深耕和深松的麦田可以实行 1 年深耕或深松，2 年旋耕。旋耕后压实土壤，以利播种深浅一致，种子与土壤紧密接触，出苗整齐健壮，并起到防旱防冻效果。

（四）适期适量适墒播种

北部冬麦区和黄淮麦区半冬性品种一般在 10 月上、中播种，适宜播期应满足冬前大于 0℃积温 570～650℃，即日平均气温 16～18℃时播种为宜。

适宜的播种量为每公顷基本苗 180 万～225 万。整地质量差或播期推迟的麦田可适当增加播量，以保证有足够的基本苗数。播种前用高效低毒的小麦专用种衣剂包衣或拌种，以防治地下害虫和苗期易发生的根腐病等土传病害，培育壮苗。播种期 0～40cm 土层土壤相对含水量低于 70% 应浇水造墒，600m³/hm²。

（五）因地力和产量确定施肥量，实施氮肥后移

根据土壤肥力基础和产量目标施用有机肥和氮磷钾肥，把返青期施肥改为拔节期施肥。

产量水平 7 500～9 000kg/hm² 的高产麦田，施优质有机肥 45 000kg/hm² 以上，化肥施纯氮（N）180～225kg/hm²、磷（P_2O_5）105～120kg/hm²、钾（K_2O）105～120kg/hm²。氮肥基肥和追肥的比例控制在 5∶5 或 4∶6 为宜，其中拔节肥追施量占追氮总量的 50%～60%，磷肥和钾肥均底施。实行小麦、玉米秸秆还田。

产量水平 6 000～7 500kg/hm² 的中产水平麦田，施优质有机肥 30 000～45 000kg/hm²，化肥施纯氮（N）165～180kg/hm²、磷（P_2O_5）90～105kg/hm²，钾（K_2O）90～105kg/hm²。在 7 500kg/hm² 产量水平条件下，氮素化肥 50% 底施，50% 拔节期追施，磷肥和钾肥均底施。实行小麦、玉米秸秆还田。

以上的肥料用量和比例是基本原则，生产者可根据品种特性、土壤肥力、要求的品质指标调整施肥量和施肥时期及比例。

（六）适时灌溉

拔节期应配合追肥浇拔节水，小麦开花期浇开花水，每次灌水量均为每公顷 600m³。麦黄水降低品质，避免浇麦黄水。

（七）预防倒伏

预防倒伏的基本措施是选用抗倒伏品种，建立合理的群体结构，从拔节期到开花期群体内光照良好，通风透光，秸秆粗壮。对于播期早、播量大、有旺长趋势的麦田，可在返青期镇压，起身期每公顷用壮丰胺 450～600mL，兑水 375～450kg 均匀喷洒，控制旺长，预防倒伏。

（八）综合防治病虫草害

在冬前和早春适宜时期化学除草；拔节期注意防治纹枯病、抽穗期注意防治赤霉病，

后期注意防治锈病、白粉病及蚜虫。在小麦灌浆期可以进行"一喷三防"，综合防治病害、虫害，以及使用植物生长调节剂防止干热风和叶片早衰。

灌浆期叶面喷施尿素或磷酸二氢钾等叶面肥，以增加小麦生育后期氮源的供应和其他养分的补充，延长功能叶片持续期，加速物质运转积累，有利于提高粒重、改善品质。

（九）适时收获

种植优质强筋小麦要注意在蜡熟末期至完熟初期收获，还要单收单脱，单独晾晒，单运单储，防止混杂。

第十二节　弱筋小麦优质丰产栽培技术

一、弱筋小麦籽粒品质要求

弱筋小麦是指籽粒胚乳质地为软质，面粉筋力弱，适于制作饼干、蛋糕等食品的小麦。国际上通常称之为软麦。根据国家标准化管理委员会 2013 年颁发的小麦品种品质分类标准（GB/T 17892—2013），弱筋小麦品种要求籽粒硬度指数<50，粗蛋白含量（干基）<12.5%；小麦粉湿面筋含量（14% 水分基）<26%，沉降值（Zeleny 法）<30mL，吸水量<56（mL/100g），面团稳定时间<3.0min。

我国弱筋小麦主要分布在南方小麦灌浆期降水量较多的区域。生产实践证明，由于受生态环境、栽培措施等的影响，同一个弱筋小麦品种在不同地点、不同年份种植其品质性状差异很大。因此，生产优质的弱筋小麦，要选用品质性状稳定的弱筋小麦品种，还需要选择适宜弱筋小麦品质形成的生态环境，采用配套的优质高产栽培技术，才能生产出符合要求的弱筋小麦，促进弱筋小麦产量和品质协调发展。弱筋小麦优质丰产栽培技术获 2006 年国家科技进步二等奖。

二、环境条件对弱筋小麦品质和产量的调节效应

蛋白质含量易受气候环境和土壤条件的影响，长江中下游麦区是我国优质弱筋小麦生产的优势区域。其中：①江苏沿江以江北为主、沿海以中部和南部为主，适宜生产优质的弱筋小麦。该区域又分为 4 个小麦亚区，包括高沙土优质弱筋小麦亚区、沿江沙土弱筋小麦亚区、沿海南部弱筋小麦亚区、沿海北部弱筋小麦亚区。②安徽北纬 31°～33°沿淮地区和江淮丘陵地区可分别发展软白麦和软红麦。③河南信阳地区和驻马店地区。可适宜小麦籽粒蛋白质含量低于 12%、沉降值和吸水率低、面团形成时间和稳定时间较短的弱筋小麦生产。此外，西南麦区和云贵高原也可生产优质的弱筋小麦，包括四川盆地的盆西平原和丘陵山地麦区、川西南、贵州全省和云南的大部分地区。

（一）气候条件对弱筋小麦品质的影响

我国主要的优质弱筋小麦生态区表现较为近相同的气候特征：小麦生育中后期多雨寡照，并且温度相对偏低，温差偏小，不利于籽粒蛋白质积累和面筋的形成。南京农业大学（2005）研究认为，影响小麦籽粒蛋白质含量的主要气候因子为小麦开花至成熟期的日平均温度和温度日较差、降水量和日照时数。南京农业大学（2016—2018）进一步选用江苏和安徽主推的 5 个弱筋小麦品种宁麦 9 号、扬麦 15、扬麦 19、扬麦 22、皖西麦 0638，分别在江苏的盱眙县（江淮地区）、如皋市（沿江地区）和金坛市（江南地区），以及安徽的怀远县龙亢农场（沿淮区域）、舒城县（江淮区域）和庐江县白湖农场（沿江区域）6 个试验点开展试验，进一步分析了气候因子与弱筋小麦产量和品质性状的相关性。发现弱筋小麦产量仅与开花期至花后 10d 的积温显著正相关；弱筋小麦籽粒蛋白质含量也与开花至开花后 10d 的积温、开花后 20～30d 的降水量显著正相关，而与开花后 20～30d 的积温和日照时数显著负相关。湿面筋含量与开花至花后 10d 的日照时数显著正相关；沉降值与开花期至花后 10d 的降水量显著正相关；籽粒硬度与开花期至花后 10d 的日照时数显著正相关，与开花后 20～30d 积温极显著负相关，而与开花后 20～30d 的降水量极显著正相关（表 11 - 106）。

表 11 - 106　弱筋小麦品种籽粒产量和各品质指标与气象因子的相关性分析

（南京农业大学，2016—2018）

项目	产量（kg/hm²）	蛋白质含量（%）	湿面筋含量（%）	沉降值（mL）	硬度	稳定时间（min）
开花至花后 10d 积温（℃）	0.509**	0.574**	0.537**	0.659**	0.119	0.177
开花至花后 10d 日照时数（h）	0.111	0.220	0.273*	0.062	0.268*	0.137
开花至花后 10d 降水量（mm）	0.012	0.214	0.176	0.341**	0.009	−0.089
花后 10～20d 积温（℃）	0.043	0.165	0.066	0.182	−0.025	0.064
花后 10～20d 日照时数（h）	−0.197	0.153	0.084	0.042	0.096	0.026
花后 10～20d 降水量（mm）	0.227	0.512**	0.468**	0.562**	0.200	−0.095
花后 20～30d 积温（℃）	0.059	−0.519**	−0.540**	−0.321*	−0.404**	−0.026
花后 20～30d 日照时数（h）	−0.016	−0.643**	−0.571**	−0.675**	−0.196	0.167
花后 20～30d 降水量（mm）	0.197	0.809**	0.766**	0.793**	0.381**	−0.038

注：* 表示在 5% 水平下差异显著；** 表示在 1% 水平下差异极显著。

（二）土壤条件对弱筋小麦品质的影响

1. **土壤类型**　河南农业大学（2011）研究认为，小麦籽粒产量、籽粒蛋白质含量和蛋白质产量在潮土上最高，在水稻土上最低。水稻土、砂姜黑土上的弱筋小麦出粉率和湿面筋含量高于潮土和褐土，并且弱筋小麦能达到较好的面团品质，水稻土更适宜种植弱筋小麦（表 11 - 107）。

表 11-107 土壤类型对小麦产量和品质的影响

(河南农业大学，2011)

品种	土壤类型	籽粒产量 (kg/hm²)	籽粒蛋白含量 (%)	出粉率 (%)	湿面筋 (%)	吸水量 (%)	形成时间 (min)	稳定时间 (min)	拉伸比 (BU/mm)	拉伸面积 (cm²)
郑麦 9023	潮土	8 052	16.72	71.6	29.0	61.2	3.7	4.1	2.9	68
	砂姜黑土	6 122	12.13	65.5	25.2	56.7	1.5	1.3	2.2	35
	水稻土	4 956	7.30	63.6	20.7	56.4	1.8	1.4	1.8	28
	褐土	5 600	16.11	69.3	30.8	61.0	3.3	4.1	2.7	80
豫麦 49-986	潮土	10 892	15.99	68.2	29.3	62.2	2.7	3.5	2.2	48
	砂姜黑土	9 016	13.26	65.1	27.4	54.6	1.5	2.8	1.7	26
	水稻土	7 475	8.88	66.7	22.7	56.9	1.4	2.4	1.9	27
	褐土	6 766	15.85	70.4	30.7	61.4	2.0	3.9	2.3	53

2. 土壤质地 土壤质地对小麦籽粒蛋白质积累影响较大，沙质土壤保肥保水性较差，不利于籽粒蛋白质的积累，适于弱筋小麦的生产。如江苏省的沿江沿海高沙土区适宜生产优质弱筋小麦，该区土壤以高沙土属为主，主要土壤有小粉土、砂姜土、盐霜土、夜潮土和黄夹沙土等，土壤结构性差，漏水漏肥严重，肥力水平相对较低，土壤有机质含量 0.7%～1.0%，全氮含量 0.059% 左右，有效磷、速效钾含量分别为 4～5mg/kg 及 50～60mg/kg。

3. 土壤肥力 一般认为较低的土壤肥力，不利于籽粒蛋白质的积累，更适宜种植弱筋小麦。安徽省农业科学院（2007）的研究表明，在弱筋小麦实际生产中应该适当降低氮肥用量（控制在 120kg/hm² 以内），同时应根据土壤供钾水平的高低来适当提高钾肥的施用量，以确保弱筋小麦的品质符合国家标准（表 11-108）。

表 11-108 氮钾配施对弱筋小麦蛋白质、湿面筋含量等的影响

(安徽省农业科学院，2007)

处理	蛋白质含量 (%)	湿面筋含量 (%)	淀粉总量 (%)	沉淀值 (mL)	硬度 (%)
N0K0	8.9	14.3	61.9	23.9	5.6
N120K0	12.0	20.5	60.2	35.1	21.1
N120K90	12.1	21.0	59.8	35.4	21.3
N120K150	12.4	21.8	59.5	36.1	23.4
N180K0	14.0	25.4	57.9	44.6	28.6
N180K90	14.4	26.4	57.7	47.2	29.5
N180K150	14.6	27.4	57.7	48.7	32.3

三、栽培措施对弱筋小麦品质的调节效应

（一）播种期和种植密度与弱筋小麦品质

1. 播种期 较大范围的播期调整对弱筋小麦品质调控效应明显。如在扬州试验点，

适宜播种期在 10 月 29 日左右，播期过于提前或推迟，都显著提高弱筋小麦籽粒蛋白质含量和湿面筋含量，播期越推迟，蛋白质和湿面筋含量提高越明显，淀粉含量则呈相反趋势（表 11 - 109）。因此，播种期提前或者后移均会导致弱筋小麦产量和品质下降。

表 11 - 109　播期对弱筋小麦产量和品质的影响

（扬州大学，2003—2004）

品种	播期 （月/日）	蛋白质含量 （%）	湿面筋含量 （%）	淀粉含量 （%）	产量 （kg/hm²）
扬麦 13 （扬州）	10/22	11.84	22.17	75.91	6 213
	10/29	10.25	19.76	76.56	6 809
	11/05	11.36	22.91	75.03	5 609
	11/12	11.64	23.02	71.75	4 887

2. 播种量（基本苗密度）　种植密度也对弱筋小麦品质有很大的影响。在一定种植密度范围内，随着密度的增大，小麦籽粒蛋白质和湿面筋含量均呈下降趋势，沉降值、吸水率以及面团形成时间均有所降低（表 11 - 110）。表明密度适度增加有利于弱筋小麦品质的形成，但密度过高也会引起产量下降。

表 11 - 110　不同种植密度对弱筋小麦品质的影响

（南京农业大学，2017—2018）

品种	种植密度 （万/hm²）	籽粒粗蛋白含量 （%，干基）	湿面筋含量 （%）	沉降值 （mL）	吸水率 （%）	面团形成时间 （min）	产量 （kg/hm²）
宁麦 13	180	12.40	23.60	23.40	58.90	1.90	5 814
	240	11.80	22.50	22.10	58.10	1.80	6 441
	300	11.50	22.00	21.10	57.50	1.50	5 663

（二）氮素与弱筋小麦品质

1. 施氮量　氮素是调控弱筋小麦籽粒品质最为主要的因素，以施氮量的影响最大。小麦籽粒蛋白质含量、沉降值与湿面筋含量均随施氮量增加而增加。当施氮量为 150kg/hm²，可确保籽粒品质符合国家弱筋小麦品质标准；而当总施氮量超过 180kg/hm² 后，蛋白质含量或湿面筋含量则会超标。

2. 氮肥基追比例　氮肥运筹对弱筋小麦籽粒品质也有显著的影响。在总施氮量 210kg/hm²、180kg/hm² 和 150kg/hm² 水平下，籽粒蛋白质含量随追肥比例的降低而降低（表 11 - 111），当基追比为 3∶7 时，籽粒蛋白质含量超过 12.5%，不符合国家弱筋小麦品质标准；在较高的施氮量 210kg/hm² 时，仅当基追比为 8∶2 时，湿面筋的含量才符合弱筋小麦标准；而施氮量超过 180kg/hm² 时，追肥比例若超过 50%，湿面筋含量仍会超过国家标准；在施氮量低至 150kg/hm² 时，各基追比处理籽粒蛋白质和湿面筋含量均能达到国家标准要求。

表 11 - 111 氮肥运筹对弱筋小麦籽粒蛋白质和湿面筋含量的影响

（南京农业大学，2018—2019）

施氮量	基追比	蛋白质含量（%）	沉降值（mL）	湿面筋含量（%）
	3∶7	13.48	28.07	28.64
	5∶5	12.41	24.88	26.37
N210	6∶4	12.40	24.06	26.72
	7∶3	12.28	24.13	26.12
	8∶2	11.85	21.67	25.08
	3∶7	12.66	26.04	26.26
	5∶5	12.31	24.42	26.44
N180	6∶4	11.82	22.36	22.36
	7∶3	11.80	22.34	25.33
	8∶2	11.72	22.71	25.59
	3∶7	11.66	21.68	24.39
	5∶5	11.69	20.86	24.93
N150	6∶4	11.19	18.52	23.56
	7∶3	10.92	18.05	22.49
	8∶2	10.77	20.09	23.90

注：品种为扬麦 22。

3. 追氮时期 追氮时期对弱筋小麦籽粒的产量和品质同样具有调控效应。蛋白质含量随着追氮时期的后移而增加，以倒 1 叶和开花期追施氮肥蛋白含量最高（表 11 - 112）。清蛋白、球蛋白含量受追氮时期的调控效应不显著，而醇溶蛋白和谷蛋白含量的变化趋势与总蛋白质含量一致。产量以拔节期或倒 2 叶追施氮肥最高，过早或者过晚追施氮肥均会引起产量的下降。因此，需严格控制施氮量（＜180kg/hm²），并适当降低追肥比例（底肥∶追肥的比例一般不超过 6∶4）、提前追肥时期（拔节期或者倒 2 叶期），才能基本保证弱筋小麦稳产且品质达标。

表 11 - 112 追氮时期对小麦籽粒蛋白质含量和产量的影响

（南京农业大学，2013—2014）

追氮时期	蛋白质含量（%）	清蛋白含量（%）	球蛋白含量（%）	醇溶蛋白含量（%）	谷蛋白含量（%）	产量（kg/hm²）
倒 5 叶	11.50	2.06	1.18	3.20	3.40	5 672
倒 4 叶	12.26	2.07	1.18	3.34	3.24	6 361
倒 3 叶（拔节期）	12.47	2.01	1.14	3.32	3.34	6 756
倒 2 叶	12.36	2.07	1.15	3.37	3.56	6 880
倒 1 叶（孕穗期）	14.04	2.09	1.21	3.43	3.80	6 144
开花期	13.75	2.12	1.19	3.42	3.58	6 000

(三) 磷素与弱筋小麦品质

磷素对弱筋小麦品质形成也有一定的影响。随着施磷量的增加，弱筋小麦籽粒清蛋白呈现先下降后上升的趋势，谷蛋白和总蛋白含量则表现为先上升后下降，施磷量为108kg/hm² 时达到最大值。球蛋白随着施磷量增加表现为先上升后下降然后再上升的趋势，醇溶蛋白总体上呈下降趋势。施磷虽提高弱筋小麦扬麦 9 号籽粒蛋白质含量，但各个处理均低于 12.5%，符合优质弱筋小麦品质指标（表 11 - 113）。在一定施磷量范围内，随施磷量增加，弱筋小麦籽粒产量呈上升趋势，在 108kg/hm² 时产量达到最高，进一步增施磷肥，籽粒产量又呈一定的下降趋势。因此，适宜增施磷肥，有助于提高弱筋小麦的产量和品质。

表 11 - 113　施磷量对弱筋小麦籽粒蛋白质及其组分含量和产量的影响

（扬州大学，2001—2002）

施磷量 (kg/hm²)	蛋白组分与总蛋白含量（%）					产量（kg/hm²）	
	清蛋白	球蛋白	醇溶蛋白	谷蛋白	蛋白质	宁麦 9 号	扬麦 13
0	2.03	0.98	2.93	2.80	10.46	5 332	5 124
72	1.95	1.34	2.86	3.52	10.93	6 191	6 235
108	1.72	1.09	3.09	3.81	11.32	6 822	6 928
144	1.78	1.06	2.99	3.78	11.24	6 489	6 473
180	1.97	1.17	2.65	3.48	11.09	6 310	6 391

注：试验品种为扬麦 9 号。

(四) 钾素与弱筋小麦品质

一般认为施用钾肥可增强小麦叶片光合作用并促进光合产物向籽粒的运输，有利于提高产量，但钾可促进氨基酸向籽粒的转运，提高籽粒蛋白质含量。从表 11 - 114 可以看出，小麦籽粒产量和蛋白质含量均随施钾量的提高而显著提高，湿面筋含量和沉降值也升高，并延长了面团稳定时间。因此，适宜的钾水平可改善弱筋小麦加工品质并提高籽粒产量，但施钾过高则存在蛋白质含量超标的风险。

表 11 - 114　施钾量对弱筋小麦籽粒产量及蛋白质和湿面筋含量的影响

（南京农业大学，2004—2005）

品种	施钾量 (kg/hm²)	淀粉含量 (%)	蛋白质含量 (%)	湿面筋含量 (%)	沉淀值 (mL)	稳定时间 (min)	产量 (kg/hm²)
	0	66.70	10.56	20.86	27.00	2.40	6 246
宁麦 9 号	75	66.80	11.12	22.00	27.70	2.40	7 088
	150	66.90	11.67	22.84	27.50	2.40	7 163

(五) 锌与弱筋小麦品质

开花后叶片喷施锌肥也会对弱筋小麦产量与品质有一定的调控效应。开花后 5d、15d

和 25d 喷施锌肥均在一定程度上提高了弱筋小麦籽粒蛋白质及各组分的含量，其中开花后 15d 和 25d 喷施锌肥处理间籽粒蛋白组分含量差异不显著（表 11 - 115）。可见，开花后叶面喷施锌肥加大了蛋白质含量超标的风险，但对籽粒产量没有显著的影响。

表 11 - 115　叶面喷施锌肥对小麦产量和籽粒品质的影响

（南京农业大学，2015—2016）

喷施时期	清蛋白含量（%）	球蛋白含量（%）	醇溶蛋白含量（%）	谷蛋白含量（%）	蛋白质含量（%）	产量（kg/hm²）
CK	1.98	1.05	3.20	4.05	12.33	6 022
开花后 5d	2.12	1.23	3.48	4.46	13.20	6 387
开花后 15d	2.14	1.08	3.38	4.20	12.89	6 270
开花后 25d	2.05	0.98	3.35	4.10	12.71	6 093

（六）生化制剂与弱筋小麦品质

生化制剂也能调控弱筋小麦籽粒品质。开花后喷施鱼蛋白、三唑酮、亚硫酸氢钠、菌根等生化试剂均在一定程度上提高了小麦籽粒的产量。叶面喷施鱼蛋白、三唑酮、亚硫酸氢钠、菌根均表现出较好的降低籽粒蛋白质含量的效果，但是菌根和亚硫酸氢钠的复合处理则会提高扬麦 22 湿面筋含量（表 11 - 116）。由此可见，通过选用适宜的生化试剂并进行合理的组配，可在提高籽粒产量的同时，改善弱筋小麦籽粒品质。此外，江苏省农业科学院（2012）研究认为，抽穗期叶面喷施粉锈宁和多菌灵不仅能增产，而且喷施粉锈宁还可以显著降低籽粒蛋白质含量，改善面粉白度；喷施多菌灵能显著降低面粉蛋白质和湿面筋含量、面粉白度和沉降值，提高出粉率和面粉的心皮比（表 11 - 117）。

表 11 - 116　生化试剂对弱筋小麦产量和籽粒品质的影响

（南京农业大学，2018—2019）

品种	处理	蛋白含量（%）	湿面筋含量（%）	淀粉含量（%）	吸水率（%）	形成时间（min）	稳定时间（min）	产量（kg/hm²）
扬麦 22	清水	12.58	25.20	72.03	57.10	1.00	1.50	6 810
	鱼蛋白	11.95	24.30	74.32	56.90	1.00	1.30	7 186
	三唑酮	11.75	22.60	73.77	56.90	1.20	1.20	7 221
	亚硫酸氢钠	12.28	22.60	72.18	57.10	1.00	1.10	7 102
	菌根	12.33	24.50	73.15	57.50	0.90	1.30	7 220
	菌根＋三唑酮	12.03	24.20	73.53	57.10	1.10	1.50	7 133
	菌根＋亚硫酸氢钠	12.47	25.70	72.22	57.10	1.10	1.30	7 013

注：喷施量分别为：清水 750kg/hm²；菌根 450kg/hm²；鱼蛋白 15kg/hm²；亚硫酸氢钠 0.46kg/hm²；三唑酮 0.135kg/hm²。

表 11-117 粉锈宁和多菌灵对弱筋小麦产量和籽粒品质的影响

(江苏省农业科学院，2011—2012)

处理	产量 (kg/hm²)	磨粉品质					面粉品质					
		容重 (g/L)	出粉率 (%)	心皮比	面粉白度	蛋白质含量 (%)	湿面筋含量 (%)	沉降值 (mL)	吸水率 (%)	形成时间 (min)	稳定时间 (min)	弱化度 (BU)
CK	5 856	784.7	68.8	2.31	78.3	12.47	25.0	0.253	51.9	1.39	2.00	165
A1	7 024	790.7	69.1	2.29	78.5	11.43	25.1	0.243	52.2	1.81	1.90	170
A2	7 176	784.3	68.9	2.40	79.0	10.04	24.4	0.240	51.7	1.32	1.73	160
A3	6 368	781.7	69.4	2.38	77.4	9.21	19.0	0.213	50.7	1.33	1.70	172
A4	6 560	788.3	69.4	2.39	78.0	10.20	22.1	0.223	52.7	1.32	1.83	165

注：CK 为喷 750kg/hm² 水；A1 为喷 15% 粉锈宁可湿性粉剂 900g/hm² ＋750kg/hm² 水；A2 为喷 15% 粉锈宁可湿性粉剂 2 700g/hm² ＋750kg/hm² 水；A3 为喷 25% 多菌灵可湿性粉剂 2 250g/hm² ＋750kg/hm² 水；A4 为喷 25% 多菌灵可湿性粉剂 6 750g/hm² ＋750kg/hm² 水。

四、弱筋小麦优质栽培技术要点

弱筋小麦要求较低的籽粒蛋白质和面筋含量以及相对较弱的面筋筋力，而较高的单产水平下小麦籽粒蛋白质和面筋含量一般较高，容易超过国家弱筋小麦标准。这将导致弱筋小麦产量和品质之间存在较明显的矛盾关系，进而对生产上如何协调弱筋小麦生态环境、专用品种、栽培技术之间的关系提出了更高的要求。

(一) 选择适宜的生态区域

长江中下游麦区是我国主要的弱筋小麦优势生产带，包括江苏和安徽两省淮河以南、湖北北部、河南南部等地区，土壤为沙性土壤，气候湿润，热量条件良好，有利于小麦低蛋白和弱面筋的形成。本区域内的沿江与沿海高沙土区是种植优质弱筋小麦最优势的区域。此外，西南麦区和云贵高原可根据产业发展需求，适当发展适于膨化和酿酒用的弱筋小麦。新疆塔里木盆地和高海拔区可适当种植用于拉面制作的中筋偏弱筋类型的小麦。

(二) 选择优质的弱筋品种

应选用通过审定并适宜当地生态条件的耐湿、抗寒、抗干热风、不易穗发芽，以及对当地主要病害有较好抗性或耐性的高产优质弱筋小麦品种，如在江苏麦区可选用宁麦 13、宁麦 9 号、扬麦 22、扬麦 15、扬麦 13 等品种；安徽麦区可选用皖西麦 0638、扬麦 24、宁麦 13 等品种；湖北地区选用鄂 170、鄂 580 等品种；四川等西南麦区可选用绵麦 51、川麦 66、绵麦 112 等品种。各地可根据当地品种试验选用新育成的弱筋小麦品种。

（三）播种技术

1. 播种期 过于迟播会大幅度降低小麦产量，而明显提高籽粒蛋白质含量。因此，弱筋小麦不宜播期过迟，应尽可能适期播种。如江苏淮南地区为兼顾水稻和小麦周年高产，小麦适宜播种期在 10 月中下旬至 11 月上旬；湖北大部分地区适宜播期一般在 10 月下旬至 11 月上旬，安徽大部分地区适宜播期一般在 10 月 25 日至 11 月 10 日，四川大部分地区适宜播期一般在 10 月 25 日至 11 月 15 日。

2. 播种量（基本苗） 适当提高基本苗，对弱筋小麦品质的形成有一定的正向作用，但不宜过高。如江苏沿江及沿海大部分地区弱筋小麦适宜基本苗为 240 万～300 万/hm^2，具体用量可根据 DB32/T 1950—2011 中公式（1）计算。采用机械半精量播种技术，提高播种出苗质量。

3. 播种方式与播种深度 土壤墒情适宜、可进行土地耕整的田块，尽可能采用机械条播的播种方式，行距 20～25cm，播种深度 2～3cm。长江中下游麦区一般以条播方式为主，兼有撒播方式，常用的播种机械有旋耕施肥播种机（如江苏欣田 2BFG-12 型）、2BMKF-6 型稻茬麦条带免耕开沟宽幅施肥播种机、2BFD-12A 型免（少）耕施肥复式播种机等。西南麦区播种方式较多，常用播种机械有西安亚奥 2BFG-4/8-200 型播种机及河南豪丰 2BMSF-12/6 型播种机、中江泽丰 2BMF-10、2BMF-12 型播种机等。旱地小麦多采用旋耕机条播，主要机械有 2BFD-12A 型免（少）耕施肥复式播种机。

（四）肥料用量和运筹

弱筋小麦需相应降低氮肥施用量，并且追施氮肥要适当前移。公顷产 7 500kg 小麦的麦田，一般每公顷施纯氮 180kg，五氧化二磷 90～120kg，氧化钾 90～120kg。氮肥基肥占总量的 70%，拔节期追肥占 30%。磷、钾肥 50% 作基肥，50% 至拔节期追施。

以上的肥料用量和比例是基本原则，生产者可根据品种特性、土壤肥力、要求的品质指标调整施肥量和施肥时期及比例。

（五）水分管理

1. 沟系配套 播种后应及时完善沟系，排水顺畅，达到雨止田干，地面不存表水。田外沟深 0.8～1.0m，田内"三沟"的标准为：竖沟间距 2.5～3m，沟深 20～30cm；横沟间距 40～50m，沟深 30～40cm；田头沟深 40cm 以上；竖沟与横沟相连通，横沟与田头沟相连通，且沟头与田外沟直接相通。及时疏通沟渠、排涝降渍，特别是拔节孕穗以后要确保田间无积水。

2. 播种遇旱窨水出苗 小麦播种后遇旱或土壤水分不足时，有条件的地区应立即灌"跑马水"，最好能利用开好的田内"三沟"进行窨水（满沟水渗透，田面不积水），确保一播全苗。此外，沙质土壤灌"跑马水"后，地表易板结，不利于小麦出苗。可在灌水地面露干后，划锄破除地表板结，促进早出苗。

3. 施用拔节肥水 在拔节期，结合施拔节肥进行灌溉，可促进拔节肥效的发挥。

4. 病虫草害防治 在冬前和早春适宜时期化学除草；拔节期注意防治纹枯病，抽穗至初花期及时防治赤霉病，后期注意防治锈病、白粉病及蚜虫。在小麦灌浆期进行"一喷三防"，综合防治病害、虫害及利用调节剂防止干热风和叶片早衰。

第十三节　东北春小麦高产优质高效栽培理论与技术

东北春麦区包括黑龙江、吉林两省全部，辽宁省大部，内蒙古自治区东北部的呼伦贝尔市、通辽市、赤峰市、兴安盟，以及黑龙江加格达奇地区，为全国种植面积最大的春麦区。东北春麦区由于其特殊的地理位置以及当地独特的生态生产条件，形成了特有的生长发育特点及相适应的高产优质高效栽培理论与技术体系。

一、东北春麦区的自然条件和生态特点

东北春麦区位于中国最北部，地跨寒温带、中温带和暖温带（北纬40°～53°29′），大部分地区属中温带大陆性季风气候，是全国气温最低的小麦生产区。东北春麦区含松辽、松嫩、三江三大平原，地势平缓，土层深厚肥沃，耕地连片，适于大型机械化作业。此区地多人少，人均耕地面积大，除辽宁南部可在小麦收后栽种其他作物，其他地区均为一年一季。

东北地区北临北半球冬季的寒极——东西伯利亚，与同纬度的其他地区相比，温度一般低15℃左右。夏季受低纬度海洋湿热气流影响，气温则高于同纬度各地。因此，东北地区年温差大大高于同纬度各地。此区一年四季分明，昼夜温差较大。冬季寒冷而漫长（一般长达半年以上，最北部可达8个月），夏季温暖、湿润而短促。

此区小麦生育期间白天温度较高，夜间较低，热量资源可以满足春小麦的热量需求，气温日较差远高于我国南方麦区，因而有利于春小麦干物质积累和籽粒品质的提高。无霜期较短，一般只有90～165d，山间谷地只有70d左右。≥10℃积温北部通常为1 500℃左右，南部接近3 000℃。受全球变暖影响东北春麦区的自然生态条件也在变化。有数据统计，黑龙江省近50年来，平均降水量减少约50mm，平均温度上升2℃，有效积温约增加近200℃。

东北春麦区的大部分地区年日照时数较多，东部在2 200～2 400h，西部在2 600～3 300h，年日照百分率56%～72%，年平均太阳辐射强度0.42～0.52MJ/cm²，明显高于冬麦区。此区夏季日照时间长，日均日照时数可在15h以上，小麦生育期间（4～9月）日照时数约在1 000h以上，西部和北部地区的日照时数更多一些。

年降水量为400～700mm，由东南向西北递减。东部降水集中在5～9月，西部则集中在6～8月，70%～80%的降水集中在6～7月。小麦主要生产区的降水量为450～550mm，小麦生育期间为200～300mm，总降水量可以满足生育需要，但降水集中在小麦生育后期的6月中下旬至8月。降水时空分布不均导致的春旱影响小麦出苗和前期生育，后期连雨易滋生各种病害和引起内涝，麦收时影响收获和晾晒，常导致穗发芽和籽粒

品质下降。黑龙江省东部常因秋涝导致春天不能及时播种。春旱夏涝的生态条件严重影响春小麦的生长发育及产量水平，最终影响生产效益。

二、东北春麦区小麦生育特点

东北春麦区种植的小麦均为红皮普通小麦，为光照反应敏感型，春化特性为春性。在春麦区特殊生态气候条件下，经长期自然和人工选择，春小麦形成了其独特的生育特点和产量形成特点。

（一）生育期短、前期发育快

东北春小麦株高 90～95cm，主茎叶片数多为 7～8 片，晚熟品种叶片数不超过 9 片。从出苗至成熟仅 75～100d，有效积温为 1 500～1 850℃，生育进程快，各生育时期天数明显短于冬小麦。尤其前期发育快，对高温敏感，在干旱年更明显，早熟类型品种则更为突出。出苗后升温快，小麦发育过快，致使结实器官发育不良。生育后期遇高温干旱，常发生高温逼熟现象。

此区生产上要求小麦品种具有前期生育慢、后期生育快的特点。前期生育慢有利于幼苗根系生长和幼穗分化，既可提高幼苗抗旱能力，又利于形成大穗。后期生育快则具有抵抗多种病害和抵御各种不良自然条件的能力。

（二）分蘖过程短、分蘖成穗少，以主穗保产

春小麦分蘖节数少于冬小麦，多数品种仅有 2～4 个分蘖节。分蘖节数少和分蘖时间短是东北春小麦分蘖力和总分蘖数弱于和少于冬小麦的主要原因。分蘖过程仅 10～20d，越早熟、分蘖过程越短。春小麦分蘖也可成穗，但不稳定，且要求充足的肥水条件。由于分蘖过程短，即使生产条件较好，也仅有 1～2 个分蘖成穗。在一般旱作条件下，小麦增产主要依靠主穗，而不依靠分蘖。

（三）穗分化开始早、进程快、过程短

小麦幼穗分化早、分化过程快、分化时间短是东北春小麦穗器官形成的特点，早熟品种的这种特点更为明显。生育前期温度较低，穗分化时间长，有利于形成大穗和多粒。

小麦幼穗分化一般始于三叶期，早熟品种在幼苗两叶一心时就开始幼穗分化。正常条件下，出苗 8～14d 后就进入幼穗分化。由于纯营养生长时间短，穗分化较早，使幼穗分化与分蘖并进、营养生长与生殖生长并行时间长，对光合产物竞争激烈，因此要求植株应有较好的物质基础，以保证多花多粒。东北春麦区小麦品种的主穗粒数可达 28～30 粒，但实际生产中由于播种密度大，穗粒数低于潜力值。

（四）籽粒灌浆过程短、千粒重低

东北春麦区小麦灌浆过程短，开花至成熟一般仅 30～35d。籽粒形成和增重过程正值

当地高温和多雨。由于温湿度较高，易感染叶部和穗部病害，功能叶片易早衰。籽粒灌浆后期遇到高温和干旱，再加上生育后期脱肥，会导致青枯逼熟，影响正常灌浆，降低千粒重和产量。东北春麦区的小麦千粒重可达 38~40g，实际生产中一般为 30~35g。因此，生产上要选用千粒重高、灌浆强度大、灌浆进程快的品种。

（五）生育期病虫害较轻

由于东北春麦区多为旱作，又处于高纬地区，昼夜温差大，相对于华北和南方各麦区，此区小麦病虫害较轻。只是在高温多雨年份，生育中后期易发生叶部和穗部病害。目前，秆锈病通过抗锈育种从品种上已得到控制，根腐病在整个生育期都有发生，散黑穗病通过种衣剂拌种得到预防。随气候变暖，叶锈病、白粉病有发展蔓延趋势。赤霉病在多雨年份会有较重发生。由灰飞虱传毒的丛矮病和由蚜虫传毒的黄矮病在内蒙古自治区东四盟（市）的麦田有发生，前者通过药剂拌种已得到控制。主要虫害是黏虫、蚜虫、草地螟虫、金针虫、蝼蛄、蛴螬等，危害并不严重。

（六）品质优，加工品质好

东北春麦区，特别是大兴安岭沿麓高纬度的气候土壤比较适合生产强筋专用小麦，品质也优于此区相对低纬度区域。近年推广的强筋小麦品种都达强筋小麦指标，比 20 世纪 90 年代的品种在产量、容重、蛋白质含量、湿面筋含量及沉降值方面均有不同程度提高，其中以湿面筋含量和沉降值提高最快。目前栽培品种的品质：千粒重 35~38g，角质率高，籽粒硬度适中，容重＞790g/L，蛋白质含量 15%~18%，湿面筋含量 35%~40%，沉降值＞45mL，降落数值≥300，粉质吸水率 60% 以上，稳定时间＞10min，面团最大抗延阻力＞450EU，面包体积≥860cm³，面包评分≥80 分。

三、东北春小麦高产优质高效栽培技术

东北春小麦分布区域广泛，生态条件差异较大，更由于其不同于冬小麦的独特生长发育特点和对生长条件的特殊要求，以及春小麦的各种生态类型，各春小麦生产区均形成了各具特色的生态和生产特点。由于目前东北春小麦主要集中在黑龙江省和内蒙古自治区东部的四个盟（市），采用的品种和栽培技术基本相同，因此本节主要以黑龙江春小麦生产为例介绍东北春小麦的高产优质高效栽培技术。

（一）选茬与整地

春麦区前一年伏秋降雨和小麦生育期间雨量与小麦产量密切相关。做好蓄水保墒，有效接纳和保存前一年伏秋降雨是此区小麦增产的前提。而蓄水保墒效果，取决于土壤耕作时间、耕作方法和作业质量。

春小麦播种在早春，收获在伏季。春季风大，降水少，蒸发量大，易受干旱影响；个别年份和个别地区还存在由于春涝不能播种的现象。因此，选茬轮作、适时和适当整地、提高整地质量是保证春小麦全苗和良好生育的重要基础。

1. 轮作耕作模式 由于连作面积大，长年施用同一除草剂，土壤中药剂残留较多，常对后茬作物引起药害，在轮作时特别要注意。近年来，春麦区的小麦多采用轮作栽培模式，以"麦—玉—豆"或"豆—豆—麦"轮作方式为多。大豆茬种小麦比重迎茬小麦单产提高15%以上，且品质好，蛋白质、湿面筋含量分别提高2～5个百分点。

随着作物结构调整和土壤耕作机械的发展，小麦田的耕作方法已由深翻发展为深翻、深松和耙茬结合的耕作体系，已形成翻耙结合、松耙结合、垄平交替、深浅交替的土壤机械化耕作制度。春麦区的耕作整地方式主要包括翻、耙、松、压等环节，具体采用何种作业方式，主要取决于土壤墒情及前茬茬口。

目前黑龙江省国有农场普遍采用的耕作模式一般为：翻麦茬，耙豆茬，玉米原垄卡种大豆，实行三年一翻地。干旱年或土壤墒情较差地区，土壤耕作应以耙茬作业为好。种植小麦的地块在上一年进行伏秋耙地或深松耙地，处待播状态，第2年春进行播前耢压后播种。

2. 整地耕作标准

（1）平翻 平翻主要在麦茬地和无深翻、深松基础的硬茬地上进行。耕翻深度20～25cm，翻垡要整齐严密，不重不漏，减少开闭垄，且翻、耙、耢、压各项作业结合，连续进行，达到犁底层平、土表平。

（2）耙茬 耙茬主要用于大豆茬，应在大豆收获后立即进行耙茬作业，一般耙2遍，先用重耙顺垄耙，再用重耙大角度对角耙一遍或斜耙两遍，耙深14～18cm，再用轻耙带木耢子耢平，达平整细碎目的。耙茬作业纳蓄水分好，保水性强，有利微生物活动。与平翻相比，可减少作业费50%左右。

（3）深松 深松是用深松部件松动深层土壤、不翻转土层的一种作业。深松可加深耕层，提高地温，增强土壤蓄水、保水能力，减轻风蚀水蚀现象。有耕翻基础的地块可在前茬作物收获后进行深松作业，深松深度要超过耕翻深度，要打破犁底层，一般为26～30cm。

（4）镇压 在翻耙基础上，还要用镇压器进行耙后镇压，进一步压碎土坷垃，压实表土层，减少冬季水分蒸发，以利第2年播种。

3. 耕整地时间 麦田耕翻应以上一年的伏秋翻为好，时间上宜早不宜晚。伏秋翻地可接纳当年伏秋降水，增加土壤墒情，补充底墒不足，还有利前作根茬及杂草的腐解。翻整地过晚，土壤水分散失多，土垡不易耙碎，土块大、水分少，影响播种质量，降低出苗率。春天翻整地，由于春风大，失墒快，既不易保证整地质量，也易延误播期而减产。

（二）品种选用和种子处理

根据市场需求，选择适合当地生态条件，经审定推广的高产潜力大、稳产性能好、抗病抗逆性强的强筋品种，且最好选用在7月中、下旬雨季来临之前正常成熟的品种。复种或坝外地应选择早熟品种。种植面积较大时，可依据熟期等特点选用2～3个品种搭配种植。种子要分级精选，并统一进行种衣剂机械包衣。并实行统一繁育、统一保管、统一加工、统一种子包衣、统一包装、统一供种。

（三）种植密度与种植方式

1. 种植密度 应根据品种特性、生产水平、土地条件等而确定适宜密度和单位面积计划保苗数。在春麦区，由于选用的是春性品种，生育期短，分蘖少，分蘖成穗率低，又多为旱作生产方式，生育前期肥水条件较差，生产上多以主穗增产为主，因此要求基本苗数较多，播种密度较大。目前种植密度普遍在 700 万～800 万株/hm^2。一般生产条件下适当密一些，水肥条件好、栽培水平高的条件下，密度可适当低一些。

2. 种植方式 春麦区小麦机械化栽培水平相对较高，生产上大面积播种多采用 2BF-24/48 型施肥播种机条播，行距一般为 10cm 或 15cm，或采用宽窄行种植方式（20cm＋10cm 或 15cm＋7.5cm）。前一种方式为主要播种方法，其优点是下种均匀，可抑制杂草生长，适于人少地多、劳力紧张的地区；宽窄行种植方式则适于生产条件较好、管理水平较高的地区。目前，黑龙江省农垦系统已引进气力式免耕变量播种机和国产大型播种机，实行 19cm 双行播种，一次完成免耕播种、施肥镇压等多环节作业。

3. 播种量 春小麦播量可根据发芽率、千粒重、目标保苗密度等指标来计算，一般播量约为 300kg/hm^2 或更多。

（四）施肥技术

1. 春小麦需肥特点和施肥原则 春小麦生育期短，需肥集中，属"胎里富"作物。苗期根系少，吸肥能力差，养分供应不足影响幼苗发育和根系生长，并对后期生长发育和最终产量有决定作用。满足幼苗期营养需求，对促使春小麦早生快发、早分蘖、早生根具有重要意义。分蘖后，生长量加大，养分需求增加，在孕穗期达吸收高峰。抽穗后，会有后期脱肥现象发生，补充施肥、保证充足的养分供应对延缓叶片和根系衰老具有重要作用，可促进籽粒灌浆，增加粒重。生产上可依据测土配方，减磷、增氮、施钾，采用秋深施肥、氮肥后移施用、配施微量元素等施肥措施，满足小麦生育全程的养分平衡。

2. 施肥时期和施肥方法 由于前期养分基础对春小麦产量的特殊作用，提倡基施有机肥，有机肥的有机质含量要≥8％，每公顷用量 22 500kg 以上，可结合耕整地时施入。

春小麦的施肥时期宜早不宜晚。为提高化肥利用率，多采用化肥秋深施技术，尿素秋深施比春深施增产 13.1％。化肥秋季深施可提高肥料利用率，减少化肥"烧种""烧芽"现象。一般在秋整地达标后利用机械进行秋深施肥，施肥深度为 8～10cm。秋施时间一般在封冻前 10d 内，温度降至 5℃以下时进行，多在 10 月中旬以后，有利于养分保存。一般将氮、磷总量的 2/3 用于秋深施，其余 1/3 和全部钾肥在春季播种时以种肥形式与种子同层施入。秋施化肥的地块，都应以待播状态越冬，有利于第 2 年小麦适期早播。

春小麦生产中，为了保证小麦后期灌浆对营养的需求，延长叶片光合功能期，可结合开花期的防病作业进行叶面追肥，以改善小麦营养品质和加工品质。在前期施肥不足时，叶面追肥提高品质的效果更为明显。

3. 施肥数量 施肥量可根据当地土壤养分含量和单产水平来确定。在目前生产水平和条件下，春小麦经济施肥量为尿素 105～150kg/hm²、磷酸二铵 135～180kg/hm²、硫酸钾 60～75kg/hm²，N：P：K＝1.2：1：0.6。高产田的施肥量可采用上述推荐施肥量的上限。施用种肥时要种、肥分箱施入。

追肥应在 4 叶期至拔节前进行，每公顷喷施 7.5kg 尿素；抽穗期和扬花前，每公顷用磷酸二氢钾 2.25kg，加尿素 5kg，对水喷施。但应注意，氮肥不宜追施过迟，追肥量不要过大，如乳熟期以后追施，易贪青晚熟，虽然蛋白质含量有所增加，但面粉品质会变劣，烘焙品质差。

4. 氮肥后移技术　按照优质强筋春小麦生产对氮素的要求，全生育期吸收氮素总量的 60% 是在分蘖初期以后完成的，保持这种比例吸收氮素，可明显提高小麦蛋白质的氮素转化效率和提高小麦蛋白质含量及湿面筋含量。实际生产中，以种肥施入土壤中的氮素，在小麦生长的中后期已难以满足优质强筋小麦品种生育后期对氮素需求，也影响品质潜力表达。采用氮肥后移施肥技术，可在一定程度上克服这种不利影响。具体施肥方案为：氮肥总量的 3/5 作基肥，1/5 作种肥，1/5 作追肥，追肥采取三叶期和抽穗扬花期分 2 次施用。

（五）播种技术

1. 播种期　在保证播种质量的基础上适期早播，缩短播种期，是春小麦高产栽培中一项重要的技术措施。播种过早，在大多主产区生产条件下难以保证播种质量，播深不能保证，覆土质量也差。由于种位浅，土层温度不稳定，种子在萌发过程中消耗养分较多，易形成弱苗，从而造成减产。过晚播种，使小麦在苗期就遇到高温及长日条件，加速小麦的生育进程，减少干物质积累，对形成大穗、多粒和大粒不利。因此，在能保证播种质量前提下，应尽量在适期内早播，如东北春麦区的南部地区适于在 3 月下旬开始播种，最晚的北部地区在 5 月上中旬播种。近年随全球气温升高，春季回暖早，播期也可相应提早，一般掌握在土壤表层均匀化冻 5～7cm 时即可播种。

2. 播种深度　播深对出苗早晚和苗的强弱影响较大。春麦区春季风大，风蚀现象严重，播种过浅，种子容易落在干土层上，即使表土不干旱，但温度、水分变化剧烈，影响种子吸胀萌发以及后来的分蘖和次生根发育。也会因春季多风，覆土过浅的种子极易被风吹走，造成缺苗。播种过深，种子在出苗过程中消耗过多的养分，形成弱苗，也影响植株生育和后期产量。确定小麦播深时，需从土壤质地和土壤墒情等方面考虑，土质较轻、干土层厚时，可适当深播；反之应适当浅播。播深一般以播种镇压后 3～5cm 为宜。

3. 播后镇压　播后镇压是春麦区的一项常规生产技术，是在小麦播种后立即用镇压器进行土壤压实，使种子与土壤紧密接触，以利种子吸水萌发，促使深层土壤水分上升，减少表层土壤水分蒸发。在干旱多风地区和年份，播后镇压也是一项重要的抗旱保苗措施。机械播种时，可在播种机后牵挂镇压器，随播随压。干土层厚或干旱时，必须增加镇压次数和镇压重量。如土壤水分较多，镇压会出现板结，应暂缓镇压作业，至表土稍干时再镇压。镇压方式多为顺播行镇压。

（六）田间管理

1. 苗期镇压 苗期镇压也称压青苗，是旱作区春小麦生产上的一项重要技术措施，主要作用在于提墒和使根系与土壤紧密接触，抑制地上部的过旺生长、促进分蘖发生，同时促进地下根系生长以提高抗旱及吸水吸肥能力。对于光周期反应迟钝的品种来说，还具有调控生育前期生育进程的作用。

镇压方式多为采用拖拉机牵引 V 型镇压器进行。苗期镇压时间的掌握也因镇压目的不同而异。对于抗旱提墒来说，压青苗的时间在 3 叶期为宜，此期镇压还可以促进分蘖。以防止麦苗旺长为目的的镇压一般在分蘖期进行，最晚不要晚于分蘖末期。苗期镇压应掌握的原则是：土暄、地干、苗旺时压，地硬、土黏、苗弱时不宜镇压。镇压的次数也应根据麦田土壤墒情及苗情而定，一般 1～2 次为宜。需重压的地块可根据实际情况在镇压器上加附重物以增加重量。镇压作业方向与播种方向要呈 30°角。

2. 化学除草 化学药剂除草是目前春小麦生产中最主要的除草方式。由于春小麦播种早，杂草出土较晚，一般不采用苗前封闭除草，多采用苗后茎叶处理。喷药时期以小麦分蘖期效果最好，此时麦苗抗药能力强，杂草幼苗小，易杀灭。可供选择的除草剂品种也比较多，可根据当地麦田杂草种类和杂草发生规律选择使用。化学除草的喷药浓度按使用说明书以及视喷洒工具而定。要选择晴天、无风、无露水时均匀喷洒，并要留出安全带，确保周围作物和树木的安全。

3. 生育期灌水 自然条件下，大多春麦区生育期间（尤其是生育前期）干旱是制约小麦产量提高的重要因素。特别是播后至小麦拔节期间的春旱，严重影响萌发出苗及小麦的前期生长发育，三叶期经常出现的"掐脖旱"对产量影响更为严重。近年春旱现象在春麦区愈演愈烈，生长发育需水与土壤供水的矛盾日益突出。有条件的地区发展小麦灌溉栽培，是提高小麦单产的有力措施，灌水可以大幅度提高小麦产量，但可能引起蛋白质含量下降。在土壤供氮不足情况下，这种下降更为明显。若把灌溉与增施氮肥相结合，则籽粒产量和蛋白质含量同时增长，两者呈正相关。因此，灌溉一定要与配方平衡施肥结合，才可达到高产、优质、高效的目的。

小麦不同生育时期需水量差别较大，以拔节到抽穗开花期最多，约占全生育期需水总量的 43.4%；其次是抽穗开花至成熟，约占 30.8%。在小麦需水关键时期干旱，会导致大幅度减产。出苗到拔节期，因植株生长量小而需水量少。由于春小麦前期发育快，穗分化早，又是培养壮苗的关键时期，肥水不足将对后期生长发育产生不利影响。

灌水时期：春旱对春小麦的影响主要发生在拔节前，此时苗小，地表蒸发量大，土壤水分含量低，降水较少，根系弱，吸水能力也差。三叶期灌水最宜，有利形成大穗。拔节后，降水增多，旱情趋于缓解，此时苗已大，蒸发量减少，根系吸水能力也增强，一般不需灌水。后期水分过多，苗生长过旺，叶片互相遮阴，茎秆软弱易倒，病害也易大发生，如不特别干旱，后期不应灌水。三叶期灌溉可结合地表追肥一起进行，一次灌足，防止产生地表径流。

灌溉方式有畦灌、喷灌等，以喷灌为好，既省水，对土壤破坏也小。

在伏雨少、春季土壤严重干旱的地区和年份，为确保出全苗，可采用秋灌、冬灌等来提高春季土壤墒情，减轻春旱。秋灌的适宜时间为 10 月中旬到 11 月中旬（土壤结冻前）。

4. 病虫害防治　春小麦整个生育期都受病虫危害，及时有效防治病虫害是春小麦高产的重要保障措施。春麦区小麦病害以黑穗病、根腐病和赤霉病为主，其他病害较少发生。小麦病害的防治，一是种衣剂拌种，主要防治苗期土传病害和种子带菌的病害；二是抽穗开花期喷洒杀菌剂以集中防治赤霉病等真菌性病害。春麦区小麦虫害主要为黏虫、蚜虫，可根据防治对象进行针对性防治。

（七）收获

春小麦成熟过程短而集中，许多地区麦收时正值雨季，往往由于收获不及时而增加损失，形成丰产不丰收局面。蜡熟末期为春小麦适宜收获期。收获方式主要采用机械分段收获法（俗称割晒）和机械联合收获法。分段收获在蜡熟末期进行，联合收割在完熟期进行。

机械分段收获具有提早收获、产量高、损失小、种子品质好，以及可减轻后期联合收割及晒场压力等优点。分段收割的关键在于适时割晒，及时拾禾脱粒。分段收获的留茬高度为 18～20cm，放铺角度为 45°～65°，铺厚 8～12cm，宽 60～100cm。一般在割晒后 3～4d，籽粒含水量降到 18％以下时应立即拾禾脱粒，拾禾脱粒损失率不得超过 2％。一般年份，割晒面积不应大于 40％，以免因连雨造成损失。

小麦进入完熟期，籽粒含水量降到 17％以下时可采用联合收割机直接收获。联合收割效率高，收割脱粒一次完成，但要求籽粒和茎秆含水量要低，否则脱粒不净，易造成籽粒损伤。联合收获要求脱净，综合损失率不超 3％，破碎粒率不超过 1％，清洁率大于95％。收获的同时将麦秸直接粉碎抛撒还田。

第十四节　西北春小麦高产优质高效栽培理论与技术

西北春麦区以甘肃和宁夏为主，也包括内蒙古西部地区和青海东部地区，以及新疆和青藏高原冬、春麦兼种区。西北春麦种植面积最大的是甘肃省，约 50 万 hm²，其次是宁夏和新疆。新疆是冬、春麦兼种区，春麦主要分布在北疆，南疆以冬麦为主。青藏高原也是春、冬麦兼种区，但春麦主要分布在西藏和青海省除东部地区以外的其他地区，种植面积都比较小。

一、西北春麦区生态条件特点

（一）光温资源有利春小麦生长

西北春麦区地处北温带，为大陆性气候，高原生态条件比较明显，光照充足，日照时数、日照百分率、太阳辐射量，均高于我国其他冬、春麦区；有效风速高，CO_2 供应量充足，昼夜温差大，有利于春小麦种植密度提高。所以，该区春小麦基本苗多，群体大，叶面积指数大，收获穗数多，小麦抗倒伏能力较强（表 11-118）。

表 11-118　西北春小麦区光能资源

（《中国小麦栽培理论与实践》，2006）

地　点	纬　度	海　拔 （m）	年太阳辐射 （MJ/cm²）	年生理辐射 （MJ/cm²）	年日照时数 （h）	年日照百分率 （%）
宁夏银川	N38°29′	1 111.5	0.611	0.299	3 054.0	69
甘肃张掖	N38°56′	1 482.7	0.620	0.304	3 085.1	70
青海西宁	N36°37′	2 261.2	0.614	0.304	2 795.4	63
新疆乌鲁木齐	N43°47′	917.9	0.535	0.241	2 617.6	59

西北春麦区热量资源能满足春小麦生长发育的需要，各阶段生长发育的温度基本上都处在适宜温度范围内，在春小麦生育期间气温日较差较大，有利于干物质积累和向穗部转运（表 11-119）。

表 11-119　西北春麦区热量资源

（《中国小麦栽培理论与实践》，2006）

地　点	年平均气温 （℃）	年平均气温 日较差（℃）	≥0℃年积温 （℃）	≥10℃年积温 （℃）	无霜期 （d）
宁夏银川	8.5	13.1	3 994.3	3 298.1	168.8
宁夏固原	6.2	12.4	2 942.9	2 259.7	140.5
甘肃兰州	9.1	12.9	3 816.3	3 242.0	167.9
甘肃张掖	7.0	15.6	3 388.0	2 896.6	153.2
青海西宁	5.7	14.8	3 388.0	2 037.3	129.7
青海贵德	7.2	15.0	3 127.3	2 506.6	136.0
新疆乌鲁木齐	6.4	11.0	3 559.0	3 355.0	161.0

西北春麦区春小麦光温生产潜力和光合生产力较大。石河子大学农学院（2003）用联合国粮农组织（FAO）推荐的计算作物生产潜力的农业区域生态法，对北疆山前丘陵地区奇台县境内奇台农场三分场超高产春小麦生产潜力进行测算，该场春小麦光、温生产潜力为 18 042.1kg/hm²，光、温、土生产潜力为 17 139.9kg/hm²，光、温、水生产潜力为 7 516.2kg/hm²，光、温、水、土生产潜力为 6 764.7kg/hm²。青海高原单产一般在 9 000～9 750kg/hm²。

（二）荒漠绿洲，干旱缺水

西北春麦区，春小麦种植主要分布在北纬 35°～45° 的山间盆地和高原上。这些地区由于地处欧亚大陆腹地或有高山屏障，基本上不受海洋湿润气候的影响，终年在大陆性气候影响下，干旱少雨，空气干燥，常年降水量多为 50～300mm，日照强烈，植被覆盖度低，水分年蒸发量高达 1 500～2 500mm，属于荒漠绿洲灌溉农业区，必须有水才能种田。水源不足或者水利设备不具备，是限制小麦生长发育的主要因素。冰雪积累融集成川，蓄存水库，是农田灌溉水的主要来源。除宁夏银川、内蒙古河套两地区黄河冲击平原是引黄河水灌溉和辅之以井灌，甘肃祁连山灌区和新疆焉耆、昭苏等灌区，在 4～9 月春小麦生长期间，有少量降雨，而且水热同步，对小麦生长需水能起到一定补充和调节作用外，新疆、青海、甘肃等绝大多数绿洲，主要是利用山区河流、水库进行人工灌溉。所以，春小麦主要分布在有灌溉条件水源的山前冲积平原中上部和河流两岸及山间盆地地带（图 11 - 34）。

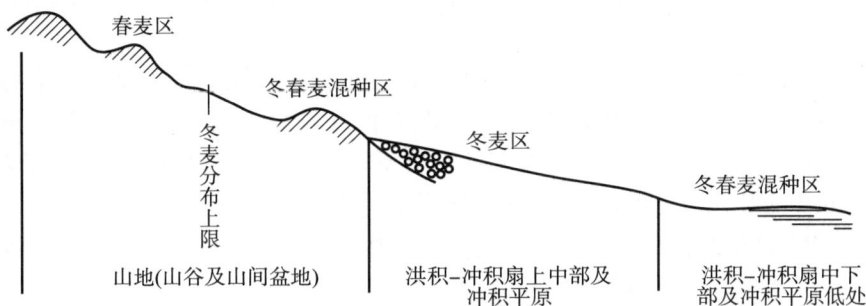

图 11 - 34　新疆冬、春小麦垂直分布示意图
（引自中国科学院新疆农业综合考察队等《新疆的农业》，1963）

　　冬、春小麦分布，与海拔高度有关，如新疆冬、春小麦垂直分布的规律大体是：冷凉山区气温低，生长期短，以种春小麦为主；平原农区水土资源和越冬条件较好，以冬小麦为主，但冲积扇下部及河湖低洼处，由于地下水位高，土壤盐渍化重，春季易返浆等，不得不多种春小麦，成为冬、春小麦混种区。

　　西北春麦区春小麦多为灌溉种植，只要水源有保障，就能发挥光、温资源等优势，促进高产、稳产和提高品质。

（三）土壤盐渍化及自然灾害对生产制约

　　西北春麦区土壤主要是棕钙土、灰钙土等，结构疏松，易风蚀沙化，且山坡地、瘠薄地、盐碱地等，约占 65%。土壤盐渍化面积大、危害重，尤其在一些地下水位较高的麦田，土壤母质中含盐量较高，加之降水少、雨水淋溶作用弱、土壤蒸发量大等原因，盐分容易聚集在土壤表层，0～30cm 土体含盐总量可达 1.0%～2.0%，对春小麦出苗和幼苗生长危害严重，灌头水时有返碱和大量死苗现象。河套地区、甘肃灌区、宁夏地区春小麦生产，在一定程度上常受春雨和春潮影响，导致土壤次生盐渍化。有些农田灌溉条件差，土壤肥力低，有机质含量少，春小麦产量较低。西北春麦区风灾重，且大风多出现在春小麦生长的关键时期，如宁夏银川地区大风日数曾高达 27d 之多，不仅能卷走麦田肥沃表土，而且能把麦苗卷走或埋在土中。高温和干热风在河西走廊、新疆平原干热麦区以及宁夏灌区等是常见的自然灾害，尤其在 6 月底至 7 月中旬，正值春小麦灌浆成熟的中后期，经常出现 32℃以上的高温天气和干热风现象，影响春小麦灌浆，降低粒重，造成减产。新疆塔城等沿山地区，在小麦灌浆成熟和收获期间，常遇冰雹侵袭。银川灌区早春麦苗有时会遇到霜冻危害。柴达木盆地、新疆巴里坤和昭苏等高原春麦区，在春小麦灌浆成熟时，常遇低温和冷害，影响灌浆成熟，降低产量和品质。

二、西北春麦区小麦生长发育和产量及其品质形成特点

（一）分蘖及成穗

西北春麦区春小麦生育期长短差异较大，多数地区通常在 3 月上旬至 4 月上旬播种，7 月中、下旬至 8 月上、中旬收获，从出苗至成熟生育期 90～120d，个别冷凉地区 130～150d。

宁夏灌区、河西走廊及新疆平原干热地区，春小麦生育期短，主要短在苗期。该地区开春晚，开春后气温上升快，致使田间 80% 左右植株均可产出 1 个甚至 2 个分蘖，分蘖到拔节期间生长仅 15～20d，因而绝大多数分蘖不能形成独立根系和长成一定绿色的营养体，拔节后分蘖陆续死亡。所以，春小麦分蘖率虽高，但成穗率一般仅有 3%～5%，很少有能达到 10% 的现象。因此，在春小麦高产栽培中，主要通过增加播种量，培育壮苗，依靠主茎穗，适当争取分蘖穗方式提高产量。

（二）幼穗分化

西北地区春小麦主茎一般有叶 7～9 片，多数品种为 8 片叶，播种早和晚熟品种叶片数有增加趋势，早熟品种和晚播的有减少趋势。小麦出苗 15～17d、进入 3 叶龄期时幼穗开始分化（特早熟品种稍有提前），4 叶龄期进入单穗期，开始分蘖，5 叶龄期进入生理拔节，6 叶龄期进入拔节期，幼穗分化开始到四分体形成，经历 35～45d，早熟品种在晚播的情况下，分化时间更短。地区间幼穗分化的时间及各个时期经历天数差异较大，柴达木盆地和甘肃黄羊镇以及新疆昌吉一些冷凉地区幼穗分化时间可长达 45～55d。适期早播，前期气温较低，幼穗分化早，进程慢，经历时间长，有利大穗形成。

（三）籽粒形成与灌浆

春小麦开花授粉 10d 左右，籽粒形成开始灌浆，除北疆平原干热等地区外，多数地区籽粒灌浆成熟期间气温较低，很少有超过 30℃ 的高温，加之昼夜温差较大，日照时间较长，太阳辐射量大，有利延长灌浆时间，增加粒重。在适宜的条件下，灌浆最大强度千粒重每天可以增加 2g 以上。各地春小麦灌浆期长短和千粒重差别较大，内蒙古河套平原最短，仅 28～30d，千粒重一般为 35～40g；西宁和河西走廊一带 37～45d，千粒重为 40～45g；北疆温凉麦区和柴达木盆地 45～60d，千粒重 48～65g。

（四）群体结构及产量构成

西北春小麦基本苗起点较高是其共同的特点，产量主要依靠主茎穗，基本苗与收获穗数以及收获穗数与产量之间，成正相关，适当多的穗数，是高产的基础，尤其在中、低产田表现更是如此。宁夏种子管理站和宁夏农业科学院作物所研究表明：高产栽培条件下，应维持一定的有效穗数，在一定穗数的基础上，同步增加穗粒数和粒重，才能实现高产

目标。

新疆天山北麓、祁连山北麓和青海等高产麦田，基本苗的起点都比较高，单株分蘖数及最高总茎数偏低，而收获穗数、穗粒数和千粒重均达到较高水平，千粒重在增产中起到了重要作用。另外，所栽培品种往往都有一个共同特点，秆高中等，穗大粒多粒重。

青海高原近几年超高产（13 500～14 250kg/hm²）栽培试验结果表明（2005），重穗型春小麦品种 338，群体分蘖动态为：基本苗 480 万～525 万/hm²，最高茎数 1 200 万～1 440 万/hm²，分蘖成穗率 20%～25%，成穗 675 万～720 万/hm²，穗粒数 35～37 粒，千粒重 50～60g；叶面积指数动态为：苗期 0.04～0.07，分蘖期 0.76～0.89，拔节期 3.93～4.97，孕穗期 8.73～10.56，抽穗期 7.33～8.33，灌浆期 4.78～5.77，成熟期 0.70～1.22。

（五）产量形成的特点

西北春小麦高产田得益于植株光合面积大、光照时间长、光合能力高、呼吸消耗少、单位土地面积能形成较大的干物质积累量。尤其开花后期在有利的光温条件下，积累比例更高。石河子大学农学院（2001）在新疆多地观察分析认为，开花后干物质积累量，反映了群体的优势状况，是决定籽粒产量的关键，随着产量水平的提高，开花后积累的物质，对产量贡献越来越大，为粒库的充实提供了更多的物质。

宁夏大学农学院等（2006）研究认为，西北高原春小麦叶面积指数高的主要原因：一是光照强度大。青海乐都和柴达木盆地小花开花后，自然光照强度达 8 万～10 万 lx，而同纬度山东烟台同期为 5 万～6 万 lx；二是 K 值低。西北高原春小麦区由于光照强、空气相对湿度低等生态条件，适宜密植品种，且茎秆坚挺，叶片厚实直立。如柴达木盆地高产田群体 K 值低，平均为 0.5～0.57，K 值降低使适宜的 LAI 提高。三是光补偿点低于平原地区，而光饱和点高于平原地区，说明呼吸速度低，有利提高光能利用率，增加产量。

（六）品质形成特点

西北春小麦籽粒蛋白质含量与全国冬、春小麦水平接近或略低。新疆等春麦区小麦蛋白含量较高，青海、宁夏等则较低。籽粒中赖氨酸含量西北麦区几乎都低于全国平均值。新疆小麦品质虽尚好，但湿面筋含量和沉降值较低，面团粉质参数中形成时间和稳定时间较短，软化度较高。青海和宁夏所产小麦，各项指标几乎都与优质专用面包小麦的要求相差甚远，尤其面团粉质参数差。

西北春麦区春小麦品质虽与小麦品种和栽培条件有关，但与生态条件关系更为明显，主要是与海拔高度和小麦灌浆成熟期的气温、雨水等条件关系密切。西北高原地区随着海拔上升，灌浆成熟期间气温较低，有利小麦干物质积累，形成大粒高产，但其蛋白质含量及其品质下降。柴达木盆地籽粒中蛋白质含量为 8.0%～13.0%，不仅低于国内其他春麦区，也低于青海省东部春麦区。西北地区旱地小麦产量虽低于灌溉区小麦，但蛋白质含量则高于灌溉区小麦。

三、西北春麦区小麦高产优质高效栽培

(一) 发展节水型种植

西北春麦区光温资源和土地资源丰富，春小麦要获得高产和稳产，先要解决水的问题，开发水源、兴修水利，实行精准灌溉、节约用水，以水定地，提高单产，增加总产，结合各地具体情况，采取畦灌、沟灌、喷灌、滴灌和地膜覆盖栽培等方式，发展节水型农业。新疆石河子和昌吉等半旱、半干旱麦区，从 2008 年开始，春小麦大面积采用滴灌方式种植，随水滴肥，和地面灌相比可控性强，单产普遍提高 1 200～1 800kg/hm^2，生育期节水 20％～30％、节肥 20％以上，田管作业简便，劳动强度减轻，生产成本降低、效率提高，经济效益、生态效益和社会效益显著。目前运用滴灌方式种植冬、春小麦在新疆推广迅速。

(二) 改土培肥，治理盐碱

西北春小麦低产田面积较大，土地瘠薄，盐碱严重，山坡地、旱地和无灌溉条件麦田面积约占 1/2，有些地区水土流失和风沙侵蚀等严重，也是造成低产的主要原因。因此，因地制宜，加大水土改良力度，培肥地力，建设高产稳产基本农田，是提高春小麦单产和总产的重要途径。

(三) 建立春小麦高产高效栽培技术体系

1. 品种选择　大穗型品种和多穗型（小穗型和中穗型）品种在西北春麦区均可获得高产，但随着春麦单产水平的提高，大穗型的中、早熟品种更有利发挥当地光、温等资源优势，株高 85～100cm、株型紧凑、叶片厚实、灌浆速度快有利增产。西北多数春麦区前期低温时间较长，小穗和小花分化多，孕穗、开花和灌浆期温度适宜，有利开花授粉，提高结实率，有利形成穗大、粒多、粒重，获得高产。

2. 临冬前麦田成待播状态

（1）临冬前麦田做成待播状态　新疆、河西走廊等春麦区，开春晚，开春后气温上升快，风多、土壤水分蒸发量大，因此麦田耕整地和深施基肥等作业应提前进行，以免延误播期，或造成土壤跑墒，出现缺苗和断垄等现象。高产麦田准备工作，应从头一年秋天开始，临冬前麦田应做成待播状态，为明年适期早播，提高播种质量，确保全苗、匀苗、壮苗做好准备、打好基础。

（2）土地深翻和施足基肥　高产麦田结合深耕进行全层施肥，土地耕深一般为 22～28cm。增施有机肥，同时每公顷施 150～225kg 磷酸二铵作底肥，全部翻压土壤。翻压绿肥和秸秆还田作有机肥时，掺入少量尿素，以便加速腐烂和提高肥效。

（3）适时适量冬灌　新疆除冬季降雪量大、积雪厚和宁夏有春潮地区外，一般麦田临冬前都要冬灌，"秋水春用"。开春后利用原墒播种，有利实现早苗、全苗、匀苗和壮苗。

3. 适期早播，提高播种质量

（1）适期早播　春小麦在适期范围内，在保证播种质量的基础上，播种早、产量高、品质好。适期早播，有利趁墒出苗。在较低的温度条件下，种子出苗虽慢，但根系生长时间长、发育好、入土深，吸收肥水能力增加，有利抗旱和防御倒状。适期早播能延长出苗到拔节生长发育时间，有利长叶、分蘖和幼穗分化，小穗和小花分化多，容易长成大穗。适期早播成熟期适当提前，能减少一些地区后期干热风和冰雹等自然灾害对产量和品质的影响。

各地区播种的具体时间，一般在 2 月下旬至 4 月上旬，于当地土壤解冻 5～7cm 时开始播种。新疆、宁夏等不少灌区趁土壤尚未完全解冻时，于中午时抢时采取"顶凌播种"，即将种子播在表土层之下、冻土层之上，随着温度升高，土壤解冻，种子吸水出苗。

为了发挥春小麦适期早播增产作用，新疆昌吉、奎屯等地有采用播"包蛋麦"（"土里捂"）的方式，即入冬前夕，将种子播在土壤里，临冬前萌动在土壤里越冬，待春天融雪吸水开始出苗。这种方法，只要播种时间和方法掌握得当，春小麦出苗可以提前 5～7d，分蘖好，成穗率高，有增产效果。

（2）提高播种质量 新疆绿洲农区播前整地要求达到齐、平、松、碎、净、墒"六字"标准。小麦播种深度 4～5cm，机械化播种应做到：播行笔直、行距相等、深浅一致、接行准确、下籽均匀、到头到边、覆土良好、镇压确实。河西走廊等一些春旱麦区，为了抢春墒保全苗，采用覆膜穴播，且全程覆盖，可取得抗旱增产效果。

（3）合理密植，培育壮苗 提高基本苗起点和培育壮苗是西北春麦区高产栽培的经验。一般麦田播种量 330～360kg/hm²，基本苗 570 万～630 万/hm²，依靠主茎穗，争取分蘖穗是西北地区春小麦获得高产的主要途径。从田间起点的基本苗数和收获穗数来讲，"一株保一穗"是衡量田间管理水平的重要指标。培育壮苗是提高生产力的关键，播种量不宜过大，否则会造成麦苗弱、分蘖少、质量差，进而成穗率低、穗头小、粒数少、产量低。合理布局行距，宁夏黄灌区单作春麦采用宽窄行种植，宽行 20～22cm，窄行 8～10cm，不仅有利增大群体、壮大个体和通风透光，还有利苗期在宽行内机械追肥。新疆平原灌溉农区，春小麦多采用小畦田和格田方式种植、畦宽 1.8m 或0.9m，中产田一般采用 15cm 等行距播种，高产田多进行宽窄行播种，窄行一般为10cm，宽行为 20cm。坡度较大的麦田，为有利灌水，保证全苗，采用平底沟播种，沟宽 60cm，播种 4～5 行。

4. 田间管理 原则是：苗期早管细管，促进壮苗早发，为保证足够的收获穗数奠定丰产基础；拔节期供足肥水，调控群体，促使稳健生长，搭起丰收架子；抽穗后协调源库关系，促进灌浆，增加粒重，防治病虫害和干热风等影响。

（1）生育期追肥 在施足基肥、用好种肥的基础上，春小麦生育期的追肥有 3 个重要时期。

①苗肥。三叶期弱苗补施，壮苗不施。若地薄、苗瘦，应及时追肥，每公顷施尿素75～105kg，或者点片补施，以利培育壮苗。如基肥和种肥充足，土壤肥沃，麦苗壮实，三叶期不追肥，待拔节前集中追肥，防止追肥过早，前期无效分蘖增多。

②拔节肥。一般麦田都要追肥而且要重施，每公顷施尿素 225kg，追肥的时间一般在5 叶龄期（即生理拔节期），为了提高肥效采用机器条施。苗弱可适当提前施，旺苗适当

延后施，调控分蘖数量，防止高产田群体过大和基部一二节间过长，中后期发生倒伏现象。

③孕穗肥。高产田氮肥用量应适当后移。如供肥不足，籽粒不饱满，千粒重下降，大穗高产的优势不能充分发挥。孕穗期每公顷追施尿素一般为120～150kg。新疆平原干热麦区，结合防御干热风和蚜虫危害等，在药液中加入少量尿素或磷酸二氢钾等进行叶面追肥，效果显著，能延长旗叶寿命，促进灌浆强度，增加粒重。

（2）生育期灌溉　采取早灌、勤灌、轻灌的原则，即早灌头水，增加灌水次数，减少每次灌水用量，适当延迟停水。新疆和宁夏等麦区春小麦生育期灌水一般为4～5次，每公顷总灌水量4 800～6 000m³。

①三叶期灌水。石河子大学农学院、宁夏大学农学院等研究认为，三叶期灌头水能促进幼穗分化和壮苗早发，是奠定穗大、粒多的关键措施。

②拔节水。拔节水与头水间隔的时间一般不超过10～14d。这一期间小麦生长速度快，个体和群体变化大，肥水需要多，若间隔时间长，容易引起受旱，植株矮，旗叶小，小花退化增多，穗粒数减少。若田间群体过大，生长过旺，灌水要适当延迟，以控制基部节间伸长，防止倒伏。拔节期经历时间较长，沙性较强、保水能力较差的麦田，一般要灌水两次，每次灌水1 050～1 200m³/hm²。

③孕穗水。宁夏大学农学院研究认为，灌好孕穗开花水，小麦增产显著。孕穗开花水不仅能满足籽粒灌浆成熟对水的需要，而且能调节麦田小气候，有防御干热风的作用。但麦黄水不宜灌得太晚，田间不应有积水现象，以免遇干热风，植株蒸腾量加大，根系呼吸困难，出现青干、早衰，降低粒重。

（3）防治病虫草害　西北地区春小麦主要的病害是锈病、白粉病、黑穗病和细菌性条斑病等。白粉病在宁夏近年来有逐渐加重趋势。锈病和白粉病除用药及时防治外，关键是选用抗病品种，并进行药剂拌种，以及通过合理密植保持田间通风透光，减轻其危害。黑穗病防治主要是药剂拌种和做好麦田轮作。

春小麦主要的虫害是蚜虫和小麦皮蓟马，小麦挑旗叶期若有上述两种虫害发生，可用速灭丁或抗蚜威等防治。危害较严重的地下害虫有地老虎、蛴螬等，主要通过毒土等处理。

平原地区麦田主要杂草有田旋花、灰藜等阔叶杂草，可在小麦拔节前用除草剂二甲四氯或2，4-滴丁酯等防治。在海拔较高的温凉山区麦田，野燕麦危害严重，对产量影响较大，宜采用综合防治，通过合理轮作倒茬、杜绝草籽进田等多种方式防除。小麦出苗后，当野燕麦长到3～4片叶时，用骠马或燕麦枯等及时喷杀。

5. 因地制宜采用多种形式种好春小麦

（1）河西走廊平川灌区　水资源充足，土壤肥沃，无霜期较长，春小麦多采用带状种植。春小麦带与玉米、春小麦带与大豆和甜菜等多种作物间、套作，能促进作物增产多收，春小麦与玉米带状种植曾创下该灌区一年一熟"亩产吨粮田"的高产纪录。

（2）南疆　人多地少果林产业发达地区，热量资源丰富，在幼小果林生长期间、套作春小麦，进行立体种植，是提高肥水和土地利用率、增加收入的一种重要方式。

（3）河套灌区　光温资源丰富、水利条件好的地区，通过春小麦与玉米、大豆等一年两熟或两年三熟复合种植，能提高土地利用率，有利增产增收。

6. 收获　人工收割宜在小麦蜡熟中期进行，机械收割宜在小麦蜡熟后期进行，收割后及时晒干、扬净、入仓。

第十五节　晚茬小麦丰产栽培技术

一、晚茬小麦的生育特点

在小麦生产中，由于前茬作物，如棉花、花生、甘薯等作物成熟收获偏晚，腾不出茬口，小麦延期播种，或是由于小麦播种期遇到干旱或降雨过多等不利天气条件，推迟播期等原因而形成晚茬小麦。北方麦区习惯上把从播种至越冬前的积温低于420℃，冬前叶片小于4片，单根独苗或带一个小分蘖的小麦称为晚茬小麦。与适期播种的小麦相比，晚茬小麦具有以下生育特点：

（一）冬前苗龄小、苗体小

秋播冬小麦进入越冬期的叶龄、单株分蘖数、次生根条数及长度等，都是随着播期的推迟而减少。这是因为，冬小麦从播种到出苗一般需要120℃左右的积温，冬前每生长一片叶需75℃左右积温。据此推算，冬小麦从播种到主茎形成5叶1心的壮苗标准约需0℃以上的积温570℃左右，而晚茬小麦由于播期推迟，播种后随着气温逐渐降低，播种至出苗的时间相对延长，养分消耗多，幼苗长势弱。进入越冬期，晚茬小麦表现为苗小、次生根条数少、分蘖少或基本不分蘖。如在黄淮冬麦区10月底至11月上旬日平均温度低于10℃播种的小麦，越冬前积温少于420℃，一般年份冬前不会发生分蘖；11月中、下旬日平均温度低于3℃播种的小麦，冬前一般不出土。由此可见，造成晚茬小麦冬前苗龄小的根本原因是冬前生育天数少、积温不足。

（二）幼穗分化开始晚、时间短，结实粒数减少

同一小麦品种在晚播条件下，小麦的幼穗分化开始晚、时间短、发育快，并且播种越晚，穗分化持续时间越短。与适期播种的小麦相比，幼穗分化的差距主要表现在翌年药隔期以前，药隔期以后逐渐趋于一致。由于晚茬小麦的幼穗分化开始晚、时间短、发育较差，其不孕小穗和小花增加，每穗结实粒数较适期播种的同一品种小麦有所减少。

（三）春季分蘖的成穗率高、单穗粒重低

由于晚茬小麦冬前积温不足，个体发育差，主茎叶片少，冬前分蘖期相应缩短，单株的分蘖数相对减少，有的甚至没有分蘖。但到春季小麦返青后，随着气温逐步回升，分蘖增长很快，其成穗率比适期播种的小麦高。同时，由于晚茬小麦早春生长发育进程快，群体生长量大，主茎与分蘖、分蘖与分蘖之间争水、争肥、争光现象较为明显，对单位面积

成穗数和每穗结实粒数都有一定影响。而且，由于晚茬小麦抽穗、开花期推迟，生育期后延，致使灌浆持续期缩短，平均穗粒重降低。另外，由于晚茬小麦成熟期推迟，籽粒灌浆期易受干旱、干热风或涝湿等自然灾害危害，也会导致粒重降低。

二、晚茬小麦"四补一促"栽培技术

根据晚播小麦的生育特点，各地在生产实践中总结出了一套以促进主茎成穗为主要内容的"四补一促"配套栽培技术，该技术一般比常规晚播栽培可以增产 10%～20%。

（一）选用良种，以种补晚

生产实践证明，晚播小麦应选用阶段发育较快、营养生长时间较短、灌浆速度快、迟播早熟和抗干热风能力强的品种，以达到穗大、粒多、粒重、早熟丰产的目的。

（二）增施肥料，以肥补晚

由于晚茬小麦具有冬前苗小、苗弱、根少、分蘖少或基本没有分蘖，以及春季起身后生长发育速度快、幼穗分化时间短等特点，同时由于晚播麦田的前茬作物，如棉花、甘薯等消耗地力大和因茬口紧施肥不足，以及冬前和早春又因苗小不宜过早追肥浇水等原因，在播种时必须增大施肥量，并做到配方施肥，以补充土壤中有效态养分不足，促其多分蘖、多成穗、成大穗、夺高产。晚茬小麦的施肥方法要根据土壤肥力水平和目标产量要求，坚持因土壤肥力合理施肥，坚持以有机肥为主、化肥为辅的施肥原则。一般每公顷产量 7 500kg 左右的晚茬麦田，基肥以有机肥为主，每公顷施 50 000～60 000kg，氮肥（N）210kg，同时配施磷肥（P_2O_5）67.5kg、钾肥（K_2O）67.5kg，以及 50%的氮（N）肥 105kg，另外 50%的氮肥于起身期追施。晚茬小麦播种时每公顷可用 75kg 磷酸二铵作种肥，以促进麦苗生长，增加单株分蘖数，施用时应注意将种、肥分开。

（三）加大播量，以密补晚

晚茬小麦由于播种晚，冬前积温不足，分蘖很少或基本不分蘖，虽然春季分蘖成穗率高，但单株分蘖成穗数比适期播种的小麦明显减少，如果仍采用常规播种量必然造成单位面积成穗数不足而影响产量。因此，晚茬小麦应适当加大播量，走依靠主茎成穗夺高产的路径。黄淮冬麦区晚茬小麦在 10 月 20 日前后播种的，每公顷基本苗以 300 万～375 万为宜；10 月 25～30 日播种的，每公顷基本苗以 375 万左右为宜。

（四）提高整地播种质量，以好补晚

生产实践证明，晚茬小麦要创高产，一播全苗非常重要。因此，必须在精细整地基础上，努力提高播种质量，做到以好补晚。具体措施是：

1. 前茬作物早腾茬，抢时播种　晚茬小麦之所以苗小苗弱，主要原因是冬前积温不足。因此，在不影响前茬作物产量和品质的前提下一定要做到早收获、早腾茬、早整地、早播种，以争取冬前有效积温。如前茬作物为棉花，可于 10 月上旬叶面喷洒乙烯

利等化学制剂进行催熟，或于霜降前后提前拔除棉花秸秆晾晒，抢时早播，争取小麦带蘖越冬。

2. 精细整地，足墒下种 前茬作物收获后，要抓紧时间深耕细耙，精细整平，对墒情不足的地块要灌水造墒；也可以播种后浇蒙头水，墒情适宜时精细划锄；也可在前茬作物收获前带茬浇水并及时中耕保墒。若因劳力、机械动力等原因来不及精细整地的麦田，也可采用浅耕灭茬播种，或开沟播种，待小麦出苗后再进行中耕松土，破除板结。

3. 精细播种，适当浅播 晚播麦田应采用机械条播，确保下种均匀，播量精准，深浅一致。同时，晚茬小麦在足墒前提下，适当浅播是充分利用前期积温、减少种子养分消耗，达到早出苗、多发根、早生长、早分蘖的有效措施。一般晚茬小麦适宜的播种深度为3～4cm。

4. 浸种催芽，提早出苗 为使晚播小麦早出苗和保证出苗具有足够的水分，最好在播种前用20～25℃的温水浸种5～6h，捞出后晾干播种。采用这种方法一般可使晚播小麦早出苗2～3d。

(五) 精细科学管理，促壮苗多成穗

与正茬播种小麦相比，晚播小麦因冬前生长时间短，因此具有苗龄小、分蘖少、苗质弱、抗寒性与抗旱性均较差等特点。生产上必须精细科学管理，在确保安全越冬基础上，促其早发快长，加速苗情由弱苗向壮苗转化升级。

1. 划锄增温，促苗早发快长 由于晚播小麦冬前苗体小，加之气温低，生长量小，在足墒播种前提下，冬前不需要进行施肥浇水等田间管理作业，应在返青期促早发快长。返青期管理关键是提高地温，重点是通过中耕划锄，增温保墒，促进根系发育，增加分蘖，促进壮苗。据试验，镇压划锄后5d，0～10cm土壤含水量比不镇压划锄的提高1.5%～2.0%，5cm地温沙壤土可提高0.5～1.0℃，壤土和黏土可提高1～1.6℃，对促根增蘖、培育壮苗有明显作用。

2. 狠抓起身期肥水管理 晚播小麦在春季生长迅速，发育加快，生长量大，且营养生长与生殖生长同时并进，对肥水需求较为敏感。为促进晚播小麦分蘖多成穗、成大穗，增加穗粒重，在起身期结合浇水每公顷追施总施氮量50%的氮肥。

3. 加强后期管理 孕穗期是小麦需水的临界期，此期浇水对保花增粒有明显的作用。因此，晚播小麦应浇好孕穗灌浆水，以提高光合高值持续期，促进籽粒灌浆，增加粒重，并防御干热风危害。对于抽穗至乳熟期叶色发黄，有脱肥早衰症状的晚播麦田，每公顷可叶面喷施1.5%～2.0%的尿素溶液750～1 125kg；对于叶色浓绿，有贪青晚熟症状的晚播麦田，每公顷可叶面喷施0.2%的磷酸二氢钾溶液750kg左右。此外，晚播麦田还要注意对小麦锈病、白粉病、纹枯病、赤霉病和蚜虫等病虫害的防治。

三、晚茬小麦抗逆丰产栽培技术

(一) 晚茬小麦抗逆丰产栽培技术的概念

晚茬小麦抗逆丰产栽培技术，是指在山东省播期比适期播种推迟2～3周，但冬前

0℃以上积温不少于420℃，通过适当增加基本苗获得充足的穗数、适宜的穗粒数和千粒重，以及增加单位面积种子根和次生根条数，提高根系对氮素的吸收和转化能力，比常规技术节氮10%～15%，且公顷产量可达7 500kg的技术。晚茬小麦抗逆丰产栽培技术2019年被山东省农业农村厅确定为山东省农业主推技术。

（二）晚茬小麦抗逆丰产栽培技术的生理基础

1. 运用宽幅播种技术，增加种植密度，增加单位面积次生根数目　在宽幅播种的基础上，提高种植密度使得小麦单株次生根数、单株总根条数减少，但因单位面积株数增加幅度大，最终群体次生根数和总根条数及0～1.6m土层中单位土体内总根长显著增加（图11-35）。

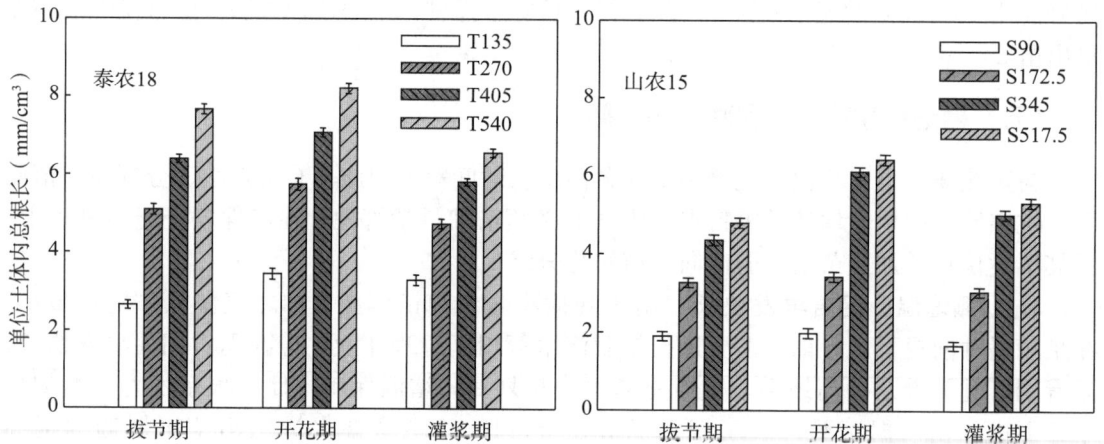

T135、T270、T405、T540分别代表泰农18种植密度为135万/hm²、270万/hm²、405万/hm²、540万/hm²
S90、S172.5、S345、S517.5分别代表山农15种植密度为90万/hm²、172.5万/hm²、345万/hm²、517.5万/hm²

图11-35　种植密度对冬小麦0～1.6m土层中单位土体内总根长的影响

（山东农业大学，2011—2012）

2. 增加种植密度，提高了根系对肥料氮和土壤氮的吸收能力　利用稳定性同位素¹⁵N的标记试验表明，当泰农18和山农15两品种的种植密度分别由135万/hm²提高至405万/hm²和由90万/hm²提高至172.5万/hm²或345万/hm²时，由于群体总根条数和单位土体内总根长的增加，显著提高其对肥料氮和土壤氮的吸收能力，增加成熟期地上部氮素总积累量。在总供氮量（土壤氮＋肥料氮）不变的情况下，氮素吸收效率提高21.4%～28.0%，氮素利用效率相应提高（图11-36）。

3. 增强了花后群体光合能力，提高了氮素利用效率　晚播条件下，10月22日播种的植株开花后单茎绿叶面积含氮量和单茎光合速率显著高于10月8日播种的处理，群体光合速率和光合氮素利用效率也呈现增加的结果（表11-120）。

4. 籽粒产量与氮素利用效率　群体光合氮素利用效率的提高使晚茬小麦在吸收较少氮素的前提下，获得与常规播期相同的籽粒产量，显著地提高了氮素生产效率（籽粒产量/成熟期氮素总积累量）（表11-121），取得了节省氮素的效果。

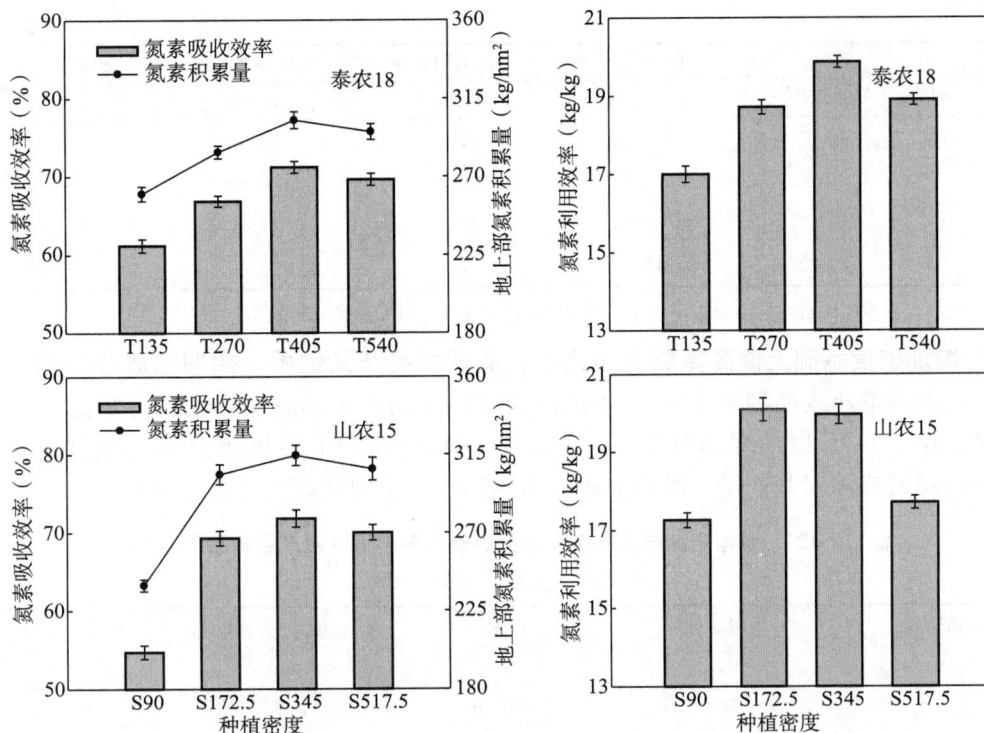

图 11-36　种植密度对氮素吸收效率、地上部氮素积累量和氮素利用效率的影响

（山东农业大学，2011—2012）

表 11-120　播期对群体最大净光合速率和群体光合氮素利用率的影响

（山东农业大学，2016—2018）

生长季	播期 （月/日）	单茎绿叶 面积含氮量 （mg/m²）	单茎 光合速率 [μmol/(m²·h)]	群体 光合速率 [mmol/(m²·h)]	群体光合 氮素利用效率 {mmol/[g (N)·h]}
2016—2017	10/8	27.5b	287.50b	190.4b	10.4b
	10/22	29.2a	367.87a	217.1a	12.6a
2017—2018	10/8	26.3b	293.69b	196.9b	11.2b
	10/22	27.6a	368.50a	223.2a	13.3a

注：同一生长季栏内数字后字母不同表示 5% 水平上差异显著。试验品种：泰农 18。

表 11-121　播期对冬小麦籽粒产量和氮素利用效率的影响

（山东农业大学，2014—2016）

生长季	播期 （月/日）	籽粒产量 （kg/hm²）	氮素利用效率 （kg/kg）	氮素吸收效率 （%）	氮素生产效率 （kg/kg）
2014—2015	10/1	9 251.3a	22.0a	72.4a	30.4d
	10/8	9 310.4a	22.2a	69.4b	32.0c
	10/15	9 427.3a	22.5a	66.6c	33.7b
	10/22	9 255.4a	22.0a	62.9d	35.0a

（续）

生长季	播期 （月/日）	籽粒产量 （kg/hm²）	氮素利用效率 （kg/kg）	氮素吸收效率 （%）	氮素生产效率 （kg/kg）
2015—2016	10/1	9 216.4a	21.9a	73.1a	30.0d
	10/8	9 311.9a	22.2a	70.3b	31.5c
	10/15	9 426.4a	22.4a	67.5c	33.2b
	10/22	9 199.7a	21.9a	62.1d	35.3a

注：同一生长季栏内数字后字母不同表示5%水平上差异显著。试验品种：泰农18。

5. 增加密度基础上提高氮肥追施比例，实现既高产又优质　播期比适宜播期延迟3周时，优质强筋小麦品种藁优8901不增加密度处理的产量和品质均表现为降低。如将其种植密度由225万/hm²提高到375万/hm²，同时将氮肥追施比例由50%增加到70%，能够有效缓解晚播对其产量和品质造成的不利影响，实现既高产又优质（表11-122）。

表11-122　种植密度与氮肥追施比例对晚播冬小麦籽粒产量和品质的影响

（山东农业大学，2017—2018）

种植密度 （万/hm²）	追氮比例 （%）	产量 （kg/hm²）	面团稳定时间 （min）	面包体积 （mL）
225	50	7 442.1e	8.9e	661.7e
	60	7 774.3d	9.3d	703.2d
	70	8 071.4c	9.6c	715.5c
375	50	7 908.2c	9.2d	700.8d
	60	8 233.1b	10.5b	754.5b
	70	8 565.3a	11.0a	774.2a
525	50	7 822.5cd	9.3d	703.3d
	60	8 193.4b	10.7b	766.2ab
	70	8 572.2a	11.1a	771.7a

注：同一栏内数字后字母不同表示5%水平上差异显著。

6. 提高晚茬小麦的抗倒伏能力　与适期播种相比，晚播小麦的基部节间长度、株高和茎秆重心高度显著降低，茎秆基部节间壁增厚，木质素和纤维素含量提高，充实度增加，茎秆机械强度和抗倒伏能力显著提高（表11-123）。

表11-123　播期对冬小麦茎秆特性和抗倒伏性能的影响

（山东农业大学，2016—2018）

生长季	播期 （月/日）	直径 （mm）	壁厚 （mm）	干重 （mg）	充实度 （mg/cm）	机械强度 （N）	抗倒指数 （N/m）
2016—2017	10/1	4.11c	0.53b	98.75d	12.10d	4.18b	7.75c
	10/8	4.13c	0.55ab	100.72c	12.81c	4.56b	8.66c
	10/15	5.09b	0.58a	113.18b	15.08b	4.98ab	10.16b
	10/22	5.31a	0.58a	125.52a	16.94a	5.51a	11.29a

（续）

生长季	播期 （月/日）	直径 （mm）	壁厚 （mm）	干重 （mg）	充实度 （mg/cm）	机械强度 （N）	抗倒指数 （N/m）
2017—2018	10/1	4.94ab	0.58b	98.43c	10.45c	3.69c	6.77d
	10/8	4.93ab	0.58b	120.95b	13.12b	4.20b	7.80c
	10/15	4.96ab	0.61a	118.26b	12.97b	4.29b	8.23b
	10/22	5.16a	0.61a	122.82a	15.49a	5.09a	10.52a

注：同一生长季栏内数字后字母不同表示5%水平上差异显著。试验品种：泰农18。

（三）晚茬小麦抗逆丰产栽培关键技术

1. 筛选晚播不减产的小麦品种 不同小麦品种对本项技术的丰产性表现不同，通过比较31个冬小麦品种晚播2周条件下的产量变化（表11-124），其中部分品种表现为增产，如烟农999；部分品种平产，如良星99、济麦20、山农30；另有部分品种则表现为减产，如烟农173、鲁原502。晚播条件下平产或增产品种的特点是，公顷穗数下降幅度小，穗粒数明显增加，粒重基本保持稳定。而晚播条件下减产品种的特点是，公顷穗数、粒重降幅大，穗粒数增加不能弥补穗数和粒重降低所造成的减产。因此，筛选晚播不减产的小麦品种是实现晚茬小麦抗逆丰产栽培的基本环节。

表11-124 播期对不同冬小麦品种产量及其构成因素的影响
（山东农业大学，2018—2019）

品 种	播 期 （月/日）	产 量 （kg/hm²）	穗 数 （万/hm²）	穗粒数 （粒）	千粒重 （g）
烟农999	10/8	8 477.0e	696.9c	29.1f	41.8d
	10/22	8 624.3d	641.4e	32.4d	41.5d
良星99	10/8	8 804.1c	676.9d	29.9f	43.5b
	10/22	8 817.1c	623.7f	32.8d	43.1b
济麦20	10/8	7 996.8f	762.3a	27.9g	37.6f
	10/22	7 904.6f	705.5c	30.2f	37.1f
山农30	10/8	9 037.0b	592.3j	35.4b	43.1b
	10/22	8 920.7b	544.2h	38.3a	42.8bc
烟农173	10/8	9 387.2a	720.5b	31.7e	41.1d
	10/22	7 783.6g	628.7f	34.2c	36.2g
鲁原502	10/8	9 401.6a	701.9c	30.1f	44.5a
	10/22	8 409.4e	580.0j	35.8b	40.5e

注：同一栏内数字后字母不同表示5%水平上差异显著。

2. 地块选择 为充分发挥本项技术增粒数、保丰产的潜力，需要选择耕层深厚，土壤肥力高，耕层土壤有机质含量＞1.3%、有效氮含量＞80.0mg/kg、有效磷含量＞25mg/kg、速效钾含量＞90.0 mg/kg，适宜播期下产量达到7 500kg/hm² 以上，保水保肥能力强且有水浇条件的地块。

3. 精细整地 晚茬麦更应注意提高整地质量和播种质量，以确保苗全、苗齐。前茬玉米秸秆还田时，采用玉米联合收获机（如雷沃谷神 CB03-4YZ-3H 型）将玉米秸秆切碎且抛洒均匀，秸秆长度不超过 5cm。当玉米联合收获作业的秸秆切碎效果达不到上述要求时，需要进一步用专门的秸秆还田机（如沃得 1JH-165）进行切碎。播种前深耕 25cm，然后用旋耕机（如大华宝来 1GQN 型）旋耕一次，充分碎土并将秸秆、肥料与土壤充分混匀。

4. 减量施氮 应用本技术可以实现增加密度补氮、延迟播种节氮的效果，可在保持高产的前提下减少氮肥施用量 10%～15%。目标产量 7 500kg/hm^2 的地力水平下，每公顷施用纯氮 195kg、五氧化二磷 67.5kg、氧化钾 67.5kg。其中磷、钾肥全部和氮肥的50%作为底肥施用，剩余 50%的氮肥在拔节期，即基部节间露出地面 2cm 时追施。为实现强筋小麦品种优质高产，可将氮肥追施比例提高到 60%。在超高产地力条件下，适当增施氮肥可获得 9 000kg/km^2 的超高产。

5. 足墒播种 播种时要求土壤相对含水量达到 75%～80%，当土壤相对含水量低于 70%时，需要造墒。播种前还是播种后造墒，各地根据土壤质地和地力水平掌握。

6. 适期晚播 实际播期比适宜播期推迟时间在 3 周以内，满足冬前 0℃以上积温不少于 420℃，日平均气温 11～13℃时播种，能够保持高产水平；进一步推迟播期，产量、品质均有所降低。

7. 合理密植 大穗型品种的适宜基本苗为成穗数的 2/3，一般适宜成穗数为每公顷540 万，合理基本苗即为每公顷 405 万；中多穗型品种的适宜基本苗为成穗数的 1/2，一般适宜成穗数为每公顷 690 万，合理基本苗即为每公顷 345 万。

8. 宽幅播种 改传统条播为宽幅播种，在获得相同穗粒重条件下，能够增加单位面积容穗量 20%～25%。应用宽幅播种机（如郓农 2BJK 型或大华宝来 2BFJK 型）播种，行距 25cm，播种深度 3～5cm。注意播种过程中或播后压实土壤。

9. 田间管理 春季第 1 次肥水管理在拔节期（基部节间露出地面 2cm）进行。其他田间管理措施与适期播种高产麦田相同。

第十六节 小麦宽幅精播节水高产栽培技术

一、小麦宽幅精播与常规播种技术的区别

（一）小麦宽幅精播节水高产栽培技术的概念

小麦宽幅精播节水高产栽培技术的核心在于发明了小麦宽幅播种机，主要技术创新是把常规播种机的外槽轮式排种器和单排下种管，改为窝眼轮式排种器和双排下种管，小麦播幅苗带由 3cm 扩大为 8cm。由于小麦播幅苗带加宽，致使小麦行距、基本苗等方面有一些改变。这种由小麦宽幅播种机播种，并根据地力、小麦行距等因素，制定

的相应的栽培技术，称之为小麦宽幅精播高产栽培技术。该技术与常规技术相比，实现了小麦节水高产的效果。小麦宽幅精播节水栽培技术被农业农村部确定为农业主推技术。

（二）小麦播种苗带由常规播种 3cm 扩大到宽幅精播 8cm，对小麦生长有什么好处

在一块地中，同一行距、同一播种量条件下播种，两种播种机播种的麦行截取相同的行长，小麦的株数是一样的。但是常规播种机播种的麦行，播幅仅 3cm，麦苗拥挤，麦苗之间光照条件差；宽幅精播的麦行，播幅 8cm 的麦苗分散，麦苗之间光照条件好，单株营养条件好。出苗后，宽幅精播的麦苗比常规播种的麦苗健壮、单株干物重高，奠定了形成壮苗的基础。

同时，宽幅精播的麦田在小麦整个生长过程中，由于地上部群体分布均匀，减少棵间土壤蒸发，植株节水、光合产量高，根系生长好，小麦产量优于常规播种机播种的麦田。

二、小麦宽幅精播技术为什么节水高产

（一）宽幅精播与常规播种相比，苗带宽，植株分散，棵间土壤蒸发量小，土壤水分不易散失，需要的灌溉量少

1. 宽幅精播减少了拔节期和开花期棵间土壤蒸发量　麦田耗水量主要包括植株蒸腾量和棵间土壤蒸发量。由表 11 - 125 可知，宽幅精播处理拔节期和开花期棵间土壤蒸发量显著低于常规播种处理，说明宽幅精播植株分散，植株覆盖地面，棵间土壤蒸发量少，减少了无效水分的散失，土壤含水量较高。

表 11 - 125　拔节期和开花期棵间土壤蒸发量

（山东农业大学，2018—2019）

播种方式	蒸发量（mm/d）	
	拔节期	开花期
宽幅精播	0.33	0.65
常规播种	0.37	0.71

2. 宽幅精播提高了拔节期和开花期 0～40cm 土层土壤含水量　由图 11 - 37 可知，宽幅精播处理拔节期和开花期灌溉前 0～40cm 土层土壤含水量显著高于常规播种处理。说明，宽幅精播处理在播种至拔节期和拔节至开花期土壤水分散失少，土壤墒情好，有利于植株生长发育，亦有利于减少灌溉水。

3. 宽幅精播降低了拔节期和开花期灌溉量及总灌溉量　由表 11 - 126 可知，利用测墒补灌的方法测定土壤墒情进行补灌，宽幅精播在拔节期和开花期灌溉量及总灌溉量均显著低于常规播种，节约了灌溉水量。

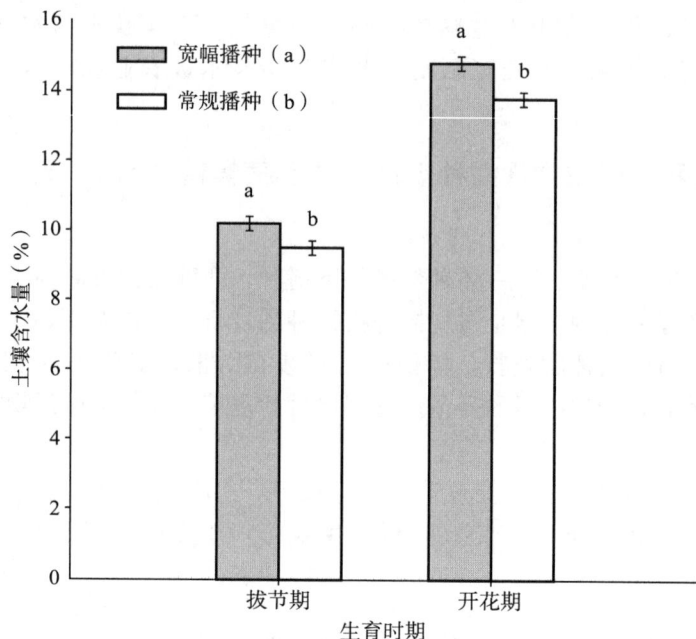

图 11-37 拔节期和开花期 0～40cm 土层土壤含水量

（山东农业大学，2018—2019）

表 11-126 拔节期和开花期灌溉量及总灌溉量

（山东农业大学，2018—2019）

播种方式	灌溉量（mm）		
	拔节期	开花期	总量
宽幅精播	49.0	43.1	92.1
常规播种	52.8	46.6	99.3

（二）宽幅精播小麦在田间分布均匀，根系健壮，吸收能力强，提高了开花至成熟阶段耗水量，促进籽粒灌浆

1. 宽幅精播增加了拔节期和开花期单位体积的根干重和根长度 如表 11-127 和表 11-128 所示，宽幅精播处理的拔节期、开花期和开花后 20d 0～20cm 和 20～40cm 土层单位体积根干重和根长度均显著高于常规播种处理，说明宽幅精播为根系生长创造了良好的环境，根系健壮，有利于小麦根系对土壤水分和养分的吸收利用。

表 11-127 拔节期、开花期和开花后 20d 0～40cm 土层单位体积的根干重（mg/cm³）

（山东农业大学，2018—2019）

播种方式	拔节期		开花期		开花后 20d	
	0～20cm	20～40cm	0～20cm	20～40cm	0～20cm	20～40cm
宽幅精播	0.325	0.177	0.518	0.287	0.455	0.285
常规播种	0.306	0.166	0.491	0.271	0.429	0.270

表 11-128　拔节期、开花期和开花后 20d 0～40cm 土层单位体积根长度（cm/cm³）

（山东农业大学，2018—2019）

播种方式	拔节期		开花期		开花后 20d	
	0～20cm	20～40cm	0～20cm	20～40cm	0～20cm	20～40cm
宽幅精播	1.26	0.73	2.17	1.80	1.94	1.70
常规播种	1.19	0.69	2.05	1.69	1.85	1.60

2. 宽幅精播提高了拔节期、开花期和花后 20d 的根系活力　如表 11-129 所示，宽幅精播处理拔节期、开花期和开花后 20d 0～20cm 和 20～40cm 土层的根系活力均显著高于常规播种处理，说明宽幅精播处理比常规播种处理有利于提高小麦根系对土壤水分和养分的吸收能力，延缓植株的衰老，有利于地上部干物质积累。

表 11-129　拔节期、开花期和开花后 20d 0～40cm 土层根系活力 [μg/(gFW·h)]

（山东农业大学，2018—2019）

播种方式	拔节期		开花期		开花后 20d	
	0～20cm	20～40cm	0～20cm	20～40cm	0～20cm	20～40cm
宽幅精播	151.38	102.34	98.78	81.25	75.26	50.96
常规播种	136.47	90.39	92.36	75.74	70.18	47.23

3. 宽幅精播提高了开花至成熟阶段耗水量及其占总耗水量的比例　由表 11-130 可知，宽幅精播处理播种至拔节期耗水量及其占总耗水量的比例显著低于常规播种，开花至成熟期显著高于常规播种。说明宽幅精播处理在拔节前耗水少，减少无效水分的消耗，开花后耗水量较高，有利于满足小麦灌浆期对水分的需求，促进籽粒灌浆，提高粒重，获得高产。

表 11-130　阶段耗水量及其占总耗水量的比例

（山东农业大学，2018—2019）

播种方式	播种—拔节期		拔节—开花期		开花—成熟期	
	耗水量（mm）	耗水比例（%）	耗水量（mm）	耗水比例（%）	耗水量（mm）	耗水比例（%）
宽幅精播	59.7	11.24	163.8	30.85	307.5	57.91
常规播种	64.5	12.19	165.6	31.29	299.0	56.52

（三）宽幅精播单株获得光照条件好，光合有效辐射截获率高，单株生产力强，旗叶光合能力强，穗数和千粒重高

1. 宽幅精播提高了开花后冠层光合有效辐射截获率，减少了透射率　由表 11-131 可知，宽幅精播与常规播种相比，开花后 0d、14d 和 28d 冠层光合有效辐射截获率均显著高于常规播种处理，说明宽幅精播比常规播种处理有利于灌浆期维持高光能截获率，促进叶片对光能的吸收利用，有利于植株干物质的积累。

表 11 - 131　开花后冠层光合有效辐射截获率（%）

（山东农业大学，2018—2019）

播种方式	开花后天数（d）		
	0	14	28
宽幅精播	95.01	93.16	89.48
常规播种	91.56	90.20	85.33

2. 宽幅精播提高了开花后旗叶净光合速率　宽幅精播处理在开花后 14d、21d 和 28d 旗叶净光合速率显著高于常规播种处理，说明宽幅精播比常规播种处理在灌浆中后期旗叶光合同化能力强，延长了光合高值持续期，促进碳水化合物的高效合成，有利于籽粒灌浆（表 11 - 132）。

表 11 - 132　开花后旗叶净光合速率 $[\mu mol/(m^2 \cdot s)]$

（山东农业大学，2018—219）

播种方式	开花后天数（d）				
	0	7	14	21	28
宽幅精播	20.18	23.96	26.36	22.23	13.89
常规播种	20.06	23.82	25.06	19.84	11.76

3. 宽幅精播促进了开花后干物质积累量及对籽粒的贡献率　小麦籽粒产量的 2/3 以上来源于开花后的干物质积累。由表 11 - 133 可知，宽幅精播处理开花后干物质积累量及其对籽粒的贡献率均显著高于常规条播处理，说明宽幅精播比常规播种处理促进了开花后干物质的积累及其向籽粒的分配，为获得高产奠定了基础。

表 11 - 133　开花后干物质积累量和营养器官同化物转运量

（山东农业大学，2018—2019）

播种方式	开花前营养器官储藏同化物		开花后干物质	
	转运量（kg/hm²）	对籽粒贡献率（%）	积累量（kg/hm²）	对籽粒贡献率（%）
宽幅精播	2 337.0	24.74	6 568.5	75.26
常规播种	2 452.5	27.89	6 342.0	72.11

4. 宽幅精播提高了亩穗数和千粒重　小麦的产量构成因素为单位面积穗数、穗粒数和千粒重，三者协调发展可获得较高的产量。由表 11 - 134 可知，两种播种方式的穗粒数无显著差异，穗数和千粒重均为宽幅精播显著高于常规播种，表明宽幅精播处理在穗粒数不降低的基础上，通过提高单位面积穗数和粒重，获得较高的产量。

表 11 - 134　小麦产量构成因素

（山东农业大学，2018—2019）

播种方式	穗数 （万穗/hm²）	穗粒数 （粒/穗）	千粒重 （g）
宽幅精播	679.5	40.01	41.61
常规播种	651.0	40.39	39.79

（四）宽幅精播提高了籽粒产量和水分利用效率

如表 11 - 135 所示，宽幅精播处理籽粒产量、水分利用效率和灌溉水利用效率均显著高于常规播种处理，宽幅精播种植方式为节水高产的播种方式。

表 11 - 135　小麦籽粒产量、水分利用效率和灌溉水利用效率

（山东农业大学，2018—2019）

播种方式	籽粒产量 （kg/hm²）	水分利用效率 [kg/（hm²·mm）]	灌溉水利用效率 [kg/（hm²·mm）]
宽幅精播	9 445.5	17.85	102.6
常规播种	8 794.5	16.65	88.5

三、确定宽幅精播的适宜行距和基本苗

在明确了宽幅精播节水高产的生理原因后，进一步研究宽幅精播节水高产的适宜行距和基本苗，对完善小麦宽幅精播节水高产栽培技术具体重要现实意义。

（一）行距 25cm 为宽幅精播节水高产栽培的适宜行距

山东农业大学本课题组（2018—2019）的试验地设在山东省济宁市兖州区小孟镇史王村高肥力地块（0～20cm 土层土壤有机质含量为 1.42%，全氮含量为 1.24g/kg，碱解氮含量为 120.95mg/kg，有效磷含量为 31.19mg/kg，速效钾含量为 111.25mg/kg）。生产中常规播种小麦的平均行距为 20cm，宽幅精播技术的播幅为 8cm，常规播种的小麦播幅为 3cm，宽幅精播的播幅宽了，是否要适当扩大小麦行距。为了研究这个问题，在宽幅精播的条件下，设置了行距为 20cm、25cm 和 30cm 的 3 个处理，以研究不同行距对小麦产量和水分利用效率的影响。

1. 行距为 25cm 的宽幅精播降低了灌溉量　由表 11 - 136 可知，行距为 25cm 的宽幅精播处理在拔节期和开花期的灌水量及总灌水量显著低于行距为 20cm 和 30cm 的处理，节约了灌溉水。

2. 行距为 25cm 的宽幅精播提高了小麦灌浆中后期的光合速率　由表 11 - 137 可知，开花期处理间旗叶净光合速率无显著差异；在花后 7d，行距为 25cm 的处理与行距为 30cm 处理的旗叶净光合速率无显著差异，显著高于行距为 20cm 的处理；行距为 25cm 的

宽幅精播处理在开花后 14d、21d 和 28d，旗叶净光合速率显著高于行距为 20cm 和 30cm 的处理，有利于灌浆中后期旗叶制造更多的碳水化合物，提高粒重。

表 11-136 拔节期和开花期灌溉量及总灌溉量

(山东农业大学，2018—2019)

行距	灌溉量（mm）		
(cm)	拔节期	开花期	总量
20	55.1	46.3	101.4
25	49.0	43.1	92.1
30	52.5	45.9	98.4

表 11-137 开花后旗叶净光合速率 $[\mu mol/(m^2 \cdot s)]$

(山东农业大学，2018—2019)

行距	开花后天数（d）				
(cm)	0	7	14	21	28
20	19.82	21.44	21.12	16.18	8.02
25	20.18	23.96	26.36	22.23	13.89
30	19.94	23.65	24.89	19.68	11.73

3. 行距为 25cm 的宽幅精播提高了开花后干物质积累量 由表 11-138 可知，开花前营养器官储藏同化物向籽粒的转运量和对籽粒的贡献率表现为行距为 20cm 的处理最高，其次为行距为 30cm 的处理，行距为 25cm 的最低；但行距为 25cm 的宽幅精播处理开花后干物质积累量及对籽粒的贡献率显著高于行距为 20cm 和 30cm 的处理，为获得高产奠定了基础。

表 11-138 开花后干物质积累量和营养器官同化物转运量

(山东农业大学，2018—2019)

行距	开花前营养器官储藏同化物		开花后干物质	
(cm)	转运量 (kg/hm²)	对籽粒贡献率 (%)	积累量 (kg/hm²)	对籽粒贡献率 (%)
20	2 532.0	30.67	5 722.5	69.33
25	2 337.0	24.74	7 107.0	75.26
30	2 424.0	27.93	6 256.5	72.07

4. 行距为 25cm 的宽幅精播获得最高产量和水分利用效率 由表 11-139 可知，行距为 25cm 处理的穗数与行距为 20cm 的处理无显著差异，但显著高于行距为 30cm 的处理；穗粒数与行距为 30cm 的处理无显著差异，显著高于行距为 20cm 的处理；千粒重最高，获得了最高的籽粒产量，其水分利用效率和灌溉水利用效率亦最高。本试验条件下，25cm 为宽幅精播的最佳行距。

表 11 - 139　小麦籽粒产量、水分利用效率和灌溉水利用效率

（山东农业大学，2018—2019）

行距 （cm）	穗数 （万/hm²）	穗粒数 （粒/穗）	千粒重 （g）	籽粒产量 （kg/hm²）	水分利用效率 [kg/(hm²·mm)]	灌溉水利用效率 [kg/(hm²·mm)]
20	693.0	37.52	37.88	8 254.5	16.65	81.45
25	679.5	40.01	41.61	9 445.5	17.85	127.20
30	649.5	40.21	39.77	8 680.5	16.50	88.20

（二）每公顷 180 万基本苗为宽幅精播节水高产栽培的适宜基本苗

山东农业大学课题组（2018—2019）在兖州区小孟镇史家王村试验地的地力条件下，设置每公顷 90 万、180 万、270 万和 360 万 4 个基本苗处理，研究基本苗对小麦产量和水分利用效率的影响。

1. 每公顷 180 万基本苗的宽幅精播减少了灌溉量　由表 11 - 140 可知，基本苗为 180 万/hm² 的处理，在拔节期和开花期的补灌量以及总补灌量均显著低于基本苗为 270 万/hm² 和 360 万/hm² 的处理，节约了灌溉水。

表 11 - 140　不同生育时期补灌量及全生育时期总补灌量

（山东农业大学，2018—2019）

基本苗（万/hm²）	补灌量（mm）		
	拔节期	开花期	总量
90	43.14	43.56	86.70
180	48.16	50.49	98.65
270	53.15	58.92	112.07
360	55.44	60.12	115.56

2. 每公顷 180 万基本苗的宽幅精播优化了小麦的群体结构　基本苗为 180 万/hm² 的处理，在越冬期、返青期和拔节期的群体总茎数均显著低于基本苗为 270 万/hm² 和 360 万/hm² 的处理；在开花期和成熟期与 270 万/hm² 的处理无显著差异，显著低于 360 万/hm² 的处理，显著高于 90 万/hm² 的处理；分蘖成穗率最高。表明基本苗为 180 万/hm² 的处理在全生育期的群体结构比较合理，分蘖成穗率达到最高（表 11 - 141）。

表 11 - 141　小麦各生育时期群体总茎数及分蘖成穗率

（山东农业大学，2018—2019）

基本苗 （万/hm²）	群体总茎数（万/hm²）					分蘖成穗率 （%）
	越冬期	返青期	拔节期	开花期	成熟期	
90	654.0	1 137.0	1 068.0	523.5	510.0	44.88
180	798.0	1 320.2	1 215.0	705.0	693.0	52.51
270	1 018.5	1 275.0	1 629.0	703.5	693.0	40.17
360	1 286.4	2 106.0	1 936.5	786.0	724.5	34.89

3. 每公顷180万基本苗的宽幅精播提高了小麦开花后冠层光截获率和光能利用率 基本苗为180万/hm² 处理的冠层光截获率和光能利用率与270万/hm² 的处理无显著差异，显著高于其他处理，透射率较低。表明，基本苗为180万/hm² 的处理促进小麦对光能的利用，有利于干物质积累，为获得高产奠定基础（表11-142）。

表11-142　小麦开花后7d冠层光截获率和光能利用率

（山东农业大学，2018-2019）

基本苗（万/hm²）	截获量（MJ/m²）	截获率（%）	透射率（%）	光能利用率（g/MJ）
90	8.79	90.12	9.88	1.30
180	8.89	94.86	5.14	1.39
270	8.84	94.75	5.25	1.35
360	8.64	88.16	11.84	1.27

4. 每公顷180万基本苗的宽幅精播提高了拔节至成熟期干物质积累量 由表11-143可知，返青至拔节阶段，基本苗为180万/hm² 处理的干物质积累量与90万/hm² 处理无显著差异，显著低于基本苗为270万/hm² 和360万/hm² 的处理；在拔节至开花阶段和开花至成熟阶段，基本苗为180万/hm² 处理的干物质积累量最高。表明基本苗为180万/hm² 的处理促进了小麦生育中后期干物质积累，利于获得高产。

表11-143　各生育阶段干物质积累量（kg/hm²）

（山东农业大学，2018—2019）

基本苗（万/hm²）	返青—拔节期	拔节—开花期	开花—成熟期
90	3 222.0	3 876.0	3 453.0
180	3 283.5	4 753.5	4 221.0
270	3 544.5	4 278.0	4 047.0
360	3 643.5	3 882.0	3 589.5

5. 每公顷180万基本苗的宽幅精播提高了根系活力 如表11-144所示，基本苗为180万/hm² 处理在拔节期、开花期及开花后20d 20～40cm 土层根系活力显著高于基本苗为270万/hm² 和360万/hm² 的处理，说明基本苗为180万/hm² 处理有利于提高小麦根系对土壤水分和养分的吸收能力，延缓植株衰老。

表11-144　小麦不同生育时期根系活力

（山东农业大学，2018—2019）

土层（cm）	基本苗（万/hm²）	根系活力 [μgTTC/(gFW·h)]		
		拔节期	开花期	开花后20d
0～20	90	74.15	53.12	30.15
	180	79.65	54.48	36.15
	270	90.31	62.56	38.45
	360	88.56	61.13	37.65

（续）

土层 (cm)	基本苗 (万/hm²)	根系活力 [µgTTC/(gFW·h)]		
		拔节期	开花期	开花后20d
20～40	90	109.45	73.65	61.23
	180	113.34	76.53	63.59
	270	100.27	66.32	50.28
	360	97.76	64.31	48.45

6. 每公顷180万基本苗的宽幅精播获得最高的籽粒产量和水分利用效率　如表11-145所示，基本苗为180万/hm²的处理单位面积穗数与270万/hm²处理无显著差异，显著高于90万/hm²基本苗处理，显著低于360万/hm²基本苗处理；基本苗为180万/hm²的处理获得了最高的穗粒数和千粒重，籽粒产量和水分利用效率亦显著高于其他处理。表明基本苗为180万/hm²的处理产量三因素协调，获得最高的产量和水分利用效率，为宽幅精播的最佳基本苗。

表11-145　小麦籽粒产量及水分利用效率

（山东农业大学，2018—2019）

基本苗 (万/hm²)	单位面积穗数 (万/hm²)	穗粒数 (粒/穗)	千粒重 (g)	籽粒产量 (kg/hm²)	水分利用效率 [kg/(hm²·mm)]
90	510.0	38.6	42.0	8 152.5	14.6
180	693.0	38.6	42.1	9 159.0	17.3
270	694.5	37.9	39.3	8 626.5	15.3
360	724.5	35.6	36.1	8 163.0	14.4

注：本试验是在公顷产量9 000kg高产条件下进行的。

（三）不同区域、不同地力利用宽幅精播节水高产栽培技术时小麦行距和基本苗的确定

山东农业大学本课题组试验是在山东省济宁市兖州区小孟镇史家王村的院士试验站试验田进行的，试验地0～20cm土层土壤有机质含量为1.42%，全氮含量为1.24g/kg，碱解氮含量为120.95mg/kg，有效磷含量为31.19mg/kg，速效钾含量为111.25mg/kg，小麦产量水平在9 000kg/hm²左右，是高产地块。用常规播种机播种小麦平均行距为20cm，在这样的条件下，采用宽幅精播机播种，小麦行距25cm，基本苗为每公顷180万，节水高产效果最好。

在河北、河南等省，许多麦田采用常规播种机播种，小麦平均行距是15cm。因土壤肥力不同，采用宽幅精播机行距多少为宜，由于宽幅播种技术的小麦播幅较常规播种的宽，因此行距也应比常规播种的适当加宽，但不宜照搬本课题组的25cm的行距，建议适当扩大行距，行距和基本苗应根据试验确定为宜。

四、小麦宽幅精播节水高产栽培技术要点

(一) 合理选用品种

根据当地生态和生产条件、产量和管理水平，选用适宜的品种。

(二) 地力条件

生产田要求土层厚度≥150cm，耕作层≥20cm。高产麦田0～20cm土层土壤有机质含量≥1.4%，全氮≥1.0%，碱解氮≥100mg/kg，有效磷≥30mg/kg，速效钾≥120mg/kg；中产麦田0～20cm土层土壤有机质含量≥1.3%，碱解氮≥90mg/kg，有效磷≥20mg/kg，速效钾≥100mg/kg。

(三) 播前精细整地

要求前茬秸秆还田，作物秸秆粉碎长度不超过5cm，深耕23～25cm，耕后用旋耕机破碎土块。然后用镇压器镇压，避免土壤暄松，播种时种子入土过深。实行深松的麦田要深松30cm，深松后旋耕，然后用镇压器镇压。深耕和深松的麦田可以一年深耕或深松，一年旋耕。

(四) 宽幅精播

1. 播种期 在各地适宜播种期播种，应满足冬前0℃以上积温570～650℃，日平均气温16～18℃时播种为宜。

2. 种子处理与适墒适量播种 高产田适宜的基本苗为每公顷180万～195万，中产田适宜的基本苗为每公顷225万～240万，整地质量差或播期推迟的麦田可适当增加播量。播种前用高效低毒的小麦专用种衣剂包衣或拌种。播种时0～40cm土层土壤相对含水量低于70%应浇水造墒，灌水量为600m³/hm²。

3. 用宽幅精播机播种 采用小麦宽幅精量播种机进行播种，窝眼轮式排种器，双排下种管，播幅为8cm，土壤肥力高的地块行距为25cm，播种深度为3～5cm。

(五) 因地力和产量确定施肥量，实施氮肥后移

根据土壤基础肥力施用氮、磷、钾肥，提倡施用有机肥。产量水平每公顷在9 000kg/hm²左右的高产地块，每公顷施纯氮（N）210～240kg，磷（P_2O_5）90～120kg，钾（K_2O）90～120kg，氮肥基施50%，拔节期追施50%，磷肥和钾肥均底施。产量水平在7 500kg/hm²左右的高产地块，每公顷施纯氮（N）180～210kg，磷（P_2O_5）75～105kg，钾（K_2O）75～105kg，氮素化肥50%底施，50%拔节期追施，磷肥和钾肥均底施。

(六) 适时灌溉

在小麦拔节期和开花期两次灌溉。拔节期应配合追肥浇拔节水，小麦开花期浇开花

水，每次灌水量均为每公顷 600m³。麦黄水降低产量和品质，避免浇麦黄水。

（七）综合防治病虫草害

在冬前和早春适宜时期化学除草；拔节期注意防治纹枯病、抽穗期注意防治赤霉病，后期注意防治锈病、白粉病及蚜虫。在小麦灌浆期可以进行"一喷三防"，综合防治病害、虫害，以及防止干热风和叶片早衰。

（八）适时收获

蜡熟末期至完熟初期茎秆全部变黄，籽粒坚硬，用联合收割机收获。

第十七节　小麦滴灌节水栽培技术

新疆是荒漠绿洲灌溉农业区，也是小麦滴灌节水栽培技术主要发展地区。新疆北疆地区年降水量 230～340mm，南疆年降水量 50～125mm。小麦生长季节，北疆降水量为125～150mm，南疆为 30～55mm，水资源短缺是制约小麦生产潜力的重要障碍因子。小麦滴灌节水栽培技术的推广应用，改漫灌为滴灌，改条施或撒施化肥为随水滴施，可根据小麦的需水、需肥规律适时、适量地将水分和养分输送到小麦根部，降低了灌溉水的蒸发、渗漏损失和养分的损失，提高了水肥利用效率。与传统漫灌或畦灌相比，滴灌4 800～5 550m³/hm² 比漫灌或畦灌 6 150～7 200m³/hm² 省水 1 350～1 650m³/hm²，增产 15%。近年来，滴灌节水技术在新疆小麦生产上应用面积逐年扩大，创造出高产典型，2020 年奇台县半截沟镇腰站子村 0.2hm² 滴灌小麦新冬 22 单产 11 043kg/hm²，显示了滴灌小麦的丰产潜力。

一、小麦滴灌节水高产栽培技术的生理基础

（一）不同灌溉方式对小麦叶面积指数的影响

滴灌与畦灌相比，滴灌小麦不同生育期群体叶面积指数（LAI）均高于畦灌处理（表11－146）。在小麦生育后期仍按需适时适量滴入水肥，延缓了生育后期 LAI 的衰减速率，维持了较高的光合面积，有利于光合物质生产。滴灌高产小麦孕穗期适宜的 LAI 为 6～7，开花期、花后 20d 适宜的 LAI 分别为 5～6、3～4。

表 11－146　不同灌溉方式下各生育期叶面积指数的变化

（新疆农业科学院，2013—2014）

灌溉方式	拔节期	孕穗期	开花期	开花后10d	开花后20d	开花后30d
滴灌	3.80	6.25	5.31	4.45	3.11	1.47
畦灌	3.53	5.93	4.72	4.24	2.34	1.19

（二）不同灌溉方式对小麦光合特性的影响

滴灌与畦灌相比，滴灌小麦抽穗—灌浆期叶绿素含量均高于畦灌处理，花后光合速率显著高于畦灌处理，尤其是灌浆期（表 11-147）。表明滴灌延缓了小麦生育后期旗叶叶绿素含量及光合速率的衰减，保持旗叶较高的光合色素含量和光合速率，延长了小麦的光合功能期，有利于花后光合物质生产及向籽粒转运和粒重的提高。

（三）不同灌溉方式对小麦干物质积累特性的影响

滴灌与畦灌相比，滴灌小麦在各生育期干物质积累量均高于畦灌，表明增加追施氮、磷肥的比例有利于植株拔节后干物质积累。成熟期滴灌较畦灌茎秆干物质分配比例降低了7.43%，籽粒分配比例提高了3.40%（表 11-148）。说明滴灌提高了营养器官储藏干物质向籽粒的转运量以及花后干物质的积累量和对籽粒的贡献，有利于提高穗粒重。

表 11-147　不同灌溉方式下小麦旗叶叶绿素含量和光合速率的变化

（新疆石河子大学，2009—2010）

灌溉方式	指标	生育时期			
		抽穗期	扬花期	花后 10d	花后 20d
滴灌	叶绿素	56.35a	59.58a	60.57a	46.34a
畦灌	SPAD 值	55.68a	57.67b	58.17b	42.10b

灌溉方式	指标	生育时期		
		花后 10d	花后 20d	花后 30d
滴灌	光合速率	25.81a	26.08a	19.50a
畦灌	$[\mu mol/(m^2 \cdot s)]$	22.65b	17.36b	9.70b

表 11-148　不同灌溉方式下小麦干物质积累量及各器官中的分配率

（新疆水利水电科学研究院，2012—2013）

生育时期	滴灌					畦灌				
	总干物质积累量（g/株）	分配比例（%）				总干物质积累量（g/株）	分配比例（%）			
		叶片	茎鞘	穗	籽粒		叶片	茎鞘	穗	籽粒
拔节期	0.873	53.12	46.88	—		0.75	53.04	46.96	—	
抽穗期	3.39	26.85	47.45	25.70		3.04	23.20	49.73	27.07	
灌浆期	4.57	17.17	46.48	36.35		3.54	18.77	48.61	32.62	—
成熟期	5.367	8.91	33.35	57.70	45.40	4.51	8.85	40.78	50.37	42.00

（四）不同灌溉方式和不同灌溉量对小麦养分吸收的影响

在灌溉量为 3 000m³/hm² 时，滴灌与畦灌相比，成熟期植株氮、磷、钾吸收量低于畦灌，穗中氮吸收量比畦灌高 2.7%，磷、钾吸收量比畦灌低 1.0%、3.9%；在灌溉量为

5 250m³/hm²、7 500m³/hm² 时，成熟期植株氮、磷、钾吸收量分别比畦灌高 7.1%～10.1%、4.8%～9.1%、2.2%～2.9%，穗氮、磷、钾吸收量分别比畦灌高 11.8%～18.4%、13.3%～16.3%、6.9%～7.7%；在灌溉量为 5 250m³/hm² 时，滴灌方式下成熟期植株和穗氮、磷、钾吸收量均最高（表 11 - 149）。说明适宜滴灌量有利于促进小麦植株对氮、磷、钾养分的吸收、积累及向穗部分配，从而提高肥料利用率。

表 11 - 149　不同灌溉方式和不同灌溉量下成熟期小麦氮、磷、钾吸收量的变化

（新疆石河子大学，2013—2014）

灌溉量 (m³/hm²)	灌溉方式	氮吸收量（kg/hm²）			磷吸收量（kg/hm²）			钾吸收量（kg/hm²）			产量 (kg/hm²)
		茎	叶	穗	茎	叶	穗	茎	叶	穗	
3 000	滴灌	30.74	22.87	162.48	7.51	5.82	29.38	133.09	41.48	89.15	6 891.43
	畦灌	43.01	25.54	158.17	9.68	6.45	29.71	154.67	35.54	92.77	6 430.70
5 250	滴灌	56.05	40.25	238.16	12.70	8.82	42.10	229.12	73.15	138.32	7 589.68
	畦灌	60.25	39.13	213.00	13.11	9.03	36.23	244.46	58.15	128.43	7 296.32
7 500	滴灌	57.48	45.97	201.29	13.33	9.36	36.73	233.04	76.54	119.47	7 217.69
	畦灌	61.25	45.66	170.02	14.19	10.05	3 238	244.41	60.94	111.72	7 116.39

（五）不同灌溉方式对小麦产量及水分利用效率的影响

滴灌与畦灌相比，收获穗数增加 4.2%～5.9%，穗粒数增加 5.3%～6.4%，千粒重增加 7.3%～7.6%，说明滴灌小麦在提高收获穗数的基础上，协调增加结实粒数和千粒重，显著提高小麦产量。滴灌栽培在节水 24%～36% 的同时，产量增加 15.7%～21.4%，灌溉水利用效率提高 60.6%～80.8%（表 11 - 150）。

表 11 - 150　不同灌溉方式下小麦产量及水分利用效率

（新疆农业科学院，2013—2014）

灌溉方式	灌溉量 (m³/hm²)	收获穗数 (万/hm²)	增幅 (%)	穗粒数 (粒)	增幅 (%)	千粒重 (g)	增幅 (%)	产量 (kg/hm²)	增幅 (%)	水分利用效率 (kg/m³)	增幅 (%)
滴灌	4 800	671.14	4.2	35.93	5.3	37.42	7.3	8 611.37	15.7	1.79	80.8
	5 700	682.14	5.9	36.32	6.4	37.53	7.6	9 039.93	21.4	1.59	60.6
畦灌	7 500	644.12	—	34.13	—	34.89	—	7 445.42	—	0.99	—

二、小麦滴灌节水高产栽培技术

新疆滴灌小麦实现单产 7 500kg/hm² 及以上的关键技术是培肥地力、提高播种质量、水肥一体化、抗逆减灾。以下介绍滴灌系统及设备，以及播种、冬前和春季管理的关键环节技术。

（一）滴灌系统及其设备

滴灌系统由水源工程、首部控制系统和输配水管网三部分组成。

1. 水源工程 具备清洁、无污染的水源，灌溉水中的杂质粒度要求不大于 0.125mm，保证灌水器（滴头）不堵塞。如果水源过滤措施和设备符合要求，井水、渠水、河水等均可作为滴灌的水源。灌溉水质应符合《农田灌溉水质标准》（GB 5084—2021）的有关规定。

2. 首部控制系统 通常由水泵及动力机、施肥装置、过滤装置，以及控制、测量和保护设备等组成，是整个滴灌系统操作控制的中心。其作用是从水源抽水加压，经过滤、施肥装置后将水和肥料液按时按量均匀地输入输配水管网。

（1）水泵和动力机 将灌溉水从水源加压输入田间输配水管网。

（2）过滤装置 一般安装两级或三级组合过滤装置，其作用是除去水源中的杂质，防止灌水器（滴头）堵塞。

（3）施肥装置 一般选用压差式肥料器，由肥料罐（钢制）、进水管、出水管、调压阀等组成。肥料罐容积根据单位面积施肥量、施肥面积和稀释比确定。进水管和出水管与输水主管相连，在主管上与进、出水管连接点的中间设调压阀。施肥时，将可溶性肥料加入肥料罐，打开进水管和出水管阀门，调节调压阀，形成水压差，水流由进水管进入肥料罐，溶解罐内肥料，水肥混合液从出水管流出，进入田间输配水管网。宜在轮灌组工作时段内，前 1/4 时间内灌清水、中间 1/2 时间内施肥水、后 1/4 时间内灌清水。

3. 输配水管网 包括干管、支管、毛管（滴灌带），及将各级管路连接为一个整体所需的管件和控制、调节设备。

（1）干管布置 干管连接首部控制系统，一般分为干管、分干管两级。干管、分干管一般选用 Φ160～250mm、Φ110～160mm 的 PVC 管，公称压力 0.6MPa。确定干管、分干管的管径应遵循经济合理的原则，并综合滴灌系统控制灌溉面积、地形条件、压力要求、运行管理等多种因素。干管埋于冻土层以下，还应结合地面荷载和机耕要求确定。在干管、分干管连接处设置闸阀井，在管网系统的最低处设置排水井。在分干管上安装给水栓，连接支管。

（2）支管布置 支管一般选用 Φ90～125mm 的 PE 软管，公称压力 0.25MPa。间距宜采用 50～100m。支管铺在地面上并垂直布置于毛管的铺设方向，与分干管给水栓相连，用旁通或三通与毛管相连。每条支管为一个独立的灌水小单元。

（3）毛管（滴灌带）布置 毛管一般选用 Φ16mm 的单翼迷宫式滴灌带（PE 软管），包括管带和灌水器（滴头）。灌水器（滴头）间距 200～300mm，公称流量 2.0～3.0L/h。毛管实际铺设长度根据灌水器间距、公称流量、支管间距、坡降等确定，但不得超过系统设计的极限铺设长度。

（二）播种阶段

1. 土壤条件 要求土地平整，土层深厚，公顷产 7 500kg 小麦的要求土壤肥力中等以上，其中有机质含量≥1.2%，全氮≥0.1%，碱解氮≥80mg/kg，有效磷≥18mg/kg，速效钾≥160mg/kg，并要求是保水保肥且有灌溉条件的地块。

2. 整地 前茬作物收获后及时伏耕、秋耕，深耕 23～25cm，破除犁底层，然后耙压；或采用深松 30～35cm 再旋耕、耙压，破碎坷垃，上松下实，有利于根系下扎，避免表层土壤疏松造成播种过深，形成弱苗。1 年深耕或深松，2 年旋耕整地即可。做到不漏犁，耙糖精细。

3. 底墒水 播种前灌足灌匀底墒水，灌水量一般为 900m³/hm²，可根据土壤墒情和降水量做调整，以土壤含水量占田间最大持水量的 75%～80% 为宜。土壤墒情较差时，及时灌出苗水，灌水量 600～750m³/hm²。不漏灌，保证全田墒度均匀。

4. 品种选择及种子处理 选用优质、高产、抗逆性强的品种。北疆冬小麦选用新冬 18、新冬 22、新冬 41、新冬 52 等，种子质量符合国家标准。根据当地小麦种（土）传主要病害散（腥）黑穗病、全蚀病、雪腐雪霉病和根腐病等发生情况，选用相应药剂进行种子包衣、拌种。拌种要现拌现用，当日播完。

5. 施肥 公顷产 7 500kg 小麦，适宜施肥量为：有机肥 15～30m³/hm²，总施氮量 210～240kg/hm²（50% 作基肥、50% 作追肥），总施磷量 180kg/hm²，总施钾量 60kg/hm²，磷、钾肥均作基肥。

6. 播种期与基本苗 冬小麦播种至越冬，>0℃积温 500～550℃为宜。北疆沿天山一带（乌苏－石河子－奇台等地）适宜播种期为 9 月 20～30 日，塔额盆地为 9 月 15～25 日，伊犁河谷为 9 月 25 日至 10 月 5 日。晚播冬小麦应在 10 月 10 日前结束，伊犁河谷可推迟到 10 月 15 日前结束。

在适宜播种期内，多穗型品种基本苗为 420 万～480 万/hm²，中间型品种基本苗为 375 万～450 万/hm²。若晚于适宜播种期播种，每晚播 1d，增加基本苗 15 万/hm²。

7. 机械播种、铺设毛管 一般采取 15cm 等行距或"15cm＋12.5cm＋20cm（毛管）＋12.5cm＋15cm"宽窄行机械条播。播种深度 3～5cm。播种做到行距一致，播量准确，深浅一致，不漏播、不重播。毛管铺设与播种一体进行，在播种的同时用开沟器开浅沟将毛管埋于土壤 1～2cm 深处，盖土固定好毛管，增强防风能力。1 条毛管控制灌溉 4～6 行小麦，一般为 4 行小麦设置 1 条毛管。播种后及时将毛管与支管连接紧密，防止连接处漏水。选用带镇压器的播种机械，可随播随压，注意镇压质量。

（三）冬前管理

1. 查苗补缺 出苗后及时查苗补缺，对缺苗断垄较为严重的田块要尽早补种。补种时须用浸水一昼夜的种子，以到尽快出苗。

2. 化除杂草 11 月中旬，依据麦田杂草发生种类，选用适宜的化学除草剂均匀喷洒防除。

3. 浇越冬水 在昼消夜冻时，当日平均气温在 3℃左右时进行冬灌，一般在 11 月中旬。根据土壤盐分和土质状况，确定灌水定额，一般滴水量为 750～900m³/hm²。

（四）冬小麦春后水肥一体化管理要点

1. 水分管理 冬小麦返青后各生育阶段耗水量占全生育期耗水量比例大致如下：返

青至拔节期 11％～13％，拔节至抽穗 20％～26％，抽穗至乳熟 21％～31％，乳熟至成熟 17％～20％。在冬小麦返青起身期或拔节期、孕穗期或抽穗开花期、灌浆期，共滴水 6 次，每次滴水量 375～600m³/hm²。拔节至抽穗期、开花至乳熟期需水量多，每个阶段可以滴两次。全生育期总滴水量 3 450～3 900m³/hm²，较常规漫灌或畦灌节水 750～900m³/hm²。

2. 养分管理　对返青时群体过小的三类苗和叶色发黄严重的麦田，结合第 1 次滴水追施起身肥；对群体茎蘖数适宜的一、二类苗和叶色正常的麦田，在进入拔节期时，滴施拔节肥；对群体过大的麦田，拔节肥应推迟至拔节中后期施用。抽穗开花期缺肥地块可滴肥。起身期或拔节期滴施氮素化肥量占追肥量的 2/3，抽穗开花期占 1/3。

3. 适时化除，及时防病治虫　返青至起身期根据田间杂草发生的种类和生长情况，适时除草。在杂草 2～3 叶期，小麦拔节前叶面喷雾施用。要加强白粉病、锈病、赤霉病、蚜虫、麦蜘蛛等病虫害的监测及防治，及时选用防治药剂叶面喷雾。强化"一喷三防"工作，根据当地重点防治对象，选用适宜杀虫剂、杀菌剂、磷酸二氢钾及植物生长调节剂，各计各量，现配现用，均匀喷洒，防旱、保粒增重。

4. 控制旺长，防止倒伏　滴灌小麦根系分布浅，倒伏是影响滴灌小麦高产的重要障碍因子之一。预防倒伏的主要措施是选用矮秆抗倒品种，适期适量播种，培育合理群体和健壮个体。春后对于旺长麦田和株高偏高容易倒伏的品种，在小麦起身期至拔节期喷施化控药剂。

5. 收获　在小麦蜡熟末期及时机械收获。

6. 滴灌设备维护　滴灌系统设备维护应做到：视供水能力大小，调整好滴灌水压力。保持肥水均匀、麦苗生长整齐一致和缩短肥水供应周期；每次滴灌前检查管道接头、毛管，防止漏水，如有漏水及时修补；及时清洗过滤器；定期检查、及时维修滴灌系统设备；收获前及时将田间支管等设备收回。

第十二章　小麦间套复种的原理与模式

我国以小麦为主体参与作物间套复种的方式很多。据统计，小麦参与间套复种的耕地面积分别占全国间作、套种、复种总面积的 50%、80% 和 55% 以上。麦田间套复种在保证粮食安全、农业高效、农民增收等方面起着重要的作用，是我国合理利用农业资源，实现农业高产高效的重要组成部分。

第一节　小麦间套复种的原理和原则

一、发展麦田间套复种的意义

（一）增产增收

合理的麦田间套复种比单作可显著增加产量。采用小麦与其他作物间套复种，构成复合群体，在一定程度上弥补了单作的不足，能更充分利用自然资源，形成更多的生物产品。如吉林省的小麦/玉米间作，平均单产 9 100kg/hm^2，较单作的混合产量增加 15%～20%。甘肃一熟制灌区春小麦/春玉米间套模式出现了一批单产超过 16 500kg/hm^2 的高产田。

南方丘陵旱地，在一年两熟基础上大面积推广了"小麦/玉米/马铃薯"为主的三熟制模式，对我国西南地区粮食增产起到了积极作用。近年来，四川农业大学在传统小麦/玉米/马铃薯间套模式基础上，成功研究集成了小麦/玉米/大豆间套作旱地新型种植模式，较传统模式节本增效显著。

（二）稳产增收

合理选择不同生态位的作物或人为提供不同的生态位条件，是取得麦田间套复种稳产增收的重要基础。如黄淮海平原为妥善解决夏玉米生育期热量不足的矛盾，实现全年粮食稳产增收，在 20 世纪七八十年代推广小麦套作玉米，对粮食高产稳产起到重要的作用。

在四川盆地丘陵旱地，"麦/玉/豆"旱地新三熟种植模式改原空行裸露为秸秆覆盖，小麦收后，将麦秆立茬覆盖（或砍倒覆盖）种大豆，玉米收后直接砍倒，原地覆盖于空行

种小麦。秸秆留在田间，自然形成一个很好的保护层，既可减小雨水对地表的冲蚀作用，有利于防止水土流失和养分流失，又可减少田间水分蒸发和灌溉，节约农业用水，起到抗旱作用。

（三）培肥地力，促进农田物质循环

麦田间套复种不仅充分利用了地力，提高作物产量和经济效益，在一定条件下还具有一定程度的培肥地力、促进农田物质循环的作用。中国农业大学在小麦/大豆间作田中，发现小麦与大豆共同生长期间，小麦对大豆磷吸收有促进作用，磷的吸收量显著增加，而且间作作物磷、钾养分吸收总量比单作相应提高了 $6\%\sim27\%$ 和 $24\%\sim64\%$。同时，一些研究指出，小麦/大豆间作可以提高根系酸性氧化酶活性和根系还原力，促使根际 pH 下降，增加土壤有效磷和缓效磷含量，从而减少了磷素向无效的磷灰石和闭蓄态磷的转化。

（四）协调作物争地矛盾，促进多种经营

科学安排麦田间套复种，可在一定程度上调节粮食作物与油、烟、菜、瓜、饲料等作物之间的争地矛盾，有利于多种作物全面发展。近年来，全国各地大面积推广应用粮菜间套作种植模式，基本上都是在小麦玉米一年两熟种植方式上，将瓜菜等作物与各季粮食作物进行间套作，不仅保证了粮食产量持续稳定增长，而且解决了粮菜争地矛盾，丰富了蔬菜市场供应，增加了经济收入。

二、麦田间套作的原理

麦田间套作就是通过选择作物种类，运用合理的田间管理技术等手段，能动地发挥作物间的互补作用，削弱和抑制种间与种内竞争，以充分利用环境资源，提高土地利用率和单位面积上的总产量。

（一）麦田间套作在空间上的互补与竞争

1. 充分利用空间，增加光合面积，提高光能利用率　麦田间套作在空间上的合理配置，可以实现麦田间套作在空间配置上的共性是将空间生态位不同的作物进行组合，使其在形态上的高矮、株型、叶角、分枝习性和生理上的需光特性等相互交错，以适应空间分配的不均匀性，提高全田种植总密度，而又不出现过密的弊病。麦田间套作在空间上的合理配置，可以实现在苗期扩大全田的光合面积，减少漏光损光；在生长旺盛期，增加叶片层次，减少光饱和浪费；在生长后期，延长全田绿叶期，保持较高的叶面积。研究证明，凡是间套复种增产的麦田，其复合群体的种植密度、叶面积指数均高于单作群体，从而充分利用空间、增加密度、提高光合面积，减少光的漏射、提高光的截获量，这是间套作增产的一个重要原因。

山东农业大学对小麦、春玉米、夏玉米间套作模式的研究（表 12-1）发现，在复合群体中，三季作物的叶面积指数，此消彼长，起到了互补作用，使田间始终保持着较大的

光合面积，减少了漏光。小麦、春玉米、夏玉米间套作全生育期叶面积指数平均为 3.18，比小麦、玉米一年两熟单作的 2.62 提高了 21.4%；全年田间叶面积指数≥3 的时间，复合群体为 145d，较单作群体的 113d 提高 28.3%；复合群体全年平均产量为 18 276.99kg/hm²，比一年两熟单作群体产量 14 691.55kg/hm² 提高了 24.4%；间套作全年光能利用率平均为 1.636%，比一年两熟单作的 1.375% 提高了 18.98%。

表 12 – 1　冬小麦、春玉米、夏玉米间套作模式共处期群体密度和叶面积指数

（山东农业大学，1995）

种植模式	5 月 20 日测定					7 月 29 日测定			
	小麦			春玉米		春玉米		夏玉米	
	基本苗（株/m²）	总茎数（株/m²）	LAI	密度（株/m²）	LAI	密度（株/m²）	LAI	密度（株/m²）	LAI
春玉米单作				6.7	3.10	6.7	2.10		
小麦与夏玉米									
两熟单作	147.3	642.9	3.17					6.7	3.67
间套作 1.5m 带宽	118.5	528.1	2.91	6.7	1.97	6.7	2.39	6.7	2.75
间套作 2.0m 带宽	125.1	562.0	3.03	6.7	1.73	6.7	2.13	6.7	2.94
间套作 2.5m 带宽	130.8	569.2	3.03	6.0	1.72	6.0	2.02	6.7	3.38
间套作 3.0m 带宽	132.1	607.5	3.20	5.2	1.81	5.2	1.98	6.7	3.34
间套作 3.5m 带宽	135.3	616.9	3.14	4.5	1.45	4.5	1.72	6.7	3.12

2. 改善群体通风与二氧化碳的供应　间套作复合群体内通风状况的改善有利于空气的流通，湍流交换的加强加速了二氧化碳的交换，并可减少群体内部阻力和缩小叶表面边界层的厚度，减少阻力。山东农业大学在小麦、春玉米、夏玉米套间作模式中于小麦灌浆期测定发现，间套作带宽 2.5m 的整个冠层风速明显高于单作小麦，20cm、50cm、80cm株高处，各行平均风速比单作小麦分别提高 90.64%、31.23% 和 20.22%，提高边行风速（表 12 – 2）。复合群体内小麦与单作小麦的湍流交换系数 K_m、湍流扩散量 T 和湍流交换速度 D_{1-2} 等 3 个湍流交换函数均有很大差异（表 12 – 3），复合群体内小麦的 K_m、T、D_{1-2} 比单作小麦分别提高了 5.57%、8.61% 和 7.61%。复合群体通风状况的改善，较强的湍流交换，显著改善了群体内二氧化碳的供应状况，对促进作物的光合效率，提高光能利用率起到了积极的作用。

表 12 – 2　小麦玉米套作田群体内风速变化

（山东农业大学，1995）

高度（cm）	2.5m 带宽小麦玉米套作，小麦群体内风速（m/s）				单作小麦（m/s）
	边 1 行	边 2 行	中间行	平均	
80	0.512	0.423	0.426	0.454	0.377
50	0.390	0.206	0.197	0.264	0.201
20	0.289	0.198	0.142	0.210	0.110

表 12 - 3   小麦玉米套作田群体内湍流交换函数的变化

(山东农业大学，1995)

项目	2.5m 带宽小麦玉米间套作				单作小麦
	边1行	边2行	中间行	平均	
湍流交换系数 K_m（cm^2/s）	3.317	5.920	6.237	5.158	4.886
湍流扩散量 T [$g/(cm^2 \cdot s)$]	0.002 86	0.005 10	0.005 38	0.004 49	0.004 13
湍流交换速度 D_{1-2}（cm/s）	8.82	15.75	16.59	13.72	12.75

3. 复合群体在空间上的竞争　麦田复合群体在空间上的竞争主要是对光的激烈竞争。在一个复合群体内，处于高位的作物截获了较多的阳光，使处于矮位的作物受到遮阴，结果是处在间混套作的矮位作物受光叶面积减少，受光时间缩短，光合作用效率降低，生长发育不良，导致生物产量与经济产量下降。山东省农业科学院采用大垄宽幅麦套花生种植方式，在小麦与花生共处期测定，套种田地表和花生冠层顶部的光照强度均小于花生单作，分别为单作花生的 50% 和 75%，受小麦遮阴影响，在 14：00 时麦套花生冠层已经得不到直射阳光。麦套花生苗期正值小麦灌浆期，作物蒸腾作用强，导致耕层土壤失水较多，花生苗期各层土壤含水量均低于单作花生田，16～23cm 土层的土壤含水量最低，仅为单作的 65%；其次是 2～9cm 土层；30～37cm 土层含水量相对较高，但也仅为单作的75.2%。与单作花生相比，麦套花生生育前期 LAI 增长缓慢，LAI 峰值出现在播种后100d 左右，比单作迟 2 周左右，峰值低且持续时间短，其峰值为 4.1～4.2，比单作花生低 0.1～0.7，高峰期大约持续 10～15d，比单作花生短 10d 左右。

（二）麦田间套作在时间上的互补与竞争

1. 发挥时间互补效应，延长光合时间　麦田间套作利用两种作物生态位的差异，即利用作物生长发育过程中彼此形成的时间差和空间差，不仅能充分利用不同生长季节，延长光能利用时间，提高光能利用率，而且可较好地发挥两种作物本身的生产潜力。

四川丘陵旱地，每年热量两熟有余，三熟不足，采用小麦、玉米、大豆三茬作物连环套作，小麦、玉米共处 40～50d，玉米、大豆共处 50～60d，可争取到近 100d 的生长期，能较好实现一年三熟，比小麦—玉米、小麦—甘薯两熟，增产 1/2～1/3，经济效益显著。甘肃沿黄灌区小麦玉米间套作总生长日数达 184d，约是单作小麦的 2 倍，单作玉米的 1.2 倍，两种作物共处期达 70～80d。小麦玉米间套作由于时间生态位的重组，可利用的日照时数分别比单作小麦、玉米高 84.0% 和 14.6%，可利用的太阳辐射量高 79.9% 和14.7%，奠定了间套作增产的资源基础。

黄淮海平原麦棉两熟可妥善解决粮棉争地矛盾，措施得当可达到粮棉面积和总产的双增双扩。已有研究表明，每公顷产 1 500kg 皮棉的丰产棉田，5 月份对太阳辐射的利用率仅 0.01%，6 月份也仅为 0.3%～0.4%，对全年有效总辐射的利用率仅 0.8% 左右。而高产麦田 5 月份正是对光能利用的高峰期，光能利用率可达 3%。因此，实行麦棉套作，既可充分利用棉花的非生长期，又可减少棉花生长前期的漏光损失，从整体上大大提高了作物对光能的利用率。

2. 时间上的竞争　在麦田间套作复合群体中，不同作物在生育期上的差别，也会引起作物在时间上的竞争，主要表现在套作中的前后茬作物争季节的矛盾上。因为在一年一熟情况下，可从获得单一作物最高产量出发，选择最适宜的作物种类和品种。但套作时，为了提高套作的总产量，则必须使前后茬作物在生长期方面协调。不能因前茬作物生长期过长，不正常地加长作物的共处期，或不得不延迟套作时间，而降低后作产量。黄淮海平原的小麦玉米套作、小麦棉花套作和小麦花生套作等，为更好地发挥套作后茬作物的高产潜力，对前茬小麦的品种要求基本上是早熟的高产品种，以减少光合时间上的竞争矛盾。

（三）麦田间套作在养分上互补与竞争

1. 复合群体内的营养互补　麦田间套作系统，由于不同作物对养分的敏感程度、竞争能力、吸收峰值的时间差异，以及不同作物根系生理生化特征、根系入土的深度和分布不同，因而利用不同土壤层次、区域和不同形态的养分，可降低作物间的竞争作用，促进作物间根际养分利用优势的形成。间套作的作物根系交互作用还可使根系还原力提高，根长和侧根数增加，有利于作物对土壤中营养元素的吸收。

就麦棉套作两熟而论，虽吸收肥水总量较单作棉花增加，但生物产量却成倍提高，经秸秆还田后土壤肥力会不断提高。各地多年多点连续试验研究表明，在采取一定的培肥地力措施后，除有效磷含量有一定的下降外，土壤有机质、有效氮、速效钾的含量均有不同程度的提高。此外，麦棉套作两熟中，棉花为主根系，小麦为须根系，麦棉套作有利于植株充分、均衡地利用肥水。

2. 复合群体内对养分、水分的竞争　麦田套作时，作物的共处期短于间作，种间关系的密切程度相对较小，但在共处期间，小麦已处于生育的中后期，套作的后茬作物却只是苗期阶段，后者对地下养分、水分的竞争明显处于不利地位，而且往往比麦田间作复合群体中矮位作物的竞争力还弱，如小麦套作棉花模式。据中国农业科学院土壤肥料研究所的观测，套作棉花幼苗出现2片真叶、根长20cm多时，小麦已进入灌浆期，棉苗根系周围分布大量麦根，麦棉争夺水肥矛盾十分突出。在春季干旱的四五月份，套作棉行耕层土壤含水率常比单作棉田减少2~3个百分点，旱情严重时，可减少4~5个百分点，能见到棉苗萎蔫甚至死苗。

加强麦田间套作复合群体的水肥管理，掌握合理的种植密度，科学确定作物种间的适宜间距和合理的套作时间，都是有利于发挥营养异质互补效应，缓和水肥矛盾竞争的有效措施。

（四）麦田间套作与边际效应

小麦与其他作物间套作，高矮搭配或存在空带，作物边行的生态条件不同于内行，由此表现出特有产量效益——边际效应。如何发挥小麦间套作的边行优势，减轻边行劣势，协调复合群体内的竞争矛盾，提高作物产量，是农业生产中需要解决的关键问题。

1. 边行优势　研究表明，小麦边际效应与品种、地力、行距、空带宽度、密度等因素有关。不同带型小麦边际效应的研究认为，行距的不同是造成小麦产量存在边际效应的重要原因，且不同行距间的产量差异达极显著水平。行产量与行穗数、穗粒数、千粒重均呈极显著正相关。穗数在边际效应中的作用最大。

山东农业大学对品种、播种期、播种密度与小麦边际效应相关规律及不同播期下小麦边际优势形成的时间效应进行试验研究。表明小麦品种与边际效应确有密切相关性。在预留间套行较窄的情况下，株矮、分蘖力强、多穗小穗型品种更有利于发挥增产的作用，而间套行较宽时，则中间型或大穗型品种更有利于发挥边行增产的效果。播种密度不仅影响小麦边际优势的大小，也影响边际优势伸展的范围，播种密度的改变也影响着边行增产中产量构成三要素的贡献比重等。高产田留有间套行的带状小麦高产的群体基础是采用精量或半精量播种。边际效应与播期的关系是：①边行以增穗为主，其次增粒，再次增粒重，播期变晚，增穗比重进一步提高，而粒数和粒重相对比重下降。②无论播期如何，边行较内行增穗，主要是提高了分蘖成穗率。③边行小麦较内行具有较高的经济系数，播期对经济系数影响较小。小麦边行产量优势的形成确有明显的时间效应，不同生育期对边行产量优势形成的贡献大小和贡献机制不同。另外，边际效应在植株的个体发育与经济性状的影响方面，经田间观察和考种分析认为，边行小麦发挥的有效分蘖、穗粒数增加的边际效应作用，其影响深度可达带内 2 行（约 30cm），以中行产量为基数，边 1 行、边 2 行分别增产 32.3%～36.3%和 16.9%～18.4%。由于边际效应，每一带小麦可增收 0.6～1.0 行小麦的产量。

2. 边行劣势 麦田间套作复合群体内的矮位作物，在共处期间，由于受到高位作物的影响，无论是地上部还是地下部，一般都处于不利地位。在环境条件方面，表现为在高位作物的遮阴影响下，受光时间短，光照弱，水肥条件差；在生长发育方面，则表现为光合速率低，生长弱，发育迟，往往产量降低，形成边行劣势，特别是靠近高位作物的边行更为突出。如中国农业大学在甘肃一熟灌区研究了小麦和玉米、小麦和大豆间套作中种间竞争的关系，结果表明，小麦相对玉米的资源竞争力为 0.60～0.94，小麦相对于大豆的资源竞争力为 0.71～0.78，说明两个间套作系统中都存在较为强烈的种间竞争作用，小麦的竞争能力明显强于玉米与大豆。小麦相对玉米的氮营养竞争比率为 1.15～6.64，小麦相对大豆氮营养竞争比率为 1.19～7.75，说明小麦竞争氮营养的能力比玉米和大豆强，表现在共同生长期小麦植株体内氮浓度、吸氮量以及生物量显著地高于相应单作；而共同生长期玉米和大豆植株体内氮浓度和吸氮量显著低于相应单作，生物产量也显著地低于相应单作，间套作玉米吸氮量为同期单作玉米的 44.8%～65.8%，间作大豆吸氮量仅为同期单作大豆的 26.8%～31.4%，生物量间套玉米、大豆分别为单作的 45.2%～78.4%、38.6%～38.9%。

甘肃农业大学通过氮素水平对单作和间套作小麦玉米品质影响的比较研究表明，在小麦玉米间套作复合群体中，由于小麦对营养的竞争力强于玉米，致使玉米生长受抑处于劣势地位，导致间套作玉米品质指标降低，在最适施氮量 300kg/hm^2 时，间套作玉米的蛋白质含量、脂肪含量、百粒重等品质指标明显低于单作玉米，并相应降低 15.3%、1.8%、11.1%，而且施氮显著改善间套作玉米的蛋白质含量、脂肪含量、百粒重等品质指标。

（五）麦田间套作在病虫害方面的相互影响

麦田间套作复合群体，由于多种作物共处，改变了作物单作时的田间小气候，最终影响了作物病虫害的发生环境。这种影响能减轻作物某些病虫害发生的效应称为补偿效应，而导致作物某些病虫害加重的效应称之为致害效应。

1. 对病虫害的补偿效应　表 12-4 是国内部分关于麦田间套作对主要病虫害抑制的研究结果。

表 12-4　麦田间套作对主要病虫害的抑制

种植模式	对主要病虫害的抑制效果
麦棉套作	可减少二代棉铃虫卵 37.8%，增加天敌 69.6%。
小麦与大麦 4:4 间作	小麦条锈病的控制有效率在 28.0%～65.5%，小麦白粉病的控制有效率在 19.5%～21.7%。
小麦与蚕豆 6:1 间作	小麦条锈病的控制效果为 31.4%～68.3%，蚕豆叶斑病的控制有效率为 29.3%～57.9%。
小麦套作烤烟	减少了小麦白粉病、赤霉病、锈病以及烤烟青枯病、黑胫病的发生。套种后蚜虫天敌大量增加，蚜虫显著减少，烤烟的黄瓜花叶病（CMV）显著减轻，CMV 染病株率、重病株率分别比套后单作减少 57.7%和 15.3%。
小麦辣椒套种	辣椒苗期蚜虫、小叶病发生危害得到了有效控制，辣椒疫病、盲蝽、蟋蟀发生危害显著减轻，二代棉铃虫卵量减少 69.5%，幼虫量减少 37.2%，危害显著轻于单作辣椒。
小麦间作油菜	捕食性天敌的丰盛度提高，有效控制小麦蚜虫危害。
小麦间作荷兰豆	捕食性天敌的丰盛度提高，有效控制小麦蚜虫危害。

2. 对病虫害的致害效应　表 12-5 是关于麦田间套作对某些病虫害加重的研究结果。

表 12-5　麦田间套作对主要病虫害的促进作用

种植模式	对主要病虫草害的致害效应
小麦套作玉米	二代棉铃虫发生期间套作玉米明显高于单作玉米。
小麦辣椒套种	为地老虎成虫提供了稳定的栖息和产卵场所，产卵量大；黏虫的发生量、危害程度显著加重；棉铃虫卵量及幼虫发生量较单作明显增大、危害程度加重。辣椒炭疽病、日灼病发生危害程度也比单作明显加重。
超高茬麦田套稻	杂草发生期长、发生量大，旱生、湿生、水生杂草混生严重。

在农业生产中，应根据麦田间套作复合群体对田间小气候的改变状况，加强相关作物病虫害的研究与总结，科学地进行某些病虫害的预测预报，充分发挥复合群体对病虫害的补偿效应，有效地抑制致害效应。

第二节　麦田间套复种

一、北方一熟区麦田间套作模式

(一) 小麦间套玉米

1. 春小麦间作春玉米　小麦、玉米带状间作的特点是小麦、玉米相间种植，各占约一半面积，共处期长达 60～80d，生长盛期相错。有的地方以冬小麦代替春小麦（图 12-1）。田间配置方式有大带田和小带田两类（图 12-2），大带田便于管理和机械作业，但因两种作物的边行相对减少，产量不如小带田高。

小麦、玉米带田间作充分利用了全年的土地与时间，一般玉米产量占总产量的 60%～70%，小麦占 30%～40%。据吉林省农业科学院研究，小麦、玉米间作比单作提高光能利用率 52.1%。据甘肃农业大学等试验，小麦、玉米间作比小麦单作增产 57.1%～75.4%。

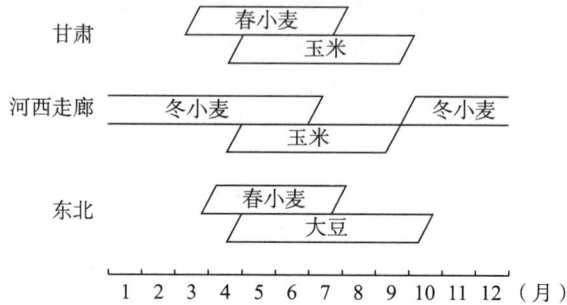

图 12-1　小麦与玉米间作示意
（中国耕作制度，1993）

栽培技术要点：

①整地与基肥。深耕 25cm，灌足底墒水，春播前每公顷施有机肥 75 000kg，尿素 300kg，过磷酸钙 1 200～1 500kg，浅耕耙糖。

②选种与播种。春小麦选早熟、中矮秆高产品种，玉米选中晚熟、紧凑型的高产品种，黄豆选用有限结荚品种。种子经精选、包衣处理。春小麦一般 3 月中旬播种，玉米 4 月上中旬点播。

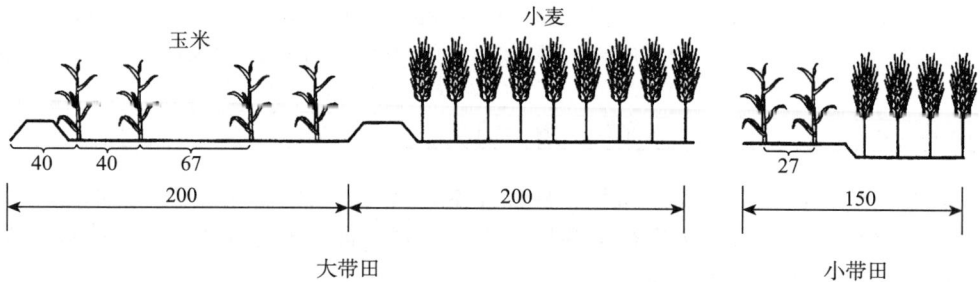

图 12-2　小麦、玉米带状间作示意（单位：cm）
（中国耕作制度，1993）

③灌水追肥。春小麦 4 叶期浇头水，随水每公顷追硝酸铵 150kg；5 月中下旬浇二水，长势差的每公顷追硝酸铵 75～120kg；抽穗期浇三水，同时给玉米追施硝酸铵 225kg。玉米大喇叭口期，及时灌水，每公顷追施尿素 450kg。抽穗、灌浆期各灌水 1 次。

④防治虫害。应及时防治春小麦和间作玉米的蚜虫、红蜘蛛等害虫。

2. 冬小麦套种春玉米

（1）种植规格　带宽 160cm，冬小麦带 80cm，行距约 13cm，播 7 行；玉米带 80cm，播 2 行，行距 30cm，株距 20cm，与小麦间距 25cm。种植模式示意如图 12-3。

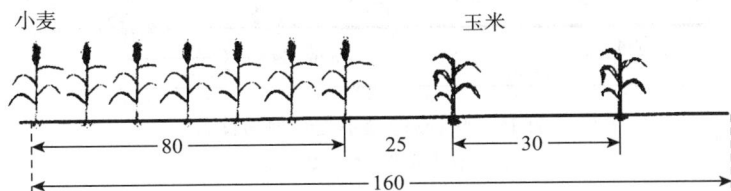

图 12-3 冬小麦套种春玉米（单位：cm）

（甘肃农业大学，2005）

（2）栽培技术要点

①品种搭配。冬小麦选用抗病、矮秆抗倒伏、早熟高产品种；春玉米选用株型紧凑、中晚熟高产品种，均进行包衣处理。

②茬口安排与准备。前茬为小麦、冬油菜或早收玉米，间套麦秋作物 3 年内于带内轮作倒茬，3 年后全田倒茬。前作收获后，及早深耕 25cm 以上，播前施足底肥浅耕。

③播种与合理密植。冬小麦一般于 9 月下旬或 10 月上旬播种，采用精量播种；玉米于 4 月上旬末播种，5 叶期间苗，7～8 叶期定苗，每撮留苗 4～5 株，每公顷 60 000 株左右。

④水肥管理。在正常情况下主要抓好小麦越冬水、小麦返青期起身水（玉米播前）、小麦孕穗灌浆水，以及玉米大喇叭期水和灌浆水。养分管理采用"二四"施肥法，共施 4 次肥，每次两种肥料搭配。两作物播前每公顷施农家肥 75 000kg、尿素 150kg、过磷酸钙 1 500kg 作基肥；小麦返青—拔节期每公顷追施尿素 225kg、磷酸二铵 30kg；玉米大喇口期追施尿素 375kg、磷酸二铵 75kg，灌浆期再追施尿素 150kg。

⑤防除病虫草害。冬前春后锄去麦秋带内杂草，结合间苗、定苗、锄草中耕。小麦拔节期追肥、除草后随即浇水。冬小麦生长期主要防治条锈病、白粉病和黏虫、蚜虫；玉米主要防治大斑病和黏虫。

（二）小麦间套马铃薯

马铃薯既是粮食，又是蔬菜，是西北地区的重要栽培作物，并且在间套复种中有着特殊的地位。同时，西北地区地膜种植已经相当普遍，给小麦和马铃薯的间套种植提供了很好的条件。

1. 种植规格 露地春小麦套种马铃薯：总带宽 95cm，春小麦种 4 行，行距 15cm，带幅 45cm，马铃薯带幅 50cm，种 2 行，行距 30cm，株距 25cm，7 月中旬春小麦收获后进行马铃薯培土起垄（图 12-4）。

地膜春小麦套种马铃薯：种 1 垄春小麦 5 行，幅宽 60cm，垄沟宽 20cm，种 1 行马铃薯，株距 20cm，每公顷约 60 000 株，春小麦收后进行马铃薯培土起垄（图 12-5）。

2. 栽培技术要点 3 月中旬整地播种春小麦，播前每公顷施农家肥 60 000kg、硝酸铵 150kg、过磷酸钙 900～1 200kg 作基肥。选择中矮秆早熟小麦品种，每公顷播量约 180kg。

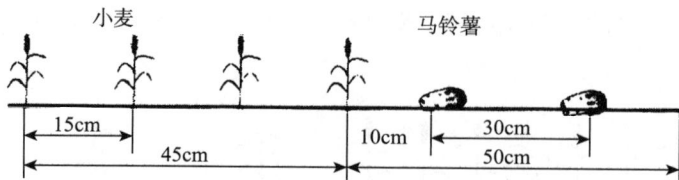

图 12-4　露地春小麦套种马铃薯
（甘肃农业大学，2005）

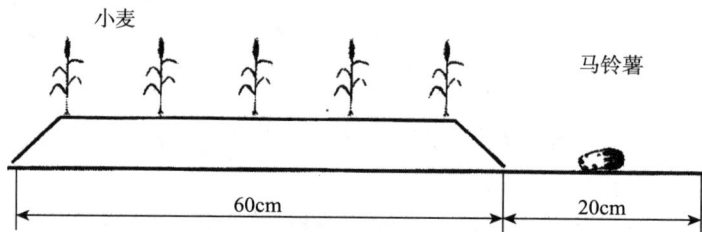

图 12-5　地膜春小麦套种马铃薯
（甘肃农业大学，2005）

在马铃薯带内每公顷增施草木灰约 15 000kg，4 月底或 5 月初小麦灌头水后播种马铃薯。共处期水肥管理以小麦为主，在 3 叶或 4 叶期灌水时，露地小麦追施硝酸铵 120～150kg/hm^2，在孕穗和灌浆期各灌水 1 次，灌水后及时给马铃薯松土锄草。7 月上中旬小麦收割后，给马铃薯追施尿素 225kg/hm^2，然后将原小麦带开沟向马铃薯培土，起垄宽约 20cm，逐沟灌水，灌水量以垄高的一半为宜。在现蕾及开花期控制灌水，直到块茎膨大期再灌 1 次水，基本可满足其生长需求。注意每次灌水后及时中耕松土，清除杂草，防止地表板结龟裂。

（三）春小麦套种油葵

小麦与油葵衔接种植有两种基本模式，一是套种，另一是小麦收获后接茬移栽。接茬移栽技术相对比较简单，关键是要育好苗，适时移栽，并注意提高成活率。

1. 种植规格　以 150cm 为一带作畦，每两带之间起高 15cm、底宽 33cm 的畦埂。3 月下旬在畦内播种 4 行春小麦，行距 23cm，播幅 10cm，边行距畦埂 24cm，每公顷播量 225kg。4 月下旬在畦埂两侧各种 1 行油葵，行距 33cm，株距 36cm，每公顷留苗 36 000 株左右（图 12-6）。

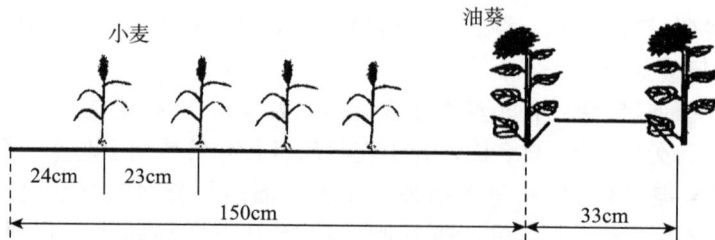

图 12-6　春小麦套种油葵田间配置图

2. 栽培技术要点　选择土壤肥厚的水浇地，秋深耕 25cm 以上，每公顷施农家肥 75 000kg、碳酸氢铵和过磷酸钙各 750kg 作基肥。春小麦在 3 叶期浇第 1 水，结合浇水每公顷追施硝酸铵 225kg，地面稍干后及时浅中耕。拔节孕穗期浇第 2 水，并追施硝酸铵 150kg/hm^2。抽穗、灌浆期分别浇第 3、第 4 水。7 月下旬春小麦成熟及时收获。春小麦收获后及时给油葵追施硝酸铵 150kg/hm^2，并中耕除草。油葵开花后要人工辅助授粉，以增加结实，减少秕粒。9 月下旬油葵成熟后带秆收获。

(四) 小麦玉米带套种蔬菜

1. 种植规格　该模式的主体为冬小麦玉米的带田，总带宽 160cm，小麦带和玉米带各 80cm。9 月下旬至 10 月上旬播 6 行小麦，在空带内与小麦同时播种一茬越冬蔬菜如菠菜、蒜苗、小葱等，一般为 3 行或撒播；4 月中下旬间套蔬菜收后播种 2 行玉米，7 月上中旬小麦收后在原小麦带内复种或移栽一茬秋冬菜，如甘蓝、花椰菜、白菜为 1 行，萝卜为 2~3 行，蒜苗为 3 行，实现 4 种 4 收或 3 种 3 收（图 12-7）。

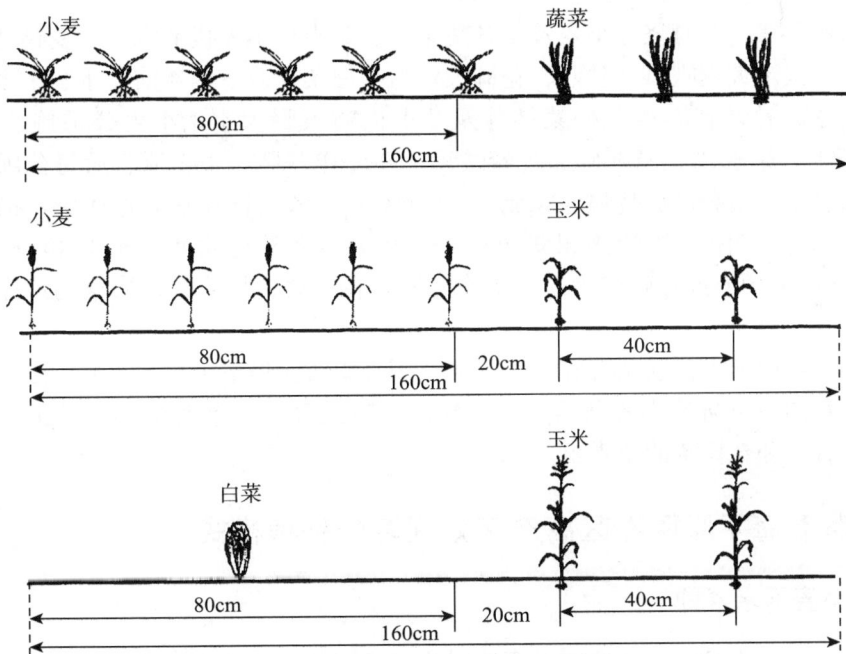

图 12-7　小麦玉米带间套蔬菜配置图

（《全国粮区高效多熟十大种植模式》，2005）

2. 栽培技术要点

（1）精细整地　前茬作物收获后深翻伏耕，播前结合施肥浅耕，精细整平，按技术规格划行。

（2）选择优良品种　冬小麦选用早熟、中矮秆的丰产型品种，玉米选用紧凑型中熟高产品种，套作蔬菜一般选择适合当地栽培的中早熟品种。

（3）各作物的播期、播量及移栽密度

①冬小麦。露地小麦 9 月下旬机播 6 行，行距 14～15cm，播量每公顷 225kg 左右。地膜小麦 10 月上旬播种，行距 12～13cm，用小麦穴播机播种 6 行，每公顷播量 150～200kg。

②冬菠菜、小葱和春蒜苗。与冬小麦同时播种，均为 9 行，沟播，行距 20～25cm。

③玉米。采用地膜覆盖栽培技术，4 月下旬春菜收后，带内播种 2 行，播期一般较大田推迟 1 周左右，行距 40cm，株距 20cm，采用穴播，每穴 2～3 粒。

④白菜。小麦收后播种，较单种大白菜早播 10～15d，每带 1 行，穴播，每公顷留苗 15 000 株左右。

⑤甘蓝、花椰菜。甘蓝于麦收前 30～35d、花椰菜于麦收前 40d 育苗。麦收后抢时移栽，每带栽 1 行，株距 50～55cm，每公顷定植 12 000～13 500 株。

⑥萝卜。绿萝卜 7 月中下旬播种，每带沟播 2 行，行距 35～40cm，定苗株距 25cm 左右。

⑦胡萝卜。麦收后抢时播种，每公顷用种量约为 15kg，露地小麦带撒播，地膜小麦带点播 3～4 行，定苗株行距均为 10～15cm。

（4）水肥管理 及时浇好小麦及越冬蔬菜的越冬水、小麦拔节水、小麦扬花灌浆（玉米拔节）水、玉米大喇叭口（甘蓝、花椰菜定植，白菜、萝卜等播前）水、玉米吐丝（秋蔬菜苗期）水、甘蓝包心或花椰菜结球及萝卜肉质根膨大水。小麦公顷施优质农家肥 45 000kg 以上、尿素 225～300kg、过磷酸钙 750kg 作基肥，小麦返青后每公顷追施尿素 150～225kg；玉米每公顷施优质农家肥 60 000kg 和过磷酸钙 900kg 作底肥，播前结合浅耕施入，大喇叭口期每公顷追施尿素 300～375kg；秋冬菜施腐熟农家肥 45 000kg 左右、磷酸二铵 150～225kg 或过磷酸钙 600kg 作底肥，在白菜、甘蓝、花椰菜的莲座、包心结球期追肥 2 次，每次每公顷施尿素 150～225kg。

（5）病虫害防治 播前结合施基肥浅耕，用毒饵防治地下害虫；小麦、玉米采用包衣种子；在生育期主要防治小麦条锈病、白粉病、蚜虫等，玉米大斑病和黏虫，白菜霜霉病、蚜虫，甘蓝和花椰菜的菜青虫。

二、黄淮海平原两熟区高产高效间套作种植模式

（一）小麦玉米套种

小麦玉米套种模式也是黄淮海平原地区普遍采用的粮田两熟种植形式，该模式主要是针对热量条件相对不足，或为充分发挥中晚熟玉米品种的高产潜力而采用的模式。其中，小麦可以实现全程机械化作业，但玉米一般是人工播种和机械收获。

1. 种植规格 高产地区，畦面宽 300cm 左右，播种 12～16 行小麦，每 3～4 行小麦留 20～25cm 的玉米套种行，共留 3～4 行，畦背宽 35cm。肥水中等地区，畦面宽 200～240cm，播种 8～10 行小麦，留 2 个玉米套种行，畦背宽 35cm。麦收前在预留套种行和畦背各种 1 行玉米。一些水肥条件好、产量高的精种地区，也可采用小麦大小行播种，大行距 20～25cm，小行距 12～15cm，麦收前在畦背和大行套种玉米（图 12 - 8）。

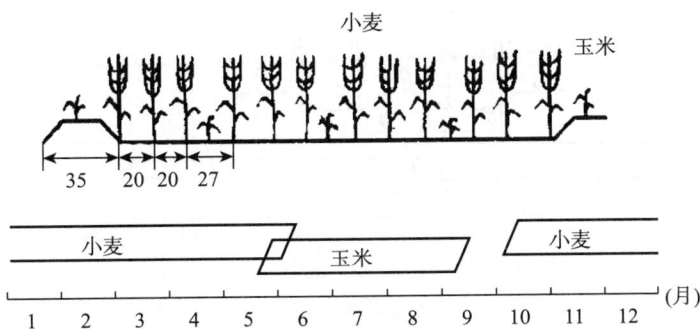

图 12-8 小麦窄背晚套玉米示意（单位：cm）

（山东农业大学，1995）

2. 栽培技术要点

（1）选用高产良种 小麦应选用耐寒、分蘖力强、矮秆、中早熟、抗病、优质的高产品种；玉米应选用中晚熟、高产、抗倒、抗病的紧凑型品种。

（2）施足基肥，足墒套种 小麦、玉米均应施足基肥和种肥。除小麦播种时施足基肥外，套种玉米时可在小麦拔节前开沟集中施优质圈肥、饼肥、粪干等。套种前，有灌溉条件的，应灌水造墒，做到足墒播种，一播全苗。

（3）合理密植 小麦按种植计划确定播种量。当前，不少地区麦田套种玉米的密度不足，苗株生长不齐，仍是限制玉米产量提高的重要原因。必须既提高套种质量，又增加株数，达到合理的种植密度，保证收获足够的穗数。高产田每公顷留苗 75 000 株，实收不少于 67 500 株；中产田每公顷留苗 67 500 株，实收不少于 60 000 株。

（4）提高套种质量 适期套种，一般高产麦田在麦收前 5~10d、中低产麦田在麦收前 10~15d 套种；足墒套种，即套种前后灌水造墒；选择发芽率高，经过精选、包衣的种子；采用条播，播种深度适宜，一般每公顷播种量为 38~55kg。

（5）培育玉米壮苗，加强田间管理 小麦收获后立即加强田间管理，主要措施有：灌溉、追肥，促进生长，培育壮苗；及时防治害虫保苗；适时间苗、定苗；早中耕灭茬，除草防荒，破除土壤板结。拔节后管理与单作玉米基本相同。

（二）小麦套种花生

黄淮海地区大力推广麦田套作花生，不仅解决了资源利用不充分的弊端，提高了复种指数和农田经济效益，同时又解决了麦收后复种夏花生生育期短、有效积温不足的问题，促进了粮油全面增产。

1. 种植规格 根据近几年的实践发展，小麦套作花生主要有以下 4 种模式。

（1）小沟麦套种花生 适合于地力、灌溉条件一般的地块，小麦、花生两者兼顾。秋季按花生栽培品种特性要求等行距起垄备播，沟底秋播小麦。翌年春季花生适期迟播，以能在产量不减的前提下，缩短与小麦的共处期，花生播种密度与单作相同。具体做法是：种植带宽 40~47cm，垄宽 27~30cm，垄沟深 10cm，套种 1 行花生；沟底宽 13~17cm，播种 2 行小麦，间距 13~15cm（图 12-9）。

419

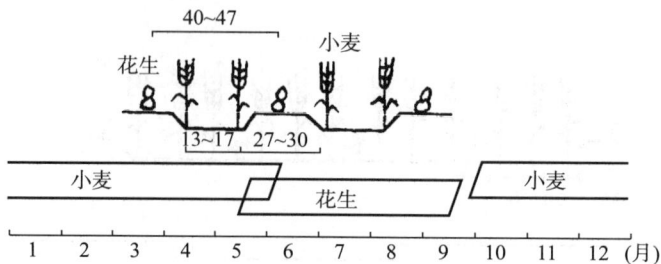

图 12-9 小沟麦套作花生（单位：cm）
(山东农业大学，1995)

（2）大沟套种花生 一般适合以花生为主要作物，充分发挥复合群体的增产潜力，在确保花生高产的前提下，增收一季小麦。花生采用起大垄、种 2 行、宽窄行的方式，平均行距和密度与花生单作相同，在沟底秋播小麦，翌年春季花生适期套播。具体做法是：种植带宽（80～）87cm，起垄宽 60cm，播种 2 行花生，花生行距 33cm，沟深 10cm，沟底宽（20～）27cm，播种 3 行小麦，间距 13cm（图 12-10）。

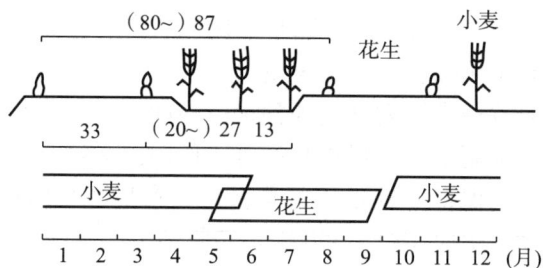

图 12-10 小沟麦套作花生（单位：cm）
(山东农业大学，1995)

近年来，为了更好地解决麦田套种花生在小麦、花生共处期间的竞争矛盾，在尽可能保持小麦占地面积的基础上，适当放大套种花生的行距，改大、小沟麦套种花生为大垄麦、小垄麦套种花生。具体做法是：

①大垄麦套种覆膜花生。带犁铧两犁扶垄，扶成平垄面，带宽 90cm，垄沟内播种 2 行小麦，小行距 20cm，大行距 70cm。翌年春季在垄内套种 2 行晚熟大花生，行距 30～33cm，穴距 16.5～18.5cm，每穴播种 2 粒种子，然后覆盖 75～80cm 宽的地膜。

②小垄宽幅麦套种花生。即秋种时不扶垄，每条带宽 40cm，播种一行宽幅小麦，幅宽 6～7cm，幅与幅的间距为 33～34cm，于麦收前 25～30d 套种一行中熟大花生，穴距 17～20cm。这两种模式不仅可以稳定小麦穗数、较好发挥边行优势、促进增穗增粒，而且大大减少小麦对套种花生的遮阴，有利于促进花生增产。

（3）畦播小麦套种花生 在高产水肥精播地区，以小麦为主，采用畦播小麦大小行种植，在大行内套种花生，以提高土地利用率。具体做法是：秋种小麦时，按花生单作时的行距要求种植小麦，小麦采用大小行播种，大行距 27～30cm，小行距 17～20cm，于麦收前 10～15d 在大行内套种 1 行花生。

（4）小麦、玉米、花生间套作　在地力较高、肥水条件较好的平原水浇地上采用，不仅可保证小麦、玉米等粮食作物高产，而且可获得花生较高的产量，实现粮油双丰收，提高农田的经济效益。具体做法是：在秋播小麦时，采用大畦宽背、大畦上小麦按大小行播种，小行距一般为 17～20cm，大行距的宽度只要能够进行花生套种即可，一般为 27～30cm，每畦留 8～10 个大行，于麦收前 10～15d 在大行内套种单行花生。据研究，当每畦套种花生的行数少于 6 行时，花生与玉米共处期间受玉米的遮阴影响较重而显著降低产量。宽背宽一般为 60～67cm，于麦收前 25～30d 套种 2 行玉米，玉米行距 40cm（图 12-11）。

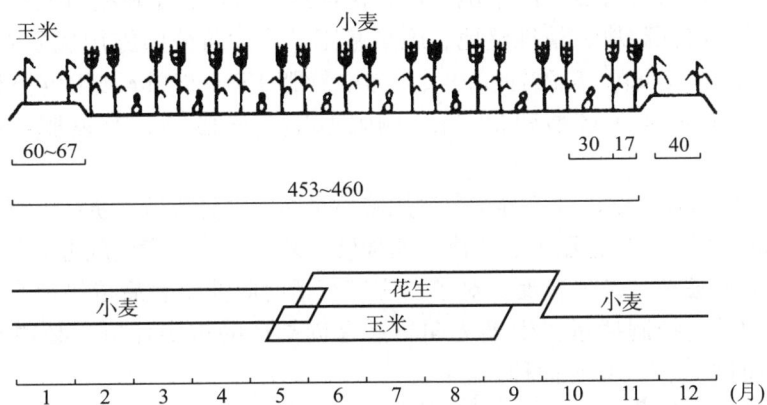

图 12-11　小麦、玉米、花生间套作（单位：cm）

（《种植制度的理论与实践》，1995）

2. 栽培技术要点

（1）因地制宜选用作物良种　小麦应选用早熟、矮秆、紧凑、抗病的高产品种；花生品种的选用要因模式而定，大、小沟麦套种花生，因花生播种较早，应选用晚熟或中晚熟品种，以充分发挥其套种早的增产潜力；畦播小麦套种花生和小麦、玉米、花生间套作模式，由于花生播种较晚，应选用中早熟品种为宜。但不论哪种模式都要选择耐阴性强的品种，以减轻小麦遮阴的影响。

（2）提高套种质量　这是麦田套种花生的重要环节。小麦和花生都是需磷较多的作物，施肥上应适当多施磷肥。花生适时播种，以缩短共处期。一般早熟品种或套种行距小、小麦长势好可适当晚播；套种行距大、小麦长势弱可适当早播。一般掌握在麦收前 20～25d 播种，旱地还要根据墒情提前或延后播种。

（3）加强田间管理，培育花生壮苗　首先要早管促早发，争壮苗，有条件的地方应把小麦灌溉与套种花生创造良好的播种、出苗所需的水分条件结合起来，以促花生壮苗。花生因幼苗生长较弱，水肥管理要突出一个"早"字，苗齐后及时清棵，麦收后抓紧灭茬，中耕施肥，以保证前期花的大量开放。其次是科学浇水补肥，促控结合。麦田套作花生高产的关键是发棵增叶，确保一个较大的总生物量群体，重点抓好盛花期、下针期和荚果膨大期的水肥运筹，同时控制花生盛花末期的长势。

（三）小麦生姜套作

1. 种植规格 该模式是以生姜为中心，增收小麦，并利用小麦秸秆作生姜的"影草"，以减少生产成本，获得麦姜双高产。小麦播种时依据生姜所需行距预留出套种行，且套种行应适当加宽。根据生姜喜阴湿而温暖、不耐寒、不耐热的生育习性，并要求姜草或影草遮阴状况达到三分阳七分阴的特点，一般以播种 2 行小麦为宜。生姜适宜套播期以 5～10cm 地温稳定通过 16～17℃ 为宜。

2. 栽培技术要点

（1）选择适宜地块，精细整地，施足基肥 要选择土壤肥沃、土层深厚、地势高和排水好的地块种植。同时要有良好的水浇条件，保证适时造墒、足墒播种及生长发育过程中的水分供应。秋种时深翻耕、精细整地、施足基肥，一般每公顷施用优质农家肥 12 万～15 万 kg、过磷酸钙 750kg、硫酸钾 150kg、标准氮肥 450～600kg。生姜播种时每公顷再施用饼肥 1 500～1 900kg、硫酸钾 225kg、硼肥 15kg、锌肥 30kg 作基肥，并加 150kg 碳酸氢铵作种肥。

（2）选用适宜品种，保证种子质量 选用晚播早熟、矮秆抗倒、抗病、优质高产的小麦品种。在姜种的选用上，应选肥大、丰满、质地硬、未受冻、无病虫危害的姜块作种姜。

（3）适期足墒播种，保证密度 对小麦应实行适时收获生姜后抢耕地、抢播种，按晚茬麦播种时间的早晚控制播量。生姜适期早播是创高产的重要环节，必须掌握 5～10cm 土壤温度稳定通过 16～17℃ 时播种。

（4）加强管理，促进麦姜增产 冬前管理以镇压为主，以利保温、保墒、保苗。早春管理仍以镇压为主，镇压与划锄相结合，以提温保墒，促苗早发。小麦起身拔节期加强肥水管理，以促为主，提高成穗率。中后期管理应结合生姜播种浇好扬花灌浆水，以提高粒重。小麦成熟时只收麦穗留下麦秆作影草，可遮光 65%～70%，为套作的姜苗生长创造适宜的光照条件。

小麦收获后立即中耕除草和适时培土，应重点抓好生姜的肥水管理。生姜根系浅，主要分布在 30cm 土层内，对肥水的吸收能力弱，且生育中后期需肥量占全生育期的 90%以上，因而在施肥上要根据其规律合理确定肥料运用的时期、种类和数量。同时还要实行轮作换茬，综合防治病虫害。

（四）小麦辣椒套作

小麦辣椒套作主要分布在河北、河南、甘肃等地，特别是陕西省，全国著名的外向型线辣椒生产基地，辣椒年种植面积 4.6 万～6.7 万 hm²，基本实现套种化，辣椒与小麦、玉米套种面积达 75%以上，生产的线辣椒被称为"秦椒"，远销香港、澳门特区及东南亚等地区，已成为当地调整农业种植结构、发展商品生产和高效农业的重要内容。

1. 种植规格 生产上大面积推广的规范化行数配比为 4∶2、5∶2、6∶2，即 4 行、5 行和 6 行小麦套作 2 行辣椒。秋播时，按 133～140cm 的种植带宽进行整畦，畦面内分别播种 4 行或 5 行、6 行小麦，小麦行距 16.5～20cm；翌年麦收前 25～30d，将育好的辣椒苗移栽到麦田预留的 60～80cm 空带内，每空带栽植 2 行辣椒，行距 40～50cm。

近年来，不少农户于小麦播种时在预留的辣椒套作行内间作越冬蔬菜，翌年春季套栽辣椒前将蔬菜全部收获，再套栽辣椒；小麦收获后，每隔 4 行辣椒，在小麦茬地上播种 1 行玉米，玉米穴距为 67～100cm，每穴留双苗。

2. 栽培技术要点

（1）选择优良品种 线辣椒应选择株型紧凑、结果集中、单果重较高、品质优良、综合抗性强的高产优良品种；冬小麦应选择早熟、矮秆抗倒、穗大粒多、抗病性强的优质品种。

（2）施足底肥，整地造墒，保证播种质量 小麦辣椒套作需肥量较大，小麦播种前应增施基肥，一般施优质农家肥 75 000kg/hm²、磷酸二铵 450～600kg/hm²、硫酸钾 225～300kg/hm²。要求深耕 20～25cm，耕后及时耙细沉实土壤，根据选定的种植模式要求作畦。要保证小麦播种质量，达到苗齐苗匀，获得冬前壮苗，一般要求播前造墒，确保足墒播种。

（3）适期育足、育好辣椒苗 小麦套种辣椒的共处期在 25～30d，因此，采用小拱棚冷床育辣椒苗的播种期应在麦收前 85～90d 为宜。在育苗过程中，要严格按相关技术要求进行管理，确保辣椒苗健壮。

（4）加强田间管理，确保高产增收 对于小麦的田间管理按高产田要求进行。辣椒套栽时正值小麦灌浆期，气温较高，移栽后缓苗和小麦灌浆均需充足的水分，因此，辣椒移栽后应灌水 2～3 次。麦收后尽早进行深中耕灭茬，破除板结，此时辣椒经过蹲苗已开始进入营养生长与生殖生长并进时期，对肥水的需要量均日益增大，应结合辣椒培垄或培高畦，对辣椒追肥，一般追施尿素 270kg/hm²。辣椒进入盛花期和盛果期时再分别追施 150kg/hm² 的尿素，每次追肥应结合灌水。立秋后 3～5d 所开的花朵，一般不易形成红熟的果实，应在其上留 4～5 片叶处打顶。另外，由于小麦套作辣椒田的小地老虎、黏虫、斑须蝽、四代棉铃虫等发生数量和危害程度比单作辣椒增大，辣椒炭疽病、日灼病发生危害程度也明显加重。因此，在生产中应加强预测预报，及时防治。

（五）小麦、春菜、玉米、秋菜间套复种

该模式是典型的粮菜复合种植模式，在小麦、玉米等主体粮食作物产量基本不减的同时，增加春、秋两季蔬菜种植，在黄淮海平原两熟区有着广泛适应性，是一种提高农田种植收益和增加农民收入的高效多熟种植模式。

1. 种植规格 带宽为 200cm，大小畦种植，一般大畦宽 110～130cm，播种 6～8 行冬小麦，行距为 20cm，小畦宽 60～80cm，种植越冬蔬菜。5 月上中旬蔬菜收获后，套种 2 行玉米，行距 40cm，株距可缩小到 15～20cm，密度为 67 500 株/hm²。小麦收获后，适时播种或栽植秋菜。与小麦间作的越冬蔬菜主要有菠菜、大蒜（蒜苗）、圆葱等，条件具备的可加盖塑料薄膜，进行保护地栽培。间作的春季蔬菜主要有甘蓝、水萝卜、圆葱、蒜苗等（图 12 - 12）。

2. 栽培技术要点

（1）选择优良品种 小麦应选用早中熟、矮秆抗倒、抗病的优质高产品种；玉米要选用株型紧凑、抗病、抗倒、优质高产的中晚熟品种；蔬菜要选择适宜当地的品种，春菜要确保 5 月中旬收获，秋菜在麦种前收获。

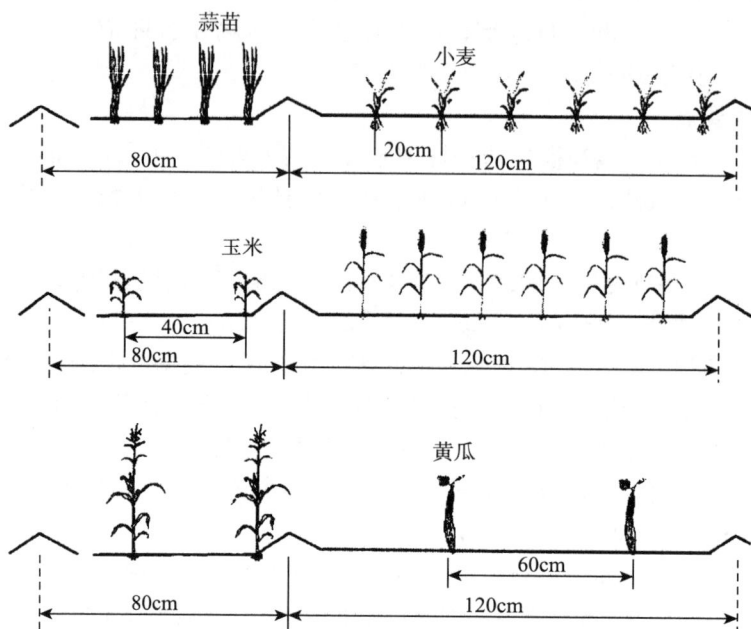

图 12 - 12　小麦、春菜、玉米、秋菜间套作

（《全国粮区高效多熟十大种植模式》，2005）

（2）合理安排茬口　10月上旬适期播种冬小麦，并在其行间种植越冬春菜如大蒜（蒜苗）、圆葱、菠菜等。玉米在春菜收获后套种，一般为5月上中旬。秋菜如黄瓜、花椰菜、芸豆、菜豆等，小麦收获后在玉米行间间作，于小麦播种前收获。

（3）精细整地，适时播种　秋种时要施足基肥，多施有机肥，进行深耕细耙，平整地面，然后按规格作畦、播种小麦和越冬蔬菜。如种植大蒜、圆葱，可在小畦上种 4～5 行，播种量 1 650kg/hm²。蒜苗 4 月底收获；圆葱一般要事先育苗，选优质壮苗栽植，有条件可加盖地膜；如种植菠菜可在小畦内撒播或条播 4 行。当蔬菜收获后，中耕、施肥，5 月中旬套种 2 行玉米，行距 40cm。小麦收获后，及时灭茬、中耕、施肥，按秋菜的特性适时播种或栽植。为减少夏季蔬菜受涝及管理方便，可在玉米大行间起垄种植。

（4）强化田间管理

①小麦管理按当地高产优质栽培技术进行。

②玉米。套种玉米共处期间田间管理要突出一个"早"字，即在适期范围内早间苗、早补苗，早中耕除草，早治虫，早浇水，以促苗壮、保全苗。麦收后的玉米田间管理要狠抓一个"抢"字，及时进行水、肥管理。在追肥量的分配方面，要掌握拔节肥与穗肥并重的原则，两次追肥各占总追肥量的 50% 左右。

③蔬菜。田间管理的重点应使间作蔬菜如何获得高产，尤其是夏季间作的蔬菜。如间作的芸豆或豆角，除要保证苗全、苗匀、苗壮外，应特别注意其肥水的运用。追肥应以有机肥为主，可在行间开沟施入；施后封沟、耧平畦面，并结合浇水。应根据间套作蔬菜的

种类及高产栽培的要求合理运用肥水。与玉米间作的蔬菜是收获期晚的秋菜时，如芹菜、胡萝卜、芫荽、芥菜、甘蓝、秋番茄、秋黄瓜、秋马铃薯、秋花椰菜、大白菜等，来不及适时种麦，可将蔬菜种植位置留作秋播小麦的宽畦背，在原套作玉米的位置播种小麦，翌年春在蔬菜已收获的小麦宽畦背上，栽种早春蔬菜，这样将成为一年四作三熟，或者于翌年转为春地。

(六) 小麦、玉米、秋菜间套作

1. 种植规格　此模式是以小麦窄背晚套玉米为基础，玉米等行距套种或宽行密株，株距缩小到10cm，或宽窄行种植，密度相同或小于单作。小麦收获后于等行距的玉米田中混作爬蔓的豆类，或在宽行距内栽种早熟黄瓜、花椰菜、芸豆、菜豆、花生等，组成一年三作两熟。图12-13所示为小麦/玉米//芸豆模式，带宽为274cm，小麦"三密一稀"种植，玉米为等行距种植，行距67cm，株距25cm，密度67 500株/公顷左右，间作于夏玉米行间的是一行爬蔓豆类，如芸豆（图12-13）。

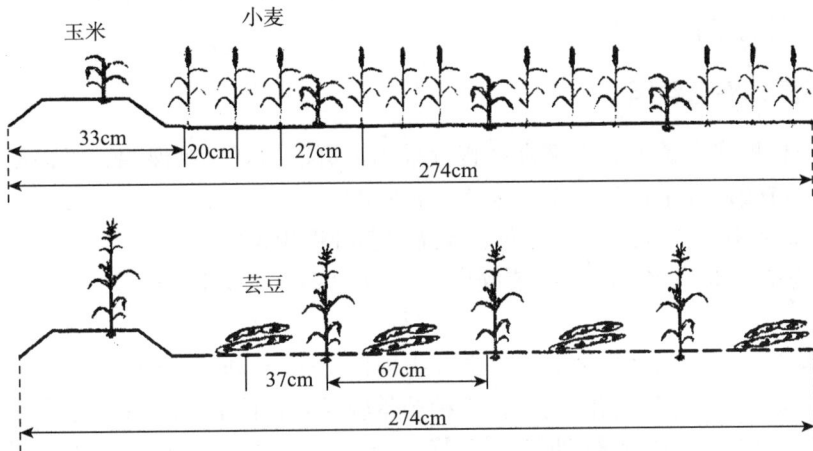

图12-13　小麦、玉米、秋菜间套作
（《全国粮区高效多熟十大种植模式》，2005）

2. 栽培技术要点

（1）**品种选择**　小麦应选用早中熟、矮秆、结实性强、抗病、抗倒的优质高产品种；玉米要选用株型紧凑、抗病、抗倒、优质高产的中晚熟品种；蔬菜要选择适合当地的品种，秋菜在麦种前收获，不能耽误种小麦。

（2）**茬口安排**　10月上旬适期播种小麦，玉米在小麦收获前7~10d套种，秋菜在小麦收获后种在玉米行内。

（3）**栽培技术要点**　因地制宜确定麦田畦宽。一般地面平整、灌溉质量高、麦畦短时，畦面宽达3m以上；相反，畦面较窄，为1~2m。畦背的宽度只要能保证顺利灌溉即可，一般在33cm左右。由于麦收前在畦埂上要套种一行玉米，所以套种的麦田畦宽与小麦单作复种的不同点是：麦田畦面宽度与畦埂宽度之和应与该畦内种植几行玉米的行距总和相同。

足墒、适时套种玉米，并保证玉米套种质量。应结合小麦灌浆水为玉米套种造墒，未能浇底墒水的，玉米播种后浇好蒙头水。麦收前 7～10d 套种玉米；如预留套种行较宽，小麦茎秆较矮或长势较差，可提前到麦收前 10～15d 套种。为弥补套种玉米所受到的胁迫影响，促根壮苗，施足种肥是关键措施，一般每公顷施氮肥、磷肥各 225kg 左右。

（4）田间管理要点

①小麦管理按当地高产优质栽培技术进行。

②玉米。玉米套种后，应加强苗期管理，消除小麦对其胁迫的影响，培育壮苗，结合间苗、定苗进行深中耕灭茬、除草，破除土壤板结，改善土壤理化性状；及时进行浇水；苗势生长弱的，追施提苗肥；玉米拔节后的大田管理与单作玉米基本相同，但管理措施要相应提早。

③蔬菜。如间作的芸豆或豆角，可以以玉米秸秆为其支架，要保证苗全、苗匀、苗壮；特别注意肥水运用和防治蚜虫和红蜘蛛。当夏季间作的秋菜为黄瓜时，一定要根据黄瓜的生长发育特点，及时进行中耕除草和追肥、浇水等田间管理，并注意定期喷药，以防治霜霉病、白粉病等病害。

（七）小麦、棉花套作

麦棉间套作模式在黄淮、江淮地区普遍采用，可以达到以粮保棉、以棉促粮、粮棉双丰收的目的，有效提高土地利用率。采用的模式有"三一"式、"三二"式、"六二"式和"四二"式，而其中以"六二"式为麦棉双高产套种理想模式。

1. 种植规格　带宽 200cm，种植顺序先小麦后春棉，交替种植，行比 6∶2。小麦 6 行，行距 20cm，幅宽 100cm；春棉 2 行，窄行距 50cm，幅宽 50cm，麦棉间距 25cm。在种麦时，每隔 100cm，筑一高 20cm 的埂（或预留空带），埂下种小麦 6 行，次年 4 月中下旬在埂上移栽 2 行棉花。它的优点在于种植带较宽，田间管理方便，适合于小型机械作业。小麦收后，棉花形成宽行种植，边行效益显著。也可以在宽行内间作适合的作物（图 12-14）。

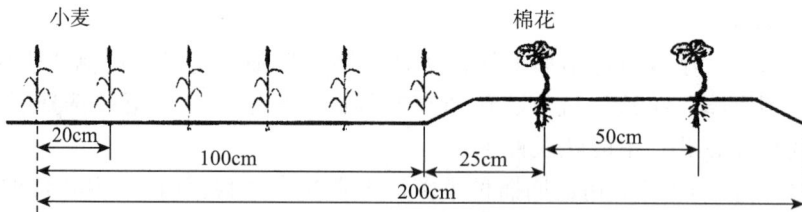

图 12-14　小麦、棉花套作

（河南农业大学，2005）

2. 栽培技术要点

（1）品种选择　小麦应选择具有耐晚播、适当早熟、低秆抗倒、丰产抗病性状的品种。棉花选用种子肥大和发芽整齐、植株紧凑和株低秆硬、早熟和结铃吐絮集中、抗病抗虫能力强的品种。

（2）茬口安排　10月份棉花收获后播种冬小麦，来年4月中下旬把棉花移栽或套种到预留行中，小麦5月底6月初收获后，棉花单作于麦田直到10月份收获，10月中下旬再种小麦，如此往复。

（3）主要栽培技术

冬前及冬季管理：主要包括施肥、整地、作畦、浇底墒水及小麦播种等。

①施足基肥。要实现小麦棉花双高产，必须坚持重施基肥，增施钾肥，平衡施肥。

②浇灌底墒水，满足小麦种子萌发及苗期生长对水分的需求。

③耕地耙糖。耕翻深度以25～30cm为宜，耕后耙糖，压实和粉碎土壤，为种植创造良好的条件。

④实行高低垄种植。按既定的套种方式和要求的行距，在预留的棉行起垄，将棉花种在垄埂上，小麦种在垄沟内。

⑤小麦适时播种。棉花拔秆后抢时播种，并进行化学除草。

春季管理：巩固小麦早期分蘖，创造条件，争取穗大粒多，保证茎叶健康生长。小麦氮肥管理后移，于拔节期追施，并配合浇水；及时防治病虫害；棉花要保全苗、促壮苗早发。

棉花要精选棉种和种子包衣，套作棉花常直播和育苗移栽。直播：每穴下种4～6粒，每公顷播种量45kg；条播每米均匀下籽60～70粒。育苗移栽：包括制营养钵、建苗床，一般用塑料膜或地膜覆盖育苗，3～4片真叶时移栽。注意将大小苗分类移栽，使全田棉苗整齐一致。

夏季管理：要加强小麦的生育后期和棉花苗期病虫害的防治。小麦收获后，套作棉花的生育条件改善，应尽早进行管理，促进棉苗早发。

秋季管理：秋季棉花处于吐絮期，这是棉铃发育成熟的最后阶段，直接关系到棉花的产量和品质。管理重点是防止早衰和晚熟，实现早熟不早衰，即要一管到底不放松，保根保叶保三桃、增铃增重增衣分，达到高产优质、增产增收。管理的任务是通过追肥和灌水，实现先促、后控，促控结合。同时，注意及时摘收，早腾茬种麦。

三、长江流域麦稻两熟区高效多熟种植模式

（一）小麦套播春玉米套播后季稻

小麦、春玉米、后季稻套作种植模式适合于长江中下游地区热量资源两熟有余三熟不足、排灌系统完善的连片高产农田采用。

1. 种植规格　小麦套种春玉米的种植带为366cm。秋播时，使用稻麦免耕条播机播种12行小麦，幅宽220cm，两边各预留玉米种植行60cm，并留一条26cm宽的墒沟。春季在玉米预留行内，采用地膜覆盖技术直播4行玉米，小行距20cm，大行距66cm，株距16～18cm，每公顷60 000～67 500株。小麦收获后，在玉米行间采用免耕机直播技术种植12行水稻，幅宽220cm。玉米收获后在原玉米种植处（约宽146cm）翻土施肥，拉平畦沟，就地拔秧移栽6～7行水稻（图12-15）。

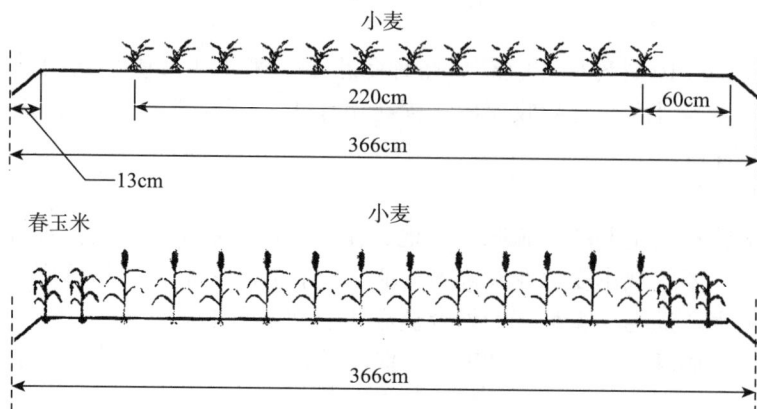

图 12 - 15　小麦套种春玉米

（《全国粮区高效多熟十大种植模式》，2005）

2. 栽培技术要点

（1）品种选择　小麦以早熟高产型品种为主；春玉米也以早熟高产型品种为主；后季稻以晚熟优质中粳品种为主。

（2）茬口安排　小麦 10 月下旬机条播；春玉米 3 月中旬地膜直播；后季稻抓紧在 6 月上中旬机直播，并在玉米收获后立即移栽。

（3）田间管理要点

①小麦。适期早播、精播、匀播，每公顷播种量 90kg。基肥应占到总施肥量的 60%～70%，播种时，用堆厩肥、饼肥和磷钾肥混合作种肥。分蘖肥应占总施肥量的 30%左右。拔节、孕穗期是小麦生长发育和产量形成的关键时期，需肥多，吸收量大，所以要根据不同苗情进行合理施用，施用量占总用肥量的 10%左右。到旗叶露尖时，若叶色褪淡，再补施孕穗肥。整个生长期一般每公顷施入猪牛栏粪 15 000～22 500kg、油籽饼 375kg、尿素 225～420kg、过磷酸钙 375～750kg 和硫酸钾 120kg。

②春玉米。采用地膜直播，每公顷播种量 37.5kg。肥料管理应做到施足基肥，增施有机肥，配合磷钾肥，巧施穗肥。

③后季稻。基肥以有机肥为主，搭配适量化肥。基肥（按氮肥计）占 25%；分蘖肥占 50%，分两次施，玉米行间套播水稻 4～5 叶期每公顷施入尿素 120kg，玉米收后上水补栽后季稻后，每公顷施用尿素 100kg 和复合肥 225kg；穗肥占 25%，于 8 月 15 日前每公顷施尿素 120kg 左右。播后浇好齐苗水，五叶期结合促蘖肥于傍晚灌浅水。玉米收获后建立水层，而后采用干湿交替、硬板湿润灌溉方式，直至收稻前 5～7d。

（二）小麦套种西瓜复种水稻

1. 种植规格　以 267cm（其中含沟 33cm）为一种植带。其中，每种植带宽幅种植小麦两行，麦幅 70cm，每公顷 270 万～300 万基本苗。西瓜种植于小麦播种时的套种预留行内，株距 40cm，每公顷栽西瓜 9 000 株。杂交晚稻按常规栽植密度，每公顷 150 万～180 万基本苗（图 12 - 16）。

田间配置

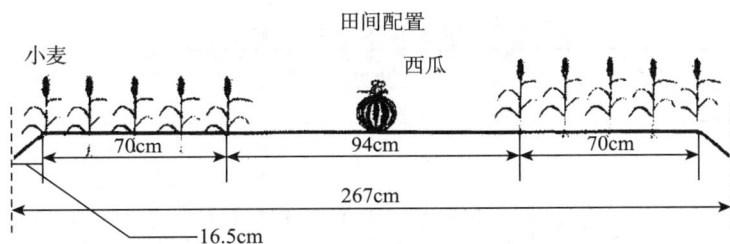

图 12 - 16　小麦、西瓜、水稻间套复种
（南京农业大学，2005）

2. 技术栽培要点

（1）品种选择　小麦选用早熟高产矮秆良种；西瓜选用早熟优质抗病良种；水稻选用中熟高产优质晚稻品种。

（2）茬口安排　小麦 10 月下旬播种，次年 6 月上旬收获。西瓜 3 月底 4 月初育苗，4月底移栽，6 月中下旬收获。水稻 7 月上旬移栽。

（3）田间管理要点

小麦：①应提高播种质量确保足够基本苗。②施足底肥，合理追肥。底肥要求每公顷施用优质农家肥 22 500～30 000kg、过磷酸钙 375kg、饼肥 750～1 125kg；2 叶 1 心时，每公顷追施尿素 120～150kg 作分蘖肥；抽穗扬花期叶面喷施磷酸二氢钾。③在水分管理上，应切实开好"三沟"，做到明水能排、暗水能灌。同时，认真防治小麦赤霉病、锈病、白粉病、纹枯病及麦蚜、黏虫等病虫害。

西瓜：①应培育西瓜壮苗，适时早栽。采用营养钵覆盖地膜育苗，西瓜苗约 2 叶1 心或 3 叶 1 心时，移栽到预留行中。②对于肥水管理，3 月中旬西瓜预留行开沟，每公顷施优质农家肥 3 750kg、饼肥 1 500kg、过磷酸钙 375kg。封沟后，另开深 10cm、宽 13cm 左右的小沟，每公顷施腐熟人粪尿 7 500kg。西瓜 6～8 片真叶团棵后，每公顷开沟施入碾碎的饼肥 1 125kg 或复合肥 375kg、磷酸二氢钾 22.5kg。干旱时结合施清水粪及时浇水，注意清沟排水，避免地面渍水。西瓜坐果期可进行叶面喷肥，同时应抓好藤蔓管理。

水稻：水稻栽培技术措施参照常规进行。

（三）小麦套种花生套种绿豆复种杂交晚稻

1. 种植规格　种植带宽 200cm（含沟）。其中，秋播时种植小麦带宽 120cm，预留花生行 80cm，春季在预留行内种花生 4 行，行距 27～30cm，株距 20cm。小麦收获后，在麦幅地上抢播绿豆 3 行，行距 35cm 左右、穴距 20～25cm。花生绿豆收获后移栽杂交晚稻（图 12 - 17）。

2. 栽培技术要点

（1）品种选择　小麦选用抗倒性强的中、矮秆品种；花生选择早、中熟中果型品种；绿豆选择特早熟品种；杂交晚稻选用中熟高产优质品种。

（2）茬口安排　小麦 11 上旬播种，次年 5 月底收获。地膜花生 3 月底播种，绿豆 5月底 6 月初抢播，7 月底收获。水稻 7 月底以前栽插，10 月底收获。

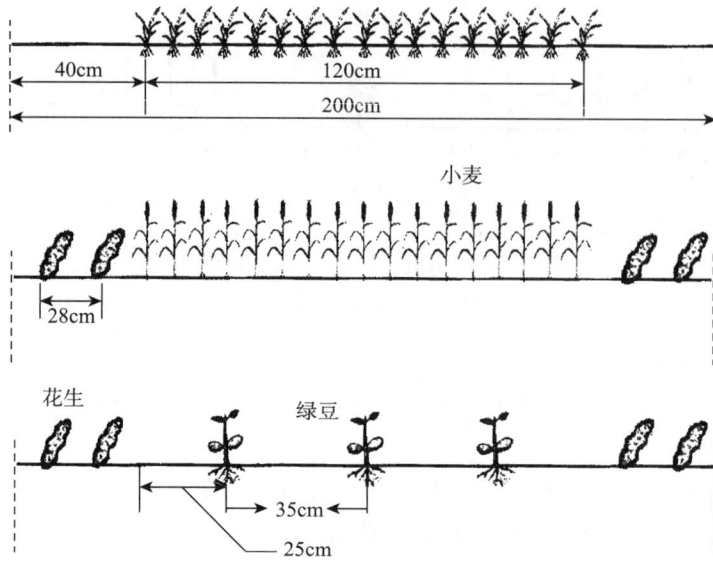

图 12-17　小麦、花生、绿豆、水稻套复种

（南京农业大学，2005）

（3）田间管理要点

①小麦。选用良种，适时播种。每公顷施土杂粪 $30\sim45m^3$ 和碳酸氢铵 $300\sim375kg$ 做基肥，并施好分蘖肥，年后看苗追好拔节肥。对于病虫草害防治，重点防治赤霉病、纹枯病和麦蚜、麦圆蜘蛛等。

②花生。选用良种，用钼酸铵拌种。一般每千克花生仁用钼酸铵 30g 兑水 0.3kg 拌种，待晾干后播种，覆盖地膜。播种前整理好预留的花生行，每公顷施磷肥 225kg 和硼肥 7.5kg。播种后用除草剂喷施厢面和沟内，随后用地膜覆盖。

③绿豆。开沟抢播，盖土严实。每公顷施磷肥 300kg。

④杂交晚稻。杂交晚稻的栽培管理参照常规生产技术进行。

四、南方丘陵山区旱地多熟高产高效种植模式

（一）小麦、玉米、甘薯间套多熟

1. 种植规格　采用中厢"双三零"或"双二五"种植模式。"双三零"模式即 200cm 开厢对半开，小麦带和玉米带各占 100cm；"双二五"模式即 166cm 开厢对半开，小麦带和玉米带各占 83cm（图 12-18）。

2. 栽培技术要点

（1）茬口安排　小麦在 10 月下旬到 11 月上旬播种，每带种植 5～6 行，5 月上中旬收获；春菜于头年 10 月上中旬栽植，每带种植 3 行，第 2 年 2 月下旬到 3 月上旬收获；早春玉米种植在春菜的播幅内，2 月上中旬播种育苗，2～3 叶移栽，双行种植，7 月上中旬收获籽粒，如收获鲜食玉米则 6 月中下旬即可收获；甘薯于 3 月下旬到 4 月上旬育苗，5 月下旬到 6 月上旬移栽到已收获的小麦播幅内，10 月中下旬收获；秋玉米种植在已收获

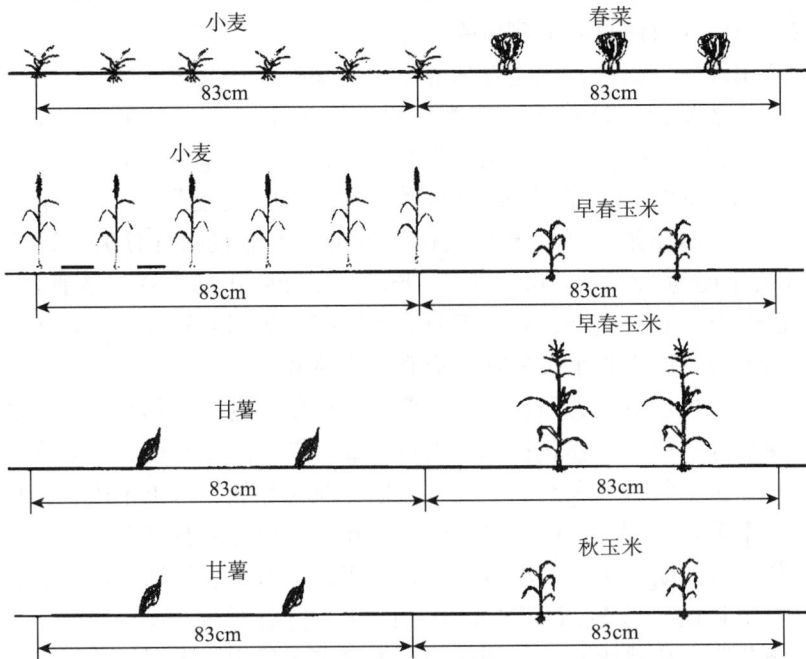

图 12 - 18　小麦‖蔬菜/玉米/甘薯‖玉米间套多熟模式

（四川农业大学，2005）

的早春玉米播幅内，于早春玉米收获前 10d 左右育苗，早春玉米收获后及时移栽，也可直播，双行种植，10 月中下旬收获，鲜食玉米收获期还可大大提前。

（2）栽培技术要点

小麦：①选用良种。选用高产、优质、抗病，而且熟期较早、植株较矮、抗倒能力强的品种。②播种小麦时要按种植规格为早春玉米预留播种行，预留行可种植蔬菜，以提高土地利用率和经济效益。小麦小窝疏株密植，可采用撬窝点播、条沟点播，行穴距为 17cm×（10～13）cm，保证 22.5 万～24.0 万穴/hm²，每穴 6～7 苗。③加强田间管理。重施底肥，氮磷钾配合，早施苗肥，巧施拔节肥，若后期缺氮可适当补施穗粒肥，但要注意防止群体生长过旺和徒长倒伏，以免影响小麦产量和套作玉米的生长发育。同时还要注意适时中耕除草、抗旱排涝及防治病虫害等。

早春玉米：①早春玉米应选择大穗高产、优质多抗、株叶型紧凑的品种。②超常早播，使玉米的生育期提前，并避开后期的高温伏旱等自然灾害，同时还可提前成熟，为后作生产和多熟种植创造有利条件，有利于全年高产和平衡增产增收。早春玉米最好采用育苗移栽技术，可采用塑料软盘育苗或"肥团育苗"。③合理密植，地膜覆盖。玉米种植密度为 45 000～60 000 株/hm²。栽植后覆盖地膜，也可采用秸秆覆盖栽培。④加强田间管理。一要施足底肥，底肥要有机肥与无机肥相结合，氮肥与磷钾肥配合，同时要适当深施，移栽玉米苗时要防止烧根烧苗；二要及时查苗补缺，保证全苗；三要早施苗肥，由于玉米苗易受小麦蔽荫影响，容易形成弱苗；四要注意抗旱，西南一些丘陵地区春旱较重，要注意浇水抗旱；五要注意防治病虫害。

另外，小麦收后要加强管理，注意及时中耕除草和培土上行；及时施肥，特别是攻苞肥（穗肥）要重施，同时注意防治病虫害。

甘薯：①选用优质、高产、抗逆性强的早中熟品种。②及时整地起垄，施足底肥。小麦收后，及时在其播幅内整地作垄。施肥应以底肥为主，可占总施肥量的 60%～80%。一般每公顷施堆渣肥 30 000～37 500kg、草木灰 750～1 500kg、人畜粪 600～1 500kg、过磷酸钙 300～450kg，起垄时将底肥施于垄心内（俗称"包心肥"）。③适时早栽，合理密植。于小麦收后应及时整地起垄、及早栽插，每带小麦地栽两行甘薯。甘薯穴（窝）距 17～20cm，栽植密度为 52 500～60 000 株/hm²。④加强田间管理。认真做好查苗补苗、适时中耕、防除杂草、及时追肥、合理灌溉、防治病虫等田间管理工作，为甘薯的生长发育创造良好环境条件，促进其生长发育，提高其产量和品质。

秋玉米：①选用抗病虫能力强、适应性广、株型紧凑的中早熟品种。②适时早播，合理密植。秋玉米最好采用育苗移栽技术，以提早播种期和培育壮苗。一般在早春玉米收获前 10d 育苗，早春玉米收后（大约为 3 叶 1 心期）及时移栽。秋玉米生育期比较短，因此应适当增加种植密度，一般 52 500～60 000 株/hm²，双行双株种植。③加强田间管理。前期猛促苗，秋玉米前期处于高温季节，生育进程快，营养生长期短，一般在播后 1 个月左右即拔节，对肥料的吸收较春玉米集中。因此，应施足底肥，底肥可占总施肥量的 50%左右；早施苗肥，移栽成活后开始追肥，少量多次施用；大喇叭口期猛攻穗肥，一般每公顷用肥量为 150～180kg 尿素。苗期还要注意抗旱排涝。秋玉米虫害较重，应注意及时防治，特别是中后期，应加强防治害虫。

（二）小麦、玉米、大豆间套多熟

旱地新 3 熟"麦/玉/豆"模式是四川农业大学在传统"麦/工/薯"模式的基础上，经过多年研究集成的旱地新型种植模式。该模式作为一项集抗灾减灾、用地养地结合、保护性耕作、轻型栽培于一体的旱地新型种植模式，体现了优质、高产、高效、生态、可持续发展的农业内涵，促进了种植业结构的调整优化，是旱地增产增收的重要技术措施。近年来，在我国南方丘陵山区的种植面积迅速扩大。

1. 种植规格 采用带状 2m 开厢模式，1m（或 1.16m）种 5 行（或 6 行）小麦，1m（或 0.84m）种 2 行玉米，小麦收后种 3 行大豆，第 2 年换茬轮作。

2. 栽培技术要点

（1）选用良种 小麦应选用高产优质、抗性强的早中熟品种；玉米宜选用优质、高产、高抗、株型紧凑的中晚熟品种；大豆宜选用主茎发达、抗倒、粒大、有限结荚习性的中迟熟或晚熟耐阴品种。

（2）适时播种、合理密植 小麦播种期为 10 月底至 11 月初。播种前筛选籽粒饱满的大粒种子，药剂拌种或包衣。壤土、沙土采用播种机播种，黏土实行撒播或撬窝点播、砍沟点播。撒播时先将玉米秸秆拨开，均匀播完种子后再覆盖，用种量 75～80kg/hm²；机播、撬窝点播或砍沟点播，窝距 13.3～16.7cm，行距 20.0～23.3cm，窝播 8～9 粒（每窝留 4～5 苗），留基本苗 105 万～120 万/hm²。

玉米因地制宜适时播种，丘陵地区 3 月上中旬、山区 3 月下旬播种，川南川东地区可适当早播。播种方式采用点播或育苗移栽，播种或移栽时与小麦间距 16.7～20cm，行距 60～66.7cm，窝距 40～46.7cm，窝留双株，密度 45 000～52 500 株/hm²。

大豆播种期为 6 月上旬左右（即玉米抽雄—吐丝期），川南川东地区可适当早播。播种前采用药剂拌种或包衣；播种时将所留麦茬用锄头向行间勾倒、推平，再直接撒播或撬窝点播大豆于麦秸行内，或直接于麦茬行间撬窝点播，行距、窝距 33.3cm 左右，窝留 2～3 株，密度 12 万～15 万株/hm²。

每季作物播种前用除草剂在田间均匀喷雾去除杂草。

（3）科学施肥 小麦底肥施尿素 225～270kg/hm²、过磷酸钙 420～480kg/hm²、氯化钾 120～180kg/hm²。玉米底肥施尿素 150～180kg/hm²、过磷酸钙 600～750kg/hm²、氯化钾 150kg/hm²，拔节期追施尿素 45～75kg/hm²，大喇叭口期追施尿素 120～150kg/hm²。大豆酌情施用氮肥，底肥施尿素 60～75kg/hm²、过磷酸钙 450～525kg/hm²、氯化钾 60～75kg/hm²，于播种时穴施或均匀撒于厢面；追肥于初花期雨后撒施尿素 52.5～75kg/hm²。

（4）控旺防倒 小麦拔节期用 15% 多效唑可湿性粉剂喷雾防倒；大豆开花期对生长较旺田块用多效唑喷雾控旺。

（三）小麦、西瓜、玉米间套多熟

1. 种植规格 一般采用宽厢种植，第 1 年 10 月整地后 3m 开厢，分为 3 带，每带 1m，第 1、3 带种植小麦，第 2 带（中间带）种植蔬菜，第 2 年春菜收后种植西瓜，西瓜收后种植秋玉米（图 12-19）。

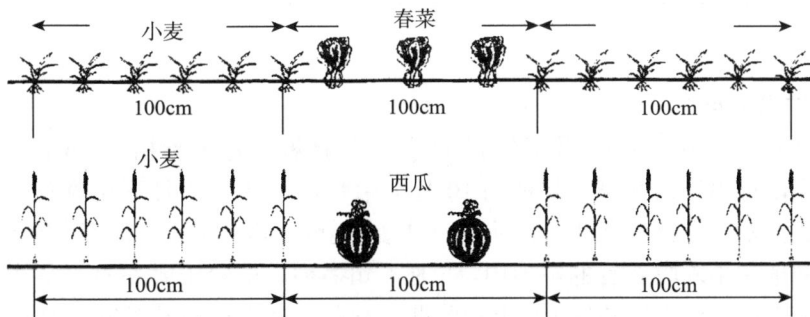

图 12-19 小麦∥蔬菜/西瓜—玉米间套复种方式

（四川农业大学，2005）

2. 栽培技术要点

（1）茬口安排 小麦在 10 月下旬到 11 月上旬播种，每带种植 6 行，5 月上中旬收获；小麦预留行内种植春菜，栽植期 10 月上中旬，第 2 年 3 月下旬收获；西瓜种植在已收获的春菜带，播种（育苗）期 3 月上中旬，4 月上中旬移栽，6 月下旬到 7 月上旬收获；秋玉米种植在西瓜收获后的空地内，育苗期 6 月中下旬，苗龄 10d 左右，待西瓜收获后及时移栽，也可直播，10 月中下旬收获。

（2）栽培技术要点 小麦、蔬菜和玉米的栽培技术要点参见前述模式。套作西瓜的栽培应参照当地高产优质栽培技术进行。

(四) 小麦、花生、玉米、蔬菜间套多熟

1. 种植规格 一般采用"双二五"模式,即 166.7cm (5.0尺) 开厢对半开,小麦和玉米带各占 83.3cm (2.5尺) (图 12 - 20)。

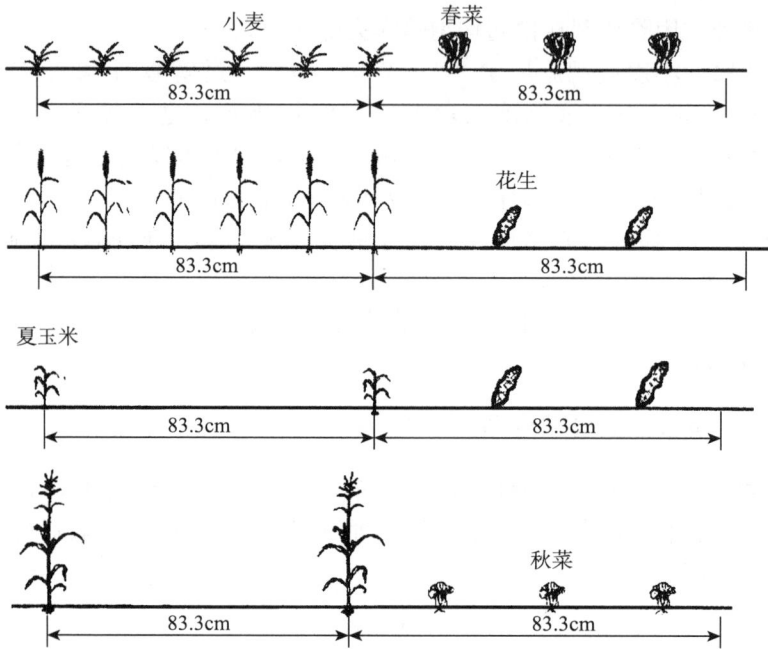

图 12 - 20 小麦‖蔬菜/花生/玉米/秋菜间套复种方式

2. 栽培技术要点

(1) 茬口安排 小麦在 10 月下旬到 11 月上旬播种,每带种植 5~6 行,5 月上中旬收获;小麦预留行内种植春菜,栽植期 10 月上中旬,第 2 年 3 月下旬收获;花生种植在已收获的春菜播幅内,播种期 4 月上中旬(小麦收获前 25~30d),7 月下旬到 8 月上旬收获;夏玉米种植在小麦收获后的空地内,5 月上旬播种,苗龄 10d 左右,待小麦收获后及时移栽,也可直播,8 月下旬至 9 月上旬收获。秋菜种植在已收获的花生播幅内,栽植期 7 月下旬至 8 月上旬,10 月中下旬收获。

(2) 栽培技术要点 小麦、蔬菜和玉米的栽培技术要点参见前述模式。花生的栽培技术要点简介如下。

①选用良种。选用早熟、高产、耐旱、耐瘠、抗性好、适应性广、商品性好、品质优良的品种,剥壳后选择大而饱满的种仁作种。

②深施底肥,地膜覆盖。对小麦预留行土壤进行翻耕、培细后,在每厢(垄)正中开施肥沟,沟宽 13cm 左右,沟深 10~13cm,每公顷施土杂肥 12 000~15 000kg、尿素 75~120kg 或碳酸氢铵 225~375kg、过磷酸钙 450~600kg、草木灰 1 050~1 200kg 或氯化钾 100~120kg,将肥料施于沟中,土肥混匀后覆土,最后覆盖地膜,覆膜 3~

434

4d 后播种。

③合理密植。采用催芽播种。用扁铲或半边竹筒撬窝（窝深约 4cm）播种，每垄种两行，窝距 17～20cm，每公顷 60 000～75 000 窝，窝播两粒，播种后将窝孔盖严。

④加强田间管理。出苗期对少数未长出膜的幼苗，要及时引出膜面，避免高温伤苗；对烂种、虫害造成缺窝的，采用催芽补种，及时防治地下害虫；对过旺的地块，在盛花末期用 15％多效唑喷雾控制徒长；结荚期用磷酸二氢钾或用过磷酸钙加草木灰和尿素液喷洒叶片；注意防治纹枯病、锈病、蚜虫、造桥虫、卷叶虫等病虫害。

第十三章　小麦主要病虫草害综合防治

小麦病害、虫害和杂草对小麦生产影响较大。随着耕作栽培制度的改变，生产和气候条件的变化，以及产量水平的提高，我国小麦病、虫、杂草的发生与危害也不断演替。因此，科学防控病、虫、草害的发生与危害，是保障我国小麦持续增产和粮食安全生态安全的重要战略任务。

第一节　小麦主要病害及其防治技术

全世界记载的小麦病害有 200 多种，我国报道的有 50 余种，其中真菌病害 40 多种，细菌病害 3 种，病毒病 9 种。发生较重的有 30 多种，主要是小麦锈病、白粉病、纹枯病、赤霉病、丛矮病、黑穗（粉）病、根腐病、叶枯病和全蚀病等。

一、小麦锈病

（一）分布与危害

小麦锈病包括条锈病、叶锈病和秆锈病 3 种，在全世界各小麦产区发生范围最广、危害程度最大，其中以条锈病危害最为严重。条锈菌和秆锈菌的寄主有小麦、大麦、燕麦、黑麦和禾本科一些杂草等；叶锈菌一般只危害小麦，但在一定条件下也可侵染冰草属（*Agropyron*）和山羊草属（*Aegilops*）的一些种。条锈病在我国以西北、西南、黄淮等冬麦区和西北春麦区发生严重，一般流行年份可使小麦减产 20%～30%，严重田块几乎绝产。

（二）症状与病原

1. 症状　3 种锈病均可感染危害小麦叶片、叶鞘、茎秆或穗部。小麦受害后，出现退绿斑点，后产生鲜黄色或红褐色铁锈状粉疱，即锈菌的夏孢子堆。小麦生长后期病部长出黑褐色的疱斑，即锈菌的冬孢子堆。3 种锈病的症状可根据夏孢子堆和冬孢子堆的形状、大小、颜色、着生部位及排列方式等区分。条锈病发生部位以叶片为主，叶鞘和穗次之，夏孢子堆小，椭圆形，鲜黄色，排列成行，表皮开裂不明显；冬孢子堆黑色，狭长，排列成行，不破裂。叶锈病发病以叶片为主，叶鞘和茎秆次之，夏孢子堆红褐色，中等大小，近圆形，散乱，表皮均匀开裂；冬孢子黑色，圆形至长椭圆形，散生，不破裂。秆锈病发病以茎秆和叶鞘为主，夏孢子堆锈褐色，较大，长椭圆形，排列散乱，大片开裂且反卷；冬孢子堆黑色，椭圆形，排列散乱，表皮破裂、卷起。3 种锈病症状可概括为"条锈成行叶锈乱，秆锈是个大红斑"。

2. 病原　小麦条锈病病原为条形柄锈菌 *Puccinia striiformis* West. f. sp. *tritici* Eriks.；叶锈病病原为隐匿柄锈菌 *Puccinia recondite* Rob. ex Desm. f. sp. *tritici* Eriks. et Henn.；秆锈病病原为禾柄锈菌 *Puccinia graminis* Pers. f. sp. *tritici* Eriks. et Henn.。3 种小麦锈菌均属菌物界、真菌门、担子菌亚门、柄锈菌属。

（三）侵染循环与发病规律

3 种锈菌都属活体营养寄生，通过夏孢子传播危害。小麦锈病的侵染循环可分为锈菌越夏、秋苗侵染、越冬和春季流行 4 个阶段。3 种锈菌的萌发和侵入均要求有水滴或水膜，否则不能萌发和侵入。3 种锈菌对环境温度的要求差异很大，条锈菌的菌丝生长和夏孢子形成的适温为 10～15℃；夏孢子萌发的温度为 2～26℃，最适温为 7～10℃；侵入适温为 9～12℃；夏季旬均温超过 22～23℃，条锈菌则不能越夏。叶锈菌夏孢子萌发的温度为 2～31℃，最适温为 15～20℃；若低于 10℃，即使叶面长时间结水，也不能或极少侵入叶片组织。秆锈菌的菌丝生长和夏孢子形成的最适温为 20～25℃，低于 15℃不利菌丝生长和夏孢子形成，夏孢子萌发的温度为 3～31℃，最适温为 18～22℃。

小麦条锈菌的 1 个夏孢子侵入小麦后，可以产生 10～100 个夏孢子堆，每个夏孢子堆约有 3 000 个夏孢子。夏孢子成熟后，孢子堆破裂散出的夏孢子随风进行再侵染。

我国东部平原麦区常年夏季最热月份，旬平均气温在 25.8℃以上，小麦条锈菌不能在此地越夏。我国小麦条锈菌越夏菌源范围划为五大区，即西北、川西北、云南、新疆和华北越夏区。越夏区小麦收获后，夏孢子随气流传播到我国高纬度或高海拔凉爽地区侵染危害晚熟冬麦、春麦或自生麦苗等寄主，并在其上越夏。秋季再随气流从越夏区逐步向黄淮等冬麦区传播到秋苗上侵染危害，并以菌丝侵入小麦叶片组织内越冬，成为来春的初侵染源。春季随气温回升和降雨增多，锈菌扩展蔓延，引起早春至初夏流行，称为流行区。

小麦条锈菌是专化性很强的寄生菌，存在着很多侵染力不同的生理小种。其中，高致病性生理小种条中 32 和条中 33 分布区域广、寄生适合度高、毒性强、毒谱宽，对我国大面积种植的小麦生产品种具有很强的致病性。我国现主推的小麦品种大都易感染条锈病。

小麦叶锈菌因对温度适应范围较广，在我国华北、西北、西南、中南等广大麦区的冬麦区的自生麦苗和晚熟春小麦上，均以夏孢子连续侵染的方式越夏。待秋苗出土后，病菌就近侵染秋苗，并向邻近地区传播蔓延危害。其越冬形式和越冬条件与条锈病类似。我国叶锈菌生理小种以叶中 4 号为优势种，其次为叶中 34、叶中 3、叶中 44、叶中 19 等。

小麦秆锈菌耐高温而不耐低温，夏孢子在黄淮等冬麦区几乎不能越冬，其流行程度主要与南方春季气流传来的菌源有关。在西北、华北、东北及西南冷凉麦区晚熟春小麦及自生麦苗上可以越夏。目前我国已发现 16 个秆锈菌生理小种，其中 21C3 是优势小种，其次是 34 小种群。

（四）防治方法

小麦锈病防治应坚持"长短结合、标本兼治、分区治理、综合防治"策略，以越夏区治理为基础，以冬繁区控制为关键，以流行区预防为重点，严把"越夏菌源控制"、"秋苗病情控制"和"春季应急防治"三道防线，并做到"发现一点，保护一片，点片防治与普遍预防相结合"。

1. 因地制宜种植抗病品种　目前生产上种植的小麦品种多不抗锈病，但也有一些品种表现出一定的抗、耐病性，且产量较高、品质较好，各地可酌情选用。要搞好大区抗病品种合理布局，避免品种单一化，至少选择 2～3 个遗传背景不同的抗锈品种种植。

2. 实施健壮栽培技术　小麦病虫害防治不能被动应对，要提前介入到生产环节，通过实施培肥地力、平衡施肥、适时播种、合理密植、节水灌溉等措施，保证小麦健壮生长，提高抗病性。在此基础上科学防治病虫害，实现小麦的可持续生产。

3. 药剂防治

（1）药剂拌种　每 100kg 种子可选用 60g/L 戊唑醇悬浮种衣剂 50～67mL 拌种，预防纹枯病和锈病；或每 100kg 种子可选用 15%噻呋·呋虫胺种子处理可分散粉剂 3 500～5 000g 拌种，预防纹枯病、锈病和蚜虫。

（2）大田喷雾　提倡发生初期及时喷药控制发病中心向周围扩散即当病叶率达 0.5%～1%时普遍喷药。每公顷可选用 250g/L 丙环唑乳油 450～600mL，或 430g/L 戊唑醇悬浮剂 300～375mL，或 30%氟环唑悬浮剂 300～375mL，加水稀释均匀喷雾。发病较重时，连续喷药 2～3 次，间隔期为 10d 左右。

二、小麦白粉病

（一）分布与危害

小麦白粉病在世界各主要麦类产区均有分布，在小麦各生育时期均可发生，以抽穗至成熟期危害最重。被害麦田一般减产 10%左右，严重者减产可达 50%以上，甚至绝产。

（二）症状与病原

1. 症状　小麦白粉病可侵害麦株地上部各器官，以叶片和叶鞘为主，发病重时颖壳和芒也可受害，病部表面有一层白粉状霉层。发病初期，叶面出现径宽 1～2mm 的分散白色霉点，后逐渐扩大为近圆形至椭圆形白色霉斑，霉层增厚可达 2mm，遇有外力或振动立即飞散，这些粉状物就是病菌的菌丝体和分生孢子。后期病部霉层变为灰白色至浅褐色，病斑上散生有针头大小的小黑颗粒，即病原菌的闭囊壳。

2. 病原　小麦白粉病菌病原的有性态为禾本科布氏白粉菌小麦专化型 *Blumeria graminis*（DC.）Speer. f. sp. *tritici* Marchal，属真菌子囊菌亚门布氏白粉菌属，是一种专性寄生真菌；无性态为串珠状粉孢菌 *Oidium monilioides*（Nees）Link，属半知菌亚门粉孢属真菌。该菌不能侵染大麦，大麦白粉菌也不侵染小麦。小麦白粉菌在不同地理生态环境中与寄主长期相互作用，能形成不同的生理小种，毒性变异很快。

（三）侵染循环与发病规律

该病菌可以分生孢子阶段在夏季气温较低地区的自生麦苗或春麦上侵染繁殖或以潜育态越夏，或通过病残体上的闭囊壳在干燥和低温条件下越夏，以分生孢子或以菌丝体潜伏在寄主组织内越冬。越冬病菌先侵染底部叶片呈水平方向扩展，后向中上部叶片发展。小麦白粉病早期发病中心明显。冬麦区春季发病菌源主要来自当地，以分生孢子或子囊孢子借气流传播，进行多次再侵染。白粉病发病的适宜温度为15～20℃，28℃以上一般不发病；当相对湿度大于70%时该病害有流行可能。

（四）防治方法

小麦白粉病防治以选用抗病品种和加强栽培为基础，重点做好种子处理和药剂喷雾。

1. 选用抗病品种　国外已明确的抗白粉病基因有20多个。我国引进的抗白粉病基因中以 *Pm2*、*Pm2x*、*Pm4*、*Pm2+6* 的抗病性表现较好。目前生产上应用的大多品种不抗或高感白粉病，但也存在部分抗、耐病品种。

2. 加强栽培管理　精量半精量播种，适当晚播，合理密植；适时浇水，适当增施磷钾肥，增强植株抗病力；雨后及时排水，彻底铲除自生麦苗，减少秋苗期初侵染源。

3. 药剂防治　同小麦锈病防治。

三、小麦纹枯病

（一）分布与危害

小麦纹枯病是一种世界性病害，我国各主产麦区普遍发生，一般使小麦减产10%～20%，发病早危害重的可减产20%～40%。

（二）症状与病原

1. 症状　小麦纹枯病主要发生在叶鞘和茎秆上，植株受害后在不同生育阶段所表现的症状不同。小麦发芽感病后，芽鞘变褐色，严重时出现"烂芽"。秋苗至返青期感病，叶鞘上出现中部灰白色、边缘褐色的病斑，严重的造成"枯死苗"。拔节后植株基部叶鞘出现椭圆形水渍状病斑，后发展为中部灰白色、边缘褐色的云纹状病斑，病斑扩大连成"花秆烂茎"，由于茎部腐烂，后期遇风易发生"倒伏"。发病严重的主茎和大分蘖常不能抽穗而形成"枯孕穗"，或虽能抽穗，但结粒少而秕，形成"枯白穗"。

2. 病原　小麦纹枯病菌的有性态为喙角担菌 *Ceratobasidium cornigerum*（Borud.）Rogers，属真菌担子菌亚门角担菌属，自然情况下不常见；无性态为禾谷丝核菌 *Rhizoctonia cerealis* Vander Hoeven，而立枯丝核菌 *Rhizoctonia solani* Kühn 也可侵染小麦引起纹枯病，两者均属半知菌亚门丝核菌属。病菌以菌丝和菌核形式存在，可侵染小麦、大麦、燕麦、黑麦、水稻、高粱、玉米、大豆等作物及狗尾草等多种禾本科杂草，对小麦和

大麦的致病力最强。

（三）侵染循环与发病规律

病菌以菌核或菌丝体在土壤中或附着在病残体上越夏或越冬，成为初侵染主要菌源。病害的发生和发展大致可分为冬前发生期、越冬期、早春返青上升期、拔节后盛发期和抽穗后枯白穗发生期5个阶段。早春小麦返青后随气温升高，病害发展加快；小麦拔节后至孕穗期，病株率和严重度急剧增长，形成发病高峰。病害流行程度取决于3～4月气温和降水量。日均温度20～25℃时病情发展迅速，高于30℃，病害基本停止发展。冬麦播种过早、密度大、冬前旺长，以及偏施氮肥或施用带有病残体而未腐熟的粪肥、春季受低温冻害等麦田发病重；秋冬季温暖、春季多雨、常年连作发病重；高沙土地纹枯病重于黏土地、黏土地重于盐碱地。

（四）防治方法

该病属于土传性病害，在防治策略上应以健康栽培为基础，药剂拌种早预防，早春至拔节期喷药防治为重点。

1. 选用抗（耐）病品种 目前生产上缺乏高抗纹枯病的小麦品种，但品种间抗性差异较大。应尽量选用抗性较好、耐病或感病轻、丰产性好的品种。

2. 合理轮作，加强栽培管理 实行小麦与大蒜、油菜等作物轮作，可减少田间菌源积累；增施有机肥或用酵素菌沤制的堆肥、采用配方施肥、避免重施氮肥可增强小麦的抗病性和耐害性；忌大水漫灌，大雨后及时排水；重病区要适期晚播，合理密植；及时清除田间杂草。

3. 药剂防治

（1）药剂拌种 每100kg种子用60g/L戊唑醇悬浮种衣剂50～67mL拌种，预防纹枯病；或用15%噻呋·呋虫胺种子处理可分散粉剂3 500～5 000g拌种，预防纹枯病和蚜虫。

（2）大田喷雾 提倡发生初期及时喷药控制发病中心向周围扩散，即当病叶率达0.5%～1%时普遍喷药。每公顷可选用250g/L丙环唑乳油450～600mL，或430g/L戊唑醇悬浮剂300～375mL，或30%氟环唑悬浮剂300～375mL，或24%井冈霉素水剂600～800mL，加水稀释均匀喷雾。发病较重时，连续喷药2～3次，间隔期为10d左右。

四、小麦赤霉病

（一）分布与危害

我国长江中下游、华南地区及黑龙江省东北部是赤霉病常发区，近年来黄淮麦区发生严重，一般减产10%～20%，发病严重地块减产达80%。发病麦粒上的赤霉菌可代谢产生多种毒素，其中以脱氧雪腐镰刀菌烯醇毒性最强，人、畜食用后会引起眩晕、发烧、恶心、呕吐、腹泻等急性中毒症状，严重时会出血，影响免疫能力和生育能力等，直接对人、畜健康和生命安全构成威胁。

（二）症状与病原

1. 症状　赤霉病在小麦各个生育期都能发生，但主要危害穗部。苗期侵染引起苗腐，中后期侵染引起秆腐和穗腐，尤以穗腐危害性最大。病菌在穗部最先侵染部位是花药，其次为颖片内侧壁。通常一个麦穗的小穗先发病，然后迅速扩展到穗轴，进而使其上部其他小穗迅速失水枯死而不能结实。一般扬花期侵染，灌浆期显症，成熟期成灾。赤霉病侵染初期在颖壳上呈现边缘不清的水渍状褐色斑，渐蔓延至整个小穗，病小穗随即枯黄。发病后期在小穗基部出现粉红色胶质霉层，籽粒干瘪、皱缩，粒重下降。

2. 病原　主要是禾谷镰刀菌 *Fusarium graminearum* Schwabe，其有性阶段为玉蜀黍赤霉 *Gibberella zeae*（Schweinitz）Petch，属于子囊菌亚门赤霉菌属。菌丝体为白色至粉红色，有性态子囊壳散生或聚生于小麦颖片两侧、基部及缝隙。子囊壳深蓝色、蓝紫色或黑色，卵圆形或锥形；子囊无色，棍棒形；子囊孢子无色，弯纺锤形。

（三）侵染循环

小麦赤霉病菌在麦类、玉米、高粱、水稻、棉花、甘薯、豆类、茄子等作物及杂草共60多种寄主上危害和相互传播蔓延，并在寄主残体上以子囊壳、菌丝体和分生孢子越冬。土壤和带菌种子是主要初侵染源。子囊孢子与分生孢子借助气流和风雨传播，孢子落在麦穗上萌发产生菌丝，经颖片缝隙侵入凋萎的小麦花药及整个小穗。后期病部出现颗粒状紫黑色粗糙的子囊壳。

子囊孢子与分生孢子萌发的温度为4～35℃，在最适温度25～30℃时，经4～8h，萌发率达90%以上。子囊壳遇水滴或相对湿度98%以上即能释放子囊孢子。因此，小麦扬花期雨日多、湿度大，非常利于孢子释放、传播、萌发和侵染危害，此期遇连续阴雨或雾霾天气，病害就可能严重发生。

（四）防治方法

1. 选用抗病品种　选择适用当地且抗病性较强的品种。

2. 加强栽培管理　适期播种，使小麦扬花尽量避开多雨期；保证田间排灌通畅，增施磷钾肥，促进麦株健壮，防止倒伏早衰。

3. 药剂防治　首次喷药时间为小麦齐穗后至扬花10%前，病害严重时，7d左右再喷1次。药剂可选用25%氰烯菌酯悬浮剂1 500～3 000mL/hm²，或40%戊唑醇·咪鲜胺悬浮剂375～525mL/hm²，或48%氰烯·戊唑醇悬浮剂600～900mL/hm²，或70%甲基硫菌灵可湿性粉剂1 125～1 500g/hm²。喷施浓度参照产品使用说明书。

五、小麦黑穗（粉）病

（一）分布与危害

主要包括散黑穗病、腥黑穗病和秆黑粉病。腥黑穗病又分为网腥黑穗病、光腥黑穗病

和矮腥黑穗病，其中小麦矮腥黑穗病是我国进境的重要植物检疫性对象，而网腥黑穗病和光腥黑穗病是部分省（自治区、直辖市）补充植物检疫性对象。

（二）症状与病原

1. 症状　小麦散黑穗病主要发生于穗部，发病小穗的子房、种皮和颖片均变为黑色粉末（冬孢子），病穗比健穗较早抽出。最初病小穗外包一层灰色薄膜，成熟后破裂，散出黑粉，黑粉吹散后，只残留裸露的穗轴。

腥黑穗病一般病株较矮，分蘖较多，病穗稍短且直，颜色较深，颖片麦芒外张，露出部分病粒（菌瘿）。病粒较健粒短胖，灰黑色，包外一层灰色膜，内部充满黑色粉末（冬孢子），破裂后散出含有鱼腥味的气体，故称腥黑穗病。

秆黑粉病主要发生在小麦叶片和茎秆上，拔节后开始表现症状。病部呈深灰色隆起与叶脉平行的条纹，后表皮破裂，散出黑粉，病株矮小，分蘖增多，病叶卷曲，多数病麦株不能抽穗。

2. 病原　小麦散黑穗病病原为裸黑粉菌 *Ustilago nuda*（Jens.）Rostr.，属担子菌亚门黑粉菌属。小麦腥黑穗病的病原主要有 2 种，即网腥黑粉菌 *Tilletia caries*（DC.）Tul 和光腥黑粉菌 *Tilletia foetida*（Wallr.）Liro，均属担子菌亚门腥黑粉菌属。秆黑粉病病原为小麦条黑粉菌 *Urocystis tritici* Korn，属担子菌亚门条黑粉菌属。

（三）侵染循环与发生规律

散黑穗病菌在小麦扬花期侵入。小麦播种后随种子萌动形成系统侵染，侵入穗原基，茎叶上不表现症状，至孕穗期，菌丝体在小穗内迅速发展，麦穗上产生大量黑粉，成熟后散出冬孢子，正值小麦扬花期，借风飘落到健花柱头上萌发侵入珠心，潜伏于胚内。病菌在一年内只侵染 1 次，种子带菌是发病的唯一来源。小麦扬花期遇阴雨天气、空气湿度大利于孢子萌发侵入，病种子多，翌年发病重。腥黑穗病主要以病菌冬孢子附着在种子表面和混入土壤与肥料中越冬或越夏，是其主要侵染源。秆黑粉病主要以带菌土壤、肥料和种子为主要侵染源，病菌从幼苗芽鞘侵入至生长点。冬孢子在干燥土壤中可存活 3～5 年。

（四）综合防治方法

1. 加强植物检疫　加强植物检疫，防止黑穗病菌扩散蔓延，尤其要严防矮腥黑穗病菌随调种或商品粮侵入。

2. 选用抗病品种　因地制宜选用抗病性较强的小麦品种。

3. 农业措施　发病地块的小麦不能留种，选用无病种子；合理轮作，精细耕地，足墒适时播种，施用无菌肥等。

4. 药剂拌种　每 100kg 种子可用 60g/L 戊唑醇悬浮种衣剂 50～67mL 拌种，或用 11% 唑醚·灭菌唑种子处理悬浮剂 65～75mL 拌种，或用 9% 氟环·咯·苯甲种子处理悬浮剂 100～200mL 拌种，预防小麦黑穗（粉）病。

六、小麦根腐病

(一)分布和危害

小麦根腐病在小麦种植国家均有发生，我国东北、西北、华北及山东、河南等地为主要发生区，特别在多雨潮湿地区或年份发生更重。小麦被根腐病菌侵染后根部腐烂，造成叶枯、秕粒，穗部感病会造成枯白穗，严重影响出苗率、成穗率、千粒重和麦粒品质。病菌寄主有小麦、大麦、燕麦、黑麦等作物和30余种禾本科杂草。

(二)症状与病原

1. 症状　小麦各生育期均可发病，以苗期侵染为主，在茎基部、叶鞘及叶鞘内侧形成黑褐色条斑或梭形斑，根部产生褐色或黑色病斑，后期根系腐烂造成死苗、死株、死穗。幼芽受害后变褐枯死，拔取病株可见茎节基部变褐，根毛表皮脱落。叶上病斑初期为梭形或椭圆形褐斑，扩大后呈长椭圆形或不规则褐色大斑，潮湿时，病部产生黑色霉状物，即病菌分生孢子梗和分生孢子。病小穗不能结实，或虽结实但种胚变黑。

2. 病原　为禾旋孢腔菌 *Cochliobolus sativus* (Ito et Kurib.) Drechsl，属子囊菌亚门旋孢腔菌属。子囊壳生于病残体上，子囊无色，内有4～8个子囊孢子，子囊孢子淡黄褐色。无性态为 *Bipolaris sorokiniana* (Sacc.) Shoem.，属半知菌丝孢目。

(三)侵染循环和发生规律

小麦根腐病是一种较为严格的土壤寄居菌，病残体上菌丝体是主要初侵染源。分生孢子借风雨传播，进行多次再侵染。病菌分生孢子在相对湿度98%以上或水滴中即可萌发，直接穿透表皮或由伤口和气孔侵入。在25℃下病害潜育期5d。土壤营养好、感病寄主多、气候条件和栽培制度适宜等是小麦根腐病在田间发生、扩展的重要因素。

(四)防治方法

1. 选用抗病品种　因地制宜选用抗病性较强的品种，不用带菌的种子。

2. 轮作倒茬　在重病区原则上不宜连作，可与棉花、甜菜、油菜、向日葵等非寄主作物进行轮作，以降低病原菌在土壤中的存活量。

3. 合理施肥　施足基肥，或施用腐殖酸肥料，改良土壤，提高植株抗病能力。

4. 加强栽培管理　适时播种，合理密植，避免冻害。

5. 药剂防治

(1) 药剂拌种　每100kg种子可用60g/L戊唑醇悬浮种衣剂50～67mL拌种，预防根腐病；或每100kg种子可用15%噻呋·呋虫胺种子处理可分散粉剂3 500～5 000g拌种，预防根腐病和蚜虫。

(2) 大田喷雾　黄淮及北部冬麦区在秋苗期和孕穗期可喷药防控。可选用250g/L丙环唑乳油450～600mL/hm²，或430g/L戊唑醇悬浮剂300～375mL/hm²，加水稀释后对茎基部和根部喷雾。

七、其他小麦病害

（一）小麦丛矮病

小麦丛矮病在我国各麦区分布较普遍，发病田轻者减产 10%～20%，重者达 50% 以上。小麦自秋苗 2 叶期开始表现症状，叶色黄绿相间，植株矮缩，新叶不能伸展、细弱针状，分蘖增多，形成明显的丛矮状，不抽穗，或抽出的穗小，籽粒秕。病原为北方禾谷花叶病毒（*Northern cereal mosaic virus*，NCMV）。丛矮病潜育期因温度不同而异，一般 6～20d。寄主有小麦、大麦等 24 属 65 种作物和杂草。

灰飞虱 [*Laodelphax striatella*（Fallén）] 是小麦丛矮病的传毒媒介。灰飞虱在病株上吸食后即获得病毒，但需经一段循回期才能传毒：如日均温 26.7℃，平均 10～15d；20℃时，平均 15.5d。1～2 龄若虫易获毒，一旦获毒可终生传毒，以成虫传毒能力最强，但成虫不能经卵将病毒传给后代。最短获毒期 12h，最短传毒时间 20min。获毒率及传毒率随吸食时间延长而提高。

冬麦区灰飞虱秋季从带病毒的越夏寄主上大量迁飞至麦田危害，造成早播麦苗发病。在黄淮麦区灰飞虱以若虫在麦田、杂草根际或土缝中越冬。丛矮病毒在小麦、大麦等越冬寄主和灰飞虱越冬代若虫体内越冬，是翌年的毒源。春季灰飞虱继续危害麦苗和传播病毒。小麦成熟后，灰飞虱迁飞至自生麦苗、水稻、玉米、谷子、画眉草、狗尾草、马唐等禾本科植物上危害、繁殖和传毒。

丛矮病发生程度与灰飞虱种群消长动态密切相关，灰飞虱虫口密度大、带毒率高、耕作粗放、间作或套作的麦田，以及田间杂草多，夏秋多雨、冬暖春寒年份均利于丛矮病的发生。

防治方法：

（1）药剂拌种　每 100kg 种子可用 15% 噻呋·呋虫胺种子处理可分散粉剂 3 500～5 000g 拌种，预防灰飞虱、蚜虫和多种病害；或每 100kg 种子用 35% 苯甲·吡虫啉种子处理悬浮剂 400～600g 拌种，或用 79% 噻呋·噻虫嗪种子处理可分散粉剂 300～500g 拌种。

（2）药剂喷雾　可用 50% 吡蚜酮可湿性粉剂 120～150g/hm^2，或 50% 吡蚜·异丙威可湿性粉剂 375～450g/hm^2，或用 70% 吡虫啉水分散粒剂 30～60g/hm^2，或用 25% 噻虫嗪水分散粒剂 135～180g/hm^2 对水喷雾。

（二）小麦全蚀病

小麦全蚀病又叫立枯病，全世界 30 多个国家有报道，为国内植物检疫对象。我国云南、江苏、河北、山东、河南、内蒙古等省（自治区）有发生。发病田轻者减产 10%～20%，重者减产 50% 以上，甚至绝收。由子囊菌亚门的禾顶囊壳菌 *Gaeumannomyces graminis*（Sacc.）Arx. et Olivier 引起，可侵染危害小麦、玉米、旱稻、燕麦等禾本科作物和杂草。

小麦全蚀病为根腐和茎腐性病害，苗期侵染，地上部症状不明显，比健株稍矮，分蘖减少，基部叶片发黄，初生根和地下茎呈灰黑色，严重时次生根也变黑。灌浆至成熟期，症状尤为明显，在田间潮湿情况下，根茎变色部分形成基腐性的"黑脚"症状，最后植株枯死，形成白穗，剥开病基部叶鞘，可见到该病独特的"黑膏药"状物。

该病菌是一种土壤寄生菌，在土壤中的活动可分为寄生和腐生两个阶段。在寄生阶段，病菌通过侵染寄主幼苗的根系，营寄生生活，造成根茎变黑、腐烂，形成"白穗"；小麦收获后，病菌以粗壮休眠菌丝形式在病残体内营腐生生活。土壤碱性愈强发病愈重，pH 值小于 5，对病菌有抑制作用；土壤通气好、湿度大、晚秋或春季雨多的年份发病重。在连作麦田当发病达高峰后病害将自然衰退。

防治方法：

（1）加强检疫　认真执行检疫法规，在零星发病区采取铲除措施，严防从疫区向非疫区传入。

（2）农业措施　增施有机肥改良土壤，平衡追施氮、磷、钾肥；因地制宜轮作换茬；加强田间管理，增强植株抗病性。

（3）药剂防治　每 100kg 种子可选用 12％硅噻菌胺种子处理悬浮剂 160～320mL，或 1％申嗪霉素悬浮剂 100～200mL，或 3％苯醚甲环唑悬浮种衣剂 250～333mL 拌种。

（三）其他常见病害

我国小麦常见的其他病害还有小麦黄矮病、小麦叶枯病、小麦颖枯病、小麦黑颖病、小麦霜霉病等，各地可依据其发生流行与危害程度，因地制宜进行科学防治。

第二节　小麦主要害虫及其防治技术

据调查统计，小麦害虫有 237 种，其主要害虫为地下害虫及麦蚜、害螨、吸浆虫类，其次是黏虫、麦叶蜂、麦秆蝇、麦潜叶蝇、管蓟马等。

一、地下害虫类

（一）种类、分布与危害

小麦地下害虫在土中危害播下的种子、植株的根和地下茎等，常造成不同程度的缺苗断垄，严重时死苗率达 50％以上。小麦地下害虫具有发生种类多，食物范围广，生活周期较长，春、秋两季发生危害严重，防治较困难等特点。从全国发生情况来看，北方重于南方，旱地重于水浇地，优势种群则因地而异。

麦田发生危害较普遍的地下害虫主要有华北大黑鳃金龟 *Holotrichia oblita*（Faldermann）、暗黑鳃金龟 *Holotrichia parallela* Motschulsky、铜绿丽金龟 *Anomala corpulenta* Motschulsky、沟金针虫 *Pleonomus canaliculatus* Faldermann、细胸金针虫 *Agriotes fuscicollis* Miwa、东方蝼蛄 *Gryllotalpa orientalis* Golm、华北蝼蛄（单刺蝼蛄）*Gryllotalpa unispina* Saussure 等，黄地老虎 *Euxoa segetum* Schiffermuller 和小地老虎

Agrotis ypsilon Rottemberg 发生较轻，麦根蝽 *Stibaropus formosanus* Takano et Yanagihara 仅在我国北方和台湾的局部地区有分布。

（二）生活史与习性

1. 蛴螬类 蛴螬是金龟甲的幼虫，在土中取食危害萌发的种子，咬断麦苗的根、茎，断口整齐平截，常造成地上部幼苗枯死和缺苗断垄。成虫可严重危害植株叶片。

（1）大黑鳃金龟 在我国华南地区一年发生1代，以成虫在土壤中越冬。在北方地区一般2年完成1代。在黄淮冬麦区，越冬成虫于4月中旬开始出土，5月上中旬盛发，5～8月产卵，6月中旬为产卵高峰。卵期13.6～22.0d，6月中下旬至7月中旬幼虫孵化，7月下旬至8月多为2龄幼虫，8月下旬后多数幼虫进入3龄，危害日趋严重；10月中旬以后，幼虫开始向下潜入深土层越冬；次年春季气温达14℃左右时越冬幼虫上升危害，5月底幼虫开始陆续老熟下移做室进入预蛹期，约经12d，6月开始化蛹，6月下旬至7月上旬为化蛹盛期，蛹期20d左右。7月上旬成虫开始羽化，至9月份羽化结束，当年羽化的成虫不出土，即在土壤中越冬。

（2）暗黑鳃金龟 在我国各地一年发生1代，以3龄幼虫为主、成虫为辅在土壤中越冬。在华北及山东、安徽等地，4月底至5月初越冬幼虫开始化蛹，5月中下旬为蛹盛期，6月上旬开始羽化为成虫，6月中旬至7月上旬为卵盛期，6月下旬幼虫开始孵化，7月中旬至9月中旬达危害盛期，10月幼虫向深土层转移越冬。蛹期15～20d，卵期8～10d，1龄幼虫期（17.2±2.6）d，2龄幼虫期（16.3±2.6）d。

（3）铜绿丽金龟 在辽宁、山西、陕西以南地区一年发生1代，以2～3龄幼虫在土壤中越冬。越冬幼虫春季10cm土温高于6℃时开始活动，在4～5月有短时间危害。成虫盛期一般为6月上旬至7月下旬。8月至10月中旬幼虫危害作物，10月中下旬下移越冬。蛹期9d左右，卵期7～13d，1龄幼虫期（26.1±2.8）d，2龄幼虫期（24.7±2.4）d。

三种金龟成虫昼伏夜出，有伪死性和趋光性，铜绿丽金龟趋光性很强，其次是暗黑鳃金龟，大黑鳃金龟雌虫几乎无趋光性。动物粪、腐烂的有机物有招引成虫产卵的作用。幼虫在土中垂直活动距离较大而水平活动距离较小，老熟后到深土层做土室化蛹。

2. 金针虫类 金针虫是叩头甲的幼虫，在土中蛀食播下的种子及幼苗须根、主根或地下茎，造成缺苗断垄。成虫在地上活动时间不长，仅取食作物嫩叶，危害不重。

在黄淮地区，沟金针虫一般3年完成1代，以成虫和各龄幼虫在无冻土层下越冬。卵期30～35d，幼虫期长达1 150d左右，蛹期12～20d。细胸金针虫一般2年完成1代，以成虫和各龄幼虫在无冻土层下越冬。卵期26～32d，幼虫期长达450d左右，蛹期约20d。

两种金针虫成虫于3月开始出土活动，4月中旬至5月上旬为产卵盛期，且幼虫开始孵化。成虫昼伏夜出，有强叩头反跳能力和假死性。细胸金针虫略具趋光性，沟金针虫雌虫无趋光性。卵散产于表土层内，沟金针虫单雌平均产卵200余粒，细胸金针虫30～40粒。新鲜而略萎蔫的杂草及作物枯枝落叶等腐烂发酵气味对成虫有极强的诱集产卵作用。幼虫垂直活动距离大而水平活动距离较小，低龄幼虫怕热需下潜至深土层越夏，老熟后在土中化蛹。

3. 蝼蛄类 华北蝼蛄多发生在盐碱地和黄河冲积平原，而东方蝼蛄则以水浇地、低洼潮湿地和酸性壤土、轻黏土地中发生较多，尤其是南方发生更多。成、若虫咬食发芽的种子，麦苗地下根茎被咬成乱麻状，并在土层挖掘隧道形成虚土窜行危害，使小苗根土分离失水而死。

华北蝼蛄一般3年左右完成一代，东方蝼蛄一般1～2年完成一代，均以成、若虫在土壤深处越冬。完成1代需360～720d。

在黄淮地区，每年3月份两种蝼蛄成、若虫上升至表土层活动，4～6月和9～10月严重危害作物幼苗，6～7月产卵。成、若虫昼伏夜出，趋光性强，特别嗜食煮至半熟的谷子和炒香的豆饼、棉籽饼、玉米糁、麦麸等香甜物质，并对鲜马粪、未腐熟有机肥等有趋性。喜欢栖息和活动于河岸渠旁、菜园及低洼潮湿地块。

（三）综合防治方法

1. 农业防治 合理轮作倒茬与施肥浇水，有条件的地方实行水旱轮作；播前翻耕土地，精耕细作，都是控制地下害虫的有效措施。农家肥腐熟后再施入田间，施后要覆土。

2. 物理防治 大面积连片使用荧光杀虫灯诱杀成虫；结合耕地和田间管理，当发现地下害虫危害和活动时进行人工捕杀。

3. 化学防治

（1）土壤处理 用3%辛硫磷颗粒剂45～60kg/hm^2，与农家肥、有机肥或细土混合，翻地前撒施。因辛硫磷见光易分解，避免长时间暴晒。

（2）种子处理 用50%二嗪磷乳油，按种子量的0.1%～0.2%拌种。

（3）毒饵诱杀 用40%辛硫磷乳油或48%毒死蜱乳油50～80mL，加适量水稀释，再将药液喷拌在5kg炒香的麦麸、谷子、米糠、玉米糁、豆饼糁或棉籽饼糁中混匀制成毒饵。于傍晚顺垄撒施，或与种子混播，每公顷用毒饵30～45kg。

（4）药液灌根 将40%辛硫磷乳油加水稀释成500～800倍液，仅针对受害植株附近，顺垄灌根，每米单行灌药液0.5kg；或将48%毒死蜱乳油加水稀释成600～1 000倍液，顺垄灌根。

二、麦蚜

（一）种类、分布与危害

麦蚜，属同翅目、蚜科。包括麦长管蚜 *Macrosiphum avenae*（Fabricius）、麦二叉蚜 *Schizaphis grainum*（Rondani）、禾谷缢管蚜 *Rhopalosiphum padi*（Linnaeus）、麦无网长管蚜 *Acyrthosiphon dirhodum*（Walker），其中以麦长管蚜为优势种群，尤以北方4月中旬至小麦乳熟期发生更重。麦长管蚜和禾谷缢管蚜分布全国各麦区；麦二叉蚜主要分布我国长江以北各麦区，特别在西北冬春麦区发生频率最高；麦无网长管蚜仅分布北京、河北、河南、宁夏、云南和西藏等地。

麦长管蚜和麦二叉蚜主要危害麦类、水稻、高粱、粟等禾本科作物及禾本科、莎草科等杂草。在小麦苗期，成、若蚜多群集在麦叶背面、叶鞘及心叶处危害；禾谷缢管蚜危害麦类、玉米、谷子等，小麦拔节和抽穗后，多集中在上部的茎、叶和穗上危害，并排泄大量蜜露，影响麦株的呼吸和光合作用。被害处呈浅黄色斑点，严重时叶片发黄，甚至整株枯死。穗期受害，影响小麦灌浆，籽粒干瘪，粒重下降，造成严重减产，以灌浆期、乳熟期危害损失最大。麦蚜还是传播小麦黄矮病的媒介昆虫。

（二）形态特征

1. 麦长管蚜（图 13-1）　无翅孤雌蚜：体长 2.3～3.1mm，略呈纺锤形，体绿色或淡绿色，间有红色个体。触角 6 节，黑色，约与体等长或稍长，第 3 节近基部有小圆形次生感觉圈 1～4 个。腹管长圆筒形，黑色，端部 1/4～1/3 处有网状纹，长为尾片的 2 倍。尾片黄绿色，长锥形，有曲毛 6～8 根。有翅孤雌蚜：体长 1.4～2.8mm。头胸部多呈暗褐色或暗绿色，腹部黄绿色至绿色，间有红色个体，背侧各具 4～5 个褐色斑纹。触角 6 节，长于体长，第 3 节上有圆形次生感觉圈 6～18 个，排成 1 列。翅透明，中脉 3 支。尾片有毛 8～10 根。

若蚜共 4 龄，体淡绿色或绿色，间有红色个体。第 1、2 龄触角 5 节，第 3、4 龄 6 节。第 3 龄有翅若蚜显翅芽，第 4 龄翅芽超过体长的 1/3，且前后翅芽重叠。

2. 麦二叉蚜（图 13-2）　无翅孤雌蚜：体长 2.0mm 左右，淡黄色至黄绿色，背中线明显深绿色，头顶显著突出。触角 6 节，约为体长的一半或稍长。腹管茉莉黄色，顶端黑色，长圆筒形，略短于触角第 4 节。尾片具长毛 5～6 根。有翅孤雌蚜：体长 1.4～1.7mm。头胸部灰褐或黑色，腹部绿色，背中线明显深绿色，侧斑灰褐色。触角 6 节，第 3 节上有小圆形次生感觉圈 4～10 个，一般 5～9 个，排成 1 列。腹管灰黑色，圆筒形，端部稍膨大，基半部有横皱纹。尾片绿色，长而尖，具侧毛 2 对。前翅中脉分 2 叉。

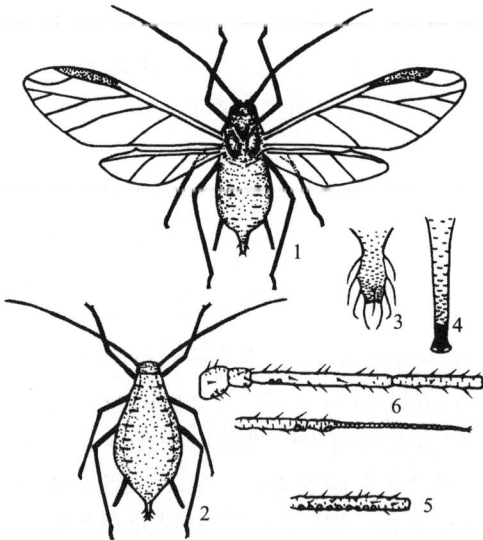

图 13-1　麦长管蚜
有翅孤雌蚜：1. 成虫　5. 触角第 3 节
无翅孤雌蚜：2. 成虫　3. 尾片　4. 腹管　6. 触角
（1、2 仿中国农业科学院图，3～6 仿张广学图）

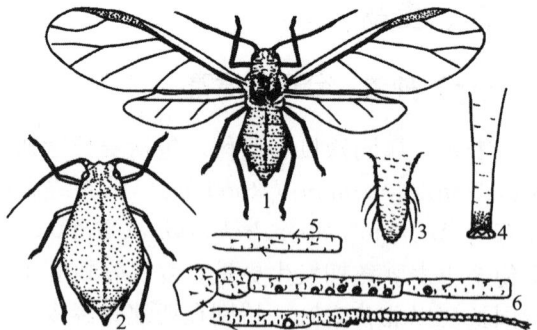

图 13-2　麦二叉蚜
有翅孤雌蚜：1. 成虫　6. 触角
无翅孤雌蚜：2. 成虫　3. 尾片　4. 腹管　5. 触角第 3 节
（1、2 仿中国农业科学院图，3～6 仿张广学图）

若蚜共 4 龄，体淡绿色至绿色，腹部背中线深绿色。第 1、2 龄触角 5 节，第 3、4 龄 6 节。第 3 龄有翅若蚜显翅芽，第 4 龄前后翅芽重叠。

3. 禾谷缢管蚜（图 13-3） 无翅孤雌蚜：体长 1.9mm，橄榄绿至墨绿色，并显紫褐色，腹管基部周围常有淡褐或锈色斑。触角为体长 0.7 倍，腹管长圆筒形，端部收缩，长为尾片 1.7 倍。尾片长圆锥形，中部收缩，有曲毛 4 根。有翅孤雌蚜：体长 2.1mm。头胸部黑色，腹部绿至深绿色，腹管后斑大型。触角第 3 节有小圆至长圆形次生感觉圈 19~28 个，分散于全节；第 4 节有 2~7 个。

若蚜共 4 龄，体色同成蚜。第 1、2 龄触角 5 节，第 3、4 龄 6 节。第 3 龄有翅若蚜显翅芽，第 4 龄前后翅芽重叠。

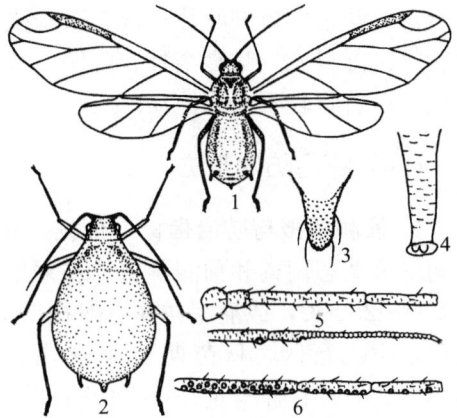

图 13-3 禾谷缢管蚜

有翅孤雌蚜：1. 成虫 6. 触角第 3、4、5 节
无翅孤雌蚜：2. 成虫 3. 尾片 4. 腹管 5. 触角
（1、2 仿中国农业科学院图，3~6 仿张广学图）

（三）生活史与习性

1. 麦长管蚜 在江南一年发生 20~30 代，以无翅胎生成、若蚜在 1 月份均温 0℃等温线以南的麦田中越冬。在黄淮麦区一年发生 16~20 代，在北方不能越冬。有翅蚜于 3 月下旬由南方陆续迁飞而来，4 月上中旬为迁飞盛期。4 月下旬至 5 月上旬蚜量急增，5 月中下旬正值小麦灌浆期，大多数转向麦穗危害，达蚜量高峰。而后因气温高、天敌多，蚜量急剧下降。5 月底至 6 月上旬小麦陆续黄熟，该蚜转向较凉爽地区或高山上的夏季寄主植物，如春小麦、水稻及其他禾本科杂草繁殖越夏。9 月下旬至 10 月上旬，回迁入麦田危害秋苗，11 月份达第 2 个蚜量高峰。12 月份气温降到 0℃以下，蚜虫陆续冻死。

2. 麦二叉蚜 据山东省农业科学院植物保护研究所研究，在济南地区一年发生 39 代，其中，小麦秋苗期 4.5 代，春夏季小麦成株期 8.5 代，夏季寄主 26 代。一般以无翅胎生成、若蚜在麦田的麦叶、根基和土缝中越冬；在北纬 36°以北地区，多以卵在麦苗的枯叶、土缝内及多年生禾本科杂草上越冬，越向北，越冬卵量越多。当小麦进入拔节至孕穗期，麦二叉蚜繁殖达到高峰。而后，蚜量逐渐卜降，产生有翅蚜，陆续飞离麦田到夏寄主上繁殖，待秋播麦苗出土后，大部分产生有翅蚜开始迁回麦苗上繁殖危害至越冬。

3. 禾缢管蚜 每年发生 30 代左右。据报道，在江南营同寄主不全周期生活，以无翅胎生成、若蚜在麦苗和杂草的心叶、叶鞘内侧越冬。在 1 月份均温-2℃以北地区，以卵在蔷薇和李属木本植物的芽腋和枝条上越冬。3 月下旬小麦返青、起身期开始迁向麦田。4 月上中旬为迁入盛期，迅速繁殖扩大种群数量，5 月上旬至 6 月上旬是该蚜危害逐渐加重阶段。小麦黄熟期产生有翅蚜迁飞，迁向玉米、高粱、谷子、自生麦苗及杂草上繁殖危害。至秋季麦苗出土后，回迁入麦田繁殖危害，11 月中旬麦田蚜量达高峰。12 月份气温降至 0℃，蚜虫虽冻僵，但遇气温回暖后仍可恢复活动，1 月份气温继续下降，活动蚜态被冻死。

麦长管蚜喜光照，较耐氮素肥料和潮湿，多分布在植株上部、叶片正面，特嗜穗部；

小麦抽穗后，蚜量急剧上升，并大多集中穗部危害；成、若蚜均易受振动坠落逃散。麦二叉蚜喜干旱，怕光照，不喜氮素肥料；多分布在植株下部和叶片背面，最喜幼嫩组织或生长衰弱、叶色发黄的叶片；成、若蚜受震动时假死而坠落；小麦灌浆后多迁离麦田。禾谷缢管蚜喜湿畏光，嗜食茎秆、叶鞘，故多分布于植株下部的叶鞘、叶背，甚至根茎部分，其成蚜和若蚜较不易受惊动。

（四）综合防治方法

1. 预测预报与防治指标　依据《小麦蚜虫测报调查规范》（NY/T 612—2002）做好田间蚜量动态调查和预测预报。在麦蚜常发区，当孕穗期有蚜株率达 50％，百株平均蚜量 200～250 头，或灌浆初期有蚜株率 70％，百株平均蚜量 500 头时即应进行防治。在小麦黄矮病流行区，秋苗期百株蚜量 20 头，有蚜株率 10％～15％；拔节初期有蚜株率 10％～20％，百株蚜量 30～50 头；孕穗期有蚜株率 30％～40％，百株蚜量 100 头即应进行防治。

2. 农业防治合理布局　在冬春麦混种区，尽量减少冬小麦面积或冬麦与春麦分别集中种植。

3. 生物防治保护麦田天敌　根据麦田害虫、益虫数量和发育进度调查，酌情掌握益害比，并严格掌握防治指标和适期。选用选择性杀虫剂，以避免大量杀伤天敌。

4. 化学防治

（1）药剂拌种　每 100kg 种子可选用 15％噻呋·呋虫胺种子处理可分散粉剂 3 500～5 000g 拌种，防治蚜虫和纹枯病等；或每 100kg 种子用 79％噻呋·噻虫嗪种子处理可分散粉剂 100～150g 拌种。

（2）喷雾防治　在蚜虫发生期可用 20％呋虫胺悬浮剂 375～450g/hm²，或 25％噻虫嗪水分散粒剂 120～159g/hm²，或 25％吡虫啉可湿性粉剂 180～240g/hm²，或 5％高效氯氰菊酯 150～225mL/hm² 喷雾防治。

三、麦红蜘蛛

（一）种类、分布与危害

麦红蜘蛛又名麦蜘蛛、麦类害螨，包括麦圆叶爪螨 *Penthaleus major*（Duges）和麦岩螨 *Petrobia latens*（Müller），分别属蛛形纲、蜱螨亚纲、螨目、叶爪螨科和叶螨科。麦圆叶爪螨又名麦圆蜘蛛、大背肛螨，国内主要分布于山东、山西、陕西、河南、河北中南部、湖北、安徽、江苏、浙江、江西、四川等地，近年来有向北扩展的趋势，多发生在水浇地和低湿地。寄主植物有 26 种，主要危害小麦、大麦、豌豆、苜蓿、小蓟、荠菜等。麦岩螨又名麦长腿蜘蛛，为世界性害螨，国内主要分布于西北、华北及辽宁、山东、河南、安徽、西藏等地，其中黄淮冬麦区为重发区，尤以旱田发生最为严重。主要危害麦类作物，也危害棉花、大豆、葱、洋葱、草莓、桃、苹果等。成、若螨刺吸植物组织营养危害，叶片被害后，呈现黄白色斑点，后叶色发黄，蒸腾作用增大，麦株发育不良，矮小，抗寒力下降，受害严重时，麦株枯死或不能抽穗。

（二）形态特征

1. 麦圆蜘蛛　雌成螨体长 650～980μm，宽 430～650μm，椭圆形，深红色或黑褐色。卵长 200μm 左右，椭圆形。若螨共 4 龄，1 龄称幼螨，3 对足，初浅红色，后变草绿色至黑褐色；2、3、4 龄若螨 4 对足，体似成螨（图 13-4）。

2. 麦长腿蜘蛛　雌成螨体长 618～847μm，宽 453～603μm，纺锤形，红色至褐绿色，背中央有 1 个红斑。背毛 13 对，均着生在毛窝内。4 对足，其中 1、4 对特别长。爪呈条状，各生黏毛 2 根；爪间突爪状，腹面有 2 列黏毛。卵有越夏卵（又称滞育卵）和非越夏卵（又称临时卵）2 型。若螨共 3 龄，1 龄称幼螨，3 对足，初为鲜红色，吸食后为黑褐色；2、3 龄有 4 对足，体形似成螨。雄螨极少见（见图 13-4）。

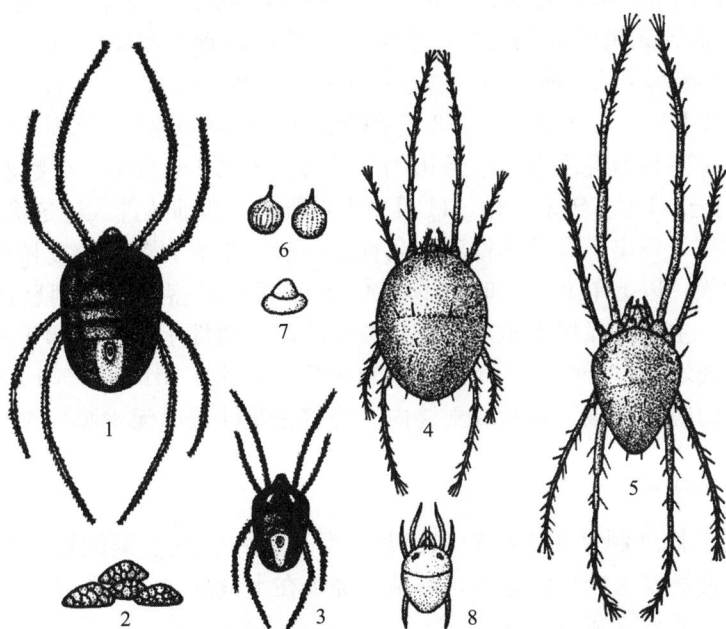

图 13-4　麦类害螨

（仿浙江农业大学图，李照会稍做修改）

麦圆叶爪螨：1. 成螨　2. 卵块　3. 若螨

麦岩螨：4. 雌成螨　5. 雄成螨　6. 非越夏卵　7. 越夏滞育卵　8. 幼螨

（三）生活史与习性

1. 麦圆蜘蛛　一年发生代数因地而异，在山东、豫北、晋南、陕西关中等地一年发生 2～3 代，以成螨、卵和若螨在麦根土缝、杂草或枯叶上越冬，以成螨为主。该螨耐寒力强，冬季温暖晴朗的白天，仍可爬到麦叶上危害。早春 2、3 月份气温达 4.8℃时，越冬卵开始孵化。3 月下旬至 4 月中旬田间虫口密度最大，危害较重。至 4 月中下旬完成第 1 代，成螨逐渐产卵于麦茬或土块上以卵越夏。5 月上旬后田间成螨绝迹。10 月中旬均温 14.4℃时若螨孵化，危害秋播麦苗。11 月中旬田间密度较大，出现第 2 代成螨，产第 3

代卵越冬，或直接以第 2 代成螨越冬。在 12.3～15℃时，卵期平均 35.8d，幼螨期 3.2d，若虫Ⅰ～Ⅲ期分别为 3.1d、4.8d 和 4.1d，成螨产卵前期 6.8d，完成 1 代 46～80d，平均 57.8d。成螨寿命 25～74d，平均产卵期 21d，单雌产卵 30～70 粒。

成螨和若螨有群集性和伪死性，以上午 6～8 时和下午 4～8 时活动最盛，上午 9 时至下午 3 时和夜间在麦株根际和土缝等处潜伏，阴天的中午仍继续危害，如遇寒流、大风或大雨时，活动减弱。早春气温低时可集结成团。爬行敏捷，遇惊扰即纷纷坠地或很快向下爬行。雌螨营孤雌生殖，单雌产卵量 20 余粒，多在夜间产卵，卵堆产或排成串，春季多产于麦株分蘖丛或土块上，秋季产于麦苗和杂草近根部的土块、干叶或须根上。

2. 麦长腿蜘蛛 在山西北部一年发生 2 代，新疆发生 3 代，晋南、河北、山东、河南和皖北发生 3～4 代。除北疆以卵越冬外，其他地区主要以成螨或卵越冬。越冬场所因地而异，春麦区在麦田附近的杂草上越冬，冬春麦混栽区和冬麦区在杂草和冬麦田内越冬。越冬雌螨在 11～12 月遇到无风暖和的天气，仍能出来活动取食。翌年 3 月上中旬（平均气温 4.2～7.8℃）越冬雌螨开始产卵，同时越冬卵也相继孵化，第 1、2、3 代发生危害盛期分别在 4 月上旬至 5 月下旬。至 6 月上旬第 3 代雌螨陆续产滞育卵越夏。大部分越夏卵 9 月下旬开始孵化，10 月上中旬为孵化盛期，至 10 月下旬即出现第 4 代成螨。少数未孵化的越夏卵，可至翌春孵化，甚至滞育多年未孵化。11 月中下旬雌螨与卵陆续进入越冬状态。

成螨和若螨夜伏昼出，有群集性和伪死性。一般上午 9 时爬上小麦植株活动危害，至傍晚 8 时下移潜伏，以上午 9～10 时和下午 4～6 时活动最盛。多数栖息在麦株茎秆和叶片背面取食危害。主要营孤雌生殖，但极少数个体则为两性生殖。产卵于麦株附近的硬土块、小石块和干粪块上，干叶、干草、麦秸和杂物上也有。每雌螨产卵 29～72 粒。田间露水较大或降小雨时，躲藏于麦丛或土缝内，待寄主茎叶表面无水膜后再复出活动。

（四）综合防治方法

1. 农业防治 因地制宜实行小麦与棉花、大蒜、大豆或水稻轮作，可减轻小麦害螨的危害。对小麦害螨发生严重的地块，可结合浇水在水头敲打麦株振落害螨，或麦收后及时浅耕灭茬，消灭活动螨和越夏卵。

2. 化学防治

（1）防治指标 小麦返青后每 3d 一次随机 5 点取样，每点一米双行，振落调查麦株上的害螨和天敌数量。当一米双行有螨 600 头，天敌∶螨＝1∶100 以上时，即可用药剂防治。

（2）药剂防治 用 5％阿维菌素悬浮剂 60～120mL/hm²，或 4％联苯菊酯微乳剂 450～750mL/hm² 对水喷雾防治。

四、小麦吸浆虫

（一）种类、分布与危害

小麦吸浆虫俗称麦蛆，属双翅目、瘿蚊科。我国有麦红吸浆虫 *Sitodiplosis mosellana* Géhin 和麦黄吸浆虫 *Contarinia tritici* Kirby 两种，前者分布广泛，尤以黄淮流域的平原低湿麦区发生危害严重，后者多发生于高原、山岭麦区。寄主有小麦、大麦、青稞、燕麦、黑麦、雀麦等。小麦吸浆虫以幼虫刺吸小麦嫩粒浆液，造成秕粒，严重时造成绝收，是毁灭性害虫。

（二）形态特征

1. 麦红吸浆虫　雌成虫体长 2～2.5mm，翅展 5mm 左右，橘红色，密被细毛。触角细长 14 节，串珠状。前翅透明，有 4 条发达翅脉，后翅退化为平衡棒。腹部 9 节，第 9 节细长，形成伪产卵管。卵长椭圆形，长 0.32mm，约为宽度 4 倍，淡红色。幼虫体长 2～3mm，椭圆形，橙黄色，头小，无足，蛆状，前胸腹面有 1 个"Y"形剑骨片，前端成锐角凹入，腹末有 2 对尖形突起。蛹长约 2mm，裸蛹，橙褐色（图 13-5）。

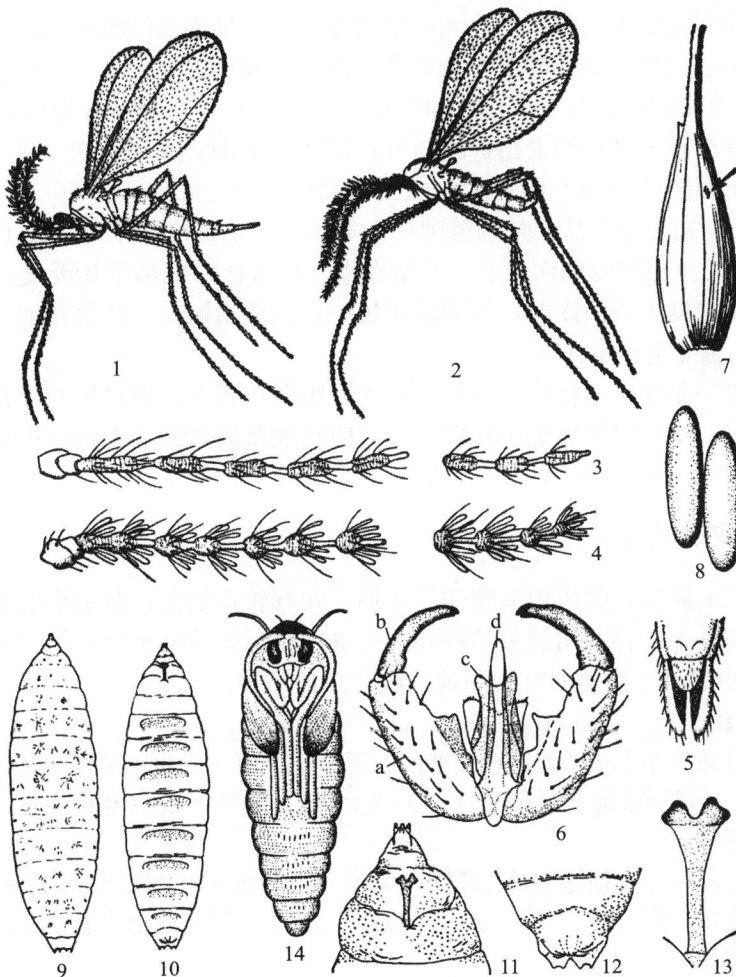

图 13-5　麦红吸浆虫 *Sitodiplosis mosellana* Gehin
（仿浙江农业大学图）

1. 雌成虫　2. 雄成虫　3. 雌虫触角　4. 雄虫触角　5. 雌成虫产卵器末端瓣状片
6. 雄成虫交配器（a、b. 抱器基节和端节，c. 腹瓣，d. 阳茎）7. 麦粒颖壳上的卵
8. 卵放大　9、10. 幼虫背面和腹面　11、12. 幼虫腹面前端和后端　13. 幼虫的剑骨　14. 蛹腹面

2. 麦黄吸浆虫 雌成虫体长 2mm 左右，鲜黄色。伪产卵器极长，伸出时约与腹部等长，末端呈针状。卵长 0.29mm，香蕉形。幼虫体长 2～2.5mm，黄绿色，体表光滑，前胸腹面"Y"形剑骨片前端呈弧形浅凹。腹部末端有圆形突起 1 对。蛹鲜黄色。

（三）生活史与习性

麦红吸浆虫一年发生 1 代，以老熟幼虫在土壤中结圆茧越夏至越冬。该虫有多年休眠习性，遇有春旱年份常不能破茧化蛹，有的已破茧，又重新结茧再次休眠，有些个体休眠期 2～4 年，个别达 7～12 年。翌年当地下 10cm 处地温高于 10℃、土壤含水量 20% 左右，正值小麦拔节盛期，越冬幼虫破茧上升到表土层；10cm 地温达到 15℃ 左右，小麦挑旗期，幼虫在 1～3cm 土层结茧化蛹，蛹期 8～10d；10cm 地温 20℃ 左右，小麦开始抽穗，麦红吸浆虫开始羽化出土。成虫畏强光，怕高温，故在早晨和傍晚活动最盛，而大风大雨天或晴朗的中午前后多在麦株叶下或杂草丛中潜伏。成虫飞翔力弱，其高度多在麦穗以上 10cm 左右，每次飞翔距离约 2m，顺风时可达 40～50m。羽化当日交配，当日或次日开始产卵，卵多聚产在未扬花的麦穗护颖与外颖间隙，有时产在颖壳外、小穗柄或穗轴上，但对花药已伸出颖壳的小穗产卵极少。成虫寿命约 30d，每雌产卵 50～90 粒。卵期 3～7d，一般 4～5d。初孵幼虫从内外颖缝隙钻入并附在子房或刚灌浆的嫩粒上吸食，经 15～20d 两次蜕皮，幼虫短缩变硬而老熟，开始在麦壳里蛰伏，抵御干热天气，这时小麦已进入蜡熟期。遇有湿度大或雨露时，苏醒后再蜕一层皮爬出颖外，弹落在地上，从土缝中潜入 10cm 处结茧越夏至越冬。

麦黄吸浆虫一年发生 1 代，成虫发生较麦红吸浆虫稍早，雌虫把卵产在初抽出的麦穗上内、外颖之间。幼虫孵化后危害花器，以后吸食灌浆的嫩粒。老熟幼虫离开麦穗时间较早，在土壤中耐湿、耐旱能力低于麦红吸浆虫。其他习性与麦红吸浆虫近似。

（四）综合防治方法

小麦吸浆虫的防治，除采用调整作物布局，实行轮作倒茬，避免小麦连作，麦茬耕翻暴晒等农业措施外，选育利用抗虫品种和及时进行化学防治仍是重要的控害手段。

1. 选用抗虫品种 因地制宜选用较抗吸浆虫的品种。

2. 化学防治

（1）地面喷药 小麦拔节盛期至抽穗前，用 10% 阿维·吡虫啉悬浮剂 180～225mL/hm²，顺垄地面喷雾，最好药液能渗透到表土层；或用 15% 氯氟·吡虫啉悬浮剂 90～150g/hm²，按照上述方法喷雾。

（2）穗部喷药 小麦抽穗至扬花盛期，可用 10% 阿维·吡虫啉悬浮剂 180～225mL/hm²，或 15% 氯氟·吡虫啉悬浮剂 90～150g/hm²，或 5% 高效氯氟氰菊酯水乳剂 105～165mL/hm²，对水进行穗部喷雾。

五、黏虫

（一）种类、分布与危害

黏虫 *Mythimna separata*（Walker）是一种迁飞性、暴发性害虫，属鳞翅目、夜蛾科。国内各地均有分布。主要危害麦、稻、玉米等禾本科植物，大发生时当禾本科植物被食尽后，也能危害多种双子叶植物。以幼虫咬食叶片，5、6 龄为暴食期，常将大面积作物和草坪叶片吃光，造成严重减产，甚至绝产。

（二）形态特征

成虫体长 15～22mm，翅展 36～45mm，淡黄褐色或灰褐色，雄虫较雌虫色深。前翅中央近前缘处横列 2 个淡黄色圆斑，其中外侧圆斑下方有 1 个小白点，白点两侧各镶嵌 1 小黑点。卵呈馒头形，初产白色渐变黄色。幼虫 6 龄，末龄幼虫体长 30～40mm。体色随龄期、密度、食料和环境不同而由淡绿、黄褐、灰黑至黑色变化。头黄褐色，中央沿蜕裂线有 1 黑褐色的"八"字纹，体表有许多纵行条纹，中线白色边缘环绕黑色线纹，两条背线红褐色，亚背线蓝色边缘环绕白色线纹。蛹体长 18～22mm，红褐色（图 13-6）。

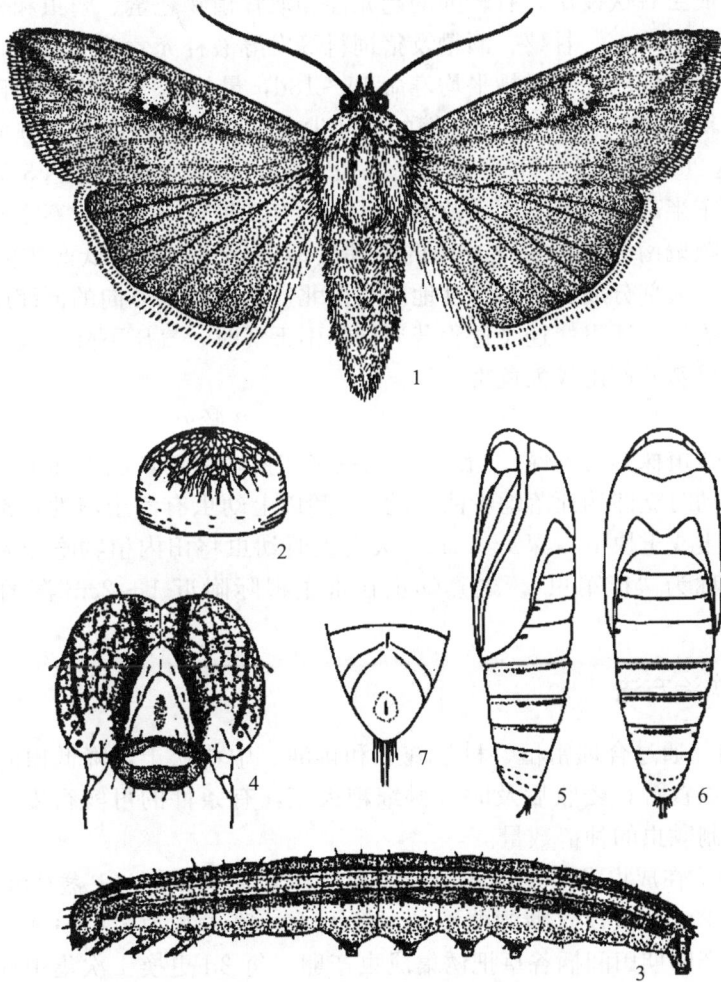

图 13-6　黏虫 *Leucania separata* Walker

1. 成虫　2. 卵粒放大　3. 幼虫　4. 幼虫头部（正面观）　5. 蛹侧面观　6. 蛹背面观　7. 蛹腹部末端腹面观

（仿浙江农业大学图）

（三）生活史与习性

1. 生活史　黏虫无滞育现象，条件适合时可终年繁殖。在我国东半部自北向南依次发生 2～8 代，在华北中、南部冬麦区一年发生 3～4 代，在江淮冬麦区一年发生 4～5 代，在北纬 33°以南冬麦区一年发生 5～8 代。

黏虫耐寒能力较差。在我国东半部地区的越冬北界位于北纬 32°～34°之间，冬季日平均温度≤0℃的天数在 30d 以上，黏虫不能越冬，虫源来自南方。在北纬 27°～33°间的偏北地区，以幼虫和蛹在稻桩、稻草堆、田埂及田边、路边等地的杂草中越冬；在偏南地区幼虫可继续活动，在麦田或杂草上取食，但数量较少。在北纬 27°以南地区，黏虫幼虫可正常生长发育，危害小麦、绿肥和禾本科杂草，是主要的虫源之一。

2. 习性

（1）成虫　成虫昼伏夜出，有较强的趋光性和取食植物花蜜、蚜虫和介壳虫等分泌的蜜露，以及水果、胡萝卜、甘薯、酒糟及猪饲料等发酵液补充营养的习性，对糖、酒和醋的混合液表现出较强的趋性。雌蛾平均寿命 14～18d，最长 28～37d；产卵可持续 6～7d，最长达 13d。卵多集中产在枯心苗、蜷缩的枯叶尖或枯叶鞘的缝褶内，每个卵块有卵一般 20～80 粒，多达 200～300 粒。单雌产卵量一般 1 000～2 000 粒，多达 3 000 粒以上。

黏虫在我国东半部每年有 4 次大范围的迁飞，有 2 种迁飞方式。春季和夏季大部分成虫从低纬度地区顺偏南气流向偏北方向的高纬度地区迁飞，或从低海拔向高海拔地区迁飞；秋季回迁时，大部分成虫从高纬度地区顺偏北气流向偏南方向的低纬度地区迁飞，或从高海拔向低海拔地区迁飞。迁飞过程若遇到降雨天气时，气压下降，大量成虫会迫降而迁入新的地区，繁殖并产生较大危害。

（2）幼虫　共 6 龄。幼虫孵化食卵壳后分散。1、2 龄幼虫有隐蔽栖居和被惊动时吐丝下垂飘移到其他植株上的习性。3 龄以上幼虫多在夜晚活动，阴天和天气凉爽时白天也活动取食，受惊动时立即伪死落地卷曲不动。4 龄以上幼虫有潜土习性，常潜伏在寄主植物根际附近的松土或土块下，深 1～5cm。大发生时幼虫将田内植物吃光后可迁移至临近田块危害，故又称为"行军虫"。老熟幼虫在寄主根际附近 1～2cm 深的松土中结土茧化蛹。

（四）综合防治方法

1. 农业防治　通过合理密植、科学施肥和排灌、中耕松土，降低田间湿度；及时清除杂草，减少黏虫食源；麦收后及时浅耕细耙灭茬，有条件的可实行麦—稻或麦—棉轮作，均能有效控制黏虫的种群数量。

2. 诱杀防治　在成虫发生期，麦田大面积连片安置杀虫灯（1 盏/2hm²）、插葽蒿的杨树枝把（把距 10m）或设置糖酒醋液盆（糖∶酒∶醋∶水为 3∶1∶4∶2，盆距 20m）诱杀成虫；成虫产卵期田间插谷草把诱集成虫产卵，每 3d 更换 1 次集中销毁处理，可显著降低田间卵和幼虫的发生密度。

3. 人工捕杀　利用其幼虫的假死性，在阴天的白天或晴天的早、晚时分进行人工捕杀。

4. 生物防治　在黏虫低龄幼虫盛期喷施苏云金杆菌（简称 Bt）、黏虫核型多角体病毒等，有较好的控制效果。

5. 化学防治　可用 25g/L 高效氯氟氰菊酯乳油 180～360mL/hm²，或 45％马拉硫磷乳油 1 245～1 665g/hm²，或 25％除虫脲可湿性粉剂 90～300g/hm²，或 80％敌敌畏乳油 750g/hm² 对水喷雾。

六、麦叶蜂

我国麦田发生的主要有小麦叶蜂 *Dolerus tritici* Chu、大麦叶蜂 *D. hordei* Rhower 和黄麦叶蜂 *D. ephippiatus* Smith，均属膜翅目、锯蜂科。主要危害小麦、大麦及看麦娘等禾本科植物。幼虫从叶边缘向内咬食成缺刻，大龄幼虫咬食后麦叶端部残留成平截状，严重时几乎将成片麦叶食光，造成小麦减产。

几种麦叶蜂形态相似，成虫体长 8～9.8mm，黑色微带蓝光泽。幼虫 5 龄，老龄幼虫体长 17.7～18.8mm，长圆筒形，灰绿色，背部淡蓝，头深褐色。

麦叶蜂是专性滞育害虫，一年发生 1 代，以老熟幼虫在土中越夏，中秋后化蛹在土下 20～25cm 处越冬。

该虫喜湿忌干旱，冬季降水多，土壤湿润，易于麦叶蜂越冬。春季气温回升早，土壤湿度大，成虫羽化时无阴雨天气，有利于麦叶蜂大发生。连作麦田利于虫源积累。麦叶蜂的天敌较多，主要有步甲、隐翅虫、蜘蛛等。

麦叶蜂上年发生较严重地块，农业防治可于种麦前深耕，以把土中休眠的幼虫翻出，使其不能正常化蛹；有条件的地方可实行麦—稻或麦—棉轮作。

药剂防治可用 25g/L 高效氯氟氰菊酯乳油 180～360mL/hm²，或 2.5％溴氰菊酯乳油 225～360mL/hm²，或 1％甲维盐乳油 135～180mL/hm² 兑水喷雾。

第三节　麦田主要杂草及其防除技术

一、麦田杂草种类及其危害

（一）麦田杂草种类

我国麦田杂草有 200 多种，按照植物学划分，可分为禾本科杂草、阔叶杂草及莎草三大类。

1. 禾本科杂草　主要有野燕麦、雀麦、节节麦、毒麦、看麦娘、早熟禾、马唐、止血马唐、牛筋草、狗尾草、金色狗尾草、硬草、罔草、长芒棒头草等。

2. 阔叶杂草　主要有荠菜、播娘蒿、牛繁缕、猪殃殃、鳢肠、大巢菜、马齿苋、葎草、车前、苍耳、田旋花、小旋花、米瓦罐、麦家公、泽漆、藜、小藜、灰藜、猪毛菜、萹蓄、地锦、地肤、委陵菜、小蓟、小花鬼针草、蒲公英、旋覆花、苣荬菜、山苦荬、小飞蓬、草木樨、益母草、夏枯草、紫花地丁、独行菜、龙葵、王不留行、鸭跖草、酸模叶蓼、曼陀罗等。

3. 莎草类 主要有球穗扁莎草、异型莎草、碎米莎草、牛毛毡等。

（二）麦田杂草危害

麦田杂草与小麦争夺光照、水分和养分，严重影响小麦产量和质量，杂草发生严重时可导致小麦减产50％以上。我国麦田分布广泛，各地因气候、耕作制度、土壤状况等因素不同，麦田杂草种类有较大差异，群落复杂。一般来说，旱茬麦田杂草以阔叶杂草为主，伴生部分禾本科杂草；稻茬麦田则以禾本科杂草为主，伴生部分阔叶杂草。跨区域调种、大型机械跨区域耕作、同类除草剂连续多年应用等不同程度地影响着草相的变化。总体可概括为：在我国主要冬小麦产区，麦田杂草主要是阔叶杂草，但是，野燕麦、雀麦、节节麦等恶性禾本科杂草上升趋势明显，且在部分地块为害猖獗。莎草类对小麦威胁相对较小。

麦田杂草有两个出草高峰。第1个高峰在播种后10～30d，此期间出苗的杂草约占杂草总数的70％～90％；第2个高峰在开春气温回升以后。近年来，麦田杂草发生呈加重趋势。其主要原因，一是麦田水肥条件改善，有利于杂草的生长发育和繁殖；二是由于全球气候变暖，特别是秋冬季变暖，导致麦田杂草出土早，数量多，长势旺，危害大。

二、麦田除草方法

麦田除草方法较多，常采用的有农业措施防除、物理防除、生物防除、化学防除等。其中，农业措施防除包括轮作、精选种子、使用腐熟肥料、清除田边、路边和沟旁杂草，以及合理密植等；物理防除包括人工拔草、人工或机械锄草、烧毁杂草等；生物防除包括以昆虫、病原菌灭草和养殖动物灭草等，但最常用的是人工除草和化学除草两种。

人工除草优点是不污染环境，但费工费时费力。化学除草的优点：一是省工省时省力，与人工除草相比除草效率提高8～10倍；二是除草效果好，一般除草效果在90％以上，特别是对丁在小麦行内与小麦混生且难以辨别、拔除的杂草，如野燕麦、雀麦、节节麦等禾本科杂草，具有良好的防除效果；三是受天气影响小，即使是连阴雨天施药也有较好的防效。但是，若化学除草使用不当，容易产生防治效果不佳或产生药害，并对后茬作物或临近作物产生药害等不良效果。

麦田使用化学除草，一是要选用安全对路除草剂品种。选用麦田化学除草剂，首先要对小麦和后茬作物安全。其次，每种除草剂都有一定的杀草谱，要根据草相选择除草剂种类。对以阔叶杂草为主的麦田，应选用杀阔叶杂草的除草剂，而对以禾本科杂草为主的麦田，应选用杀禾本科杂草的除草剂，阔叶杂草和禾本科杂草混生的麦田，应选用以上两种除草剂混合使用。需要注意的是，同是阔叶杂草或者禾本科杂草的除草剂，其杀草谱也不尽相同，务必科学选用。二是把握好防治时机。麦田化学除草适期有播后苗前（土壤处理）、秋苗期和春季返青期至拔节前3个时期。其中，秋苗期小麦3叶期或杂草2～4叶期（如黄淮冬麦区大约在11月中旬至12月上旬）是麦田化学除草的最佳时期，这时麦田杂草大部分出土，草小抗药性差，防治效果好，一次施药基本上可控制全生育期杂草的危害，且因施药早、施药间隔期长，除草剂残留少，对后茬作物影响小，所以秋苗期是最佳的除草时机。但温度过低时（不同农药要求不同，一般要求在日平均气温5℃以上），不宜施药防治，否则，防治效果差。小麦返青期（黄淮冬麦区在2月下旬至3月上旬）也是化学除草适宜时期，但也要趁早，偏晚草大防除效果差。三是严格用药剂量。剂量过低，对杂草防治效果差，起不到除草保麦的作用；用量过大，不仅会对小麦造成药害，而且有时对后茬作物也有不良影响。因此，要严格按照产品说明书中的推荐剂量使用。

三、麦田化学除草技术

（一）播后苗前土壤处理

麦田播后苗前土壤处理主要是防除禾本科杂草，而阔叶杂草的防除则以苗后为主。播后苗前土壤处理的要点是：由于小麦播种较浅，用药前务必覆盖好种子层，以免用药时伤害种子；土壤墒情是药效能否充分发挥的关键，要整平、整细，保持适宜的土壤湿度；弄清麦田杂草的发生种类，选择针对性的除草剂单剂或混用组合，或混合剂；喷雾应均匀、周到，喷药液量450～600kg/hm²；小麦播种后1～2d用药。播后苗前土壤处理可选用以下除草剂：20%氟吡酰草胺悬浮剂，255～300mL/hm²，或25%噻吩磺隆可湿性粉剂，90～150g/hm²，土表喷雾，防除一年生阔叶杂草；或40%砜吡草唑悬浮剂，375～450mL/hm²，或41%氟噻草胺悬浮剂，1 200～1 500mL/hm²，土表喷雾，防除一年生杂草。

（二）苗后茎叶处理

1. 禾本科杂草 防除麦田禾本科杂草的主要药剂：15%炔草酯微乳剂，300～375mL/hm²，茎叶喷雾，防除一年生禾本科杂草，冬前在麦苗2叶期以前施药，对野燕麦和看麦娘为主的杂草防效好，冬后早春防治须适当增大用量；1 035g/L精恶唑禾草灵水乳剂，750～1 050mL/hm²，茎叶喷雾，防除一年生禾本科杂草，对野燕麦和看麦娘为主的杂草防效好；450g/L甲基二磺隆可分散油悬浮剂，300～525mL/hm²，茎叶喷雾，防除一年生禾本科杂草，更适合早熟禾、硬草、节节麦、阔草发生量大的麦田，应在小麦越冬期或早春施药，一般要求冬前气温较高时按规定用量和用药方法施药，但在干旱、病害、田间积水、冻害等可能致小麦生长不良的条件下，易出现药害；70%氟唑磺隆水分散粒剂，45～60g/hm²，茎叶喷雾，防除一年生禾本科杂草。

2. 阔叶杂草 防除麦田阔叶杂草的主要药剂：50g/L双氟磺草胺悬浮剂，75～90mL/hm²，冬前麦苗3叶期左右和春季小麦拔节前，茎叶喷雾，防除一年生阔叶杂草；或75%苯磺隆水分散粒剂15～27g/hm²，或28.8%氯氟吡氧乙酸（辛酯）乳油750～1 050mL/hm²，或75%噻吩磺隆可湿性粉剂27～33g/hm²，或40%唑草酮水分散粒剂60～90g/hm²，冬前麦苗3叶期左右和春季小麦拔节前茎叶喷雾。

3. 禾本科与阔叶混生杂草 防除麦田禾本科和阔叶混生杂草的主要药剂：3.6%二磺·甲碘隆水分散粒剂225～375g/hm²，或15%氟唑·炔草酯可分散油悬浮剂525～750mL/hm²，或70%氟唑磺隆水分散粒剂45～60g/hm²，茎叶喷雾。

（三）麦田除草应掌握的关键因素

1. 温度　很多除草剂在高温条件下活性增强，在低温条件下活性降低，死草速度减慢。一般在日平均气温高于 8℃以上时有利于药效发挥；施药时需保证未来 1 周内无寒流天气，以防发生药害。

2. 湿度　茎叶处理除草剂在空气湿度比较大的情况下施用，可使除草剂在杂草叶面停留较长时间，提高除草效果。土壤处理除草剂湿度大容易被吸收，除草效果好。

3. 风速　风速较大，容易造成药液飘移，加快药液的挥发，降低防除效果，易发生药害，所以必须在无风或微风天气施药。

4. 墒情　无论是土壤封闭处理还是茎叶处理都需要有较好的土壤墒情，干旱不利于药效发挥，应避免在过于干燥条件下施药。若土壤墒情不好，应先灌溉后再使用除草剂。

5. 对水量　施药时药剂对水量的多少，关系到药液的附着量和施药的均匀程度，从而影响除草效果，茎叶处理剂以每公顷对水 450～675kg 为宜。

6. 整地质量　对土壤封闭喷雾除草而言，土壤表面细碎平整，有利于药液封闭形成药膜，除草效果好。土表不平，且土块较大时不利于土表封闭，且由于冬天的冻融作用，大土块破碎，易造成春季出草量增加，降低除草效果。

7. 施药技术　配药时一定要采用二次稀释法，施药时要喷透、喷匀，不重喷、不漏喷，避免产生药害和不能杀灭杂草。

第四节　麦田主要病虫草害防控技术要点

小麦主要病虫草害的发生有明显的阶段性，防控小麦病虫害要坚持"预防为主，综合防治"的植保方针，重点抓好 4 个环节：

（1）播种期大力推广性能稳定的病虫兼治小麦种衣剂拌种技术，确保苗全苗壮。

（2）冬前麦苗 3 叶期和春季小麦拔节前，针对麦田主要杂草种类，选好用好除草剂，控制杂草危害。

（3）小麦拔节期密切观察田间病虫害发生情况，在病虫预测预报的指导下及时精准防治，当多种病虫同时发生，可采用组合用药，如杀虫剂和杀菌剂混用、杀螨剂和杀菌剂混用，达到"一喷多防"。

（4）小麦扬花期及时防控小麦赤霉病和蚜虫，确保小麦安全优质生产。

主 要 参 考 文 献

安礼，刘东，贺文畅，等，2019. 稻茬麦高畦降渍机械化种植技术研究 [J]. 安徽农学通报，25（5）：101-103.

敖立万，2002. 湖北小麦 [M]. 武汉：湖北科学技术出版社.

蔡可，1957. 小麦胚乳对于胚通过春化阶段的作用的初步观察 [J]. 植物生理学通讯（6）：27-35.

曹广才，吴东兵，李家修，等，1990. 普通小麦日长反应的探讨 [J]. 生态学报（3）：255-260.

曹卫星，郭文善，王龙俊，等，2005. 小麦品质生理生态及调优技术 [M]. 北京：中国农业出版社.

曹卫星，李存东，1997. 小麦器官发育序列化命名方案 [M]. 中国农业科学，30（5）：66-70.

柴守玺，2014. 一种旱地秸秆带状覆盖作物种植新技术 [J]. 甘肃农业大学学报，12（5）：42.

陈培元，蒋永罗，李英，等，1987. 钾对小麦生长发育、抗旱性和某些生理特性的影响 [J]. 作物学报，13（4）：322-328.

陈雨海，余松烈，于振文，2003. 小麦生长后期群体光截获量及其分布与产量的关系 [J]. 作物学报，29（5）：730-734.

程顺和，郭文善，王龙俊，2012. 中国南方小麦 [M]. 南京：江苏科技出版社.

程裕伟，2010. 北疆地区滴灌春小麦需水规律及产量形成特征研究. 石河子大学硕士学位论文，新疆石河子.

崔昊，石祖梁，蔡剑，等，2011. 大气 CO_2 浓度和氮肥水平对小麦籽粒产量和品质的影响 [J]. 应用生态学报，22（4）：979-984.

崔金梅，郭天财，等，2008. 小麦的穗 [M]. 北京：中国农业出版社.

代君丽，井金学，李振岐，等，2008. 中国小麦农家品种抗条锈病评价及抗病品种的遗传分析 [J]. 麦类作物学报（1）：144-149.

丁锦峰，成亚梅，黄正金，等，2015. 稻茬小麦不同氮素效率群体花后物质生产与衰老特性差异分析 [J]. 中国农业科学，48（6）：1063-1073.

丁锦峰，黄正金，袁毅，等，2015. 稻—麦轮作下 9 000kg hm^{-2} 产量水平扬麦 20 的群体质量及花后光合特征 [J]. 作物学报，41（7）：1086-1097.

丁锦峰，苏盛楠，梁鹏，等，2017. 拔节期和花后渍水对小麦产量、干物质及氮素积累和转运的影响 [J]. 麦类作物学报，37（11）：1473-1479.

丁锦峰，杨佳凤，王云翠，等，2013. 稻茬小麦公顷产量 9 000kg 群体氮素积累、分配与利用特性 [J]. 植物营养与肥料学报，19（3）：543-551.

董明，王琪，周琴，等，2018. 花后 5 天喷施锌肥有效提高小麦籽粒营养和加工品质 [J]. 植物营养与肥料学报，24（1）：63-70.

杜世州，曹承富，2009. 氮肥基追比对淮北地区超高产小麦产量和品质的影响 [J]. 麦类作物学报，29（6）：1027-1033.

段营营，王小燕，于晶晶，等，2015. 花前渍水对长江中下游主推小麦品种产量的影响 [J]. 湖北农业科学，54（10）：2332-2334.

冯波，孔令安，张宾，等，2012. 施氮量对垄作小麦氮肥利用率和土壤硝态氮含量的影响 [J]. 作物学

报，38（06）：1107-1114.

高春华，于振文，石玉，等，2013. 测墒补灌条件下高产小麦品种水分利用特性及干物质积累和分配［J］. 作物学报，39（12）：2211-2219.

关雅楠，黄正来，张文静，等，2013. 低温胁迫对不同基因型小麦品种光合性能的影响［J］. 应用生态学报，24（7）：1895-1899.

郭光理，郑威，许燕子，等，2014. 鄂北地区稻茬小麦免耕机械条播增产增效分析［J］. 湖北农业科学，53（23）：5669-5672.

郭天财，冯伟，赵会杰，等，2004. 水氮运筹对干旱年型冬小麦旗叶生理性状及产量的交互效应［J］. 应用生态学报，15（3）：453-457.

郭天财，高松洁，王晨阳，等，2005. 土壤质地对不同面筋含量冬小麦品种籽粒淀粉合成关键酶活性的影响［J］. 中国农业科学（38）1：191-196.

郭天财，马东云，朱云集，等.2004. 冬播小麦品种主要品质性状的基因型与环境及其互作效应分析［J］. 中国农业科学，37（7）：948-953.

郭天财，宋晓，冯伟，马冬云，等，2008. 高产麦田氮素利用、氮平衡及适宜施氮量［J］. 作物学报，34（5）：886-892.

郭天财，王晨阳，朱云集，等，1998. 后期高温对冬小麦根系及地上部衰老的影响［J］. 作物学报，24（6）：957-962.

郭天财，王永华，2016. 小麦高产与防灾减灾技术［M］. 郑州：中原农民出版社.

郭天财，周继泽，王永华，2016. 河南省小麦规范化耕作播种技术规程［M］. 郑州：中原农民出版社.

郭天财，朱云集，等，1998. 小麦栽培关键技术问答［M］. 北京：中国农业出版社.

郭文善，封超年，严六零，等，1995. 小麦开花后源库关系分析［J］. 作物学报（3）：334-340.

郭文善，彭永欣，严六零，等，1991. 小麦单位叶面积负荷量对开花后源的调节效应［J］. 江苏农学院学报（2）：25-29.

郭文善，施劲松，彭永欣，等，1998. 灌浆期高温对小麦光合产物运转的影响［J］. 核农学报，1：22-28.

郭增江，于振文，石玉，等，2014. 拔节期与开花期测墒补灌对小麦旗叶荧光特性和水分利用效率的影响［J］. 植物生态学报，38（7）：757-766.

韩燕来，介晓磊，谭金芳，等，1998. 超高产冬小麦氮磷钾吸收、分配与运转规律的研究［J］. 作物学报，24（6）：908-915.

韩占江，于振文，王东，等，2010. 测墒补灌对冬小麦干物质积累与分配及水分利用效率的影响［J］. 作物学报，36（3）：457-465.

杭雅文，武威，张菀茜，等，2020. 弱筋小麦品质指标的相关性分析及筛选［J］. 麦类作物学报，40（3）：320-327.

何建宁，石玉，赵俊晔，等，2015. 测墒补灌对小麦旗叶光合特性及酶活性的影响［J］. 应用生态学报，26（12）：3693-3699.

何建宁，2020. 不同耕作方式麦田土壤特性与小麦宽幅播种节水生理基础研究［D］. 泰安：山东农业大学.

何中虎，林作楫，王龙俊，等，2002. 中国小麦品质区划的研究［J］. 中国农业科学，35（4）：359-364.

胡承霖，2008. 安徽江淮区域小麦高产工程技术［M］. 合肥：安徽科学技术出版社.

胡承霖，2009. 安徽麦作学［M］. 合肥：安徽科学技术出版社.

胡国平，邹建国，郑威，等，2014. 不同播种方式对稻茬小麦生长发育和产量的影响［J］. 湖北农业科学，53（20）：4814-4816.

胡廷积，尹钧，等，2014. 小麦生态栽培 [M]. 北京：科学出版社.

虎净，2015. 北疆地区滴灌春小麦养分吸收规律及耗水特征 [D]. 石河子：石河子大学.

黄芬，朱艳，姜东，等，2009. 基于模型与 GIS 的小麦籽粒品质空间差异分析 [J]. 中国农业科学，42
（9）：3087-3095.

黄佩民，1982. 我国小麦栽培研究的进展 [J]. 中国农业科学（2）：49-54.

季书勤，赵淑章，王绍中，等，1998. 温麦 6 号小麦 9 000kg/hm² 若干群体质量指标研究初报 [J]. 作物
学报，24（6）：865-869.

加孜拉，张燕，白云岗，2014. 滴灌下水肥耦合对北疆冬小麦干物质积累和产量的影响 [J]. 灌溉排水
学报，33（4/5）：77-80.

姜宗庆，封超年，黄联联，等，2006. 施磷量对不同类型专用小麦籽粒蛋白质及其组分含量的影响 [J].
扬州大学学报（2）：26-30.

姜宗庆，封超年，黄联联，等，2006. 施磷量对小麦物质生产及吸磷特性的影响 [J]. 植物营养与肥料
学报，12（5）：628-634.

金善宝，1961. 中国小麦栽培学 [M]. 北京：农业出版社.

金善宝，1983. 中国小麦品种及其系谱 [M]. 北京：农业出版社.

金善宝，1990. 小麦生态研究 [M]. 杭州：浙江科学技术出版社.

金善宝，1996. 中国小麦学 [M]. 北京：中国农业出版社.

兰林旺，周殿玺，1995. 小麦节水高产研究 [M]. 北京：中国农业大学出版社.

孔令英，2021. 基本苗密度对宽幅播种小麦水分特性及光合特性的影响 [D]. 泰安：山东农业大学.

雷妙妙，孙敏，高志强，等 2017. 休闲期深松蓄水适期播种对旱地小麦产量的影响 [J]. 中国农业科学，
50（15）：2904-2915.

李博文，杨长刚，兰雪梅，等，2017. 秸秆带状覆盖对旱地冬小麦产量的影响 [J]. 干旱地区农业研究，
35（2）：14-20.

李朝苏，汤永禄，吴春，等，2012. 播种方式对稻茬小麦生长发育及产量建成的影响 [J]. 农业工程学
报，28（18）：36-43.

李朝苏，汤永禄，吴春，等，2015. 施氮量对四川盆地小麦生长及灌浆的影响 [J]. 植物营养与肥料学
报，21（4）：873-883.

李春喜，赵广才，代西梅，等，2020. 小麦分蘖变化动态与内源激素关系的研究 [J]. 作物学报，20
（6）：963-968.

李春燕，徐月明，郭文善，等，2009. 氮素运筹对弱筋小麦扬麦 9 号产量、品质和旗叶衰老特性的影响
[J]. 麦类作物学报，29（3）：524-529.

李春燕，于倩倩，贾晴晴，等，2016. 扬辐麦 4 号小麦不同产量群体氮素吸收利用特性 [J]. 植物营养与
肥料学报，22（5）：1196-1203.

李春燕，杨景，张玉雪，等，2017. 小麦分蘖期冻害后增施恢复肥的产量挽回效应及其生理机制 [J].
中国农业科学，50（10）：1781-1791.

李冬梅，2001. 河北省小麦根病的地域分布、病原种类及防治研究 [D]. 保定：河北农业大学.

梁鹏，2018. 高产条件下不同小麦品种产量差异的生理特性研究 [D]. 泰安：山东农业大学.

李国清，石岩，2012. 深松和翻耕对旱地小麦花后根系衰老及产量的影响 [J]. 麦类作物学报，32（3）：
500-502.

李华英，代兴龙，张宇，等，2015. 播期对冬小麦产量和抗倒性能的影响 [J]. 麦类作物学报，35（3）：
357-363.

李焕章，苗果园，张云亭，1964. 冬小麦农大 183 分蘖、叶片发生规律与穗部关系的初步研究 [J]. 作物

学报，3（2）：137-155.

李杰，吴杨焕，陈锐，等，2016. 基于大型称重式蒸渗仪研究北疆滴灌麦田蒸散量 [J]. 作物学报，42（7）：1058-1066.

李金才，董琦，余松烈，2001. 不同生育期渍水对小麦品种光合作用和产量的影响 [J]. 作物学报，27（4）：434-441.

李金才，魏凤珍，王成雨，等，2006. 孕穗期渍水逆境对冬小麦根系衰老的影响 [J]，作物学报，26（1）：89-94.

李隆，李晓林，张福锁，等，2000. 小麦大豆间作条件下作物养分吸收利用对间作优势的贡献 [J]. 植物营养与肥料学报，6（2）：140-146.

李明，李朝苏，刘淼，等，2020. 耕作播种方式对稻茬小麦根系发育、土壤水分和硝态氮含量的影响 [J]. 应用生态学报，31（5）：1425-1434.

李念念，孙敏，高志强，等，2018. 极端年型旱地麦田深松和覆盖播种水分消耗与植株氮素吸收、利用关系的研究 [J]. 中国农业科学，51（18）：3455-3469.

李瑞，程宏波，王芳，等，2018. 旱地冬小麦秸秆带状覆盖不同模式的水分效应 [J]. 干旱地区农业研究，36（3）：113-119.

李升东，王法宏，司纪升，等，2007. 不同基因型冬小麦在两种栽培模式下蒸腾速率、光合速率和水分利用效率的比较研究 [J]. 麦类作物学报（3）：514-517.

李升东，王法宏，司纪升，等，2009. 垄作小麦群体的光分布特征及其对不同叶位叶片光合速率的影响 [J]. 中国生态农业学报，17（3）：465-468.

李廷亮，孟丽霞，谢英荷，等，2018. 黄土旱塬垄膜沟播小麦产量及土壤微生物量对施肥的响应 [J]. 应用与环境生物学报，24（4）：0805-0812.

李文雄，1991. 小麦 [M]. 哈尔滨：黑龙江科学技术出版社.

李永庚，于振文，姜东，等，2001. 超高产冬小麦拔节期分蘖间^{14}C 同化物分配及分蘖成穗特性的研究 [J]，作物学报，27（4）：517-521.

李友军，熊瑛，陈明灿，等，2006. 氮、磷、钾对豫麦 50 旗叶蔗糖和籽粒淀粉积累的影响 [J]. 应用生态学报，17（7）：1196-1200.

李照会，2002. 面向 21 世纪课程教材·农业昆虫鉴定 [M]. 北京：中国农业出版社.

刘殿英，石立岩，黄炳茹，等，1993. 栽培措施对冬小麦根系及其活力和植株性状的影响 [J]. 中国农业科学，26（5）：51-56.

刘萍，郭文善，浦汉春，等，2005. 灌浆期高温对小麦剑叶抗氧化酶及膜脂过氧化的影响 [J]. 中国农业科学，（12）：2403-2407.

刘思衡，2003. 中国小麦抗赤霉病育种 [M]. 北京：中国农业出版社.

刘巽浩，1996. 耕作学 [M]. 北京：中国农业出版社.

陆维忠，程顺和，王裕中，2001. 小麦赤霉病研究 [M]. 北京：科学出版社.

陆增根，戴廷波，姜东，等，2007. 氮肥运筹对弱筋小麦群体指标与产量和品质形成的影响 [J]. 作物学报，33（4）：590-597.

罗春梅，1964. 不同层次叶片对小麦茎秆及穗器官发育的影响 [J]. 植物生理学通讯（4）：20-26.

罗春梅，1965. 从不同蘖位分蘖间的差异探讨小麦分蘖成穗的生理原因 [J]. 植物生理学通讯（3）：21-27.

吕敬先，盛承师，1996. 小麦形成大穗的生态学基础 [J]. 应用生态学报（1）：27-32.

吕新，王荣栋，2001. 新疆奇台农场三分场春小麦生态资源潜力的分析 [J]. 麦类作物学报，21（5）：149-152.

马冬云，郭天财，岳艳军，等，2009. 不同时期追氮对冬小麦植株氮积累及转运特性的影响 [J]. 植物营养与肥料学报，15（2）：262-268.

马兴华，于振文，梁晓芳，等，2006. 施氮量和底追比例对小麦氮素吸收利用及籽粒产量和蛋白质含量的影响 [J]. 植物营养与肥料学报，12（2）：150-155.

马元喜，1987. 不同土壤对小麦根系生长动态的研究 [J]. 作物学报，13（1）：37-44.

满建国，于振文，石玉，等，2015. 不同土层测墒补灌对冬小麦耗水特性与光合速率和产量的影响 [J]. 应用生态学报，26（8）：2353-2361.

孟庆伟，赵世杰，许长成，等，1996. 田间小麦叶片光合作用的光抑制和光呼吸的防御作用 [J]. 作物学报，22（4）：470-475.

苗果园，高志强，尹钧，等，2004. 晋南丘陵旱地麦田土壤水分特征及其运行规律 [J]. 作物学报，30（7）：644-650.

苗果园，高志强，张云亭，等，2002. 水肥对小麦根系整体影响及其与地上部相关研究 [J]. 作物学报，28（4）：445-450.

苗果园，王士英，1992. 小麦品种温光效应与主茎叶数的关系 [J]. 作物学报，18（5）：321-330.

苗果园，尹钧，高志强，等，1997. 旱地小麦降水年型与氮素供应对产量的互作效应与土壤水分动态的研究 [J]. 作物学报，23（3）：263-270.

苗果园，张云亭，侯跃生，等，1988. 小麦温光发育类型的研究 [J]. 北京农学院学报，3（2）：8-17.

苗果园，张云亭，侯跃生，等，1993. 温光互作对不同生态型小麦品种发育效应的研究：1. 品种最长、最短苗穗期及温光敏感性分析 [J]. 作物学报，19（6）：489-496.

苗果园，张云亭，尹钧，等，1989. 黄土高原旱地小麦根系生长规律的研究 [J]. 作物学报，15（2）：104-115.

农业部黄淮海小麦绿色增产模式攻关专家指导组，全国农业技术推广服务中心，2017. 黄淮海小麦绿色增产模式 [M]. 北京：中国农业出版社.

农业部小麦专家指导组，2007. 现代小麦生产技术 [M]. 北京：中国农业出版社.

农业部小麦专家指导组，2008. 小麦高产创建示范技术 [M]. 北京：中国农业出版社.

农业部小麦专家指导组，2009. 小麦高产创建示范技术问答 [M]. 北京：中国农业出版社.

农业部小麦专家指导组，2012. 小麦高产创建技术读本 [M]. 北京：中国农业出版社.

农业部小麦专家指导组，2012. 中国小麦品质区划与高产优质栽培高产创建技术读本 [M]. 北京：中国农业出版社.

农业部小麦专家指导组，2017，中国小麦生产"十三五"发展规划研究 [M]. 北京：中国农业科学出版社.

农业部种植业管理司，全国农业技术推广服务中心，2005. 小麦主导品种与主推技术 [M]. 北京：中国农业出版社.

潘洁，戴廷波，姜东，等，2005. 基于气候因子效应的冬小麦籽粒蛋白质含量预测模型 [J]. 中国农业科学，38（4）：684-691.

彭羽，郭天财，蒋高明，等，2004. 开花后水分调控对两个筋型冬小麦品种品质与产量的影响 [J]. 植物生态学报，28（4）：554-561.

彭正萍，李春俭，门明新，2004. 缺磷对不同穗型小麦光合生理特性和产量的影响 [J]. 作物学报，30（8）：826-830.

亓新华，1980. 不同生产条件下的小麦单株分蘖成穗数和穗、粒重的关系 [J]. 山东农学院学报（1）：47-50.

祁适雨，肖志敏，李仁杰，2007. 中国东北强筋春小麦 [M]. 北京：中国农业出版社.

秦遂初，骆永明，黄昌勇，等，1994. 小麦缺铜不实与花粉淀粉积累的关系 [J]. 作物学报，20（4）：453-456.

任爱霞，孙敏，高志强，等，2017. 夏闲期覆盖配施氮肥对旱地小麦土壤水分及氮素利用的影响 [J]. 中国农业科学，50（15）：2888-2903.

赛力汗·赛，2018. 滴灌量调配对北疆冬小麦耗水特性及产量形成的影响研究 [D]. 北京：中国农业大学.

山东农学院，1980. 小麦栽培学（北方本）[M]. 北京：农业出版社.

山东省农业厅，1990. 山东小麦 [M]. 北京：农业出版社.

商鸿生，王凤乐，2001. 我国小麦叶枯性病害研究进展 [J]. 麦类作物学报，21（3）：76-79.

邵庆勤，周琴，王笑，等，2018. 不同小麦品种物质积累转运与抗倒性差异及其对多效唑的响应 [J]. 核农学报，32（12）：2438-2447.

邵庆勤，周琴，王笑，等，2018. 种植密度对不同小麦品种茎秆形态特征、化学成分及抗倒性能的影响 [J]. 南京农业大学学报，41（5）：808-816.

石岩，位东斌，于振文，等，2000. 深耕断根对旱地小麦花后根系衰老及产量的影响 [J]. 应用与环境生物学报（6）：516-519.

石岩，位东斌，于振文，等，2001. 施肥深度对旱地小麦花后根系衰老的影响 [J]. 应用生态学报（4）：573-575.

石岩，位东斌，于振文，等，2001. 土层厚度对旱地小麦氮素分配利用及产量的影响 [J]. 土壤学报（1）：128-130.

石玉，于振文，李延奇，等，2007. 施氮量和底追比例对冬小麦产量和及肥料氮去向的影响 [J]. 中国农业科学，40（1）：54-62.

宋亚丽，杨长刚，李博文，等，2016. 秸秆带状覆盖对旱地冬小麦产量及土壤水分的影响 [J]. 麦类作物学报，36（6）：765-772.

孙敏，温斐斐，高志强，等，2014. 不同降水年型旱地小麦休闲期耕作的蓄水增产效应 [J]. 作物学报，40（8）：1459-1469.

孙亚辉，李瑞奇，党红凯，等，2007. 河北省超高产冬小麦群体和个体生育特性及产量结构特点 [J]. 河北农业大学学报，30（3）：1-8.

孙照安，陈清，朱彪，等，2020. 化肥氮对冬小麦氮素吸收的贡献和土壤氮库的补偿 [J]. 植物营养与肥料学报，26（3）：413-430.

汤永禄，李朝苏，吴春，等，2014. 四川盆地单产 9 000kg hm^{-2} 以上超高产小麦品种产量结构与干物质积累特点 [J]. 作物学报，40（1）：134-142.

汤永禄，张大学，袁礼勋，等，1999. 栽培因素对丘陵旱地小麦产量的影响 [J]. 四川农业大学学报，17（2）：152-158.

佟汉文，彭敏，朱展望，等，2020. 湖北稻茬小麦主茎、分蘖1、分蘖2和分蘖3的成穗率、产量贡献率及主要农艺性状分析 [J]. 麦类作物学报，40（2）：1-8.

汪强，黄正来，张文静，等，2015. 新美洲星和6-BA对低温胁迫下稻茬小麦光合和产量的影响 [J]. 麦类作物学报，35（9）：1269-1274.

王晨阳，郭天财，彭羽，等，2004. 花后灌水对小麦籽粒品质性状及产量的影响 [J]. 作物学报，30（10）：1031-1035.

王晨阳，马东云，郭天财，等，2004. 不同水、氮处理对小麦淀粉组成及特性的影响 [J]. 作物学报，30（8）：843-846.

王晨阳，马东云，朱云集，等，2004. 小麦不同水氮运筹对面条加工品质的影响 [J]. 中国农业科学，37

（2）：256-262.

王东，于振文，王旭东，2003. 硫肥对冬小麦硫素吸收分配和产量的影响 [J]. 作物学报，29（5）：791-793.

王法宏，杨洪宾，徐成忠，2007. 垄作栽培对小麦植株形态和产量性状的影响 [J]. 作物学报（6）：1038-1040.

王芳，程宏波，李瑞，等，2017. 秸秆带状覆盖对旱地冬小麦土壤温度及产量的影响 [J]. 麦类作物学报，37（6）：777-785.

王荣栋，陈荣毅，等，2005. 新疆小麦品质生态区划 [J]. 新疆农业科学，42（5）：56-59.

王荣栋，等，2000. 新疆春小麦超高产"三优"栽培法 [J]. 石河子大学学报（自然科学版）（4）：265-273.

王少霞，李萌，田霄鸿，等，2018. 锌与氮磷钾配合喷施对小麦锌积累、分配及转移的影响 [J]. 植物营养与肥料，24（2）：296-303.

王绍中，田云峰，郭天财，等，2010. 河南小麦栽培学（新编）[M]. 北京：中国农业科学技术出版社.

王世敬，戈敢，等，1997. 宁夏黄灌区春小麦大面积 500 公斤高产田试验研究 [J]. 宁夏农学院学报（18）：1-9.

王世之，黄先容，田文忱，等，1981. 小麦的叶差距与生长势 [J]. 作物学报（4）：267-275.

王树丽，贺明荣，代兴龙，等，2012. 种植密度对冬小麦根系时空分布和氮素利用效率的影响 [J]. 应用生态学报，23（7）：1839-1845.

王旭东，于振文，王东，2003. 钾对小麦旗叶蛋白水解酶活性和籽粒品质的影响 [J]. 作物学报，29（2）：285-289.

王旭清，王法宏，任德昌，等，2003. 小麦垄作栽培的田间小气候效应及对植株发育和产量的影响 [J]. 中国农业气象（2）：6-9.

王永华，王玉杰，冯伟，等，2012. 两种气候年型下不同栽培模式对冬小麦根系时空分布及产量的影响 [J]. 中国农业科学，45（14）：2826-2837.

王月福，于振文，李尚霞，等，2002. 施氮量对小麦蛋白质组分含量及加工品质的影响 [J]. 中国农业科学，35（9）：1071-1078.

王志敏，王璞，李绪厚，等，2006. 冬小麦节水省肥高产简化栽培理论与技术 [J]. 中国农业科技导报，8（5）：38-44.

魏爱丽，王志敏，陈斌，等，2004. 土壤干旱对小麦绿色器官光合电子传递和光合磷酸化活力的影响 [J]. 作物学报，30（5）：487-490.

魏爱丽，王志敏，翟志席，等，2003. 土壤干旱对小麦旗叶和穗器官 C4 光合酶活性的影响 [J]. 中国农业科学，36（5）：508-512.

魏凤珍，李金才，2006. 不同生育时期根际土壤渍水逆境对冬小麦 N、P、K 素营养的影响 [J]. 水土保持学报，20（2）：162-165.

魏湜，1997. 90 年代黑龙江省小麦栽培技术变化与发展趋势 [J]. 黑龙江农业科学（3）：48-50.

魏湜，2004. 春小麦优质高效实用生产技术 [M]. 哈尔滨：黑龙江科学技术出版社.

魏湜，侯立白，2005. 黑龙江省春小麦生产现状、问题和对策 [J]. 东北农业大学学报（2）：7-10.

吴晓丽，李朝苏，汤永禄，等，2017. 四川盆地 9 000 kg hm^{-2} 产量潜力小麦品种的花后冠层结构、生理及同化物分配特性 [J]. 作物学报，43（7）：1043-1056.

吴晓丽，李朝苏，汤永禄，等，2017. 氮肥运筹对小麦产量、氮素利用效率和光能利用率的影响 [J]. 应用生态学报，28（6）：1889-1898.

吴永成，周顺利，王志敏，2005. 节水栽培冬小麦对下层土壤残留氮素的利用 [J]. 生态学报，25（8）：

1869-1873.

仵均祥，等，2002. 面向 21 世纪课程教材-农业昆虫学（北方本，植保专业用）[M]. 北京：中国农业出版社.

夏晓亮，石祖梁，荆奇，等，2010. 氮肥运筹对稻茬小麦土壤硝态氮含量时空分布和氮素利用的影响[J]. 土壤学报，47（3）：490-496.

肖凯，谷俊涛，张荣铣，等，1997. 杂种小麦光合特性的初步研究[J]. 作物学报，23（4）：425-431.

修明，谷世禄，田中伟，等，2016. 稻秸还田下播种密度与氮肥运筹对小麦产量及氮素利用效率的影响[J]. 麦类作物学报，36（10）：1377-1385.

徐洪富，2003. 植物保护学[M]. 北京：高等教育出版社.

徐茂臻，张洪君，倪方进，等，1990. 旱地冬小麦高额丰产栽培技术研究[J]. 莱阳农学院学报（4）：253-259.

许振柱，于振文，王东，等，2003. 灌溉条件对小麦籽粒蛋白质组分积累及其品质的影响[J]. 作物学报，29（5）：682-687.

许骥坤，石玉，赵俊晔，等，2015. 测墒补灌对小麦水分利用特征和产量的影响[J]. 水土保持学报，29（3）：277-281.

许轲，张洪程，戴其根，等，2002. 冬小麦不同生长类型群体超高产的中期栽培调控[J]. 作物学报，28（6）：760-766.

薛丽华，段俊杰，王志敏，等，2010. 不同水分条件对冬小麦根系时空分布、土壤水利用和产量的影响[J]. 生态学报，30（19）：5296-5305.

严六零，等，1992. 小麦根系在土壤中的分布规律[M]. 小麦栽培与生理. 南京：东南大学出版社.

杨洪宾，徐成忠，何秀兰，等，2007. 不同栽培方式下小麦灌浆期群体素质的研究[J]. 麦类作物学报（2）：298-302.

杨家蘅，赵丽，李胜楠，等，2018. 小麦物质积累分配和穗粒数形成对施氮量的响应[J]. 核农学报，32（6）：1203-1210.

杨蕊，耿石英，王小燕，2020. 江汉平原不同氮肥运筹模式下豆麦和稻/麦轮作系统小麦产量和经济效益差异[J]. 应用生态学报，31（2）441-448.

杨长刚，柴守玺，2018. 秸秆带状覆盖对旱地冬小麦产量及土壤水热利用的调控效应[J]. 应用生态学报，29（10）：3245-3255.

尹飞，何帅，高志建，等，2015. 我国滴灌技术的研究与应用进展[J]. 绿洲农业科学与工程（1）：13-17.

雍太文，任万军，杨文钰，等，2006. 旱地新 3 熟"麦/玉/豆"模式的内涵、特点及栽培技术[J]. 耕作与栽培（6）：48-50.

于振文，2012. 中国小麦品质区划与高产优质栽培[M]. 北京：中国农业出版社.

于振文，2013. 作物栽培学各论北方本[M]. 北京：中国农业出版社.

于振文，2015. 全国小麦高产高效栽培技术规程[M]. 济南：山东科学技术出版社.

于振文，岳寿松，沈成国，等，1995. 高产低定额灌溉对冬小麦旗叶衰老的影响[J]. 作物学报，21（4）：503-508.

余松烈，1975. 小麦高产途径的商——兼论穗、粒、重的矛盾[J]. 科学通报（4）：23-25.

余松烈，2006. 中国小麦栽培理论与实践[M]. 上海：上海科学技术出版社.

余松烈，等，1987. 冬小麦精播高产栽培[M]. 北京：农业出版社.

余遥，1998. 四川小麦[M]. 成都：四川科技出版社.

余遥，吴光清，梁伯诚，等，1983. 小窝密植在小麦高产中的作用[J]. 中国农业科学（4）：36-43.

袁锋，2004. 小麦吸浆虫成灾规律与控制 ［M］. 北京：科学出版社 .

张国平，杨玉爱，马国瑞，2000. 不同硼水平下小麦育性与结实率的基因型差异研究 ［J］. 作物学报，
　　26 （2）：217-221.

张洪程，许轲，戴其根，等，1998. 黄淮地区小麦超高产形成及其特征的初步研究 ［J］. 江苏农业科学
　　（2）：2-6.

张锦熙，刘锡山，1987. 小麦叶龄指标促控法栽培管理技术体系 ［J］. 中国农业科学（专辑）：21-26.

张锦熙，刘锡山，诸德辉，等，1981. 小麦"叶龄指标促控法"的研究 ［J］. 中国农业科学 （2）：1-13.

张娟，武同华，代兴龙，等，2015. 种植密度和施氮水平对小麦吸收利用土壤氮素的影响 ［J］. 应用生
　　态学报，26 （6）：1727-1734.

张明伟，马泉，丁锦峰，等，2018. 稻茬晚播小麦高产群体特征分析 ［J］. 麦类作物学报，38 （4）：
　　445-454.

张荣铣，刘晓忠，方志伟，等，1997. 小麦叶片展开后光合固碳能力——叶源量的估算 ［J］. 中国农业
　　科学，30 （1）：84-89.

张胜全，方保停，王志敏，等，2009. 春灌模式对晚播冬小麦水分利用及产量形成的影响 ［J］. 生态学
　　报，29 （4）：2035-2034.

张胜全，方保停，张英华，等，2009. 冬小麦节水栽培三种灌溉模式的水氮利用与产量形成 ［J］. 作物
　　学报，35 （11）：2045-2054.

张嵩午，王长发，姚有华，2010. 小麦叶片的逆向衰老 ［J］. 中国农业科学 （11）：2229-2238.

张文静，江东国，黄正来，等，2018. 氮肥施用对稻茬小麦冠层结构及产量、品质的影响 ［J］. 麦类作
　　物学报，38 （2）：164-174.

张向前，徐云姬，杜世州，等，2019. 氮肥运筹对稻茬麦区弱筋小麦生理特性、品质及产量的调控效
　　应 ［J］. 麦类作物学报，39 （7）：810-817.

张学林，郭天财，朱云集，等，2004. 河南省不同纬度生态环境对三种筋型小麦淀粉糊化特性的影
　　响 ［J］. 生态学报，24 （9）：2050-2055.

张永久，马忠明，邓斌，等，2006. 有限灌溉条件下春小麦的蒸散特征及其与产量的关系 ［J］. 麦类作
　　物学报，26 （4）：98-102.

张永平，王志敏，王璞，等，2003. 冬小麦节水高产栽培群体光合特征 ［J］. 中国农业科学，36 （10）：
　　1143-1149.

张永平，王志敏，2008. 不同供水条件对小麦叶与非叶器官叶绿体结构与功能的影响 ［J］. 作物学报，
　　37 （4）：1213-1217.

张园，田文仲，吴少辉，等，2015. 豫西旱作区旱地小麦高产特性及配套技术探讨 ［J］. 山西农业科学，
　　43 （1）：21-24，104.

赵秉强，余松烈，李凤超，2004. 间套带状小麦高产原理与技术 ［M］. 北京：中国农业科学技术出版社 .

赵广才，万富世，常旭虹，等，2008. 灌水对强筋小麦籽粒产量和蛋白质含量及其稳定性的影响 ［J］.
　　作物学报，34 （7）：1247-1252.

赵广才，2010. 中国小麦种植区域的生态特点 ［J］. 麦类作物学报，30 （4）：684-686.

赵广才，2014. 小麦高产创建 ［M］. 北京：中国农业出版社 .

赵广才，2018. 小麦优质高产栽培理论与技术 ［M］. 北京：中国农业科学技术出版社 .

赵红梅，高志强，孙敏，等，2012. 休闲期耕作对旱地小麦土壤水分、花后脯氨酸积累及籽粒蛋白质积
　　累的影响 ［J］. 中国农业科学，45 （22）：4574-4586.

赵俊晔，于振文，2005. 施氮量对小麦强势和弱势籽粒氮素代谢及蛋白质合成的影响 ［J］. 中国农业科
　　学，38 （8）：1547-1554.

郑春风，任伟，朱慧杰，等，2013. 不同年代小麦品种小花发育模式及结实特性的差异 [J]. 麦类作物学报，33（4）：669-674.

郑飞娜，初金鹏，张秀，等，2020. 播种方式与种植密度互作对大穗型小麦品种产量和氮素利用率的调控效应 [J]. 作物学报，46（3）：423-431.

中国农业科学院作物育种栽培研究所，1992. 张锦熙小麦栽培科学技术文选. 北京：中国科学技术出版社.

中国农业科学院植保研究所，1995. 中国农作物病虫害（第二版）[M]. 北京：中国农业出版社.

中国农业科学院，1979. 小麦栽培理论与技术 [M]. 北京：农业出版社.

中华人民共和国农业部，2005. 全国粮区高效多熟十大种植模式 [M]. 北京：中国农业出版社.

周苏玫，王晨阳，张重义，等，2001. 土壤渍水对冬小麦根系生长及营养代谢的影响 [J]. 作物学报，27（5）：673-679.

朱新开，郭文善，何建华，等，1998. 淮南麦区超高产小麦产量形成特点及其生理特性分析 [J]. 麦类作物学报（6）：43-47.

朱新开，郭文善，周君良，等，2003. 氮素对不同类型专用小麦营养和加工品质调控效应 [J]. 中国农业科学（6）：640-645.

朱元刚，初金鹏，张秀，等，2019. 不同播期冬小麦氮素出籽效率与氮素利用及转运的相关性 [J]. 应用生态学报，30（4）：1151-1160.

朱元刚，肖岩岩，初金鹏，等，2019. 不同播期冬小麦小花发育特性与同化物代谢的相关性 [J]. 植物营养与肥料学报，25（3）：370-381.

朱云集，崔金梅，王晨阳，等，2002. 小麦不同生育时期施氮对穗花发育和产量的影响 [J]. 中国农业科学，35（11）：1325-1329.

邹娟，高春保，董凡，等，2016. 湖北省稻茬麦区秸秆还田替代钾肥效果 [J]. 湖北农业科学，55（24）：6398-6401，6417.

邹娟，汤颢军，李想成，等，2019. 播种量对弱筋小麦鄂麦580群体动态及产量的影响 [J]. 湖北农业科学，58（S2）：118-121.

邹铁祥，戴廷波，姜东，等，2006. 不同氮、钾水平对弱筋小麦籽粒产量和品质的影响 [J]. 麦类作物学报（6）：86-90.

图书在版编目（CIP）数据

中国小麦栽培学 / 于振文主编 . —北京：中国农
业出版社，2024.6
ISBN 978-7-109-31406-1

Ⅰ.①中… Ⅱ.①于… Ⅲ.①小麦—栽培技术 Ⅳ.
①S512.1

中国国家版本馆 CIP 数据核字（2023）第 218803 号

中国小麦栽培学
ZHONGGUO XIAOMAI ZAIPEIXUE

中国农业出版社出版
地址：北京市朝阳区麦子店街 18 号楼
邮编：100125
责任编辑：孟令洋　郭晨茜　郭　科
版式设计：王　晨　　责任校对：吴丽婷
印刷：北京通州皇家印刷厂
版次：2024 年 6 月第 1 版
印次：2024 年 6 月北京第 1 次印刷
发行：新华书店北京发行所
开本：787mm×1092mm　1/16
印张：32　　插页：4
字数：800 千字
定价：300.00 元

河南省鹤壁市浚县小麦高产示范田（品种：百农矮抗58，蒋向 提供）

河南省濮阳市南乐县小麦高产示范田（品种：豫麦158，周继泽 提供）

河北省石家庄市藁城区刘家庄小麦高产示范田（品种：石新 633，李雁鸣 提供）

山东省菏泽市曹县邵庄镇陈楼村小麦高产示范田（品种：山农 20，刘观浦 提供）

江苏省盐城市大丰区大中农场小麦高产示范田（品种：扬麦 28，郭文善 提供）

安徽省蚌埠市淮上区吴小街镇稻茬小麦高产示范田（品种：安农 0711，马传喜 提供）

湖北省随州市曾都区王店村稻茬小麦高产示范田（品种：鄂麦170，许贤超 提供）

四川省广汉市小麦高产示范田（品种：川麦104，汤永禄 提供）

陕西省渭南市临渭区卜家村小麦高产示范田（品种：西农 979，张睿 提供）

山西省临汾市洪洞县辛村乡马三村小麦高产示范田（品种：良星 67，高志强 提供）

甘肃省陇南市徽县郭坪村旱地小麦高产示范田（品种：兰天 24，柴守玺 提供）

新疆维吾尔自治区昌吉市军户农场八队小麦高产示范田（品种：新冬 42，赵奇 提供）